自学需精细
实战成高手

三虎工作室 编著

Photoshop 图像处理 自学实战手册

为自学者提供一本 快捷、实用、体贴 的用书！

从零开始，快速提升。
疑难解析，体贴周到。
多章综合案例，从入门到提高，一步到位！

科学出版社
www.sciencep.com

北京希望电子出版社
Beijing Hope Electronic Press
www.bhp.com.cn

内 容 简 介

本书从实用的角度出发，采用“零起点教授学习者软件基础知识，现场实例练兵提高学习者软件操作技能，综合实例应用提高学习者实战水平”的教学体系编写。考虑初学者学习的实际需要，本书首先安排学习者学习软件的核心功能和技术要点，然后通过详细讲解“现场练兵”的实例来帮助学习者掌握软件的核心功能和技术要点，再结合“上机实践”帮助学习者边学边练，充分发挥学习者的主观能动性。“疑难解析”模块就学习者学习过程中遇到的疑难问题进行解析。“巩固与提高”模块将进一步帮助学习者巩固所学知识，从而达到举一反三的学习效果。科学的教学体系，边学边用的教学方法，可快速提高学习者的学习效率，使其更快地胜任实际工作。

为了方便学习者学习，提高学习者的学习效率，本书提供了教学光盘。光盘不仅包括本书中部分实例的源文件与素材，还免费赠送了基础操作以及部分实例教学的视频内容。

需要本书或技术支持的读者，请与北京清河 6 号信箱（邮编：100085）发行部联系，电话：010-62978181（总机）转发行部、010-82702675（邮购），传真：010-82702698。E-mail：tbd@bhp.com.cn。

图书在版编目（CIP）数据

Photoshop 图像处理自学实战手册／三虎工作室编著. —北京：科学出版社，2010.3

ISBN 978-7-03-026427-5

Ⅰ. ①P… Ⅱ. ①三… Ⅲ. ①图形软件，Photoshop Ⅳ. ①TP391.41

中国版本图书馆 CIP 数据核字（2010）第 009913 号

责任编辑：杨 莉 ／责任校对：方加青
责任印刷：媛 明 ／封面设计：叶毅登

科 学 出 版 社 出版

北京东黄城根北街 16 号
邮政编码：100717
http://www.sciencep.com

北京市媛明印刷厂印刷

科学出版社发行 各地新华书店经销

*

2010 年 3 月第 1 版 开本：787mm×1092mm 1/16
2010 年 3 月第 1 次印刷 印张：26
印数：1-3 000 册 字数：624 千字

定价：44.60 元（配 1 张 DVD）

部分案例

窗外风景

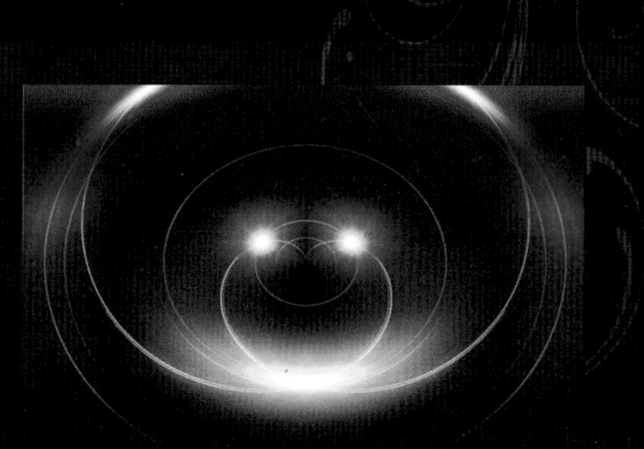

发光圈效果

冰雪字

发光字

粉刷字

彩绘汽车

部分案例

◎ 房产标志

◎ 改变衣服颜色

◎ 红酒包装

◎ 花的对比

◎ 火焰特效字

◎ 金融机构标志

部分案例

◎ 酒店杂志封面

◎ 旧照片

◎ 立体图片

◎ 立体文字

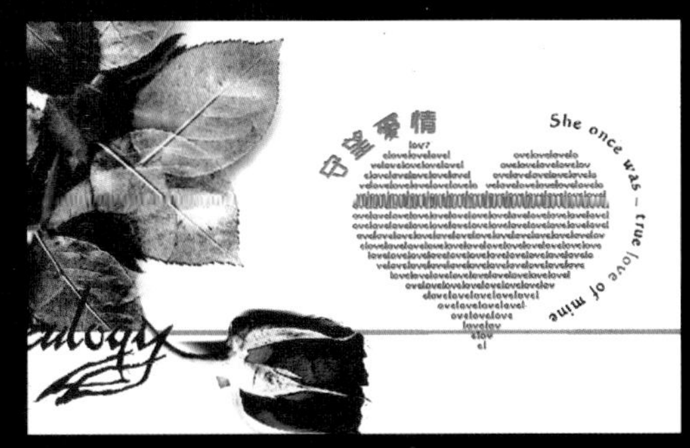

◎ 路径文字

◎ 朦胧光环

部分案例

梦幻照片

魔域传奇

瓶中舞

请柬

让皮肤变得粉嫩

十字天空

部分案例

书封

树叶

水晶球

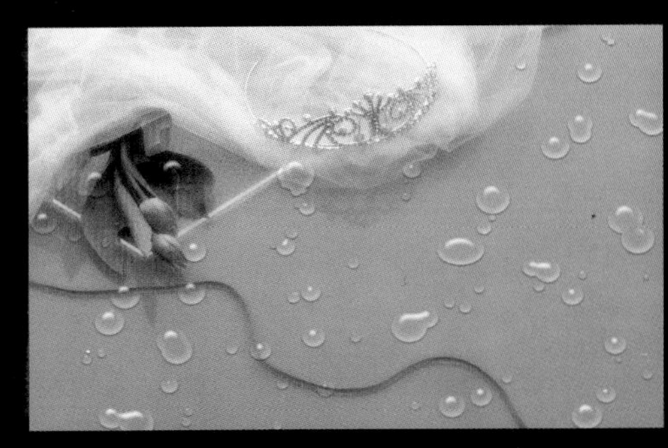

水珠

速写效果

填充

部分案例

⊙ 香水广告

⊙ 宣传单

⊙ 选择直角物体

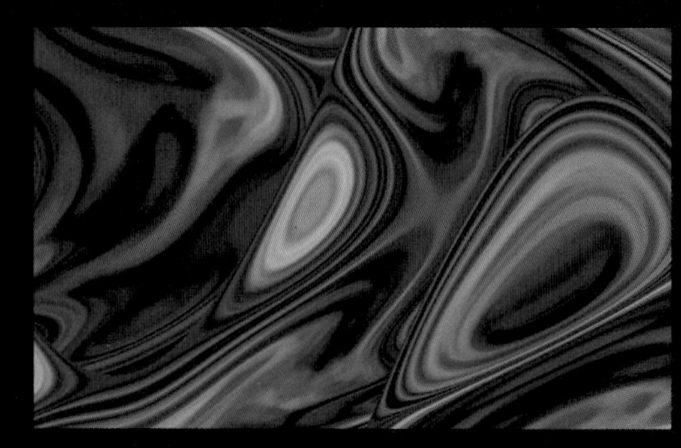

⊙ 液态纹理

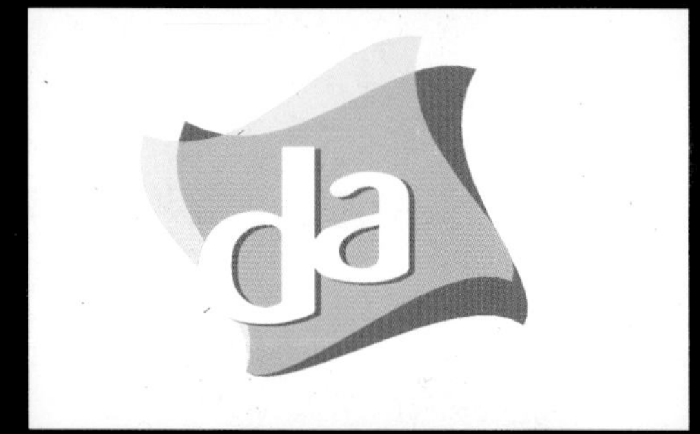

⊙ 化妆品标志

⊙ 福字

前言

Photoshop CS4 是 Adobe 公司最新推出的一款图形图像处理软件，其可视化的操作界面更加直观、简洁和易用，功能更加强大，使得用户操作更加灵活。因此，Photoshop CS4 被广泛应用于图像处理、图形绘制、广告设计、包装设计、印刷和网页设计等领域。

无论是初学者，还是有一定软件基础的学习者，都希望能购买到一本适合自己学习的书。通过对大量学习者购书要求的调查以及对计算机类图书特点的研究，我们精心策划并编写了这本书，旨在把一个初学者在最短的时间内培养成一名软件高手，从而提高其实战应用水平。

本书特色

本书从实用的角度出发，采用“零起点教授学习者软件基础知识，现场实例练兵提高学习者软件操作技能，综合实例应用提高学习者实战水平”的教学体系编写。考虑初学者学习的实际需要，本书首先安排学习者学习软件的核心功能和技术要点，然后通过详细讲解“现场练兵”的实例来帮助学习者掌握软件的核心功能和技术要点，再结合“上机实践”帮助学习者边学边练，充分发挥学习者的主观能动性。“疑难解析”模块就学习者学习过程中遇到的疑难问题进行解析。“巩固与提高”模块将进一步帮助学习者巩固所学知识，从而达到举一反三的学习效果。科学的教学体系，边学边用的教学方法，可快速提高学习者的学习效率，使其更快地胜任实际工作。

语言简练、内容实用

在写作方式上，本书的突出特点是语言简练、通俗易懂。全书采用图文互解的方式，让学习者可以轻松掌握相关操作知识。在内容安排上，本书的突出特点是实用、常用，也就是说只讲“实用的和常用的”知识点，真正做到让学习者学得会、用得上。

结构科学、循序渐进

针对学习者的学习习惯和计算机软件的特点，采用边学边练的教学方式。把握系统性和完整性，使学习者掌握系统完备的知识。通过大量练习，使学习者能够掌握该软件的基本技能。

学练结合、快速掌握

从实际应用的角度出发，结合软件的典型功能与核心技术，在讲解相关基础知识后，恰当地安排一些实例进行现场练兵。通过对这些实例制作过程的详细讲解，学习者可以快速掌握软件的典型功能与核心技术。另外，本书所讲的基础操作与实例的实用性非常强，使学习者学有所用、用有所获。

上机实战、巩固提高

为了提高学习效果，充分发挥学习者的主观能动性和创造力，本书精心设计了一些上机实例供学习者上机实战。另外，还提供了一些选择题、操作题和简答题帮助学习者巩固所学知识。

教学光盘

为了方便学习者学习，提高学习者的学习效率，本书提供了教学光盘。光盘不仅包括本书中部分实例的源文件与素材，还免费赠送了基础操作以及部分实例教学的视频内容。

读者对象

如果您是下列学习者之一，建议您购买这本书。

- 没有 Photoshop 基础的学习者，希望从零开始，全面学习 Photoshop 软件的操作技能。
- 对 Photoshop 有一定的了解，但缺少实际应用经验的学习者，可以通过本书中的“现场练兵”实例和综合应用实例提高软件的应用水平。
- 刚从学校毕业，想通过短时间的自学提高 Photoshop 的实际应用能力的学习者。
- 从事平面设计、印刷、美术设计、动漫游戏设计以及照片处理相关工作的学习者。

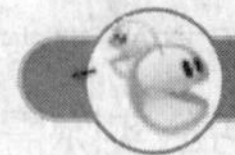

编写团队

本书由三虎工作室编著，参与本书编写的人员有邱雅莉、王政、李勇、牟正春、鲁海燕、杨仁毅、邓春华、唐蓉、蒋平、王金全、朱世波、刘亚利、胡小春、陈冬、许志兵、余家春、成斌、李晓辉、陈茂生、尹新梅、刘传梁、马秋云、彭中林、毕涛、戴礼荣、康昱、李波、刘晓忠、何峰、冉红梅、黄小燕等。在此向所有参与本书编写的人员表示衷心的感谢。更要感谢购买这本书的读者，您的支持是我们最大的动力，我们将不断努力，为您奉献更多、更优秀的电脑图书！

目录

第6章 色调与色彩调整

第 7 章 路径应用

第 8 章 通道与蒙版应用

第 9 章 滤镜应用

第 10 章 文字应用

第 11 章 动作与批处理文件

第 12 章 综合运用实例

第1章

初识 Photoshop CS4

Photoshop 由于具有强大的图像处理和绘画功能，故被广泛应用于广告设计、动漫设计、数码照片处理、效果图制作以及印刷等领域。本章将为读者介绍 Photoshop CS4 的工作界面、图像分辨率、常用图像文件格式以及位图与矢量图等图像处理中的重点术语，掌握这些常用的基本概念有利于提高读者掌握图像处理和平面设计技巧。

学习指南

- 启动与退出 Photoshop CS4
- Photoshop CS4 的工作界面
- 图像单位
- 位图与矢量图
- 图像分辨率
- 常用图像文件格式

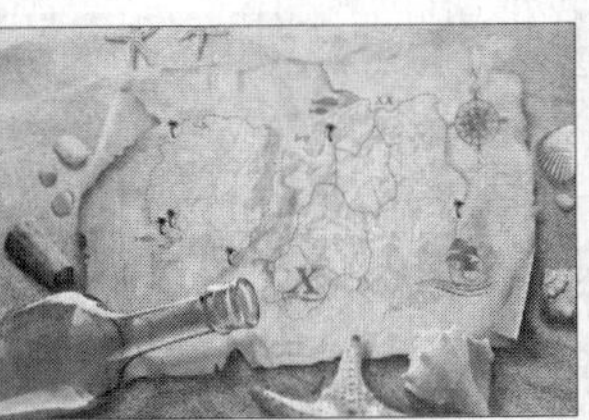

精彩实例效果展示 ▲

1.1 Photoshop 概述

Adobe 公司的 Photoshop 系列一直是图像处理软件中的王牌产品。Adobe 在 Photokina 2008 世界影像博览会上发布了该软件的最新版本 Photoshop CS4 和 Photoshop CS4 Extended。

Photoshop 所具有的个性化的工作界面、多种工具以及控制面板，使用户能够迅速地掌握并运用 Photoshop 进行平面设计，制作出独具特色的图像效果。

1.1.1 Photoshop 发展史

Photoshop 是 Adobe 公司旗下最为出名的图像处理软件之一。Adobe 公司成立于 1982 年，是美国最大的个人电脑软件公司之一。 1985 年，美国苹果电脑公司率先推出了图形界面的麦金塔系列（Macintosh Plus）电脑。 1987 年秋天，Michigan 大学的一位研究生 Thomas Knoll 编制了一个能在 Macintosh Plus 机上显示灰阶图像的程序，就将这个程序命名为 display，后来这个程序被他哥哥 John Knoll 得知了，John Knoll 就职于工业光魔公司（此公司曾给《星战》做过特效），John 建议 Thomas 将此程序用于商业。同时，John 也参与开发了早期的 Photoshop 软件，其中的插件就是他开发的。在一次产品演示的时候，有人建议 Thomas 将这个软件更名为 Photoshop，Thomas 很满意这个名字，后来就保留了这个名字，直到被 Adobe 收购后，这个名字仍然被保留。

1988 年夏天，John 在硅谷寻找投资者，并找到 Adobe 公司，11 月 Adobe 跟他们兄弟签署了协议——授权销售。

1996 年 11 月 Photoshop 4.0 成功发行，并很有可能成为 Adobe 公司当时最赚钱的产品，此时 Adobe 公司才买下了该软件的所有权。目前该软件的最新版本是 Photoshop CS4 和 Photoshop CS4 Extended。随着版本的提高，其功能更多，使用也更简单。Photoshop 应用范围广泛，如图像、图形、视频以及出版等方面。

1.1.2 Photoshop 的特点

从功能上看，Photoshop 可分为图像编辑、图像合成、校色调色及特效制作几部分。图像编辑是图像处理的基础，可以对图像做各种变换，如放大、缩小、旋转、倾斜、镜像及透视等；也可进行复制、去除斑点、修补及修饰图像的残损等，这在婚纱摄影、人像处理时有非常大的用处，如去除人像上不满意的部分，进行美化加工，从而得到让人非常满意的效果，如图 1-1 和图 1-2 所示。

图 1-1 原图

图 1-2 照片处理后的效果

图像合成是将几幅图像通过图层操作和工具应用合成完整的、能传达明确意义的图像，这是美术设计的必经之路。Photoshop 提供的绘图工具能让外来图像与创意很好的融合，使合成天衣无缝的图像成为可能，如图 1-3 和图 1-4 所示。

图 1-3　合成图像 1

图 1-4　合成图像 2

校色调色是 Photoshop 中深具威力的功能之一，利用它可方便地对图像的颜色进行明暗、色编的调整和校正，也可在不同颜色间进行切换，以满足图像在不同领域，如网页设计、印刷及多媒体等方面的应用，如图 1-5 和图 1-6 所示。

图 1-5　原图

图 1-6　调整后效果

特效制作在 Photoshop 中主要通过滤镜、通道及工具的综合应用来完成。包括图像的特效创意和特效字的制作，如油画、浮雕、石膏画及素描等常用的传统美术技巧，都可藉由 Photoshop 特效来完成，如图 1-7 和图 1-8 所示。

图 1-7　油画效果

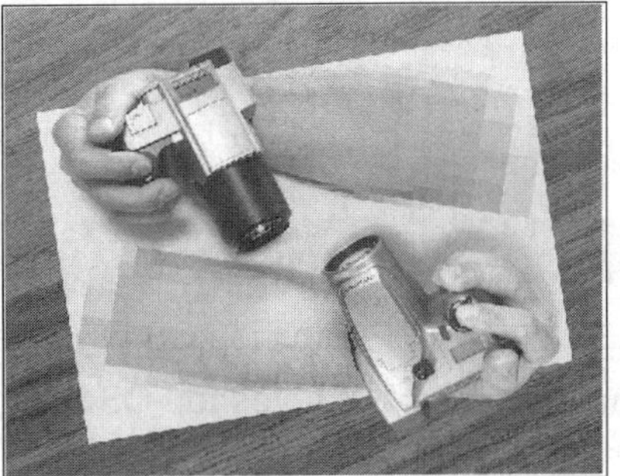

图 1-8　素描效果

1.2　启动与退出 Photoshop CS4

想要使用 Photoshop CS4，必须要学会启动和退出该软件，下面将介绍其方法。

1.2.1 启动 Photoshop CS4

要使用 Photoshop CS4 进行图像处理，必须先启动它，启动的方法主要有以下几种。

（1）双击桌面上的 Photoshop CS4 快捷方式图标。

（2）选择“开始”|“所有程序”|“Adobe Photoshop CS4”命令。

1.2.2 退出 Photoshop CS4

退出 Photoshop CS4 主要有如下 2 种方法。

（1）单击 Photoshop CS4 工作界面标题栏右侧的关闭按钮。

（2）在 Photoshop CS4 界面中选择“文件”|“退出”命令。

> **小提示**
>
> 退出 Photoshop CS4 时，如果当前窗口中有未关闭的文件，先将其关闭；若该文件被编辑过并需要保存，可保存后再退出 Photoshop CS4。

1.3 Photoshop CS4 的工作界面

启动 Photoshop CS4 后，其工作界面如图 1-9 所示。该界面主要由标题栏、菜单栏、工具属性栏、浮动面板、工具箱、图像窗口和状态栏等部分组成。

图 1-9　Photoshop CS4 的工作界面

1.3.1 标题栏

标题栏左侧显示了 Photoshop CS4 的程序图标和程序名“Adobe Photoshop”，右侧的 3 个按钮分别用于对 Photoshop CS4 进行最小化、最大化/还原和关闭操作。

1.3.2 菜单栏

菜单栏用于完成图像处理中的各种操作和设置，各个菜单项的主要作用如下。

- “文件”菜单：用于对图像文件进行操作，包括文件的新建、保存和打开等。
- “编辑”菜单：用于对图像进行编辑操作，包括剪切、复制、粘贴和定义画笔等。
- “图像”菜单：用于调整图像的色彩模式、色调、色彩以及图像和画布大小等。

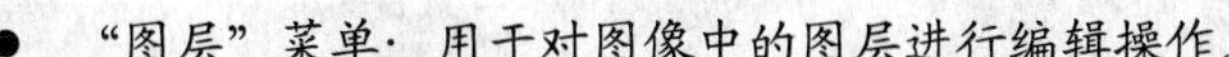

- "图层"菜单：用于对图像中的图层进行编辑操作。
- "选择"菜单：用于创建图像选择区域和对选区进行编辑。
- "滤镜"菜单：用于对图像进行扭曲、模糊及渲染等特殊效果的制作和处理。
- "分析"菜单：用于设置标尺工具和测量工具的测量比例等操作。
- "视图"菜单：用于缩小或放大图像显示比例，显示或隐藏标尺和网格等。
- "窗口"菜单：用于对 Photoshop CS4 工作界面的各个面板进行显示或隐藏。
- "帮助"菜单：用于为用户提供使用 Photoshop CS4 的帮助信息。

1.3.3　工具箱

在 Photoshop CS4 中，工具箱已经由以前版本中的双列方式变为了单列方式，单列的方式可以有效地节约工具界面的空间。可以通过单击工具箱上方的区域将工具箱变为双列方式，如图 1-10 所示。此工具箱提供了图像绘制和编辑的各个工具。为了便于初学者认识和掌握各个工具的名称及位置，工具列表列出了工具箱中各工具及子工具的名称，如图 1-11 所示。

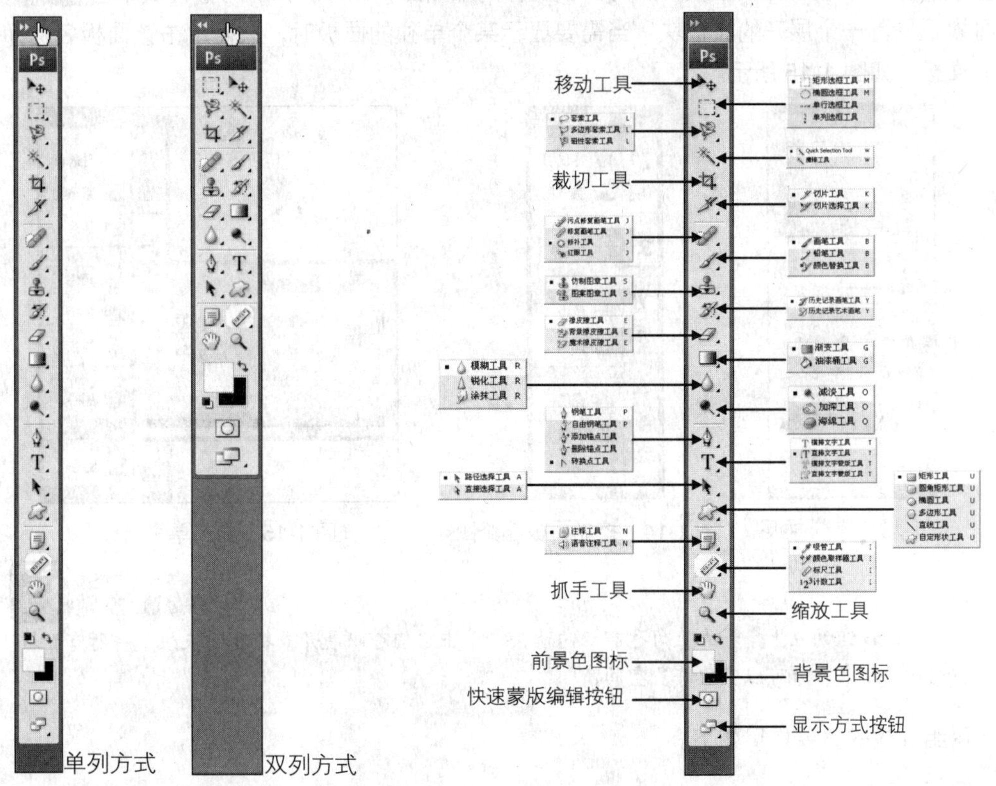

图 1-10　工具箱　　　　图 1-11　工具列表

要选取工具箱中的某个工具，只需单击要选取工具的按钮即可。如果单击工具按钮右下角的图标，将弹出相应的子工具组。其中提供了功能相似或用于同一用途的工具，要使用某个工具只需在其子工具组中单击所需的工具即可。

小提示

单击并拖动工具箱的顶部，可以将工具箱移至界面中的其他位置。显示和隐藏工具箱，可通过选择"窗口"|"工具"命令来实现。

1.3.4 工具属性栏

工具属性栏用于对当前所选工具进行参数设置，当用户从工具箱中选择了某个工具后，其工具属性栏中将显示出相应的工具参数，如图 1-12 所示为选择移动工具后显示的工具属性栏。

图 1-12 工具属性栏

小提示

要显示或隐藏工具属性栏，可通过选择“窗口”|“选项”命令来实现。

1.3.5 控制面板

控制面板默认显示在工作界面的右侧，其作用是帮助用户设置和修改图像。Photoshop CS4 的面板由以前的浮动面板变成了一个整合的面板块，如图 1-13 所示。通过单击面板上方的区域，可以将面板改为只有面板名称的缩略图，如图 1-14 所示。再次单击区域可以返回到一个展开的面板块，当需要显示某个单独的面板时，只需单击该面板名称即可显示此面板，如图 1-15 所示。

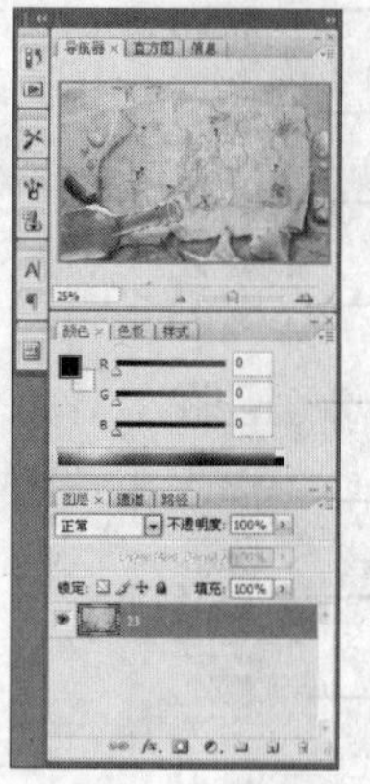

图 1-13 控制面板

图 1-14 控制面板缩略图

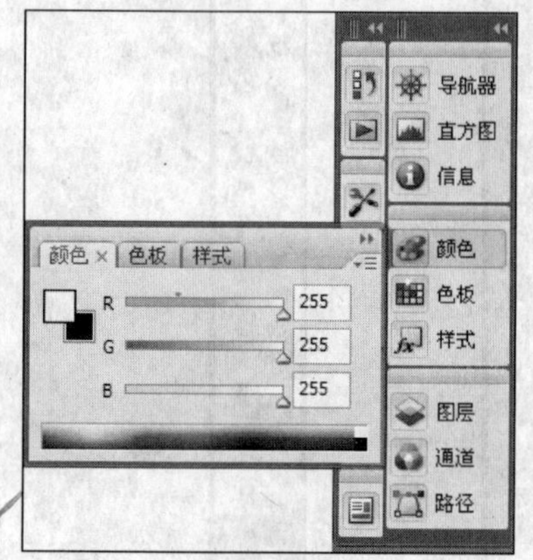

图 1-15 显示单个面板

小提示

面板组的左上角和右上角也有双向箭头，单击它们可以展开或折叠面板组，将所有面板组折叠起来，就可以空出许多空间。

每组面板的主要作用如下。

1. 面板组一

导航器面板用于快速查看图像、显示任意区域和缩放图片；直方图面板用于查看当前图像的色阶分布；信息面板用于显示当前图像中光标的所在区域、图像选定区域的大小以及颜色等信息。面板组一如图 1-16 所示。

2. 面板组二

颜色和色板面板用于选择和设置图像的绘制颜色；样式面板中有典型的效果模式，供用户选择。面板组二如图 1-17 所示。

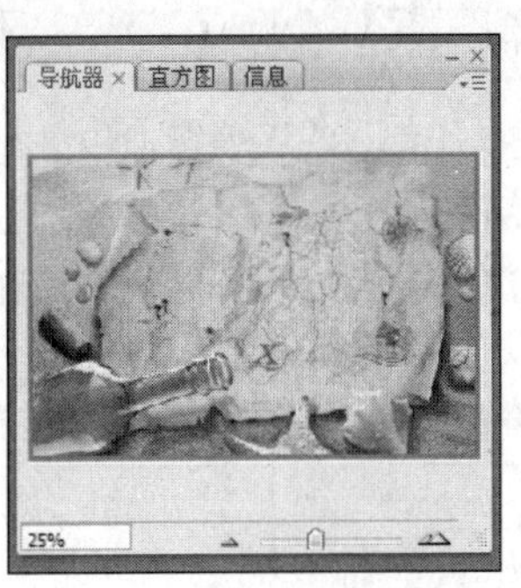

图 1-16　面板组一

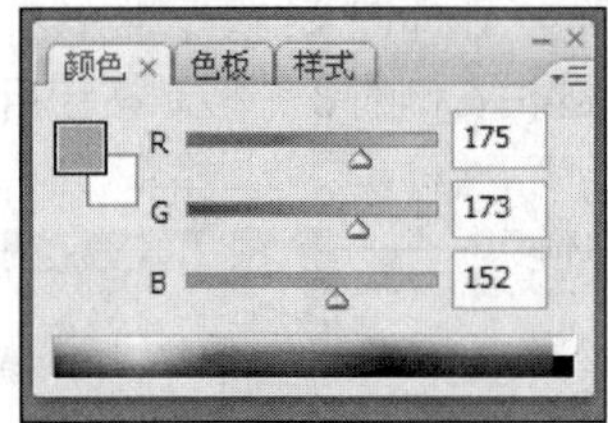

图 1-17　面板组二

3．面板组三

图层面板用于管理和操作图层；通道面板主要用来查看通道、复制或删除通道以及在通道中编辑图像；路径面板主要用于查看和管理当前图像上的所有路径。面板组三如图 1-18 所示。

4．面板组四

这一组包括了历史记录面板、动作面板、工具预设及画笔面板等不常用的面板。历史记录面板用于记录用户对图像所做编辑和修改的操作，并可通过它恢复到某一指定操作；动作面板用于记录一系列的动作，并可通过播放动作重新执行这些动作；工具预设面板用于创建预设工具，以便于用户使用；画笔面板用于设置画笔的大小和间距等；仿制源面板用于设定图章工具多个取样点；字符和段落面板用于设置输入的文字及段落；图层复合面板可让 Photoshop 自动修正每幅图像并将其另存为一个单独的图层复合文件，不同的图层复合方式可以交互切换，以方便用户查看自己的作品，更方便用户在客户面前展现各种图形的设计。面板组四如图 1-19 所示。

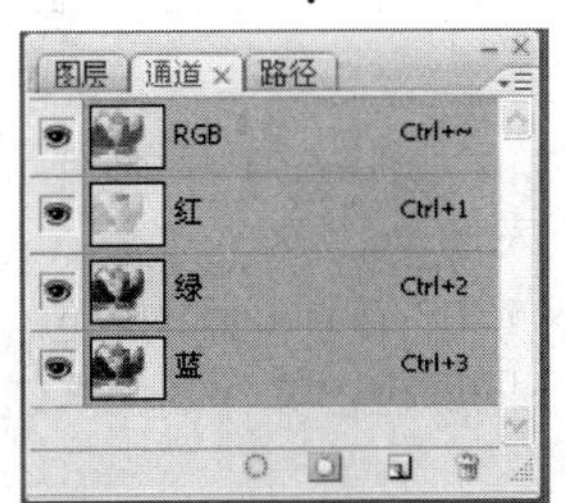

图 1-18　面板组三

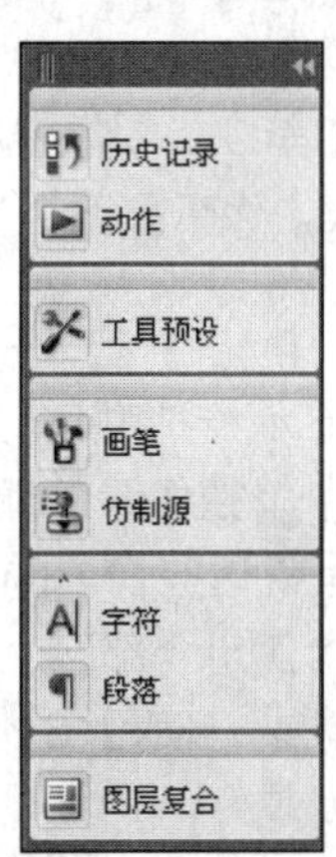

图 1-19　面板组四

要切换到所需面板，只需单击相应的面板标签或选择“窗口”菜单下相应的面板名称命令即可。用户也可根据需要将某面板从面板组中分离出来，方法是拖动此面板的文字标签到另一位置。选择“窗口”|“工作区”|“复位面板位置”命令，可以将所有面板恢复到系统默认的位置及状态。

1.3.6 图像窗口

图像窗口相当于 Photoshop 的工作区，所有的图像处理操作都是在图像窗口中进行的。图像窗口标题栏中显示了该图像文件的文件名及文件格式、显示比例以及图像色彩模式等信息，如图 1-20 所示。窗口标题栏右侧的 3 个控制按钮用于对当前图像窗口进行最小化、最大化/还原和关闭操作。

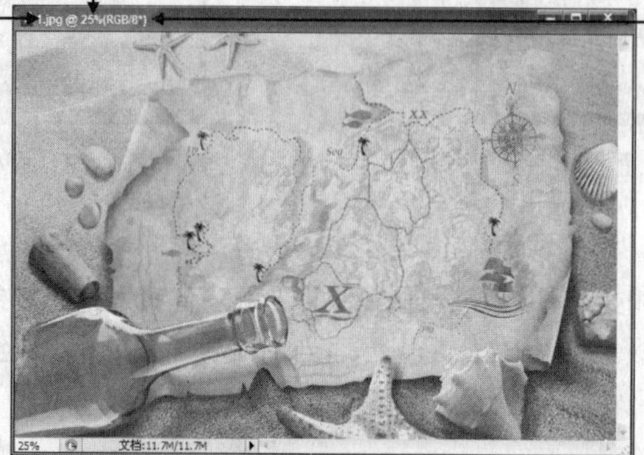

图 1-20 图像窗口

1.3.7 状态栏

状态栏主要用于显示当前图像的显示比例、图像文件的大小以及当前工具使用提示等信息，如图 1-21 所示。

25%	文档:11.7M/11.7M

图 1-21 状态栏

1.4 图像单位

像素是图像的基本单位。图像中显示的最小部分是一个小矩形或方形点，每一个小矩形或方形点就是一个像素。像素是两个词的组合，即图像和元素。像素大小是以毫米 (mm) 为单位度量的。

每一个像素只显示一种颜色，像素的颜色是红、绿、蓝三种颜色的组合。最多分配三个字节的数据来指定某个单独像素的颜色，每个字节表示一种颜色。这些像素都有自己明确的位置和色彩数值，也就是说这些像素的颜色和位置决定此图像所表现出的样子。真色（或 24 位色）显示系统的每个像素使用全部三个字节 24 位数，允许显示 1700 万种不同的颜色。然而，大多数彩色显示系统的像素只使用 8 位数，最多提供 256 种不同颜色。文件的像素越多，文件量就越大，图像质量就越好。

1.5 位图与矢量图

矢量图也叫向量图，矢量图使用直线和曲线来描述图形，这些图形的元素是一些点、线、矩形、多边形、圆和弧线等。矢量图所记录的是对象的线条粗细、几何形状和色彩等，它生成的文件存储容量是很小的。矢量图都是通过计算数学公式获得的，例如，一幅花的矢量图实际上是由线段形成外框轮廓，由外框的颜色以及外框所封闭的颜色决定花显示出的颜色。由于矢量图可通过公式计算获得，所以矢量图文件体积一般较小。通过 Illustrator 和 CorelDRAW 等绘制的都是矢量图。

矢量图最大的优点是无论放大、缩小或旋转等图像都不会失真，不会影响它的清晰度和光滑度，如图 1-22 所示为一幅矢量图图像和对其局部进行放大后的效果。矢量图最大的缺点是难以表现色彩层次，难以产生丰富的逼真图像效果。

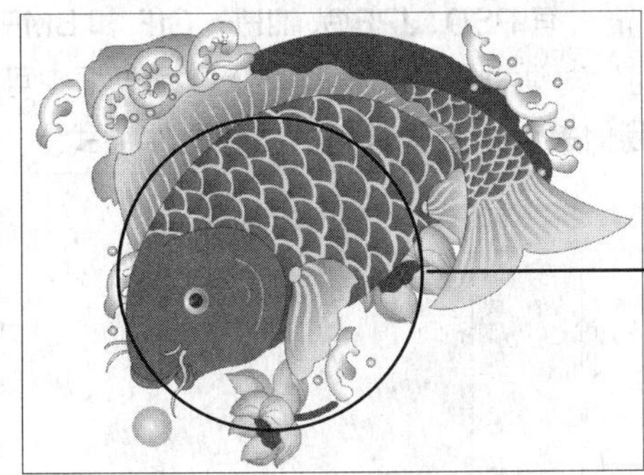

（矢量图原图）

（局部放大后）

图 1-22　矢量图

位图亦称为点阵图像或绘制图像，是由称作像素（图片元素）的单个点组成的。这些点可以进行不同的排列和染色以构成图样。当放大位图时，可以看见构成整个图像的无数单个方形点。扩大位图尺寸可以通过增多单个像素实现，从而使线条和形状显得参差不齐。然而，如果从稍远的位置观看位图，位图图像的颜色和形状又显得连续的。由于每一个像素都是单独染色的，因此可以通过以每次一个像素的频率操作选择区域从而产生近似相片的逼真效果，例如加深阴影和加重颜色。缩小位图尺寸也会使原图变形，因为此举是通过减少像素来使整个图像变小。由于位图图像是以排列的像素集合体形式创建的，所以在对图像进行拉伸、放大或缩小等处理时，其清晰度和光滑度都会受到影响。如图 1-23 所示为一幅位图和对其局部放大后模糊的效果。

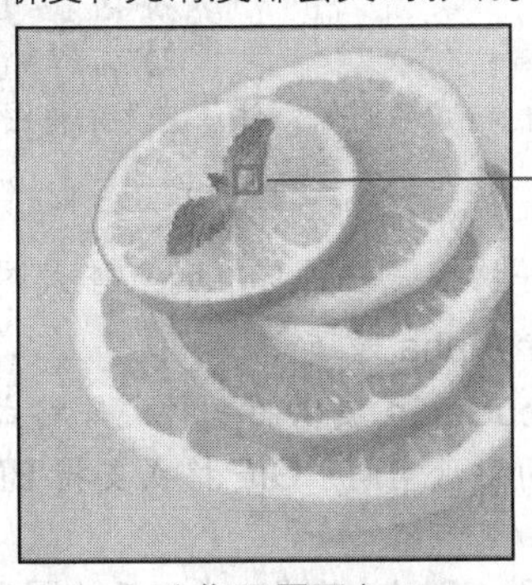

（位图原图）

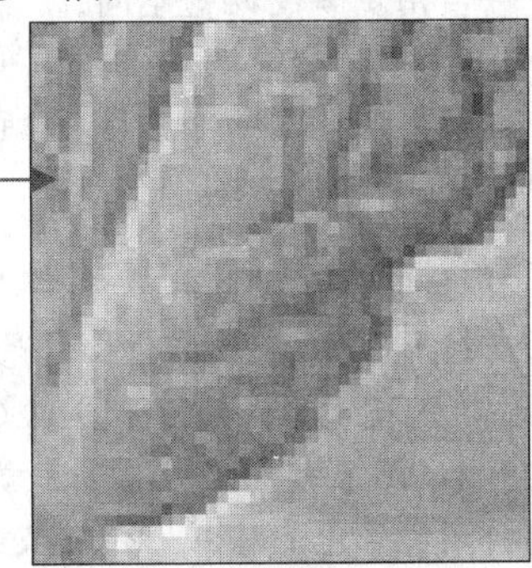

（局部放大后）

图 1-23　位图

1.6 图像分辨率

图像分辨率是指位图图像在每英寸上所包含的像素数量。图像分辨率与图像的精细度以及图像文件的大小有关。虽然提高图像的分辨率可以显著提高图像的清晰度，但也会使图像文件的大小以几何级数增长，因为文件中要记录更多的像素信息。

在实际应用中我们应合理地确定图像的分辨率，例如用于打印的图像的分辨率可以设置高一些（因为打印机有较高的打印分辨率）；用于网络图像的分辨率可以设置低一些（以免传输太慢）；用于屏幕显示图像的分辨率也可以设置低一些（因为显示器本身的分辨率不高）。

1.7 常用图像文件格式

图像文件有多种格式，在 Photoshop 中常用的文件格式有 PSD、JPEG、TIFF、GIF 和 BMP 等，用户在"文件"|"打开"或"文件"|"存储为"对话框中的文件类型下拉列表框中可以看见所需要的文件格式，如图 1-24 所示，下面我们来介绍一些常用的图像文件格式。

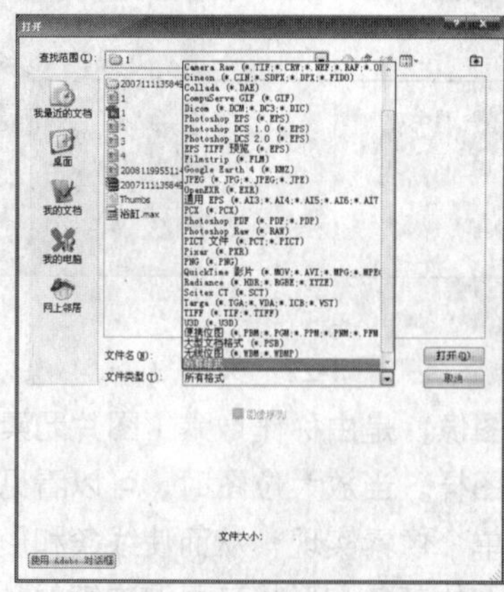

图 1-24 下拉列表框

- PSD（＊.PSD）、PDD 格式：这两种图像文件格式是 Photoshop 专用的图形文件格式，它有其他文件格式所不能包括的关于图层、通道及一些专用信息，也是惟一能支持全部图像色彩模式的格式。但是 PSD、PDD 格式保存的图像文件会比其它的格式保存的图像文件占用更多的磁盘空间。

小提示

如果需要将带有图层的 PSD 格式的图像转换成其他格式的图像文件，需要先将图层合并后再进行格式转换。

- BMP（＊.BMP；＊.RLE）格式：BMP 图像文件格式是一种标准的点阵式图像文件格式，支持 RGB、灰度和位图色彩模式，但不支持 Alpha 通道。
- GIF（＊.EPS）格式：GIF 图像文件格式是 CompuServe 提供的一种文件格式，将此格式进行 LZW 压缩，此图像文件就会只占用较少的磁盘空间。GIF 格式支持 BMP、灰度和索引颜色等色彩模式，但不支持 Alpha 通道。
- EPS（＊.EPS）格式：EPS 图像文件格式是一种 PostScript 格式，常用于绘图和排版。此格式支持Potoshop 中所有的色彩模式，在BMP 模式中能支持透明，但不支持 Alhpa 通道。
- JPEG（＊.JPG；＊.JPEG；＊.JPE）格式：JPEG 图像文件格式主要用于图像预览及超文本文档。要将图像文件变得较小，需将 JPEG 格式保存的图像经过高倍率的压缩后，但将会丢失部分不易察觉的数据，所以在印刷时不宜使用此格式。此格式支持 RGB、CMYK 等色彩模式。
- PCX（＊.PCX）格式：PCX 图像文件格式是由 Zsoft 公司的 PC Paintbrush 图像软件所支持的文件格式。此格式支持 RGB、Indexed Crayscale 以及 BMP 等色彩模式。

- PDF(*.PDF; *.PDP)格式：PDF 图像文件格式是 Adobe 公司用于 Windows、MacOS、UNIX(R)和 DOS 系统的一种电子出版软件格式，并支持 JPEG 和 ZIP 压缩。
- PICT（*.PCT；*.PICT）格式：PICT 图像文件格式广泛用于 Macintosh 图形和页面排版程序中。PICT 格式对于有大面积单色的图像非常有效。此格式支持带一个 Alpha 通道的 RGB 色彩模式和不带 Alpha 通道的 Indexed Color 等色彩模式。
- Scitex CT（*.SCT）格式：Scitex 公司的 CT（连续色调）格式用于 Scitex 计算机上的高档图像处理。存储为 SCT 格式的 CMYK 图像文件通常都非常大，常用于专业色彩作品或杂志广告中。Scitex CT 文件格式支持 CMYK、RGB 和灰度文件，但不支持 Alpha 通道。
- PNG（*.PNG）格式：作为 GIF 的免专利替代品开发的 PNG 格式常用于在 World WideWeb 上无损压缩和显示图像。与 GIF 不同的是，PNG 支持 24 位图像，产生的透明背景没有锯齿边缘。此格式支持带一个 Alpha 通道的 RGB、Grayscale 色彩模式和不带 Alpha 通道的 RGB、Grayscale 色彩模式。
- TIFF（*.TIF；*.TIFF）格式：TIFF 图像文件格式可以在许多图像软件之间进行数据交换，其应用相当广泛，大部份扫描仪都输出 TIFF 格式的图像文件。此格式支持 RGB、CMYK、Lab、Indexed、Color、BMP、Grayscale 等色彩模式，在 RGB、CMYK 等模式中支持 Alpha 通道的使用。

在工作时需要根据不同用途来选择保存图像文件的格式，下面介绍一些用于不同用途的图像存储模式。

- 印刷：TIFF、EPS。
- 出版物：PDF。
- Internet 图像：GIF、JPEG 及 PNG。
- 用于 Photoshop：PSD、PDD 及 TIFF。

1.8　疑难解析

通过前面的学习，读者应该了解了 Photoshop CS4 的发展史以及使用特点，还学会了启动与退出 Photoshop CS4 的方法，对 Photoshop CS4 的界面也有所了解。下面就读者在学习过程中遇到的疑难问题进行解析。

1　我在做特效字的时候，完成后总是有白色的背景，请问如何去掉背景色，使得只能看到字，而看不到任何背景？

新建一个透明层，在透明层上再建立文字层并完成效果，存储为 GIF 格式的图片，就能实现背景透明的效果。

2　Photoshop CS4 中既可做位图，又可做矢量图吗？

Photoshop CS4 里增加了画矢量图的功能，使用“钢笔工具”或“自定形状工具”即可绘制矢量图。

3　Photoshop CS4 如何输出 GIF 格式文件？

（1）保存文件时，选择文件类型为 GIF。

（2）透明 GIF 图形要存为网页格式，按 Ctrl+Alt+Shift+S 组合键，弹出“存储为 Web 和设备所用格式”对话框，单击“存储”按钮存储为 GIF 格式。

1.9 巩固与提高

本章介绍了 Photoshop CS4 的发展史及特点，介绍了如何启动与退出 Photoshop CS4，并对 Photoshop CS4 的工作界面做了大概介绍。要想更好地使用 Photoshop CS4 处理图像，那么对图像的基本概念（图像单位、位图与矢量图、图像分辨率和常用图像文件格式）也要有所了解。希望通过完成下面的习题，可以巩固前面学到的知识。

1. 单选题

（1）Photoshop 是 Adobe 公司旗下最为出名的图像处理软件之一。Adobe 公司成立于（　　）年，是美国最大的个人电脑软件公司之一。

A．1982　　B．1981　　C．1980　　D．1985

（2）要显示或隐藏工具属性栏，可通过选择（　　）命令来实现。

A．“窗口”|“属性栏”　　B．“窗口”|“选项”

C．“工具”|“属性栏”　　D．“窗口”|“工具”

2. 多选题

（1）Photoshop 可以对图像做各种变换，如（　　）、（　　）、（　　）、（　　）、镜像以及透视等。

A．倾斜　　B．放大　　C．缩小　　D．旋转

（2）Photoshop CS4 的工作界面主要由标题栏、（　　）、工具属性栏、（　　）、（　　）和状态栏等部分组成。

A．菜单栏　　B．浮动面板　　C．工具箱　　D．图像窗口

3. 判断题

（1）像素是图像的基本单位。图像中显示的最小部分是一个小矩形或方形点，每一个小矩形或方形点就是一个像素。（　　）

（2）选择“开始”|“所有程序”|“Adobe Photoshop CS4”命令，可以启动 Photoshop CS4。（　　）

第 2 章

Photoshop 的基本操作

在学习使用 Photoshop CS4 处理图片前，需要先了解并掌握一些图像处理的基础知识。本章将讲解文件的基本操作、图像的基本操作、辅助工具、查看图像以及变换图像等内容。

学习指南

- 文件的基本操作
- 图像的基本操作
- 辅助工具
- 查看图像
- 变换图像
- 颜色的设置

精彩实例效果展示 ▲

2.1 文件的基本操作

本节将介绍图像文件的新建、打开与关闭等操作方法。

2.1.1 新建文件

在 Photoshop 中要制作或者处理一个文件，首先必须新建一个空白文件，新建文件的操作步骤如下。

1 选择“文件”|“新建”命令，或按 Ctrl+N 组合键，弹出“新建”对话框，如图 2-1 所示。

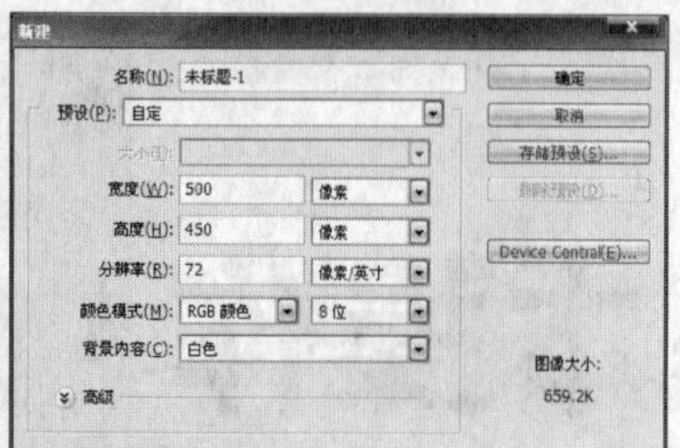

图 2-1 “新建”对话框

小提示

按住 Ctrl 键不放，在工作区域中双击鼠标左键也可以快速弹出“新建”对话框。

2 在对话框中设置文件的名称、大小、分辨率、颜色模式以及背景内容。

3 设置完成后，单击“确定”按钮，完成图像文件的新建操作。

小提示

平面设计中的印刷类图像文件的分辨率不得低于 300 像素/英寸，大型喷绘一般为 600 像素/英寸，分辨率越大图像文件所占空间就越大。

2.1.2 打开文件

在 Photoshop 中允许用户打开多个图像文件进行编辑，打开图像文件的操作步骤如下。

1 选择“文件”|“打开”命令，或按 Ctrl+O 组合键，弹出如图 2-2 所示的“打开”对话框。

图 2-2 “打开”对话框

2 在“查找范围”下拉列表框中找到要打开的文件所在位置，然后选择要打开的图像文件。

3 单击“打开”按钮，即可打开图像文件。

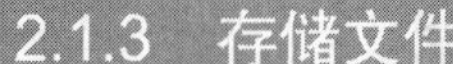

2.1.3　存储文件

新建文件之后或者对新建文件进行编辑后，必须对文件进行保存，以免因为误操作或者意外停电带来损失。保存文件的操作步骤如下。

1 选择“文件”|“存储”命令，或选择“文件”|“存储为”命令，弹出如图 2-3 所示的“存储为”对话框。

图 2-3　“存储为”对话框

2 选择存储文件的位置，在“文件名”文本框中输入存储文件的名称，在“格式”下拉框中选择存储文件的格式。

3 单击“保存”按钮，即可完成图像保存。

使用 Ctrl+S 组合键可以快速执行“存储”命令；使用 Shfit+Ctrl+S 组合键可以快速执行“存储为”命令。

2.1.4　关闭文件

图像文件制作完成后，对于不再需要的图像文件可以进行关闭，其操作方法如下。

1 选择“文件”|“关闭”命令或按 Ctrl+W 组合键。

2 若在关闭时未对编辑和处理过的图像文件进行存储，则会打开如图 2-4 所示的提示框，提示用户关闭前是否保存对图像文件的修改。

图 2-4　提示框

3 单击“是（Y）”按钮，图像被修改的部分将被存储在关闭后的文件中。

4 单击“否（N）”按钮，图像被修改部份将不被保存。

5 单击“取消”按钮，图像文件将不会被关闭，维持现状。

现场练兵

指定文件存储格式

本例将在Photoshop中打开图像文件，并将图像按指定的图像格式存储到指定的文件中，如图2-5所示。

图 2-5 素材图像

具体操作步骤如下。

1 按Ctrl+O组合键打开一张格式为.jpg的图像文件，如图2-6所示。

2 按Shift+Ctrl+S组合键，弹出“存储为”对话框，将文件保存到另外的路径文件中，将文件名更改为“树叶”，将格式保存为psd格式，如图2-7所示。

图 2-6 图像文件

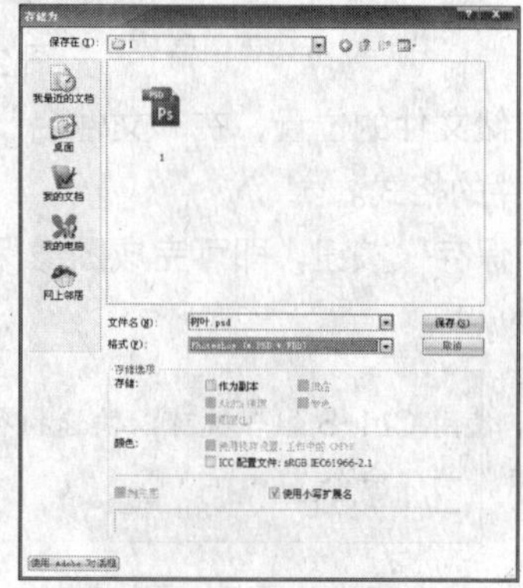

图 2-7 “存储为”对话框

3 单击“确定”按钮，图像文件以指定的名称及格式保存到指定的文件中。

2.2 图像的基本操作

图像的基本操作包括调整图像大小、画布尺寸以及旋转画布。下面将介绍图像的基本操作。

2.2.1 调整图像大小

通过调整图像尺寸可以改变图像的高度、宽度及分辨率等，调整图像尺寸的具体操作步骤如下。

1 选择“图像”|“图像大小”命令，弹出如图2-8所示的“图像大小”对话框。

2 勾选“重定图像像素”复选框，单击其右侧的小三角按钮，弹出下拉列表框，如图2-9所示。

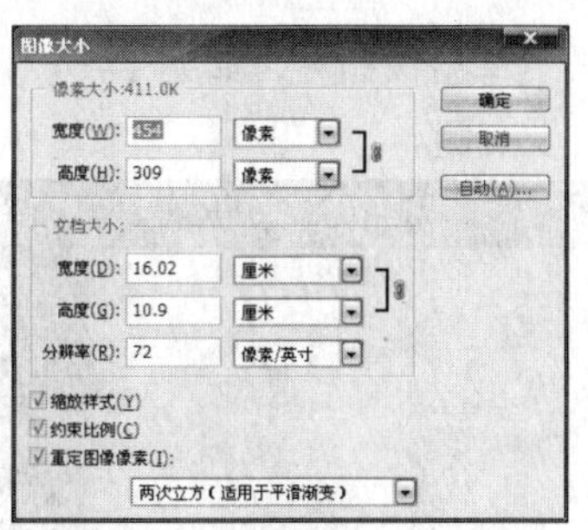
图 2-8　“图像大小”对话框

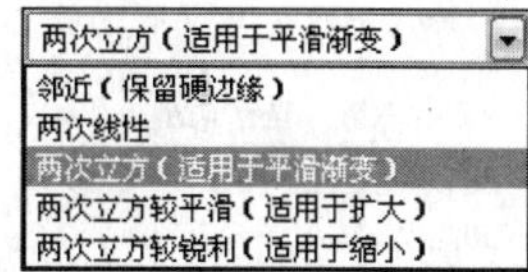
图 2-9　“重定图像像素”下拉列表框

其中各参数含义如下。

- 邻近：是最快但最不精确的方式，这种方式会造成锯齿效果。
- 两次线性：用于中等品质的方式。
- 两次立方：是最慢但又最精确的方式，得到的结果色调渐变最平滑。

3 在“像素大小”或“文档大小”栏中调整“宽度”和“高度”的值。

4 要保持图像宽度和高度当前的比例，勾选“约束比例”选项即可。

5 设置好需要的图像尺寸大小后，单击“确定”按钮，调整后的图像尺寸或分辨率将被应用到当前图像中。

2.2.2　调整画布的尺寸

在 Photoshop 中编辑图像，就像在一张画布上作画一样。通过“画布大小”命令，可以自由增加或减少现有图像画布的尺寸，但图像的大小将保持不变。其具体操作步骤如下。

1 打开需要调整的图像文件，如图 2-10 所示，选择“图像”|“画布大小”命令，弹出如图 2-11 所示的“画布大小”对话框。

图 2-10　打开图像文件

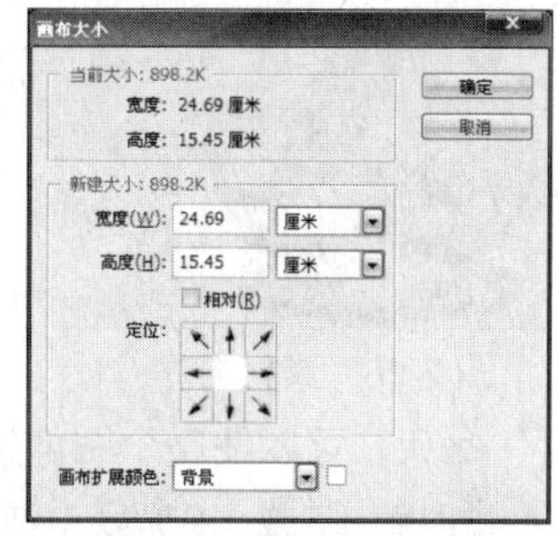
图 2-11　“画布大小“对话框

2 将画布的宽度和高度各增加 2cm，如图 2-12 所示，并将其定位在中央，然后单击“确定”按钮，效果如图 2-13 所示，增加的部分向四个方向进行扩展。

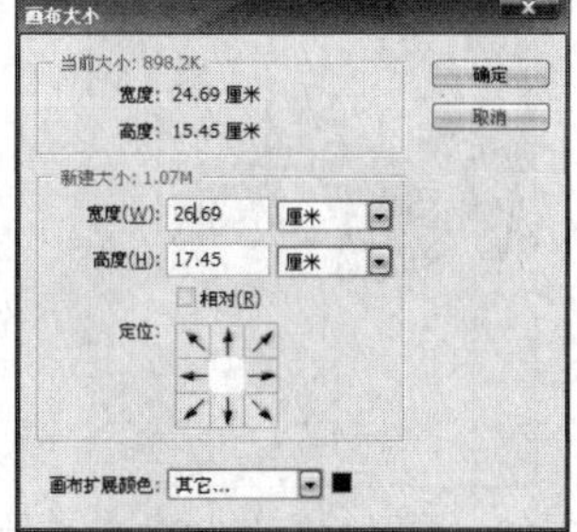
图 2-12　改变画布尺寸

图 2-13　改变后的画布

3 将画布的宽度和高度各增加 4cm，在“定位”选项中单击按钮，如图 2-14 所示，然后单击“确定”按钮，效果如图 2-15 所示，新增的区域位于右侧。

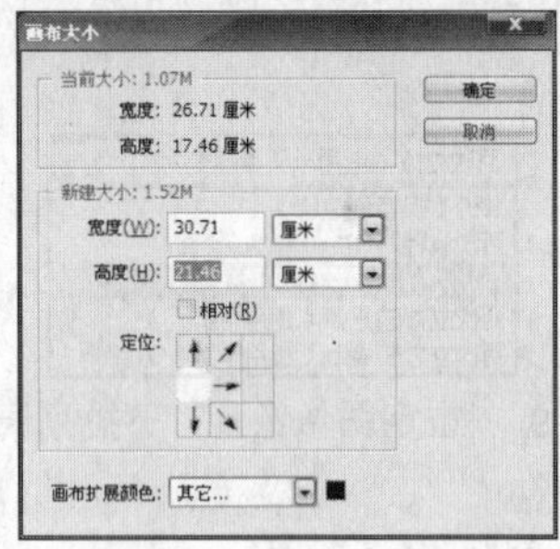

图 2-14　左移画布设置

图 2-15　左移后的画布效果

小提示

如果当前的图像处于透明背景的图层中，则添加的画布所处的区域将显示透明背景。

2.2.3　旋转画布

在 Photoshop 中，选择旋转画布命令可以对整个图像进行旋转和翻转操作。其具体操作步骤如下。

1 打开如图 2-16 所示的素材图片。选择“图像” | “图像旋转”命令，弹出如图 2-17 所示的旋转画布子菜单。

图 2-16　素材图片

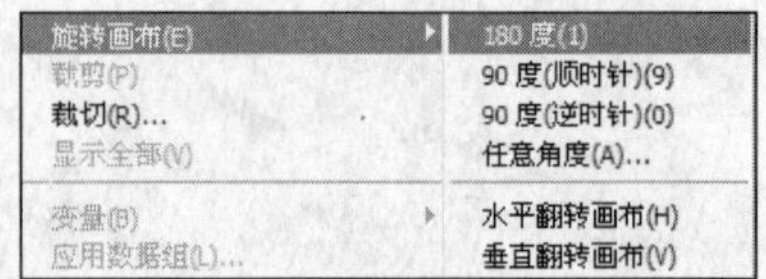

图 2-17　“旋转画布”子菜单

2 选择“180 度”命令，可以使整个图像旋转 180°，如图 2-18 所示。

3 选择“90 度（顺时针）”或“90 度（逆时针）”命令，可以使整个图像顺时针或逆时针旋转 90°，效果如图 2-19 所示。

图 2-18　旋转 180° 的效果

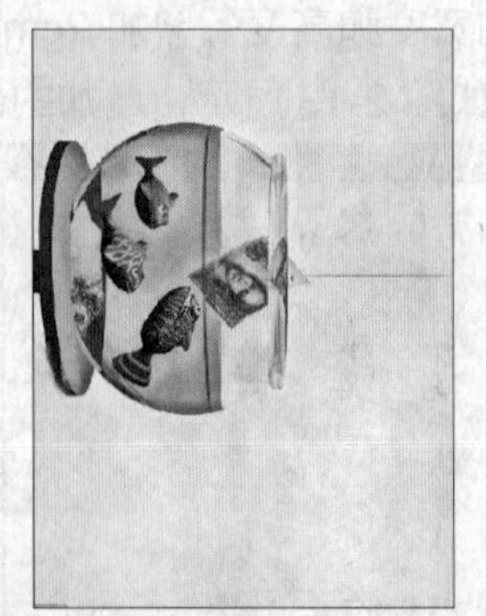

图 2-19　顺时针旋转 90° 的效果

4 选择“任意角度”命令将弹出如图 2-20 所示的对话框，在“旋转画布”对话框中的“角度”文本框中输入需要旋转的任意角度，再点选“度（顺时针）”或“度（逆时针）”设置旋转的方向，单击“确定”按钮后，图像即可按指定的角度和方向旋转，效果如图 2-21 所示。

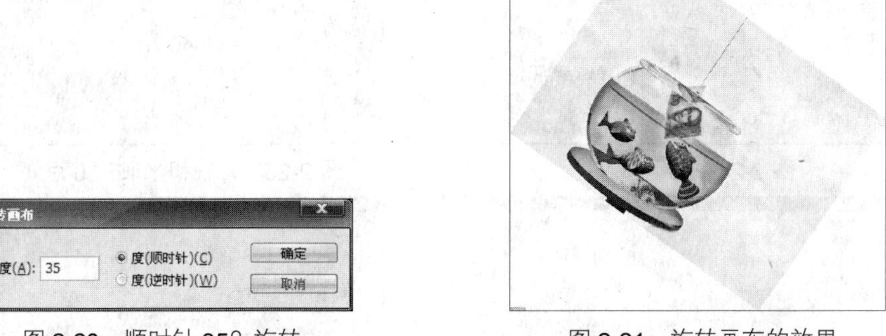

图 2-20　顺时针 35° 旋转　　　　图 2-21　旋转画布的效果

5 选择“水平翻转画布”命令，可以对图像进行水平翻转，效果如图 2-22 所示。

6 选择“垂直翻转画布”命令，可以对图像进行垂直翻转，效果如图 2-23 所示。

图 2-22　水平翻转画布效果

图 2-23　垂直翻转画布效果

2.3　辅助工具

Photoshop CS4 为用户提供了很多处理图像的辅助工具，它们大多在“视图”菜单中。这些工具对图像不起任何编辑作用，仅用于测量或定位图像，使图像处理更精确，并可提高工作效率。在编辑图像的过程中，为了使图像绘制得更精确，常常使用网格、参考线和标尺等辅助工具。

2.3.1　标尺

在能够看到标尺的情况下，标尺会显示在现用窗口的顶部和左侧。显示标尺的步骤如下。

1 要在图像窗口中显示标尺，可选择“视图”|“标尺”命令或者按 Ctrl+R 组合键，即可在打开的图像文件的左侧边缘和顶部显示标尺，如图 2-24 所示。

2 通过标尺可查看图像的宽度和高度的大小。将鼠标放到标尺的 X 轴和 Y 轴的 0 点处，如图 2-25 所示。

3 按住鼠标左键不放，拖拽光标到图像中的任一位置，如图 2-26 所示，松开鼠标左键，标尺的 X 轴和 Y 轴的 0 点就显示出当前鼠标指针移动到的坐标位置，如图 2-27 所示。

图 2-24　显示标尺

图 2-25　X 轴和 Y 轴的 0 点处

图 2-26　拖拽光标

图 2-27　坐标位置

标尺的默认单位是厘米（cm），如果需要用其他单位来表示，可以打开“预置”对话框对标尺单位进行设置，其操作步骤如下。

1 选择“编辑”|“首选项”|“单位与标尺”命令，如图 2-28 所示，系统将弹出“首选项”对话框，如图 2-29 所示。

2 在此对话框中，可以单击“单位”文本框右侧的三角按钮，打开下拉菜单进行一些单位设置，如像素、英寸、毫米以及百分比等。

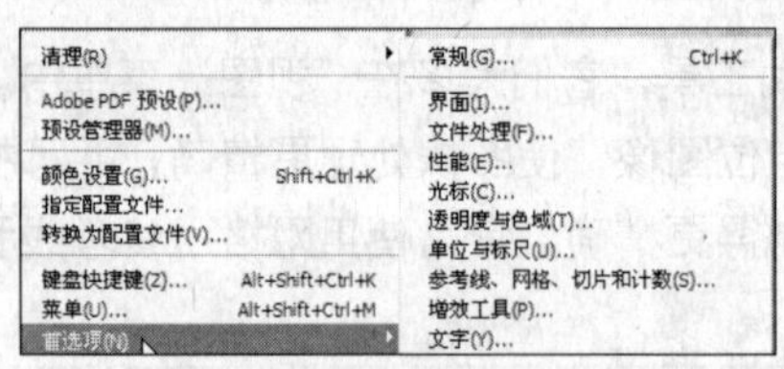

图 2-28　首选项下拉菜单

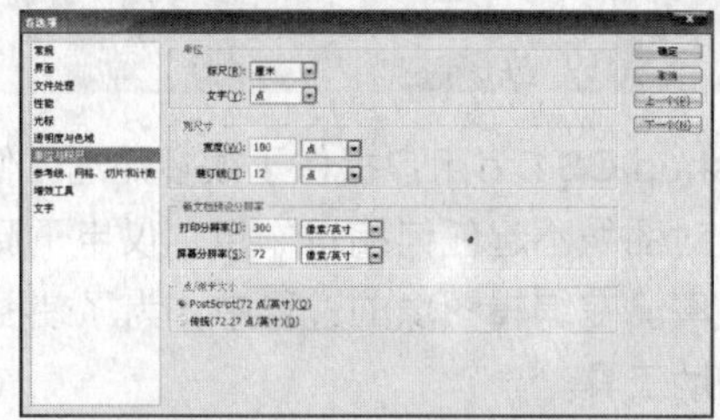

图 2-29　“首选项”对话框

小提示

双击标尺也可以打开“首选项”对话框，右击标尺可以直接设置标尺单位。

2.3.2　参考线

编辑图像时设置参考线可以使图像位置更精确。参考线是浮动在图像窗口上的直线，不会被打印输出。用户可以随意删除、移动或锁定参考线。建立参考线的操作步骤如下。

1 选择工具箱中的“移动工具”按钮或按住 Ctrl 键，移动鼠标使鼠标指针放在参考线附近，当鼠标指针变为双箭头⇕时，按住鼠标左键拖动参考线到所需要的位置再释放鼠标即可移动参考线，如图 2-30 所示。

2 选择“视图“|“新建参考线”命令，弹出“新建参考线”对话框，如图 2-31 所示。设置好后单击“确定”按钮，图像中出现新建的参考线，如图 2-32 所示。

图 2-30　移动参考线

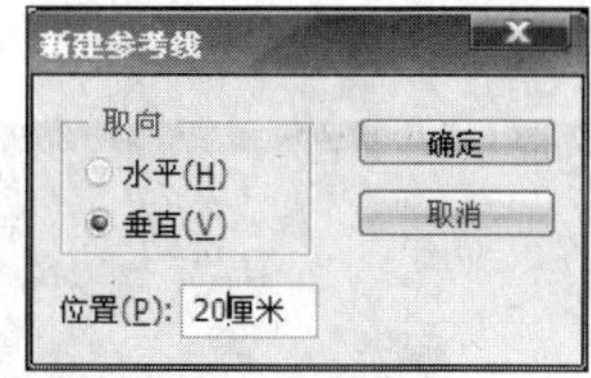

图 2-31　“新建参考线“对话框

3 需要隐藏参考线时，选择“视图”|“显示”|“参考线”命令即可。

4 如果需要删除单条的参考线，也可以用“移动工具”将参考线拖出图像窗口；要删除所有参考线，选择“视图”|“清除参考线”命令即可，如图 2-33 所示。

图 2-32　新建参考线

图 2-33　消除参考线后的效果

5 如要将参考线锁定，使其不能移动，选择“视图”|“锁定参考线”命令即可。

2.3.3　网格

在图像处理中设置网格可以使图像处理更精准。显示网格的操作步骤如下。

1 选择“视图”|“显示”|“网格”命令，即可在图像窗口中显示网格，如图 2-34 所示。

2 在默认状态下，网格显示为非打印直线。网格是由直线相互交叉后形成的不可打印的网点，常用于布置各个图像间的分布和排列。显示出网格后选择“视图”|“对齐网格”命令可以使移动对象自动对齐网格或在创建选择区域时自动沿网格位置进行定位选取。

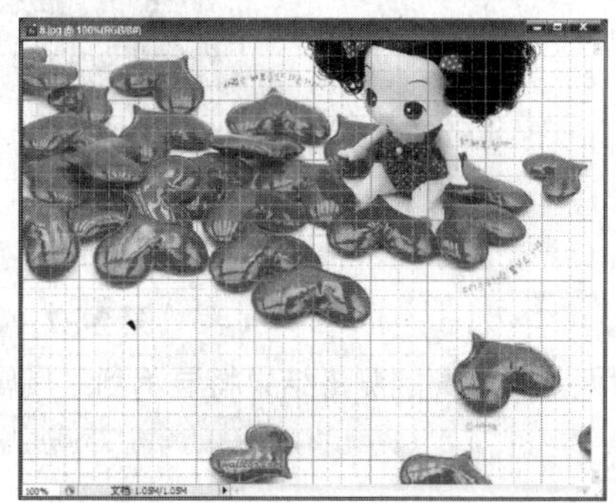

图 2-34　显示网格

2.3.4 设置参考线及网格

通过"首选项"对话框，可以设置参考线和网格的颜色、线型以及网格的密度等。操作步骤如下。

1 选择"编辑"|"首选项"|"参考线、网格和切片"命令，弹出如图 2-35 所示对话框。

2 在"参考线"项目下，打开"颜色"文本框的下拉列表框可以选择参考线的颜色。单击右侧的颜色框，弹出"选择参考线颜色"拾色器，如图 2-36 所示，在拾色器里可以随意选择参考线颜色。在参考线样式下拉列表中可以选择两种线型：直线和虚线。

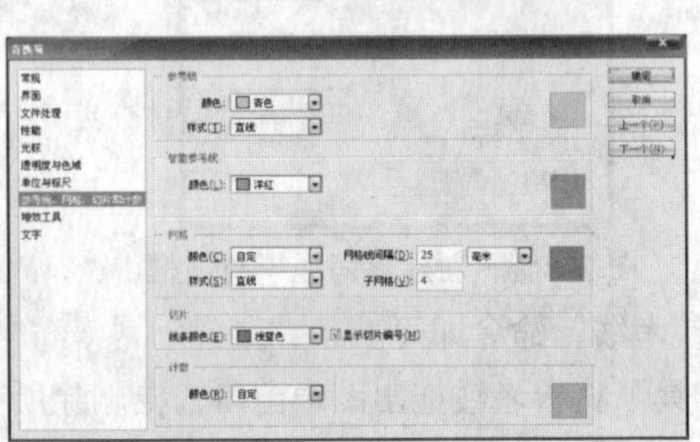

图 2-35 "首选项"对话框

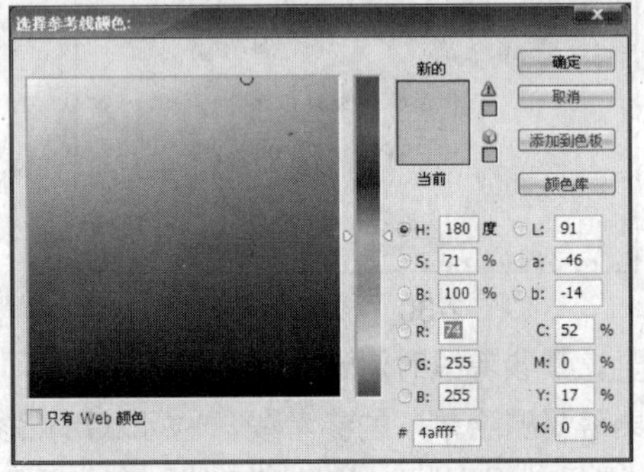

图 2-36 "选择参考线颜色"拾色器

3 在"首选项"对话框中可以对网格线的颜色、线形、网格线间隔以及子网格进行设置。设置颜色和线型同参考线的设置是相同的，只是网格多了一种网点线型供用户选择。在"网格线间隔"右侧的文本框中输入数值，单击右侧的三角按钮打开下拉列表选择单位，可以设置网格线间隔的大小。在"子网格"文本框中可以更改两网格线之间的子网格大小，在文本框中输入的数值为 1~100。

2.3.5 标尺工具

"标尺工具"可以用来非常方便地测量工作区域内任意两点之间的距离。操作步骤如下。

1 选择工具箱中的"标尺工具"，在拖动线段的起始位置按下鼠标左键并拖到线段的末尾处，会绘制一条线（这条线不会打印出来），如图 2-37 所示。

图 2-37 测量两点间的距离

2 这时两点间距离的测量结果将显示到工具属性栏和信息面板上。标尺工具属性栏如图 2-38 所示。

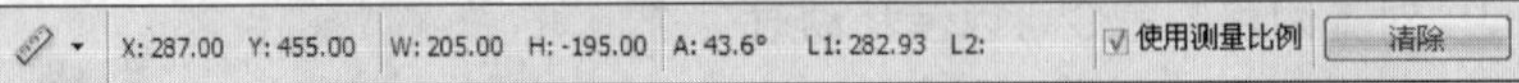

图 2-38 标尺工具属性栏

3 在标尺工具属性栏中，X、Y 这两个选项分别表示测量起点的横坐标和纵坐标的值。W、H 分别表示测量的两个端点之间的水平距离和垂直距离。A、D 分别表示线段与水平方向之间的夹

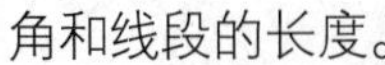

角和线段的长度。

2.4 查看图像

在编辑图像时，为了更好的操作，常常需要放大和缩小图像的比例。所以，在图像制作过程中必须控制好图像的显示，以便提高工作效率。

2.4.1 使用视图菜单缩放图像

选择“视图”菜单命令可以对图像进行缩放，“视图”菜单下子菜单中的缩放命令如图 2-39 所示。

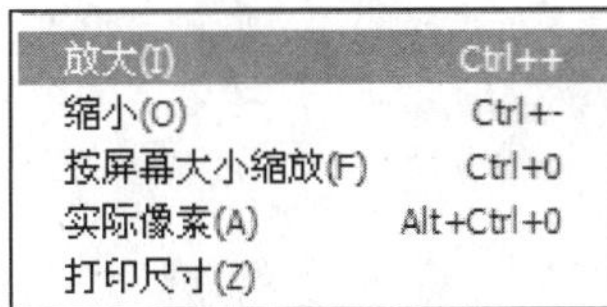

图 2-39 缩放命令

- 放大命令：将图像放大至下一个预设百分比。当图像到达最大放大级别时，此命令将无效。
- 缩小命令：将图像缩小到上一个预设百分比。当图像到达最大缩小级别时，此命令将无效。
- 按屏幕大小缩放命令：将图像满画布显示。
- 实际像素命令：显示图像的实际大小。
- 打印尺寸命令：显示图像的打印尺寸大小。

小提示 Ps

图像的显示比例与图像实际尺寸是有区别的。图像的显示比例是指图像上的像素与屏幕上的一个光点的比例关系，而不是与实际尺寸的比例。改变图像的显示是为了操作方便，而与图像本身的分辨率及尺寸没有关系。

2.4.2 使用缩放工具

选择工具箱中“缩放工具”可放大和缩小图像，也可使图像呈 100%显示。具体操作步骤如下。

1 选择“缩放工具”后，属性栏如图 2-40 所示。勾选“调整窗口大小以满屏显示”复选框，Photoshop 会在用缩放工具调整显示比例时调整窗口的大小，使窗口以最合适的大小显示在屏幕上。

图 2-40 缩放工具栏

2 在属性栏中按下“放大”按钮，在需要放大的图像上拖动鼠标，如图 2-41 所示，释放鼠标，放大图像局部后的效果如图 2-42 所示。

图 2-41　拖动鼠标

图 2-42　放大图像局部后的效果

3 按住 Alt 键，指针变为中心有一个减号的样子，如🔍，单击要缩小的图像区域的中心。每单击一次，视图便缩小到上一个预设百分比的大小，如图 2-43 所示。当文件到达最大缩小级别时，放大镜显示为🔍。

图 2-43　缩小图像

小提示 Ps

双击缩放工具，图像将以 100%的比例显示。

2.4.3　抓手工具

使用工具箱中的“抓手工具”🖑可以在图像窗口中移动图像，操作步骤如下。

1 图像放大显示，如图 2-44 所示。

2 选择“抓手工具”，在图像窗口中拖动鼠标可以移动图像，如图 2-45 所示。

图 2-44　原图

图 2-45　移动图像

2.4.4　使用导航器

Photoshop 中的导航器面板也可以用来查看图像窗口中的图像，操作步骤如下。

1 选择“窗口”|“导航器”命令，可以在操作界面中显示导航器面板，如图 2-46 所示。

2 将光标移至显示框内，光标变为手形，移动显示框可以观察到图像的各个部分。

3 在“显示比例”文本框中可以直接输入图像的显示比例值，改变图像显示比例，如图 2-47 所示。

图 2-46　导航器面板

图 2-47　输入显示比例值

4 单击显示比例滑块两边的“缩小显示比例”按钮或“放大显示比例”按钮，可以按一定比例缩小或放大显示图像。

2.4.5　切换屏幕显示模式

在 Photoshop 中可以使用屏幕模式选项在整个屏幕上查看图像，操作步骤如下。

1 单击“工具”面板中的“屏幕模式”按钮，再单击“标准屏幕模式 F”按钮，图像文件可以显示所有项目，如标题栏和菜单栏等，如图 2-48 所示。

2 单击“最大化屏幕模式 F”按钮，图像文件窗口不被其他部分遮挡，以最大化屏幕模式显示，如图 2-49 所示。

图 2-48　标准屏幕模式

图 2-49　最大化屏幕模式

3 单击“带有菜单栏的全屏模式 F”按钮，图像文件窗口以带有菜单栏的全屏模式显示。在此模式中只显示菜单栏、图像显示区域以及控制面板，不显示滚动条和标题栏，为用户在图像编辑过程中提供了较大的空间，如图 2-50 所示。

4 单击“全屏模式 F”按钮，图像文件按全屏模式显示，此模式中只显示工具栏，标题栏、菜单栏和滚动条都被隐藏，背景以黑色显示，方便用户清晰地观察图像效果，如图 2-51 所示。

图 2-50　带有菜单栏的全屏模式

图 2-51　全屏模式

2.5 变换图像

选择“自由变换”和“变换”命令可对选取的图像或当前图层中的图形进行缩放、旋转、斜切和扭曲等变换操作。

2.5.1 变换

变换图像是编辑图像时经常使用的操作，它可以对图像进行缩放、旋转、斜切、扭曲、和透视等多种变换。

选择“编辑”|“变换”命令，单击右侧的三角按钮，打开如图 2-52 所示的子菜单，这里提供了多个变换命令，通过选择相应的命令可以对图像进行更为精确的变换操作。各命令的作用如下。

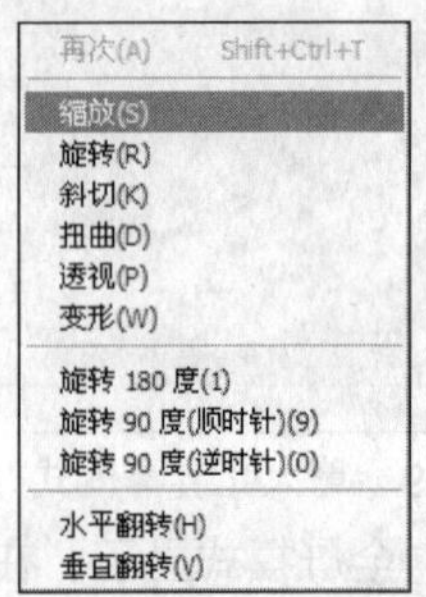

图 2-52　变换命令子菜单

小提示

在打开变换框后,在图像中右击也可以打开变换子菜单。

- 再次：可以重复执行上一次执行的变换操作。Shift+Ctrl+T 组合键是选择此命令的快捷键。
- 缩放：选择此命令后可以通过拖动变换框调整选区图像的大小，按 Shift 键不放调整，可以按固定比例缩放选区中图像的大小。
- 旋转：选择此命令后可以拖动变换框，可以使图像自由旋转。
- 斜切：选择此命令后可以拖动变换框，可以使图像作倾斜变形。
- 扭曲：选择此命令后可以任意拖动 4 个角点对图像进行自由调整。
- 透视：选择此命令后可以通过拖动变换框的角点，对图像进行等腰梯形或对顶三角形图像变换。

- 变形：执行此命令后图像中将出现控制手柄，拖动控制手柄可对图像做变形处理。
- 旋转 180 度：选择此命令后可以使选区中的图像旋转 180°。
- 旋转 90 度（顺时针）：选择此命令可以使选区中的图像顺时针旋转 90°。
- 旋转 90 度（逆时针）：选择此命令可以使选区中的图像逆时针旋转 90°。
- 水平翻转：选择此命令后可以使选区中的图像水平翻转。
- 垂直翻转：选择此命令后可以使选区中的图像垂直翻转。

变换图像具体操作步骤如下。

1 打开如图 2-53 所示的素材图片。

图 2-53　素材图片

2 选择“编辑”|“变换”命令，或按 Ctrl+T 组合键，图像四周出现变换框，可以通过拖动变换框上的节点或者使用属性工具栏对图像进行变换。

3 使用自由变换命令或变换命令，通过设置如图 2-54 所示的属性栏上的参数，可以随意而灵活的变换图像。

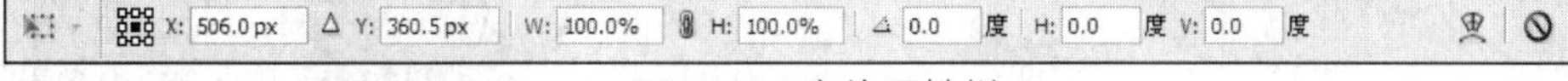

图 2-54　变换属性栏

4 在属性栏的 X 和 Y 文本框中输入数值，或将鼠标移至变换框内，可以移动图像，如图 2-55 所示。

5 在属性栏的 W（水平）和 H（垂直）文本框中输入数值，可以按照指定的百分比改变图像的大小，按单击按钮，可以按指定的比例同时保持长宽比。将鼠标放置于不同的节点上，鼠标光标会有、和三种不同的显示状态，拖动鼠标，可以按指定的方向扩大或缩小选区内图像，如图 2-56 和图 2-57 所示。

图 2-55　移动图像

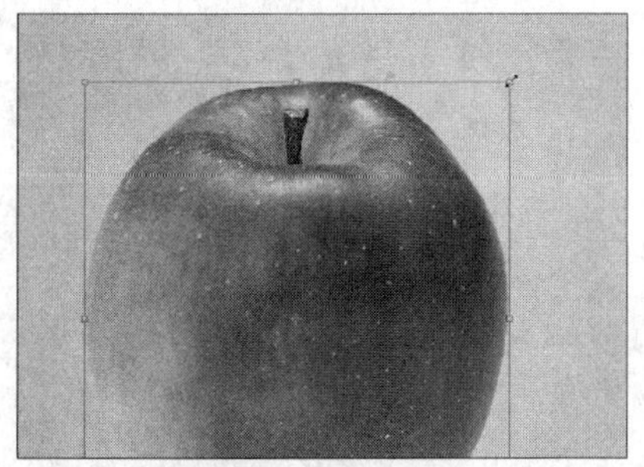

图 2-56　放大图像

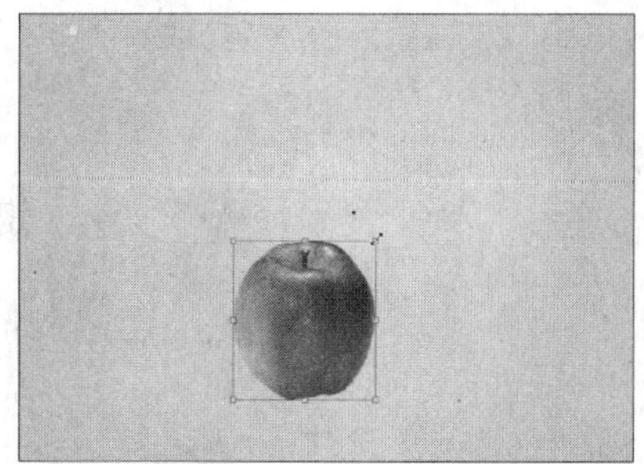

图 2-57　缩小图像

6 在属性栏的文本框中输入数值，可以按照指定的角度旋转图像，设置参数为正时，图像将按顺时针旋转，设置数值为负时，图像将按逆时针旋转。将鼠标指针放于控制点之外，鼠标指针变为↷状态，按住鼠标不放并拖动，可以随意旋转图像，如图 2-58 所示。

7 按住 Ctrl 键拖动节点，可以对图像进行自由变换，如图 2-59 所示。

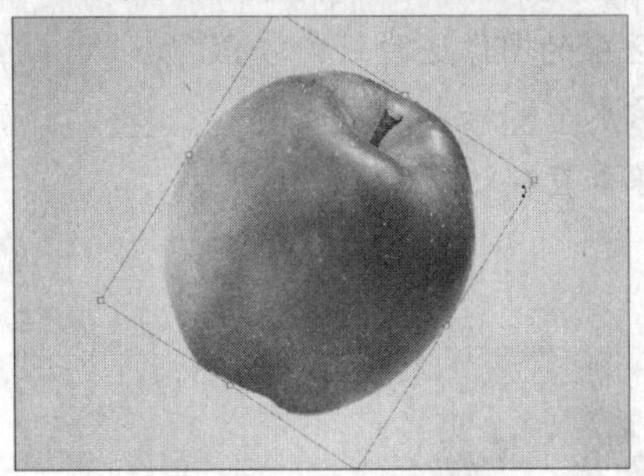

图 2-58　旋转图像

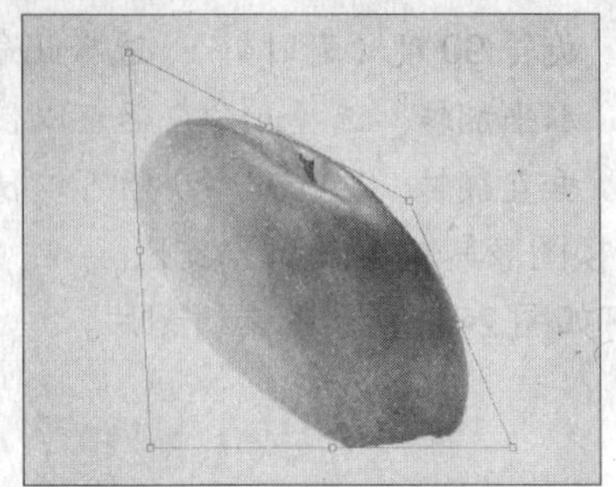

图 2-59　自由变换图像

8 在属性栏中按下图标的空白节点，可以设置变形中心的位置，按住 Alt 键拖动节点，可以相对中心产生扭曲变形。

9 按住 Ctrl+Shift 组合键拖动变换框中间的节点，可以对图像产生斜切变形，如图 2-60 所示。

10 按住 Ctrl+Alt+Shift 组合键拖动节点，可以对图像透视变形，如图 2-61 所示。

图 2-60　斜切变形

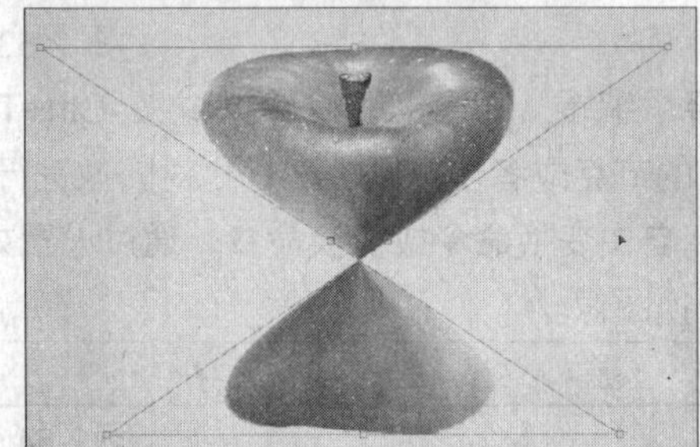

图 2-61　透视变形

2.5.2　自由变换

选择“编辑” | “自由变换”命令或按 Ctrl+T 组合键，将出现变换框，如图 2-62 所示。右击弹出的如图 2-63 所示快捷菜单，可以选择变换命令对图像进行变换。

小提示

自由变换图像完成后按 Enter 键应用变换，按 Esc 键放弃变换操作，图像返回原始状态。

图 2-62　出现变换框

图 2-63　弹出快捷菜单

立体图片

本例将使用自由变换命令制作立体图片效果，如图 2-64 所示。

图 2-64　立体图片效果

具体操作步骤如下。

1 按 Ctrl+N 组合键，设置“新建”对话框参数如图 2-65 所示。用黑色填充背景层。

2 打开如图 2-66 所示图像文件，拖入新建文件中，调整大小及位置，如图 2-67 所示。

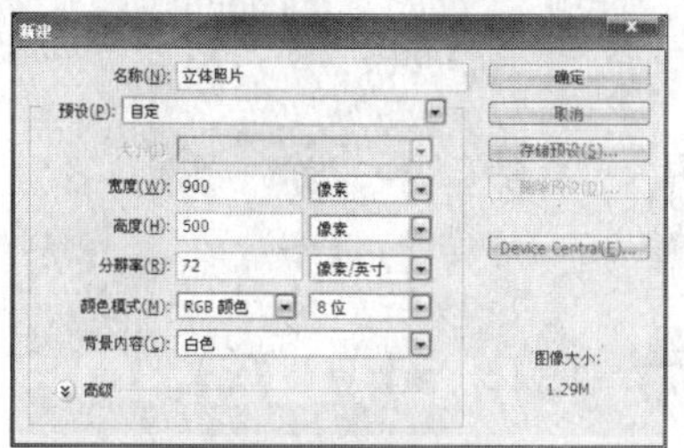

图 2-65　设置“新建”对话框参数

图 2-66　素材

3 将此层复制一个副本层，并进行垂直翻转，调整到如图 2-68 所示位置。

图 2-67　调整图像大小及位置

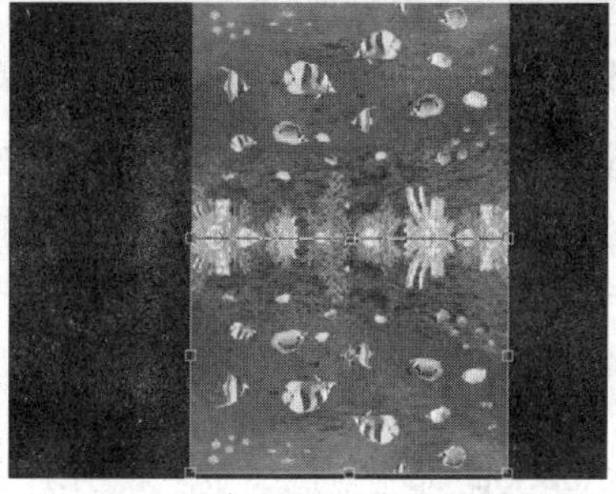

图 2-68　垂直翻转图像并调整位置

4 为副本层添加图层蒙版，在蒙版中创建由黑色到白色的垂直线性渐变，制作倒影效果，如图 2-69 所示。

5 打开一张素材图片，拖入当前工作区中，对其进行如图 2-70 所示透视变换。

图 2-69　倒影效果

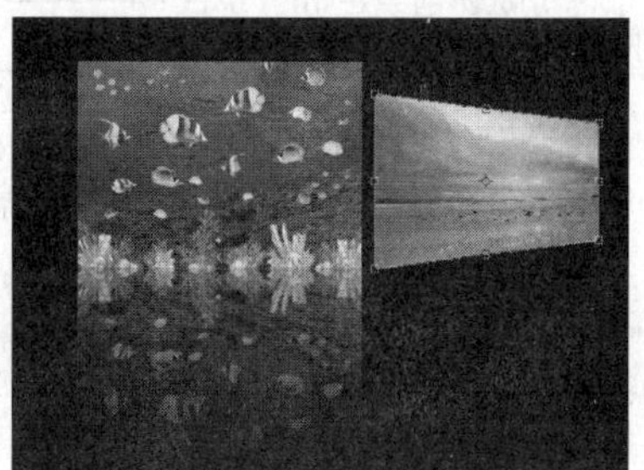

图 2-70　透视变换

6 复制该图层，垂直翻转此图层并进行透视变换，如图 2-71 所示。

7 用上述方法制作倒影效果，如图 2-72 所示。

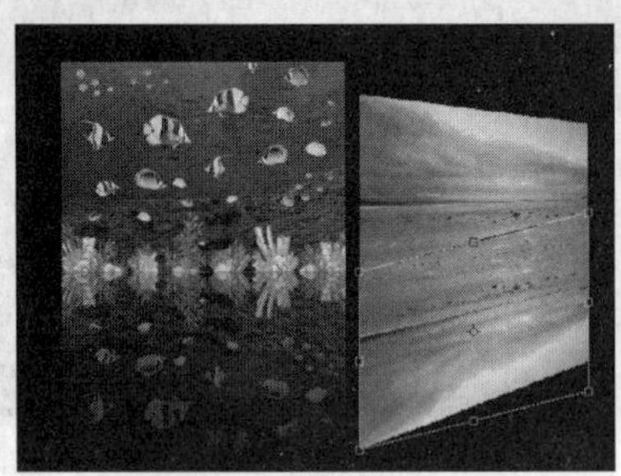

图 2-71　透视变换

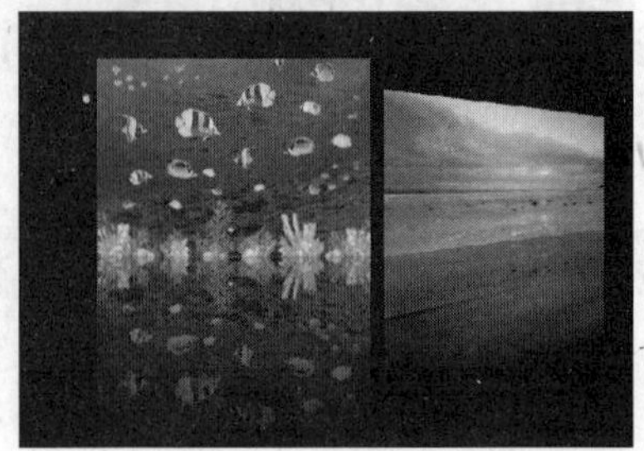

图 2-72　倒影效果

8 打开一张素材图片，制作如图 2-73 所示效果。

9 最后为立体照片添加文字，制作完成效果如图 2-74 所示。

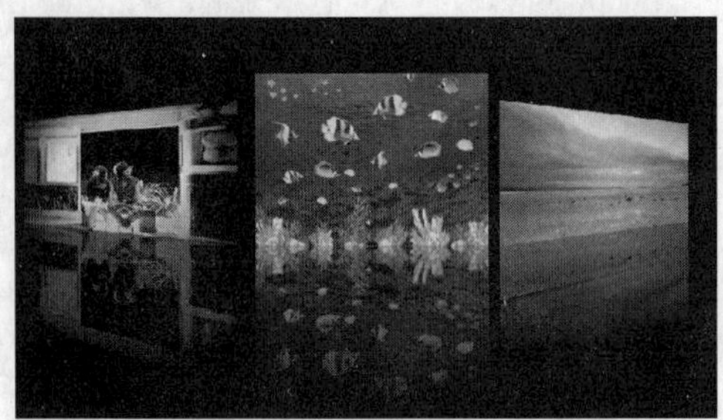

图 2-73　透视效果

图 2-74　最终效果

2.6　颜色的设置

在 Photoshop 中，一般都是通过前景色和背景色、拾色器、颜色面板以及吸管工具等方法来设置颜色。

2.6.1　了解前景色和背景色

在 Photoshop CS4 默认状态下，前景色为黑色，背景色为白色。在图像处理过程中通常要对颜色进行处理，为了更快速、高效地设置前景色和背景色，在工具箱中，提供了用于颜色设置的前景色和背景色按钮，如图 2-75 所示。单击切换前景色和背景色按钮，可以使前景色和背景色互换；单击默认前景色和背景色按钮，能将前景色和背景色恢复为默认的黑色和白色。

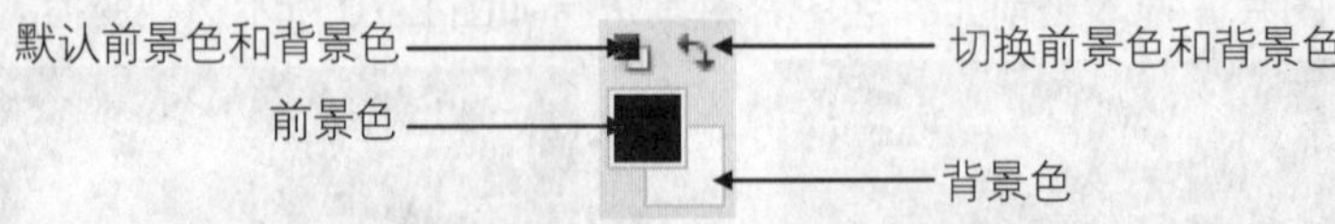

图 2-75　前景色/背景色按钮

2.6.2　拾色器

通过“拾色器”对话框可以设置前景色和背景色，可以根据自己的需要随意设置千万种颜色。具体操作步骤如下。

1 单击工具箱的前景色图标或背景色图标，即可弹出如图 2-76 所示的“拾色器”对话框。

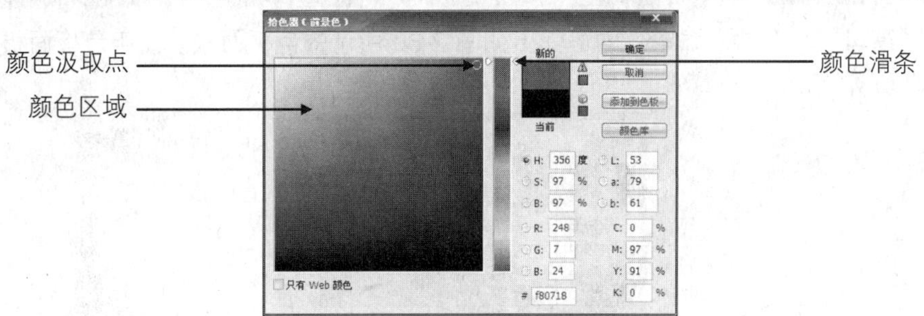

图 2-76　“拾色器”对话框

2 打开拾色器，拖动颜色滑条上的三角滑块，可以改变左侧主颜色框中的颜色范围，单击颜色区域，即可汲取需要的颜色，汲取后的颜色值将显示在右侧对应的选项中，设置完成后单击“确定”按钮即可。

2.6.3　使用颜色面板

选择“窗口”|“颜色”命令或按快捷键 F6 即可打开如图 2-77 所示的颜色面板。使用颜色面板设置颜色具体操作步骤如下。

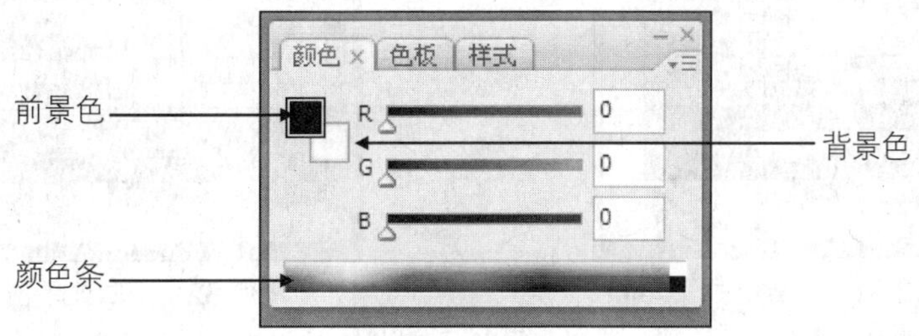

图 2-77　颜色面板

1 单击需要设置前景色或背景色的图标，再拖动右边的 R、G、B 三个滑块或直接在右侧的文本框中分别输入颜色值，即可设置需要的前/背景色颜色，面板左上角的前景色或背景色图标中将显示设置后的颜色。

2 鼠标移动到颜色条上，鼠标箭头会变成吸管形状，在需要的颜色处单击，此颜色值将显示到上方的颜色文本框中，如图 2-78 所示。

3 单击颜色面板右上方的三角按钮，在弹出的如图 2-79 所示的选项菜单中可使用不同的色彩模式设置前景色和背景色。

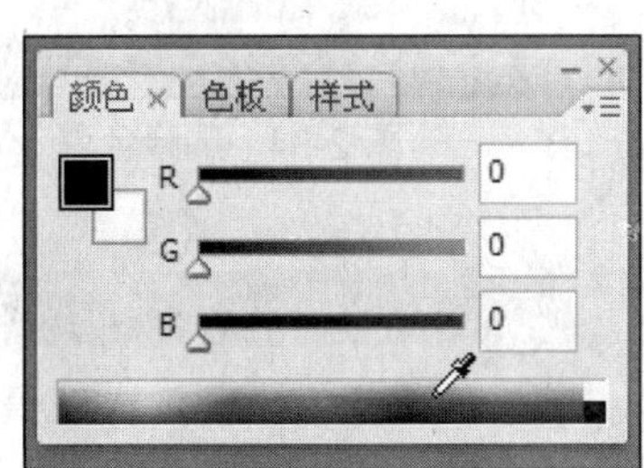

图 2-78　颜色面板

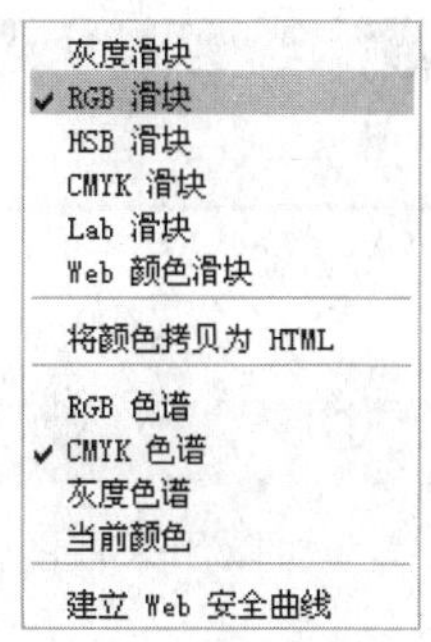

图 2-79　颜色选项菜单

2.6.4 使用色板面板

选择“窗口”|“色板”命令，即可弹出如图 2-80 所示的色板面板。使用色板面板设置颜色具体操作步骤如下。

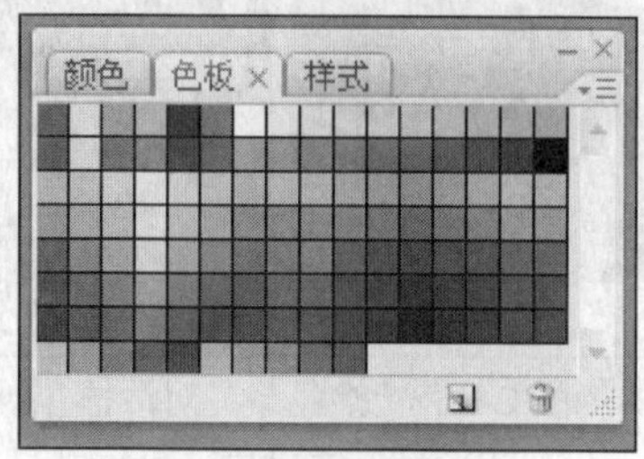

图 2-80 色板面板

1 当鼠标移动到色板面板中的色块上时，鼠标光标变为吸管形状，如图 2-81 所示。

2 在需要的色块上单击，此时吸取的颜色将为当前前景色，按住 Ctrl 键不放的同时再单击某个色块，则将该颜色设置为当前背景色。

3 将鼠标移动到色板空白颜色处，鼠标光标变为油漆桶形状，如图 2-82 所示，单击弹出如图 2-83 所示的“色板名称”对话框，单击“确定”按钮，即可将前景色添加到色板中。

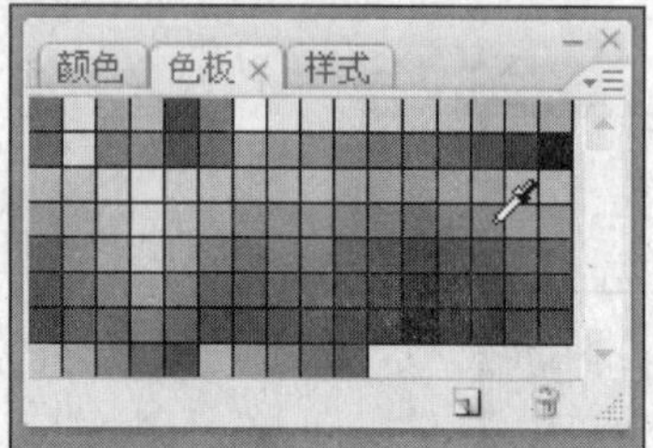

图 2-81 设置颜色

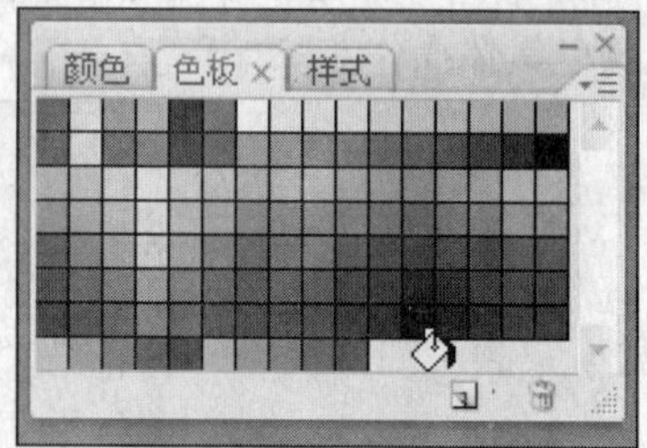

图 2-82 空白处单击

4 按住 Alt 键不放，将鼠标移到色块上，鼠标光标变为如图 2-84 所示的剪刀形状，单击将删除该色块。

5 色板面板中的色块可以根据用户的使用需要随时进行添加或删除，单击色板面板底部的“创建前景色的新色块”按钮，即可将当前前景色添加到色板面板中；用鼠标将不需要的色块拖到面板底部的按钮上释放即可。

图 2-83 “色板名称”对话框

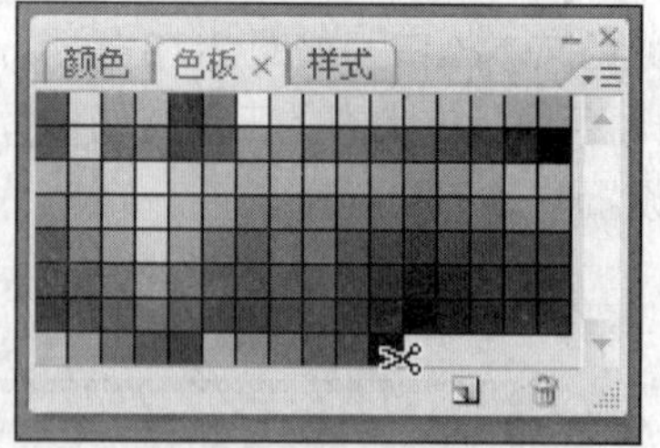

图 2-84 删除色块

2.6.5 吸管工具

“吸管工具”可以用来在图像中汲取样本颜色，并将汲取的颜色体现在前/背景色的色标中。具体步骤如下。

1 选择工具箱中的“吸管工具”，在图像中单击鼠标，单击处的图像颜色将成为当前前景色，如图 2-85 所示。

2 在图像中移动鼠标的同时，信息面板上也将显示出鼠标指针相对应的像素点的色彩信息，如图 2-86 所示。

图 2-85　吸取颜色

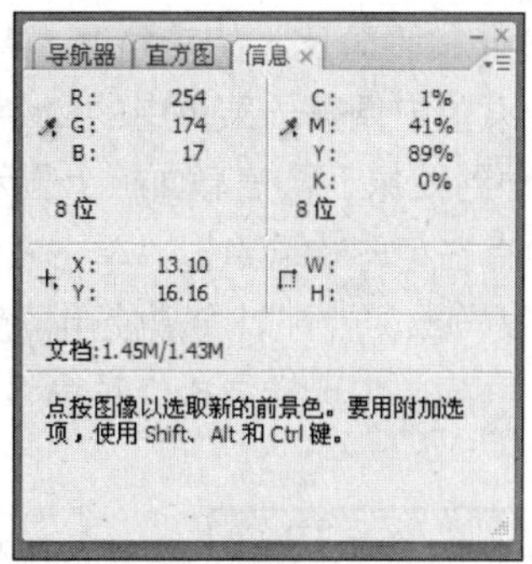

图 2-86　颜色信息

2.6.6　使用颜色取样器定义色彩检验点

“颜色取样器工具”用于在图像中定义色彩检验点，用户可以随时查看图像中的多个位置的颜色信息。

选择工具箱中“颜色取样器工具”，在需要设置色彩检验点的位置单击，如图 2-87 所示。在信息面板中将显示检验点的色彩信息，如图 2-88 所示。用颜色取样器工具可以添加最多 4 个色彩检验点。

图 2-87　检验点

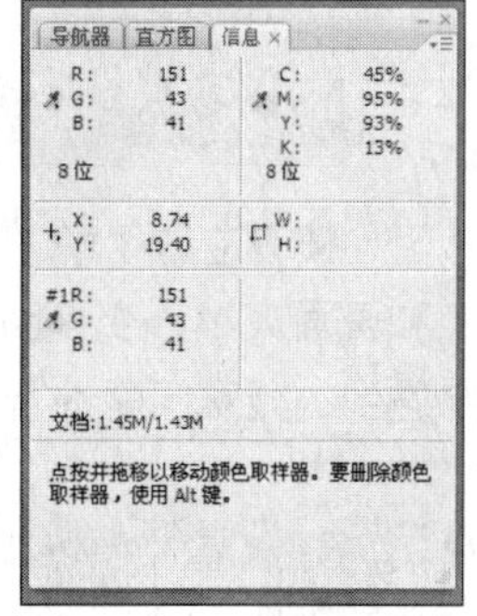

图 2-88　检验点的色彩信息

2.6.7　信息面板

“信息面板”可以用于显示当前位置的色彩信息，并根据当前使用的工具，显示其他信息，默认状态下的信息面板如图 2-89 所示。具体操作步骤如下。

1 使用工具箱中的任何一种工具在图像上拖动鼠标，“信息面板”上都会显示当前鼠标指针下的色彩信息。使用信息面板有一个好处是：不必真正改变图像的色彩模式，就可以直接查看同一个点在其他模式下的色彩信息。

2 使用“套索工具组”和“选框工具组”中的任一工具时，信息面板中的 X 和 Y 显示鼠标指针所在的位置相对于图像左上角的坐标值。

3 当图像中存在选定范围时，“信息面板”中的 W 和 H 分别显示选定范围的宽度和高度值。

4 使用“钢笔工具”、“直线工具”、“渐变填充工具”或移动选定范围时，信息面板上显示拖动时起点的 X 和 Y 坐标以及 X 坐标变量（ΔX）、Y 坐标变量（ΔY）、角度（A）和距离（D），如图 2-90 所示。

5 选择编辑菜单中的“自由变换”或“缩放”等变形命令时，“信息面板”上显示宽度（W）和高度（H）变化的百分比、旋转角度（A）、水平斜切角度（H）或垂直斜切角度（V）。

6 选择图像菜单中调整子菜单中的命令，对图像中的色彩、亮度和对比度参数进行调整时，将鼠标指针移动到图像上，信息面板上显示调整前后的对比色彩信息。

7 当图像中存在色彩检验点时，单击右上方的小三角按钮，打开下拉菜单，在“面板选项菜单”中取消颜色取样器，就可以隐藏使用“颜色取样器工具”添加的色彩检验点的信息。

8 在面板选项菜单中选择面板选项命令，将弹出如图 2-91 所示的对话框。在其中可以设置和保存颜色信息。

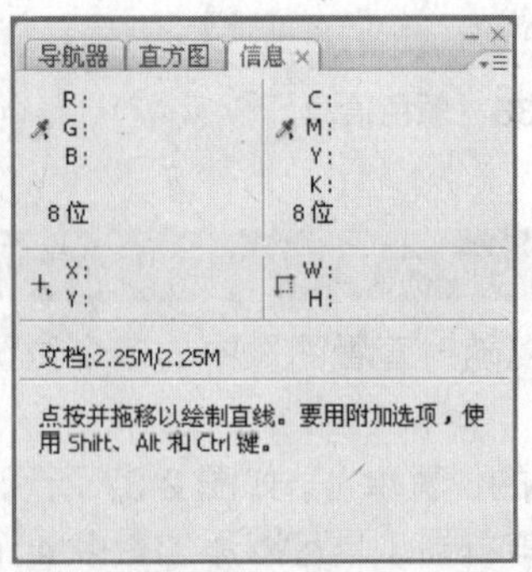

图 2-89 信息面板

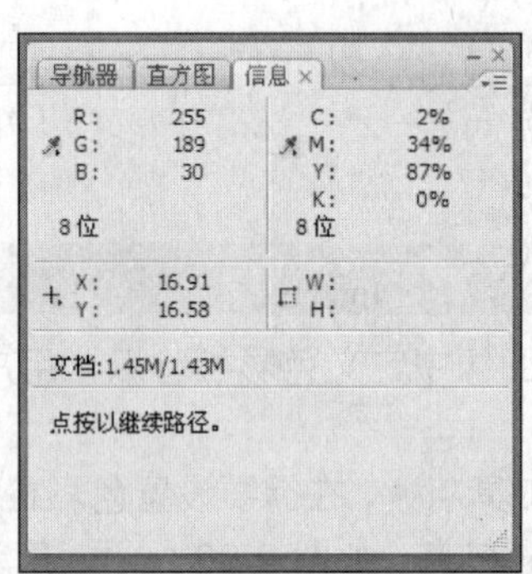

图 2-90 显示信息

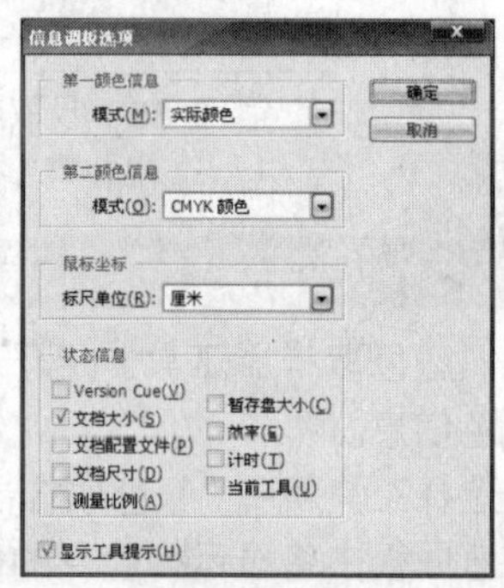

图 2-91 “信息面板选项”对话框

2.7 疑难解析

通过前面的学习，读者应该了解了 Photoshop CS4 的基本操作，比如新建、存储和关闭文件，调整图像和画面大小，变换图像，颜色的设置等操作方法及技巧。下面就读者在本章学习的过程中遇到的疑难问题进行解析。

1 “剪切”和“复制”之间有什么区别？为什么执行这两个操作之后，还要选择“粘贴”命令才能完成操作？

两者之间不同的是：选择“剪切”命令，源图像选区中的图像被删除；而执行“复制”命令，不会对源图像产生任何影响。无论使用“剪切”还是“复制”命令，都将对象暂时保存在内存中，必须选择“粘贴”命令，才能将对象放在目标位置。

2 如果想要将一张平面图制作成包装盒效果，一般需要使用什么方法？

在 Photoshop CS4 中，变换命令可以对图像进行缩放、旋转、斜切、扭曲、翻转、透视等操作，因此，想要将平面图制作成包装盒效果，使用变换命令是最常用的方法之一。

3 选择“网格”命令就可以给图像添加网格效果了吗？

网格在图像处理中的功能是辅助精确作图，当使用其他软件打开图片或者打印图片时，网格并不会显示出来。因此，如果要制作网格效果图，就要使用画笔工具沿网格绘制直线，这样，保存或者打印图片时，才有网格效果。

2.8 上机实践

打开一副图像文件，使用颜色取样器工具，在需要设置色彩检验点的位置单击，在信息面板中将显示检验点的色彩信息，这样可以添加最多 4 个色彩检验点，如图 2-92 和图 2-93 所示。

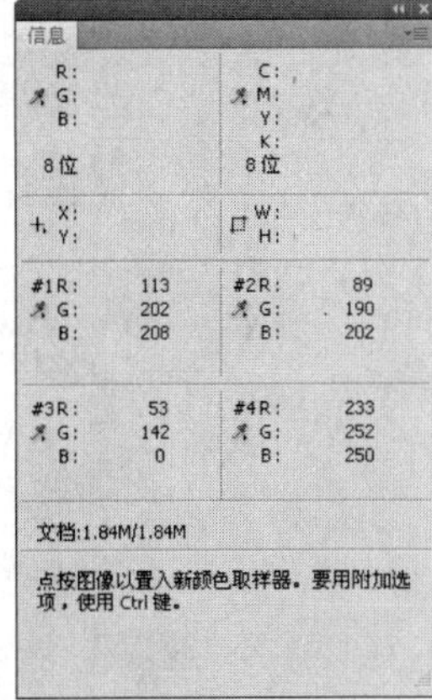

图 2-92　信息面板

图 2-93　图像颜色

2.9 巩固与提高

在学习 Photoshop CS4 之前，读者必须了解和掌握一些基本操作知识，如文件的基本操作、图像的基本操作、辅助工具的使用、如何查看图像以及变换图像等。要想得心应手地使用 Photoshop CS4 处理图像，读者应该认真学习本章，为以后的学习打下坚实的基础。

1. 单选题

（1）（　　）是由直线相互交叉后形成的不可打印的网点，常用于布置各个图像间的分布和排列。

A．网点　　B．格子
C．网格　　D．视图

（2）使用（　　）组合键可以快速选择“存储”命令。

A．F2　　B．Ctrl+S
C．Shift+D　　D．Shift+F4

2. 多选题

（1）按键盘上的（　　）键，可以将前景色恢复成默认颜色；按键盘上的（　　）键可以切换前景色和背景色。

A．D　　B．X　　C．V　　D．T

（2）选择（　　）和（　　）命令可对选取的图像或当前图层中的图形进行缩放、旋转、斜切和扭曲等变换操作。

A．倾斜　　B．自由变换
C．水平镜像　　D．变换

3．判断题

（1）吸管工具可以在图像中汲取样本颜色，并将汲取的颜色体现在前/背景色的色标中。（　　）

（2） 颜色取样器工具用于在图像中吸取颜色，用户可以随时吸取图像中的多个位置的颜色信息。（　　）

第3章

创建和编辑选区

对图像进行编辑时，创建和编辑选区是非常重要的操作，它可以将选区范围中的图像与图像的其他部分隔开，也可以对选定范围中的图像进行单独调整。下面将依次介绍创建和编辑选区的方法及技巧。

学习指南

- 创建选区
- 编辑选区
- 选区中图像的编辑

精彩实例效果展示 ▲

3.1 创建选区

在 Photoshop CS4 中创建选区的方法有多种，下面将介绍使用选框工具、套索工具、魔棒工具、色彩范围命令建立选区的方法。

3.1.1 选框工具

选框工具类工具主要用于获取规则的图像区域。右击“套索工具”按钮▭即可显示出 4 个选框工具，这 4 个选框工具分别是：“矩形选框工具”▭、“椭圆选框工具”◯、“单行选框工具”▭和单列选框工具▯。下面将分别介绍这 4 个选框工具的使用方法。

1. 矩形选框工具

矩形选框工具▭可以在图像中获取矩形选区，其操作步骤如下。

1 打开一张需要获取选区的素材图片，如图 3-1 所示。

2 选择工作箱中“矩形选框工具”，在图像内拖动鼠标，绘制出一个矩形选区，释放鼠标左键，矩形选区绘制完成，如图 3-2 所示。

图 3-1　素材图片

图 3-2　创建矩形选区

3 按住 Shift 键，在图像中拖动，创建出的选区将是一个正方形选区，如图 3-3 所示。

4 当用户按住 Alt 键时，在图像中拖动创建出的矩形选区将是从中心向外选取的矩形选区，如图 3-4 所示。

图 3-3　正方形选区

图 3-4　从中心向外选取

5 当用户想从正方形中心向外选取正方形区域时，按住 Shift+Alt 组合键，然后在图像中拖动即可进行绘制。

当选中矩形工具后，其属性栏如图 3-5 所示。下面将分别介绍工具栏中各选项的使用方法。

图 3-5　“矩形选框工具”属性栏

- 快捷工具按钮：单击此按钮可以打开工具箱的快捷菜单。
- 图标按钮：这四个按钮分别表示创建新选区、增加选区、减少选区以及交叉选区。
- 羽化值 羽化: 20 px ：此选框用于设置选区的羽化属性。羽化选区可以模糊选区边缘的像素，产生过渡效果。羽化宽度越大，则选区的边缘越模糊，选区的直角部分也将变得圆滑，这种模糊会使选定范围边缘上的一些细节丢失。在羽化后面的文本框中可以输入羽化数值设置选区的羽化功能（取值范围在 0~250px 之间）。设置羽化值为 20 时，选区如图 3-6 所示。
- 消除锯齿 ☑消除锯齿：勾选此复选框后，选区边缘的锯齿将消除，此选项在椭圆选区工具中才能使用。
- 样式 样式: 正常 ：此选项用于设置选区的形状。单击右侧的三角按钮，打开下拉列表框，可以选取不同的样式。其中，“正常”选项表示可以创建不同大小和形状的选区；选择“固定长宽比”选项可以设置选区宽度和高度之间的比例，并可在其右侧的“宽度”和“高度”文本框中输入具体的数值；若选择“固定大小”选项，表示将锁定选区的长宽比例及选区大小，并可在右侧的文本框中输入一个数值。
- 调整边缘... ：单击此按钮，弹出如图 3-7 所示“调整边缘”对话框，在其中可以调整半径、对比度以及平滑等参数，创建的选区也随之改变。

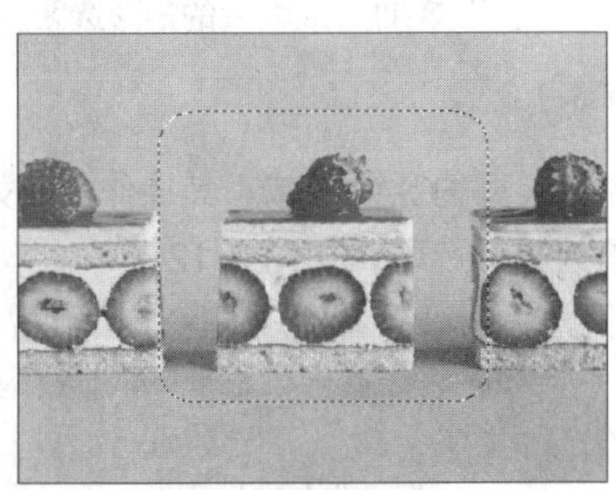

图 3-6　羽化矩形选区

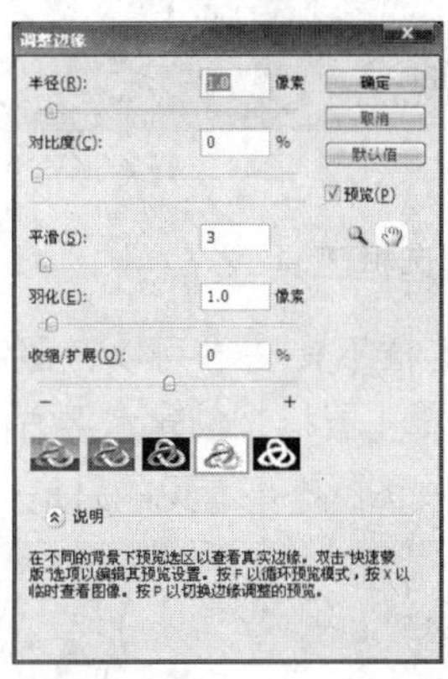

图 3-7　“调整边缘”对话框

2. 椭圆选框工具

“椭圆选框工具”用于创建椭圆形的选区，其操作步骤如下。

1 选择工作箱中“椭圆选框工具”，将鼠标移到图像内，在需要获取选区的位置拖动，绘制出一个椭圆选区，如图 3-8 所示。

2 按住 Shift 键，在图像中拖动，创建出的选区将是一个圆选区，如图 3-9 所示。

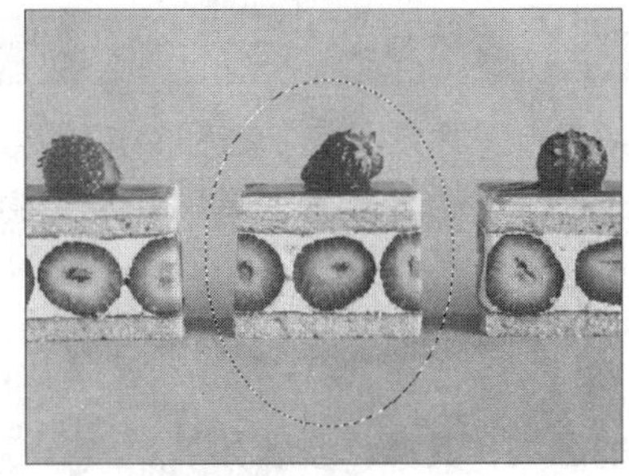

图 3-8　椭圆选区

图 3-9　圆选区

小提示 Ps

椭圆选框工具的工具属性栏中各选项的使用方法和矩形选框工具属性栏中各选项的使用方法基本相同。

3. 单行选框工具

"单行选框工具"可以在图像中选取出 1 个像素的横线区域。其操作步骤如下。

1 在图像中单击，创建垂直方向只有 1 个像素的矩形选区，如图 3-10 所示。

2 在通常的视图状态下看见的只是一条直线，将视图放大，可以看到矩形区域，如图 3-11 所示。

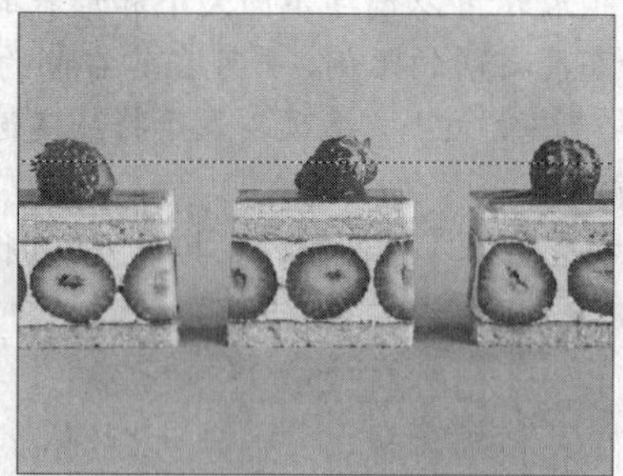

图 3-10 单行矩形选区

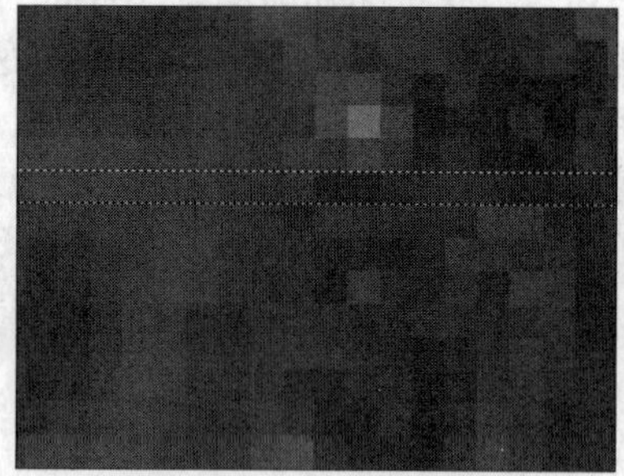

图 3-11 放大后的矩形选区

4. 单列选框工具

"单列选框工具"可以在图像中选取出 1 个像素宽的竖线区域。其操作步骤如下。

1 在图像中单击鼠标，创建水平方向只有 1 个像素的矩形选区，如图 3-12 所示。

2 在通常的视图状态下看见的只是一条直线，将视图放大，可以看到矩形区域，如图 3-13 所示。

图 3-12 单列矩形选区

图 3-13 放大后效果

3.1.2 套索工具

"套索类工具"主要用于获取不规则的图像区域。右击"套索工具"按钮，即可显示出 3 种套索工具，这 3 种套索工具分别是："套索工具"、"多边形套索工具"和"磁性套索工具"。下面将分别介绍这 3 种套索工具的使用方法。

1. 套索工具

"套索工具"可以在图像中选取形状比较复杂的区域，其操作步骤如下。

1 打开一张需要获取选区的图像文件，如图 3-14 所示。

2 选择工具箱中“套索工具”，按住鼠标左键，沿着需要绘制的图像的边缘拖动鼠标，绘制完成释放鼠标左键，选区范围将闭合，如图 3-15 所示。

图 3-14　素材图片

图 3-15　创建不规则选区

小提示 Ps

在绘制选定区域之前，按住 Alt 键可以临时切换为多边形套索工具。

按住 Shift 键拖动鼠标创建选定范围，可以将新创建的选定范围添加到已经存在的选定范围中。

按住 Alt 键拖动鼠标创建选定范围，可以从已经存在的选定范围中减去与新创建的范围相交的区域。

2. 多边形套索工具

“多边形套索工具”可以用来在图像中精确地创建复杂轮廓的选定范围，其操作步骤如下。

1 打开一张需要获取选区的素材图片。

2 选择工具箱中“多边形套索工具”，然后在图像中单击作为绘制区域的起点，沿着需要创建选区的图像边缘拖动鼠标产生一条直线段。

3 当再次单击时，Photoshop CS4 就产生一个定位点，直线段将连接再次单击的点，如图 3-16 所示。

4 最后在重合点上单击，选定区域将闭合，如图 3-17 所示。

图 3-16　使用套索工具连接点

图 3-17　创建多边形选区

小提示 Ps

在选取多边形区域时，若按住 Shfit 键选取，可以按水平、垂直和 45° 方向选取图像区域，按住 Alt 键可以临时切换为套索工具。

3. 磁性套索工具

“磁性套索工具”可以称为“智能”选定范围绘制工具。此工具用于在被编辑的图像中自动捕捉高对比度边界，选取形状极不规则的区域，其操作步骤如下。

1 打开一张需要获取选区的素材图片。

2 选择工具箱中“磁性套索工具”，在需要进行选取的图像内单击确定一个起始点，然后沿着需要选取图像的边缘移动鼠标，系统将自动在设定的宽度内分析图像，从而精确选取图像区域边界，如图 3-18 所示。双击鼠标后，选定区域将闭合，如图 3-19 所示。

图 3-18　拖动鼠标

图 3-19　使用磁性套索工具获取选区

小提示 Ps

创建选定范围时，可以按下[键将磁性套索宽度减少 1 像素，按下]键磁性套索宽度将增加 1 像素。

当选中工具箱中“磁性套索工具”时，其属性栏如图 3-20 所示，下面将介绍工具栏中各选项的使用方法。

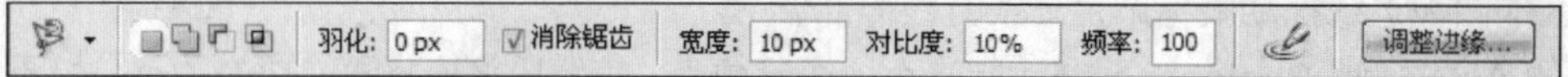

图 3-20　“磁性套索工具”属性栏

- 羽化和消除锯齿：这两项的使用方法和选区工具的使用方法是一样的，这里就不再重复讲述了。
- 宽度：此选项用于设定系统检测范围。系统将以鼠标为中心在设定的范围内选定最大的边缘，此值范围为 1~40 像素。
- 边对比度：此选项用于设置系统检测边缘的精度，值越大，该工具所能识别的边界对比度也就越高，此值的取值范围为 0%~100%。
- 频率：此选项用于设定创建关键点的创建频率（速度），值设置越大，系统创建关键点的速度越快，此参数设置范围为 0~100。
- ：此按钮用于使用绘图板画笔压力以更改钢笔宽度。

小提示 Ps

在使用“磁性套索工具”选取图像时在颜色相差较大的图像上可通过单击重新取样后再进行选取，同时若需选取的图像边缘较为明显，可以将“宽度”和“边对比度”值设置为较大的值。

选择直角物体

本例将使用“多边形套索工具”选择直角物体，变换背景，变换前后的效果如图 3-20 和图 3-21 所示。

（处理前）

（处理后）

图 3-21　变动前后的效果

本例的具体操作步骤如下。

1 按 Ctrl+O 组合键，打开如图 3-22 所示素材图片。

2 选择工具箱中“多边形套索工具”，单击盒子一角确定起点，再将其拖动到另一角，如图 3-23 所示。单击确定选择点。

图 3-22　素材图片

图 3-23　创建直线

3 用类似的方法沿着盒子创建选区，如图 3-24 所示。

4 按 Ctrl+O 组合键，打开如图 3-25 所示素材图片。

图 3-24　盒子选区

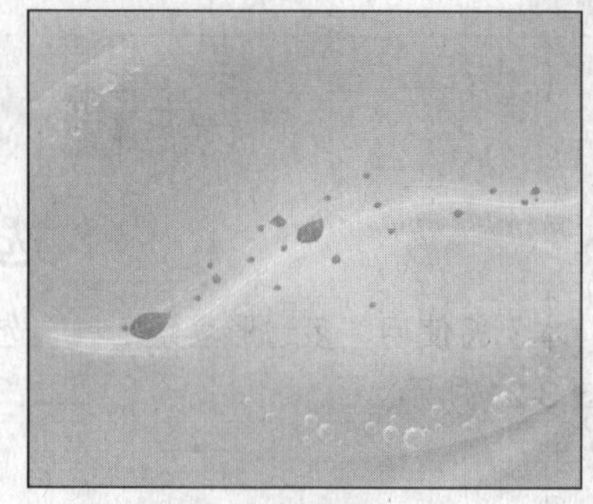

图 3-25　素材图片

5 使用“移动工具”将选区中的盒子拖入素材背景图片中，最终效果如图 3-26 所示。

图 3-26　最终效果

3.1.3　魔棒工具

魔棒工具组主要用于选择图像中相似颜色获取选区。右击“魔棒工具”按钮，即可显示出 2 个工具，这 2 个魔棒工具分别是“魔棒工具”和“快速选择工具”。下面将分别介绍这 2 个工具的使用方法。

1. 魔棒工具

“魔棒工具”可以用来选择图像中颜色相同的或颜色相近的区域。具体操作步骤如下。

1 选择工具箱中的“魔棒工具”，其属性栏如图 3-27 所示。

容差: 35　☑消除锯齿　☐连续　☐对所有图层取样　调整边缘...

图 3-27　“魔棒工具”属性栏

2 使用“魔棒工具”创建选区，用鼠标单击需要选取图像中的任意一点，附近与它颜色相同或相似的颜色区域将会自动被选取，如图 3-28 所示。

图 3-28　使用“魔棒工具”获取选区

小提示

当需要选定的选区建立后，按键盘上的←、→、↑和↓方向键，每按一次，系统将以 1 个像素为单位，按所指定的方向键方向使选区移动。当按住 Shift 键的同时按键盘上的←、→、↑和↓方向键时，每按一次，系统将以 10 个像素为单位，按所指定的方向键方向使选区移动。

3 在属性栏中，“容差”选项用于设置选取的颜色范围的大小，参数设置范围为 0~255。输入的数值越高，选取的颜色范围越大；输入的数值越低，选取的颜色与单击处图像的颜色越接近，范围也就越小。如图 3-29 和 3-30 所示为将容差值分别设置为较小值和较大值效果对比。

4 勾选“清除锯齿”复选框，可以消除选区边缘的锯齿。

5 勾选“连续”复选框，可以只选取相邻的图像区域。未勾选该复选框时，可将不相邻的区域也添加入选区。如图 3-31 和 3-32 所示为未勾选“连续”复选框和勾选“连续”复选框获取选区后的效果对比。

图 3-29　设置容差值“5”选区效果

图 3-30　设置容差值“50”选区效果

图 3-31　未勾选“连续”复选框

图 3-32　勾选“连续”复选框

6 当图像中含有多个图层时，勾选“对所有的图层取样”复选框，将对所有可见图层的图像起作用，未选中时，魔棒工具只对当前图层起作用。

2．快速选择工具

使用快速选择工具可以不用任何快捷键进行加选，拖动可以像绘画一样选择需要的区域，非常快捷神奇。其操作步骤如下。

1 打开一张需要获取选区的图像文件。

2 选择工具箱中“快速选择工具”，拖动黄色沙滩区域，即可选择图中沙滩部分，如图 3-33 所示。

3 单击按钮“调整边缘...”，弹出“调整边缘”对话框，可以对选区进行微调，调整如图 3-34 所示，单击“确定”按钮。

图 3-33　获取选区

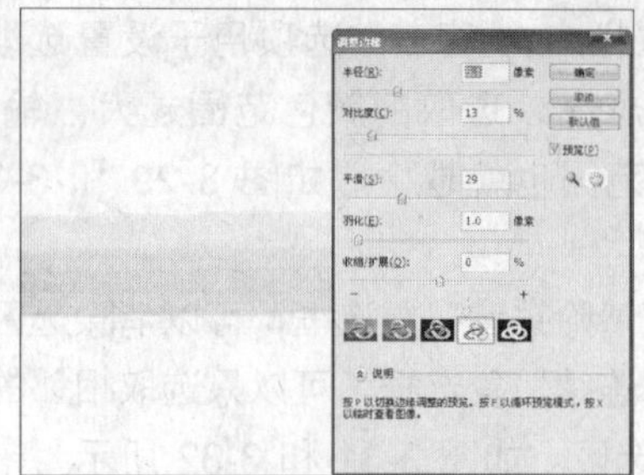
图 3-34　调整边缘

3.1.4　色彩范围

使用“色彩范围”命令可以在整个图像中选择指定的颜色或者在选择范围中选择指定的颜色，类似于魔棒工具的功能。具体操作步骤如下。

1 打开如图 3-35 所示素材图片。在需要选取的图像文件中选择“选择” | “色彩范围”命令，弹出如图 3-36 所示“色彩范围”对话框，其中各选项含义如下。

图 3-35　素材图片

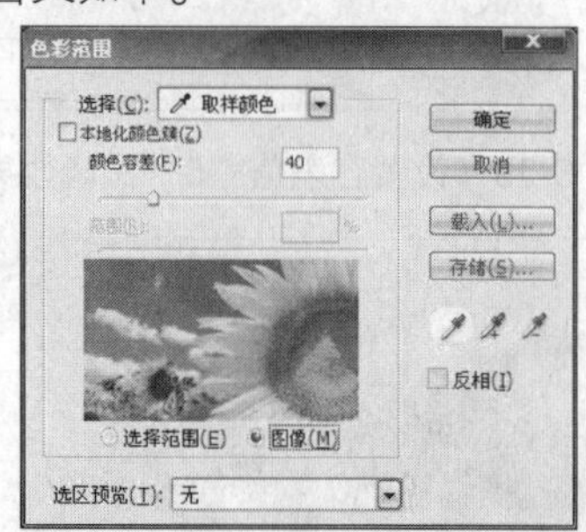

图 3-36　“色彩范围”对话框

- 本地化颜色簇：用于控制图像色彩扩散范围，勾选该选项后，“范围“选项即可使用。
- 范围：用于控制所选图像周围色域范围
- 选择：在其下拉列表框中可以选择一种取样颜色方式。其中，选择“取样颜色”表示可用吸管工具进行颜色取样，这时可将鼠标光标移到图像窗口或预览窗口单击需选取图像上的一点进行取样；选择“溢色”表示可选取某些无法印刷的颜色范围；其他颜色选项分别表示将选取图像中相应的色彩作为取样颜色。
- 颜色容差：用于设置选取相近颜色范围大小。可以直接输入数值或通过拖动滑块来控制值的大小，值越小，能够选择的颜色范围就越小。
- “选择范围”单选项：选中该单选项，可在预览窗口内以灰度的形式显示选取范围的预览图像。
- “图像”单选项：选中该单选项，将在预览窗口中显示整个图像的状态，以便于用户进行颜色取样。
- 选区预览：用于设置原图像窗口的选区预览方式。其中“无”表示不在原图像窗口显示选区预览；“灰度”表示以灰色显示未被选择的区域；“黑色杂边”表示以黑色显示未被选择的区域；“白色杂边”表示以白色显示未被选择的区域；“快速蒙版”表示以蒙版颜色显示未被选择的区域。
- “反相”复选框：勾选该复选框，可以实现选择区域与未被选择区域间相互切换。

- 吸管工具：吸管工具用于取样颜色；单击吸管工具后可以在图像窗口中需要添加到取样颜色的图像上单击，从而可以选取范围更大的图像；单击吸管工具后单击需要从选区范围内减去的颜色范围，从而可以自定义缩小选择范围。

2 调整颜色容差为 152，用吸管工具在花瓣上单击，如图 3-37 所示，在“选区预览”下拉列表框中选择“灰度”。

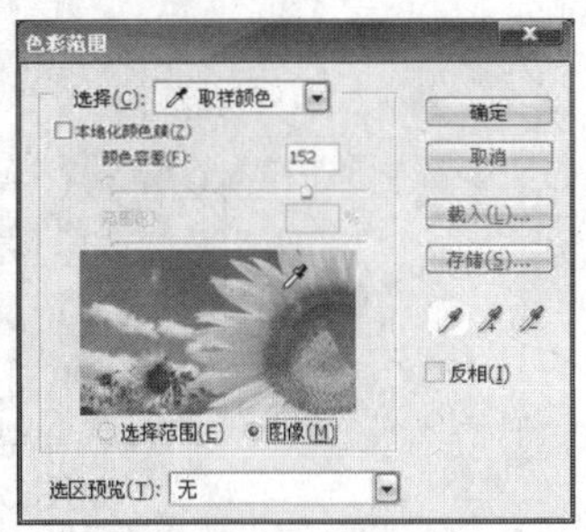

图 3-37　设置“色彩范围”参数

3 这时可以观察图像窗口中的不需要选取的图像是否已全部以灰度显示，如图 3-38 所示。

4 若选择图像不满意，可再次调整“颜色容差”值，完成后单击“确定”按钮，得到如图 3-39 所示的选区。

图 3-38　观察图像

图 3-39　获取选区

现场练兵

改变衣服颜色

本例将使用“魔棒工具”获取选区改变衣服颜色，效果如图 3-40 所示。

（处理前）

（处理后）

图 3-40　改变衣服颜色前后效果对比

本例的具体操作步骤如下。

1 按 Ctrl+O 组合键，打开如图 3-41 所示素材图片。

图 3-41　素材图片

2 选择“魔棒工具”，设置其属性栏参数如图 3-42 所示。

3 使用魔棒工具单击人物衣服部分，获取相似颜色选区，如图 3-43 所示。

4 按 Ctrl+B 组合键，弹出“色彩平衡”对话框，调整参数如图 3-44 所示。

容差: 35　消除锯齿　连续　对所有图层取样

图 3-42　设置“魔棒工具”属性栏参数

图 3-43　获取选区

5 单击“确定”按钮，选择“选择”|“取消选区”命令，衣服颜色改变，最终效果如图 3-45 所示。

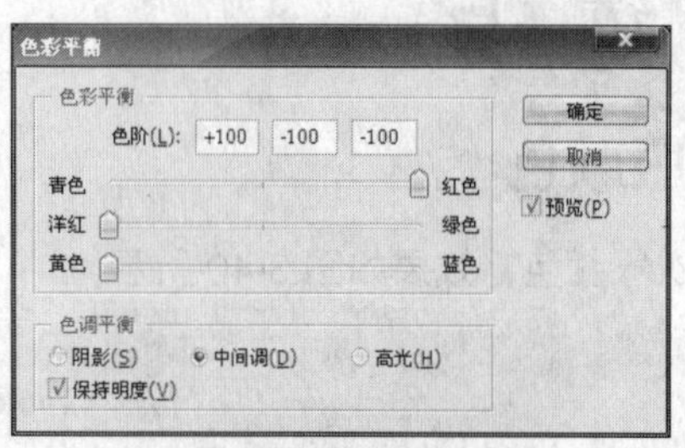

图 3-44　设置色彩平衡参数

图 3-45　改变衣服颜色最终效果

3.2 编辑选区

在选定选区后，常常需要根据不同需要对选区进行编辑，比如选区范围的增减、移动、选择、羽化、扩大等。下面将分别介绍编辑选区的操作方法。

3.2.1 移动选区图像

使用“移动工具”，可以将选区内容的图像随意移动到新的位置。具体操作步骤如下。

1 选择工具箱中“移动工具”，显示出移动工具属性栏，如图 3-46 所示，属性参数含义如下。

☑自动选择图层 Layer ☐显示变换控件

图 3-46　移动工具属性栏

- 自动选择图层：选择此选项，在具有多个图层的图像上单击鼠标，将自动选中鼠标单击位置所在的图层。
- 显示变换控件：选择此选项，选定范围四周将出现控制点，可以方便地调整选定范围中的图像尺寸。

2 在图像中创建选区后，选择工具箱中“移动工具”，将鼠标移动至选区范围内，拖动鼠标，可以将选区内容随意移动，如图 3-47 所示。

3 使用移动工具也可以将选区内的图像移动到另一个图像中，相当于完成了复制和粘贴的操作，如图 3-48 所示。

图 3-47　移动选区

图 3-48　将选区图像移到另外图像中

小提示

按住 Alt 键使用移动工具移动图像，可以为图像创建副本，如图 3-49 所示。

图 3-49　创建图像副本

3.2.2　增减选区和选择相交

可以通过选区工具属性栏中的按钮组来实现对选区的增减，下面我们分别介绍这四种选定范围的操作方法。

1 打开一张素材图片，选择“矩形工具”，单击属性栏上的“新选区” 按钮，创建选定范围，如图 3-50 所示。

图 3-50　创建选区

2 创建选区后，切换到任一选区创建工具状态下，单击属性栏上的“增加选区”按钮或按住 Shift 键不放，使用选取工具（选框工具、套索工具或魔棒工具中的任意一种）在已有选区的图像中拖动，如图 3-51 所示，释放鼠标，可以为已经存在的选定范围添加新的选定范围，如图 3-52 所示。

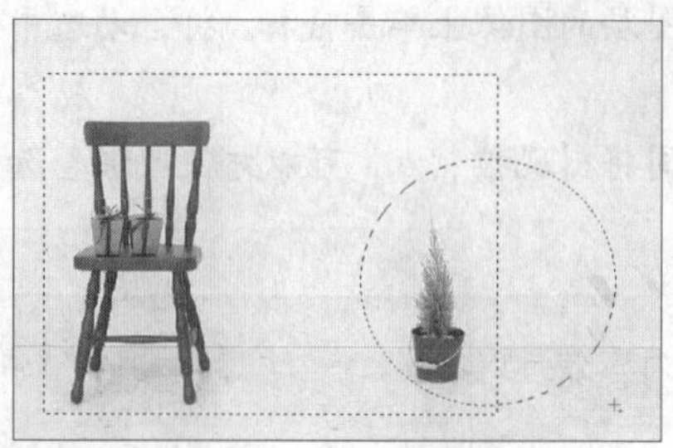
图 3-51　创建选区

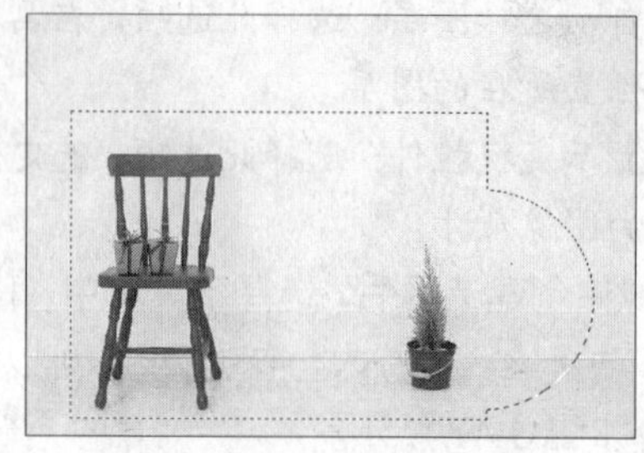
图 3-52　增加选区

3 创建选区后，切换到任一选区创建工具状态下，单击属性栏上的“减少选区”按钮或按住 Alt 键不放，在图像上拖动鼠标，此时使用选取工具可以从当前存在的选区中减去与新创建的选区相交的区域，如图 3-53 所示。

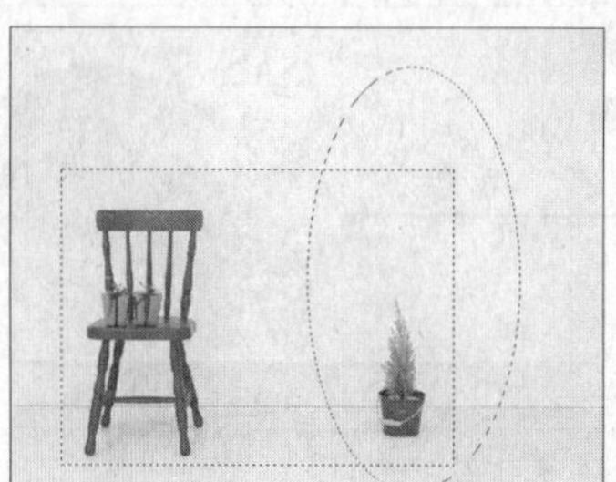
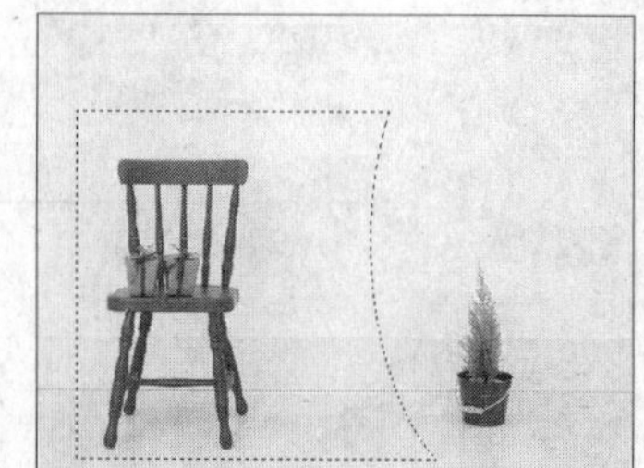
图 3-53　从选区减去相交区域

4 创建选区后，单击属性栏中的“交叉选区”按钮或按住 Alt+Shift 组合键，在图像中拖动鼠标，将只保留当前存在的选区与新创建的选区相交的区域，如图 3-54 所示。

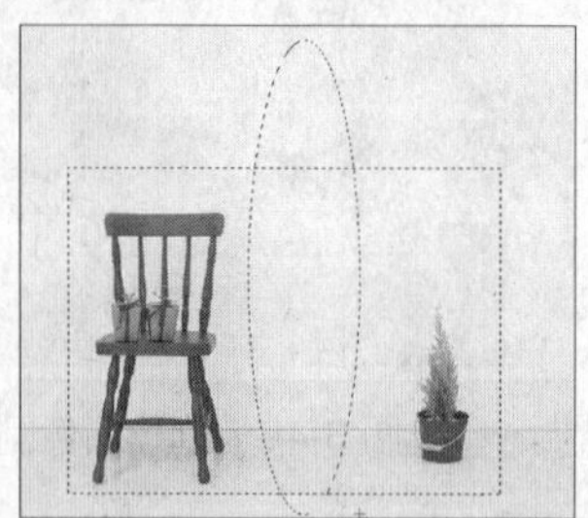

图 3-54　交叉选区

3.2.3　选取全部

选择“选择”|“全部”命令，或按 Ctrl+A 组合键可以选中整个图像，如图 3-55 所示。

图 3-55　选择全部

3.2.4　取消选择

在图像中创建选区后，选择“选择”|“取消选择”命令，或按 Ctrl+D 组合键即可取消选区。

3.2.5　重新选择

取消图像中的选区后，想要重新载入最后一次选择的选区，可以选择“选择”|“重新选择”命令，或按 Shfit+Ctrl+D 组合键即可。

3.2.6　反向选区

选区的反向命令常常用于选择纯色背景上的图像。当图像中已经存在选区，使用“反向”命令可以将选区和非选区进行互换，具体操作步骤如下。

1 打开如图 3-56 所示素材图片。

2 想要选取主体图像，选择工具箱中“快速选择工具”，选择黄色背景，如图 3-57 所示获取选区。

图 3-56　素材图片

图 3-57　选取背景选区

3 选择“选择”|“反向”命令或按 Ctrl+Shift+I 组合键反向选取，得到主体图像选区，如图 3-58 所示。

图 3-58　获取主体图像选区

3.2.7 修改选区

选择“选择”|“修改”命令，其子菜单中包括边界、平滑、扩展、收缩和羽化 5 个命令，如图 3-59 所示。

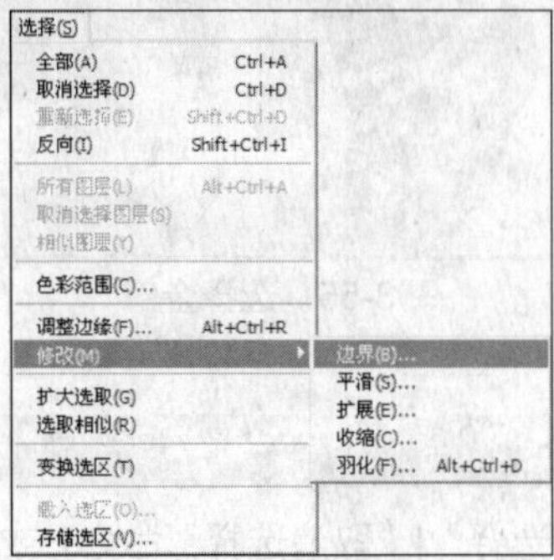

图 3-59 修改命令

1. 边界命令

1 打开素材图片，创建如图 3-60 所示选区。

2 选择“选择”|“修改”|“边界”命令，弹出“边界选区”对话框，设置宽度为“20”像素，如图 3-61 所示。设置参数后，系统将按照指定的像素值扩充选定的范围，产生一个包围选定范围的外框来代替原先的选定范围。单击“确定”按钮，边界效果如图 3-62 所示。

图 3-60 创建选区

图 3-61 “边界选区”对话框

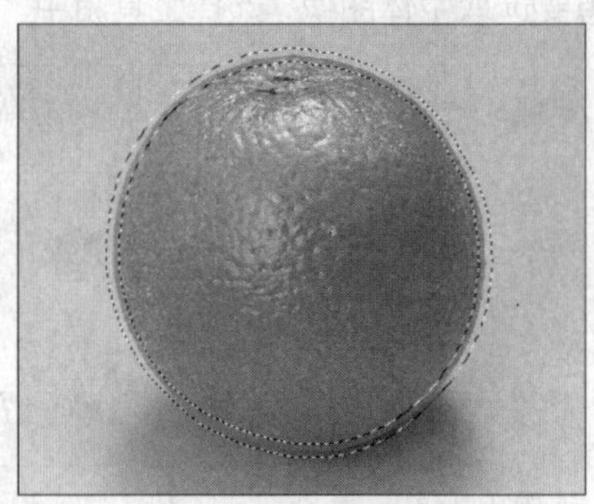

图 3-62 改变边界后选区效果

2. 平滑

1 创建如图 3-63 所示矩形选区。

2 选择“选择”|“修改”|“平滑”命令，在弹出的“平滑选区”对话框中设置参数如图 3-64 所示。平滑命令将通过在选定范围的轮廓边缘上增加或减少像素来改变边缘的粗糙程度，让选定范围平滑。单击“确定”按钮，选区效果如图 3-65 所示。

图 3-63 创建矩形选区

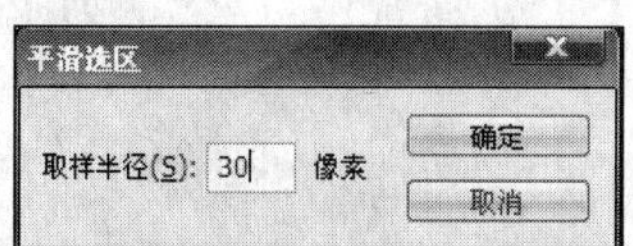

图 3-64　“平滑选区”对话框

图 3-65　选区平滑后效果

3．扩展

选择“选择”|“修改”|“扩展”命令，在弹出的“扩展选区”对话框中设置参数如图 3-66 所示。扩展命令可以将当前选定范围按设定的像素向外等比例扩展。单击“确定”按钮，选区效果如图 3-67 所示。

图 3-66　“扩展”选区对话框

图 3-67　选区扩展后效果

4．收缩

选择“选择”|“修改”|“收缩”命令，在弹出的“收缩选区”对话框中设置参数如图 3-68 所示。收缩命令可以将当前选定范围按设定的像素向内等比例缩小。单击“确定”按钮，选区效果如图 3-69 所示。

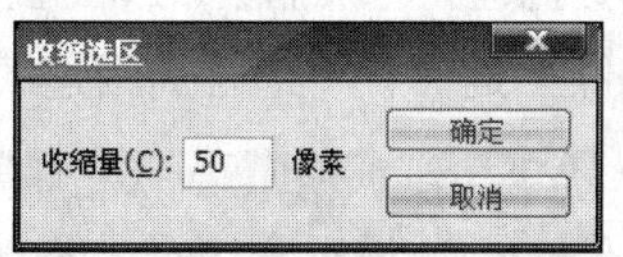

图 3-68　“收缩选区”对话框

图 3-69　选区收缩后效果

5．羽化

羽化命令可以设置选区范围的羽化属性。羽化后的选区边缘将会产生一种过渡效果，模糊选区的边缘，这种模糊会导致选区边缘上的一些细节将丢失掉。下面将介绍羽化选区的操作方法。

1 在如图 3-70 所示位置创建选区。

2 按住 Alt 键，使用“移动工具”拖动选区图像，取消选区，效果如图 3-71 所示，图像边缘生硬。

图 3-70 获取选区

图 3-71 获取主体图像选区

3 创建选区，如图 3-72 所示，选择“选择”|“修改”|“羽化”命令，弹出“羽化选区”对话框，设置参数如图 3-73 所示。

图 3-72 创建选区

图 3-73 “羽化选区”对话框

4 按住 Alt 键，使用“移动工具”拖动选区图像，取消选区，效果如图 3-74 所示，图像边缘柔和、模糊。

图 3-74 羽化选区图像效果

小提示

使用属性工具栏上的羽化功能和羽化命令是同样的效果，但必须在创建选区前输入羽化值，在创建完选区后再输入羽化值是无效的。

3.2.8 扩大选取和选取相似

选择菜单中的“扩大选取”命令，可以使选区在图像上延伸，将选区周围连续的、色彩相近的像素点一起扩充到选区内。选择菜单中的“选取相似”命令，可以将图像选区容差范围内的像素添加到当前选定范围中。这两个命令使用方法如下。

1 在如图 3-75 所示在图像中创建一个椭圆选区。

2 选择“选择”|“扩大选取”命令，容差范围内的邻近像素被选中，如图 3-76 所示。

图 3-75 创建椭圆选区

3 选择"选择"|"选取相似"命令，整个图像中在容差范围内的像素都被选中，如图 3-77 所示。

图 3-76　扩大选取

图 3-77　选取相似

3.2.9　变换选区

"变换选区"命令可以用来对创建的选区进行形状和方向的变换。如果需要使用变换命令，其操作步骤如下。

1 选择"选择"|"变换选区"命令，此时选区的四周将出现变换框，如图 3-78 所示。

2 将光标移至变换框上任一节点上，当光标变成双向箭头时拖动鼠标，可以调整选区的大小，如图 3-79 所示。

3 将光标移至变换框外，光标变为↩时，拖动鼠标可使选区按顺时针或逆时针方向绕选区中心进行旋转，如图 3-80 所示。

图 3-78　显示变换框

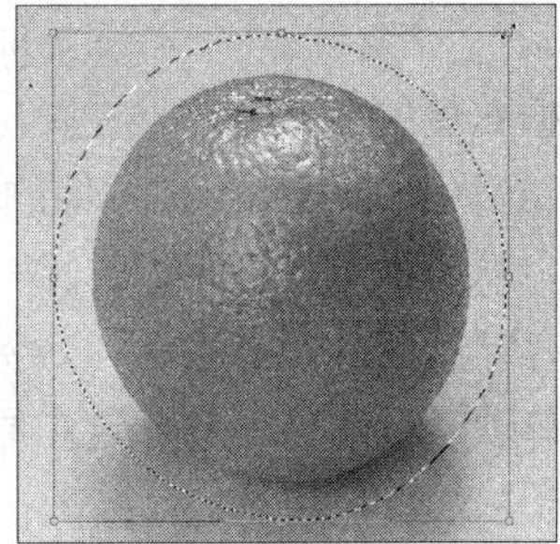

图 3-79　调整选区大小

图 3-80　旋转选区

4 变换选区结束后，单击属性工具栏上的进行变换按钮✓或按 Enter 键应用变换效果，单击取消变换按钮⊘或 Esc 键取消变换，选区将保持原来的形状。

当选择"变换选区"命令时，属性工具栏如图 3-81 所示。下面将介绍工具栏中各选项的含义。

X: 241.0 px　Δ Y: 332.5 px　W: 100.0%　H: 100.0%　⊿ 0.0 度　H: 0.0 度　V: 0.0 度　⊘ ✓

图 3-81　"变换选区"属性工具栏

- 参考点位置：在的空白控制点上单击鼠标左键，可以改变变换中心的位置。
- X、Y 文本框：在这两个文本框中分别输入数值，可以水平或垂直移动选区的范围。
- W、H 文本框：在这两个文本框中分别输入数值，可以按指定的百分比改变选区范围大小，W 代表水平方向，H 代表垂直方向。单击保持长宽比按钮，选区将按指定的比例同时向水平和垂直方向改变大小。
- 旋转按钮⊿：在此文本框中输入数值，选区将按照指定的角度旋转，当输入正值时，选区按顺时针方向旋转，当输入负值时，选区按逆时针方向旋转。

- H、V 文本框：在这两个文本框中分别输入数值，可以设置选区水平倾斜角度和垂直倾斜角度。
- 在自由变换和变形模式之间切换按钮：单击此按钮，打开变形属性工具栏，单击变形文本框右侧的三角按钮，打开下拉列表菜单，有多种变形效果可供选择。

3.2.10 保存和载入选区

在创建选区后，需要将选区保存下来，可以选择“选择”|“存储选区”命令将选区保存，再需要该选区时，选择“选区”|“载入选区”命令即可重新获得此选区。下面介绍存储选区和载入选区的操作步骤。

1 在图像中创建选区，如图 3-82 所示。

2 选择“选择”|“存储选区”命令，弹出如图 3-83 所示的“存储选区”对话框。

图 3-82　创建选区

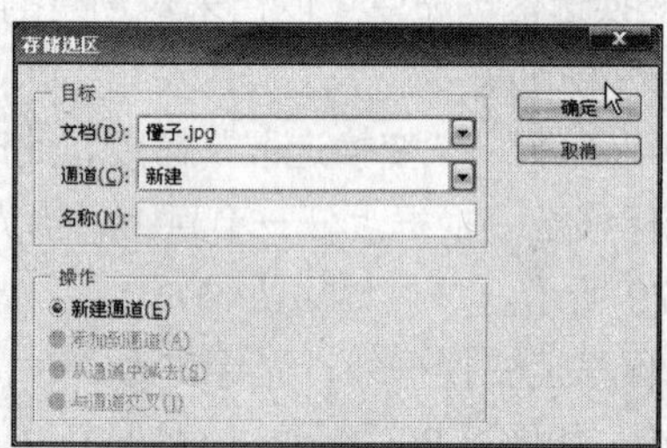

图 3-83　“存储选区”对话框

3 “目标“栏下，单击“文档”选项框右侧的三角按钮，在弹出的下拉列表中可以为保存的选区选择一个目标图像，在默认状态下，选区将存储到当前图像的一个通道中。

4 单击“通道”选项右侧的三角按钮，从下拉列表中可以选择一个目标通道。

5 在“名称”选项文本框中可以输入存储选区的通道名称，本例输入名称为“矩形选区”。

6 在“操作”栏下，添加到“通道”选项表示将选区与通道中原先的选区合并在一起；从通道中减去选项表示从通道中原有的选区减去当前存储的选区范围；与通道交叉表示保留与通道中原先的选区交叉的区域。

7 单击“确定”按钮，选区将保存到通道中。

8 当需要将存储的选区载入图像中时，可以选择“选择”|“载入选区”命令，弹出如图 3-84 所示的“载入选区”对话框。

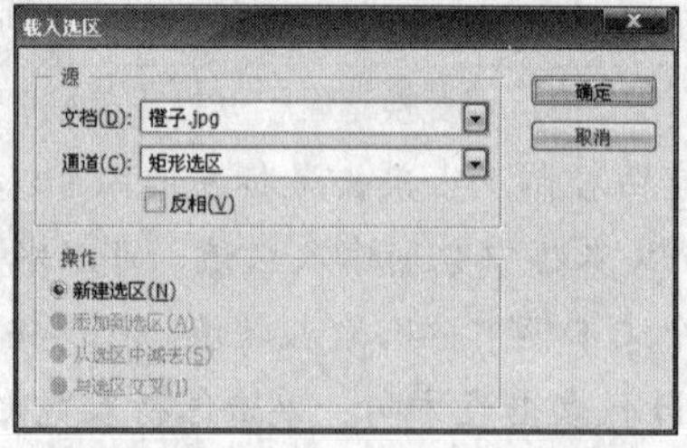

图 3-84　“载入选区”对话框

9 在“通道”选项中找到存储的选区通道名称，单击“确定”按钮即可将选区载入。

现场练兵

制作梦幻照片效果

本例将使用多边形套索工具、羽化选区命令以及反选命令制作梦幻照片效果，如图 3-85 所示。

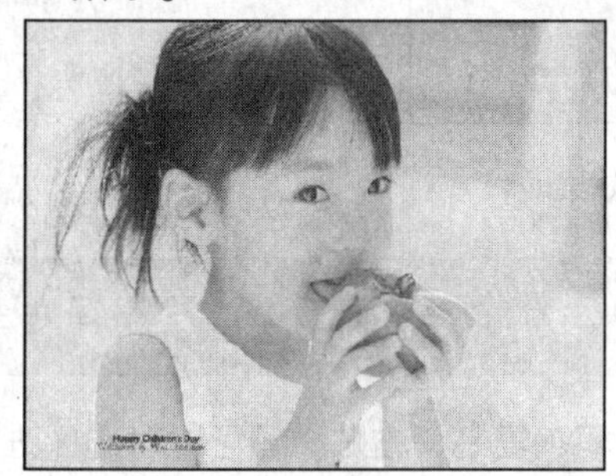

（处理前）

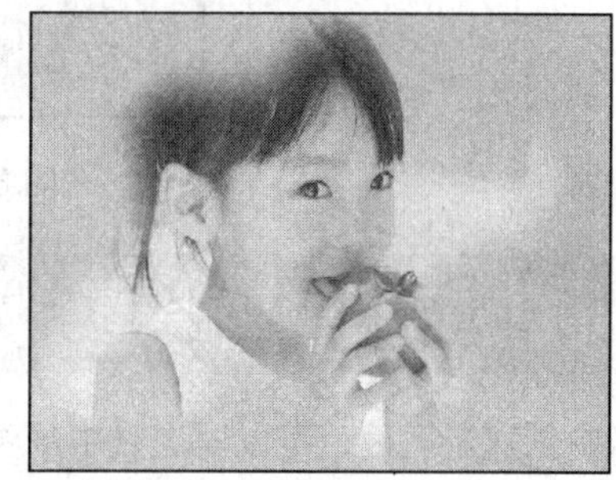

（处理后）

图 3-85　前后效果对比处理

本例的具体操作步骤如下。

1 按 Ctrl+O 组合键，打开如图 3-86 所示素材图片。

2 选择工具箱中的套索工具，创建如图 3-87 所示选区。

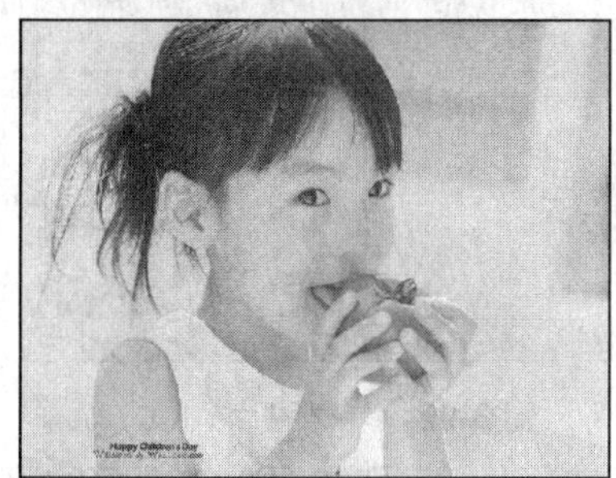

图 3-86　素材图片

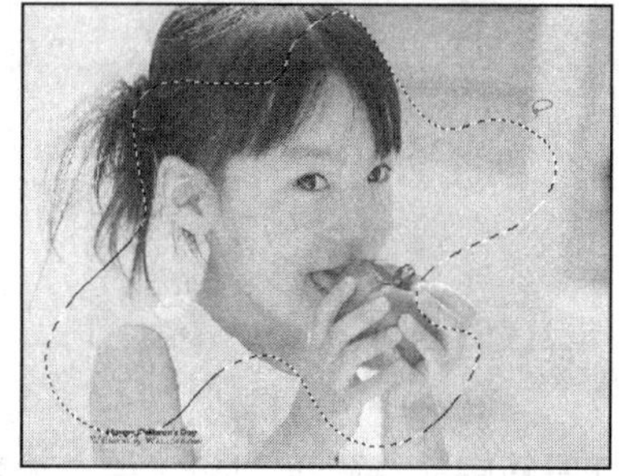

图 3-87　创建选区

3 选择“选择”|“修改”|“羽化选区”命令，或按 Shift+F6 组合键，弹出“羽化选区”对话框，设置参数如图 3-88 所示。

4 单击“确定”按钮，按 Shift+Ctrl+I 组合键将选区反选，如图 3-89 所示。

图 3-88　设置“羽化选区”参数

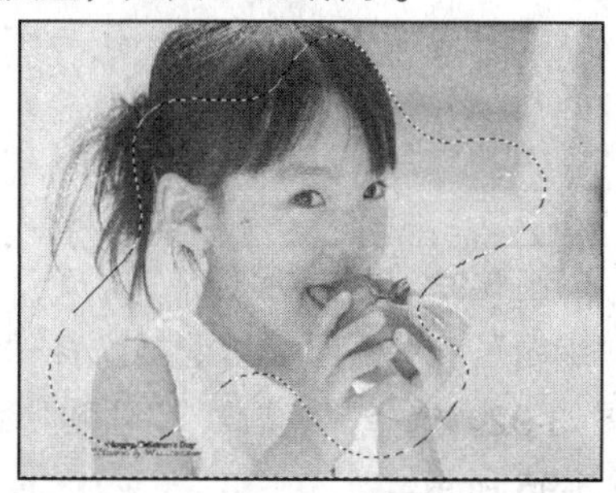

图 3-89　反选选区

5 用黄色将选区填充，取消选区，效果如图 3-90 所示。

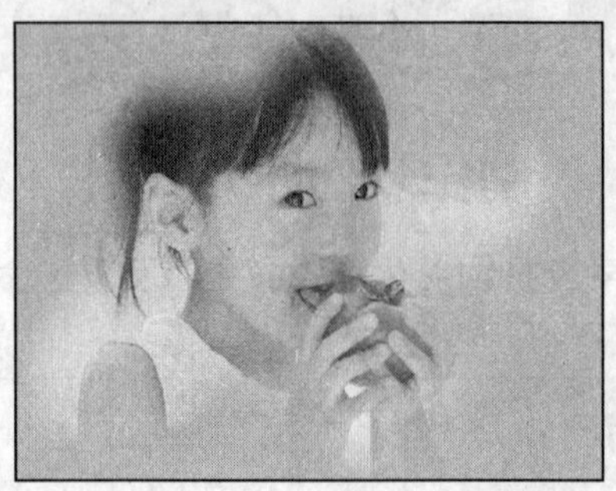

图 3-90　最终效果

3.3 选区中图像的编辑

在图像中创建选区后，可以对选区中的图像进行剪切、复制和粘贴，还可以对选区进行填充等。

3.3.1 使用剪贴板

1 打开如图 3-91 和图 3-92 所示的素材图片。

图 3-91　素材图片

图 3-92　素材图片

2 选择工具箱中的“魔棒工具”，单击飞鸟图像中的天空部分，获取如图 3-93 所示选区。

3 按 Shift+Ctrl+I 组合键将选区反选，将主体图像选择出来，如图 3-94 所示。

图 3-93　获取背景选区

图 3-94　获取主体图像选区

4 选择“编辑”|“剪切”命令，或选择“编辑”|“复制”命令，将主体图像保存到剪贴板中。

5 单击图 3-92，选择“编辑”|“粘贴”命令，剪切或复制的主体图像就被粘贴到此图像中，效果如图 3-95 所示。

图 3-95　粘贴后效果

> **小提示**
>
> 可以通过快捷键来快速选择以上命令，按 Ctrl+X 组合键完成剪切命令；Ctrl+C 组合键完成复制命令；Ctrl+V 组合键完成粘贴命令。

3.3.2　填充选区

使用“填充”命令可以对图像选定区域使用多种颜色、图案等进行填充。选择“编辑”|“填充”命令，弹出如图 3-96 所示的“填充”对话框。其中各选项的含义如下。

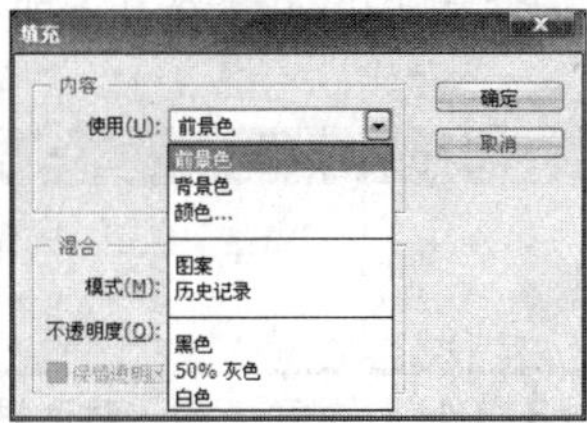

图 3-96　“填充”对话框

- 使用：单击其右侧按钮，打开下拉列表框，可以选择多种填充方式，包括以下几个选项：“前景色”或“背景色”，选中其中一个选项，可以使用当前前景色或背景色进行填充；选择“颜色”选项后，可以打开拾色器对话框，设置喜欢颜色进行填充；选择“图案”选项后，可在“自定图案”下拉列表框中选择图案进行填充；选择“历史记录”选项，可以使用历史面板中标有图标的图像内容进行填充；选择“黑色”、“50%灰色”和“白色”选项，将使用相应的颜色进行填充。
- 模式：此选项用于选择填充的颜色模式。
- 不透明度：此选项用于设置填充颜色的不透明度。
- “保留透明区域”复选框：勾选该复选框，进行填充时将不影响原来图层中的透明区域。在除背景图层外，其他图层都为透明图层，此时将只填充选区，并不会改变图层其他位置的透明区域，可以看到它下面的图像。

使用填充命令填充图像选区或图层时，使用颜色填充和图案填充是最常用的填充方式，图案填充的操作步骤如下。

1 按 Ctrl+N 组合键，弹出“新建”对话框，设置参数如图 3-97 所示，单击“确定”按钮。

2 设置前景色为白色，选择“椭圆选框工具”，按住 Shfit 键在如图 3-98 所示位置创建圆选区。

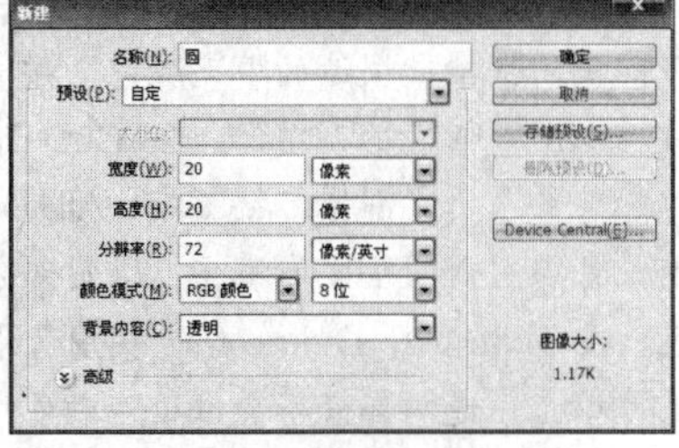

图 3-97　“新建”对话框

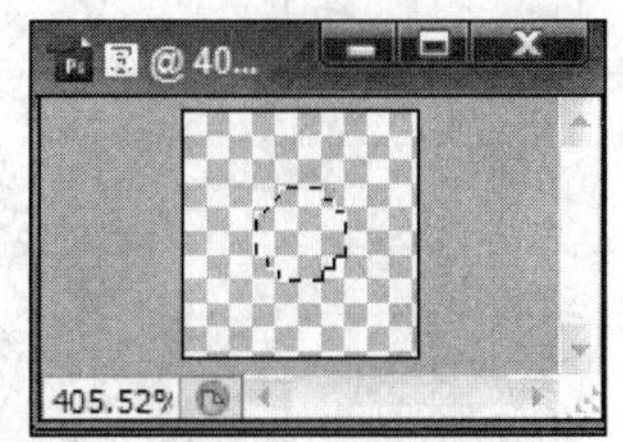

图 3-98　创建圆选区

3 选择“编辑”|“填充”命令，弹出“填充”对话框，设置参数如图 3-99 所示。单击“确定”按钮，效果如图 3-100 所示。

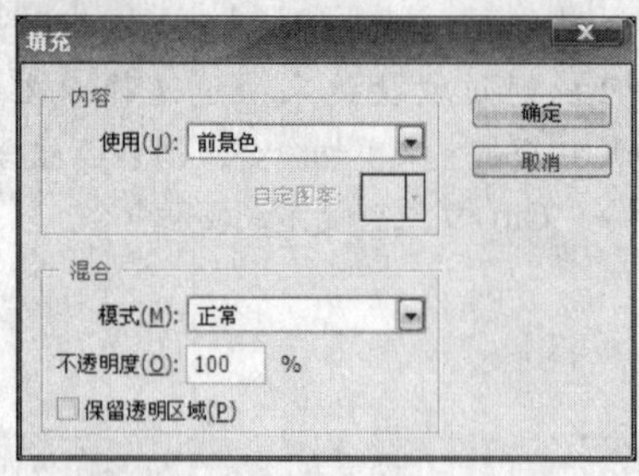

图 3-99 设置“填充”对话框参数

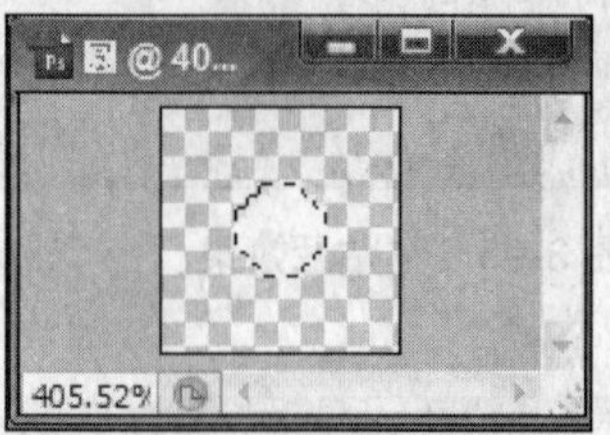

图 3-100 填充选区效果

4 按 Ctrl+A 组合键将选区全选。

5 选择“编辑”|“定义图案”命令，在弹出的如图 3-101 所示的“图案名称”对话框中输入图案名称。

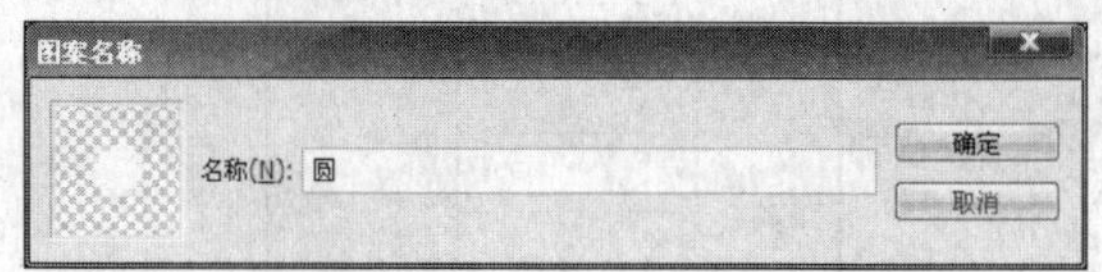

图 3-101 “图案名称”对话框

6 单击“确定”按钮完成定义图案的操作。

7 打开一张素材图片。使用“魔棒工具”创建选区，如图 3-102 所示。

8 选择“编辑”|“填充”命令，在弹出的“填充”对话框中单击“使用”选项后面的三角按钮，从打开的下拉列表中选择图案选项，在“自定图案”下拉列表中选择前面自定义的圆图案，其它设置如图 3-103 所示。

图 3-102 创建选区

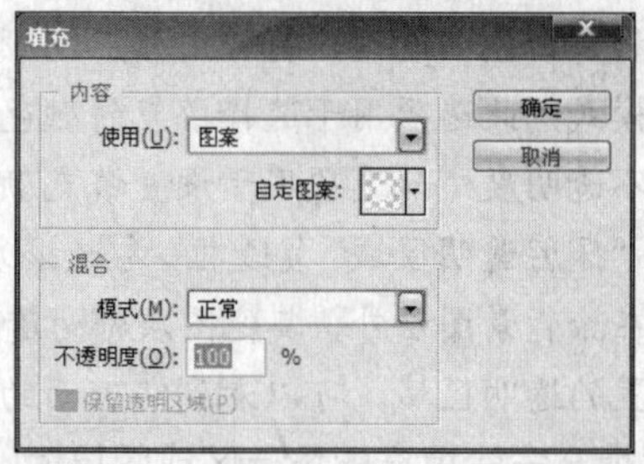

图 3-103 设置“填充”对话框参数

9 单击“确定”按钮，定义的图案将填充到图像中，按 Ctrl+D 组合键取消选区，效果如图 3-104 所示。

图 3-104 填充图案效果

小提示 Ps

可以使用快捷键快速的填充颜色，按 Alt+Delete 组合键可以用前景色填充图像；按 Ctrl+Delete 组合键可以用背景色填充图像；按 Shift+Alt+Delete 组合键用前景色将当前图层图像填充，透明部分不会被填充颜色；按 Shift+Ctrl+Delete 组合键用背景色将当前图层图像填充，透明部分不会被填充颜色。

现场练兵

窗外风景

本例将使用“多边形套索工具”、“羽化选区”命令以及“反选”命令制作梦幻照片效果，如图 3-105 所示。

（处理前）

（处理后）

图 3-105　前后效果对比处理

本例的具体操作步骤如下。

1 按 Ctrl+O 组合键，打开如图 3-106 所示照片。

2 选择“多边形套索工具”，在如图 3-107 所示位置创建选区。

图 3-106　素材

图 3-107　创建选区

3 按 Ctrl+O 组合键，打开如图 3-108 所示照片。

4 按 Ctrl+A 组合键全选图像，按 Ctrl+C 组合键复制图像，“窗户”文件为当前活动的图像窗口，选择“编辑” | “粘贴”命令，图像效果如图 3-109 所示。

图 3-108　素材图片

图 3-109　最终效果

3.4 疑难解析

通过前面的学习，读者应该已经掌握了在 Photoshop CS4 中创建选区、编辑选区的操作方法，下面就读者在学习的过程中遇到的疑难问题进行解析。

1 如何将矩形选区变成圆角矩形选区？

选择“选择”|“修改”|“平滑”命令，即可将矩形选区变成圆角矩形选区，如图 3-110 所示。

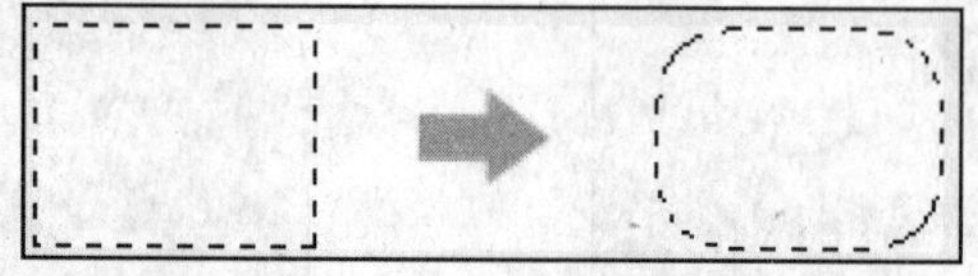

图 3-110 平滑选区

2 什么是行，什么是列？

横为行，竖为列。如果要在图像的垂直方向上创建 1 个像素的选区，就选择单列选框工具，如果要在水平方向上创建 1 个像素的选区，就选择单行选框工具。

3 在图像中创建选区后，怎样可以移动选区而不移动选区内图像呢？

（1）使用选区工具，在属性栏选中“新选区”按钮的情况下，将鼠标移至选区内，当鼠标变为⬚时，即可按住鼠标左键移动选区，如图 3-111 所示。

（2）选择“选择”|“变换选区”命令，也可以移动选区。

图 3-111 移动选区

4 创建选区的工具那么多，魔棒工具适合选择哪些图片呢？

选择纯色背景图像，或者背景复杂但图像本身是纯色的图像，常常使用魔棒工具。

3.5 上机实践

本实例将制作效果如图 3-112 所示的朦胧光环效果，主要练习椭圆选框工具、缩小选区命令、删除命令等。

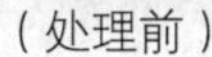
（处理前）

（处理后）

图 3-112　前后效果对比处理

3.6 巩固与提高

本章介绍了创建和编辑选区的操作方法及技巧，包括如何使用“选框工具”、“套索工具”、“魔棒工具”以及“色彩范围”命令创建选区，如何全选图像、反向选区、取消选区以及修改选区等操作。在 Photoshop CS4 中，创建选区是必不可少的，通过本章的学习，读者应该学会选择不同创建方法创建不同的选区，做到又快又好，再通过编辑选区获得理想的绘图效果。

1. 单选题

（1）“椭圆选框工具”的工具属性栏中各选项的使用方法和（　　）属性栏中各选项的使用方法基本相同。

A. 羽化命令　　B. 单列选框工具

C. 矩形选框工具　　D. 橡皮擦工具

（2）“单列选框工具” 可以在图像中选取出（　　）像素宽的竖线区域。

A. 3 个　　B. 2 个　　C. 4 个　　D. 1 个

2. 多选题

（1）使用“魔棒工具”创建选区，单击需要选取图像中的（　　），附近与它颜色相同或相似的颜色区域将会（　　）。

A. 任意一点　　B. 自动被选取

C. 全部图像　　D. 覆盖

（2）在创建选区后，需要将选区保存下来，可以选择（　　）命令将选区保存，再需要该选区时，选择（　　）命令即可重新获得此选区。

A. “选择” | “存储选区”　　B. “选择” | “保存区域”

C. “选区” | “载入选区”　　D. “选择” | “载入选区”

3. 判断题

（1）羽化命令可以设置选区范围的羽化属性。羽化后的选区边缘将会产生一种过渡效果，模糊选区的边缘。（　　）

（2）“变换选区”命令可以对创建的选区进行形状和方向的变换。（　　）

读书笔记

第 4 章

图像的绘制和修饰

在 Photoshop CS4 中，可以轻松地使用工具箱中的一些具有特定功能的工具对图像进行绘制与修饰，本章将介绍这些工具的使用方法及技巧。

学习指南

- 绘图工具
- 修图工具
- 其他工具

精彩实例效果展示 ▲

4.1 绘图工具

Photoshop CS4 软件提供了多种绘图工具，比如画笔工具、铅笔工具、橡皮擦工具、自定形状工具等，使用这些绘图工具不仅可以创建基本图形效果，还可以通过自定义画笔样式和铅笔样式创建特殊图形效果，制作出丰富多彩的图像效果。

4.1.1 画笔工具

画笔工具用于创建比较柔和的线条，其效果类似水彩笔或毛笔的效果。单击工具箱中画笔按钮，就可显示出“画笔”属性栏，如图 4-1 所示，通过属性栏可设置画笔的各种属性参数。该属性栏中各选项含义如下。

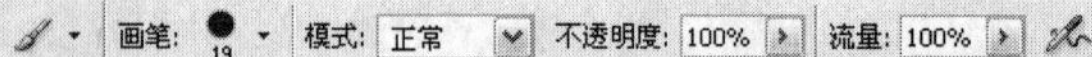

图 4-1 “画笔”属性工具栏

- 画笔：打开其下拉列表可调整画笔直径大小以及画笔大小。
- 模式：可根据需要从中选取一种着色模式。
- 不透明度：该选项用于设置画笔颜色的透明程度，取值在 0%~100%之间，取值越大，画笔颜色的不透明度越高，取 0%时，画笔颜色是透明的。
- 流量：此选项设置与不透明度有些类似，指画笔颜色的喷出浓度，这里的不同之处在于不透明度是指整体颜色的浓度，而流量是指画笔颜色的浓度。
- 喷枪效果：在属性栏中按下喷枪按钮后，此时的画笔工具类似一个喷枪，且画笔在画面停留片刻后绘制出的颜色会越来越浓。
- 画笔控制板按钮：点击切换画笔面板按钮，可以快速调出画笔控制板，进行动态画笔的详细设置。

画笔工具笔触比较柔软，适用于较宽的线条绘制，使用画笔工具操作步骤如下。

1 打开如图 4-2 所示素材图片。

2 单击工具箱中的“设置前景色”按钮，打开“拾色器”对话框，设置前景色 RGB 值如图 4-3 所示。

图 4-2 素材图片

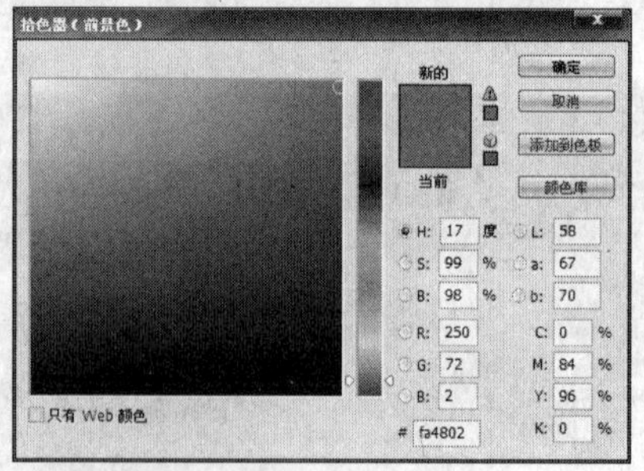

图 4-3 设置前景色

3 选择工具箱中的“画笔工具”，设置“画笔控制面板”如图 4-4 所示。

4 在图像窗口中拖动鼠标，绘制效果如图 4-5 所示。

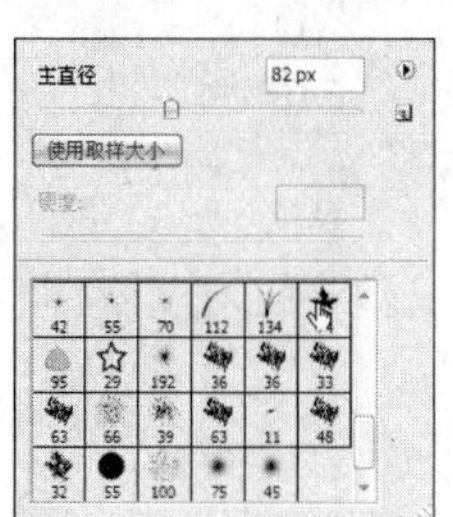

图 4-4　设置画笔控制面板

图 4-5　绘制效果

1．选择画笔

在使用画笔工具时，如果需要设置画笔的类型，其操作步骤如下。

1 选择工具箱中“画笔工具”。

2 单击属性栏画笔右侧的三角按钮，弹出如图 4-6 所示下拉列表。在这里可以直观的看到画笔的大小、形状和硬度。

3 在下拉列表最下方可以选择画笔的样式，再拖动“主直径”下方的三角滑块，可以调整当前画笔的大小，拖动“硬度”滑块调整笔触边缘的硬化程度，为 100%时表示实心硬边画笔。

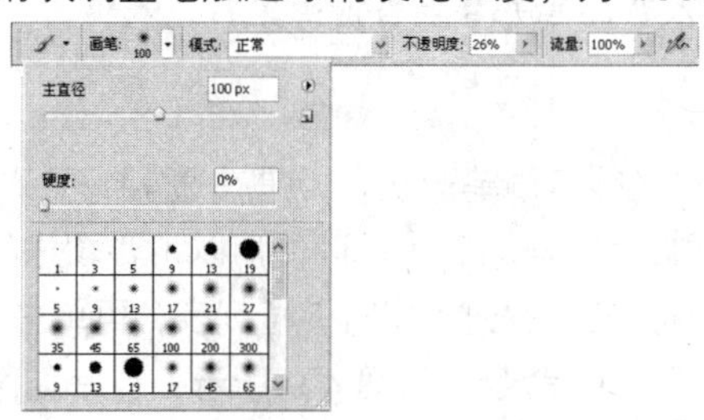

图 4-6　画笔工具下拉列表

2．调整画笔的显示状态

在 Photoshop CS4 中，为了方便使用者更清晰地查看画笔形状，就需要调整画笔的显示状态。其操作步骤如下。

1 选择工具箱中“画笔工具”。

2 在属性栏上，单击画笔右侧的三角按钮弹出下拉列表，再单击列表右侧的三角按钮，弹出如图 4-7 所示的快捷菜单。

3 在系统默认的情况下，画笔显示状态是“描边缩览图”，当选择“小缩览图”选项时，列表将以缩略图的方式显示笔刷的形状，如图 4-8 所示。

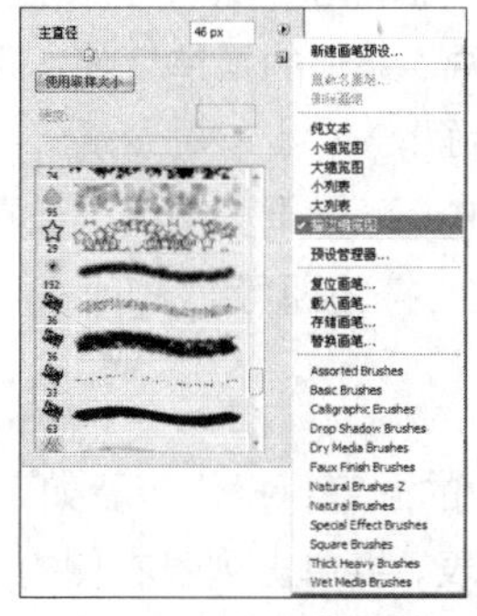

图 4-7　描边缩览图

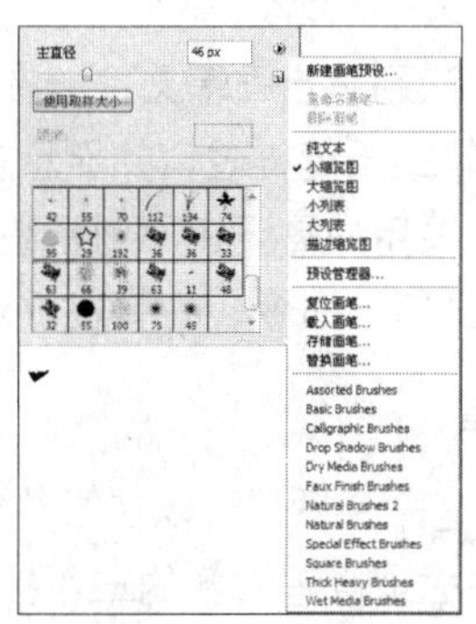

图 4-8　小缩览图

弹出的快捷菜单各命令含义如下。

- 新画笔预设：此命令用于建立新画笔。
- 重命名画笔：此命令用于重新命名画笔。
- 删除画笔：此命令用于删除当前选中的画笔。
- 纯文本：此命令将以文字描述方式显示画笔窗口。
- 小缩览图：此命令将以小图标方式显示画笔窗口。
- 大缩览图：此命令将以大图标方式显示画笔窗口。
- 小列表：此命令以小文字和图标列表方式显示画笔窗口。
- 大列表：此命令以大文字和图标列表方式显示画笔窗口。
- 描边缩览图：此命令以笔划的方式显示画笔窗口。
- 预设管理器：用此命令可以在弹出的预置管理器对话框中编辑画笔。
- 复位画笔：此命令用于恢复默认状态画笔。
- 载入画笔：此命令将存储的画笔载入面板。
- 存储画笔：此命令将当前画笔存储。
- 替换画笔：此命令载入新画笔并替换当前画笔。

3. 载入和替换画笔

在 Photoshop CS4 中提供了很多画笔形状，但是在通常情况下，画笔下拉列表中只列出一些常用的画笔形状，如果需要其他的画笔形状，可使用以下步骤进行添加。

1 单击画笔属性栏上画笔右侧的三角按钮，弹出下拉列表，再单击列表右侧的三角按钮，在弹出的快捷菜单中选择“载入画笔”命令，如图 4-9 所示，打开如图 4-10 所示对话框。

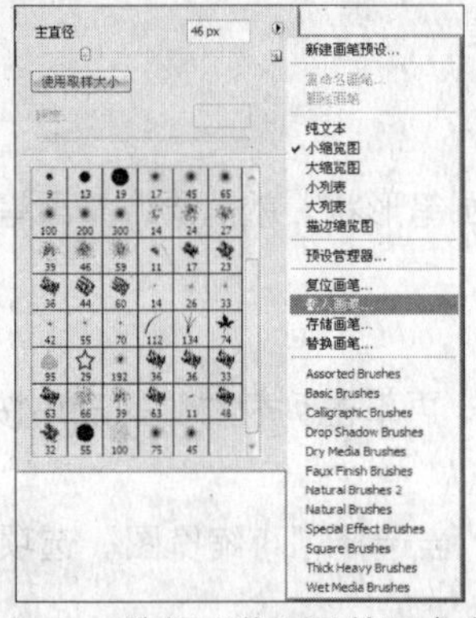

图 4-9　选择“载入画笔”命令

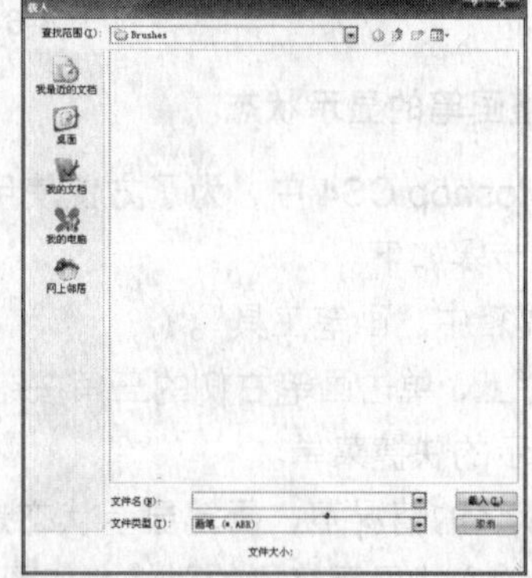

图 4-10　“载入”对话框

2 此对话框已默认到指定画笔文件所在的位置，选择一种要添加的画笔文件，再单击“载入”按钮，即可添加新的画笔样式，并显示在原画笔列表的后面。

3 添加画笔后如果用户需要还原到系统默认的画笔列表中，可以单击按钮，在弹出的下拉菜单中选择“复位画笔”命令，在弹出提示框中单击“确定”按钮即可。

4. 替换画笔

使用替换画笔命令后，可以在画笔组列表中显示载入的画笔，操作步骤如下。

1 单击画笔属性栏上画笔右侧的三角按钮弹出下拉列表，再单击列表右侧的三角按钮，在弹出的快捷菜单中选择“替换画笔”命令，如图 4-11 所示。

2 在弹出的对话框中设置路径为：C: \Program Files\Adobe\Adobe Photoshop CS4\Presets\Brushes，然后选择一种需要的画笔类型，如图 4-12 所示。

3 单击“载入”按钮，选择的画笔组将替换当前的画笔组。

图 4-11　替换画笔命令

图 4-12　“载入”对话框

5．画笔面板

单击“画笔面板”按钮，弹出“画笔控制面板”，通过单击选中左侧的选项，即可对当前所选画笔样式进行设置，如图 4-13 所示。

在“画笔控制面板”中，单击“画笔笔尖形状”选项，弹出如图 4-14 所示相应的控制面板。在此面板中可以设定画笔的大小、柔和程度和间距等，其中各选项含义如下。

图 4-13　画笔控制面板

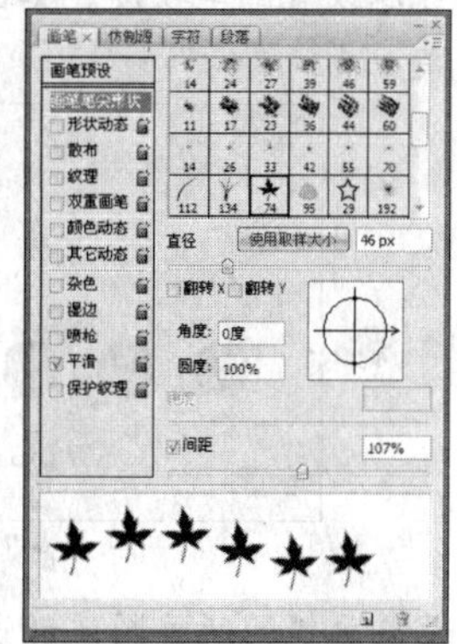

图 4-14　“画笔笔尖形状”控制面板

- 直径：设置画笔大小，拖动下方的三角滑块或者直接在文本框中输入数值，如图 4-15 所示显示了画笔直径分别调整为 13 和 33 的绘制效果。

图 4-15　画笔大小

- 角度：设置画笔倾斜角度，直接在文本框中输入数值即可设置画笔角度，如图 4-16 所示显示了画笔倾斜角度分别调整为 90 和 50 绘制效果。

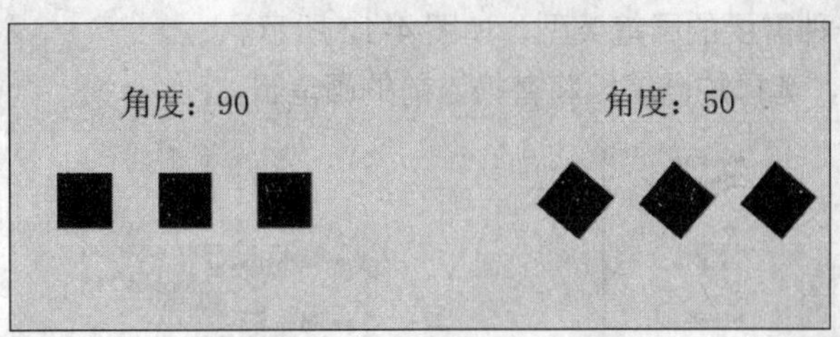

图 4-16　画笔倾斜角度

- 圆度：设置画笔的圆滑度，拖动预览窗口中的黑色控制点或直接在文本框中输入数值可以设置画笔圆度。如图 4-17 所示显示了画笔圆度分别设置为 100%和 35%的绘制效果。

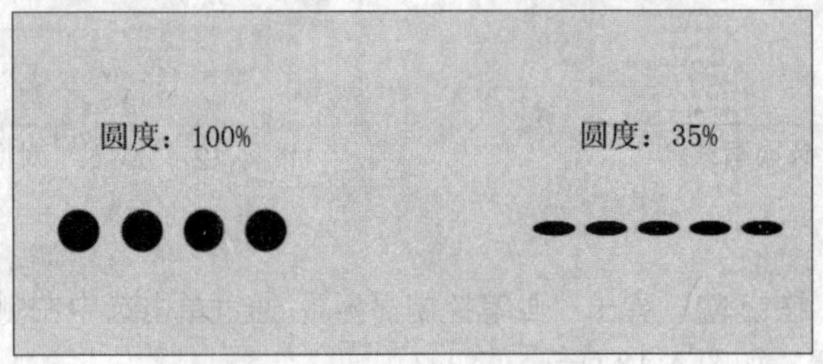

图 4-17　画笔圆度

- 硬度：设置画笔的所画图像边缘的柔化度，拖动下方的三角滑块或者直接在文本框中输入数值可以设置画笔硬度。如图 4-18 所示显示了画笔硬度分别设置为 100%和 35%的绘制效果。

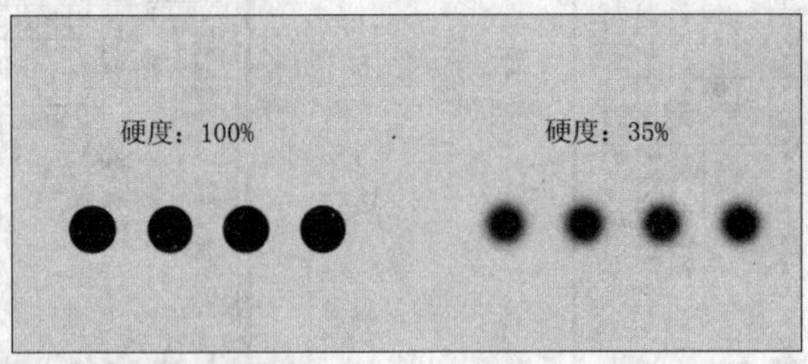

图 4-18　画笔硬度

- 间距：设置画笔的所画图像的连续性，拖动下方的三角滑块或者直接在文本框中输入数值可以设置画笔间距。如图 4-19 所示显示了画笔间距分别设置为 13%和 109%的绘制效果。

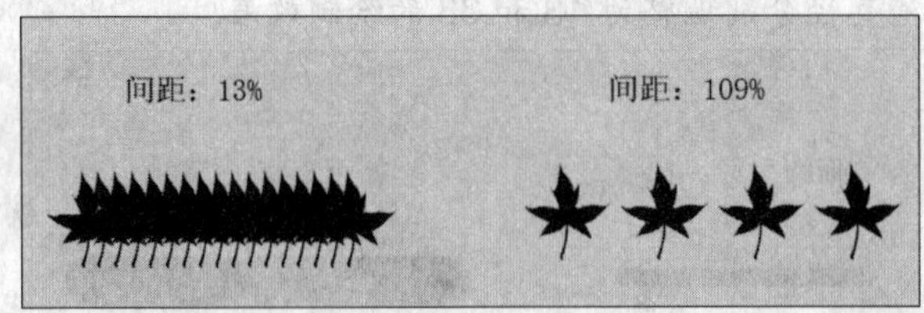

图 4-19　画笔间距

在画笔控制面板中，单击“形状动态”选项，弹出如图 4-20 所示相应的控制面板。在此面板中可以设置随机的变化属性，其中各选项含义如下。

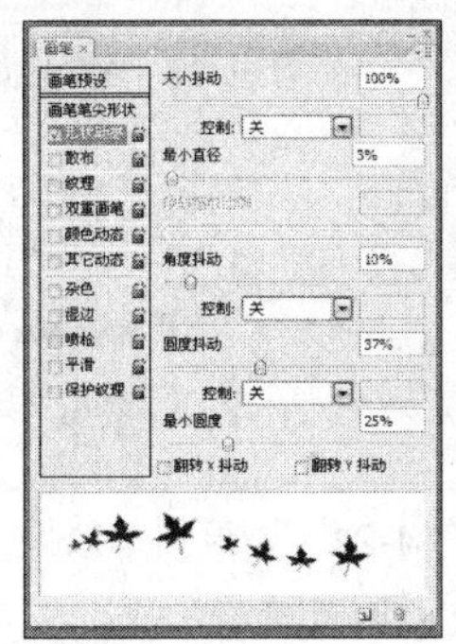

图 4-20 形状动态控制面板

- 大小抖动：设置尺寸的变化程度，向右拖动下方的三角滑块，尺寸的变化程度将增大。如图 4-21 所示显示大小抖动分别设置为 36%和 100%的绘制效果。

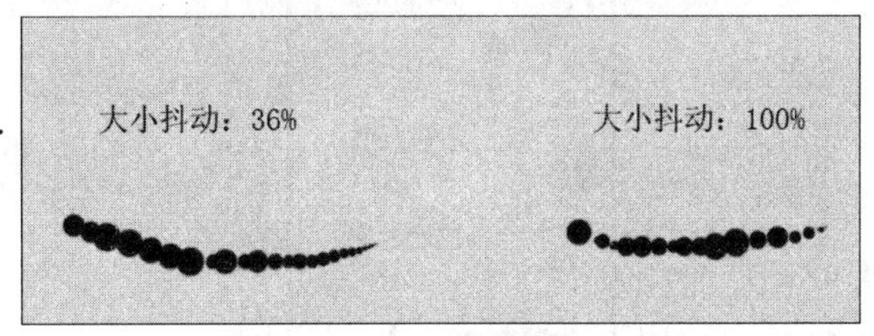

图 4-21 大小抖动效果

- 控制：用于控制大小抖动的变化。在"控制"选项下拉菜单中有五个选项，包括关、渐隐、钢笔压力、钢笔斜度和光笔轮。"控制"选项需要与"大小抖动"选项结合应用。如图 4-22 所示显示了分别将"大小抖动"和"控制"设置为不同参数的绘制效果。

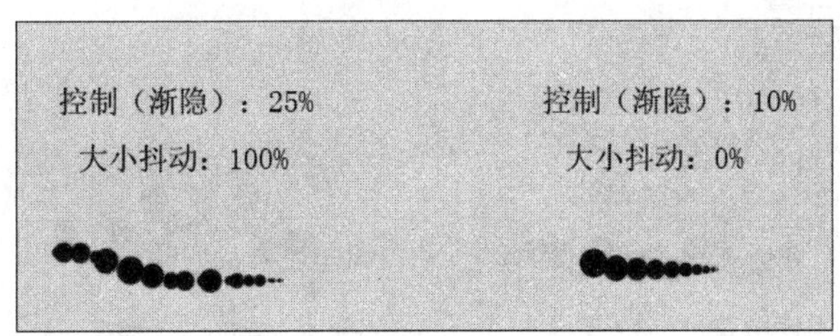

图 4-22 控制效果

- 最小直径：设置画笔标记点的最小尺寸。
- 倾斜缩放比例：选择"控制"选项中的"钢笔斜度"选项后，设置画笔的倾斜比例。
- 角度抖动：用于设置画笔的角度变化。如图 4-23 所示显示了大小抖动分别设置为 56%和 100%的绘制效果。

图 4-23 角度抖动效果

- 圆度抖动：用于设置画笔的圆度变化。如图 4-24 所示显示了大小抖动分别设置为 0%和 100%的绘制效果。

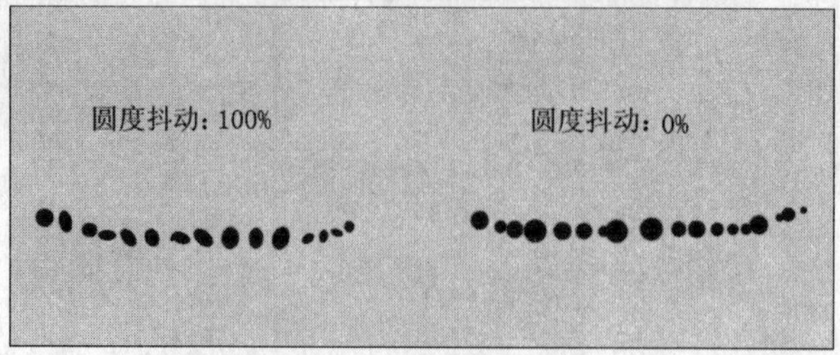

图 4-24　圆度抖动效果

- 最小圆度：用于设置画笔的最小圆度变化。

在画笔控制面板中，单击“散布”选项，弹出如图 4-25 所示相应的控制面板。在此面板中可以设置随机的散布变化，其中各选项含义如下。

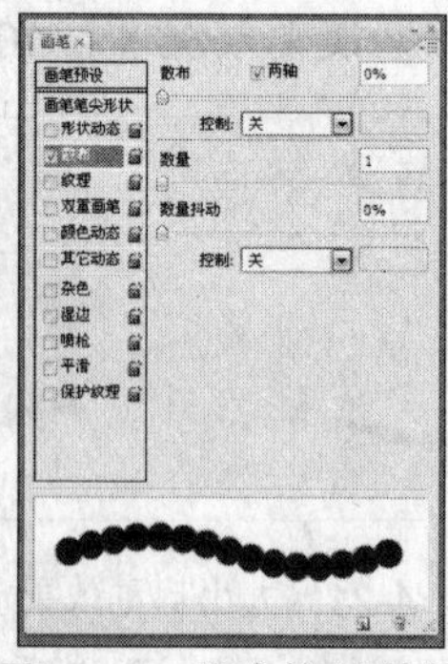

图 4-25　散布控制面板

- 散布：设置画笔分布程度。如图 4-26 所示显示了分别设置散布为 100%和 627%的绘制效果。

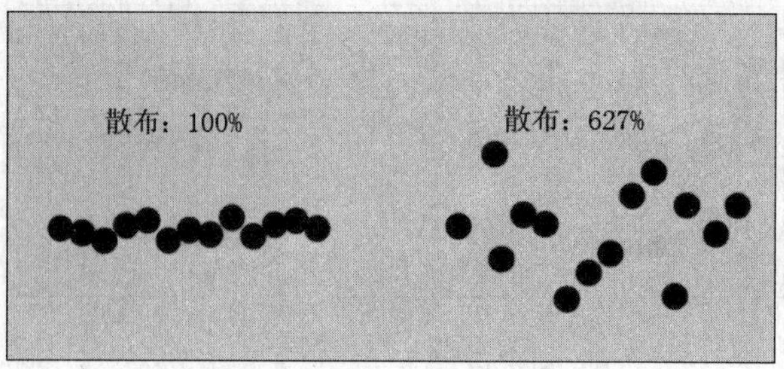

图 4-26　散布效果

- 数量：设置画笔分布的总量。如图 4-27 所示显示了分别设置数量为 3 和 16 的绘制效果。

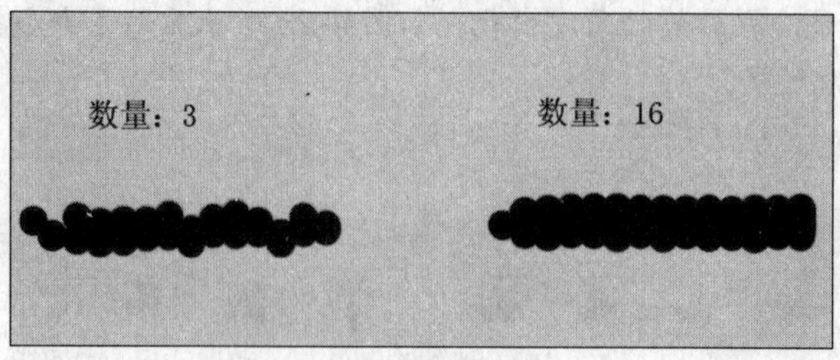

图 4-27　数量效果

- 数量抖动：增加画笔分布的随机性。如图 4-28 所示显示了分别设置数量抖动为 0%和 100%的绘制效果。

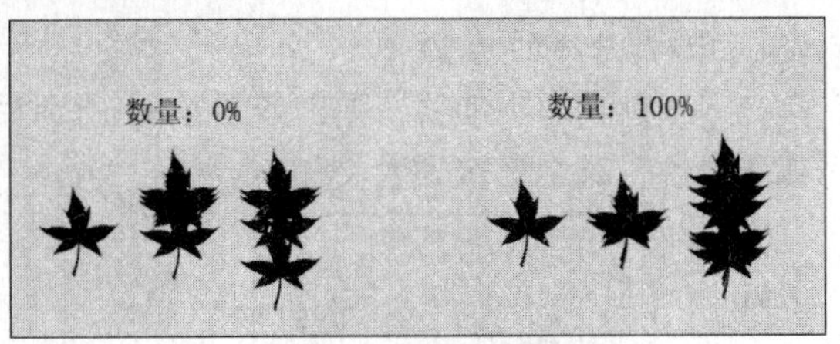

图 4-28　数量抖动效果

在画笔控制面板中，单击“纹理”选项，弹出如图 4-29 所示相应的控制面板。在此面板中可以为画笔添加纹理效果，其中各选项含义如下。

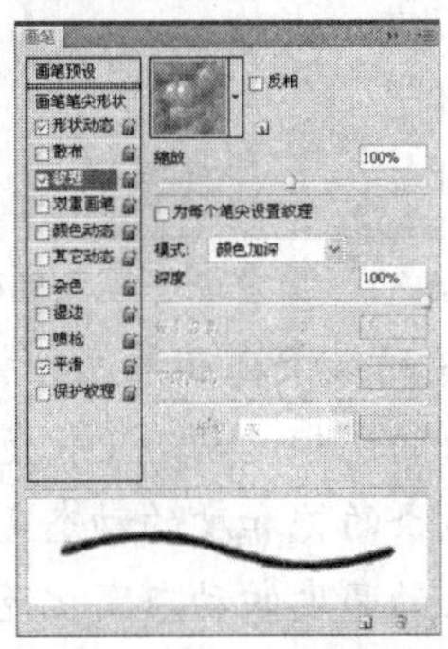

图 4-29　纹理控制面板

- ：选择纹理。单击右侧的三角按钮，在弹出的下拉列表中可以选择在画笔中使用的纹理。“反相”选项可以使纹理反相显示。
- 缩放：调整纹理尺寸。
- 为每个笔尖设置纹理：设置是否分别对每个标记点进行渲染。
- 模式：设置画笔和图案之间的混合模式。
- 深度：设置画笔混合图案的深度。
- 最小深度：设置画笔混合图案的最小深度。
- 深度抖动：设置画笔混合图案的深度变化。

在画笔控制面板中，单击“双重画笔”选项，弹出如图 4-30 所示相应的控制面板。在此面板中可将两种画笔效果混合，其中各选项含义如下。

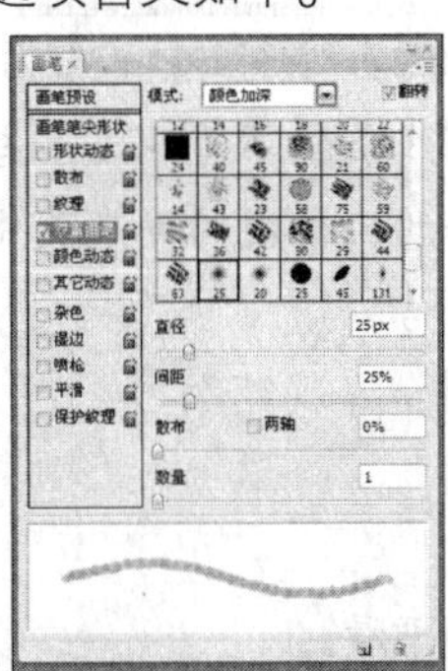

图 4-30　双重画笔控制面板

- 模式：可以设置两种画笔的混合模式。
- 直径：设置两种画笔的大小。
- 间距：设置两种画笔的绘制连续性。
- 散布：设置两种画笔的分布程度。

- 数量：设置两种画笔的随机分布的总量。

在画笔控制面板中，单击“颜色动态”选项，弹出如图 4-31 所示相应的控制面板。在此面板中可以设置随机的色彩变化属性，其中各选项含义如下。

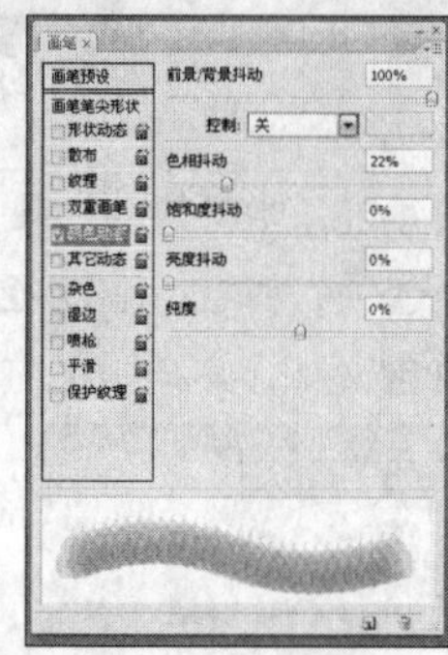

图 4-31 颜色动态控制面板

- 前景/背景抖动：设置画笔绘制的线条在前景色和背景色之间的动态变化。
- 色相抖动：设置画笔绘制线条的色相的动态变化范围。
- 饱和度抖动：设置画笔绘制线条的饱和度的动态变化范围。
- 亮度抖动：设置画笔绘制线条的亮度的动态变化范围。
- 纯度：设置颜色的纯度。

在画笔控制面板中，单击“其他动态”选项，弹出如图 4-32 所示相应的控制面板。在此面板中可以设置其他的变化属性，其中各选项含义如下。

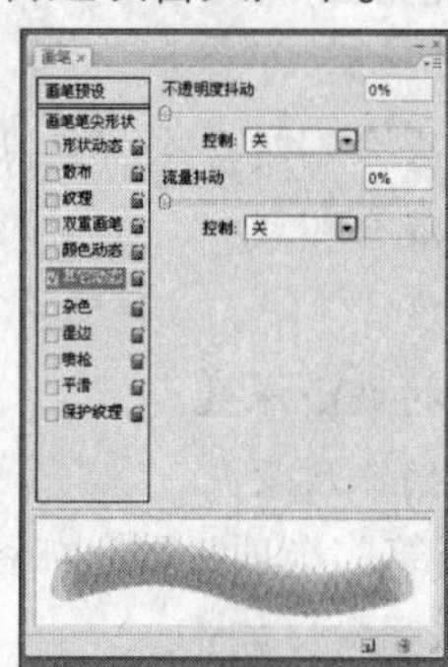

图 4-32 其他动态控制面板

- 不透明度抖动：设置画笔绘制线条的不透明度动态变化效果。
- 流量抖动：设置画笔绘制线条的流畅度的动态变化情况。

画笔控制面板中其他选项含义如下。

- 杂色：为画笔增加杂色效果。
- 湿边：为画笔增加水笔效果。
- 喷枪：将画笔变为喷枪效果。
- 平滑：使画笔绘制线条变得更平滑。
- 保护纹理：对所有画笔应用相同的纹理的图案。

6. 创建自定义画笔

调整画笔的属性可以在绘制图像时达到希望的绘制效果。将某种常用的画笔形状保存到画笔列表中，其操作步骤如下。

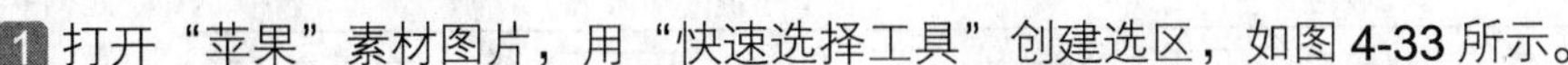

1 打开“苹果”素材图片，用“快速选择工具”创建选区，如图 4-33 所示。

2 选择“编辑”|“定义画笔预设”命令，弹出如图 4-34 所示“画笔名称”对话框。单击“确定”按钮，选取图像定义为画笔，并保存到当前画笔列表最下方。

图 4-33　素材图片

图 4-34　定义画笔

3 打开如图 4-35 所示素材图片。

4 在画笔选择窗口可以看到自定义的画笔，设置合适的画笔绘制如图 4-36 所示图像效果。

图 4-35　素材图片

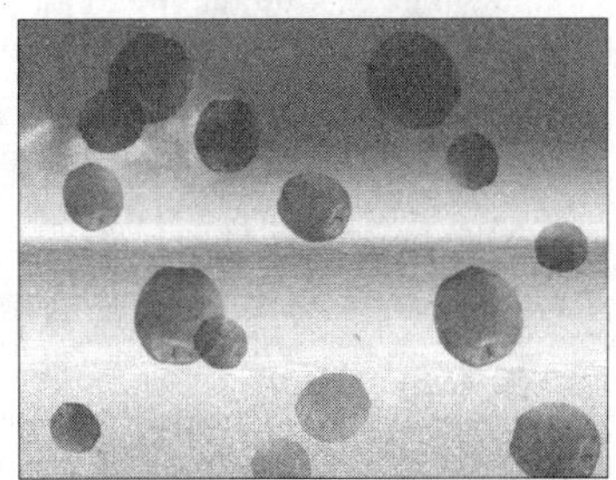

图 4-36　自定义画笔效果

4.1.2　铅笔工具

铅笔工具用于创建直线或曲线。选择工具箱中“铅笔工具”，就可显示出画笔属性栏，如图 4-37 所示。

铅笔工具的属性栏参数大部分和画笔工具的一样，勾选“自动抹掉”复选框后，用铅笔工具拖动绘制时将显示的是前景色，停止拖动并单击所在位置再次拖动鼠标时，出现的则是背景色的颜色，停止拖动并再一次单击，然后再拖动鼠标时就又变为前景色。

使用“铅笔工具”可以绘制出较为生硬，即不产生虚边的图形效果，如图 4-38 所示。

画笔: 69　模式: 正常　不透明度: 100%　自动抹掉

图 4-37　铅笔属性工具栏

图 4-38　铅笔绘制效果

4.1.3　橡皮擦工具

选择“橡皮擦工具”后，可以在图像中拖动鼠标，根据画笔形状对图像进行擦除。其属性栏如图 4-39 所示，通过属性栏可设置橡皮擦工具的各种属性参数。

画笔: 35 模式: 画笔 不透明度: 100% 流量: 100% 抹到历史记录

图 4-39　橡皮擦属性工具栏

- 模式：单击其右侧的三角按钮，在下拉列表中可以选择三种擦除模式：画笔、铅笔和块。
- 抹到历史记录：勾选此复选框，可以将图像擦除至历史记录面板中的恢复点外的图像效果。

使用橡皮擦工具操作步骤如下。

1 打开如图 4-40 所示素材图片。

2 选择“橡皮擦工具”，在图像中拖动鼠标，即可在图像中进行擦除，擦掉图像中一些不需要的像素，并自动以背景色填充擦除区域，如图 4-41 所示。

图 4-40　素材图片

图 4-41　擦除后效果

小提示

按住 Shift 键拖动鼠标，橡皮擦工具可以垂直和水平在图像中进行擦除；按住 Ctrl 键，橡皮擦可以切换成移动工具；按住 Alt 键，系统将与“抹到历史记录”相反的状态进行擦除。

4.1.4　背景橡皮擦工具

背景橡皮擦工具的用法和橡皮擦工具差不多，只是擦除后的部份将用背景层相应的图像来填充。其属性选项栏中显示各种属性，如图 4-42 所示。通过属性栏可设置背景橡皮擦的各种属性参数。

图 4-42　背景橡皮擦属性工具栏

- 连续：单击此按钮，在擦除图像过程中将连续的采集取样点。
- 一次：单击此按钮，将第一次单击鼠标位置的颜色作为取样点。
- 背景样本：将当前背景色作为取样色。
- 限制：单击右侧的三角按钮，打开下拉列表，其中 “不连续” 指整修图像上擦除样本色彩的区域；“连续” 指只擦除连续的包含样本色彩的区域；“查找边缘” 指自动查找与取样色彩区域连接的边界，也能在擦除过程中更好地保持边缘的锐化效果。
- 容差：用于调整需要擦除的与取样点色彩相近的颜色范围。
- 保护前景色：勾选此选项，可以保护图像中与前景色一致的区域不被擦除。

背景橡皮擦工具有别于橡皮擦工具的作用是，它可以擦除指定的颜色，如图 4-43 所示为使用背景橡皮擦工具后的图像效果。

图 4-43　擦除图像效果

4.1.5　魔术橡皮擦工具

魔术橡皮擦工具可以进行智能选取擦除范围内的像素。属性栏如图 4-44 所示。

图 4-44　魔术橡皮擦属性工具栏

- 容差：在此文本框中输入的数值越大，可擦除的颜色范围的图像越大，反之越小。
- 消除锯齿：勾选此选项，擦除后的图像边缘将较为平滑。
- 对所有图像取样：勾选此选项，将擦除所有可见层中的所选定的颜色，否则只对当前层起作用。

如图 4-45 所示的是使用魔术橡皮擦工具后的图像效果。

图 4-45　图像擦除效果

4.1.6　颜色替换工具

颜色替换工具的作用正如其名称一样，其原理与“图像”|“调整”|“替换颜色”命令是类似的，其作用是将图像中不满意的图像颜色替换成另一种颜色，并保留图像原有材质感与明暗对比，其属性栏如图 4-46 所示。

图 4-46　颜色替换工具属性工具栏

颜色替换工具的使用方法比较简单，具体操作步骤如下。

1 选择工具箱中的“颜色替换工具”，设置前景色颜色（R：207，G：55，B：14），设置好的前景色为需要替换图像的颜色。

2 在需要替换颜色的图像上单击并进行拖动涂抹即可改变图像颜色，如图 4-47 所示将绿色苹果替换为红色苹果的效果。

图 4-47　替换颜色后效果

小提示 Ps

在使用颜色替换工具时还可通过在其属性工具栏中的“模式”下拉列表框中选择替换“色相”和“饱和度”等模式。另外，该工具不能用于位图、索引模式和多通道颜色模式的图像。

4.1.7　油漆桶工具

油漆桶工具可使用当前前景色或图案填充图像，单击工具箱中的油漆桶工具，工具属性栏如图 4-48 所示，其中各选项含义如下。

前景　模式：正片叠底　不透明度：100%　容差：32　消除锯齿　连续的　所有图层

图 4-48　油漆桶属性工具栏

- 填充：用于设置是前景填充还是使用图案填充。若选择“前景”选项，则使用前景色填充；若选择“图案”选项，则使用定义的图案填充，并可在“图案”下拉列表框中选择要使用的填充图案。
- 模式：设置合成模式可以混合显示用油漆桶工具填充图案颜色和源图像的颜色。
- 不透明度：调整油漆桶工具填充图案颜色的不透明度。
- 容差：用于设置在图像中的填色范围，该值越大，则填充颜色的范围越大。
- “清除锯齿”复选框：含有选区时，勾选该复选框可去除填充后的锯齿状边缘。
- “连续的”复选框：勾选该复选框，油漆桶工具只填充与鼠标起点处颜色相同或相近的图像区域。
- “所有图层”复选框：对所有图层中的图像进行颜色填充。

小提示 Ps

用户可以自定义图案后进行填充，方法是用矩形选框工具选取需要定义为图案的图像，然后选择“编辑”|“定义图案”命令，再在打开的对话框中输入图案名称即可。

使用油漆桶工具填充图像的操作方法很简单，下面介绍油漆桶工具使用步骤。

1 打开如图 4-49 所示的素材图片。

2 在没有指定填充选区状态下，选择工具箱中的“油漆桶工具”，再单击图像，单击处颜色相近的整个区域将被当前前景色填充，如图 4-50 所示。

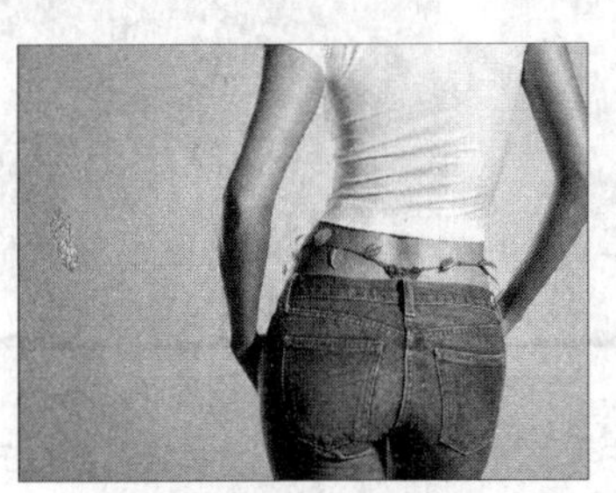

图 4-49　素材图片

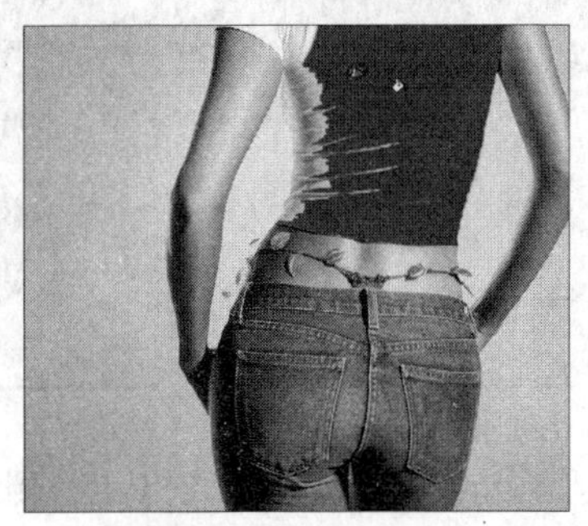

图 4-50　填充颜色

3 想要用图案填充图像，单击工具属性栏中填充右边的小三角按钮，在打开的下拉列表中选择图案选项，单击旁边的图案缩略图按钮，选择一种需要填充的图案。属性工具栏设置如图 4-51 所示。

图 4-51　油漆桶属性工具栏

4 单击图像中需要填充的区域，用图案填充，效果如图 4-52 所示。

5 也可以设置好填充区域，用“油漆桶工具”单击选定的区域，用颜色或图案填充被选区域，如图 4-53 所示。

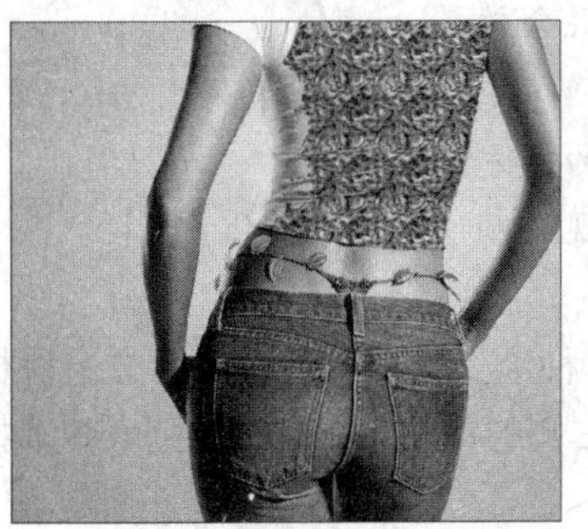

图 4-52　用图案填充图像

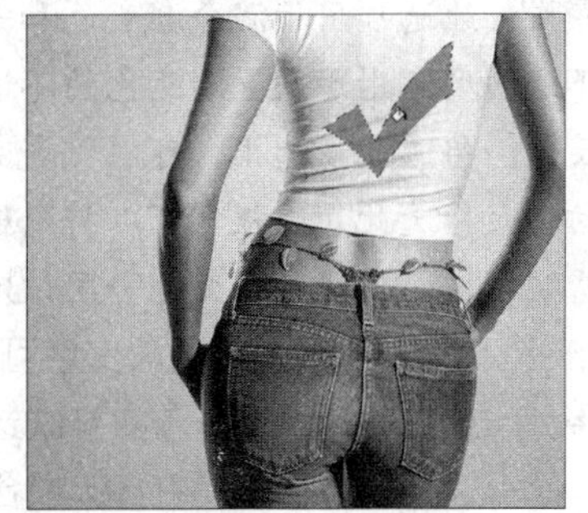

图 4-53　填充选定区域

4.1.8　渐变工具

使用渐变工具可以创建多种渐变效果。选择工具箱中的“渐变工具”，其属性工具栏如图 4-54 所示。各选项含义如下。

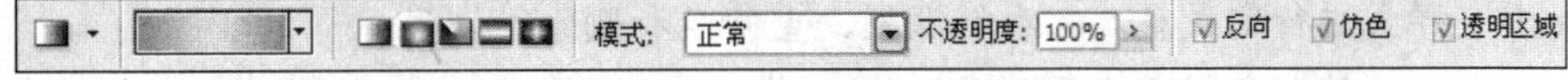

图 4-54　渐变工具属性栏

- 渐变色按钮：此按钮可以显示当前设定的渐变色。单击该按钮，可以打开渐变编辑框，在此面板中可以设定或管理渐变颜色。单击右侧的按钮，打开渐变拾色器，可以选用已设定的渐变效果。
- ：这组按钮代表五种渐变模式，如图 4-55 所示。

（线性渐变）
从起点到终点以直线渐变

（径向渐变）
从起点到终点以圆形图案渐变

（角度渐变）
围绕起点以逆时针方向环绕渐变

（对称渐变）
在起点两侧产生对称直线渐变

（菱形渐变）
从起点到终点以菱形图案渐变

图 4-55　五种渐变效果

- 模式：此选项用于混合渐变色和源图像颜色的混合效果。
- 不透明度：用于设置渐变色的不透明度。
- 反向：勾选此复选框，可以把渐变的方向改变为反方向。
- 仿色：勾选此复选框，可以将急剧变化部分出现的颜色边界线柔化。
- 透明区域：使用与渐变色一同设定的透明度。

使用渐变工具中预先设定的渐变色可以快速创建多种渐变效果。单击右上方选项栏中的渐变颜色按钮旁边的按钮，打开渐变样式选择框，单击右侧的按钮，在下拉列表中选择需要使用的样式，如图 4-56 所示，其中各选项含义如下。

- 新建渐变：将当前显示的渐变样式以新的名称保存到列表中。
- 重命名渐变：在列表中选中一个渐变样式，在弹出的对话框中为新渐变样式重命名。
- 删除渐变：可以删除在列表中选择的一个渐变样式。
- 纯文本、小缩略图、大缩览图、小列表和大列表：选中不同的选项，列表将以不同形式显示渐变样式。
- 预设管理器：选择此命令，弹出如图 4-57 所示的“预设管理器”对话框，在这里可以对渐变样式进行完成载入、存储设置、重命名和删除等设置。
- 复位渐变：将渐变列表恢复到默认状态。
- 载入渐变：将载入保存的渐变样式。
- 存储渐变：将渐变样式存储到硬盘里。
- 替换渐变：以当前的渐变样式替换保存的渐变样式。
- 协调色 1、协调色 2、杂色样本等：不同的选项，在列表中将有相对应的渐变样式组。

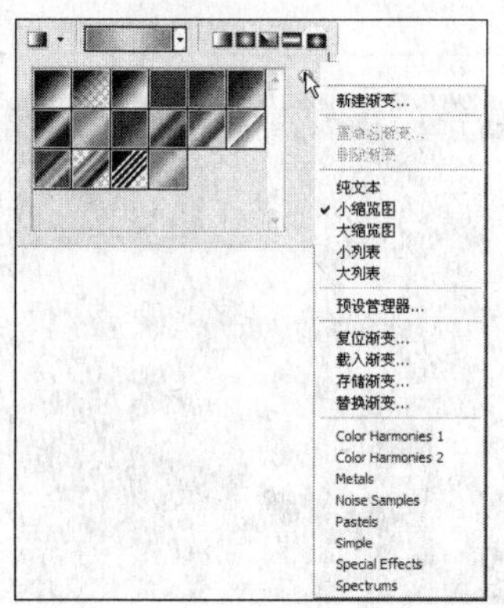

图 4-56　使用渐变样式

图 4-57　"预设管理器"对话框

在 Photoshop CS4 中还可以随意设定渐变色，下面介绍设置渐变色的操作步骤。

1 选择工具箱中的"渐变工具"，单击工具属性栏中渐变色按钮，打开如图 4-58 所示的渐变编辑器面板。

2 单击渐变条下方的色标，可以设置此色标的颜色为当前背景色、前景色和用户需要的任意颜色，如图 4-59 所示。双击色标，也可以打开"拾色器"对话框，随意设置需要的任意颜色。

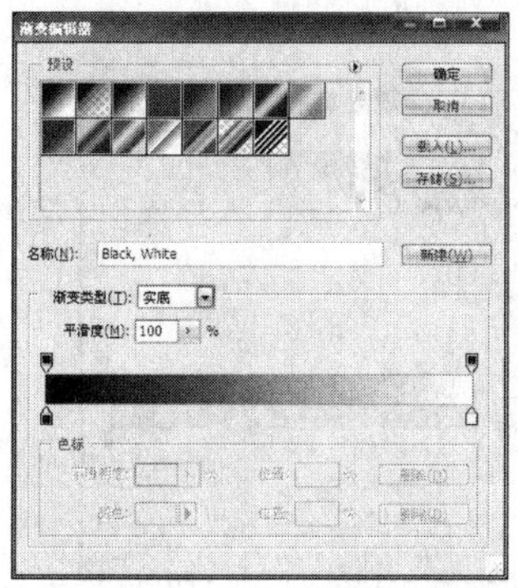

图 4-58　渐变编辑器面板

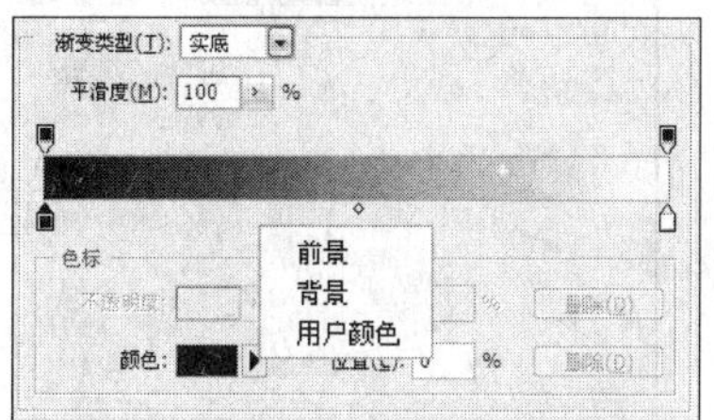

图 4-59　设置颜色

3 将鼠标移动到渐变条下方时，鼠标指针变为光标，单击可添加新的色标，如图 4-60 所示。也可以左右拖动色标设定其位置，不需要的色标可以拖到下面删除。

4 在渐变条上方的色标是设置不透明度色标，单击它，可以在不透明度后直接输入不透明值，如图 4-61 所示。也可以单击旁边的按钮用滑块进行调整，值越小，颜色就越透明。当透明值为不透明时，不透明度色标显示为黑色，相反，透明时显示为白色。

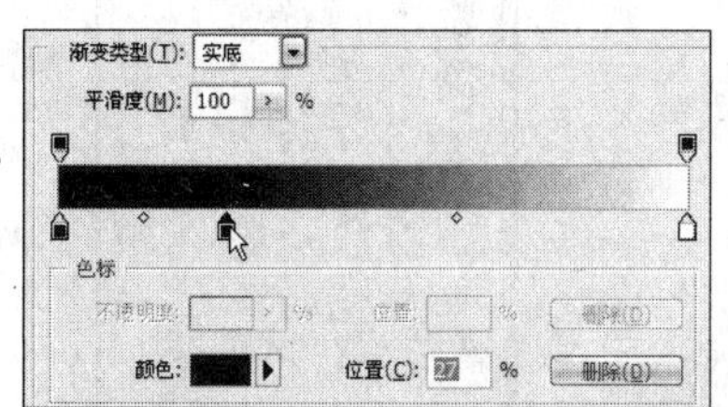

图 4-60　添加新色标

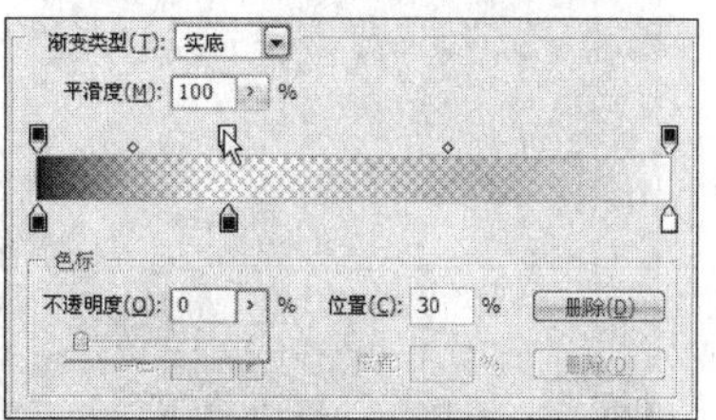

图 4-61　设置不透明度

5 拖动渐变条下方的点可以调整混合渐变的范围。

6 在"名称"文本框中输入新的渐变色名称，单击"新建"按钮可以将设置好的渐变色添加到预设样式列表中。

现场练兵

绘制星光月夜

本例将使用渐变工具、画笔工具以及橡皮擦工具绘制星光月夜效果，如图 4-62 所示。

图 4-62 最终效果

本例具体操作步骤如下。

1 选择“文件”|“新建”命令，或按Ctrl+N组合键，打开“新建”对话框，设置参数如图4-63 所示。

2 选择工具箱中的“渐变工具”，单击其属性栏中的渐变按钮，弹出“渐变编辑器”对话框，设置从左至右色标值分别为：（R：7，G：48，B：104），（R：32，G：144，B：204），（R：4，G：12，B：16），如图 4-64 所示，单击“确定”按钮。

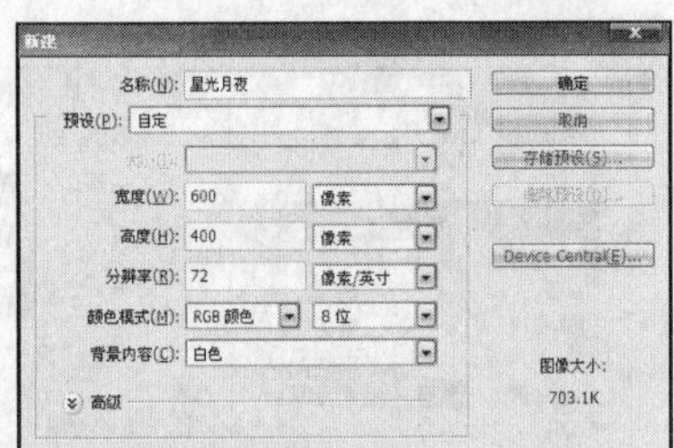

图 4-63 设置新建对话框参数

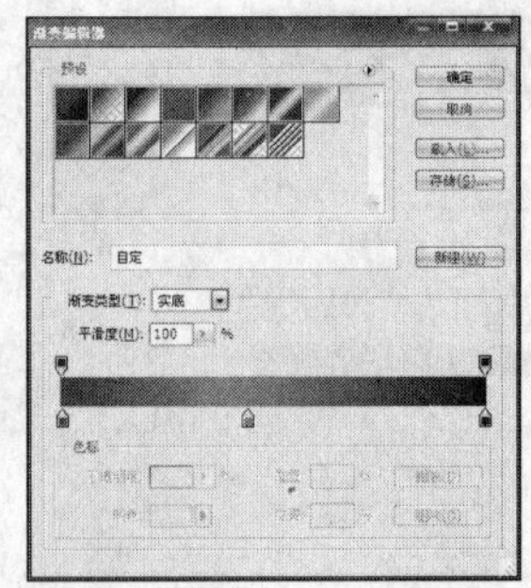

图 4-64 设置渐变色

3 按住 Shift 键在工作区中垂直拖动，创建如图 4-65 所示线性渐变效果。

4 选择“画笔工具”，单击画笔面板按钮，打开画笔面板，设置画笔笔尖形状如图 4-66 所示。

图 4-65 绘制背景

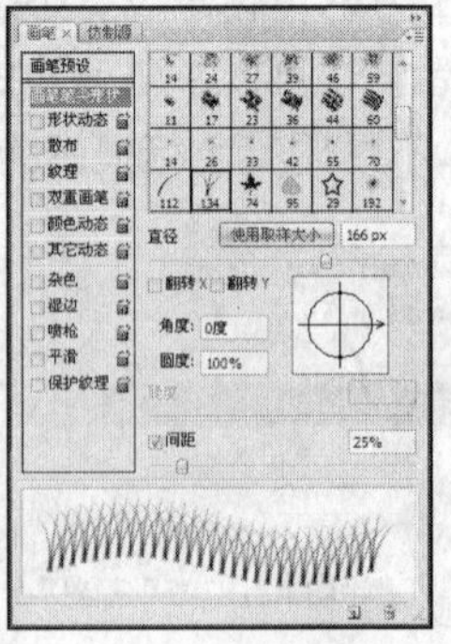

图 4-66 设置画笔属性栏参数

5 设置形状动态参数如图 4-67 所示。

6 设置颜色动态参数如图 4-68 所示。

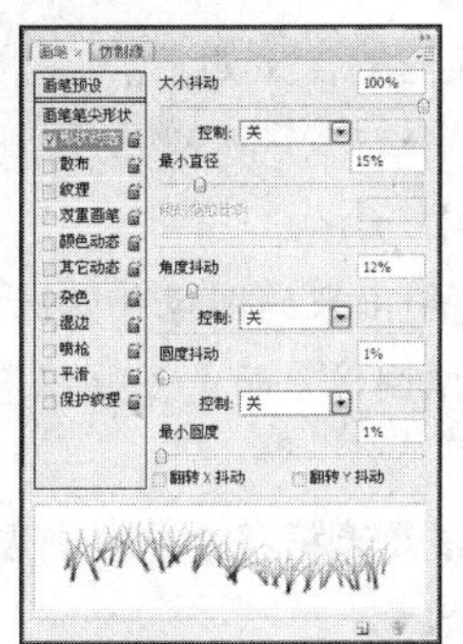
图 4-67　设置形状动态参数

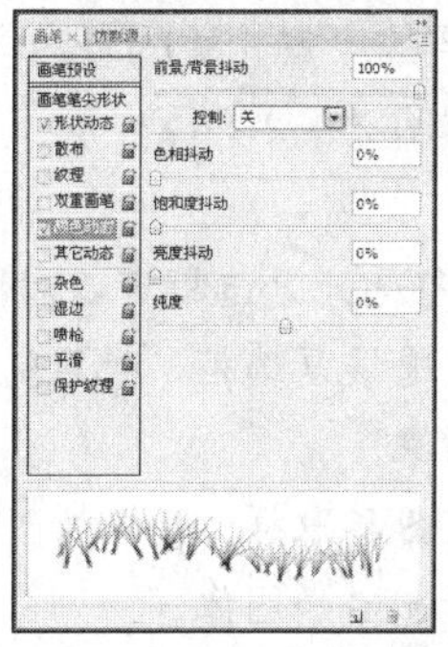
图 4-68　设置颜色动态参数

7 设置前景色（R：48，G：78，B：4），背景色（R：0，G：0，B：0），新建“图层 1”，使用“画笔工具”绘制草地，效果如图 4-69 所示。

8 设置前景色为黄色，用“柔角机械”画笔形状绘制圆形做为月亮，如图 4-70 所示。

图 4-69　绘制草地

图 4-70　圆月效果

9 再使用相同大小的橡皮擦工具擦除一半图形，得到弯月效果，如图 4-71 所示。

10 用小一些的“柔角机械”画笔形状，通过调整画笔动态、画笔颜色动态等参数，绘制星光效果。星光月夜绘制完成，如图 4-72 所示。

图 4-71　弯月效果

图 4-72　最终效果

4.2 修图工具

Photoshop CS4 中提供了编辑图像的命令以及修饰图像工具，用户可以根据需要随意调整图像及画布大小，也可以对不满意的图像进行修饰。本章将详细介绍编辑和修饰图像的知识。

4.2.1 仿制图章工具

仿制图章工具可以一幅图像的选定点作为取样点，将该取样点周围的图像复制到同一图像或另一幅图像中。选择工具箱中的“仿制图章工具”，其属性工具栏如图 4-73 所示。前几个参数与前面介绍的工具相关的参数含义相同，其中两个复选框的含义如下。

画笔: 130 模式: 正常 不透明度: 100% 流量: 100% ☑对齐 □对所有图层取样

图 4-73　仿制图章属性工具栏

- 对齐：勾选此复选框可以对图像进行多次复制，所复制出来的图像仍是选定点内的图像，若未勾选该复选框，则复制出的图像将不再是同一幅图像，而是多幅以基准点为模板的相同图像。
- 对所有图层取样：如果该图像含有多个图层，勾选该复选框将复制当前层和它下面所有图层所选定的图像。

小提示 Ps

使用仿制图章工具复制图像过程中，复制的图像将一直保留在仿制图章上，除非重新取样将原来复制的图像覆盖。在图像中定义了选区内的图像，复制将仅限于选区内才有效。

仿制图章工具具体操作步骤如下。

1 打开如图 4-74 所示的素材图片。

2 选择工具箱中的“仿制图章工具”。在其属性工具栏中设置画笔直径为 168 像素，硬度为 40%，并勾选 “对齐”复选框，其他参数保持默认设置。

3 在图像中需要复制的地方按住 Alt 键不放，此时鼠标光标将变成⊕形状，单击鼠标，设置取样点，如图 4-75 所示。

图 4-74　素材图片

图 4-75　设置取样点

4 在需要被复制的图像区域拖动鼠标进行涂抹绘制，被涂抹的图像区域将绘制出与取样点相同的图像，如图 4-76 所示。

5 在拖动涂抹的过程中，复制在仿制图章上的图像会一直保留在仿制图章上，这时可根据需要重新按 Alt 键进行采样。

6 如果未勾选“对齐”复选框进行复制，图像效果将会如图 4-77 所示。

图 4-76　复制图像

图 4-77　未勾选“对齐”复选框复制图像

4.2.2　图案图章工具

图案图章工具用于以预先定义好的图案区域为对象进行复制。单击工具箱中的图案图章工具，其属性工具栏如图 4-78 所示。

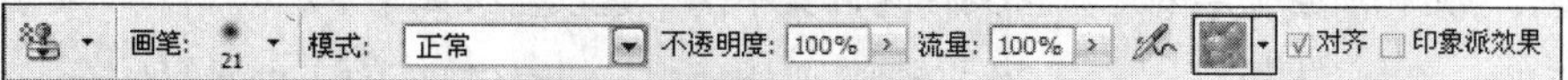

图 4-78　图案图章工具属性工具栏

图案图章工具的参数与仿制图章工具大部分相同，不同的是多了一个“图案” 按钮，单击右侧的按钮，将弹出如图 4-79 所示的选择图案下拉列表框，在其中可以选择图案，设置参数，在图像窗口中拖动，被涂抹的区域将复制出所选择的图案效果。也可以自定义图案，操作步骤如下。

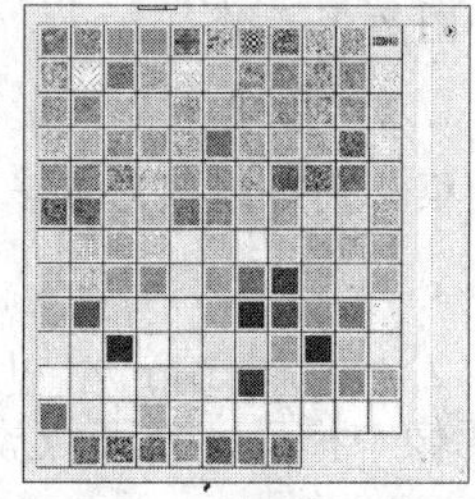

图 4-79　图案下拉列表框

1 打开如图 4-80 所示的素材图片。

2 选择工具箱中“矩形选框工具”创建一个矩形选区，如图 4-81 所示。

图 4-80　素材图片

图 4-81　创建矩形选区

3 选择“编辑” | “定义图案”命令，在打开的“图案名称”对话框中设置名称，如图 4-82 所示，单击“确定”按钮，图案自动生成到图案列表中。

图 4-82　“图案名称”对话框

4 选择工具中的“仿制图章工具”，在属性栏中图案下拉列表中找到自定义的图案，在图像中合适的位置拖动，复制出图案，效果如图 4-83 所示。

图 4-83　复制图案效果

4.2.3 修复画笔工具

修复画笔工具可以消除图像中的杂质、划痕及折皱等，却可以同时保留原图像的形状、纹理、光照等效果。单击工具箱中的“修复画笔工具”，其属性工具栏如图 4-84 所示。其中大部份选项含义和前面介绍的工具含义相同，其中两个选项含义如下。

图 4-84 修复画笔工具属性工具栏

- 源：用于设置修复时所使用的图像来源，若选中“取样”单选项，则修复时将使用定义的图像中某部分图像用于修复；选中“图案”单选项，将激活其右侧的“图案”选项，在其下拉列表框中可选择一种图案用于修复。
- “对齐”选项：勾选该复选框，只能修复一个固定位置的图像，即修复所得到的是一个完整的图像；若不勾选该复选框，则可连续修复多个相同区域的图像。

修复画笔工具的具体操作步骤如下。

1 打开如图 4-85 所示的素材图片。

2 选择工具箱中的“缩放工具”，在图像中拖动，将图像放大，如图 4-86 所示。

图 4-85 素材图片

图 4-86 放大图像

3 选择工具箱中的“修复画笔工具”，单击属性栏中画笔选项右侧的三角按钮，在打开的下拉列表中调整画笔大小如图 4-87 所示。

4 按住 Alt 键在光滑皮肤处单击鼠标，如图 4-88 所示，确定取样点。

5 在额头上有皱纹的地方拖动鼠标，将皱纹清除，如图 4-89 所示。用同样的方法也可以将脸部其他部份的皱纹去除掉。

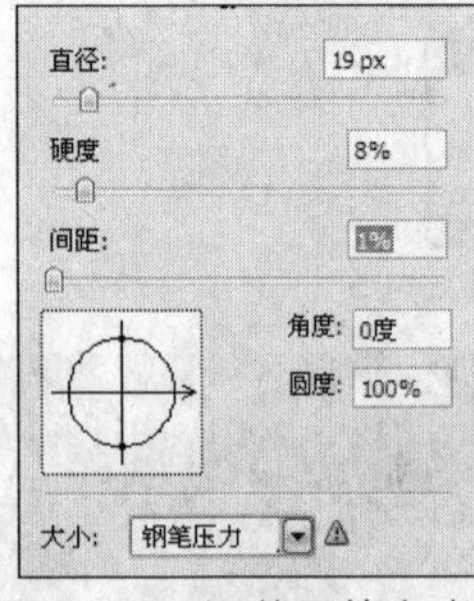

图 4-87 调整画笔大小

图 4-88 确定取样点

图 4-89 去除皱纹效果

小提示 Ps

在获取取样点时，尽可能在需要修复的图像部份按住 Alt 键，单击鼠标设置取样点。在修复过程中，也可以根据需要随时设置新的取样点。

4.2.4 修补工具

修补工具和修复工具都是用于修复图像的，它们的使用方法却不同，修补工具可以自由选取用于修复或被修复的图像范围。其属性工具栏如图4-90所示，各选项含义如下。

修补：⊙源 ○目标 □透明 使用图案

图4-90 修补工具属性工具栏

- ：这四个按钮分别表示创建新选区、增加选区、减少选区以及交叉选区。
- “源”单选项：选中此选项，在需要修复的图像处创建一个选择区域，然后将其拖动到用于修复的目标图像位置，即可使目标图像修复到原选取的图像选区。
- “目标”单选项：此选项作用与选中“源”单选项刚好相反。在需要修复的图像上创建一个选择区域，然后将选择区域拖动到要修复的目标图像，即可使用选取的图像修复目标位置上图像。
- “透明”选项：选中此选项，在使用“目标”方式修复图像时将不会对目标图像进行修复。
- 使用图案：该按钮只有在用修补工具绘制选择区域后才有效，用于对选取图像进行图案修复。

修补工具的具体操作步骤如下。

1 打开如图4-91所示的素材图片。

2 选择工具箱中的“修补工具”，在属性栏中选中“源”选项，在图像中需要修补的区域拖动，创建一个选区，如图4-92所示。

3 将鼠标移至选定区域内，然后将选区内容拖动至用于修复的采样区域，如图4-93所示。

4 释放鼠标，按Ctrl+D组合键取消选区，图像效果如图4-94所示。

图4-91 素材图片

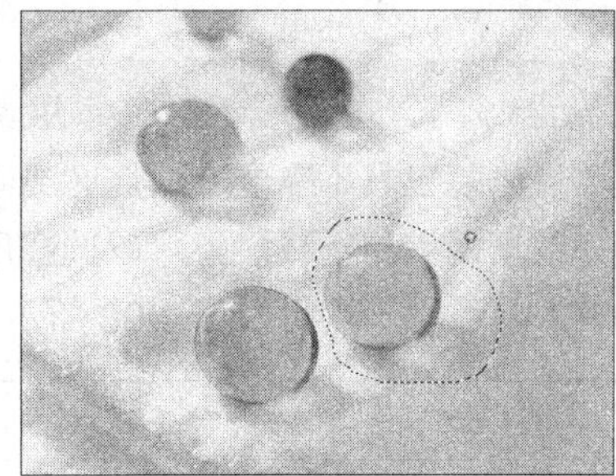

图4-92 创建“源”图像

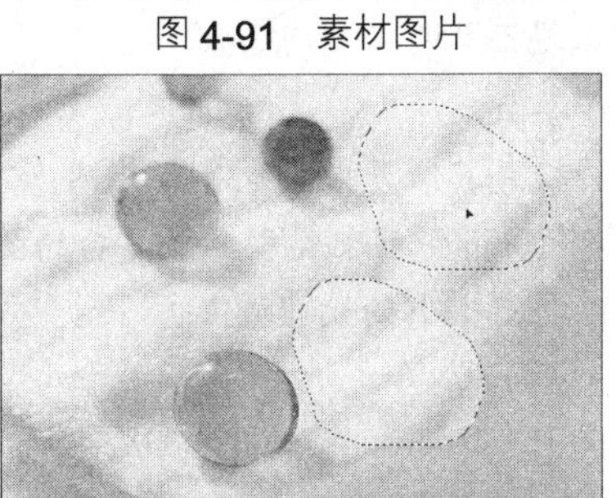

图4-93 拖动鼠标

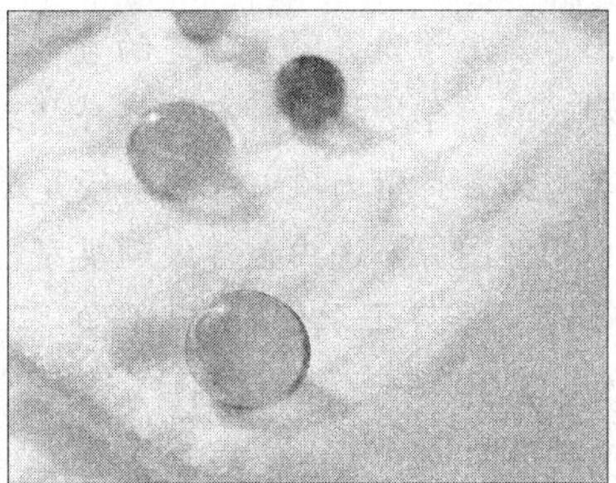

图4-94 修复图像

5 在属性栏中选中“目标”选项，在图像中需要修补的区域拖动，创建一个选区，如图4-95所示。

6 将鼠标移至选定区域内，然后将选区内容拖动至用于修复的采样区域，如图 4-96 所示。

7 释放鼠标，按 Ctrl+D 组合键取消选区，图像效果如图 4-97 所示。

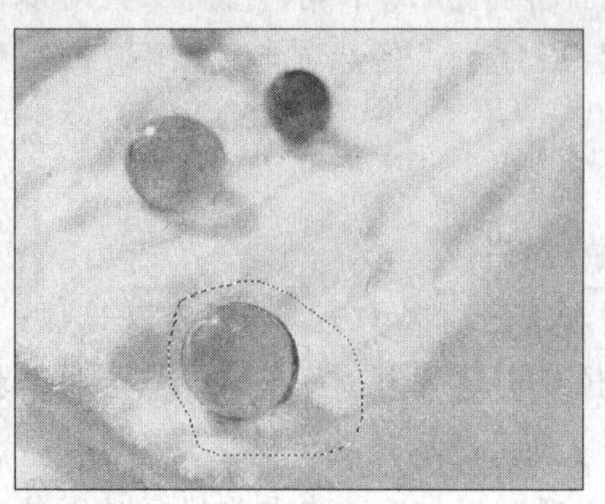

图 4-95　创建“目标”选区

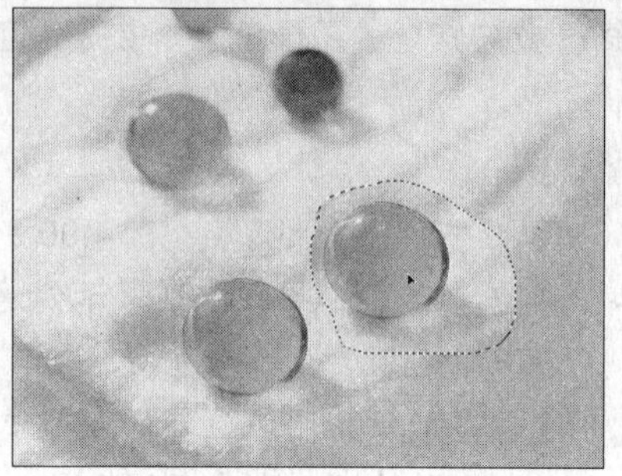

图 4-96　拖动“目标”图像区域

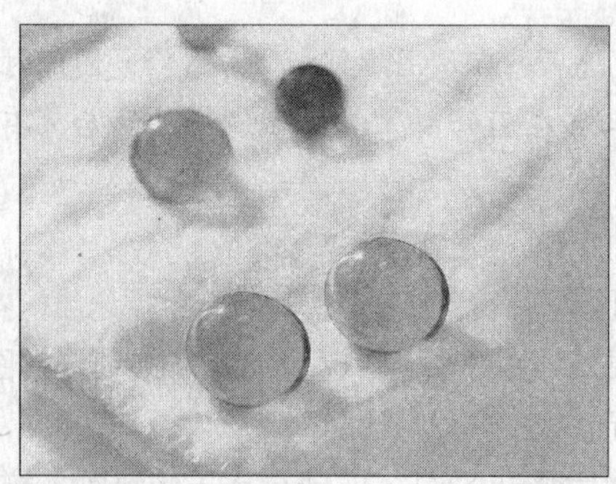

图 4-97　最后效果

4.2.5　污点修复工具

使用污点修复工具不需要选取选区或者定义源点。可以为修复选择混合模式，并能在近似匹配和创建纹理两者中选择。还可以选择所有允许使用污点修复工具的图层在一个新图层中进行无损编辑。其属性工具栏如图 4-98 所示，各选项含义如下。

图 4-98　污点修复画笔工具属性工具栏

- 画笔：用于设置修复画笔的直径、硬度和角度等参数。
- 模式：用于选择一种颜色混合模式，选择不同的模式其修复效果也各不相同。
- 类型：在类型选项中有两个修复类型可供选择，选中近似匹配类型，修复后的图像会近似于源图像；选中创建纹理类型，修复后的图像会产生小的纹理效果。

污点修复画笔工具具体操作步骤如下。

1 打开如图 4-99 所示的素材图片。

2 选择工具箱中的“污点修复画笔”，单击属性栏中画笔右侧的三角按钮，在下拉列表中设置参数如图 4-100 所示，设置模式为正常，类型为近似匹配。

图 4-99　素材图片

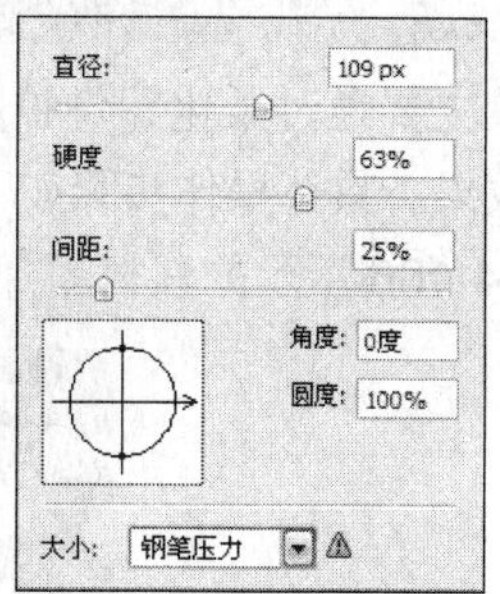

图 4-100　设置画笔

3 要将图片中的人物图像去除，使用污点修复工具，只需简易的在想移除的瑕疵上点击或拖拽，污点即消除。在如图 **4-101** 所示位置拖动鼠标，图片的人物图像就消除了，效果如图 **4-102** 所示。

图 4-101　在污点处涂抹

图 4-102　去除污点

4.2.6　红眼工具

红眼工具可以用来对图像中因曝光等问题而产生的颜色偏差进行有效的修正。其属性栏如图 **4-103** 所示，各参数含义如下。

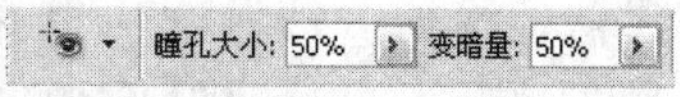

瞳孔大小: 50%　变暗量: 50%

图 4-103　红眼工具属性工具栏

- 瞳孔大小：此选项用于设置修复瞳孔范围的大小。
- 变暗量：此选项用于设置修复范围的颜色的亮度。

红眼工具具体操作步骤如下。

1 打开如图 **4-104** 所示的素材图片。

2 选择工具箱中的“红眼工具”，在红色眼球上单击鼠标，红眼立即就会消失，如图 **4-105** 所示。

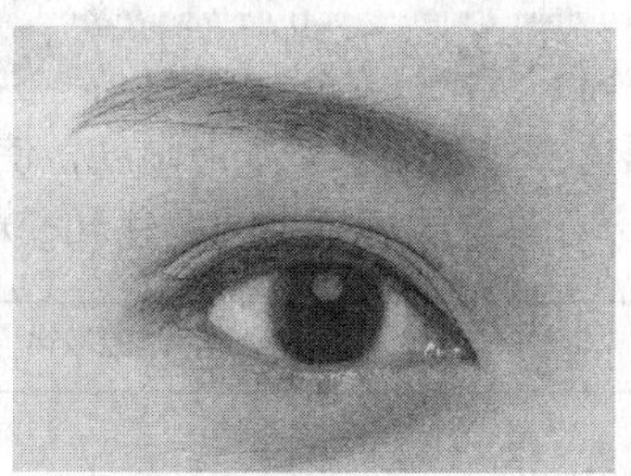

图 4-104　素材图片

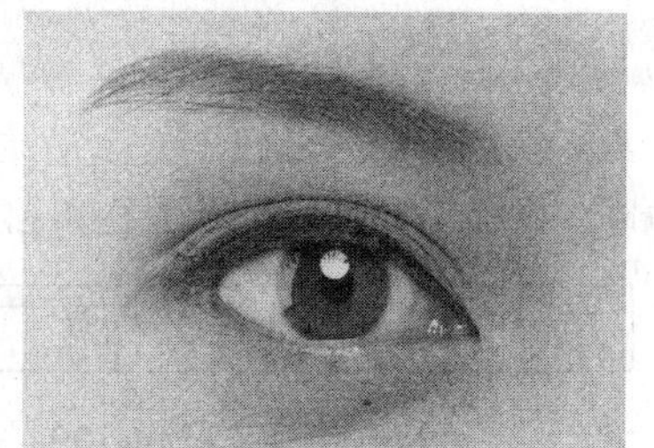

图 4-105　红眼消失

4.2.7 模糊工具

模糊工具主要通过柔化图像中突出的色彩和僵硬的边界，从而使图像的色彩过渡平滑，产生模糊图像效果。具体操作步骤如下。

1 打开如图 4-106 所示的素材图片。选择工具箱中的“模糊工具”。

图 4-106 素材图片

2 在其属性工具栏中，单击画笔右侧的三角按钮，在打开的下拉列表中设置画笔的主直径、硬度和形状，如图 4-107 所示。

图 4-107 模糊工具属性工具栏

3 在属性栏中，设置好绘制的模式以及画笔的强度，如果勾选中“对所有图层取样”选项，模糊后的效果将应用到可见的所有图层中，如果不勾选此选项，则模糊效果只应用到当前图层中。

4 在图像中需要模糊的部分反复拖动鼠标，产生柔化效果，模糊后图像的效果如图 4-108 所示。

图 4-108 模糊后效果

4.2.8 锐化工具

锐化工具的作用与模糊工具相反，通过锐化模糊图像边缘来增加清晰度，使模糊的图像边缘变得清晰。锐化工具的属性参数栏如图 4-109 所示，参数设置及使用方法和模糊工具相同。

图 4-109 锐化工具属性工具栏

使用锐化工具在图像中需要锐化的部份反复拖动，如图 4-110 所示可以观察到锐化前和锐化后图像边缘的区别。

图 4-110　图像锐化前后对比效果

4.2.9　涂抹工具

涂抹工具用于拾取单击鼠标起点处的颜色，并沿拖动的方向扩张颜色，从而模拟用手指在未干的画布上进行涂抹而产生的效果。具体操作步骤如下。

1 选择工具箱中的“涂抹工具”。

2 在其属性工具栏中，单击画笔右侧的三角按钮，在打开的下拉列表中设置画笔的主直径、硬度和形状，如图 **4-111** 所示。

图 **4-111**　涂抹工具属性工具栏

3 在属性栏中，设置好绘制的模式以及画笔的强度，如果勾选 “对所有图层取样”选项，涂抹后的效果将应用到可见的所有图层中，如果不勾选此选项，则涂抹效果只应用到当前图层中。

4 勾选“手指绘画”复选框，可以将当前前景色涂抹到图像中，如果不勾选此选项，涂抹工具涂抹的颜色将是鼠标涂抹起点的图像颜色。

5 在打开的图像中拖动，图像涂抹后的效果如图 **4-112** 所示。

图 **4-112**　涂抹图像效果

4.2.10　减淡工具

使用减淡工具在图像中涂抹后，可以通过提高图像的曝光度来提高涂抹区域的亮度。其属性工具栏如图 **4-113** 所示，各选项含义如下。

图 **4-113**　减淡工具属性工具栏

- 范围：在其下拉列表中，“暗调”选项表示仅对图像中的较暗区域起作用；“中间调”表示仅对图像的中间色调区域起作用；“高光”表示仅对图像的较亮区域起作用。
- 曝光度：在该文本框中输入数值，或者单击文本框右侧的三角按钮，拖动打开的三角滑块，可以设定工具操作时对图像的曝光强度。

减淡工具具体操作步骤如下。

1 打开素材图片。选择工具箱中的减淡工具，在其属性工具栏中，单击画笔右侧的三角按钮，在打开的下拉列表中设置画笔的主直径、硬度和形状，如图 4-114 所示。

2 在图像中需要减淡的部份反复拖动，被涂抹后的图像区域亮度提高，如图 4-115 所示。

图 4-114　设置减淡工具属性栏参数

图 4-115　减淡图像效果

4.2.11　加深工具

加深工具的作用与减淡工具相反，通过降低图像的曝光度来降低图像的亮度。加深工具的属性参数栏如图 4-116 所示，参数设置及使用方法和减淡工具相同。

使用加深工具在图像中需要加深的部份反复拖动，如图 4-117 所示可以观察到加深前和加深后图像亮度的区别。

图 4-116　加深工具属性工具栏

图 4-117　加深图像效果

4.2.12　海绵工具

使用海绵工具在图像中涂抹后，可以精细地改变某一区域的色彩饱和度。图像在灰度模式下，海绵工具将通过将灰色阶远离或中灰来增加或降低对比度。其属性工具栏如图 4-118 所示，各选项含义如下。

图 4-118　加深工具属性工具栏

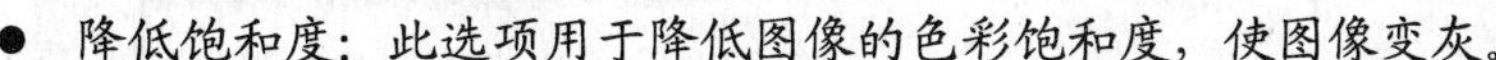

- 降低饱和度：此选项用于降低图像的色彩饱和度，使图像变灰。
- 饱和度：此选项用于提高图像的色彩饱和度。
- 流量：在此文本框中可以直接输入流量值或单击右侧的三角按钮，拖动打开的三角滑块，可以设定工具涂抹压力值，压力值越大，饱和度改变的效果越明显。

海绵工具具体操作步骤如下。

1 选择工具箱中的“海绵工具”。

2 在其属性工具栏中，单击画笔右侧的三角按钮，在打开的下拉列表中设置画笔的主直径、硬度和形状。

3 在图像中反复拖动，被涂抹后的图像效果如图 4-119 所示。

（原图）

（去色模式）

（加色模式）

图 4-119　使用海绵工具效果

现场练兵

保留色彩

本例将使用“复制图层”命令、“去色”命令、以及画笔工具等绘制保留色彩效果，如图 4-120 所示。

（处理前）

（处理后）

图 4-120　处理前后对比效果

本例的具体操作步骤如下。

1 按 Ctrl+O 组合键，打开如图 4-121 所示素材图片。

2 单击“背景”图层至图层面板下方的“创建新图层”按钮，复制一个“背景副本”层，图层面板如图 4-122 所示。

图 4-121 素材图片

图 4-122 复制图层

3 选择"图像"|"调整"|"去色"命令，图像变为灰度图像，效果如图 4-123 所示。

4 选择"历史记录画笔工具"，在图像中需要恢复颜色的地方涂抹，保留色彩完成，如图 4-124 所示。

图 4-123 去色效果

图 4-124 最终效果

4.3 其他工具

在 Photoshop CS4 的工具箱中还包括下列工具：裁切工具、切片工具、切片选择工具、注释工具、语音注释工具、度量工具和抓手工具等。

4.3.1 裁切工具

使用"裁切工具"可以从整个图像中提取需要的部份，可以将图像中需要部分保留下来，将其余部分多余的图像裁切掉。裁切图像时还可以进行旋转等操作。选择工具箱中的"裁切工具"，其属性栏如图 4-125 所示，各选项参数含义如下。

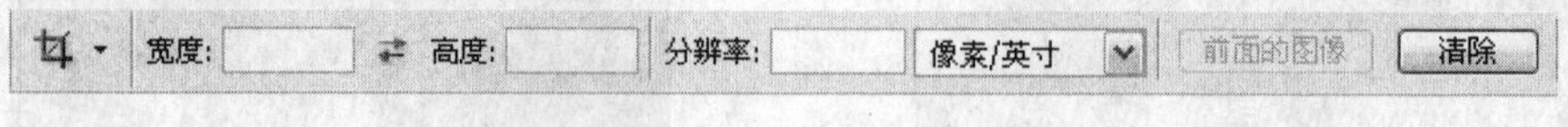

图 4-125 裁切工具属性工具栏

- 宽度: ：在此文本框里可以直接输入裁切图像的宽度值。
- 高度: ：在此文本框是可以直接输入裁切图像的高度值。
- ⇄：单击此按钮，可以互换宽度和高度的值。
- 分辨率: 像素/英寸：在此文本框中可以直接输入裁切图像的分辨率，有两个单位可以选择：像素/英寸和像素/厘米。
- 前面的图像：单击此按钮，裁切出的图像会扩大到原图像大小。

- 清除：单击此按钮将返回到无输入值状态，不想使用图像大小调整功能，单击此按钮即可。

选择工具箱中的“裁切工具”，在图像中拖动，选择需要的部分，如图 4-126 所示，按下 Enter 键或双击选择区域内部就可以裁切掉选择区域以外的图像部分，如图 4-127 所示。

图 4-126　选择裁切范围

图 4-127　裁切后效果

选择“图像”|“裁剪”命令可以只裁切图像中所指定的选区图像，如图 4-128 所示。

图 4-128　裁剪选区图像

4.3.2　切片工具

使用“切片工具”，可以将一个完整的图像切割成几部分。切片工具主要用于分割图像。

选取工具箱中的“切片工具”，将鼠标光标移动到图像文件中进行拖动，然后释放鼠标，即在图像文件中创建了切片，如图 4-129 所示。

图 4-129　创建切片

4.3.3　切片选择工具

切片选择工具主要用于编辑切片，其属性栏如图 4-130 所示。

提升　划分...　隐藏自动切片

图 4-130　切片选取工具的属性栏

利用工具箱中的“切片选择工具”，选择图像文件中切片名称显示为灰色的切片，然后单击属性栏中的提升按钮，可以将当前选择的切片激活，即左上角的切片名称显示为蓝色。另外，单击属性栏中的划分按钮，在弹出的“划分切片”对话框中，可以对当前选择的切片进行均匀分隔。

4.3.4 注释工具

注释工具可以用业在图像上添加注释，作为图像文件的说明，从而起到提示作用。在工具箱中选择注释工具，然后将光标移动到弹出的图像文件中单击或拖动鼠标创建一个矩形注释框，输入要说明的文字即可，它的属性栏如图 4-131 所示。

图 4-131　注释工具的属性栏

小提示

如果想同时删除图像文件中的多个注释，只要在任意注释图标上右击，在弹出的子菜单中选择“删除所有注释”命令即可。

4.3.5 语音注释工具

语音注释工具可以用来在图像上添加语音注释作为图像文件的说明，从而起到提示作用，其属性栏如图 4-132 所示。

图 4-132　语音注释工具的属性栏

语音注释工具具体操作步骤如下。

1 单击工具箱中的“语音注释工具”按钮，单击弹出的图像文件，弹出“语音注释”对话框，如图 4-133 所示。

2 此时，单击按钮 开始(S)...，便可以通过麦克风录制语音信息。录制完成后，单击按钮 停止(T)，可以停止录音工作，并关闭“语音注释”对话框。

（a）“语音注释”对话框

（b）出现语音注释图标

图 4-133　语音注释对话框

播放语音注释：在图像文件中设置语音注释后，双击语音注释图标，即可播放语音注释。

当我们在文件中添加了注释或语音注释后，如果要保存文件，同时也将这些注释保存，所有的文件格式必须选择 PSD、PDF 或 TIF 格式，并在“存储为”对话框中勾选“注释”选项。

矫正倾斜照片

本例将使用裁切工具矫正倾斜的画面。如图 4-134 所示。

（处理前）

（处理后）

图 4-134　矫正前后对比效果

本例的具体操作步骤如下。

1 按 Ctrl+O 键打开素材文件，如图 4-135 所示。

2 选择“裁切工具”，在图像中拖动鼠标，选择裁切范围，显示出裁切定界框，如图 4-136 所示。

图 4-135　素材图片

图 4-136　选择裁切范围

3 将鼠标移至定界框之外，对定界框进行旋转，如图 4-137 所示，按 Enter 键或双击选择区域内部就可以裁切掉选择区域以外的图像部分，倾斜图像得到矫正，如图 4-138 所示。

图 4-137　旋转定界框

图 4-138　最终效果

4.4 疑难解析

通过前面的学习，读者应该已经掌握了在 Photoshop CS4 中图像的绘制以及编辑的操作方法，下面就读者在学习的过程中遇到的疑难问题进行解析。

1 在 PHOTOSHOP CS4 中如何将一幅图分割为若干块，用什么工具？

（1）任何一个 Photoshop CS4 版本里面都有裁切这个功能，你使用它就可以完成图片的分割。

（2）Photoshop CS4 里面有一个专用的裁切工具，你可以使用它来完成分割，并输出为 HTML 或 JPG 或 GIF 等格式。

2 我想把网上下载的图片放到我的主页上，但我不知如何修改，如：一幅汽车图片，上面有 www.ttt.com 的字样，我想把它去掉，应该如何操作？

方法有很多种：使用仿制图章工具将干净图像取样点图像复制到要去除的网址上；使用修补工具设置取样点修复网址图像；如果网址在图像片边缘上，用裁切工具把不要的地方裁切掉。

3 选择画笔工具后，为什么有属性栏可以设置画笔参数了，还要用画笔面板设置绘图工具呢？

在画笔的属性栏只能进行一些基本设置，更多的设置要通过画笔面板来完成，比如形状动态、颜色动态等。

4 为什么想画星光闪烁的效果可怎么都画不好，怎么办？

主要是因为对工具使用方法及技巧还不是很熟悉，其实在 Photoshop 中是不用自己画星光效果的，在画笔面板中就有这种样式的笔尖，选择星形、交叉排线以及星形放射画笔形状，在图像窗口中拖动就可以绘制不同的星光效果了。

4.5 上机实践

本例将使用缩放工具、仿制图章工具以及修补工具等去除照片中的多余图像，效果如图 4-139 所示。

图 4-139　处理前后对比效果

4.6 巩固与提高

本章介绍了 Photoshop CS4 中图像的绘制与修饰的操作方法。包括：绘图工具、修图工具以及其他工具的使用。学习本章的重点是掌握各种工具的使用方法及技巧，在图像处理中，图像绘制工具与修饰工具是使用频率很高的工具，因此读者要反复使用与练习这些工具。

1．单选题

（1）选择“图像”|“裁剪”命令可以只裁切图像中（　　）图像。

A．灰色的　　B．裁剪的

C．所指定的选区　　D．单一的

（2）加深工具的作用与（　　）相反，它通过降低图像的曝光度来降低图像的亮度。

A．修补工具　　B．减淡工具

C．锐化工具　　D．涂抹工具

2．多选题

（1）按住（　　）键拖动鼠标，橡皮擦工具可以垂直和水平在图像中进行擦除；按住（　　）键，橡皮擦可以切换成移动工具；按住（　　）键，系统将与“抹到历史记录”相反的状态进行擦除。

A．Shift　B．Ctrl　C．Alt　D．F

（2）利用工具箱中的“切片选择工具”选择图像文件中切片名称显示为（　　），然后单击属性栏中的（　　）按钮，可以将当前选择的切片激活，即左上角的切片名称显示为蓝色。

A．红色的切片　　B．灰色的切片

C．提升到用户切片　　D．切片

3．判断题

（1）铅笔工具用于创建比较柔和的线条，其效果类似水彩笔或毛笔的效果。（　　）

（2）海绵工具在图像中涂抹后，可以精细地改变某一区域的色彩饱和度。（　　）

读书笔记

第 5 章

图层应用

图层操作是 Photoshop CS4 中的很重要的基本操作技能，使用图层能让编辑过程变得更简捷。图层像一张透明纸，可以在它上面绘画，没有绘画的部分保持透明。将各图层叠在一起，可以组成一幅完整的画面。

学习指南

- 图层的基础知识
- 图层操作
- 图层样式
- 样式面板
- 剪贴图层
- 智能对象

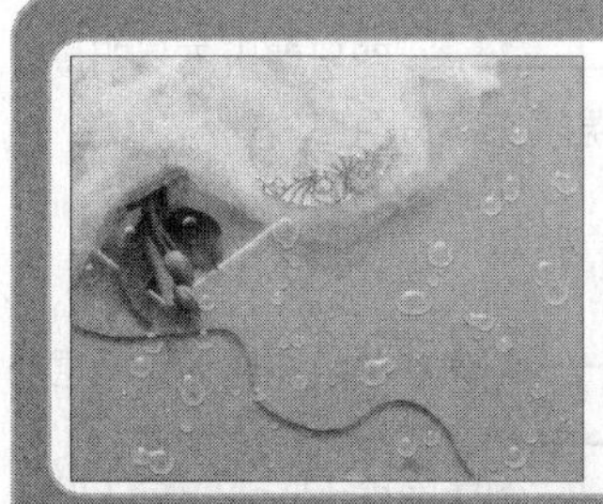

精彩实例效果展示 ▲

5.1 图层的基础知识

在使用 Photoshop CS4 时几乎都会使用到图层功能，但是你对图层的概念和所有应用功能都全面了解吗？图层将图像中的内容按不同层次来进行管理和操作，是大部分图形制作处理软件的共同特性，这种图层管理的处理技术在 Photoshop CS4 中得到了更为充分和完全的应用。

在 Photoshop CS4 中，不同的图层可以放置不同的图像。这些图层叠放在一起就形成了完整的图像，读者可以独立对每一层或某些图层中的图像内容进行各种操作，而不会对其他图层造成影响，打开一个包含有多个图层的图像文件后，图层控制面板将显示出该图像的图层信息。

5.1.1 什么是图层

图层是组成图像的基本元素，是 Photoshop CS4 的精髓所在。什么是图层呢？图层就好比一张透明的纸，而图像分别绘制在不同的透明纸上，将这些绘制了图像的透明纸重叠，就会组成了一副完整的漂亮的图画。在 Photoshop CS4 中进行绘图时每添加的一层透明纸就是添加一个图层，图层的概念示意图如图 5-1 所示。

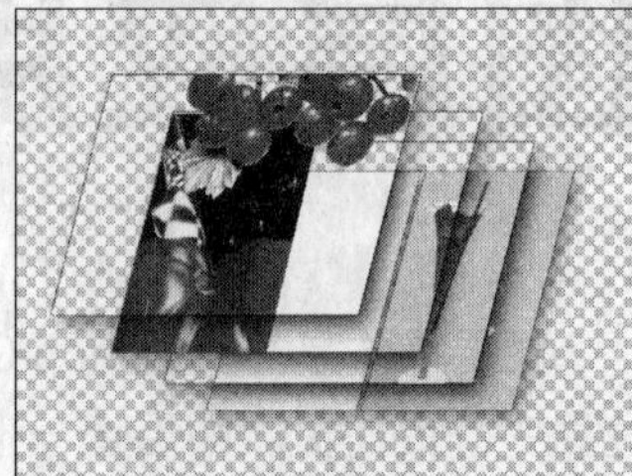

图 5-1　图层概念示意图

5.1.2 图层控制面板

图层面板上显示了图像中的所有图层、图层组和图层效果，我们可以使用图层面板上的各种功能来完成一些图像编辑任务，比如创建、隐藏、复制和删除图层等。还可以使用图层模式改变图层上图像的效果，如添加阴影、外发光、浮雕等。另外我们可以通过对图层的填充、透明度等参数进行调整来制作不同的效果。在启动 Photoshop CS4 时，图层控制面板是默认显示的整合的面板块中的其中一个面板。如果用户看不到图层控制面板的显示，可以选择“窗口”|“图层”命令或“窗口”|“工作区”|“默认工作区”命令，打开图层控制面板。在图层控制面板中，管理层操作的各种功能都集中在图层控制面板中，如图 5-2 所示。

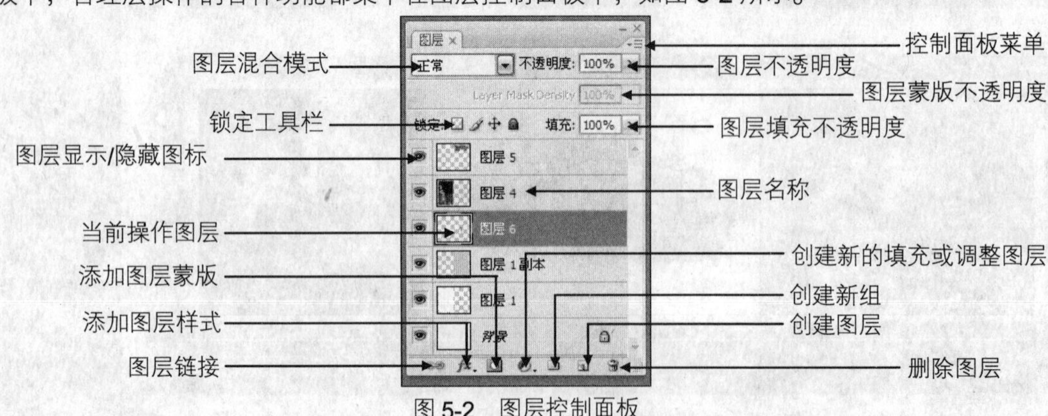

图 5-2　图层控制面板

在操作过程中，当前图像窗口所包含的所有图层将在图层控制面板中显示出来，在默认状态下，背景图层在最下方，其余图层将根据建立先后依次排列在图层控制面板中，用户也可以通过移动图层来改变图层的排列顺序。图层内容将显示在图层名称左边的缩略图中。接下来将介绍图层控制面板中各组成部分的功能。

- 混合模式：单击右侧的三角按钮，在弹出的下拉列表框中即可选择多种混合模式，这些混合模式用于设置当前图层与其他图层叠合在一起的效果。
- 不透明度：单击不透明度右侧的三角按钮，将弹出一个三角滑块，拖动滑块可以调整图层的不透明度，在文本框中也可以直接输入数值。
- 锁定工具栏：单击按钮，当前图层的透明区域处于锁定状态，不能在透明区域上进行编辑操作；单击按钮，当前图层处于锁定状态，除了可以移动图层中的对象外，不能在当前图层中进行其他编辑操作；单击按钮，当前图层中对象不能移动，但可以进行其他的编辑操作；单击按钮，当前图层中所有的操作都被禁止。
- 填充：单击不透明度右侧的三角按钮，将弹出一个三角滑块，拖动滑块可以调整当前图层内容的填充不透明度，也可以在文本框中直接输入数值。
- /：单击此图标，可以显示或隐藏当前图层。当图层处于时，表示当前图层将显示此图层的图像；当图层处于时，表示当前图层将隐藏，图层图像将不可见。
- 当前图层：在图层控制面板中，当选中某一图层时，该图层将以蓝色显示。
- 图标链接：当图层最右侧显示链接图标时，表示在图层面板中有链接图标的图层为链接图层，在编辑图层时可以一起进行编辑。
- 添加图层样式 fx.：单击此按钮，在弹出的下拉菜单中可以选择需要使用的图层样式，为图层添加特殊效果。
- 添加图层蒙版：单击此按钮，可以为当前图层添加图层蒙版。
- 创建新的填充或调整图层：单击此按钮，从弹出的下拉菜单中可以选择需要添加的调整图层的类型。
- 创建新组：单击此按钮，可以添加一个新的图层序列。
- 创建新图层：单击此按钮，将在当前图层上方创建一个新的空白图层。
- 删除图层：单击此按钮，可以删除当前图层。
- 控制面板菜单：单击此按钮，在弹出的下拉菜单中，有多项图层操作选项供用户选择。

5.2 图层操作

在图层面板中可以完成新建、删除、复制、链接、合并等操作，本节将介绍这些图层的多种操作方法。

5.2.1 新建图层

新建图层一般位于当前图层的上方，采用正常模式和 100%的不透明度，并且依照建立的次序命名，如“图层 1”、“图层 2”……

使用下列任意一种方法均可创建新图层。

1 单击“图层”面板中的创建新图层按钮在当前图层的上方创建新图层，如图 5-3 所示。

2 单击图层面板右上方三角按钮，弹出如图 5-4 所示快捷菜单，选择“新建图层”命令，弹出如图 5-5 所示“新建图层”对话框。

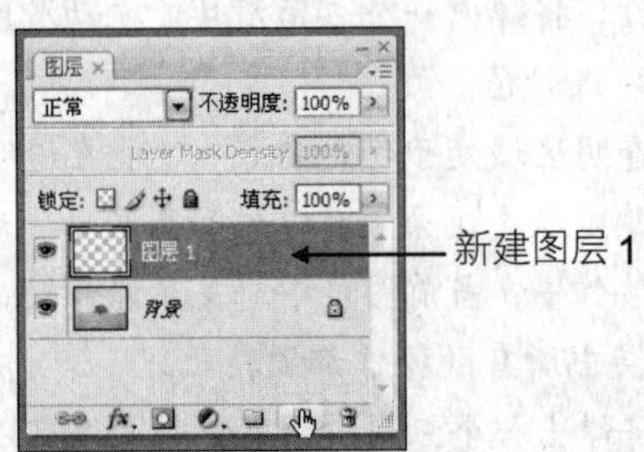

图 5-3 新建图层

图 5-4 快捷菜单

3 可在弹出的“新建图层”对话框中进行图层名称、模式、不透明度等设置，如图 5-5 所示，单击“确定”按钮，图层面板新建“图层 2”图层，如图 5-6 所示。

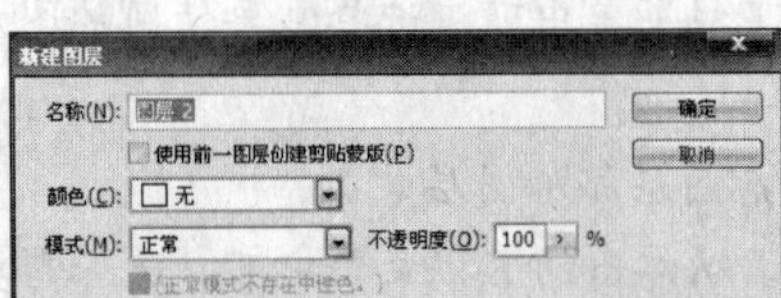

图 5-5 “新建图层”对话框

图 5-6 新建图层

4 使用文字工具自动生成新图层。

5 通过选择“图层”|“新建”|“图层”命令创建新图层。

6 在两个文件之间通过复制和粘贴命令来创建新图层。

7 选择“移动工具”，拖动图像到另一个文件上创建新图层。

8 选择“图层”|“新建”|“背景图层”命令，将背景图层转换为新图层。

5.2.2 复制图层

从复制图层后的图像效果来看，复制图层可分为原位复制和异位复制。原位复制是复制的图层和原图层相互重叠，未发生错位；异位复制是复制后的图层中的图像与原图像产生错位。

1. 原位复制

对图层进行原位复制的操作步骤如下。

1 将图层面板中当前选中的图层拖动到按钮上，当前图层上面会增加一个和选中图层相同的重叠图层，图层的名称会加上“副本”字样加以区别，如图 5-7 所示。

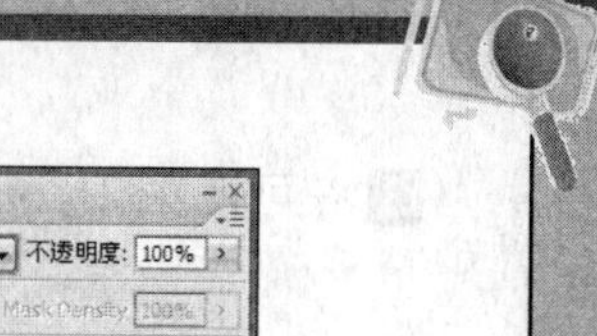

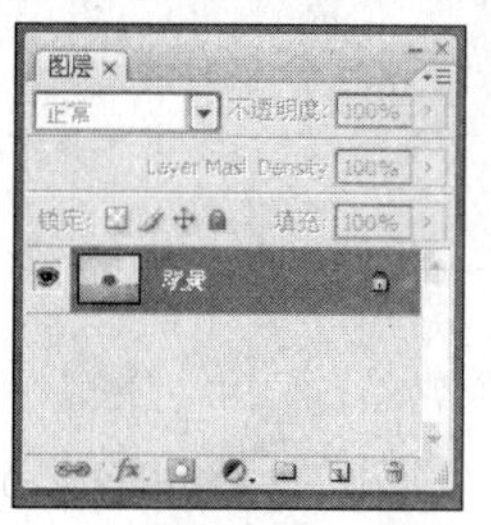

（a）原“图层”面板

（b）拖动需要复制的“图层”

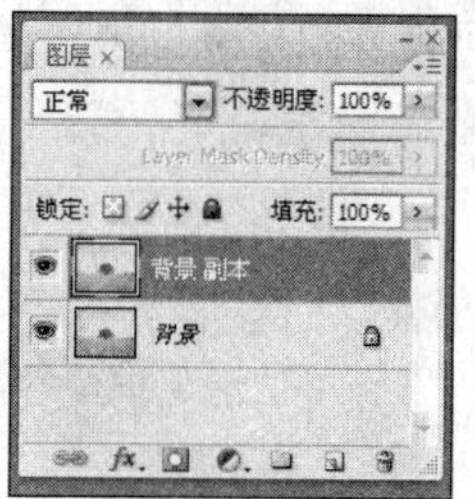

（c）复制后图层面板

图 5-7　执行“复制图层”命令

2 单击“图层”面板右上角的三角按钮，在弹出的快捷菜单中选择“复制图层”命令，打开“复制图层”对话框，如图 5-8 所示。在“为”栏中输入图层名，默认名称为当前图层名加副本，单击“确定”按钮，在“图层”面板中得到复制的图层。

图 5-8　“复制图层”对话框

3 在“复制图层”对话框的“文档”中选择“新建”，在“名称”文本框中输入新建文档的名称，如图 5-9 所示。单击“确定”按钮，可以生成一个包含当前选中图层的新文件，原文件不消失，如图 5-10 所示。

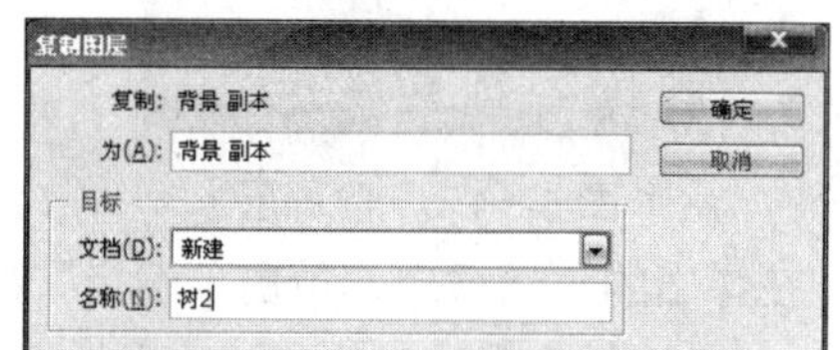

图 5-9　“复制图层”对话框

图 5-10　得到新文档

2. 异位复制

使用“移动工具”将当前图层拖动到另一图像文件中，可以在另一图像文件中产生当前图层的复制。

也可以首先选择“移动工具”，然后按住 Alt 键，当光标变成双箭头时，拖动要复制的图像即可实现复制，这时的图层面板会自动添加一个副本。

5.2.3　隐藏与显示图层

为了便于操作，需要对图层进行显示和隐藏，可以使用的操作步骤如下。

1 打开一张图像文件，如图 5-11 所示。

2 在图层面板中单击图层左边的可视性图标，即可隐藏此图层，如图 5-12 所示。

3 在可视性图标上再次单击鼠标，则重新显示此图层。

图 5-11　素材图片

图 5-12　隐藏图层

4 在可视性图标栏内纵向拖动，可以同时显示或隐藏多个图层。

5 按住 Alt 键单击一个图层的可视性图标，在整个图层控制面板中只显示该图层。在可视性图标栏中再次按住 Alt 键并单击鼠标，则重新显示所有图层。

5.2.4　删除图层

在图层面板中可以将不需要的图层删除，删除图层操作步骤如下。

1 单击需要删除的图层，直接拖动到面板的按钮上，如图 5-13 所示。

2 释放鼠标左键，图层删除，如图 5-14 所示。

图 5-13　拖动图层

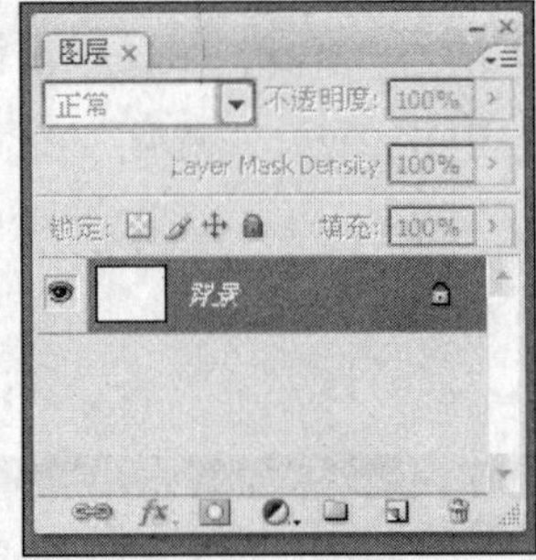

图 5-14　删除图层

3 也可以选择面板弹出菜单中的“删除图层”命令，在弹出的对话框中，单击“确定”按钮，即可实现对图层的删除。

4 如果所选图层是链接图层，则可以选择“图层”|“删除”|“链接图层”命令，将所有链接图层删除；如果所选图层是隐藏的图层，则可以选择“图层”|“删除”|“隐藏图层”命令删除。

5.2.5　链接图层

链接图层的作用是固定当前图层和链接图层，以使对当前图层所作的变换、颜色调整、滤镜变换等操作也能同时应用到链接图层上，还可以对不相邻图层进行合并。链接图层的具体操作步骤如下。

1 打开一张多图层的图像文件，如图 5-15 所示，图层面板如图 5-16 所示。

图 5-15　素材图片

2 按住 Ctrl 键在图层面板上单击，选择需要链接的图层，如图 5-17 所示。单击图层面板下方的“链接图层”按钮，当图层后面出现链接图标时，表示链接图层与当前作用层链接在一起了，图层面板如图 5-18 所示。

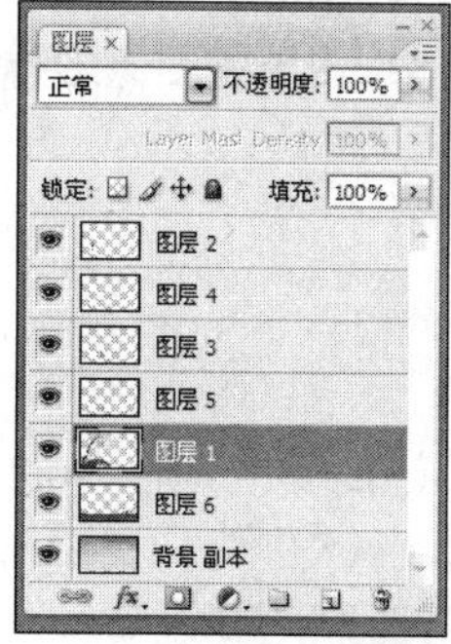

图 5-16　图层面板

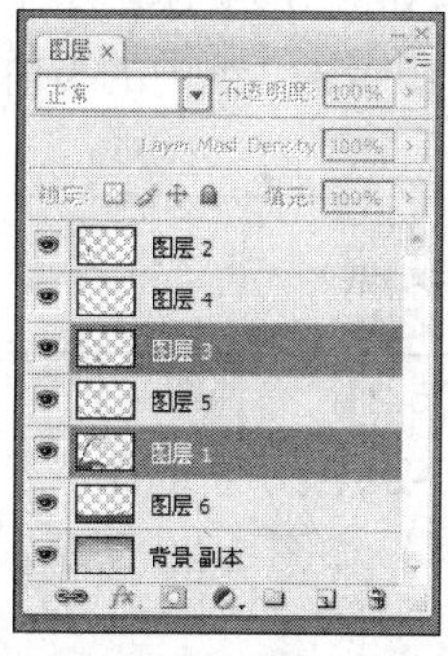

图 5-17　选择图层

图 5-18　链接图层

3 可以对链接在一起的图层进行整体移动、缩放和旋转等操作，如图 5-19 所示，是对链接图层进行自由变换。单击链接图标便可取消图层的链接。

图 5-19　自由变换链接图层

5.2.6　锁定图层

图层的锁定状态可为软件操作提供一定的便利，在 Photoshop CS4 软件中锁定状态被划分很细，同时功能非常健全。所以，如果读者能熟练掌握这些“锁定”按钮的操作，一定可以减少工作中出错的几率。

在图层面板的上端有四个锁定按钮，它们分别是：“锁定透明像素”、“锁定图像像素”、“锁定位置”和“锁定全部”，如图 5-20 所示。

锁定:

图 5-20　锁定按钮

- “锁定透明像素”按钮：单击此按钮可以限定只在图层的已包含像素的区域上进行编辑。
- “锁定图像像素”按钮：单击此按钮就不能删除颜色像素或操作演示。
- “锁定位置”按钮：单击该按钮就不能对像素进行移动，但是可以对选区进行填色和移动选区内的像素。
- “锁定全部”按钮：单击该按钮就不能对像素进行移动，也不能对选区进行填充颜色和移动，更不能对图层进行删除。

5.2.7 合并图层

图像制作过程中会产生过多的图层，使图像变大、处理速度变慢，因此就需要将一些图层合并或拼合起来，以节省磁盘空间，同时也可以提高操作速度。合并图层操作步骤如下。

1 选择“图层”命令，在图层菜单下有如图 5-21 所示三个命令用于合并图层。

2 选择“合并图层”命令，或按 Ctrl+E 组合键，选中的当前图层与其下一图层的图像进行合并，其他图层保持不变。

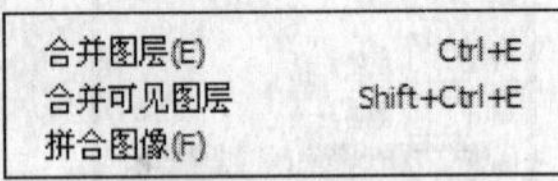

图 5-21 合并图层命令

3 在图层面板中隐藏“图层 5”，如图 5-22 所示。选择“合并可见图层”命令，或按 Shift + Ctrl +E 组合键，将当前所有显示的图层合并，如图 5-23 所示。

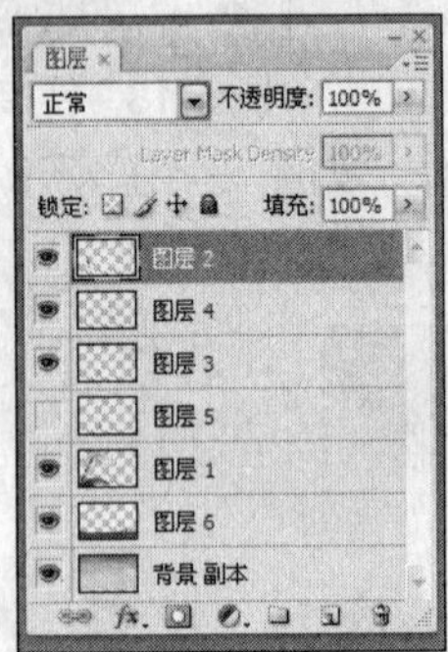

图 5-22 隐藏图层

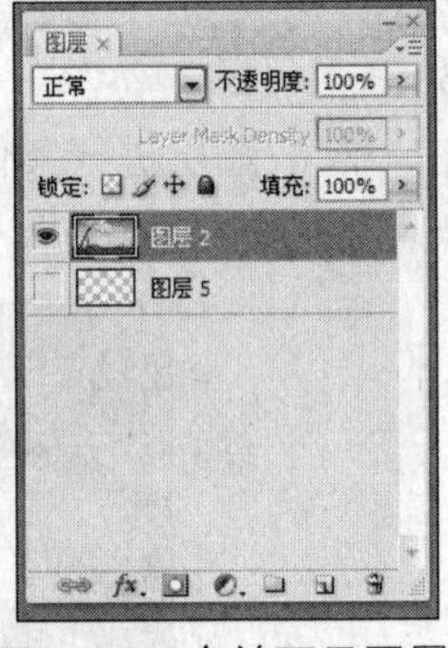

图 5-23 合并可见图层

4 选择“拼合图像”命令，可以将图像中所有可见图层合并，并在合并过程中删除隐藏的图层。如图 5-24 所示隐藏“图层 1”图层，使用拼合图像命令，弹出如图 5-25 所示提示框，单击“确定”按钮，隐藏图层被扔掉，其他图层合并，如图 5-26 所示。

图 5-24 隐藏图层

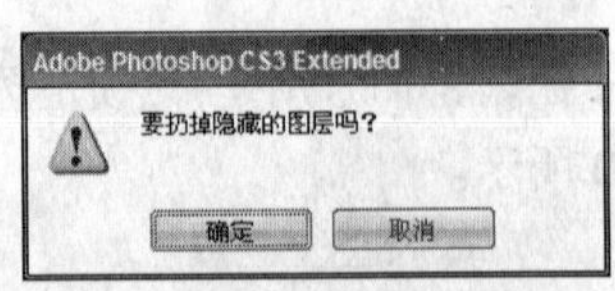

图 5-25 提示框

图 5-26 合并图层

幻影玫瑰

本例将使用复制图层、调整图层不透明度制作幻影玫瑰效果，如图 5-27 所示。

图 5-27　幻影玫瑰效果

具体操作方法如下。

1 按 Ctrl+O 组合键打开“玫瑰花”素材，使用魔棒工具单击白色背景部分，获取选区，如图 5-28 所示。将选区反选，获取主体图像选区。

2 打开“水波”素材，如图 5-29 所示。

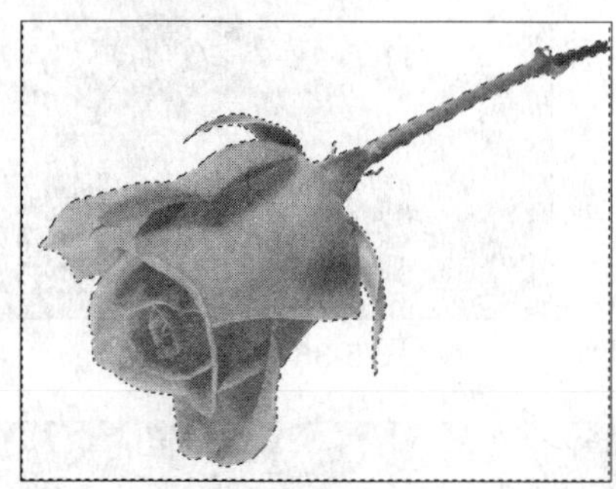

图 5-28　创建选区

图 5-29　水波

3 使用“移动工具”将选区中的玫瑰拖动至水波文件中，产生新“图层 1”图层，效果如图 5-30 所示。

4 将“图层 1”图层复制一个副本层，图层面板如图 5-31 所示。

图 5-30　异位复制图层

图 5-31　原位复制图层

5 按 Ctrl+T 组合键对“图层 1 副本”进行垂直和水平翻转，如图 5-32 所示，按 Enter 键确认变换。

6 将“图层 1”和“图层 1 副本”选中，按 Ctrl+T 组合键对两个图层同时进行自由缩放，如图 5-33 所示。

图 5-32　自由变换

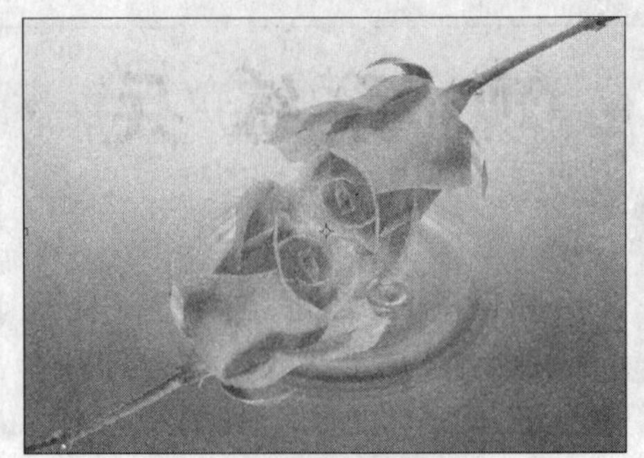
图 5-33　自由缩放

7 选择“图层 1 副本”，选择“滤镜”|“扭曲”|“波纹”命令，弹出“波纹”对话框，设置参数如图 5-34 所示。

8 单击“确定”按钮，将“图层 1 副本”图层不透明度调整为 32%，图层面板如图 5-35 所示。

9 单击“确定”按钮，幻影玫瑰制作完成，最终效果如图 5-36 所示。

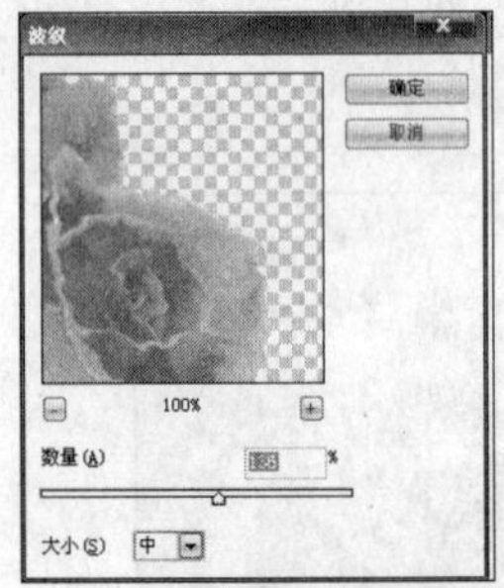

图 5-34　设置波纹参数

图 5-35　调整图层不透明度

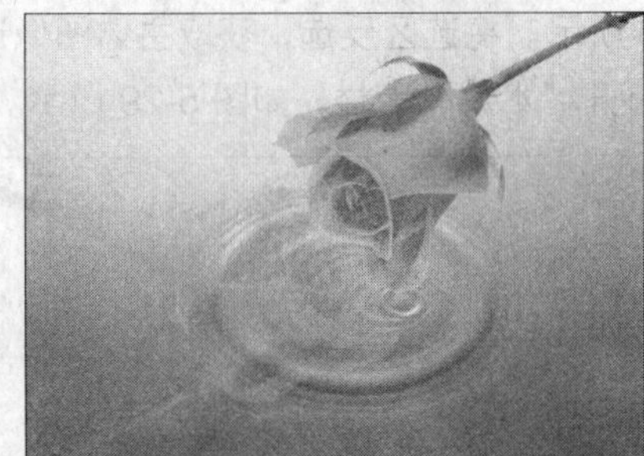
图 5-36　最终效果

5.3 图层混合模式

图层混合模式是指将上面的图层与下面的图层的像素进行混合，从而得到另外一种图像效果。通常情况下，上层的像素会覆盖下层的像素。Photoshop CS4 提供了二十多种不同的色彩混合模式方式，不同的色彩混合模式可以产生不同的效果。

单击“图层”面板 正常 处的按钮，在弹出的下拉列表中可以进行各种模式的混合，如图 5-37 所示。下面详细介绍各种混合模式的作用，并展示图像效果。

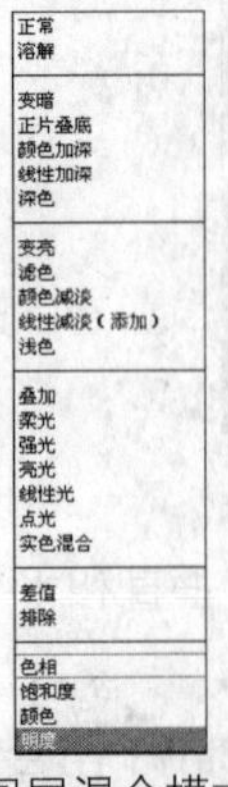

图 5-37　图层混合模式下拉列表

5.3.1　正常

“正常”模式是默认模式，在图像中使用此模式，图像效果不变。

5.3.2　溶解

根据像素位置的不透明度，结果色由基色或混合色的像素随机替换。将位于上面的图层的混合模式设置为“溶解”，不透明度设置为 40％后的图像效果如图 5-38 所示。

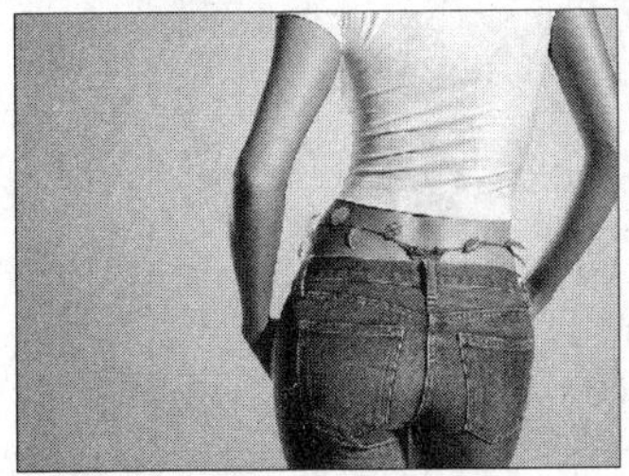

（a）背景图层的图像

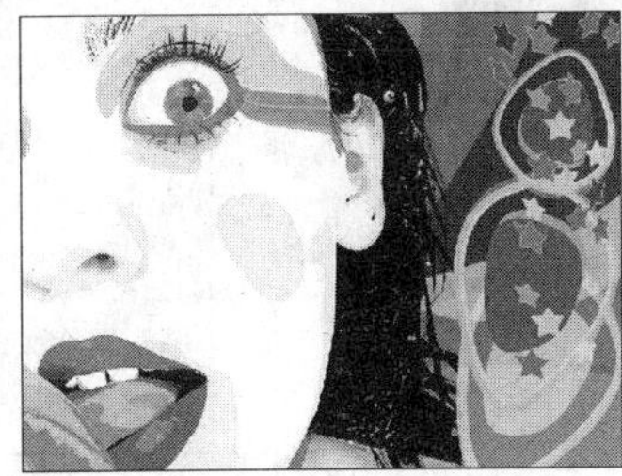

（b）上面图层的图像

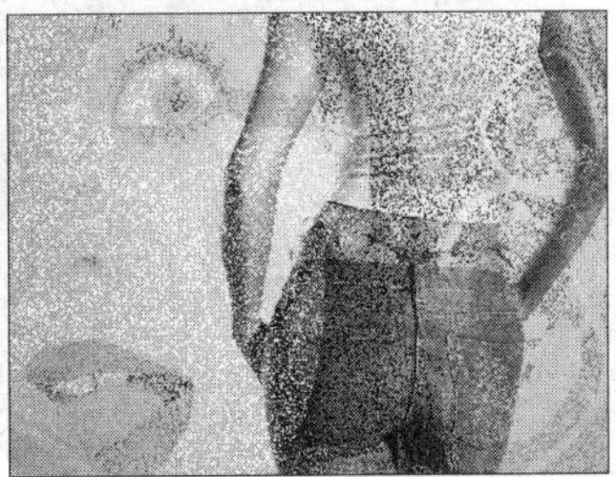

（c）图像效果

图 5-38　不透明度为 40%的溶解模式

小提示 Ps

基色是位于下层像素的颜色；混合色是上层像素的颜色；结果色是混合后看到的像素颜色。

5.3.3　变暗

使用“变暗”混合模式，软件自动查看每个通道中的颜色信息，并选择基色或混合色中较暗的颜色作为结果色。比混合色亮的像素被替换，比混合色暗的像素保持不变。图像效果如图 5-39 所示。

5.3.4　正片叠底

“正片叠底”主要用于查看每个通道中的颜色信息，并将基色与混合色复合。结果色总是较暗的颜色。任何颜色与黑色复合产生黑色。任何颜色与白色复合保持不变。当用黑色或白色以外的颜色绘画时，绘画工具绘制的连续描边产生逐渐变暗的颜色。这与使用多个魔术标记在图像上绘图的效果相似。图像效果如图 5-40 所示。

图 5-39　“变暗”模式

图 5-40　“正片叠底”模式

5.3.5 颜色加深和减淡模式

“颜色加深”模式用于查看每个通道中的颜色信息，并通过增加对比度使基色变暗以反映混合色。与白色混合后不产生变化。图像效果如图 5-41 所示。

“颜色减淡”模式用于查看每个通道中的颜色信息，并通过减小对比度使基色变亮以反映混合色。与黑色混合则不发生变化。图像效果如图 5-42 所示。

图 5-41 “颜色加深”模式

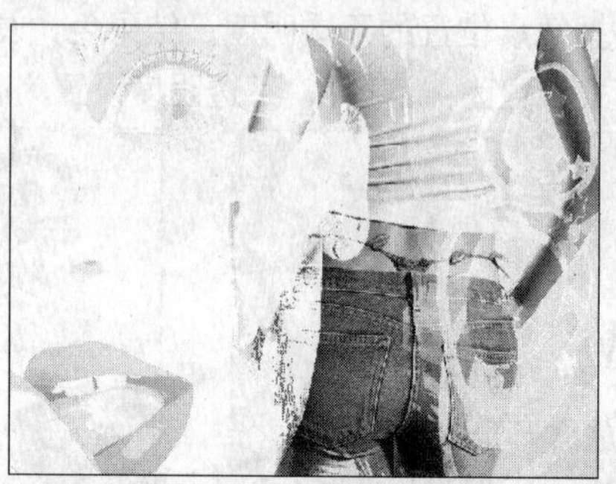

图 5-42 “颜色减淡”模式

5.3.6 线性加深和减淡模式

“线性加深”用于查看每个通道中的颜色信息，并通过减小亮度使基色变暗以反映混合色。与白色混合后不产生变化。图像效果如图 5-43 所示。

“线性减淡”用于查看每个通道中的颜色信息，并通过增加亮度使基色变亮以反映混合色。与黑色混合则不发生变化。图像效果如图 5-44 所示。

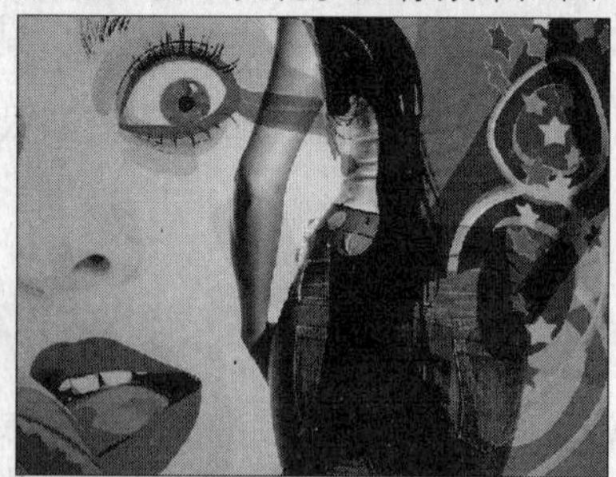

图 5-43 “线性加深”模式

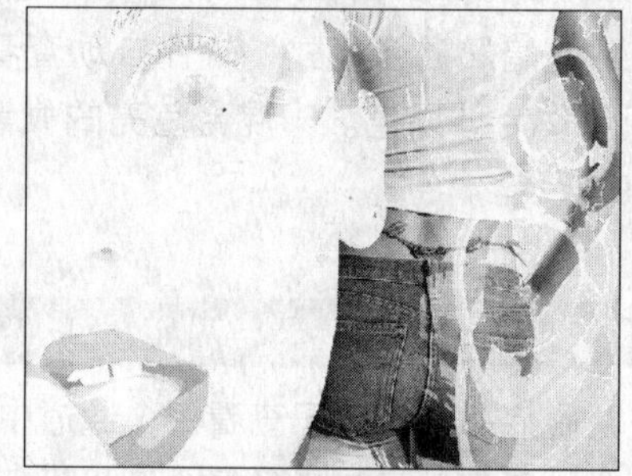

图 5-44 “线性减淡”模式

5.3.7 变亮和柔光模式

“变亮”用于查看每个通道中的颜色信息，并选择基色或混合色中较亮的颜色作为结果色。比混合色暗的像素被替换，比混合色亮的像素保持不变。图像效果如图 5-45 所示。

“柔光” 用于使颜色变亮或变暗，具体取决于混合色。此效果与发散的聚光灯照在图像上相似。 如果混合色（光源）比 50%灰色亮，则图像变亮，就像被减淡了一样。如果混合色（光源）比 50%灰色暗，则图像变暗，就像被加深了一样。用纯黑色或纯白色绘画会产生明显较暗或较亮的区域，但不会产生纯黑色或纯白色。图像效果如图 5-46 所示。

5.3.8 滤色

这种模式和“正片叠底”相反，它是将绘制的颜色与底色的互补色相乘，然后再除以 255，得到的结果就是最终的效果，用这种模式转换后的颜色通常比较浅，具有漂白的效果。图像效果如图 5-47 所示。

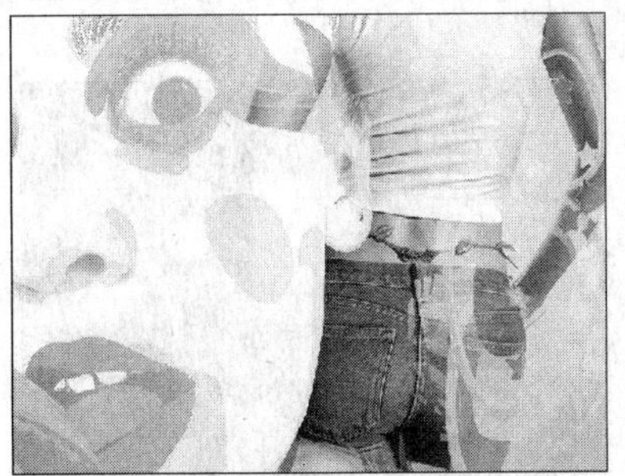

图 5-45 “变亮”模式

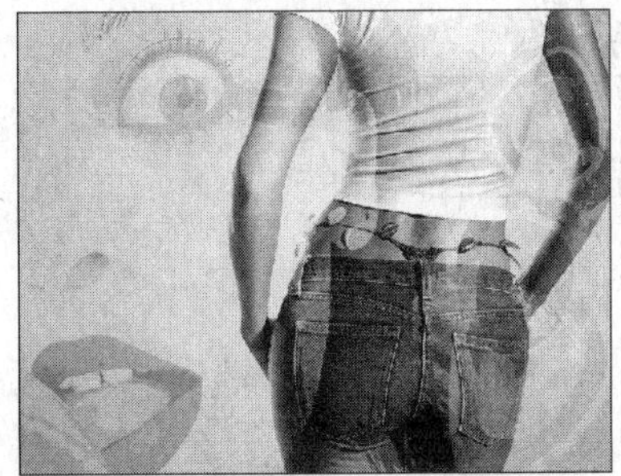

图 5-46 “柔光”模式

5.3.9　叠加

该混合模式用于复合或过滤颜色，最终效果取决于基色。图案或颜色在现有像素上叠加，同时保留基色的明暗对比。不替换基色，但基色与混合色相混以反映原色的亮度或暗度。图像效果如图 5-48 所示。

图 5-47 “滤色”模式

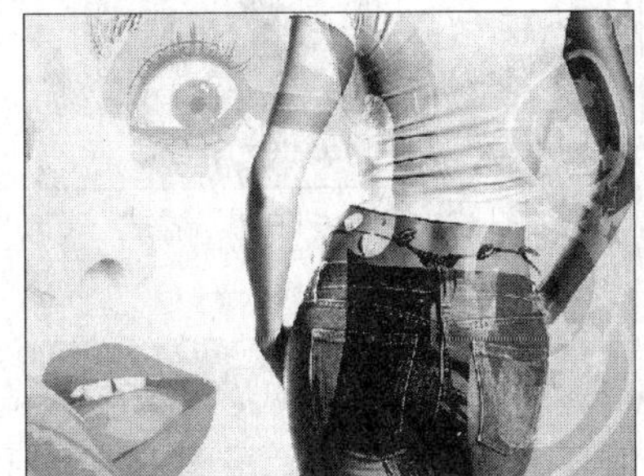

图 5-48 “叠加”模式

5.3.10　强光和亮光

“强光”用来复合或过滤颜色，具体取决于混合色。此效果与耀眼的聚光灯照在图像上相似。如果混合色（光源）比 50%灰色亮，则图像变亮，就像过滤后的效果。这对于向图像中添加高光非常有用。如果混合色（光源）比 50%灰色暗，则图像变暗，就像复合后的效果。这对于向图像添加暗调非常有用。用纯黑色或纯白色绘画会产生纯黑色或纯白色。图像效果如图 5-49 所示。

“亮光”用于通过增加或减小对比度来加深或减淡颜色，具体取决于混合色。如果混合色（光源）比 50%灰色亮，则通过减小对比度使图像变亮。如果混合色比 50%灰色暗，则通过增加对比度使图像变暗。图像效果如图 5-50 所示。

5.3.11　线性光和点光

“线性光”用于通过减小或增加亮度来加深或减淡颜色，具体取决于混合色。如果混合色（光源）比 50%灰色亮，则通过增加亮度使图像变亮。如果混合色比 50%灰色暗，则通过减小亮度使图像变暗。图像效果如图 5-51 所示。

“点光” 用于替换颜色，具体取决于混合色。如果混合色（光源）比 50%灰色亮，则替换比混合色暗的像素，而不改变比混合色亮的像素。如果混合色比 50%灰色暗，则替换比混合色亮的像素，而不改变比混合色暗的像素。这对于向图像添加特殊效果非常有用。图像效果如图 5-52 所示。

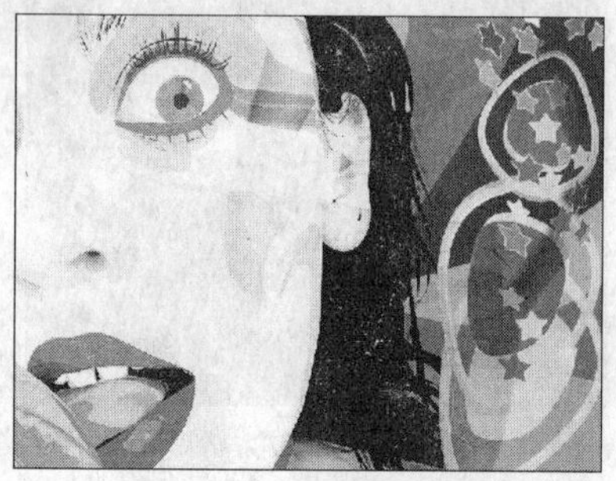

图 5-49 “强光”模式

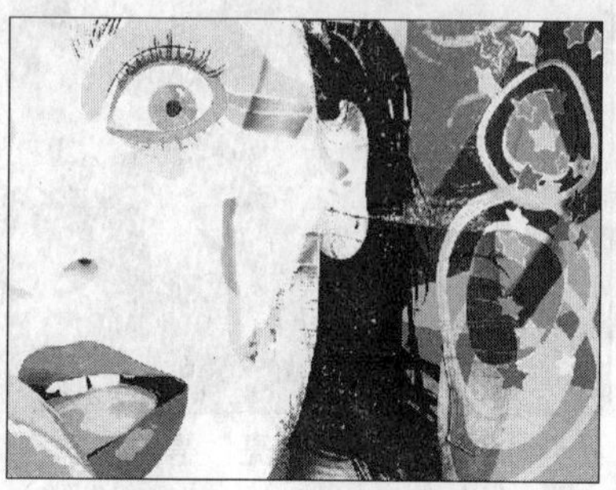

图 5-50 “亮光”模式

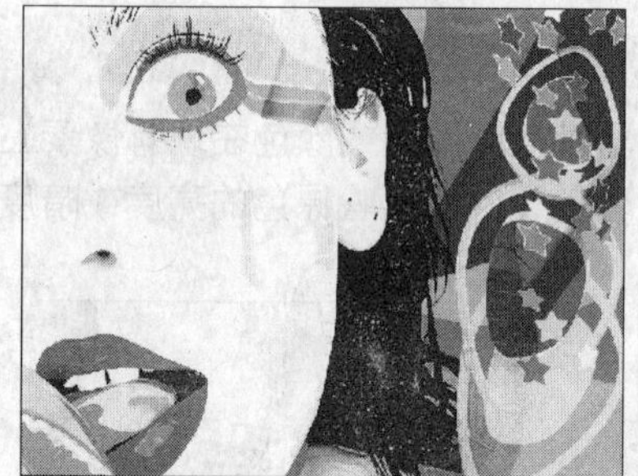

图 5-51 “线性光”模式

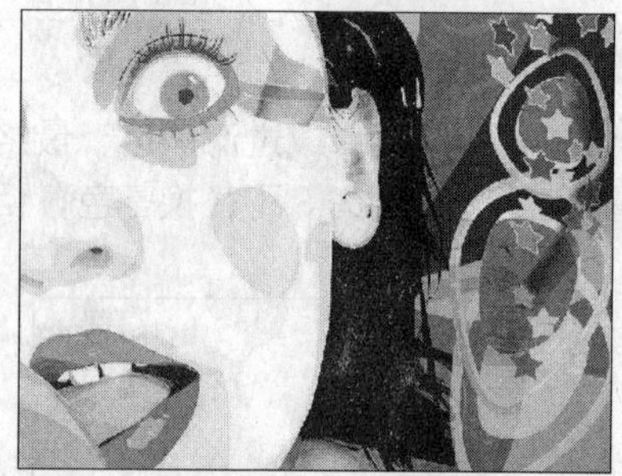

图 5-52 “点光”模式

5.3.12 差值和排除模式

“差值”用于查看每个通道中的颜色信息，并从基色中减去混合色，或从混合色中减去基色，具体取决于哪一个颜色的亮度值更大。与白色混合将反转基色值；与黑色混合则不产生变化。图像效果如图 5-53 所示。

“排除” 用于创建一种与“差值”模式相似但对比度更低的效果。与白色混合将反转基色值。与黑色混合则不发生变化。图像效果如图 5-54 所示。

图 5-53 “差值”模式

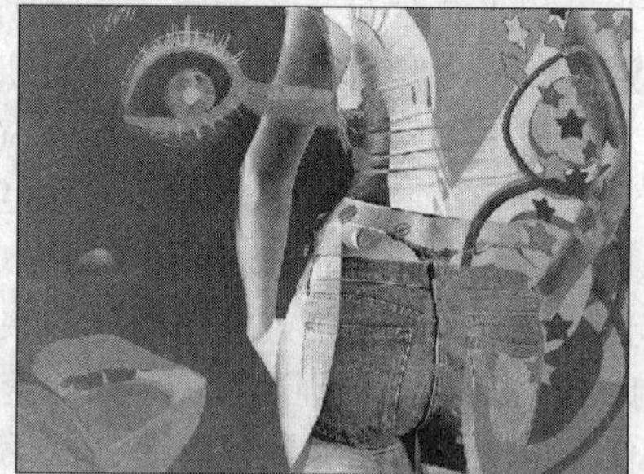

图 5-54 “排除”模式

5.3.13 色相和饱和度

“色相”是指用基色的亮度和饱和度以及混合色的色相创建结果色。图像效果如图 5-55 所示。

“饱和度”是指用基色的亮度和色相以及混合色的饱和度创建结果色。在无饱和度（灰色）的区域上用此模式绘画不会产生变化。图像效果如图 5-56 所示。

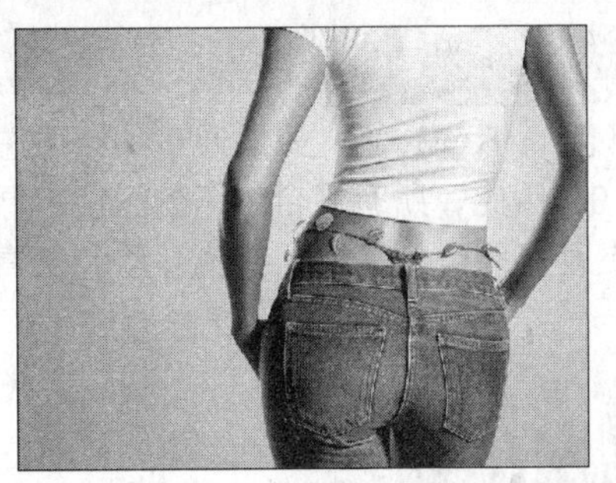

图 5-55 “色相”模式

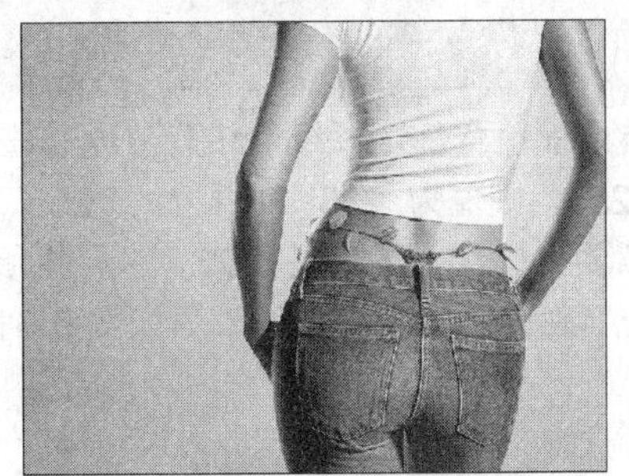

图 5-56 “饱和度”模式

5.3.14 颜色和明度

“颜色”是指用基色的亮度以及混合色的色相和饱和度创建结果色。这样可以保留图像中的灰阶，并且对于为单色图像上色和为彩色图像着色都会非常有用。图像效果如图 5-57 所示。

“明度”是指用基色的色相和饱和度以及混合色的亮度创建结果色。此模式创建与“颜色”模式相反的效果。图像效果如图 5-58 所示。

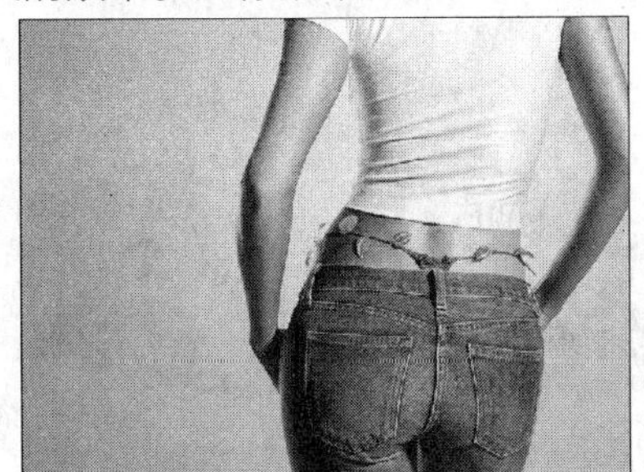

图 5-57 “颜色”模式

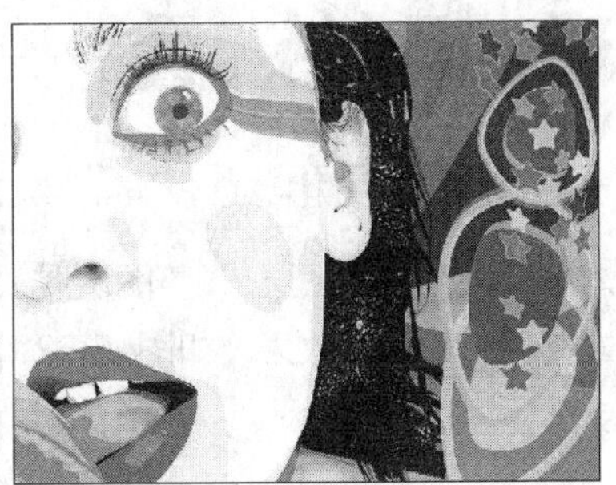

图 5-58 “明度”模式

5.3.15 深色和浅色

“深色”是指比较混合色和基色的所有通道值的总和并显示值较小的颜色。“深色”不会生成第三种颜色（可以通过“变暗”混合获得），因为它将从基色和混合色中选择最小的通道值来创建结果颜色。图像效果如图 5-59 所示。

“浅色”是指比较混合色和基色的所有通道值的总和并显示值较大的颜色。“浅色”不会生成第三种颜色（可以通过“变亮”混合获得），因为它将从基色和混合色中选择最大的通道值来创建结果颜色。图像效果如图 5-60 所示。

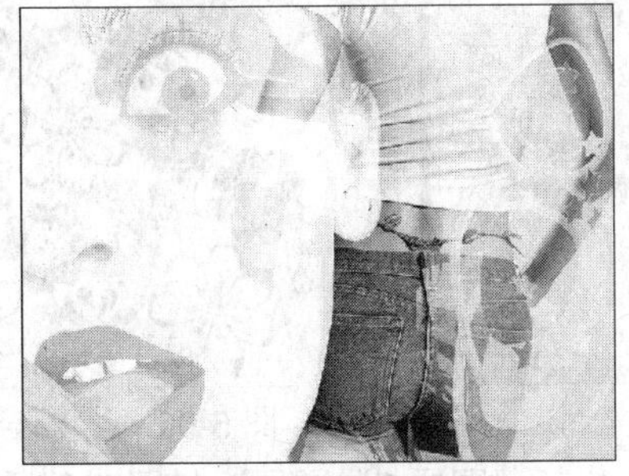

图 5-59 “深色”模式

图 5-60 “浅色”模式

5.3.16 实色混合

将混合颜色的红色、绿色和蓝色通道值添加到基色的 RGB 值。如果通道的结果总和大于或等于 255，则值为 255；如果小于 255，则值为 0。因此，所有混合像素的红色、绿色和蓝色通道值要么是 0，要么是 255。这会将所有像素更改为原色：红色、绿色、蓝色、青色、黄色、洋红、白色或黑色。图像效果如图 5-61 所示。

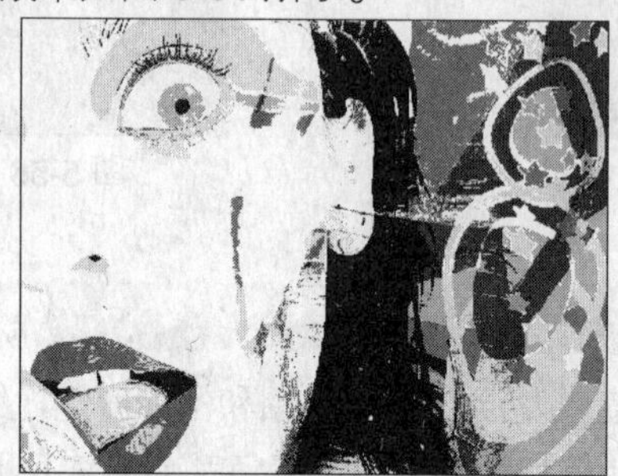

图 5-61 “实色混合”模式

现场练兵

彩绘汽车

本例将使用复制图层、调整图层混合模式制作彩绘汽车效果，如图 5-62 所示。

图 5-62 彩绘汽车效果

本例的具体操作操作步骤如下。

1 按 Ctrl+O 组合键打开一张素材图片，使用魔棒工具单击白色背景部分，获取选区，将选区反选，获取主体图像选区，如图 5-63 所示。

2 按 Ctrl+J 组合键将选区图像复制到新“图层 1”图层，图层面板如图 5-64 所示。

3 打开一张花纹素材，使用魔棒工具单击白色背景部分，反选选区，获取花纹选区，如图 5-65 所示。

图 5-63 获取汽车选区

图 5-64 复制选区

图 5-65 花纹选区

4 使用移动工具将花纹拖入汽车文件中，图层面板产生新“图层 2”图层，如图 5-66 所示。

5 按 Ctrl+T 组合键对花纹图层进行旋转，如图 5-67 所示。

6 将花纹图层混合模式设置为“正片叠底”，按住 Ctrl 键单击“图层 1”，将其选区载入“图层 2”图层中，如图 5-68 所示。

图 5-66　新图层

图 5-67　旋转图像

7 将选区反选，按 Delete 键删除选区内图像，取消选区，使用“橡皮擦工具”将汽车玻璃窗和汽车轮处的花纹擦除，彩绘汽车制作完成，最终效果如图 5-69 所示。

图 5-68　载入图层选区

图 5-69　最终效果

5.4 图层样式

在 Photoshop 中有大量的图层效果可以应用到图层中，包括投影、外发光、内发光、斜面和浮雕、图案填充等。应用了图层样式的图层，在图层面板图层名称右侧会显示一个 fx 图标，并且在其下面显示应用过的图层效果项。图层样式对于加强文字效果特别有用。

要为图层设置图层样式特效，可以直接双击该图层或点击图层控制面板底部的图层样式按钮 fx.，即可开启“图层样式”设置对话框，如图 5-70 所示。

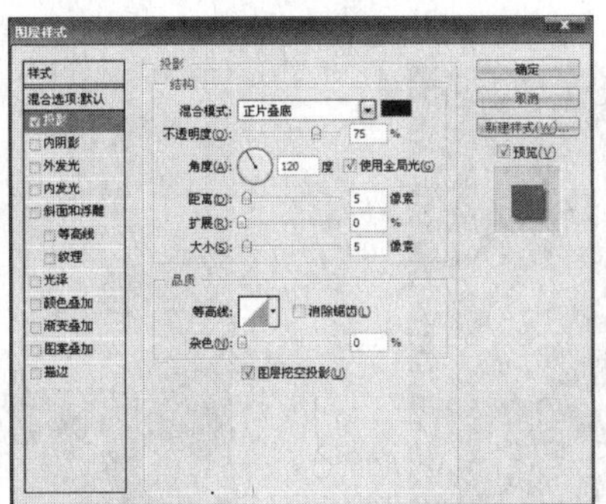
图 5-70　“图层样式”对话框

下面分别介绍各种图层样式的设置方法。

5.4.1 混合选项

混合选项可控制图层与它下面的图层像素混合的方式，对话框如图 5-71 所示，其中各选项含义如下。

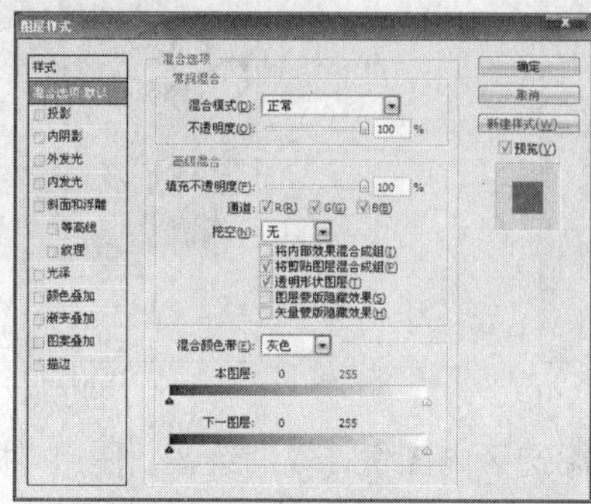

图 5-71 “混合选项”对话框

- 常规混合：此选项组中的“混合模式”用于设置图层之间的色彩混合模式，单击选择框右侧的三角按钮，在打开的下拉列表中可以选择图层和下方图层之间的混合模式；“不透明度”用于设置当前图层的不透明度，与在图层面板中操作一样。
- 高级混合：此选项组中的“填充不透明度”用于设置当前图层上应用填充操作的不透明度；“通道”用于控制单独通道的混合；“挖空”选项用于控制通过内部透明区域的视图，其下侧的“将内部效果混合成组”复选框用于将内部形式的图层效果与内部图层一起混合。
- 混合颜色带：此选项组用于设置进行混合的像素范围。单击右侧的三角按钮，在打开的下拉列表中可以选择颜色通道，与当前的图像色彩模式相对应。例如，若是 RGB 模式的图像，则下拉菜单为灰色加上 R、G、B 共四个选项。若是 CMYK 模式的图像，则下拉菜单为灰色加上 C、M、Y、K 共五个选项。其中 Gray 选项表示复合通道。
- 本图层：拖动滑块可以设置当前图层所选通道中参与混合的像素范围，其值在 0~255 之间。在左右两个三角形滑块之间的像素就是参与混合的像素范围。
- 下一图层：拖动滑块可以设置当前图层的下一层中参与混合的像素范围，其值在 0~255 之间。在左右两个三角形滑块之间的像素就是参与混合的像素范围。

打开如图 5-72 所示两张素材图片，设置混合选项参数如图 5-73 所示，混合后的图像效果如图 5-74 所示。

（a）

（b）

图 5-72 素材图片

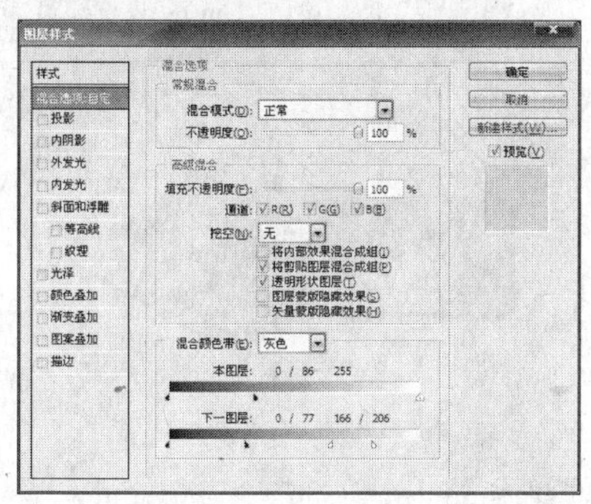

图 5-73　设置混合选项

图 5-74　混合颜色后图像效果

5.4.2　投影和内阴影

通过添加“投影”和“内阴影”图层样式效果可以增强图像的立体感及透视效果，其中“投影”可以为图层内容添加投影效果，“内阴影”可在图像内部的边缘产生投影。

1. 投影

单击图层面板上的“添加图层样式”按钮，在弹出的菜单中选择“投影”命令，打开“投影”对话框，如图 5-75 所示，各参数含义如下。

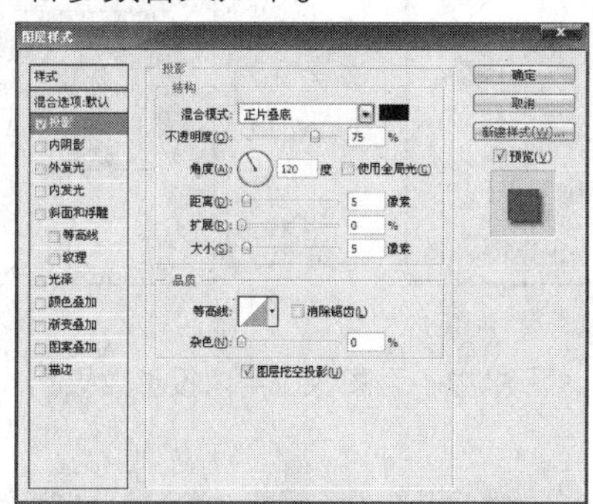

图 5-75　“投影”对话框

- 混合模式：在其下拉列表中可选择所加阴影与原图像的混合模式，单击该选项右侧的颜色框，在打开的“拾色器”对话框中可以设置阴影的颜色。
- 不透明度：设置投影的透明程度，取值范围为 0%~100%。
- 角度：设置所加阴影在当前图层的位置，可以直接输入角度值来指定阴影角度。
- 使用全局光：勾选该复选框，表示对图像中其他样式效果设置相同光线照射角度。
- 距离：设置阴影的偏移量，值越大偏移图层内容的边缘就越远。
- 扩展：设置阴影的扩散程度。
- 大小：设置阴影的模糊程度，参数设置范围为 0%~100%，数值越大，阴影越模糊。
- 等高线：在其下拉列表中可以选择一种阴影的轮廓形状。
- 消除锯齿：勾选此复选框，可以取消阴影边缘的锯齿效果。
- 杂色：向右拖动滑块，可以在阴影中添加斑点化的杂色效果。数值越大，杂色的效果越明显。

如图 5-76 所示为在图层中应用了投影效果。

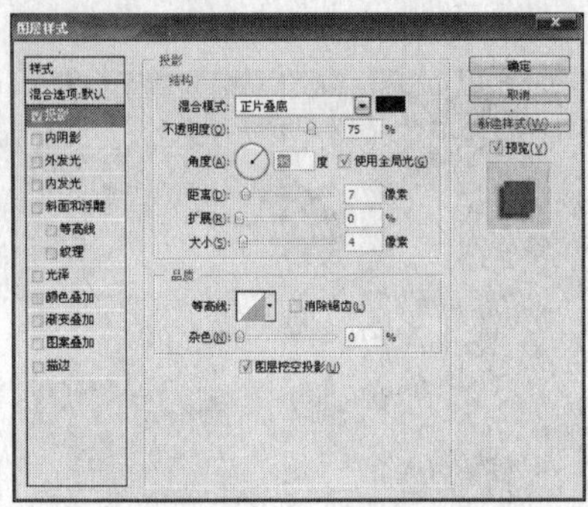

（设置投影）

（投影效果）

图 5-76 为图像应用投影效果

2. 内阴影

“内阴影”图层样式效果的参数对话框中的各选项参数与“投影”图层样式的参数设置基本相同，如图 5-77 所示为在图层中应用了内阴影效果。

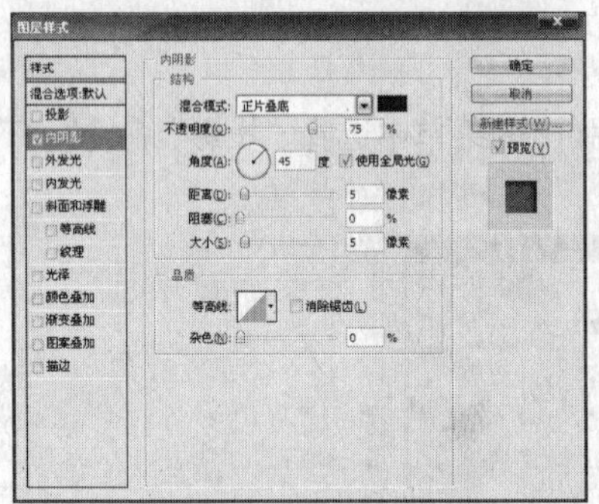

（设置内阴影）

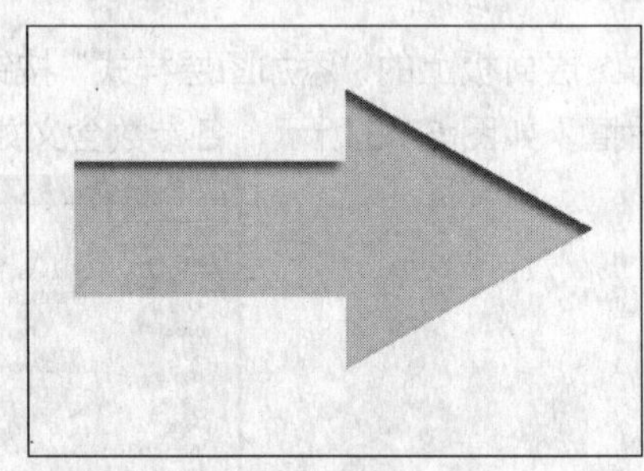

（内阴影效果）

图 5-77 为图像应用内投影效果

5.4.3 外发光和内发光

Photoshop 中提供了两种发光图层样式，“外发光”图层样式在图像内容边缘的外部添加发光效果，“内发光”图层样式可以在图层内容边缘的内部添加发光效果。

1. 外发光

单击图层面板上的“添加图层样式”按钮，在弹出的菜单中选择“外发光”命令，打开“外发光”对话框，各参数含义如下。

- 混合模式：单击右侧的三角按钮，在打开的下拉列表中可以选择外发光效果的混合模式。
- 不透明度：用于设置外发光的不透明度。
- 杂色：拖动滑块，可以在外发光区域添加斑点化的杂色效果。
- ：选中前面的单选项后，可单击颜色框，在打开的“拾色器”对话框中选择外发光的颜色，选中单选框后，在其下拉列表框中可以选择发光颜色的渐变样式，单击其中的颜色框部分，可打开“渐变编辑器”对话框设置渐变颜色。
- 方法：单击右侧的三角按钮，在其下拉列表框中可以选择对外发光效果应用的方式，包括柔和和精确两个选项。

- 扩展：设置发光效果的轮廓范围。
- 大小：用于调整外发光的范围柔和程度。
- 等高线：在其下拉列表中可以选择一种外发光的轮廓形状。
- 范围：调整轮廓的应用范围。
- 抖动：拖动下方的三角滑块，可以随机调整渐变光线，并添加杂色效果。

如图 5-78 所示为图像添加外发光后的效果。

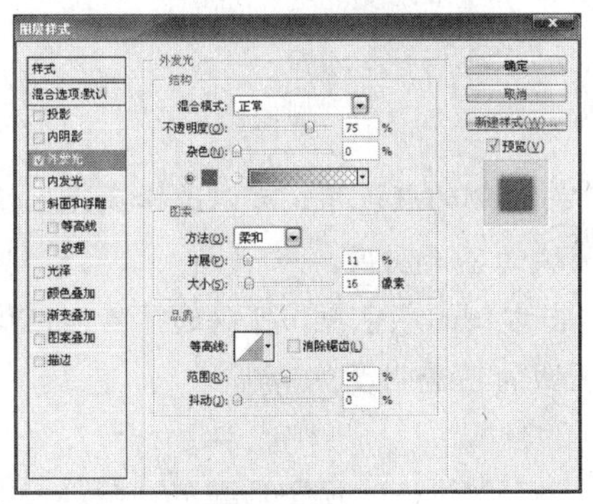

（设置外发光）　　（外发光效果）

图 5-78　为图像应用外发光效果

2. 内发光

“内发光”图层样式参数设置与“外发光”图层样式参数设置基本相同，其中选中“居中”单选项表示光线将从图像中心向外扩展，选中“边缘”单选项表示将从边缘内侧向中心扩展。图 5-79 所示为图像添加了内发光的效果。

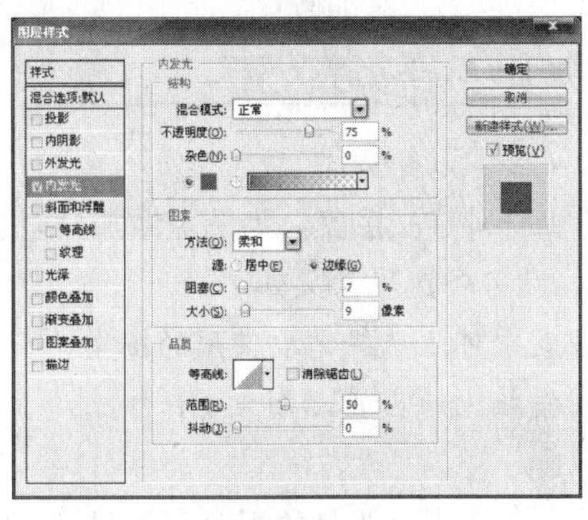

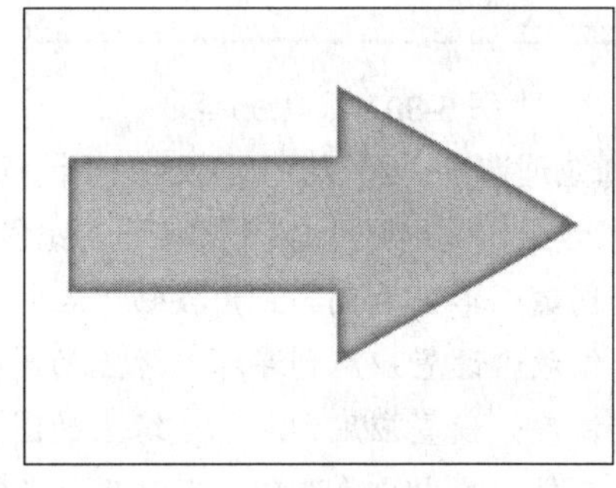

（设置内发光）　　（内发光效果）

图 5-79　为图像应用内发光效果

5.4.4　斜面和浮雕

“斜面和浮雕”图层样式可以为图层中的图像产生凸出和凹陷的斜面和浮雕效果，还可以添加不同组合方式的高光和阴影，部分参数含义如下。

- 样式：单击右侧的三角按钮，从弹出的下拉列表中可以选择一种斜面浮雕的样式。其中“外斜面”将产生一种从图层图像的边缘向外侧呈斜面状的效果；“内斜面”产生一种从图层图像的边缘向内侧呈斜面的效果；“浮雕效果”可产生一种凸出于图像平面的效果；“枕状浮雕”表示可产生一种凹陷于图像内部的效果；“描边浮雕”表示可产生一种平面效果。

- 方法：“平滑”表示将生成平滑的浮雕效果，“雕刻清晰”表示将生成一种线条较生硬的雕刻效果，“雕刻柔和”表示将生成一种线条柔和的雕刻效果。
- 深度：用于控制斜面和浮雕的效果深浅程度，值越大，浮雕效果越明显。
- 方向：“上”选项表示高光区在上，阴影区在下；“下”选项表示高光区在下，而暗调区在上。
- 角度：设置光线照射的角度。
- 高度：设置光源的高度。
- 高光模式：设置高光区域的色彩混合模式。单击右侧的颜色框，可以选择高光区域的颜色，其下侧的“不透明度”选项可设置高光区域的不透明度。
- 暗调模式：设置阴影区域的色彩混合模式。单击右侧的颜色框，可以选择暗调区域的颜色，其下侧的“不透明度”选项可设置暗调区域的不透明度。

在斜面和浮雕选项下方还有两个子选项：等高线和纹理。

选择等高线，在如图 5-80 所示的对话框中选择，还可以进一步调整浮雕的边缘斜角类型。

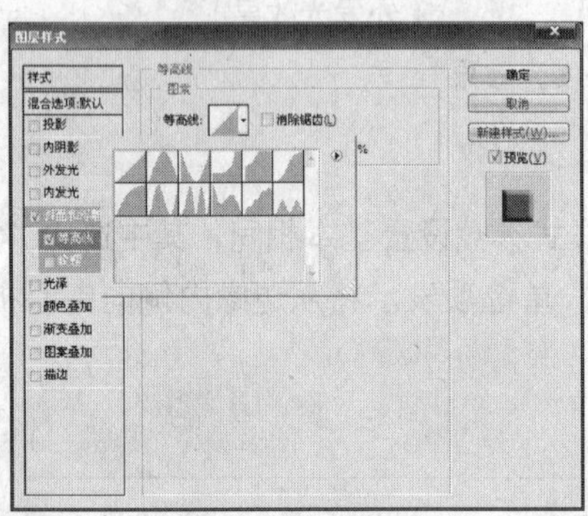
图 5-80　等高线选项

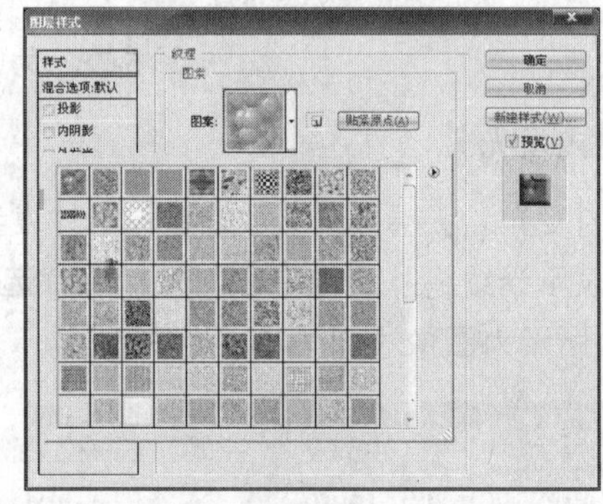
图 5-81　纹理选项

选择纹理选项，可以在如图 5-81 所示对话框中选择一种定义图案。为图像添加具有纹理填充的浮雕效果，同时还可以调整纹理的比例以及深度，其中各选项含义如下。

- 图案：单击右侧的三角按钮，在打开的下拉列表中可以选择需要使用的图案。
- 缩放：设置应用到浮雕边缘上的图案与原始图案相比所占的比例大小。
- 深度：设置应用到浮雕边缘上的图案的深度。
- 反转：选中此单选项，可以改变光线照射效果，使图案上凸起的部分变为凹陷，凹陷的部分变为凸起。
- 与图层链接：选中此单选项，可以使图案与当前图层建立链接关系。

在如图 5-82 所示的对话框中设置斜面和浮雕参数，得到的图像浮雕效果如图 5-83 所示。

5.4.5　光泽

“光泽”图层样式可以在图层内部添加光线照射效果，创建出光滑的磨光效果。各参数的使用方法在前面已有介绍，这里不再重复，如图 5-84 所示为添加光泽效果后的图像。

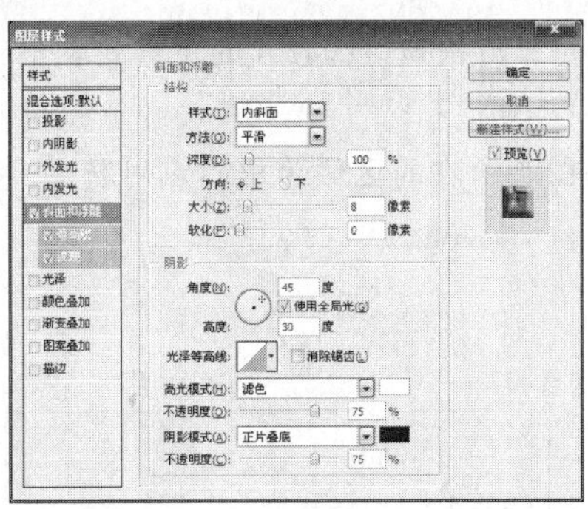

图 5-82　设置斜面和浮雕

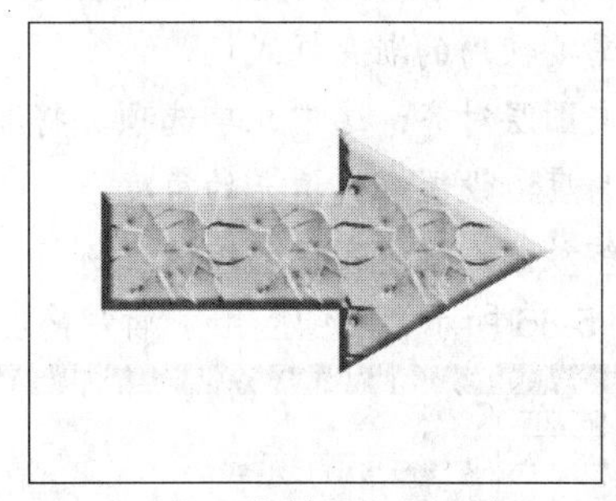

图 5-83　为图像斜面和浮雕效果应用

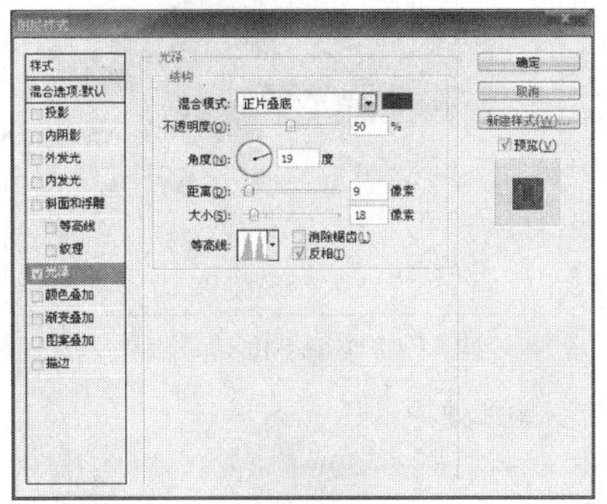

（设置光泽）

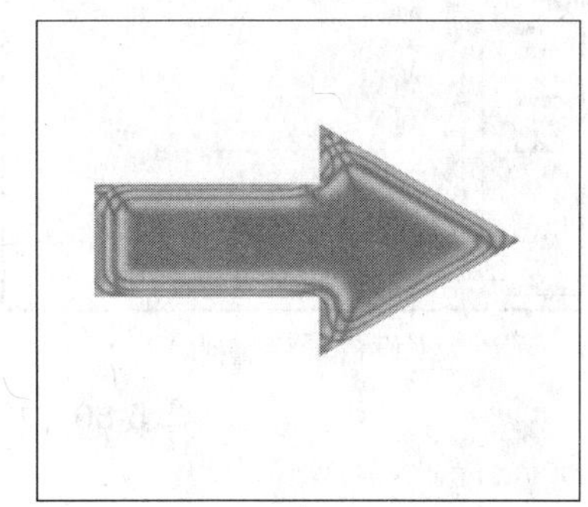

（光泽效果）

图 5-84　为图像添加光泽效果

5.4.6　颜色叠加

“颜色叠加”图层样式可以为图层中的图像添加新的色彩，用户可以在对话框中单击颜色框，在打开的“拾色器”对话框中设置叠加的颜色。也可以设置色彩与当前图层的混合模式以及叠加颜色的透明度，如图 5-85 所示为图像添加颜色叠加的效果。

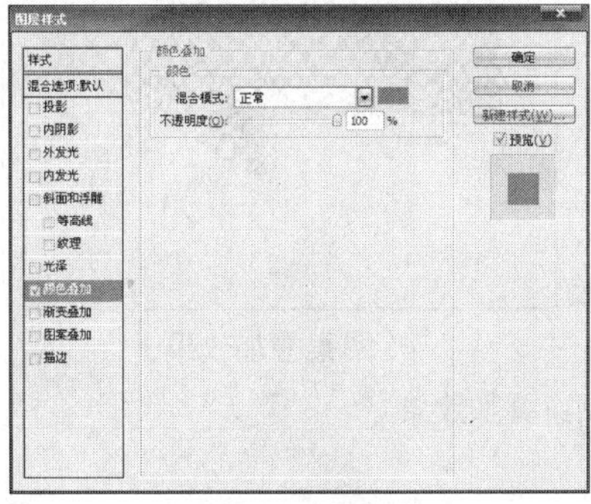

（设置颜色叠加）

（颜色叠加效果）

图 5-85　为图像添加颜色叠加效果

5.4.7　渐变叠加

“渐变叠加”图层样式可以为图层中的图像添加渐变填充的效果，部分参数含义如下。

- 渐变：在其下拉列表框中可选择渐变的颜色模式，其渐变色的编辑方法与渐变工具完全相同。

- 样式：用于设置渐变的混和模式，单击右侧的三角按钮，在打开的下拉列表中可以选择需要使用的渐变样式。
- 与图层对齐：选中此单选项，将渐变效果以图层所在的区域为中心应用渐变。
- 角度：设置渐变填充的角度。
- 缩放：设置渐变色的缩放比例。

如图 5-86 所示为图像应用了渐变叠加效果。

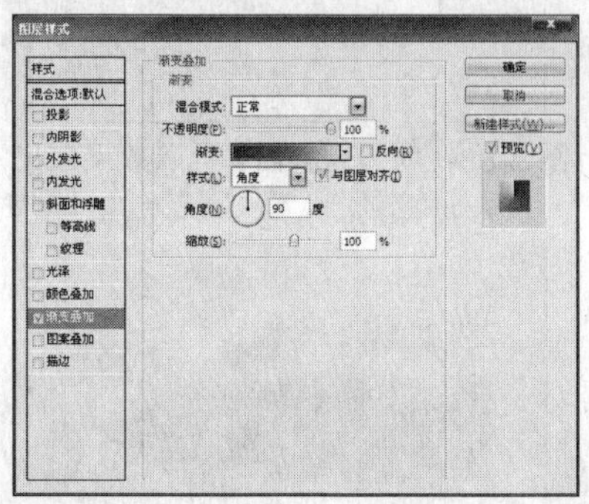

（设置渐变叠加）

（渐变叠加效果）

图 5-86　为图像添加渐变叠加效果

5.4.8　图案叠加

"图案叠加"图层样式可以为图层中的图像添加图案填充的效果，在"图案叠加"对话框中单击"图案"选项右侧的三角按钮，从下拉列表中可以选择进行填充的图案，其他参数和前面讲过的参数设置含义相同，如图 5-87 所示为图像应用了图案叠加后的效果。

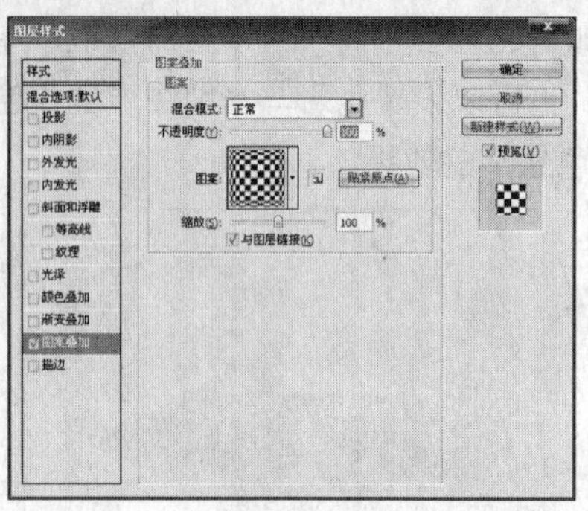

（设置图案叠加）

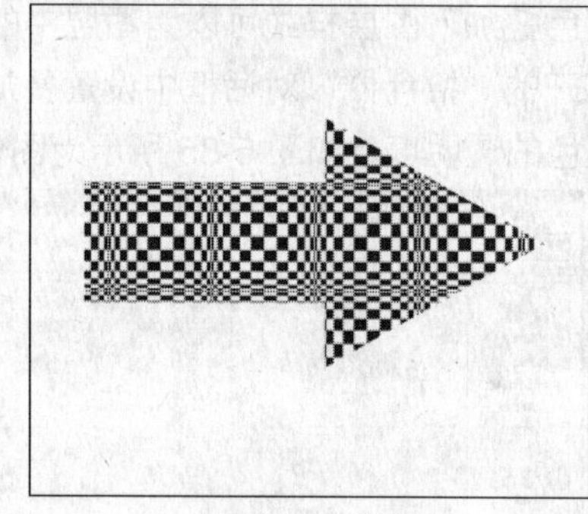

（图案叠加效果）

图 5-87　为图像添加图案叠加效果

5.4.9　描边

"描边"图层样式可以为图层中的图像添加描边的效果，其中各选项参数含义如下。

- 大小：用于设置描边的宽度。
- 位置：用于设置描边的位置，单击右侧的三角按钮，在下拉列表中可以选择描边位置，包括外部、内部和居中三个选项。
- 混合模式：用于设置边界与图像的混合模式。
- 不透明度：用于设置描边的透明程度。

- 填充方式：用于设置描边填充的内容类型，单击右侧的三角按钮，在下拉列表中包括“颜色”、“渐变”和“图案”3 种描边类型。
- 颜色：单击颜色框，在弹出的“拾色器”对话框中可以选择用于描边的颜色。

如图 5-88 所示为图像添加使用描边样式的效果。

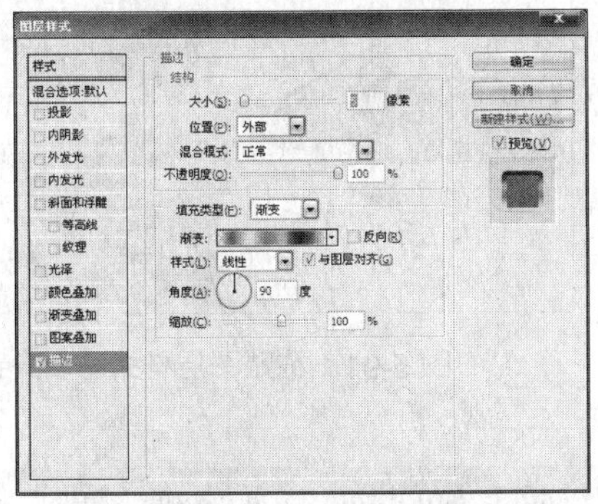

（设置描边）

（描边效果）

图 5-88 为图像添加描边效果

在图层中添加了图层样式中的任何一种效果，此图层后面将出现 fx 图标，单击图标右边的三角按钮，可以打开并看到图层所运用的图层样式，如图 5-89 所示。

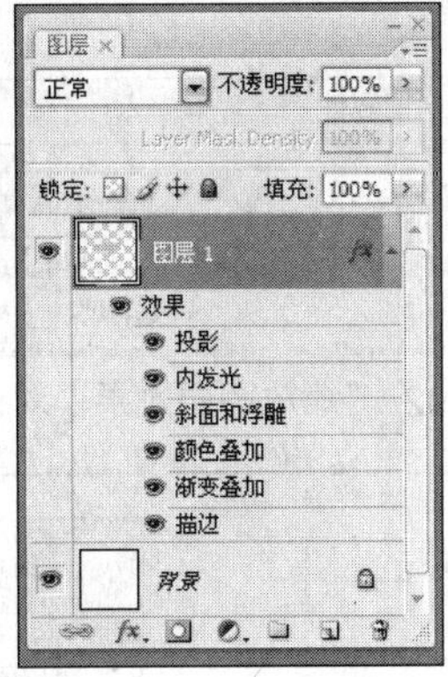

图 5-89 图层应用图层样式

双击图层，也可以打开“图层样式”对话框，选择需要的图层样式，也可更改设置好的图层样式参数。右击应用了图层样式的图层，在弹出的快捷菜单中可以选择相应的命令，实现图层样式的复制、应用和清除等操作。

5.4.10 复制图层样式

在 Photoshop 中可以快速地将一个图层的图层样式复制到另一个需要应用同样图层样式的图层中，操作步骤如下。

1 在有图层样式的图层上右击鼠标，在弹出的快捷菜单中选择“复制图层样式”命令，如图 5-90 所示。

2 在另外的图层上右击鼠标，在弹出的快捷菜单中选择“粘贴图层样式”命令，就可把同样的图层样式应用于不同的图层，如图 5-91 所示。

图 5-90　拷贝图层样式

图 5-91　粘贴图层样式

5.4.11　缩放图层效果

在应用已经创建的效果的时候，由于创建时针对的对象和应用时考虑的对象不一样，效果看起来可能不太协调，太强烈或者太微弱。使用“缩放效果”命令可对图层的效果进行缩放，使它满足要求。

选择“图层”|“图层样式”|“缩放效果”命令，弹出如图 5-92 所示的对话框，在其中设置好缩放比例即可。

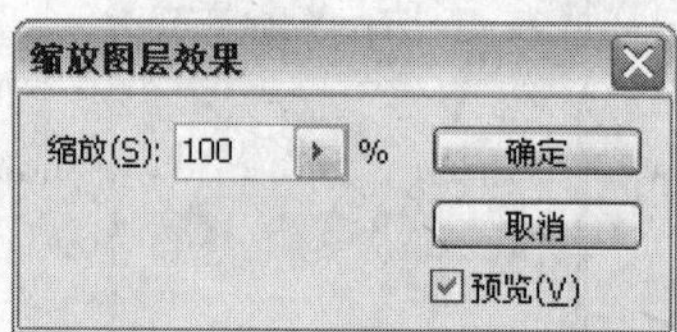

图 5-92　“缩放图层效果”对话框

现场练兵

水珠效果

本例将使用图层样式制作水珠效果，如图 5-93 所示。

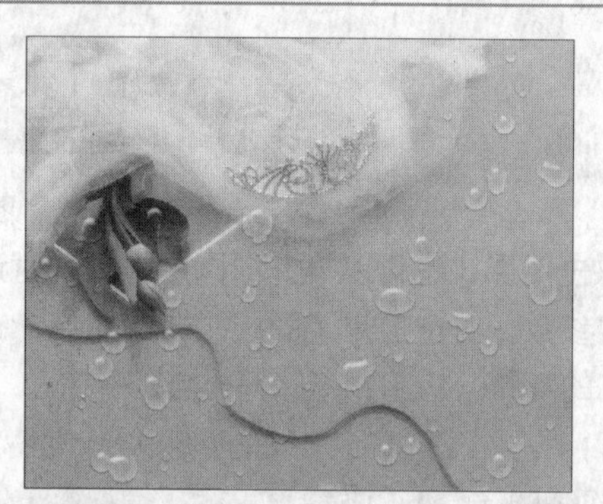

图 5-93　水珠效果

本例的具体操作步骤如下。

1 按 Ctrl+O 组合键打开一张素材图片，如图 5-94 所示。

2 新建“图层 1”，使用“画笔工具”单击，绘制圆点，如图 5-95 所示。

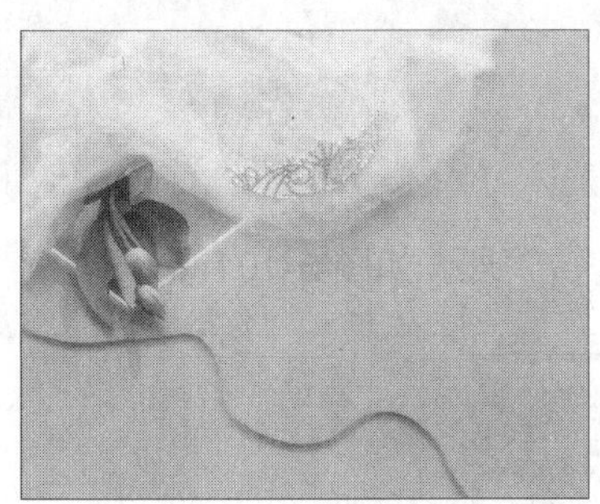

图 5-94 素材图片

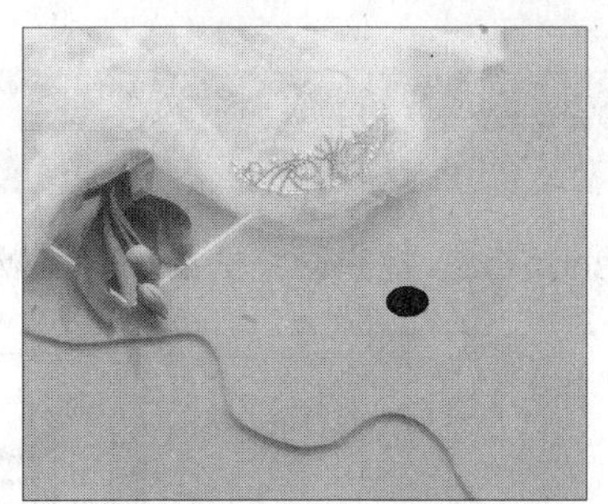

图 5-95 绘制圆点

3 双击“图层 1”，弹出图层样式对话框，选择混合选项，调整填充不透明度为“0%”，如图 5-96 所示。

4 选择投影样式，设置参数如图 5-97 所示，设置投影颜色（R：167，G：51，B：92）。

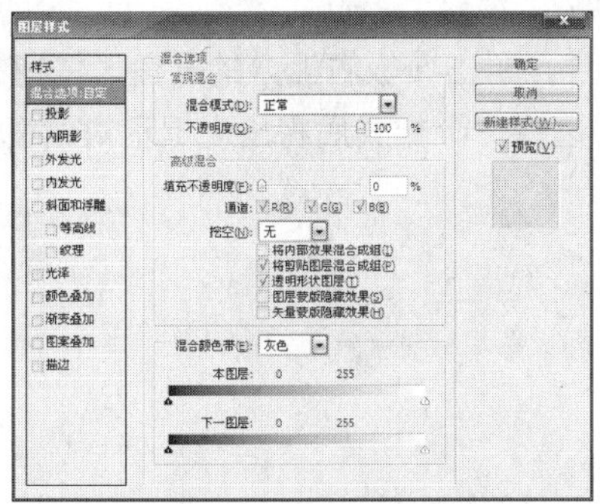

图 5-96 设置混合选项参数

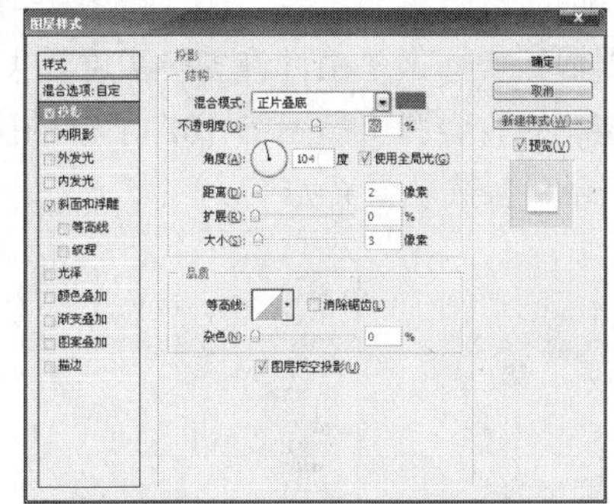

图 5-97 设置投影参数

5 选择斜面和浮雕选项，设置参数如图 5-98 所示。

6 单击“确定”按钮，水珠效果如图 5-99 所示。

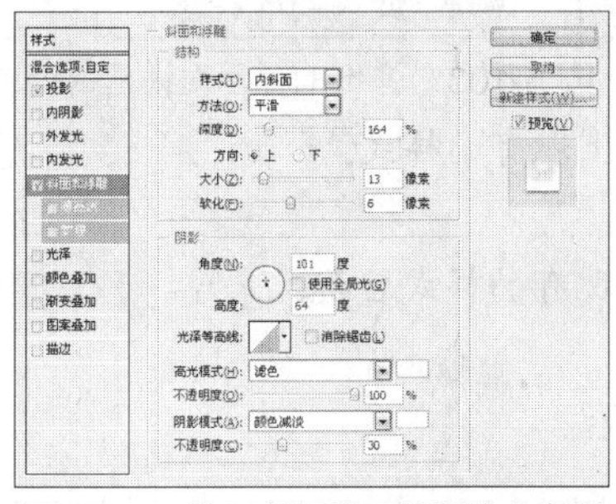

图 5-98 设置斜面和浮雕样式参数

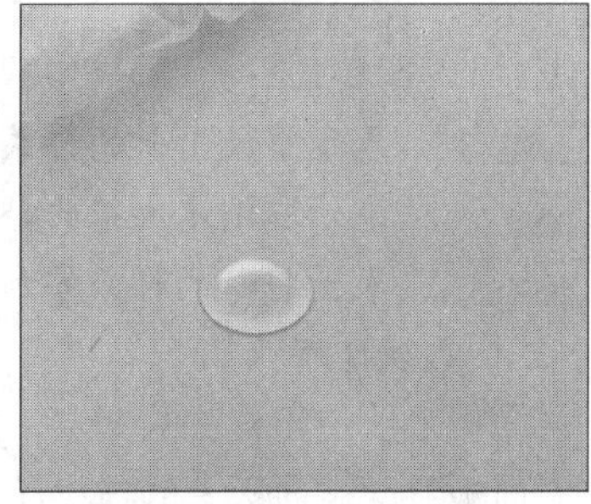

图 5-99 水珠效果

7 选择“画笔工具”，在“图层 1”绘制，产生滴落水珠效果，如图 5-100 所示。

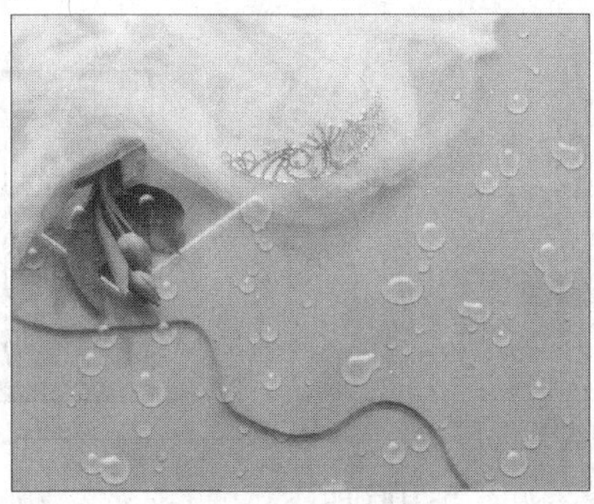

图 5-100 最终效果

5.5 样式面板

Photoshop CS4 提供了样式面板，可以对“样式”进行管理，如图 5-101 所示。

图 5-101　样式面板

样式面板实际上是由许许多多图层效果组成的集合，单击面板右上方的三角形按钮▸选择一个图层样式，会弹出如图 5-102 所示的快捷菜单。选择一个样式后将出现提示对话框，如图 5-103 所示，各选项含义如下。

图 5-102　快捷菜单

图 5-103　弹出的提示对话框

- 确定：表示将使用新的样式取代样式面板上现有的样式。
- 取消：表示取消本次操作。
- 追加(A)：表示将新的样式添加到样式面板上现有的样式后面。

应用样式面板操作步骤如下。

1 选中图层面板上要使用样式的图层，如图 5-104 所示。

2 打开样式面板并单击面板上的样式，如图 5-105 所示。

图 5-104　选择应用图层样式图层

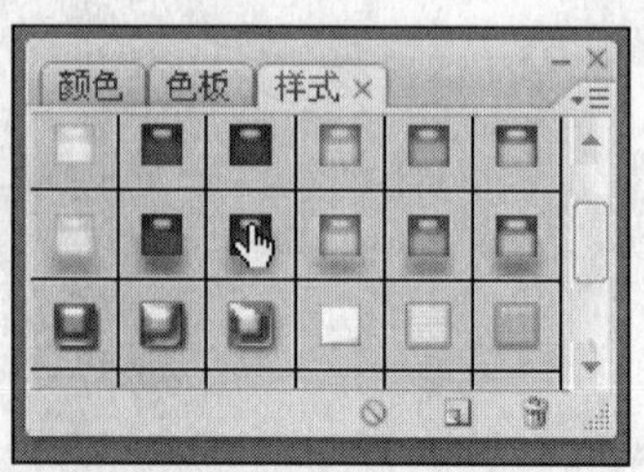

图 5-105　选择样式

3 单击图层样式应用到的图层，如图 5-106 所示。

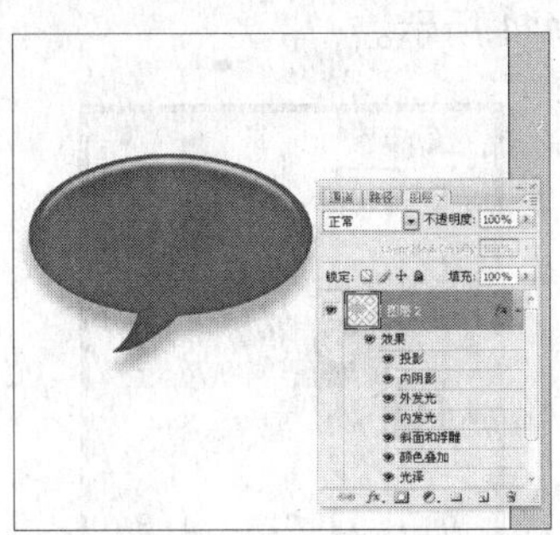

图 5-106　应用预设样式效果

小提示

如果图层上已有样式效果，那么套用的预设样式将取代目前已有的图层样式。如果在单击样式按钮时按住 Shift 键，可以将图层样式增加到（非取代）目前图层现有的效果中。

4 载入了图层样式后，若想将样式面板内容还原到初始状态，在面板的弹出菜单中选择“复位样式”命令即可。

5 选中要删除的样式，在样式面板上将该样式直接拖至删除图标即可。单击样式面板中的图标可清除所应用的样式，单击样式面板左上角的按钮也可达到清除样式的目的。

5.6 创建和使用调整图层

在 Photohshop CS4 中编辑图像，常常需要调整图像的亮度、色相/饱和度、色彩平衡等参数，使用调整图层的好处是，在调整图层之后，随时可以返回到参数调整界面重新进行调整和改变调整类型，选择“图层”|“新建调整层”命令，弹出如图 5-107 所示的子菜单，在这里，用户可以选择不同的选项。

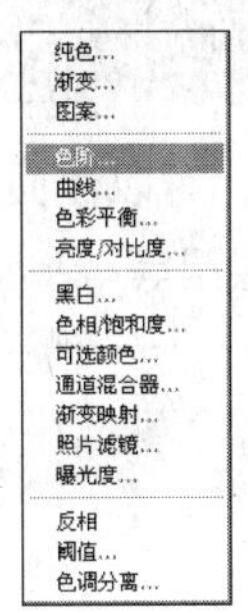

图 5-107　调整子菜单

下面将介绍创建和使用调整层的方法。

1 打开一张素材图片。选择“快速选择工具”将花选择出来，如图 5-108 所示。

2 选择“图层”|“新建调整层”命令，在子菜单中选择“色彩平衡”命令，弹出如图 5-109 所示“新建图层”对话框，单击“确定”按钮，弹出“色相/饱和度”对话框，设置参数如图 5-110 所示。

图 5-108　创建选区

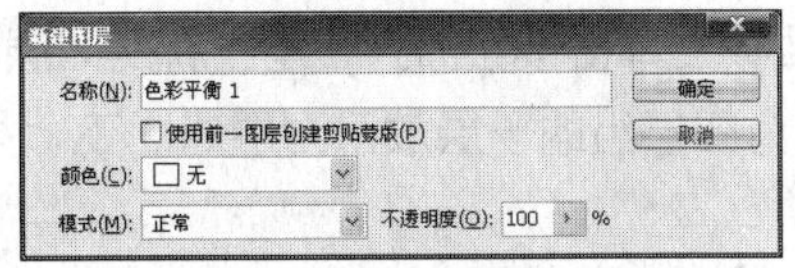

图 5-109　新建调整图层

3 单击“确定”按钮，图层控制面板出现调整层，如图 5-111 所示。

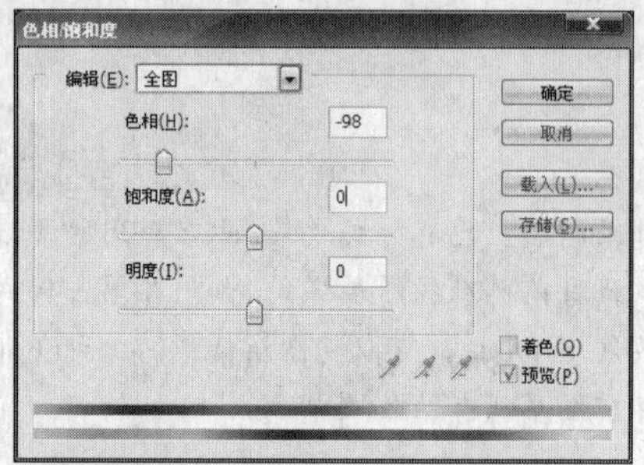

图 5-110 “色相/饱和度”对话框

图 5-111 调整图层

4 调整后的图像效果如图 5-112 所示。

5 双击图层面板上的“调整图层图标”，弹出“色彩平衡”对话框，在这里还可以重新调整参数，灵活调整图像。

图 5-112 调整效果

小提示

单击图层面板下方“创建新的填充或调整图层”按钮，可以通过在弹出的快捷菜单中选择命令建立填充或调整图层。

5.7 图层组

在 Photoshop 中使用图层组来管理图层，可以使面板变得有条不紊，并方便操作。图层组的使用包括新建图层组、加入和退出图层组等。

5.7.1 新建图层组

建立图层组的操作步骤如下。

1 选择“图层” | “新建” | “从图层建立组”命令，弹出“图层新建组”对话框，如图 5-113 所示，可以分别设置图层组的名称、颜色、模式和不透明度。

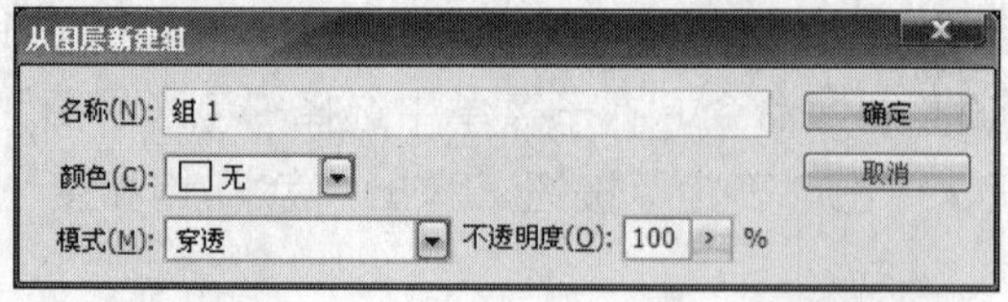

图 5-113 “从图层新建组”对话框

2 单击“确定”按钮，即可在面板上增加一个空白的图层组，如图 5-114 所示。

3 在图层面板上单击按钮。建立新的图层组后，可以拖动其他图层放在图层组上，拖入的图层都将作为图层组的子层放于图层组之下，如图 5-115 所示。

图 5-114　新图层组

图 5-115　图层组的层级关系

5.7.2 删除图层组

选择要删除的图层组，选择“图层”|“删除”|“图层组”命令或直接单击图层面板中的删除图标，此时会开启一个询问对话框，如图 5-116 所示，各选项含义如下。

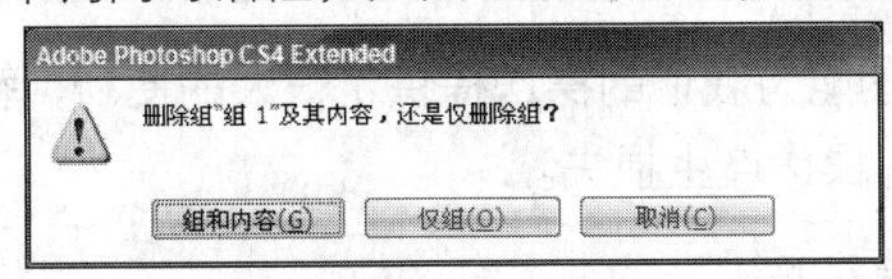

图 5-116　询问对话框

- 组和内容(G)：表示删除整个图层组，包含其中所有图层。
- 仅组(O)：表示只删除图层组，里面的图层被脱离出来。
- 取消(C)：表示取消本次操作。

5.8 剪贴图层

剪贴图层达到的效果是：底层图像提供形状，上层图像提供图案。要注意只有连续的图层才能创建剪贴蒙版。

具体操作步骤如下。

1 打开一张 PSD 格式图像文件，如图 5-117 所示。

2 移动鼠标至“图层 1”和“背景副本”间分界线处，按住 Alt 键单击，如图 5-118 所示。

图 5-117　素材文件

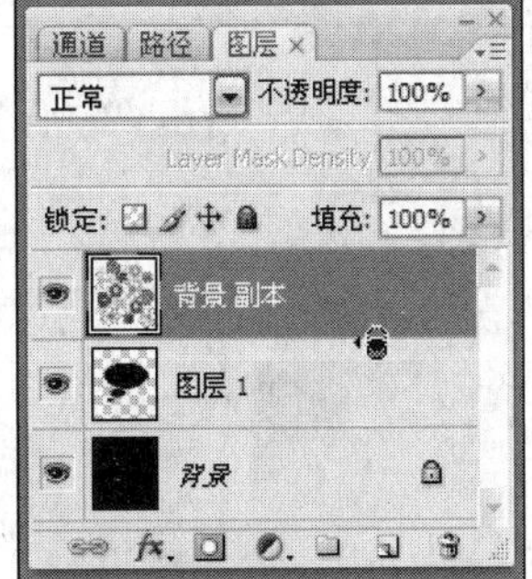

图 5-118　创建图层剪贴组

3 建立图层剪贴组后，“背景副本”层偏移了一些位置，并且产生一个向下的箭头，底层的图层名称下产生一条下划线。图层面板如图 5-119 所示。剪贴组效果如图 5-120 所示。

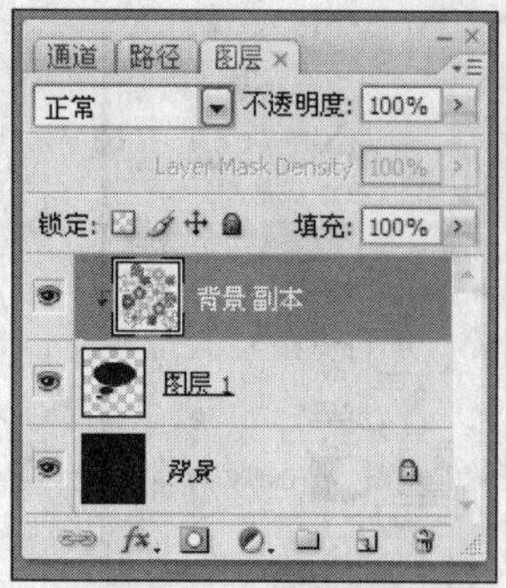

图 5-119　图层面板

图 5-120　图层剪贴组效果

4 选择“图层”|“释放剪贴蒙版”命令，或者按下 Alt 键并单击剪贴组图层之间的分界线，即可取消剪贴图层。

5.9 智能对象

Photoshop 中的智能对象功能为我们的操作提供了很大的便利，智能对象在任何时候都可以进行编辑，且不会对原有操作产生损失。

下面介绍智能对象具体操作步骤。

1 新建一个图像文件，并使用自定形状工具绘制如图 5-121 所示形状。

2 可以观察到，在图层面板中产生一个新的矢量图形图层，如图 5-122 所示。

3 为该图层应用红色凝胶效果，如图 5-123 所示。

图 5-121　绘制图形

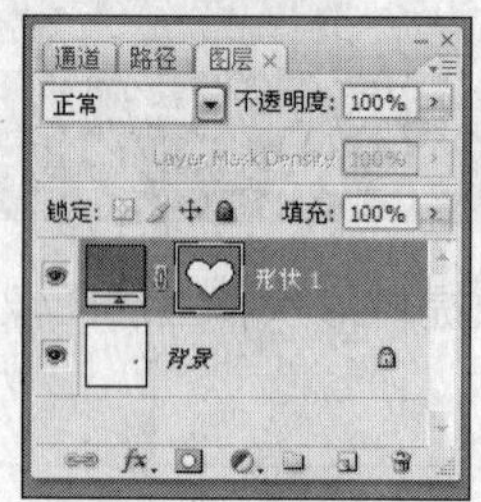

图 5-122　形状图层

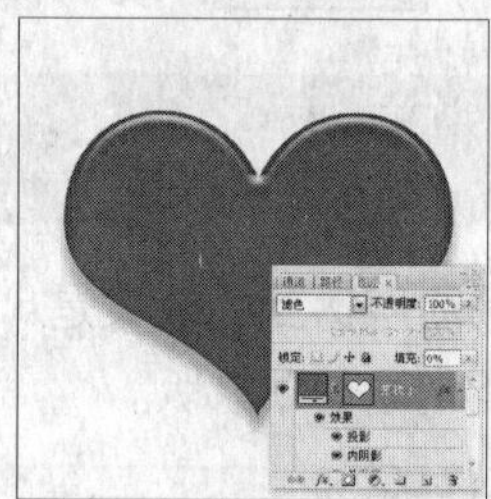

图 5-123　应用图层样式

4 单击图层面板右上方的三角按钮，弹出如图 5-124 所示快捷菜单，选择“转化为智能对象”命令，应用此命令后，图层面板上的形状图层转化为智能对象，如图 5-125 所示。

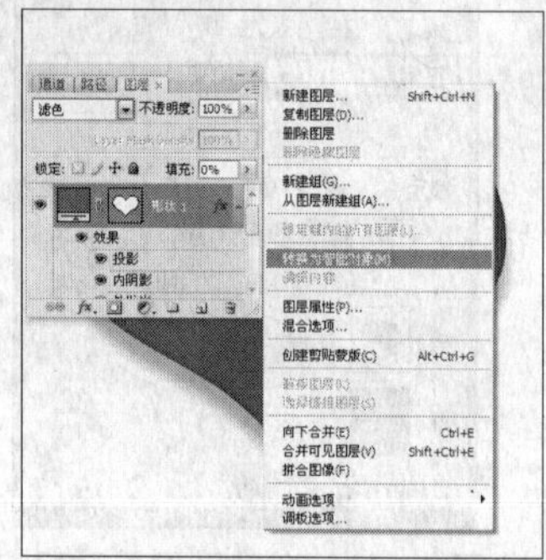

图 5-124　快捷菜单

图 5-125　转化到智能对象

5 双击图层面板“智能对象缩略图”，弹出如图 5-126 所示提示框。

6 单击“确定”按钮，产生新外部文件，新文件将保留转为智能对象之前的所有原始信息，如图 5-127 所示。

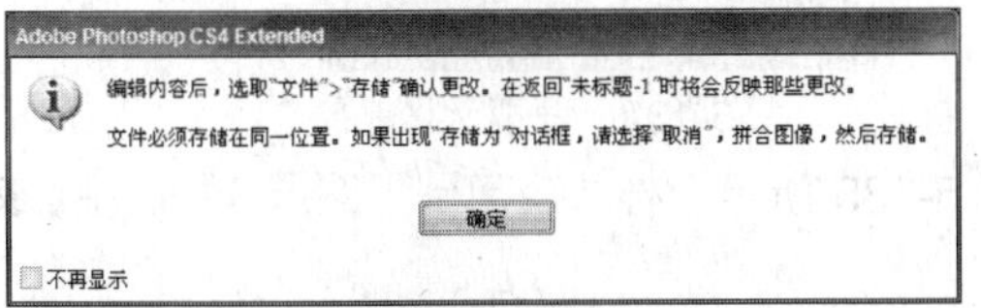

图 5-126　提示框

图 5-127　新文件及图层面板

7 在新文件中可以对图形进行编辑，效果如图 5-128 所示。

8 按 Ctrl+S 组合键将改变后的效果存储，确认更改，改变后的效果反应到智能对象中，如图 5-129 所示。

图 5-128　应用效果

图 5-129　更改智能对象效果

现场练兵

立体“福”字

本例将应用图层样式制作立体字效果，如图 5-130 所示。

图 5-130　立体“福”字效果

本例的具体操作步骤如下。

1 按 Ctrl+O 组合键打开如图 5-131 所示素材图片。

2 选择“魔棒工具”，单击中心红色文字部分，获取选区如图 5-132 所示，按 Ctrl+J 组合键将选区图像粘贴到新“图层 1”中。

图 5-131　素材图片

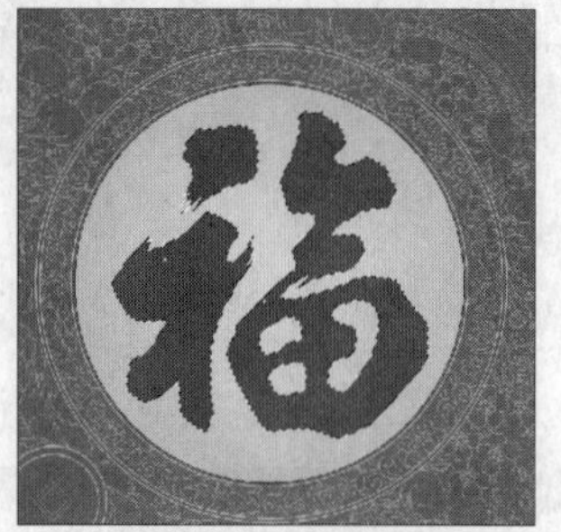

图 5-132　获取选区

3 打开样式面板，选择“红色胶体”样式，如图 5-133 所示，样式应用到“图层 1”层中，效果如图 5-134 所示。

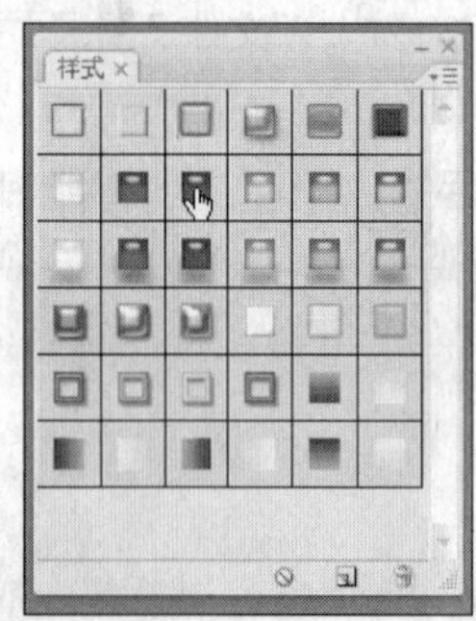

图 5-133　选择样式

图 5-134　应用效果

4 在“图层 1”之下新建“图层 2”，载入“图层 1”选区，选择“选择”|“修改”|“扩展选区”命令，设置参数如图 5-135 所示。

5 单击“确定”按钮，选区效果如图 5-136 所示，用白色填充选区。

6 在样式面板中单击“水银”样式，样式应用到“图层 2”中，文字制作完成，最终效果如图 5-137 所示。

图 5-135　设置扩展参数

图 5-136　选区扩展效果

图 5-137　最终效果

5.10 疑难解析

通过前面的学习，读者应该已经掌握了在 Photoshop CS4 中图层的使用，如新建、删除、图层样式、图层混合模式等操作方法及技巧，下面就读者在学习的过程中遇到的疑难问题进行解析。

1　在 Photoshop CS4 中，每次打开一幅图都是背景锁定的，怎么去除？

Photoshop CS4 里打开的每一幅图片，其背景层都是锁住不能删除的，但是你可以按住 Alt 键双击它，把它变成普通层。这样的话你就可以对它进行编辑。

2　建立调整层有时很方便，但怎么能只让调整层作用于同一图层呢？

分别再做几个图层的效果，然后再把图层合并就可以了。

3　在 Photoshop CS4 中打开一张图片时，为什么图层面板中只有一个图层，那么怎么操作才能得到很多图层呢？

图层都是在编辑图像过程中新建或者复制得到的，当要对一个图像进行编辑，而不许其他图像产生变化时，就需要新建或者复制图层。如果不需要某个图层了，还可以将其删除。

4　采用按住 Alt 键复制图像的方式只能复制图像的局部吗？如果要复制整个图像呢？

按住 Alt 键复制图像，可以复制图像的局部，也可以复制整个图像。不同的是，要复制图像局部，就必须首先将要复制的部分选择出来，这样复制不会产生新的图层；而要复制整个图像，直接按下 Alt 键拖动鼠标即可，这样会产生一个图层副本。

5　为什么要栅格化图层？

在 Photoshop CS4 中，文字层、矢量图形层等图层上的内容处于矢量状态。当改变它们的尺寸或者进行变形不会模糊、失真，但在这些图层上却不能进行一些滤镜操作。栅格化图层可以将这些矢量图层转换成位图图层。

5.11 上机实践

本例将使用内发光图层样式、图层剪辑组、复制图层、调整图层不透明度制作十字天空效果，如图 5-138 所示。

图 5-138　十字天空效果

5.12 巩固与提高

本章介绍了图层的使用方法，包括图层的基本操作、图层样式的使用、图层混合模式、样式面板的使用以及建立图层组等操作。图层是 Photoshop CS4 最重要的功能之一。图层的用处非常大，学会以及掌握图层运用技巧是本章之学习重点。

1．单选题

（1）在图层面板中单击图层左边的“可视性图标”，即可（　　）。

A．增加图层　　B．删除图层

C．隐藏此图层　　D．显示此图层

（2）使用（　　）混合模式，软件自动查看每个通道中的颜色信息，并选择基色或混合色中较暗的颜色作为结果色。

A．变暗　　B．滤色　　C．强光　　D．叠加

2．多选题

（1）从复制图层后的图像效果来看，复制图层可分为（　　）和（　　）。

A．原位复制　　B．本地复制

C．原地复制　　D．异位复制

（2）Photoshop CS4 中提供了两种发光图层样式，（　　）图层样式可以在图像内容边缘的外部添加发光效果，（　　）图层样式可以在图层内容边缘的内部添加发光效果。

A．边缘发光　　B．外发光

C．内发光　　D．中心发光

3．判断题

（1）剪贴图层达到的效果是：底层图像提供形状，上层图像提供图案。要注意只有连续的图层才能创建剪贴蒙版。（　　）

（2）图层就好比一张透明的纸，而图像分别绘制在不同的透明纸上，将这些绘制了图像的透明纸重叠，就组成了一副完整的漂亮的图画。（　　）

Study

第6章

色调与色彩调整

本章将详细介绍图像色彩的快速调整和色调的精细调整方法，以及一些特殊颜色效果的调整技巧，并将介绍如何通过“直方图”面板查看颜色通道，掌握图像色彩和色调的调整方法与技巧是本章学习重点。

学习指南

- 图像的色彩模式
- 直方图面板
- 调整图像的色调
- 调整图像的色彩
- 调整特殊色调和色彩

精彩实例效果展示 ▲

6.1 图像的色彩模式

Photoshop CS4 的色彩模式实际上是它将某种颜色表现为数字形式的模型，或者说是一种记录图像颜色的方式。不同的颜色模式产生颜色的方法和数量不同，其图像文件的大小也有差异，不同的颜色模式往往有不同的用途。

6.1.1 常用色彩模式

为了能让颜色能准确的传递到我们的图像中，在 Photoshop CS4 中也必须先做好色彩的管理工作，Photoshop CS4 中的色彩管理工作的好坏也会直接影响到图像色彩空间的转换和在显示器上的颜色显示。选择“图像”|“模式”命令将出现一个下拉式菜单栏，如图 6-1 所示。

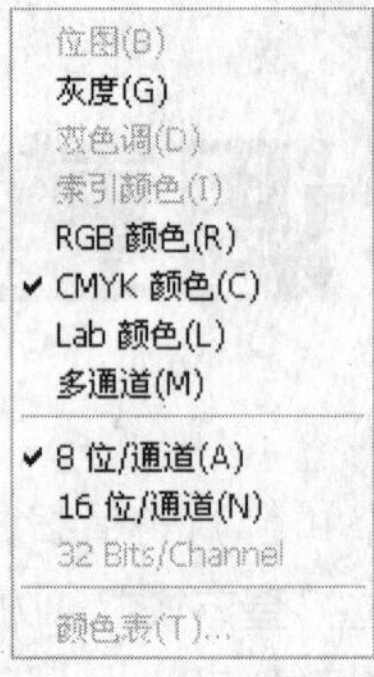

图 6-1　模式下拉菜单

- RGB 模式：RGB 设置只对 Photoshop 显示下的图像起作用，所选色彩模式不同，其显示效果也会不同。此模式分为 R（红）、G（绿）、B（蓝）三种基色作基础相互叠加，每一种色的取值范围都在 0~255 之间，当这三种值均为 0 时，颜色是黑色；当三种值均为 255 时，颜色是白色；当三种均为中间值时，颜色为灰色。
- CMYK 模式：CMYK 模式应用于制作要用印刷色打印的图像时，此模式分为青（C）、洋红（M）、黄（Y）、黑（K）4 种颜色，RGB 色彩模式的图像转换为 CMYK 色彩模式的图像，后者的图像颜色要比前者的图像颜色偏暗。而且 CMYK 模式下的图像文件占用的磁盘存储空间很大，在 Photoshop 中有很多功能也不能使用，所以 CMYK 模式一般要在印刷时才使用。
- Lab 模式：Lab 模式是用一个亮度分量和 a、b 两个颜色分量来表示颜色的模式，其中 L 代表光亮度分量，范围为 0~100；a 表示从绿到红的光谱变化，范围为+120~-120；b 代表从蓝到黄的光谱变化，范围为+120~-120。
- 位图模式：位图模式是使用黑、白两种颜色值来表示图像中的像素。因此位图模式的图像也被称做黑白图像，在转换时只有处于灰度模式或多通道模式下的图像才能转化为位图模式。
- 灰度模式：灰度模式是以 255 个不同程度的灰色共同组成黑白两色作为基本色调的图像模式。灰度图像的每个像素有一个 0（黑色）到 255（白色）之间的亮度值。使用黑白或灰度扫描仪生成的图像通常以灰度模式显示，用户可以将位图模式和彩色图像转换为灰度模式。

- 双色调模式：双色调模式是用一种灰色油墨或彩色油墨来打印一幅灰度图像，双色调模式用于增加灰度图像的色调范围。如果要转换成双色调模式，要先将图像转换成灰度模式。
- 索引模式：索引颜色模式是单通道图像（8 位/像素），使用包含 256 种颜色，Photoshop CS4 将构建一个颜色查找表，将转换为索引颜色图像中的颜色存放。在这种模式下只能做到有限的编辑。
- 多通道模式：图像在此模式包含多种灰阶通道，每个通道均由 256 级灰阶组成，此模式常用于处理特殊打印。从 RGB、CMYK 或 Lab 图像中删除一个通道会自动转换为多通道模式。

6.1.2　色彩模式间的相互转换

为了在不同的场合正确输出图像，有时需要把图像从一种模式转换为另一种模式。Photoshop CS4 通过选择“图像”|“模式”子菜单中的命令，来转换需要的颜色模式。这种颜色模式的转换有时会永久性地改变图像中的颜色值，例如，将 RGB 模式图像转换为 CMYK 模式图像时，CMYK 色域之外的 RGB 颜色值被调整到 CMYK 色域之内，从而缩小了颜色范围。

6.2　直方图面板

直方图默认是和信息面板组合在一起的，也可以选择“窗口”|“直方图”命令将直方图调出，如图 6-2 所示。直方图显示通道中的色阶分布。横轴代表色阶，范围是 0~255。纵轴代表每一色阶的像素数。当鼠标在直方图中移动时，下方会显示出光标所在处的色阶值、像素数和累计百分比。

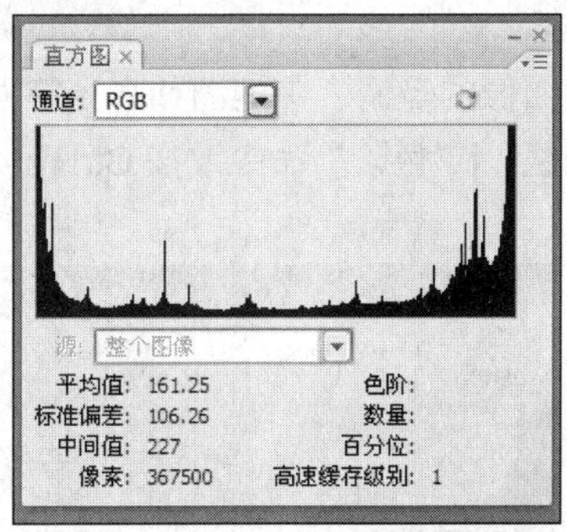

图 6-2　直方图控制面板

图像下方的信息含义如下。

- 平均值：平均亮度值。
- 标准偏差：亮度值的变化范围。
- 中间值：显示亮度值范围内的中间值。
- 像素：用于计算直方图的像素总数。
- 色阶：显示指针下面的区域的亮度级别。
- 数量：相当于指针下面亮度级别的像素总数。

- 百分位：显示指针所指的级别或该级别以下的像素累计数。该值表示为图像中所有像素的百分数，从最左侧的0%到最右侧的100%。
- 高速缓存级别：显示图像高速缓存的设置。

6.3 调整图像的色调

调整图像也就是校正图像，包括图像的色调和色彩等。在 Photoshop CS4 中，可通过选择"图像"|"调整"命令，弹出如图 6-3 所示子菜单，其中将各调整命令主要分成了 4 个部分，调整图像色调组；调整图像色彩；调整图像中的颜色或亮度值，以增强颜色或产生特殊效果，而不用于校正图像颜色；对图像整体色调及色彩进行调整。下面将分别介绍各个调整命令的使用。

图 6-3 调整命令子菜单

6.3.1 色阶命令

使用"色阶"命令可以调整图像的暗调、中间调和高光等强度级别，校正图像的色调范围和色彩平衡。选择"图像"|"调整"|"色阶"命令或按 Ctrl+L 组合键弹出如图 6-4 所示的"色阶"对话框。各选项含义如下。

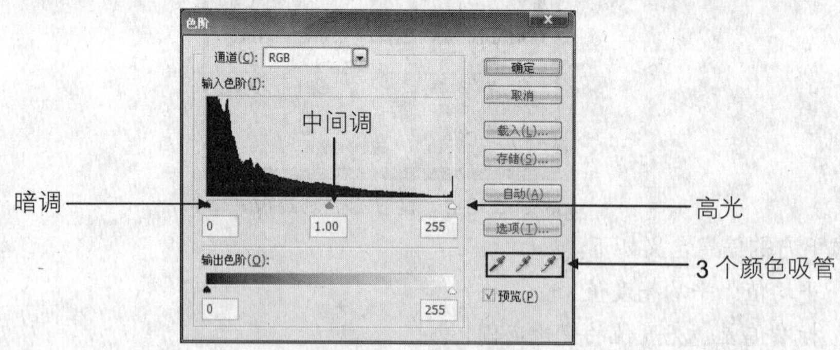

图 6-4 "色阶"对话框

- 通道：在其下拉列表框中可以选择要调整的颜色通道。
- 输入色阶：此选项用于调整图像的暗调和高光。3 个文本框分别与柱状图下方的 3 个三角形滑块相对应。在 3 个文本框中可以设置黑色、中间色和白色区域调整图像的亮度。拖动三个滑块也可以调整图像的暗调和高光。

- 输出色阶：用于重新定义图像的暗调和高光值，即调整图像的亮度和对比度，其下方颜色条最左端的黑色滑块表示图像的最暗值，右端的白色滑块表示图像中的最亮值，可以通过拖动滑块或直接在文本框中输入值两种方法进行调整。
- ：使用吸管工具可以在图像中单击，调整图像中相应黑色、灰度和白色。
- 自动(A)：单击该按钮，Photoshop CS4 将应用自动颜色校正来调整图像。
- 存储(S)...：单击该按钮，可以以文件的形式存储当前对话框中色阶的参数设置。
- 载入(L)...：单击该按钮，可载入存储的*.ALV 文件中的调整参数。
- 选项(T)...：单击该按钮，将弹出“自动颜色校正选项”对话框，对暗调、中间值和高光的自动校正选项及切换颜色进行设置。

使用色阶命令调整图像有几种不同的方法进行调整，具体介绍如下。

1．吸管工具调整

1 打开如图 6-5 所示的素材图片。

2 按 Ctrl+L 组合键，弹出“色阶”对话框，如图 6-6 所示。

图 6-5　素材图片

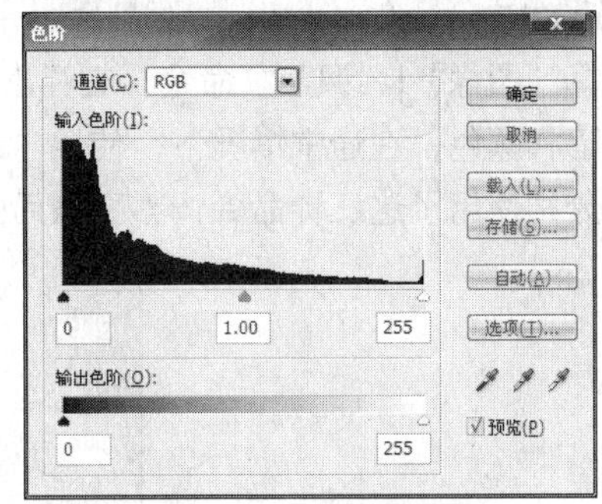

图 6-6　“色阶”对话框

3 设置白场。选择“吸管工具”，单击图像亮度区域，确定图像高亮区域的参考色，如图 6-7 所示。

4 设置灰场。选择“吸管工具”，单击图像中间色区域，确定中间色的参考色，如图 6-8 所示。

图 6-7　确定图像高亮区域的参考色

图 6-8　确定中间色的参考色

5 单击“确定”按钮，图像调整完成。

2．滑块的使用

1 打开需要调整的图像，按 Ctrl+L 组合键，弹出“色阶”对话框。

2 分别拖动直方图下方的三个▲滑块，调整图像暗色、中间调和亮度区域，如图 6-9 所示。

3 单击“确定”按钮，调整的色阶应用到图像中，效果如图 6-10 所示。

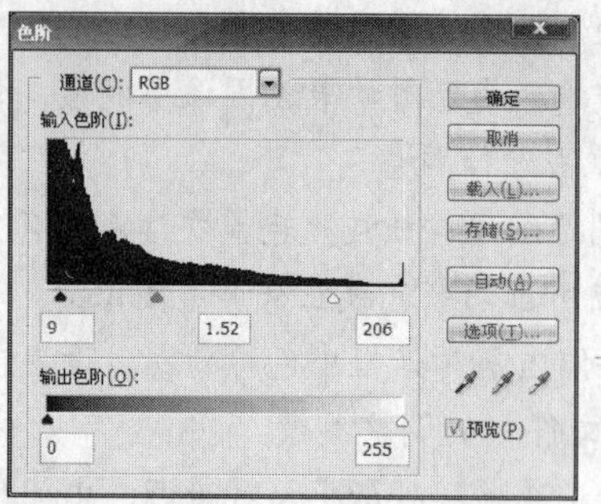

图 6-9　拖动滑块

图 6-10　色阶调整应用到图像中

小提示

在“色阶”对话框中单击“预览”按钮，才可以在调整色阶过程中观察到图像调整后的效果。

6.3.2　自动调整命令

选择“图像”|“调整”命令，在弹出的子菜单中有 3 个自动命令，可以用来调整图像的亮度、明暗和颜色，在通常情况下，使用自动颜色命令可以得到最好的调整效果，如下图 6-11 所示，是分别使用了这三种命令调整图像后的效果。

（源图）

（自动色阶）

（自动对比度）

（自动颜色）

图 6-11　自动调整图像颜色

在调整命令中，还有一个调整明暗分布的命令色彩均化命令，可以均匀整个图像的明暗分布，修整图像的颜色。选择“图像”|“调整”|“阴影”|“高光”命令，可以把图像中最亮部分的颜色调整为白色，把最暗部分的颜色改为黑色，将中间明暗的亮度均匀的调整，这样整个图像将明暗分明，如图 6-12 所示为使用“阴影/高光”命令前后的对比效果。

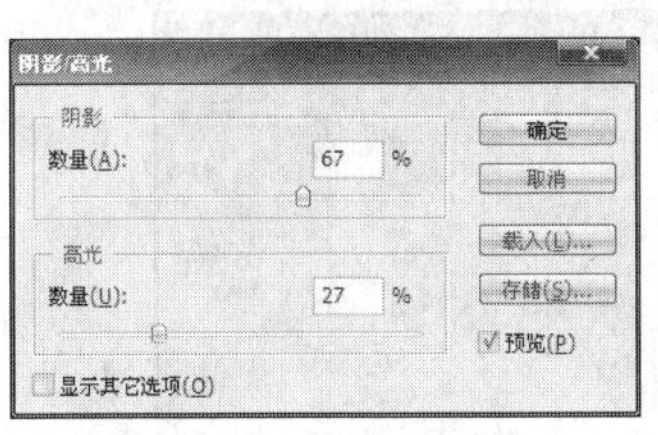

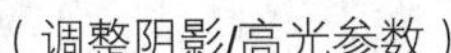

（调整阴影/高光参数）　　　　（原图）　　　　（调整后效果）

图 6-12　使用阴影/高光命令调整图像前后对比

6.3.3　曲线命令

“曲线”命令同样用于调整图像的色调范围，与“色阶”命令不同的是，它可以调整 2~255 范围内的任意点，而不只是调整暗调、高光和中间调三个变量，它可以在色调范围内对多个不同的点进行调整，最多可调整 14 个不同的点，因此此命令可更有效且更多样地修整图像，改变物体的质感。

选择“图像”|“调整”|“曲线”命令，或按 Ctrl+M 组合键弹出如图 6-13 所示的“曲线”对话框，各选项含义如下。

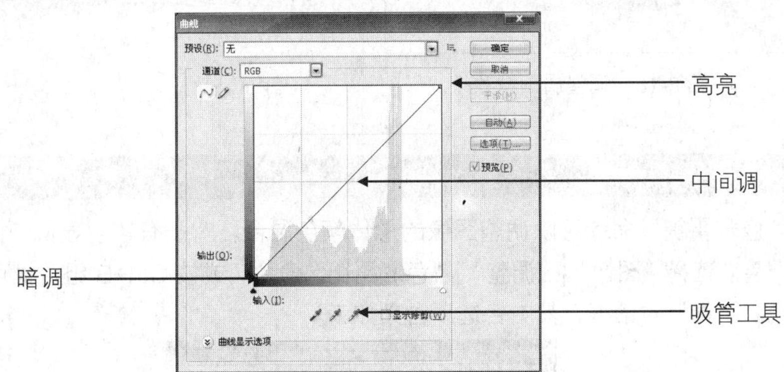

图 6-13　“曲线”对话框

- 垂直轴：用于输出的图像的明暗分布。
- 水平轴：用于图像从暗到亮的色调分布。
- ：曲线工具，用来显示曲线上的控制点，进一步调整曲线的形状。
- ：铅笔工具，用它可以在网格上自由地绘制曲线。
- 平滑(M)：单击此按钮，可以使绘制的曲线变得平滑。
- 预览选项：可以显示调色的区域。
- 曲线显示选项：点击名称前的小箭头，可以看到展开菜单，展开项中有两个田字型按钮，用来控制曲线部分网格数量。

曲线调整的操作步骤如下。

1 打开一幅需要调整的图像，如图 6-14 所示。

2 按 Ctrl+M 组合键弹出“曲线”对话框。将鼠标移入图表中，鼠标会变成十字光标，在曲线上单击确定需要的调整点位置，拖动曲线或者在下方的“输入”和“输出”文本框中输入数值即可调整曲线，如图 6-15 所示。

3 调整后单击“确定”按钮，曲线命令调整后的图像效果如图 6-16 所示。

图 6-14　素材图片

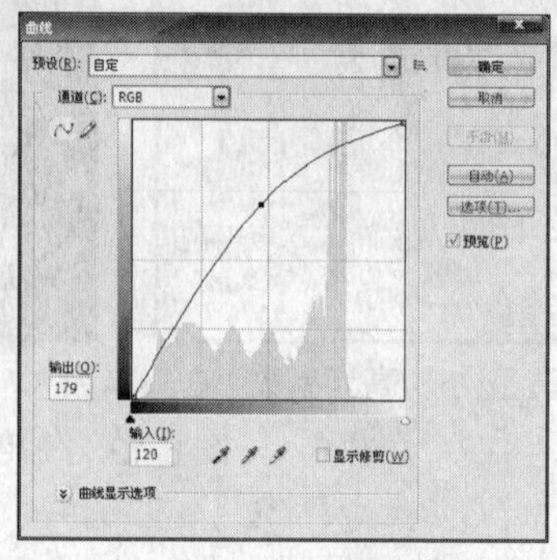

图 6-15　调整曲线

图 6-16　调整后图像效果

> **小提示**
>
> 按住 Shift 键可以同时选中多个控制点进行调整。
>
> 按住 Ctrl 键在曲线的控制点上单击，可取消单击位置的控制点。

6.3.4　色彩平衡命令

使用“色彩平衡”命令可以调整图像的总体颜色混合，对于有较明显偏色的图像可使用该命令进行调整。选择“图像”|“调整”|“色彩平衡”命令，或按 Ctrl+B 组合键可弹出如图 6-17 所示的“色彩平衡”对话框，其中各选项含义如下。

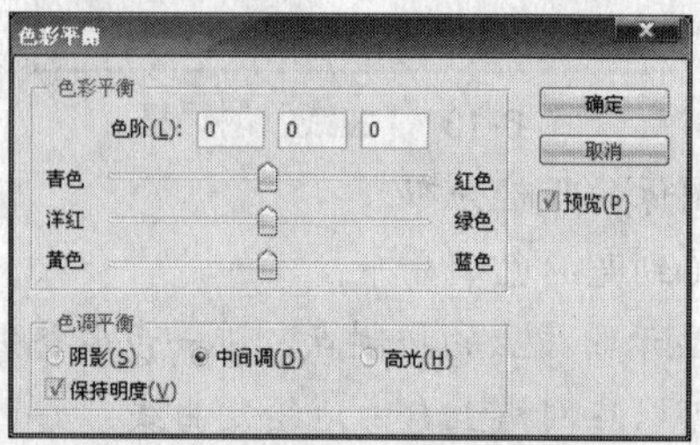

图 6-17　“色彩平衡”对话框

- 色彩平衡：在此栏中可选择需要着重更改的色调范围，向一种颜色拖动对话框中的滑块，图像中的此颜色数量将会增加，相反的颜色数量将会减少。
- 色调平衡：在此对话框中的三个参数分别用于设置色调平衡的效果，选择相应的选项可以分别调整图像中的阴影区、中间调区和高光区的色调。
- 保持明度：用来调整具有色彩偏差的照片和扫描图片。

使用“色彩平衡”命令操作步骤如下。

1 打开如图 6-18 所示素材图片。

2 按 Ctrl+B 组合键弹出“色彩平衡”对话框。

3 先选择“暗调”、“中间调”或“高光”作为我们需要着重调整的色调范围，一般要勾选“保持明度”复选框，以防止图像的亮度值随颜色的更改而改变。选择相应的色调调整范围，如图 6-19 所示，单击“确定”按钮，调整后的图像效果如图 6-20 所示。

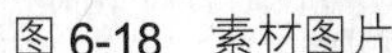
图 6-18　素材图片

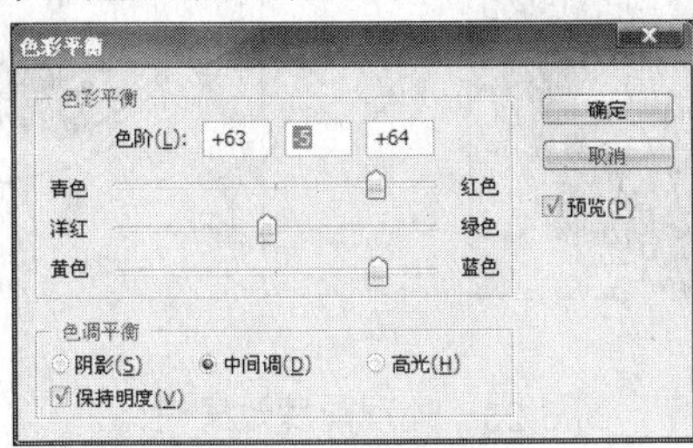

图 6-19　调整参数

图 6-20　图像效果

6.3.5　亮度/对比度命令

使用“亮度/对比度”命令可以简单地调整图像的亮度和对比度。选择“图像”|“调整”|“亮度”|“对比度”命令，即可弹出如图 6-21 所示的“亮度/对比度”对话框，各选项含义如下。

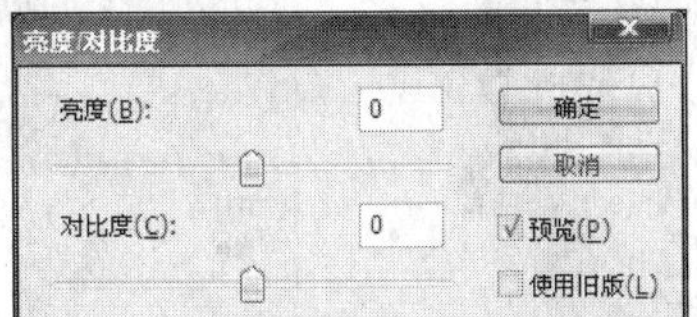

图 6-21　“亮度/对比度”对话框

- 亮度：拖动亮度下方的滑块，可以调整图像的明亮度，也可在文本框中直接输入数值。
- 对比度：拖动对比度下方的滑块，可以调整图像的对比度，也可在文本框中直接输入数值。

打开一幅需要调整的图像，分别拖动滑块调整亮度和对比度下的三角滑块，或者在文本框中输入数值，调整好后，单击“确定”按钮，图像效果如图 6-22 所示。

图 6-22　调整图像“亮度/对比度”的过程与效果

怀旧色调

本例将使用色彩平衡命令以及自动色阶制作怀旧色调效果，如图 6-23 所示。

处理前

处理后

图 6-23　处理前后效果对比

本例的具体操作步骤如下。

1 按 Ctrl+O 组合键，打开一张素材图片，如图 6-24 所示。

2 单击图层面板下方“创建新的填充或调整图层”按钮，选择“色彩平衡”命令，弹出对话框，设置中间调参数如图 6-25 所示。

图 6-24　素材图片

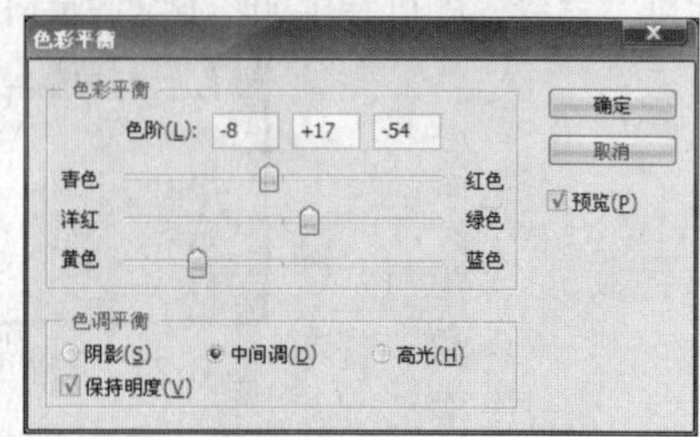

图 6-25　设置中间调参数

3 设置阴影参数如图 6-26 所示。单击“确定”按钮，效果如图 6-27 所示。

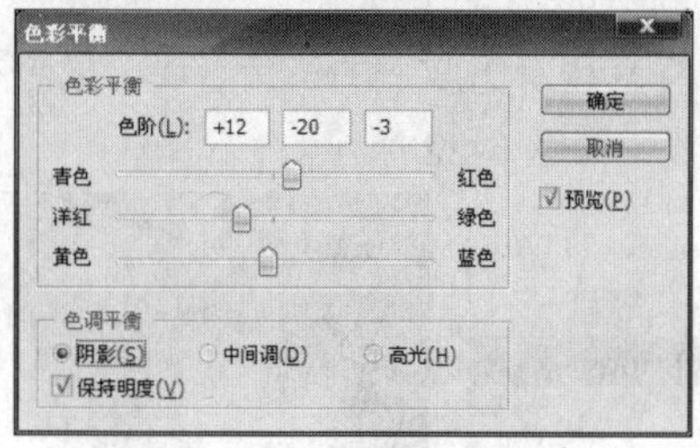

图 6-26　设置阴影参数

图 6-27　调整效果

4 选择“背景”图层，新建增加“色彩平衡”调整层，调整中间调参数如图 6-28 所示。调整阴影参数如图 6-29 所示。

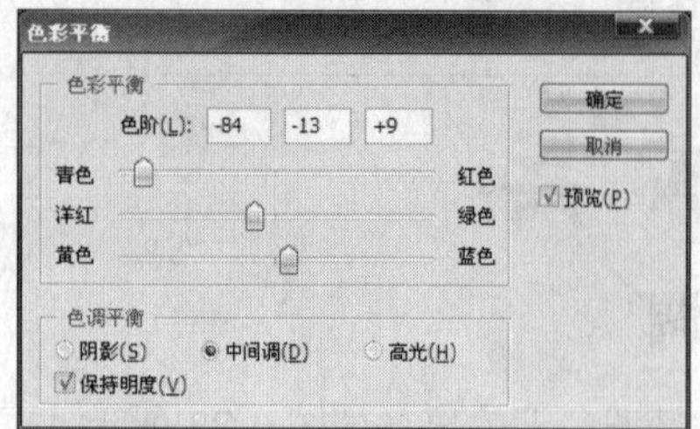

图 6-28　调整中间调参数

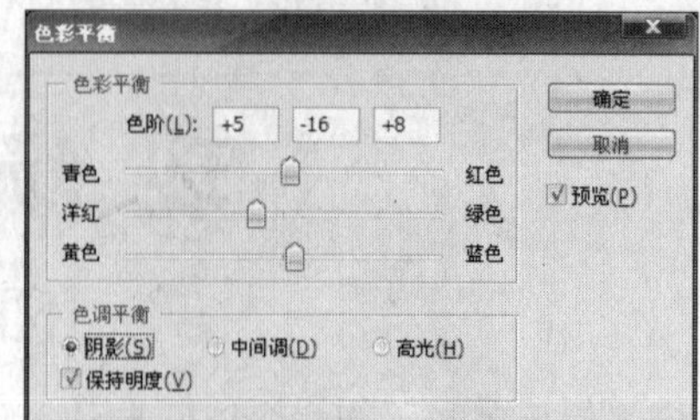

图 6-29　调整阴影参数

5 单击“确定”按钮，选择“图像”|“调整”|“自动色阶”命令，效果如图 6-30 所示。

6 单击“背景”层，新建曲线调整层，调整曲线如图 6-31 所示。单击“确定”按钮。

图 6-30　自动色阶效果

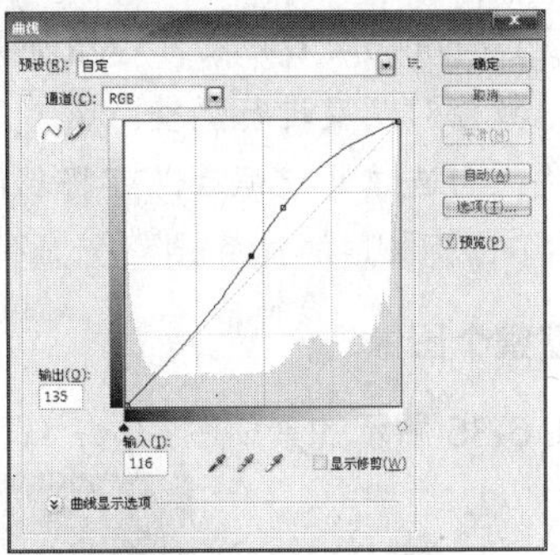

图 6-31　调整曲线

7 单击“背景”层，新建“色彩平衡”调整层，调整高光参数如图 6-32 所示。

8 单击“确定”按钮，怀旧色调制作完成，最终效果如图 6-33 所示。

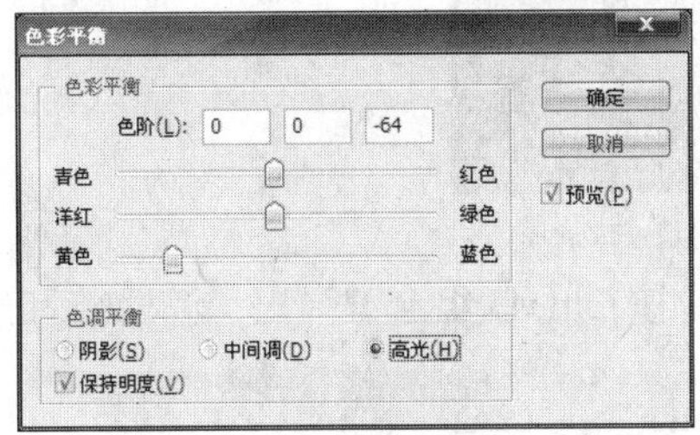

图 6-32　调整高光参数

图 6-33　最终效果

6.4 调整图像的色彩

Photoshop CS4 提供了丰富的色彩调整命令，包括“转换黑白”、“色相/饱和度”、“替换颜色”、“可选颜色”、“通道混合器”和“渐变映射”等命令，下面将具体讲解各命令的操作步骤。

6.4.1 调整色相/饱和度

使用“色相/饱和度”命令可以调整图像中特定颜色分量的色相、饱和度和亮度，或同时调整图像中的所有颜色。选择“图像”|“调整”|“色相”|“饱和度”命令，或按 Ctrl+U 组合键弹出“色相/饱和度”对话框，如图 6-34 所示，各选项含义如下。

- 编辑：单击文本框右方的三角按钮，在弹出的下拉菜单中可以选择不同的颜色进行调整。
- 色相：拖动滑块或在对应的文本框中输入数值，即可调整出需要的颜色。
- 饱和度：拖动滑块向右，可以增加饱和度，对应的颜色将从中心向外移动，拖动滑块向左则减少饱和度，对应的颜色将从外部向中心移动，也可在对应的文本框中输入数值对饱和度进行调整。

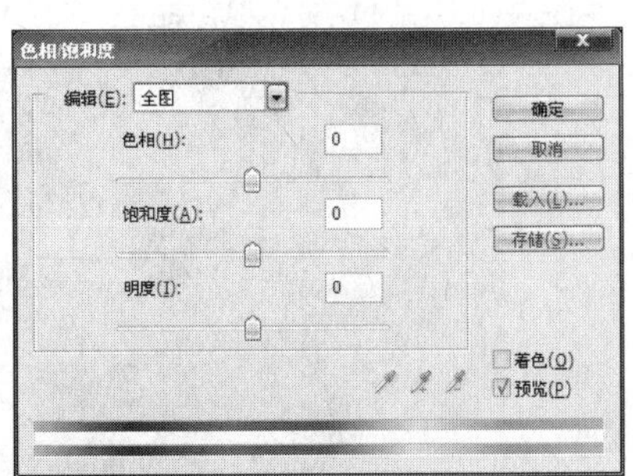

图 6-34　“色相/饱和度”对话话

- 明度：将滑块向右拖动可以增加亮度，向左拖动可以减少亮度，也可在对应的文本框中输入数值对明度进行调整。
- 着色：勾选该复选框后，可将彩色图像变成单一色调并更换颜色。

使用“色相/饱和度”命令调整图像有以下几种方法。

1. 调整整个图像

1 打开如图 6-35 所示的素材图片。

图 6-35 素材图片

2 选择“图像”|“调整”|“色相/饱和度”命令，或按 Ctrl+U 组合键弹出“色相/饱和度”对话框，设置参数如图 6-36 所示。

3 单击“确定”按钮，调整效果应用到图像中，如图 6-37 所示。

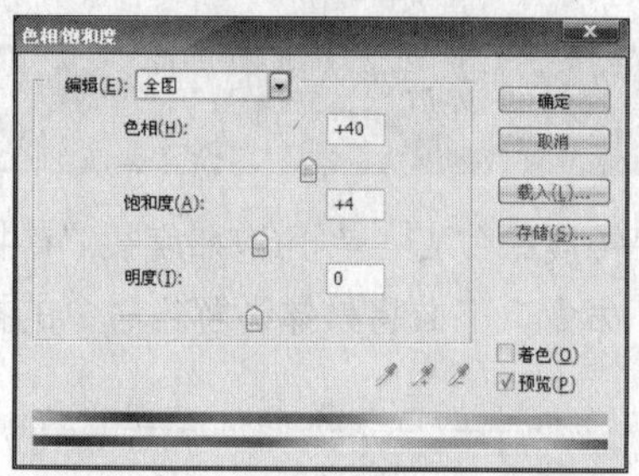

图 6-36 设置“色相/饱和度”参数

图 6-37 图像效果

2. 调整图像中多种颜色

1 打开需要调整的素材图片，如图 6-38 所示。选择“图像”|“调整”|“色相/饱和度”命令，打开“色相/饱和度”对话框，单击编辑对话框右侧的三角按钮，在弹出的下拉列表中为要调整的图像颜色选择预设的颜色范围，当选中一种颜色范围后，对话框下方将在渐变色条之间出现一个调整滑块，如图 6-39 所示。

图 6-38 素材图片

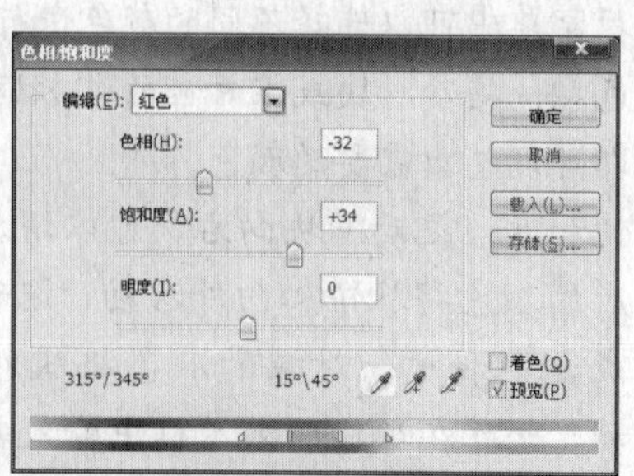

图 6-39 调整滑块

2 此时单击按钮，可以在图像中吸取需要的调整的颜色；单击按钮，在图像上吸取颜色，将新的色彩添加到调整的色彩范围中；单击按钮，在图像上吸取颜色，可以从当前的色彩范围中减去吸取的颜色。

3 拖动色相、饱和度以及明度下方的感触滑块或者直接在相应的文本框中输入调整数值，设置参数如图 6-40 所示。

4 单击“确定”按钮，效果如图 6-41 所示。

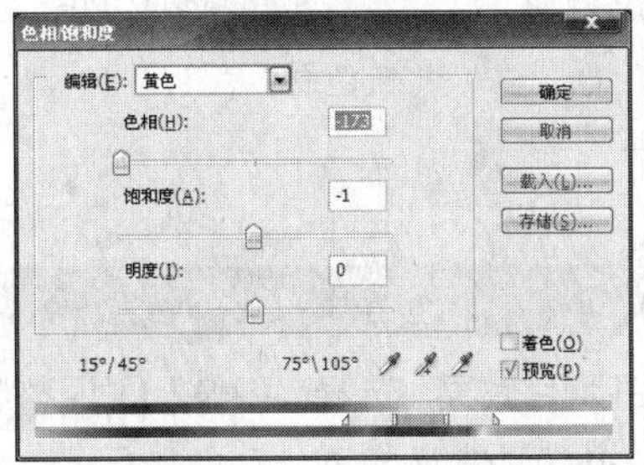

图 6-40　设置参数

图 6-41　图像效果

3. 为灰度图像着色

1 打开如图 6-42 所示的灰度图像。

图 6-42　灰度图像

2 选择“图像”|“模式/RGB 模式”命令将灰度图像转换为 RGB 色彩模式。

3 按 Ctrl+U 组合键，弹出“色相/饱和度“对话框，勾选着色复选框，调整参数如图 6-43 所示。

4 单击“确定”按钮，图像效果如图 6-44 所示。

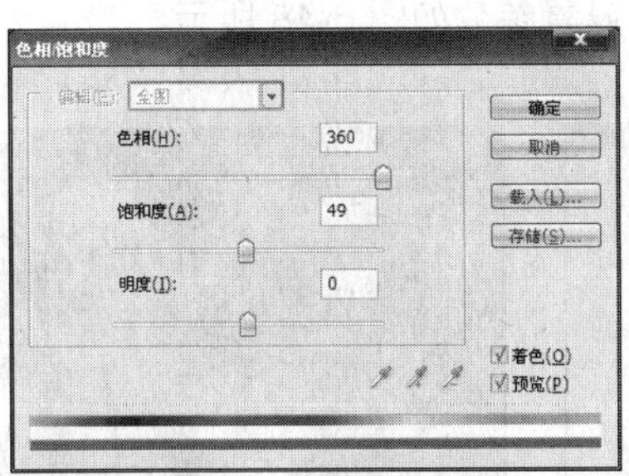

图 6-43　设置参数

图 6-44　图像效果

6.4.2　去色

“去色”命令可以用来去掉图像中的色彩，使其成为灰度图像，但色彩模式不变。如图 6-45 所示。按 Shfit+Ctrl+U 组合键可以快速去色。

（去色前）

（去色后）

图 6-45　去色效果

6.4.3　黑白命令

使用“黑白”命令可以将色彩图像方便地转换为黑白照片效果。选择“图像”|“调整”|“转换黑白”命令，弹出“黑白”对话框，如图 6-46 所示，各选项含义如下。

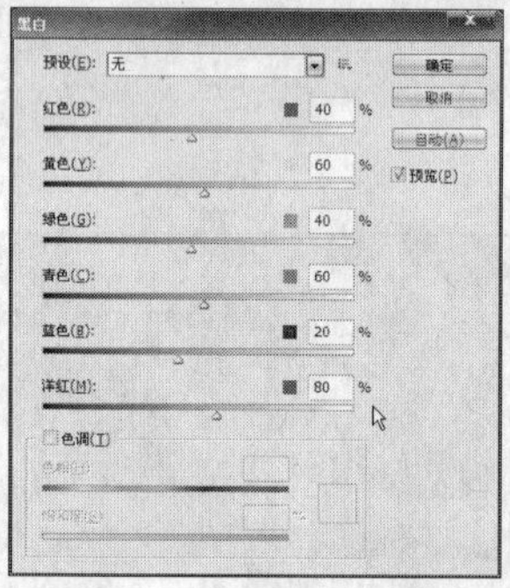

图 6-46　“黑白”对话框

- 预设：单击文本框右方的三角按钮，在弹出的下拉菜单中可以选择十种不同的转换黑白图像效果。
- 色调：选中此选项可以为黑白图像添加单色效果。

使用“转换黑白”命令操作步骤如下。

1 打开如图 6-47 所示素材图片。

2 按 Alt+Shfit+Ctrl+B 组合键，弹出“黑白”对话框，设置参数如图 6-48 所示。

3 单击“确定”按钮，图像效果如图 6-49 所示。

图 6-47　素材图片

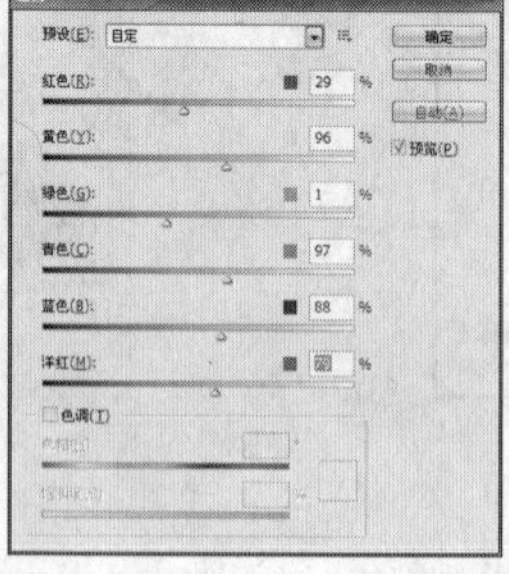

图 6-48　“黑白”对话框

图 6-49　图像效果

4 想要为黑白图像添加单色，可以弹出“黑白”对话框，设置参数如图 6-50 所示，单击“确定”按钮，图像效果如图 6-51 所示。

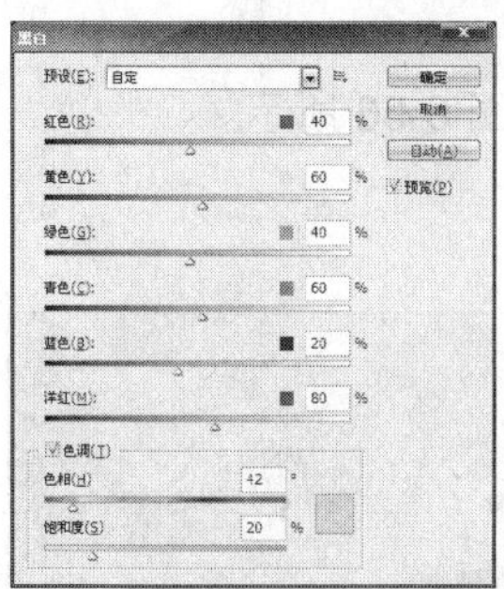

图 6-50　设置“转换黑白”对话框参数

图 6-51　单色效果

6.4.4　匹配颜色

“匹配颜色”命令可以用来调整图像的亮度、色彩饱和度和色彩平衡，同时还可将当前图层中的图像的颜色与它下一图层中的图像或其他图像文件中的图像颜色相匹配。

选择“图像”|“调整”|“匹配颜色”命令后打开如图 6-52 所示的“匹配颜色”对话框，各选项含义如下。

- 图像选项：此选项用于调整匹配颜色后图像的亮度、颜色强度以及渐隐程度。其中，拖动“亮度”滑块可增加或减小图像的亮度；拖动“颜色强度”滑块可以增加或减小图像中的颜色像素值，向左拖动“颜色强度”滑块将缩小颜色范围并使图像变成单色，向右拖动“颜色强度”滑块将增加颜色范围并增强颜色；拖动“渐隐”滑块可控制应用于图像的调整量，向右移动表示减小。选择匹配的源图像后，在此栏中勾选“中和”复选框，可以将两幅图像的中性色进行匹配。

图 6-52　“匹配颜色”对话框

- 图像统计：此选项用于设置匹配颜色的图像来源和所在的图层。在“源”下拉列表框中选择需要匹配的源图像，如果选择“无”选项，表示用于匹配的源图像和目标图像相同，即当前图像。可以在“图层”下拉列表框中指定用于匹配图像所使用的图层。

匹配颜色命令操作步骤如下。

1 打开如图 6-53 和图 6-54 所示的素材图片。

图 6-53　素材图片

图 6-54　素材图片

2 选择“图像”|“调整”|“匹配颜色”命令后，打开“匹配颜色”对话框，设置参数如图

6-55 所示。

3 单击“确定”按钮，图 6-53 和图 6-54 进行匹配，效果如图 6-56 所示。

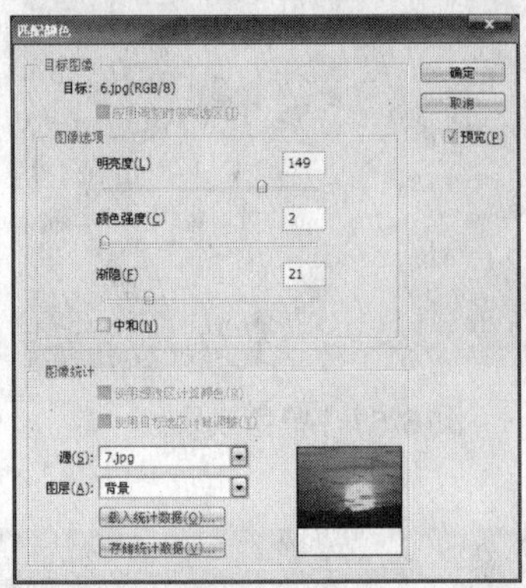
图 6-55　设置参数

图 6-56　图像效果

6.4.5　替换颜色

使用“替换颜色”命令可以先选择图像中的特定颜色，然后再用指定的颜色替换所选颜色，可实现图像中某个特定范围内的颜色的替换。选择“图像”|“调整”|“替换颜色”命令，弹出如图 6-57 所示的“替换颜色”对话框，其中各选项含义如下。

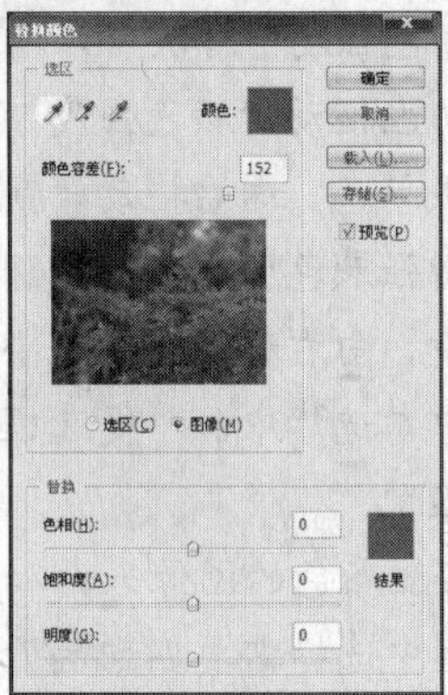
图 6-57　“替换颜色”对话框

- ：这三个吸管工具分别用于吸取、增加和减少图像中颜色。
- 颜色容差：在此选项文本框中可以直接输入数值或拖动下方的滑块，用于调整替换图像中需要替换的颜色范围。数值越大，替换颜色的图像范围越大。
- 选区(C)：单击此单选项，预览框中将以所选的范围显示图像。
- 图像(M)：单击此单选项，预览框中将显示相应的图像。
- 替换：此栏下方分别有色相、饱和度和明度三个用于调整替换颜色的文本框。

替换颜色命令使用方法如下。

1 打开如图 6-58 所示的需要替换颜色的图像。

2 单击对话框中的按钮，在图像中吸取需要替换的图像颜色，将对话框中的颜色容差值设置到最大，再调整色相、饱和度和明度等参数，调整需要替换的颜色，如图 6-59 所示。

3 单击“确定”按钮，图像替换颜色完成，效果如图 6-60 所示。

图 6-58　素材图片

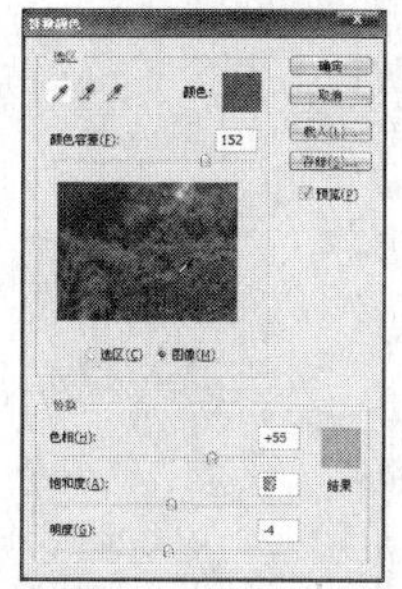

图 6-59　吸取要替换颜色

图 6-60 图像效果

6.4.6　可选颜色

“可选颜色”命令可以用来在某种颜色范围内选择，对其进行针对性的修改，在不影响其他原色的情况下修改图像中某种原色的数量。选择“图像”|“调整”|“可选颜色”命令，弹出如图 6-61 所示的“可选颜色”对话框，其中各选项含义如下。

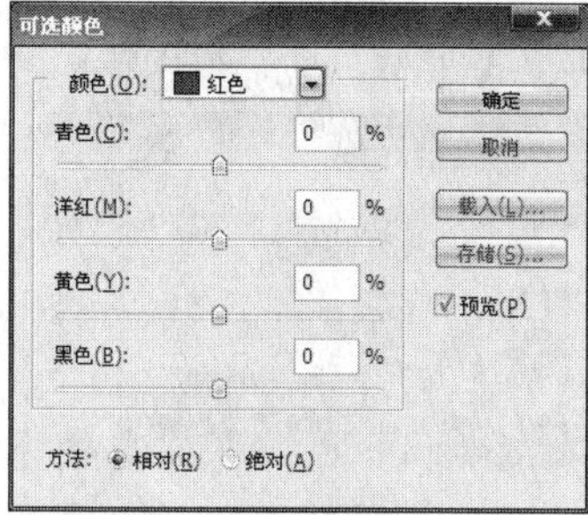

图 6-61　“可选颜色”对话框

- 颜色：单击此选区右侧的三角按钮，在弹出的下拉列表框中可选择要调整的颜色，有“红色”、“黄色”、“绿色”、“青色”、“蓝色”等颜色选项。
- 青色、洋红、黄色和黑色：可以分别拖动颜色下面相应的滑块来调整所选颜色的成份。
- 相对：选择此单选项表示按 CMYK 总量的百分比来调整颜色。
- 绝对：选择此单选项表示按 CMYK 总量的绝对值来调整颜色。

可选颜色命令操作步骤如下。

1 打开如图 6-62 所示的需要替换颜色的图像文件。

图 6-62　素材图片

2 选择“图像”|“调整”|“可选颜色”命令，弹出的“可选颜色”对话框中，分别调整洋红和黄色，参数设置如图 6-63 所示。

3 单击“确定”按钮，图像效果如图 6-64 所示。

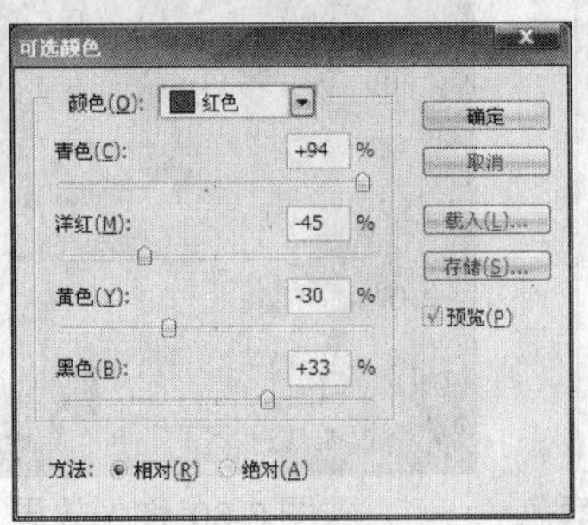

图 6-63 设置参数

图 6-64 图像效果

6.4.7 通道混合器

使用“通道混合器”命令可以通过从每个颜色通道中选取它所占的百分比来创建高品质的灰度图像，还可以创建出其他调整工具不易实现的创意色彩。选择“图像”|“调整”|“通道混合器”命令，弹出如图 6-65 所示的“通道混合器”对话框，其中各选项含义如下。

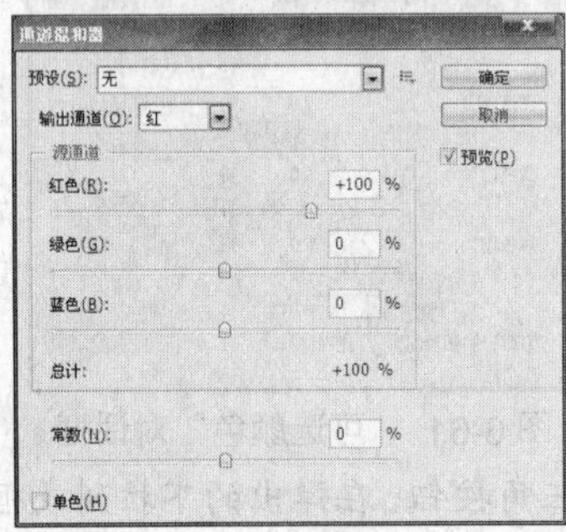

图 6-65 “通道混合器”对话框

- 输出通道：单击其右侧的三角按钮，在弹出的下拉列表框中选择要调整的颜色通道。不同颜色模式的图像，其中的颜色通道选项也各不相同。
- 源通道：拖动下方的颜色通道滑块，调整源通道在输出通道中所占的颜色百分比。
- 常数：用于调整输出通道的灰度值，负值将增加更多的黑色，正值将增加更多的白色。
- “单色”复选框：勾选该复选框，可以将图像转换为灰度模式。

6.4.8 渐变映射

使用“渐变映射”命令可以根据各种渐变颜色对图像颜色进行调整。选择该命令后，将弹出如图 6-66 所示的“渐变映射”对话框，先在“灰度映射所用的渐变”下拉列表框中选择要使用的渐变色，并可通过单击中间的颜色框来编辑所需的渐变颜色。

图 6-66 “渐变映射”对话框

“仿色”和“反向”复选框的作用与渐变工具的相应选项作用相同。如图 6-67 所示为使用渐变映射图像前后对比。

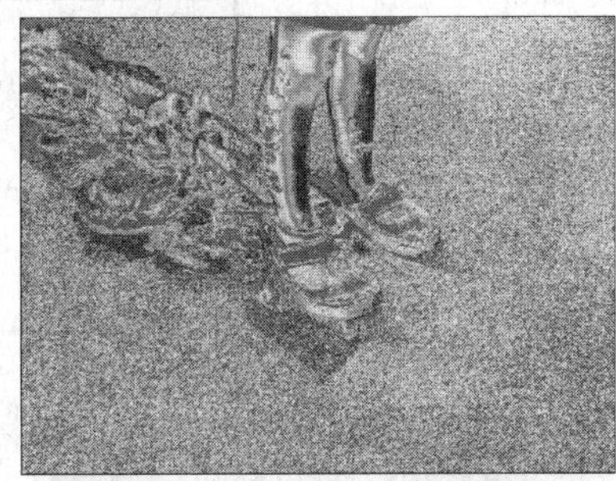

图 6-67　渐变映射前后对比效果

6.4.9　照片滤镜

“照片滤镜”可以用来模仿在相机镜头前面加彩色滤镜，通过调整通过镜头传输的光的色彩平衡和色温，使胶片曝光，同时还允许用户选择预设的颜色向图像应用色相调整。选择该命令后将弹出如图 6-68 所示的“照片滤镜”对话框，各选项含义如下。

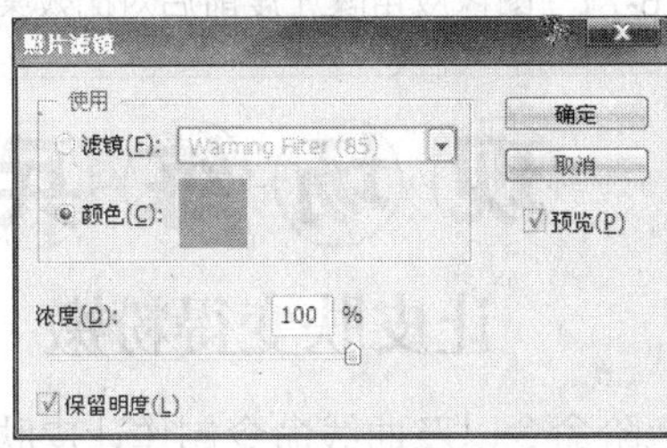

图 6-68　“照片滤镜”对话框

- 使用：选中“滤镜”单选项，单击右侧的三角按钮，在弹出的下拉列表框选择一种预设的滤色效果。若选中“颜色”单选项，单击其右侧的颜色框，可弹出拾色器选择颜色，自定颜色滤镜。
- 浓度：拖动下方的滑块，可以控制着色的强度，值越大，滤色效果越明显。
- 保持亮度复选框：勾选此复选框，在添加照片滤镜的同时还保持图像原来的明暗程度。

如图 6-69 所示为图像使用照片滤镜前后对比效果。

图 6-69　使用照片滤镜前后对比效果

6.4.10　曝光度

使用“曝光度”命令可以将曝光不足的照片调整到正常效果。选择“图像”|“调整”|“曝光度”命令，弹出“曝光度”对话框，调整参数如图 6-70 所示，单击“确定”按钮，图像效果

如图 6-71 所示。

曝光度

曝光度(E): +2.22　确定

取消

位移(O): -0.1164　载入(L)...

灰度系数校正(G): 1.05　存储(S)...

☑ 预览(P)

图 6-70 “曝光度”对话框

图 6-71 图像应用曝光度前后对比效果

现场练兵

让皮肤变得粉嫩

本例将使用可选颜色、色阶命令以及曲线命令制作让皮肤变得粉嫩效果，如图 6-72 所示。

（处理前）

（处理后）

图 6-72 最终效果

本例的具体操作步骤如下。

1 打开如图 6-73 所示的照片。

2 单击图层面板上方“创建新的填充或调整图层”按钮，在弹出的菜单中选择“可选颜色”命令，在对话框中颜色下拉列表中选择红色，调整参数如图 6-74 所示。

3 在对话框中颜色下拉列表中选择黄色，调整参数如图 6-75 所示。

4 单击“确定”按钮，图层面板生成颜色新调整图层，皮肤颜色偏色得到大体调整。

图 6-73　原照片

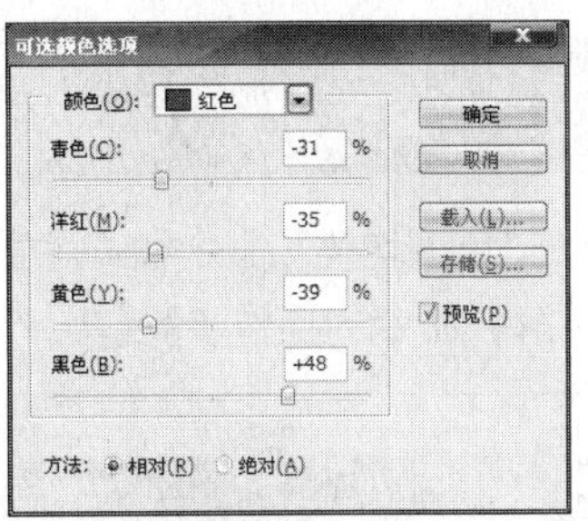

图 6-74　调整可选颜色参数

5 创建“色彩平衡”调整图层，在对话框中调整参数如图 6-76 所示。

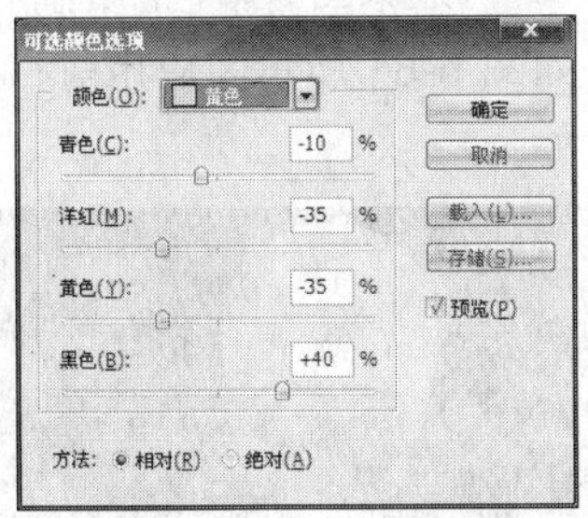

图 6-75　调整可选颜色参数

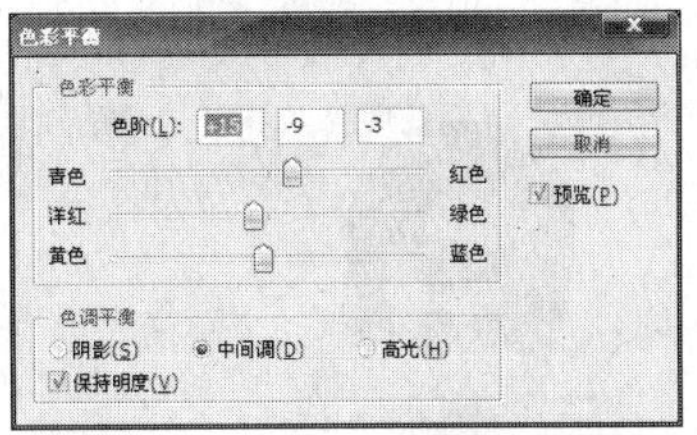

图 6-76　调整色彩平衡参数

6 创建“曲线”调整图层，调整曲线，在通道下拉列表中选择红通道，调整曲线如图 6-77 所示。选择绿通道，调整曲线如图 6-78 所示。选择蓝通道，调整曲线如图 6-79 所示。

7 单击“确定”按钮，皮肤变得粉嫩，效果如图 6-80 所示。

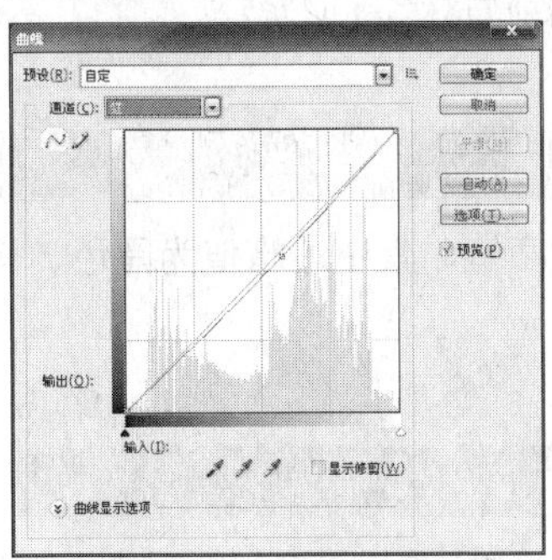

图 6-77　调整红通道

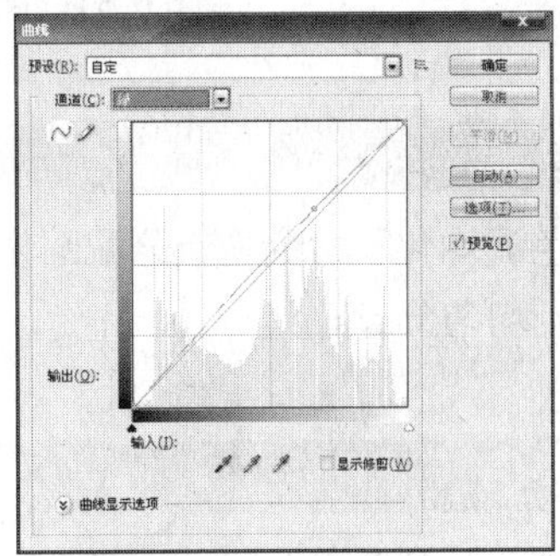

图 6-78　调整绿通道

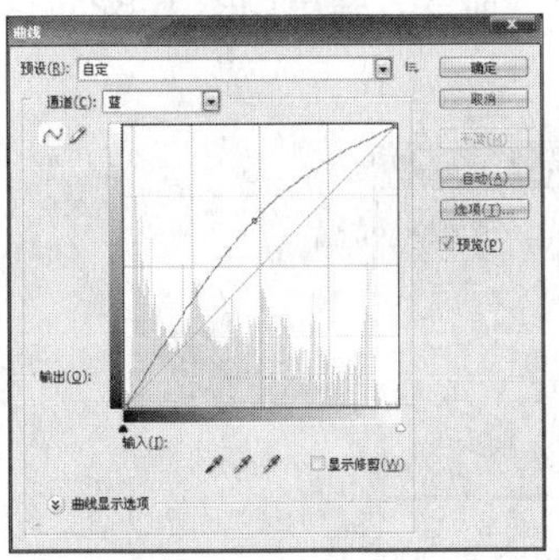

图 6-79　调整蓝通道

图 6-80　最终效果

6.5 调整特殊色调和色彩

"反相"命令、"色调均化"命令和"阈值"等命令通常用于增强图像颜色和产生特殊效果。下面将具体讲解各命令的操作步骤。

6.5.1 反相命令

选择"反相"命令可以反转图像中的颜色。使用该命令可以创建边缘蒙版，以便向图像的选定区域应用锐化和其他调整。当再次选择该命令时，即可还原图像颜色。选择"图像" | "调整反相"命令，或按 Ctrl+I 组合键可以使用此命令，如图 6-81 所示为应用前和应用后图像的效果。

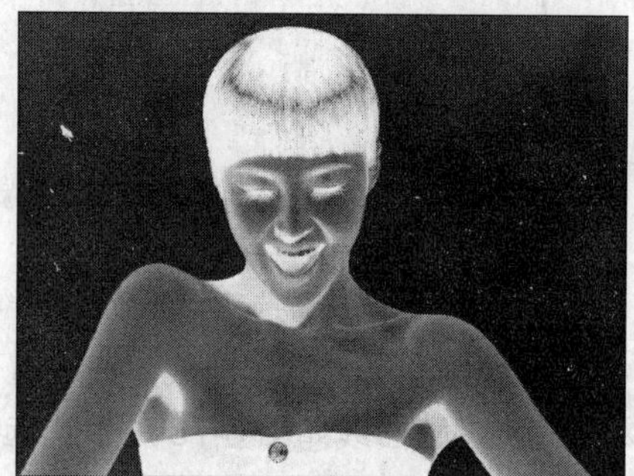

图 6-81 使用反相命令图像前后对比

6.5.2 色调均化

选择"色调均化"命令重新分配图像中各像素的亮度值，其中最暗值为黑色，最亮值为白色，中间调则均匀分布。

6.5.3 阈值

使用"阈值"命令可以将一张彩色或灰度的图像调整成高对比度的黑白图像，常用于确定图像的最亮和最暗区域。选择"图像" | "调整" | "阈值"命令，弹出如图 6-82 所示的阈值对话框。

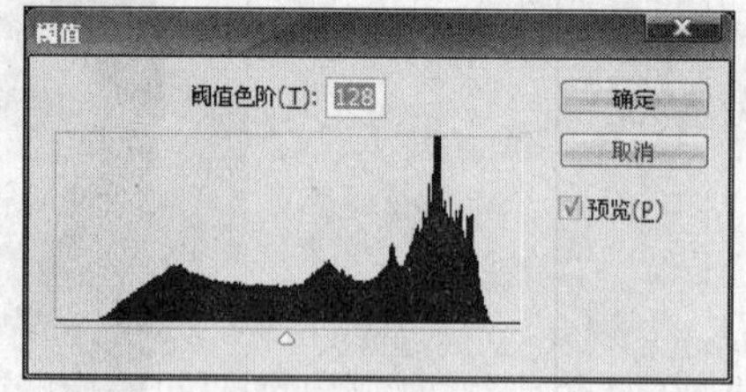

图 6-82 "阈值"对话框

用户可以在阈值色阶文本框中输入数值，也可以拖动直方图下方的滑块进行调整。所有比阈值亮的像素将转换为白色，而比阈值暗的像素将转换为黑色，如图 6-83 所示为使用命令前后的对比。

图 6-83　使用阈值命令前后对比

6.5.4　色调分离

使用“色调分离”命令可以指定图像中每个通道的色调级（或亮度值）的数目，然后将像素映射为最接近的匹配色调上，减少并分离图像的色调。如在 RGB 模式图像中选取两个色调级可以产生 6 种颜色：两种红色、两种绿色、两种蓝色。

选择“图像” | “调整” | “色调分离”命令，在弹出的“色调分离”对话框中设置参数如图 6-84 所示，单击“确定”按钮，使用命令前后的图像效果对比如图 6-85 所示。

图 6-84　“色调分离”对话框

图 6-85　使用色调分离前后对比

6.5.5　变化命令

使用“变化”命令可以直观地调整图像的暗调、中间色调、高光和饱和度。选择“图像” | “调整” | “变化”命令，弹出如图 6-86 所示“变化”对话框，各选项含义如下。

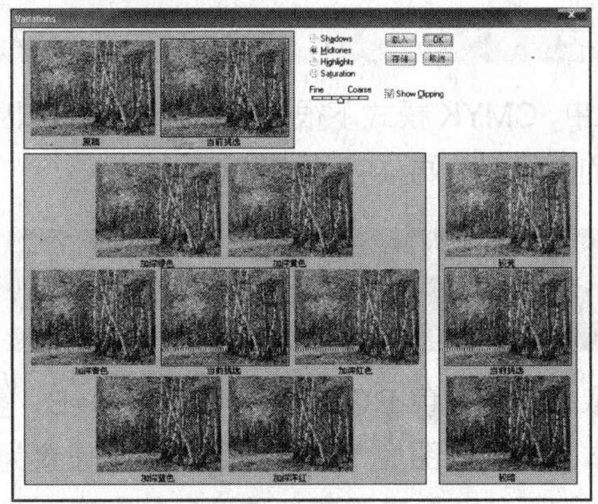

图 6-86　“变化”对话框

“变化”对话框左上角有两个缩览图：分别用于显示调整前、后的图像效果。其中，“原稿”表示原始的图像，“当前挑选”表示调整后的图像效果。

- 阴影：此单选项表示将调节暗调区域。
- 中间色调：此单选项表示将调节中间调区域。
- 高光：此单选项表示将调节高光区域。
- 饱和度：此单选项表示将调整图像饱和度。
- 精细 粗糙：拖动滑块，可以决定一次混合的颜色浓度，滑块越靠近左边，图像中混合的颜色越淡。

如图 6-87 所示为应用变化调整前后图像的对比。

图 6-87　变化前后图像的对比

6.6　疑难解析

通过前面的学习，读者应该已经掌握了在 Photoshop CS4 中使用不同的调色命令对图像的色彩、色调及特殊色彩进行调整的操作方法，下面就读者在学习的过程中遇到的疑难问题进行解析。

1　什么情况下要将图片设置成 RGB 颜色模式？

在 Photoshop CS4 中处理图像时，通常先设置为 RGB 模式，只有在这种模式下，所有的效果能使用。

2　如果制作一幅图片最终要打印出来，那么在新建文件的时候就要设置为 CMYK 模式吗？

由于在 Photoshop CS4 中，CMYK 模式下很多命令都不可用，因此要先将文件设置成 RGB 模式，待处理完成，要打印的图像时，再转换成 CMYK 模式。

3　为什么使用色阶命令调整偏色时，单击图像中的黑色和白色部分就可以清除偏色呢？

根据色彩理论，只要将取样点的颜色 RGB 值调整为 R=G=B，整个图像的偏色就可以得到校正。使用黑色吸管单击原本是黑色的图像，可将该点的颜色设置为黑色，即 R=G=B。并不是所有的点都可作为取样点，因为彩色图像中需要各种颜色的存在，而这些颜色的 RGB 值并不相等。因此，应尽量将无彩色的黑、白、灰作为取样点。在图像中，通常黑色（如头发、瞳孔）、灰色（如水泥柱）、白色（如白云、头饰等）都可以作为取样点。

4 我有一张曝光过度的照片，怎么快速地使照片恢复正常呢？

无论照片是曝光过度或者曝光不足，选择“图像”|“调整”|“阴影”|“高光”命令都可以使照片恢复到正常的曝光状态。“阴影/高光”命令不是单纯地使图像变亮或变暗，而是通过计算，对图像局部进行明暗处理。

5 用“变化”命令对打开的一幅图片准备调整颜色时，为什么“变化”命令不可用呢？

查看图像窗口上边缘，看看你的图像是不是“索引模式”或者“位图”模式，“变化”命令不能用在这两种颜色模式的图像上。选择“图像”|“模式”|“RGB 模式”命令，将图像模式转换成 RGB 模式，就可以使用“变化”命令调整颜色了。

6.7 上机实践

本例将使用色彩平衡、色相饱和度、亮度/对比度以及颜色填充调整图层给黑白照片上色，效果如图 6-88 所示。

图 6-88　黑白照片上色

6.8 巩固与提高

本章介绍了在 Photoshop CS4 中色调和色彩的调整，包括图像的色彩模式、快速调整和色调的精细调整，以及一些特殊颜色效果的调整，掌握图像色彩和色调的调整是本章学习重点。

1. 单选题

（1）(　　）命令可以用来在某种颜色范围内选择，对其进行针对性的修改，在不影响其他原色的情况下修改图像中某种原色的数量。

A．替换颜色　　B．黑白

C．可选颜色　　D．曲线

（2）使用（　　）命令可以将一张彩色或灰度的图像调整成高对比度的黑白图像。

A．曝光度　　B．阈值

C．渐变映射　　D．去色

2. 多选题

（1）按（ ）组合键弹出（ ）对话框，可以调整图像中特定颜色分量的色相、饱和度和亮度。

A．Ctrl+U　　B．“色相/饱和度”

C．Ctrl＋F　　D．调整

（2）Photoshop CS4 提供了丰富的色彩调整命令，包括（ ）等命令。

A．转换黑白　　B．色相/饱和度

C．替换颜色　　D．可选颜色

3. 判断题

（1）“去色”命令可以去掉图像中的色彩，使其成为灰度图像，但色彩模式不变。（ ）

（2）Photoshop CS4 的色彩模式实际上是它将某种颜色表现为数字形式的模型，或者说是一种记录图像颜色的方式。（ ）

Study

第7章

路径应用

路径是 Photoshop CS4 中的重要工具。路径可以绘制各种图像、可以描边及填充。本节将详细介绍路径的绘图功能及应用技巧。

学习指南

- 认识路径
- 路径的创建与编辑
- 路径的基本应用
- 路径的高级应用

精彩实例效果展示

7.1 认识路径

路径是 Photoshop CS4 提供的一种最精确、最灵活地绘制选区边界或描边的方法，用户可以用任何一种路径创建工具绘制任何线条和形状，对于创建的路径，用户可以将它转换为选区，或者用颜色填充或描边路径。使用路径可以进行复杂图像的选取,可以将选取区域进行存储以备再次使用，路径是由多个节点的矢量线条构成的图像，路径是不可打印的矢量图。

7.1.1 路径的基本概念

所谓路径，就是用一系列点连接起来的线段或曲线，可以沿着这些线段或曲线进行描边或填充。路径由定位点和连接定位点的线段（曲线）构成，每一个定位点还包含了两个句柄，用以精确调整定位点及前后线段的曲度，从而匹配想要选择的边界,如图 7-1 所示。

Photoshop CS4 的路径用于创建复杂的对象，用于勾画图像区域（对象）的轮廓。路径主要由钢笔工具创建，并使用钢笔工具组中的其他工具来进行修改。

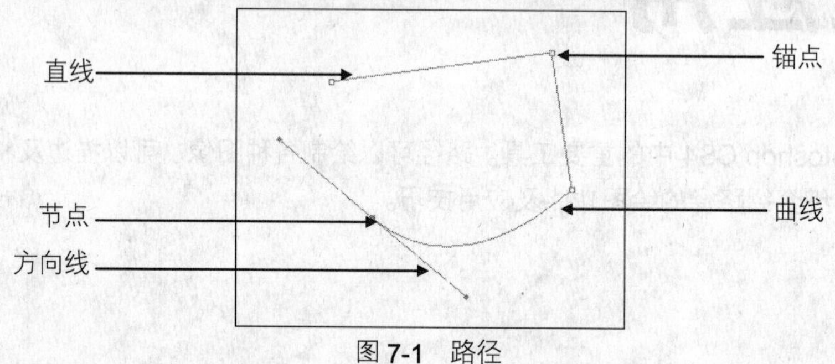

图 7-1　路径

7.1.2 路径控制面板

选择“窗口”|“路径”命令，打开路径控制面板，如图 7-2 所示，其中各项含义如下。

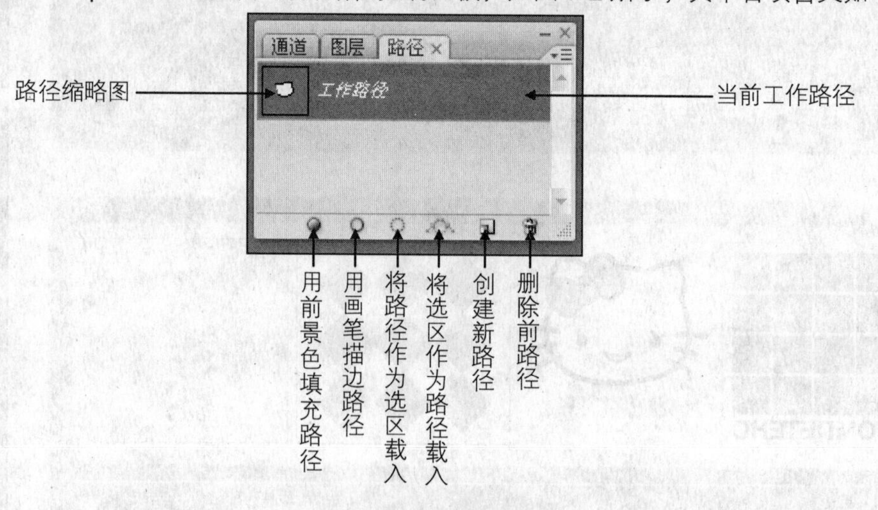

图 7-2　路径控制面板

- 当前工作路径：当用户使用路径创建工具在图像窗口中绘制一个形状路径后，路径面板中将自动生成一个子路径，在完成所有子路径的绘制后便可组成一个工作路径。同时在路径面板中以浅灰色条显示的路径为当前活动路径，所有的编辑操作都是针对当前路径的。
- 路径缩览图：显示该路径的预览缩略图，可以观察到路径的形状。
- “用前景色填充路径”按钮：单击此按钮，可以用当前前景色填充路径。
- “用画笔描边路径”按钮：单击此按钮，将使用当前前景色和设置好的画笔工具进行路径描边。也可按住 Alt 键不放，在打开的对话框中选择其他描边工具。
- “将路径作为选区载入”按钮：单击此按钮，当前路径可以转换成选区载入。
- “将选区作为路径载入”按钮：单击此按钮，当前图像选区可以转换成路径形状。
- “创建新路径”按钮：单击此按钮，将建立一个新路径。
- “删除路径”按钮：将不需要的路径拖至此按钮上，释放鼠标即可删除此路径。

7.2 路径的创建与编辑

在 Photoshop CS4 中提供了 3 个工具组用于创建和编辑路径，如图 7-3 所示。

Photoshop CS4 中的路径操作工具大致包括以下 3 类。

- 路径创建工具：包括钢笔工具、自由钢笔工具和自定形状工具。
- 路径编辑工具：包括添加锚点工具、删除锚点工具和转换点工具。
- 路径选择工具：包括路径选择工具和直接选择工具。

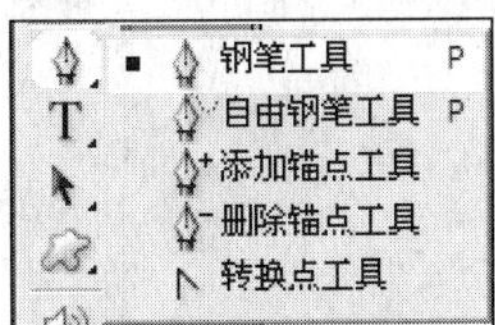

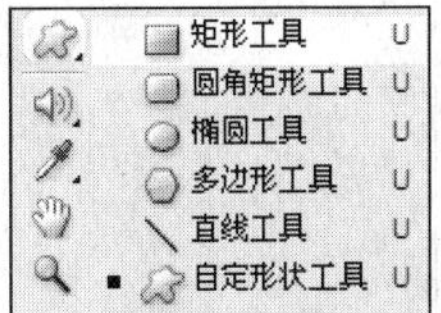

图 7-3　路径工具组

7.2.1 钢笔工具

使用钢笔工具可以直接产生直线路径和曲线路径。选择工具箱中的“钢笔工具”后，其属性工具栏如图 7-4 所示。

图 7-4　钢笔工具属性工具栏

- ：这 3 个按钮分别用于创建形状图层、创建工作路径和填充区域。在绘制路径时一般都单击选中路径按钮。
- ：用于在钢笔工具和自由钢笔工具及各个形状工具间进行切换。
- 自动添加/删除复选框：当勾选该复选框，在创建路径的过程中光标有时会自动变成自动添加和删除锚点，方便用户精确控制创建的路径。
- ：这 4 个按钮分别用于添加到路径区域、从路径区域减去、交叉路径区域和重叠路径区域操作。

1. 绘制直线路径

使用钢笔工具绘制直线路径操作方法如下。

1 选择工具箱中的“钢笔工具”，在属性工具栏单击路径按钮。

2 在图像窗口中需要绘制直线的位置处单击鼠标，创建直线路径第 1 个锚点，如图 7-5 所示。

3 移动鼠标至另一位置处单击鼠标，即可在该点与起点间绘制一条直线路径，如图 7-6 所示。

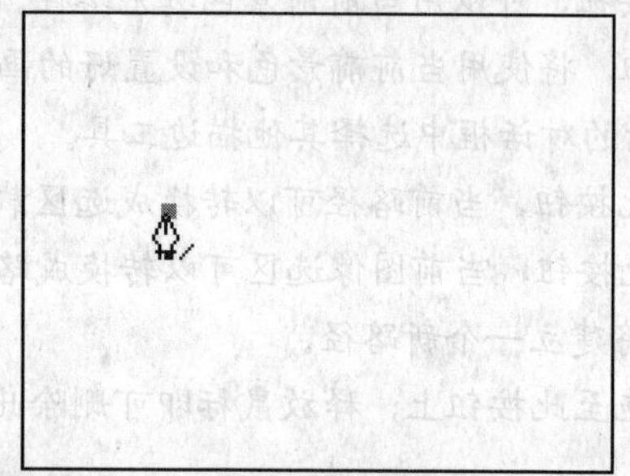

图 7-5　创建锚点

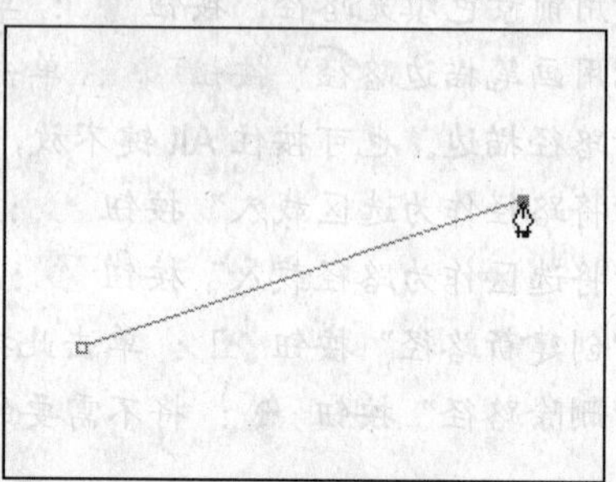

图 7-6　绘制直线路径

4 继续单击鼠标可以绘制其他相连接的直线段。

小提示

在绘制路径时，按住 Shift 键单击鼠标，绘制线段的角度将为 45°，如图 7-7 所示。

5 最后将光标移到路径的起点处，此时光标将变成形状，单击鼠标即可创建一条封闭的路径，如图 7-8 所示。

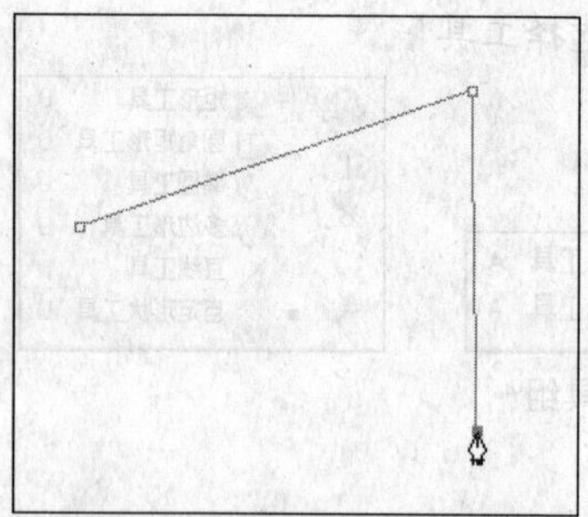

图 7-7　绘制 45° 线段

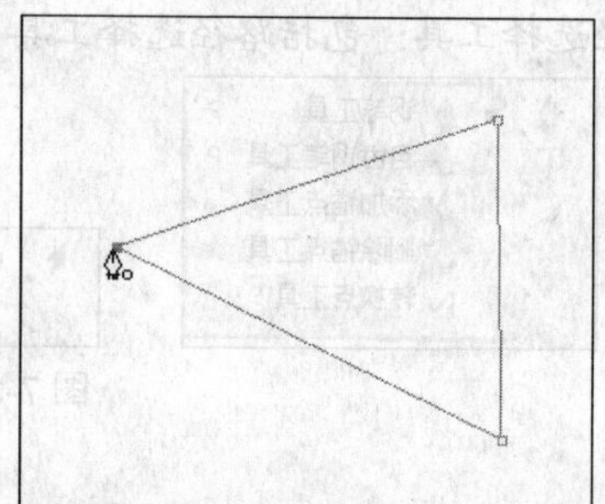

图 7-8　封闭路径

小提示

选择工具箱中的钢笔工具，按住 Ctrl 键单击路径以外的任何区域，路径上所有的锚点都将消失，此时可以绘制新的路径。

2 绘制曲线路径

使用钢笔工具绘制曲线路径操作方法如下。

1 选择工具箱中的“钢笔工具”，在属性工具栏单击路径按钮。

2 在窗口中确定的起始位置单击鼠标，创建第 1 个锚点，此时鼠标指针变为一个箭头，如图 7-9 所示。

3 沿绘制曲线的方向拖动，单击并释放鼠标，可导出两个方向点，如图 7-10 所示。方向线的长度和倾斜度将决定曲线的形状，需要调整曲线时，调整线的一侧或两侧的曲线即可。

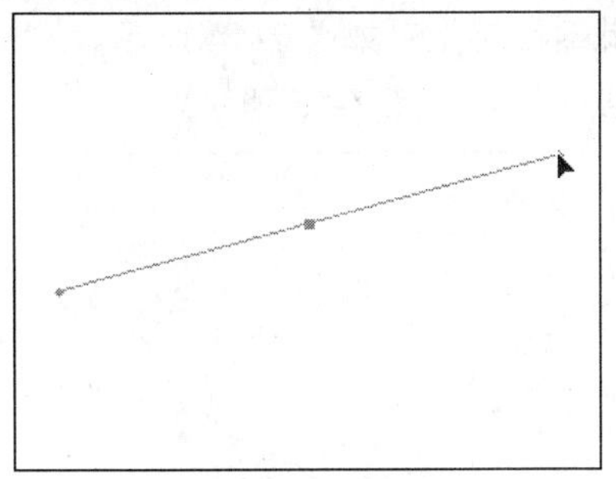
图 7-9　创建锚点

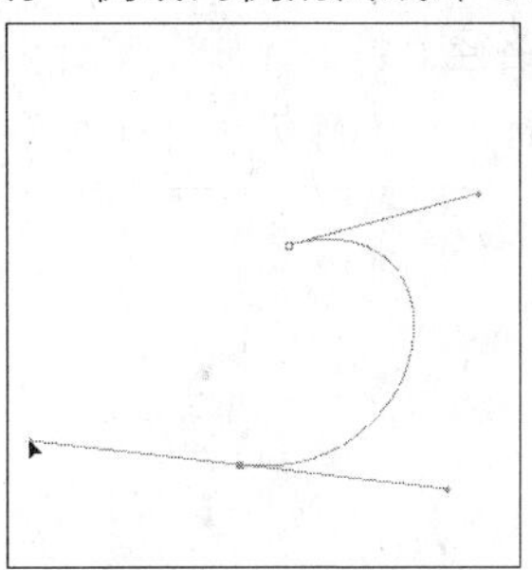
图 7-10　导出两个方向点

4 用同样的方法创建路径的终点即第 2 个锚点，释放鼠标，在起点与终点间即可创建一条曲线路径，如图 7-11 所示。

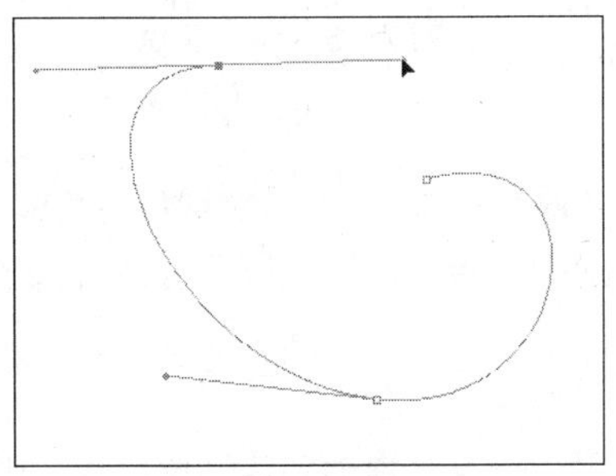
图 7-11　曲线路径

小提示 Ps

绘制平滑曲线路径时，使用较少的锚点，可以提高工作效率。

7.2.2　自由钢笔工具

使用自由钢笔工具可以像使用画笔工具一样，绘制出随意形状的路径。选择工具箱中的“自由钢笔工具”，在其属性工具栏中勾选☑磁性的复选框，描绘路径时程序将自动添加锚点。使用自由钢笔工具描绘路径时，只需在图像窗口适当位置处拖动就可创建所需要的曲线路径。

7.2.3　添加和删除锚点

在路径绘制中，可以使用添加锚点和删除锚点工具在路径上随意添加和删除锚点。

1. 添加锚点

使用添加锚点工具在路径上添加锚点，操作步骤如下。

1 选择工具箱中的“添加锚点工具”。

2 将鼠标指针放在需要添加锚点的路径上，此时指针显示为，如图 7-12 所示。

3 单击鼠标即可添加锚点，如图 7-13 所示。

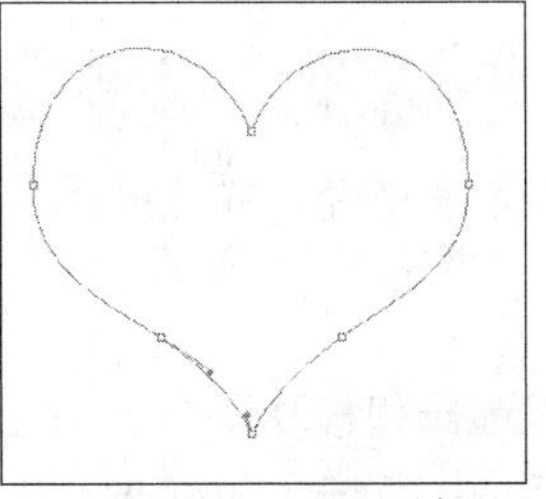
图 7-12　确定添加锚点处

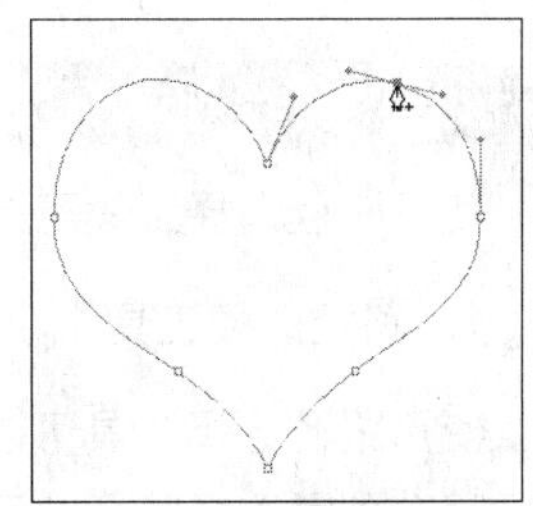
图 7-13　添加锚点

2. 删除锚点

路径中不需要的锚点可以使用删除锚点工具删除，操作步骤如下。

1 选择工具箱中的“删除锚点工具” 。

2 然后在路径上将鼠标放在需要删除的锚点上，此时鼠标指针如图 7-14 所示。

3 单击鼠标即可删除锚点，此时路径的形状也会被改变，如图 7-15 所示。

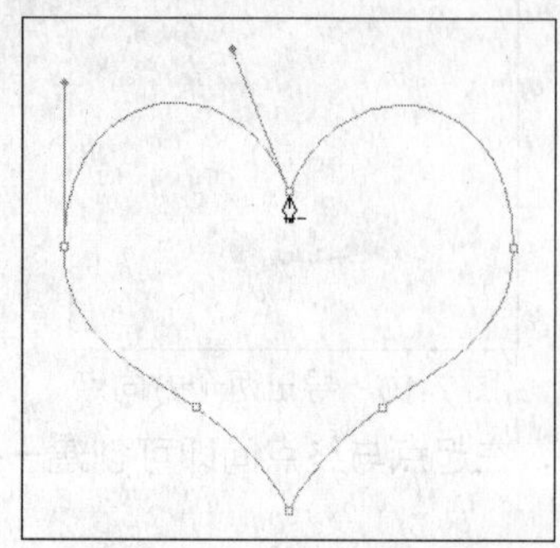

图 7-14　选择要删除的锚点

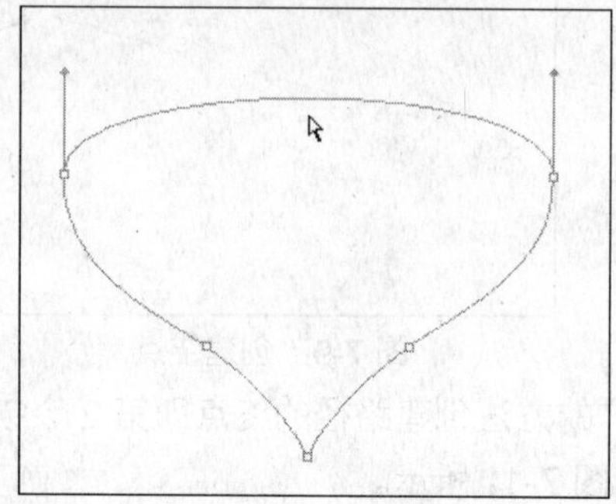

图 7-15　删除锚点

7.2.4　转换点工具

转换点工具 可以使路径在平滑曲线和直线之间相互转换，还可以调整曲线的形状，操作步骤如下。

1 选择工具箱中的“转换点工具” 。

2 使用“转换点工具”单击锚点，可以将其转换成平滑锚点，拖动即可调整曲线的弧度，如图 7-16 所示，用户也可分别拖动控制线两边的调节杆调整其长度和角度，从而达到修改路径形状的目的。如果用转换点工具单击平滑锚点，可以将其转换成角锚点后进行编辑。

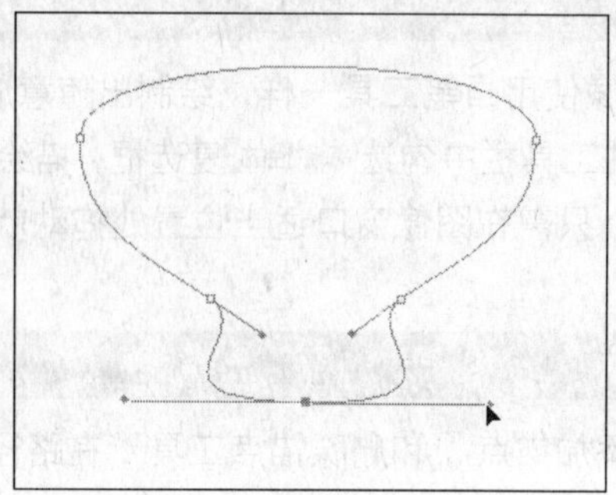

图 7-16　调整曲线的弧度

7.2.5　路径选择工具

使用路径选择工具可以选择路径，并可进行移动和复制等编辑操作。

1. 路径选择工具

使用路径选择工具可以选择和移动整个子路径。选择工具箱中的“路径选择工具” ，将光标移动到需选择路径上后单击鼠标，即可选中整个子路径，如图 7-17 所示（选中的路径上的锚点呈实心显示）。进行拖动即可移动路径，如图 7-18 所示。移动路径时若按住 Alt 键不放再拖动鼠标，则可以复制路径，如图 7-19 所示。

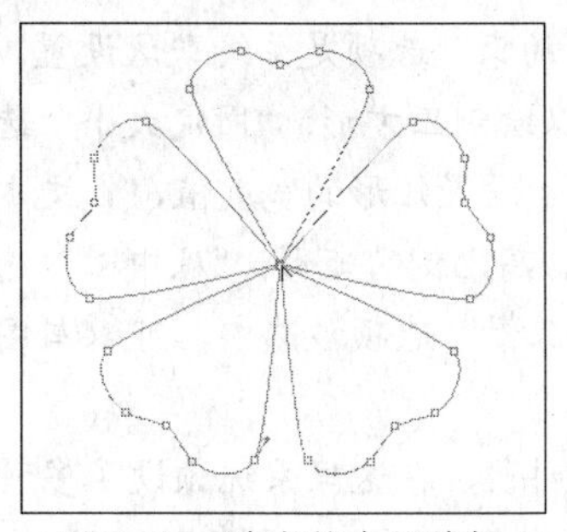

图 7-17　选中整个子路径

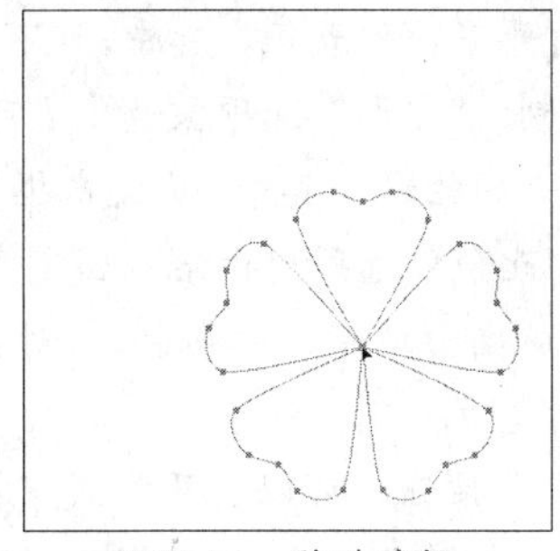

图 7-18　移动路径

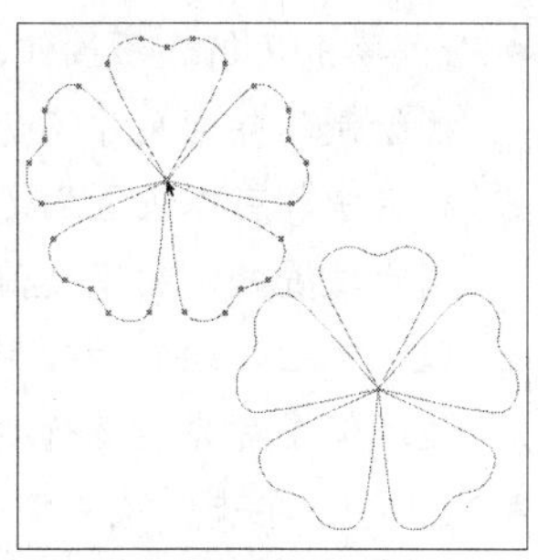

图 7-19　复制路径

2．直接选择工具

使用直接选择工具可以选取或移动某个路径中的部分路径，将路径变形。选择工具箱中的“直接选择工具”，如果需要选取路径连续的某部分锚点，可以用框选的方式进行选取，如果需要选取不连续的多个锚点，可以按住 Shift 键不放进行选取，被选中的部分锚点为黑色实心点，未被选中的路径锚点为空心点，如图 7-20 所示。选取锚点后，拖动鼠标即可移动并变换路径，效果如图 7-21 所示。

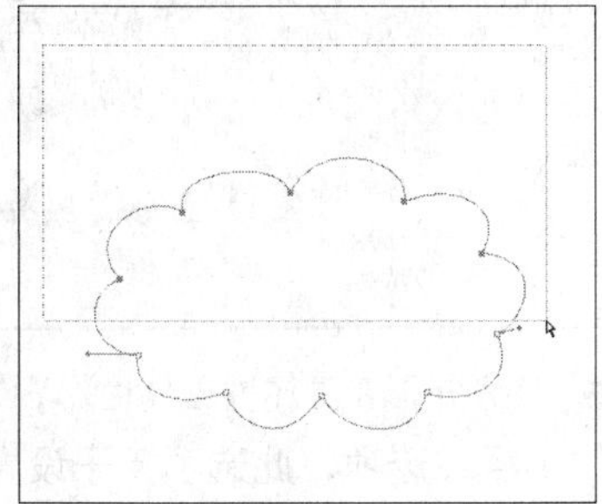

图 7-20　选择多个锚点

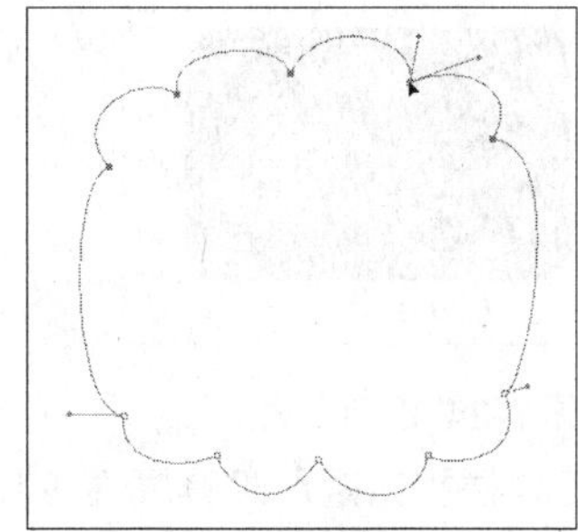

图 7-21　变换路径

7.2.6　自定形状工具

自定形状工具可以用来绘制一些特殊的形状路径，工具组包括矩形、圆角矩形、椭圆形、多边形、直线和自定形状工具。下面分别介绍这些工具的使用方法。

1．矩形工具

矩形工具用于绘制矩形或正方形，选择工具箱中的“矩形工具”，在工具箱中设置背景色，选择“矩形工具”，在其属性工具栏中设置形状样式后，在图像中拖动鼠标创建一个矩形，如图 7-22 所示。其属性工具栏如图 7-23 所示，各选项含义如下。

图 7-22　绘制矩形

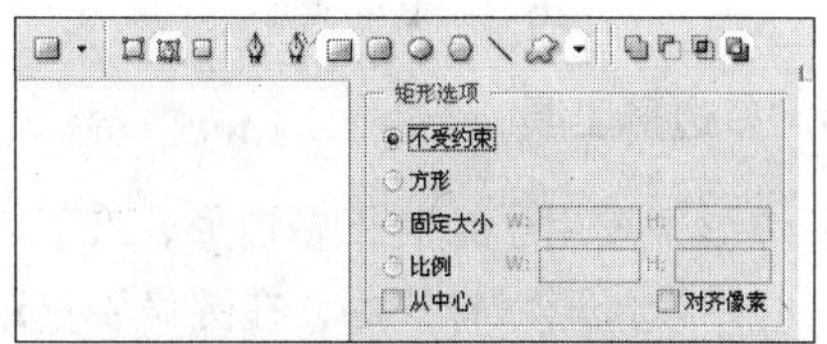

图 7-23　矩形工具属性工具栏

● ：这三个图标按钮分别用于创建形状图层、工作路径和填充像素。

- ：单击几何选项按钮，打开下拉列表框，其中，“不受约束”选项是系统默认设置，用于绘制的矩形尺寸不受限制；“方形”选项被选中，可以绘制正方形；“固定大小”选项被选中，可以设置固定大小的矩形，其中 W 文本框用于设置矩形的宽度值，Y 文本框用于设置矩形的高度值；“比例”选项用于绘制固定宽、高比例的矩形；“从中心”选项被选中后，绘制的矩形将从图形中心开始绘制；“对齐像素”选项被选中，可以与图像边缘像素对齐后进行绘制。
- 样式：单击样式右侧的三角按钮，可以打开样式下拉列表，在这里系统预设了多种样式可供选择。选择其中的一个样式之后，当制作完矩形时，该样式就应用到矩形中。
- ：单击其中任何一个按钮，确定绘制形状的叠加形式。

2. 圆角矩形工具

圆角矩形工具用于绘制具有平滑边缘的矩形，选择工具箱中的“圆角矩形工具”，在其属性工具栏中设置形状样式后，在图像中拖动鼠标创建一个圆角矩形，如图 7-24 所示。其属性工具栏如图 7-25 所示。

图 7-24 绘制圆角矩形

图 7-25 圆角矩形工具属性工具栏

此属性工具栏相比矩形工具属性工具栏，增加了“半径”选项，此选项用于设置所绘制矩形的 4 个角的圆弧半径，输入的数值越大，4 个角的圆弧越圆滑。

3. 椭圆形工具

椭圆形工具用于绘制椭圆或圆形，在工具箱中设置背景色，选择“椭圆形工具”，在其属性工具栏中设置形状样式后，在图像中拖动创建一个椭圆形，如图 7-26 所示。其属性工具栏如图 7-27 所示。

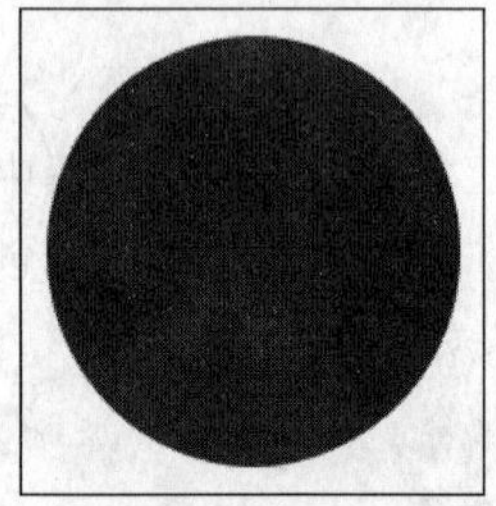

图 7-26 绘制椭圆形

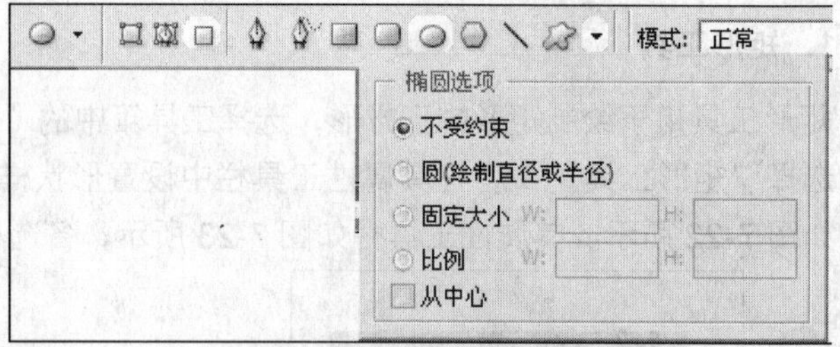

图 7-27 椭圆形工具属性工具栏

4. 多边形工具

多边形工具用于绘制正多边形，在工具箱中设置背景色，选择“多边形工具”，在其属性工具栏中设置形状样式后，在图像中拖动创建一个多边形，如图 7-28 所示。其属性工具栏如图 7-29 所示，各选项含义如下。

图 7-28　绘制多边形

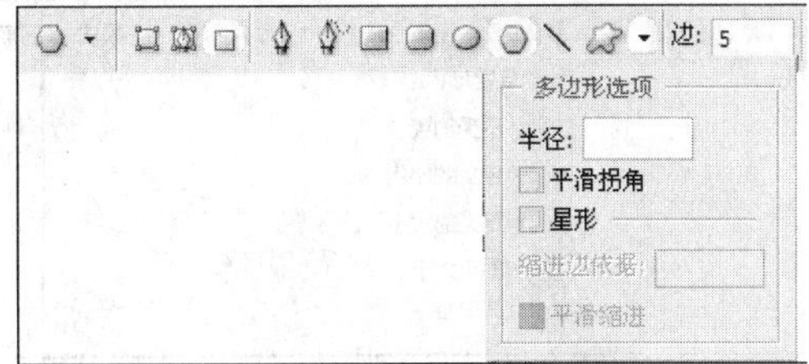

图 7-29　多边形工具属性工具栏

- 边：用于设置多边形的边数，可以在文本框中直接输入边的数值。
- 半径：限定绘制的多边形外接圆的半径。可以直接在文本框中输入数值。
- 平滑拐角：选中此选项，多边形的边缘将更圆滑。
- 星形：勾选该选项，可以绘制出向内收缩的多角星的形状。
- 缩进边依据：在该文本框中输入百分比，可以得到各内缩进的多边形，百分比值越大，边越缩进。
- 平滑缩进：选中此选项，在缩进的边的同时将边缘圆滑。

5. 直线工具

直线工具用于绘制直线或带有箭头的线段。在工具箱中设置背景色，选择“多边形工具”，在其属性工具栏中设置形状样式后，在图像中拖动鼠标创建直线，如图 7-30 所示。其属性工具栏如图 7-31 所示，各选项含义如下。

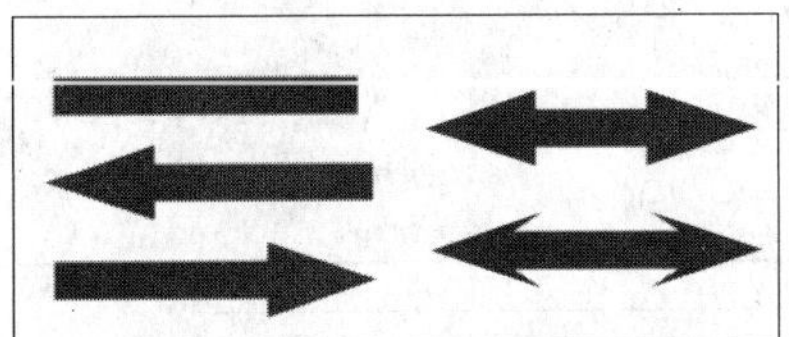

图 7-30　绘制直线

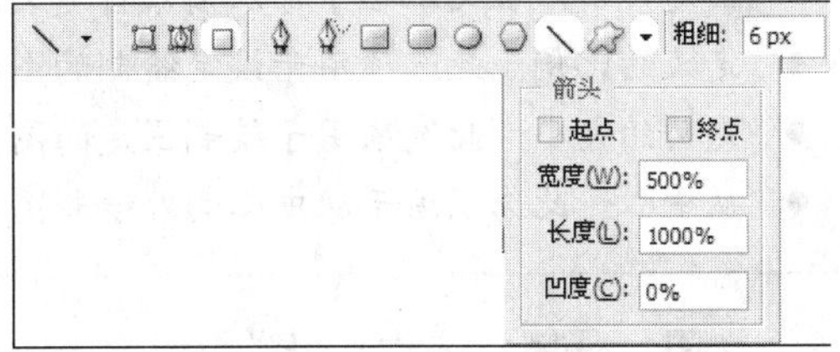

图 7-31　直线工具属性工具栏

- 粗细：在文本框中可以输入制作直线的粗细值。
- 起点：勾选此复选框，绘制的直线起点部份为箭头。
- 终点：勾选此复选框，绘制的直线终点部份为箭头。
- 宽度：在此文本框中可以输入箭头和直线的宽度的百分比。
- 长度：在此文本框中可以输入箭头和直线的长度的百分比。
- 凹度：在此文本框中可以输入箭头凹的程度。

6. 自定形状工具

自定形状工具用于绘制自定义的图形，在工具箱中设置背景色，选择“多边形工具”，在其属性工具栏中设置形状样式后，在图像中拖动鼠标创建自定形状，如图 7-32 所示。选择工具箱中的“自定形状工具”，其属性工具栏如图 7-33 所示，部分选项含义如下。

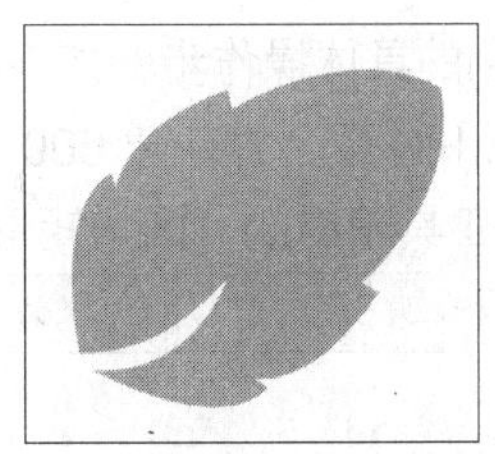

图 7-32　绘制自定形状

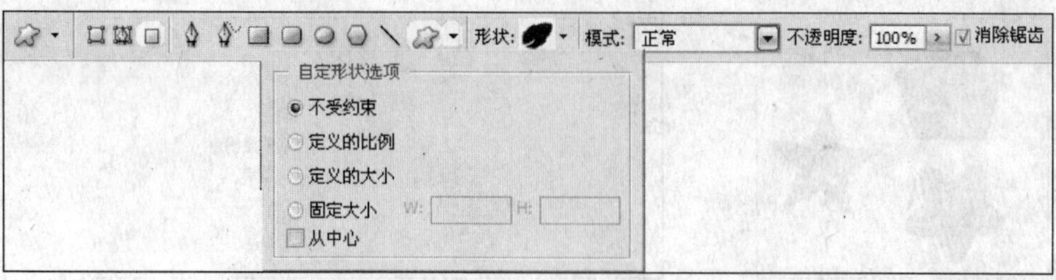

图 7-33　自定形状工具属性工具栏

- 形状: 单击形状右侧的三角按钮，打开下拉列表框，如图 7-34 所示，里面提供了的图形可以根据需要进行选择，也可以自定义需要的形状到列表框中。

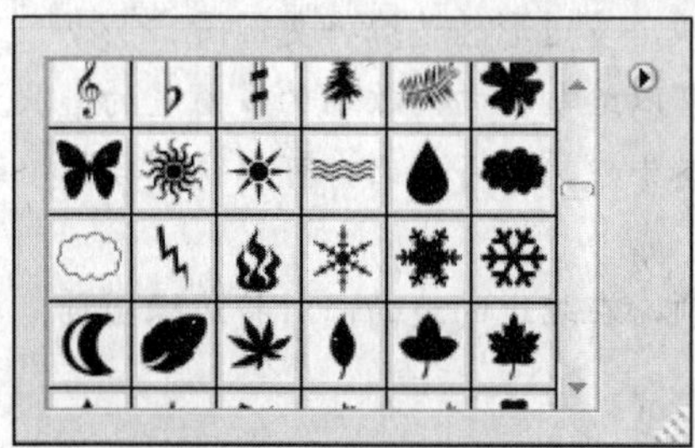

图 7-34　形状下拉列表

- 不受约束：此选项用于自定义图形的大小不受限制。
- 固定大小：在文本框中可以输入自定义图形的尺寸大小。
- 定义的比例：此选项用于设定绘制的图形比例大小。
- 定义的大小：此选项用于绘制固定的图形大小。
- 从中心：此选项用于从中心向外绘制图形。

金融机构标志

本例将使用圆角矩形工具和矩形工具绘制金融机构标志，如图 7-35 所示。

图 7-35　最终效果

本例的具体操作步骤如下。

1 按 Ctrl+N 组合键新建 600 像素×600 像素空白文件。

2 选择工具箱中的“圆角矩形工具”，设置其属性栏参数如图 7-36 所示。

半径: 30 px　模式: 正常　不透明度: 100%　消除锯齿

图 7-36　设置属性栏参数

3 设置前景色为“红色”，新建“图层 1”，拖动鼠标绘制如图 7-37 所示红色圆角矩形。

4 选择“矩形工具”，设置前景色为“白色”，拖动鼠标绘制如图 7-38 所示白色矩形。

图 7-37　红色矩形

图 7-38　白色矩形

5 用同样的方法垂直绘制白色矩形，效果如图 7-39 所示。

6 水平拖动鼠标，绘制白色矩形，如图 7-40 所示。

7 用同样的方法水平绘制两条白色矩形，效果如图 7-41 所示。

8 新建“图层 2”，选择工具箱中的“多边形套索工具”，在如图 7-42 所示位置创建多边形选区。

图 7-39　绘制垂直白色矩形

图 7-40　水平绘制白色矩形

图 7-41　绘制白色矩形效果

9 用黑色填充选区，如图 7-43 所示。

10 选择“魔棒工具”，单击“图层 1”横向第一排第二个方格和第三个方格，再单击白色矩形条，获取如图 7-44 所示选区。

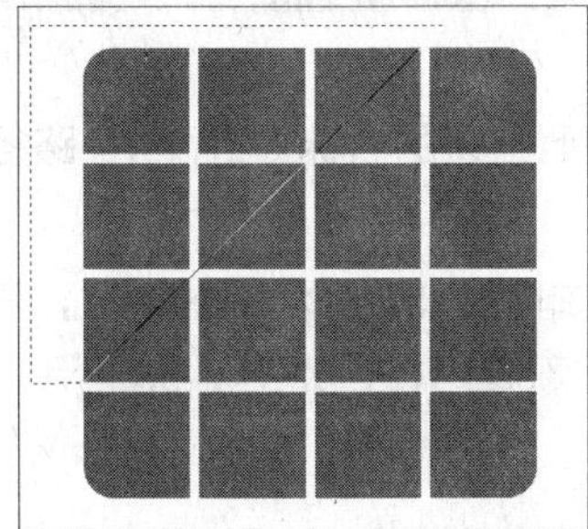
图 7-42　创建多边形选区

图 7-43　黑色填充选区

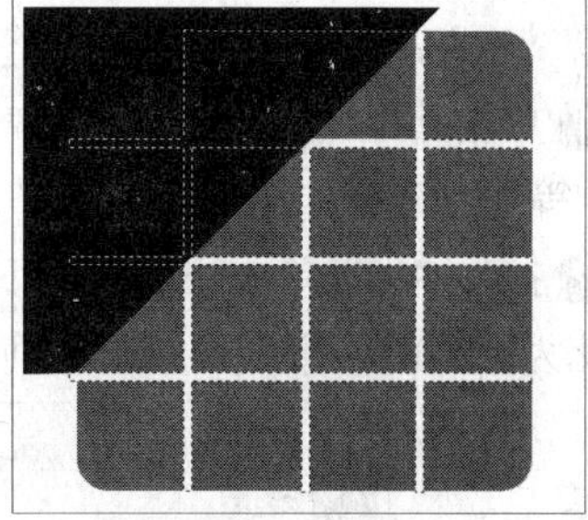
图 7-44　获取选区

11 单击“图层 1”，按 Delete 键删除选区内图像，如图 7-45 所示。

12 将“图层 1”选区载入“图层 2”，如图 7-46 所示，按 Shfit+Ctrl+I 组合键将选区反选，按 Delete 键删除选区内图像，取消选区，效果如图 7-47 所示。

13 新建“图层 3”，使用“多边形套索工具”创建如图 7-48 所示多边形选区。

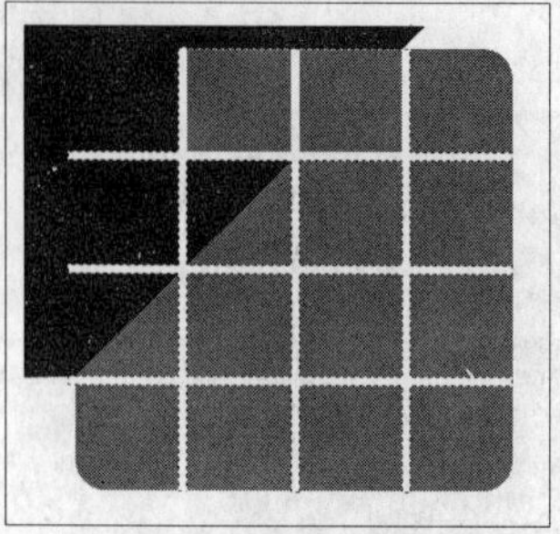

图 7-45　删除选区内图像

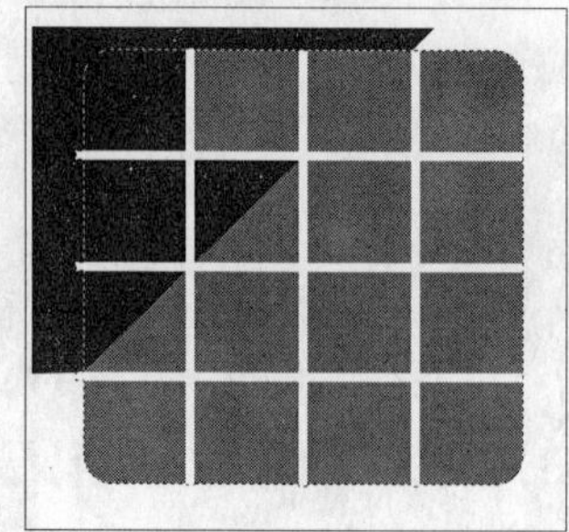

图 7-46　载入选区

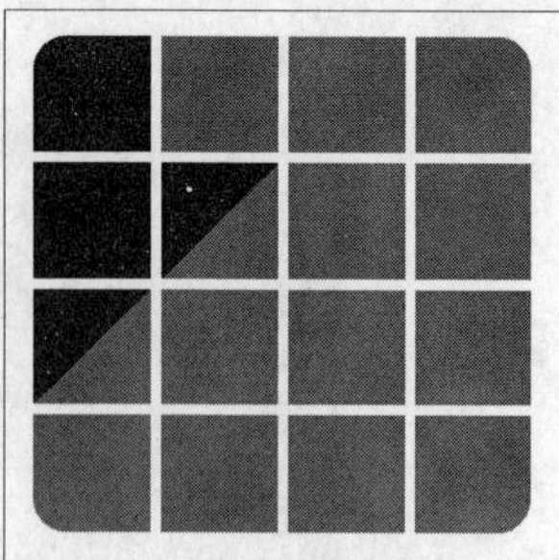

图 7-47　删除多余图像效果

14 用上述方法删除多余图像，得到如图 7-49 所示效果。

15 最后输入文字，金融机构标志制作完成，如图 7-50 所示。

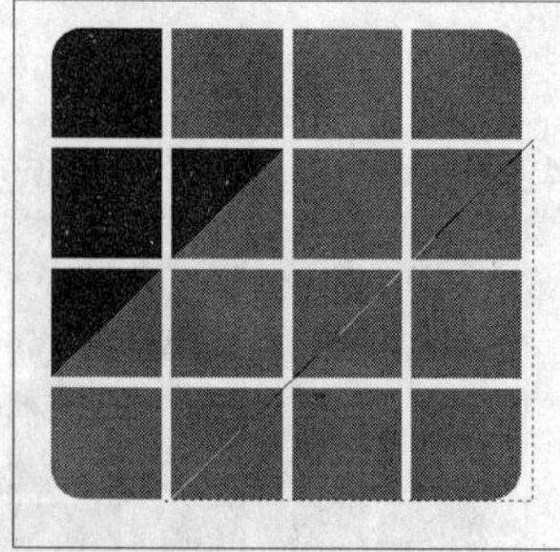

图 7-48　创建多边形选区

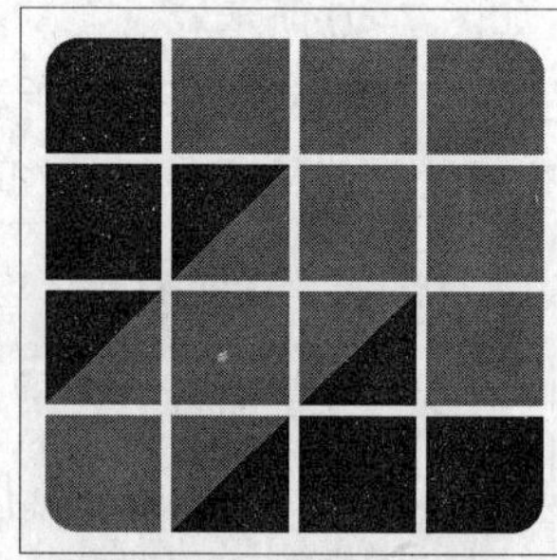

图 7-49　图形效果

图 7-50　最终效果

7.3 路径的基本应用

在路径面板中可以对路径进行新建、删除、隐藏或显示等操作。

7.3.1 新建路径

在路径面板上创建新的路径，操作步骤如下。

1 单击路径面板下方的“创建新路径”按钮，路径面板上将按照默认的名称（路径 1、路径 2 等）创建新的路径，如图 7-51 所示。

2 按住 Alt 键单击路径面板下方的“创建新路径”按钮，弹出如图 7-52 所示的对话框，在此为新建路径命名，单击“确定”按钮，路径面板将按指定的名称新建路径，如图 7-53 所示。

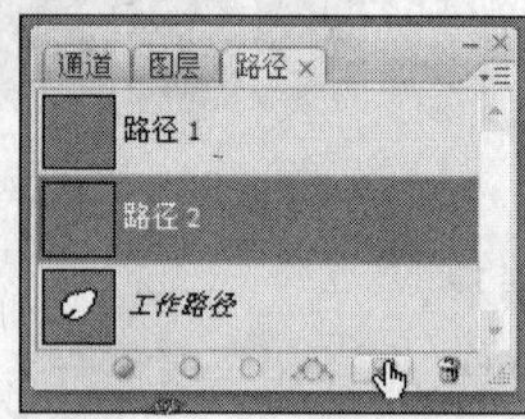

图 7-51　创建新路径

图 7-52　“新建路径”对话框

3 单击路径面板右上方的三角按钮，弹出如图 7-54 所示的下拉菜单，选择“新建路径”命令，在弹出的对话框中为新建路径命名，单击“确定”按钮，即可创建新路径。

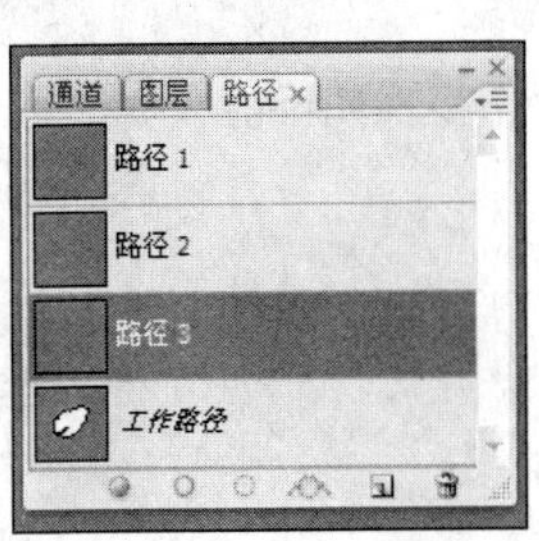

图 7-53 新建路径

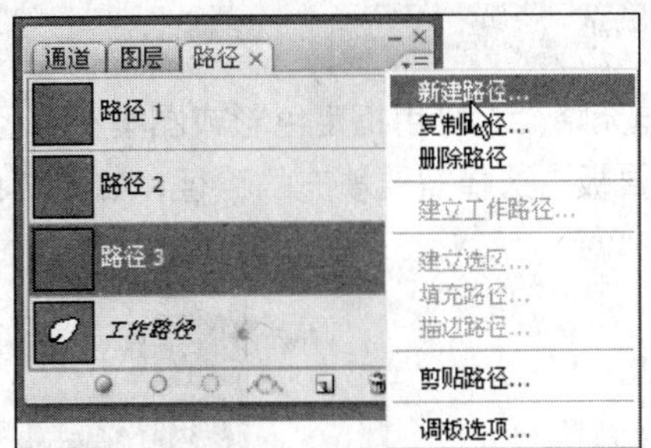

图 7-54 使用“新建路径”命令

7.3.2 删除路径

如果需要在路径控制面板中删除路径，有以下方法可供选择使用。

- 在路径控制面板中选择需要删除的路径，将其拖入下方的“删除当前路径”按钮上释放鼠标，即可删除该路径。
- 选择需要删除的路径，单击路径控制面板右上方的三角按钮，在弹出的下拉菜单中选择“删除路径”命令即可。
- 选择需要删除的路径，按住 Alt 键单击路径面板下方的“删除当前路径”按钮即可删除该路径。
- 选择需要删除的路径，单击路径控制面板下方的“删除当前路径”按钮，弹出提示对话框，确认后即可删除该路径，如图 7-55 所示。

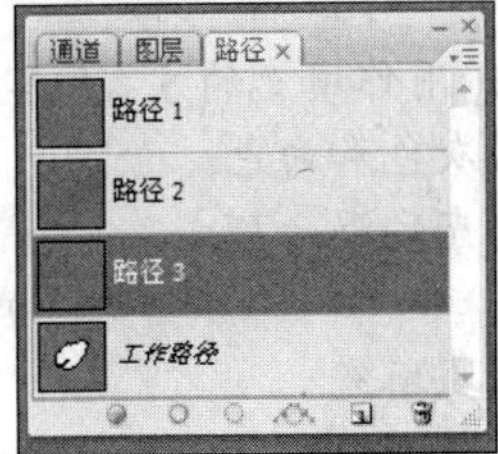

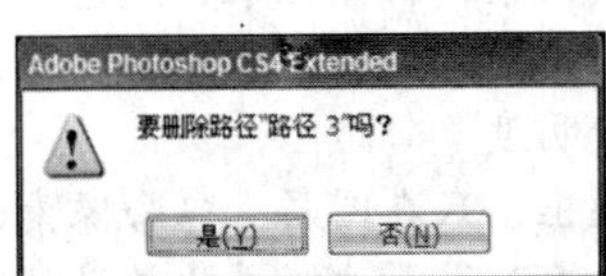

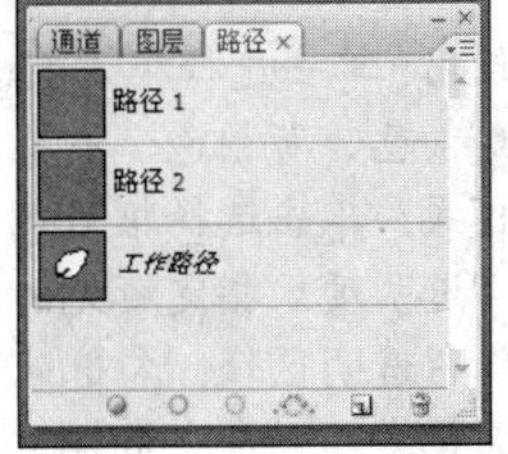

图 7-55 删除路径示意图

7.3.3 隐藏和显示路径

前面讲过，当用户不想让图像窗口的图像太多而影响视线时，就可以将不需要的图层和通道隐藏，路径也是一样的，在路径控制面板中选中路径，按 Ctrl+H 组合键可以将路径隐藏，再按 Ctrl+H 组合键则可以显示路径。

7.4 路径的高级应用

在实际应用中，路径主要有 3 种用途：填充路径、描边路径和路径与选区的转换，下面将分别介绍它们的应用方法。

7.4.1 填充路径

通过填充路径，可用指定色彩或图案将路径区域填充，操作步骤如下。

1 在路径面板中选择需要填充的路径，如图 7-56 所示。

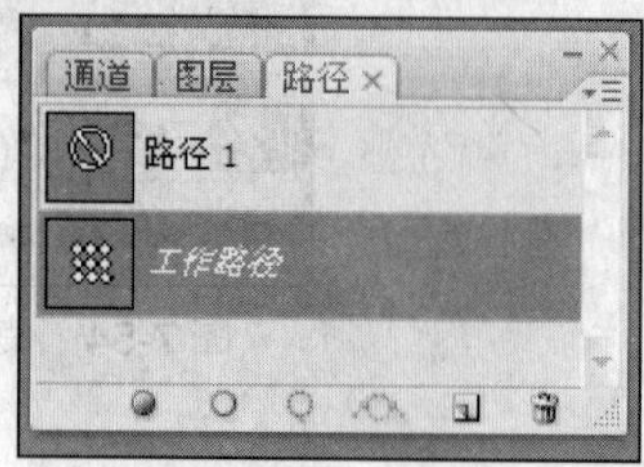

图 7-56 选择路径

2 单击路径面板右上方的三角按钮，弹出如图 7-57 所示的下拉菜单，选择“填充路径”命令，弹出如图 7-58 所示的“填充路径”对话框，其中各参数含义如下。

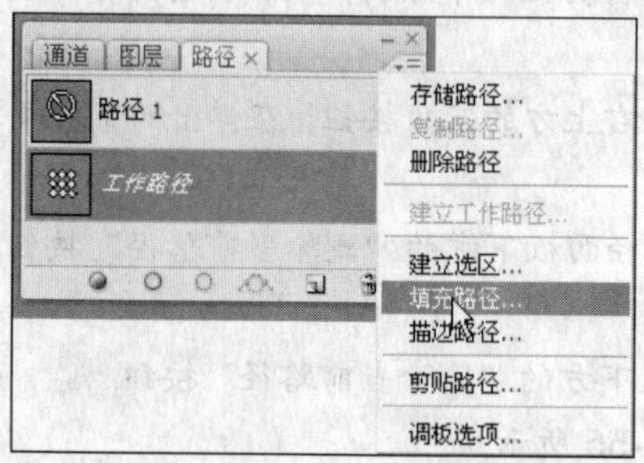

图 7-57 选择“填充路径”命令

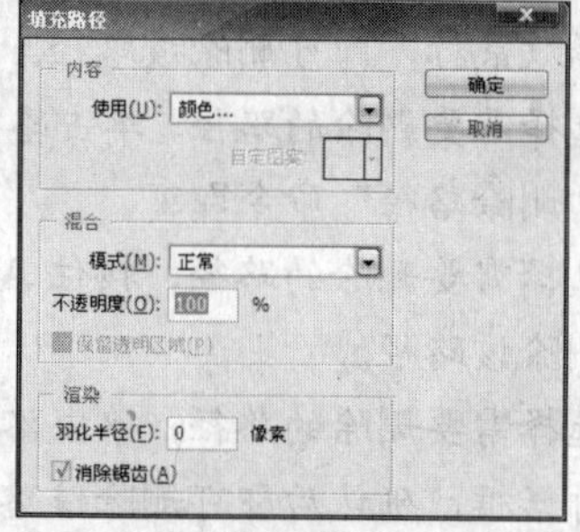

图 7-58 “填充路径”对话框

- 使用：单击选择框右侧的三角按钮，在下拉列表中可以选择用作填充的方式，其中包括：前景色、背景色、颜色...、图案、历史记录、黑色、50%灰色和白色。
- 模式：单击选择框右侧的三角按钮，在下拉列表中选择填充的混合模式。
- 不透明度：指定填充的不透明度。
- 保留透明区域：勾选此复选框，只在图层上包含像素的区域填充。
- 羽化半径：在文本框中可以输入设置边缘柔化效果的数值。
- 消除锯齿：勾选此复选框，可以为部分填充区域添加边缘像素，使选区中的像素与周围像素之间平滑过渡。

3 设置好对话框中参数后，单击“确定”按钮，路径将按指定的方式被填充。

4 在路径控制面板中选择要填入颜色的路径，单击路径控制面板底部的“填充颜色”按钮，可应用前景色对路径的内部进行填充，如图 7-59 所示。

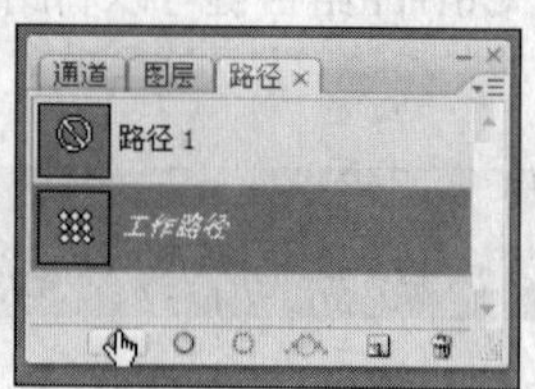

图 7-59 填充路径示意图

7.4.2 描边路径

在 Photoshop CS4 中，可以通过描边路径，使用指定的工具和颜色沿着路径进行绘制。操作步骤如下。

1 在路径面板上选择需要描边的路径。

2 在工具箱中选择用于描边的工具，并设置好各参数和描边的颜色。

3 单击路径控制面板底部“描边路径”按钮 后，就可使用设置好的颜色为路径描边，如图 7-60 所示。

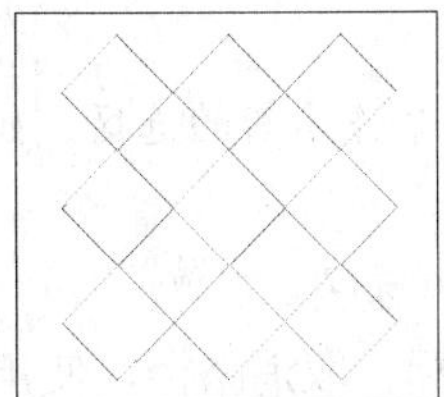

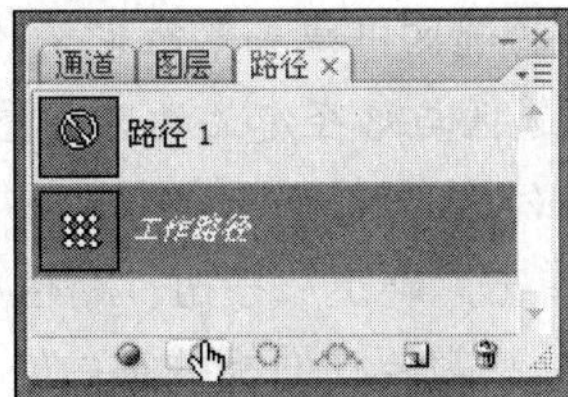

图 7-60　描边路径示意图

7.4.3　将路径作为选区载入

在 Photoshop CS4 中，用户可以直接将路径转换为选区，也可以将选区转换为路径。选区转换为路径后，还可以保存在多种格式的图像文件中，这样可以在重新载入图像文件后，快速地选中图像中特定的图像。

1．将路径转换为选区

任何闭合的路径都可以转换为选区，操作步骤如下。

1 在路径面板中选择需要转换为选区的路径，如图 7-61 所示。

2 单击路径面板下方的 “路径转为选区”按钮 ，如图 7-62 所示，路径转换为选区，如图 7-63 所示。

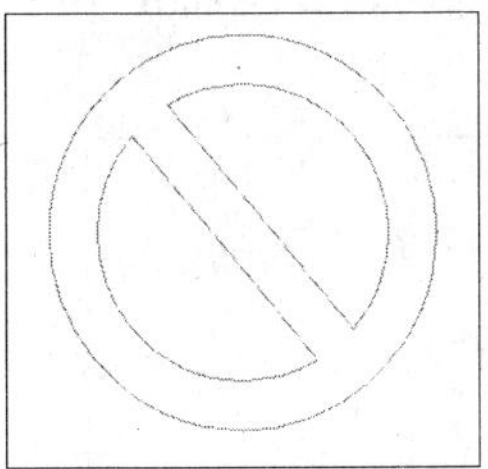

图 7-61　选择路径

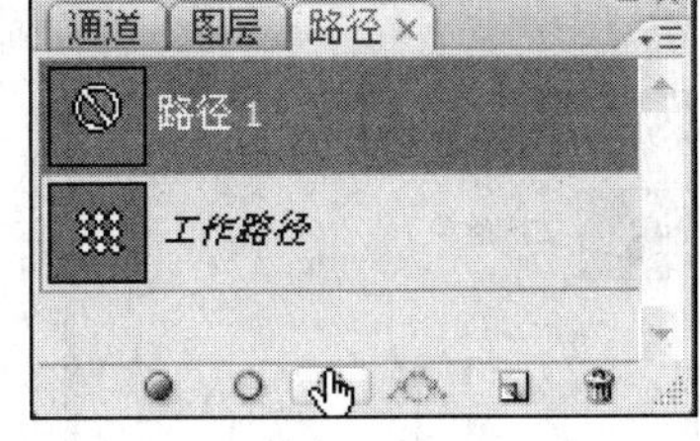

图 7-62　单击“路径转为选区”按钮

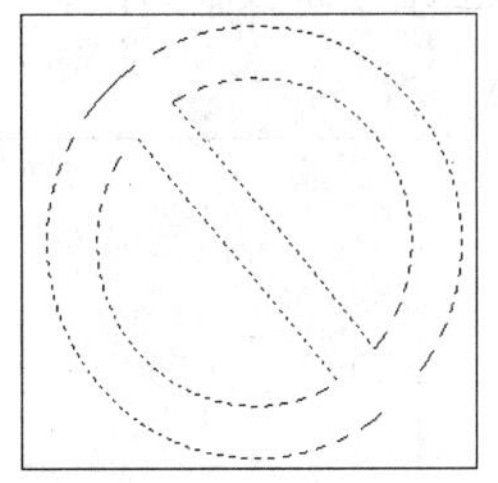

图 7-63　路径转换为选区

还可以使用另外一种方法将路径转换为选区，操作步骤如下。

1 在路径面板中选中需要转换为选区的路径。

2 按住 Alt 键单击路径面板下方的“路径转为选区”按钮 ，弹出如图 7-64 所示对话框，其中各参数含义如下。

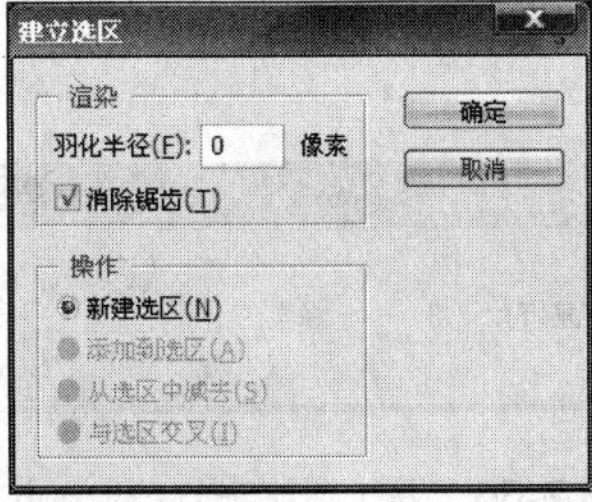

图 7-64　“建立选区”对话框

- 羽化半径：在输入框中可以直接输入创建选区的半径值。
- 消除锯齿：勾选此复选框，可以通过部分填充选区范围的边缘像素，使边缘像素与周围的像素之间创建精细的过渡。
- 新建选区：只将路径范围内的区域作为选区。
- 添加到选区：将路径定义的区域添加到原先存在的选区中。
- 从选区中减去：从原先存在的选区中减去路径定义的选区。
- 与选区交叉：将原先存在的选区与路径定义的选区重叠的部分作为新的选区。如果它们之间没有重叠区域，则不会创建选区。

在此对话框中设置好参数后，单击“确定”按扭，路径将转换为选区。

为了使选区单独显示出来，最后都需要在面板的空白处单击鼠标，取消路径，使用下面的快捷操作方法，可以直接载入选区，但是前提是在工作区中没有任何选中的路径，方法如下。

- 按住 Ctrl 键单击路径面板上需要载入的路径名称，可以将路径转换的选区添加到原先存在的选区中。
- 按住 Ctrl+Alt 组合键，单击路径面板上需要载入的路径名称，可以从原先存在的选区中减去路径转换的选区。
- 按住 Ctrl+Shift 组合键，单击路径面板上需要载入的路径名称，可以将路径定义的区域添加到原先存在的选区中。
- 按住 Ctlr+Shift+Alt 组合键，单击路径面板上需要载入的路径名称，可以将原先存在的选区与路径转换的选区重叠的部分作为新的选区。

2. 将选区转换为路径

需要将选区转换为路径，操作方法如下。

1 单击路径面板下方的将“选区转为路径”按钮，可以直接将选区转换为路径，如图 7-65 所示。

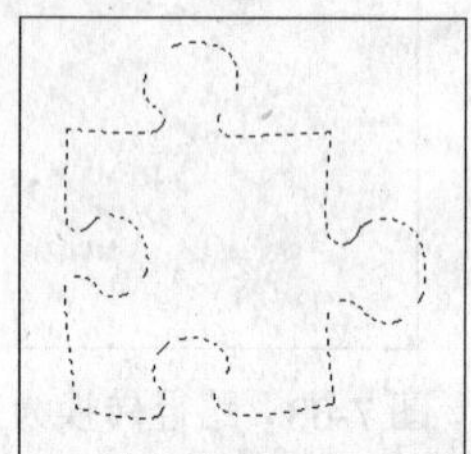

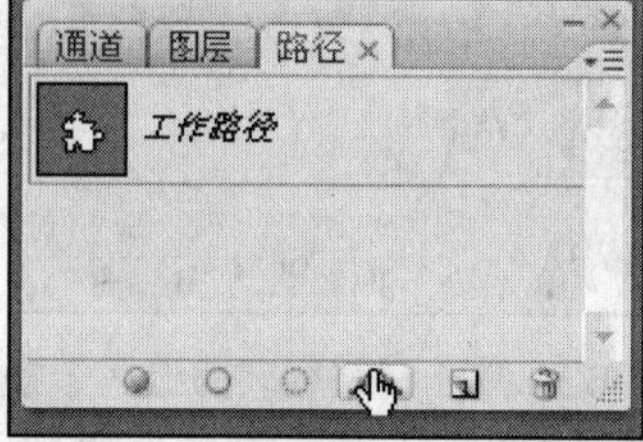

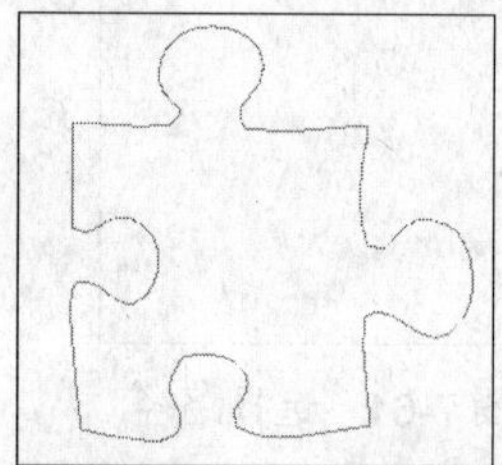

图 7-65 选区转为路径示意图

2 按住 Alt 键单击路径面板下方的“选区转为路径”按钮，弹出如图 7-66 所示的对话框，设置参数后单击“确定”按钮，可以将选区转换为路径。对话框中容差值用于决定创建的工作路径对选区的细微变化的灵敏度，容差值范围为 0.5~10 像素，容差值越大，用来绘制的路径的锚点越少，路径也越平滑。

图 7-66 建立工作路径对话框

绘制卡通猫

本例将使用钢笔工具、转换点工具以及描边路径绘制卡通猫效果，如图 7-67 所示。

图 7-67　最终效果

本例的具体操作步骤如下。

1 按 Ctrl+N 组合键新建 600 像素×600 像素空白文件。选择“钢笔工具”，创建如图 7-68 所示工作路径。

2 选择工具箱中的“转换点工具”，拖动由直线连接的锚点，将直线线段变成曲线，效果如图 7-69 所示。

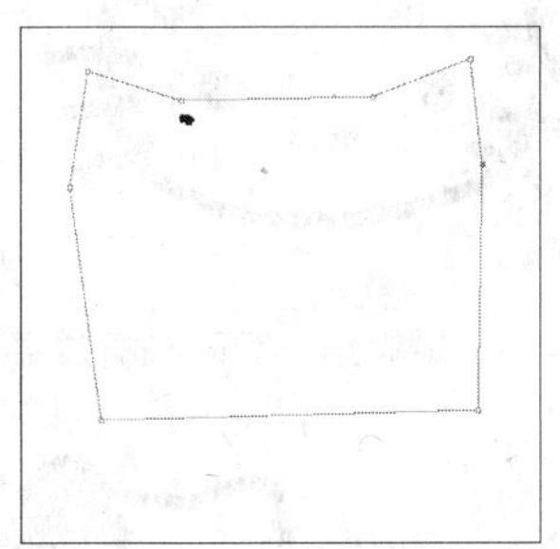

图 7-68　创建工作路径

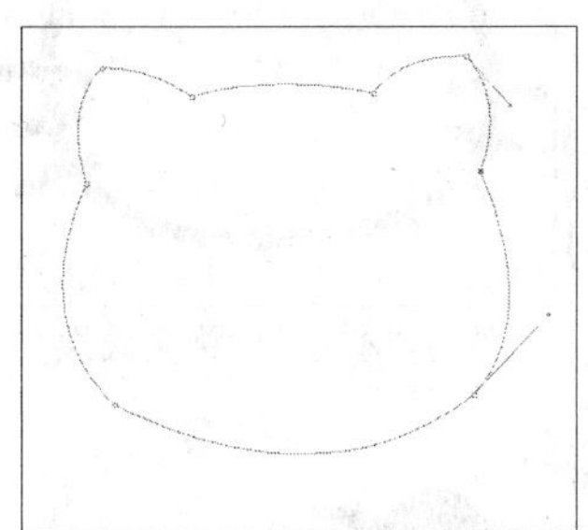

图 7-69　创建曲线路径

3 选择“画笔工具”，打开画笔面板设置“画笔笔尖形状”参数如图 7-70 所示。

4 设置前景色为黑色，单击“路径面板”按钮，在路径面板下方单击“画笔描边”路径，如图 7-71 所示。画笔描边效果如图 7-72 所示。

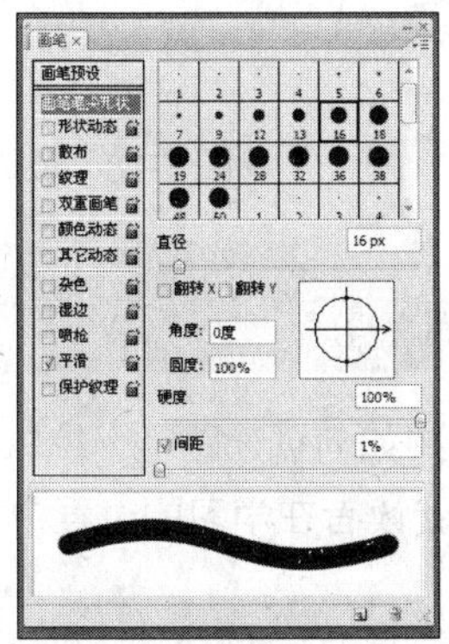

图 7-70　设置画笔属性

图 7-71　用画笔描边路径

5 按住 Shift 键单击路径缩略图，将路径隐藏。

6 使用“钢笔工具”和“转换点工具”在如图 7-73 所示位置创建曲线路径。

图 7-72　画笔描边效果

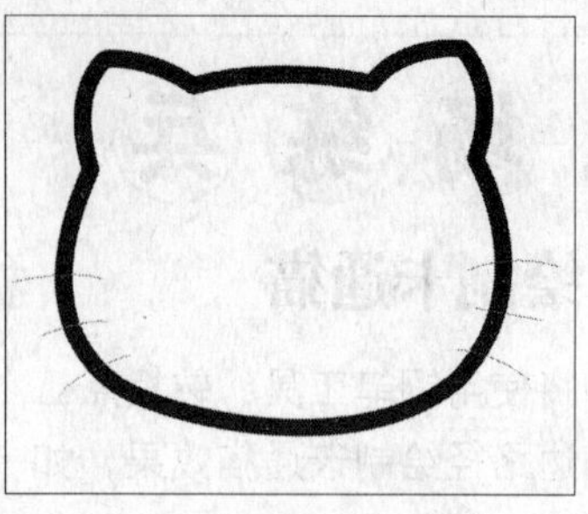

图 7-73　创建路径

7 用上述方法描边路径，得到如图 7-74 所示效果。

8 新建图层，用类似的方法制作猫的蝴蝶结、眼睛和嘴，如图 7-75 所示。

9 用“魔棒工具”单击蝴蝶结空白部分，获取选区，用“红色”填充，如图 7-76 所示，取消选区。

10 用类似的方法用“黄色”填充嘴，效果如图 7-77 所示。

11 最后为标志添加文字效果，标志制作完成，最终效果如图 7-78 所示。

图 7-74　描边路径效果

图 7-75　蝴蝶结、眼睛和嘴效果

图 7-76　填充蝴蝶结

图 7-77　填充嘴

图 7-78　最终效果

7.5 疑难解析

通过前面的学习，读者应该已经掌握了在 Photoshop CS4 中如何创建路径、编辑路径、路径与选区间的转换以及路径填色及描边的操作方法，下面就读者在学习的过程中遇到的疑难问题进行解析。

1 怎样在圆角的图形中设置图形的阴影？

使用 Photoshop CS4 中的图层样式效果，不管绘制的图形是什么形状的，只要图形单独在一个图层里，就可以实现这个阴影效果。

2 用钢笔工具绘制图像后，怎样转移到新建的文件中去？

用钢笔工具绘制出图像以后，把路径变成选区，然后新建一个文件，使用复制、粘贴或者直接拖动选区到新建文件上都可以。

3 用直线工具绘制出一条直线后，怎样设置直线由淡到浓的渐变？

用直线工具画出直线后，可以通过以下方法设置颜色浓淡的渐变。

1．把它变成选区，填充渐变色，这样做的效果是由浓到淡。

2．在直线上添加蒙版，用羽化喷枪把尾部喷淡，也可达到由淡到浓的渐变。

4 怎样把做好的方框变成别的形状？

把做好的方框变成选区，并把选区转换成工作路径，然后添加节点，使用转换点工具可以调整路径，将其变成其他形状。

7.6 上机实践

本例将使用椭圆选框工具、渐变工具、路径工具、图层样式制作腾讯标志，如图 7-79 所示。

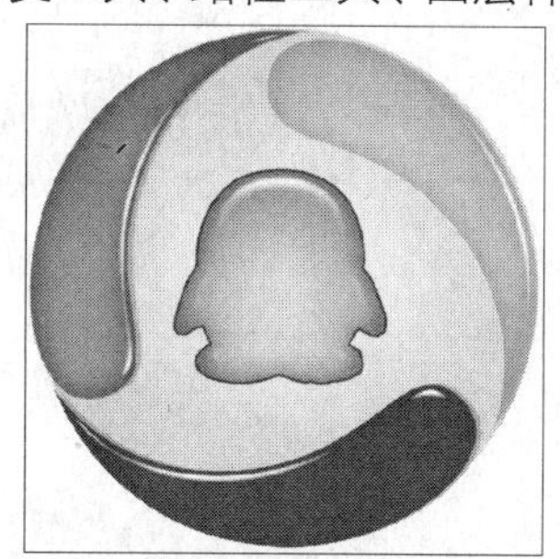

图 7-79　腾讯标志

7.7 巩固与提高

本章介绍了路径的应用，包括路径工具的使用技巧与方法、路径的创建与编辑，路径的新建、删除、隐藏和显示，填充或描边路径，还有路径与选区转换等，在 Photoshop CS4 中，主要使用路径来创建较复杂的图形，它在图像设计中起着举足轻重的作用。

1．单选题

（1）所谓路径，就是用一系列点连接起来的线段或曲线，可以沿着这些线段或曲线进行（　　）或填充。

A．编辑　　B．描边　　C．显示　　D．调整

（2）（　　）可以使路径在平滑曲线和直线之间相互转换，还可以调整曲线的形状。

A．多边形工具　　B．钢笔工具

C．转换点工具　　D．自由钢笔工具

2. 多选题

（1）（　　）用于绘制具有平滑边缘的矩形，（　　）用于绘制椭圆或圆形。

A. 椭圆形工具　　B. 圆角矩形工具

C. 多边形工具　　D. 直线工具

（2）在（　　）中选择需要删除的路径，将其拖入下方的（　　）按钮上释放鼠标，即可删除该路径。

A. 路径控制面板　　B. 图层控制面板

C. 删除当前路径　　D. 虚线

3. 判断题

（1）路径由定位点和连接定位点的线段（曲线）构成，每一个定位点还包含了两个句柄，用以精确调整定位点及前后线段的曲度，从而匹配想要选择的边界。（　　）

（2）直线工具用于绘制直线或带有箭头的线段。（　　）

第8章

通道与蒙版应用

通道主要用于保存图像的颜色和选区信息，而蒙版最大的作用是可以完美地合成图像。

学习指南

- 通道的概念
- 通道的基本操作
- 通道运算
- 蒙版的概述
- 使用图层蒙版

精彩实例效果展示 ▲

8.1 通道的概念

每一个图像文件都包含一些基于颜色模式的颜色信息通道，图像模式不同，通道个数也不同，用户可以对其中任何一个通道进行颜色和画笔等编辑。通道可以分为颜色通道、Alpha 通道和专色通道 3 种。

8.1.1 通道的性质和功能

通道主要有两种作用：一种是保存和调整图像的颜色信息，另一种是保存选定的范围。

当您在 Photoshop CS4 中打开或创建一个新的图层文件时，就自动创建了颜色信息通道。通道的功能根据其所属类型不同而不同。在通道控制面板上列出了图像的所有通道。一幅 RGB 图像有 4 个默认的颜色通道：红色通道用于保存红色信息，绿色通道用于保存绿色信息，蓝色通道用于保存蓝色信息，而 RGB 通道是一个复合通道，用于显示所有的颜色信息，如图 8-1 所示。而 CMYK 模式的图像包括 5 个通道，分别是 CMYK、青色（C）、洋红（M）、黄色（Y）、黑色（K），如图 8-2 所示。

图 8-1 RGB 通道

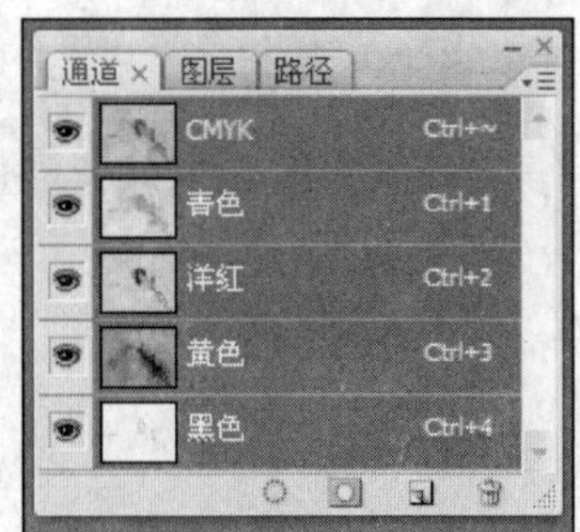

图 8-2 CMYK 通道

8.1.2 通道控制面板

打开一幅图像，单击 Photoshop CS4 工作界面中的“通道”标签或选择“窗口”|“通道”命令，打开通道控制面板。如图 8-3 所示为一幅 RGB 模式图像下的通道面板，其中各项含义如下。

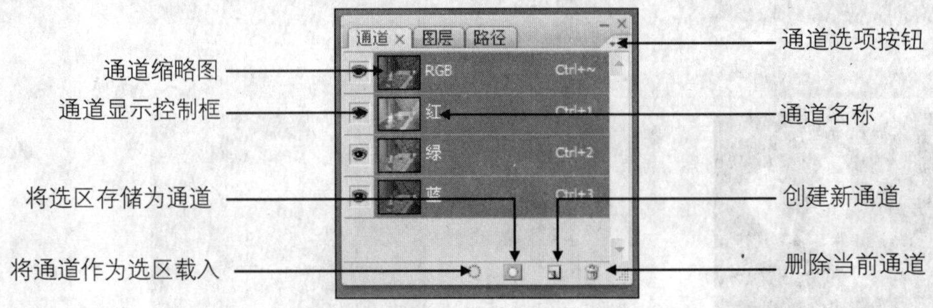

图 8-3 通道控制面板

- 通道缩略图：显示此通道的预览图，单击通道面板右上方的选项按钮，在弹出的下拉菜单中选择“面板选项”命令，弹出的“通道面板选项”对话框可以调整缩略图显示大小。
- 通道显示控制框：此图标用于控制此通道内容是否显示在图像窗口中。

- 通道名称：显示对应通道名称。
- 通道选项按钮：单击此按钮，弹出如图 8-4 所示下拉菜单，可以选择与通道有关命令。
- “将通道作为选区载入”按钮：单击该按钮，可以把当前所选通道转化为选区载入。
- “将选区存储为通道”按钮：单击该按钮，将把图像中的选区存储在新建的 Alpha 通道中。
- “创建新通道”按钮：单击该按钮，创建新的 Alpha 通道。
- “删除当前通道”按钮：单击该按钮，将删除当前通道。

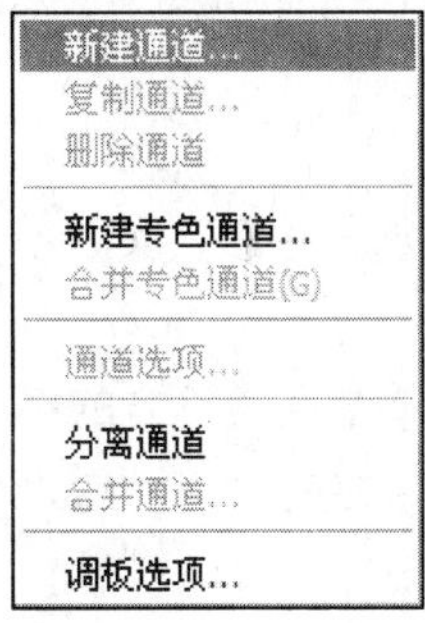

图 8-4　下拉菜单

在默认设置下，Photoshop CS4 是以 8 位或 16 位灰度来显示各个颜色通道，用户也可以用原色来显示各颜色通道，方法是选择“编辑”|“预置”|“界面”命令，在打开的“首选项”对话框中勾选“用彩色显示通道“复选框即可，此时各颜色通道不再是灰度图像，而相当于分别蒙上了一层相应颜色的胶纸图像。

8.2　通道的基本操作

通道的操作方法与图层类似，可以进行新建、复制和删除等操作，下面将分别介绍各种操作的使用方法。

8.2.1　创建 Alpha 通道

在通道面板中创建一个新的通道，称为“Alpha”通道。用户可以通过创建“Alpha”通道来保存和编辑图像选区，创建“Alpha”通道后还可根据需要使用工具或命令对其进行编辑，然后再载入通道中的选区。

1．在空白通道上自由创建通道

在空白通道上自由创建新 Alpha 通道的操作方法如下。

1 选择“窗口”|“通道”命令，可以显示通道控制面板。

2 单击通道控制面板下方的“创建新通道”按钮，此时通道面板底部新建一个新通道，如图 8-5 所示。

3 使用文字、画笔等工具可以在工作区进行绘制或编辑，如图 8-6 所示，通道面板如图 8-7 所示。

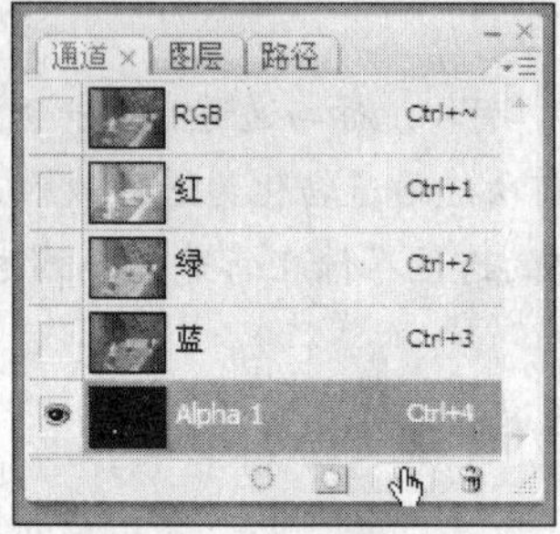

图 8-5　通道面板

图 8-6　在工作区进行绘制

图 8-7　通道面板

2. 通过选区创建通道

在图像中创建选区后使用选区范围创建通道，操作步骤如下。

1 在图像中创建选区，如图 8-8 所示。单击通道下方的将“选区存储为通道”按钮 ，将选区内容转换为通道，如图 8-9 所示。

2 在通道上选中新建的通道，如图 8-10 所示，可以在工作区中查看到通道的形状，如图 8-11 所示。

图 8-8　创建选区

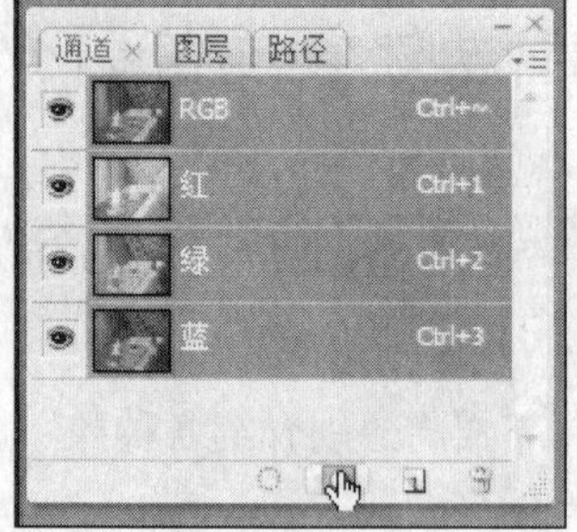

图 8-9　将“选区存储为通道”

图 8-10　选择新建通道

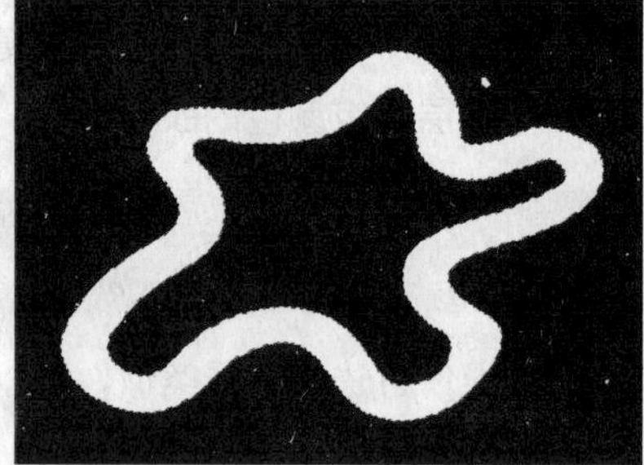
图 8-11　观察通道形状

3. 编辑通道

1 在通道控制面板中找到需要编辑的通道，此时通道中的内容将在工作区中显示出来，如图 8-12 所示。

2 此时可以对工作区中的图像进行操作，得到需要的通道形状，编辑后的图像效果在通道控制面板中体现出来，如图 8-13 所示。

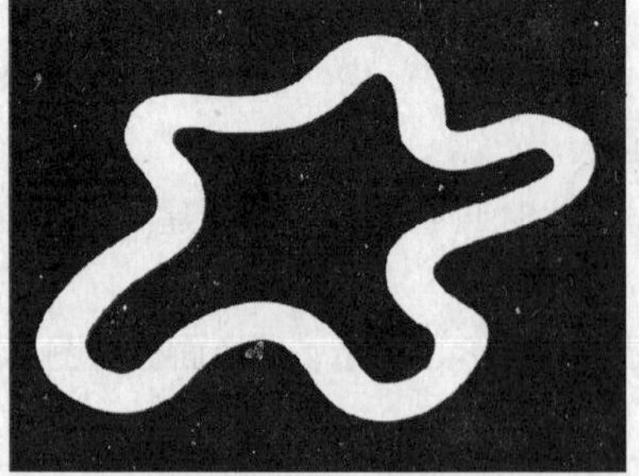
图 8-12　显示通道内容

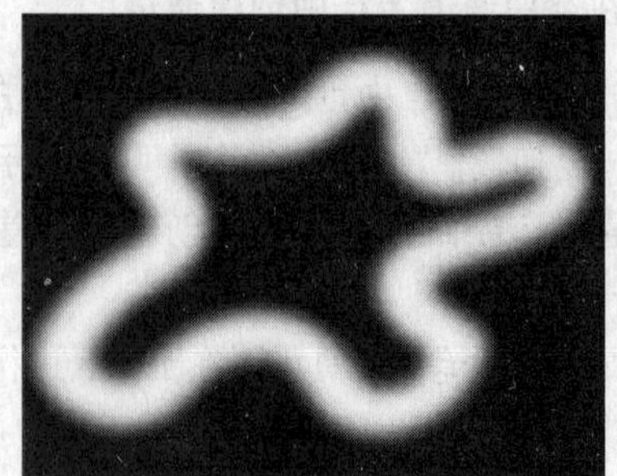
图 8-13　编辑后的图像效果

8.2.2　专色通道

专色通道是特殊的预混油墨，用于替代或补充印刷色（CMYK）油墨，每一个专色通道都有一个属于自己的专用印板，在打印一个含有专色通道的图像时，该通道都将被单独打印输出。

> 小提示 Ps
>
> 对于上述 3 种通道的使用，一般用户只需着重掌握 Alpha 通道的使用以及颜色通道的查看和使用即可。

1. 创建专色通道

新建专色通道的具体操作如下。

1 单击通道面板右上角的小三角形按钮，在弹出的快捷菜单中选择“新建专色通道”命令，弹出如图 8-14 所示的对话框。

2 在“名称”文本框中输入新专色通道的名称，在“油墨特性”栏中设置颜色和密度。

3 设置完成后单击“确定”按钮，即可新建一个专色通道，如图 8-15 所示。

图 8-14　“新建专色通道”对话框

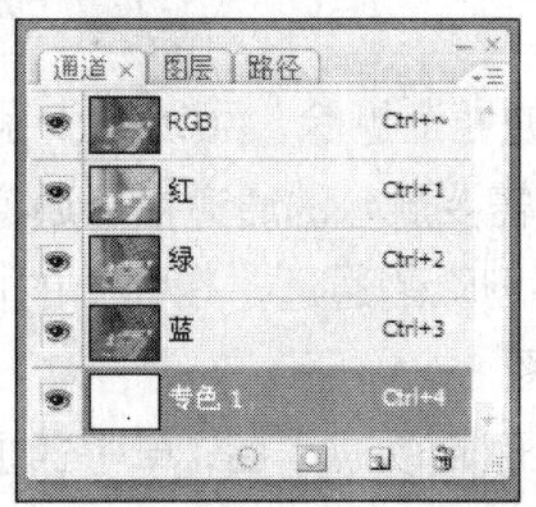

图 8-15　新建专色通道

> 小提示 Ps
>
> 按住 Ctrl 键单击通道控制面板底部的按钮，也可以打开“新专色通道”对话框。

2. 将 Alpha 通道转换为专色通道

普通的 Alpha 通道可以转换成专色通道，具体操作如下。

1 在通道面板中选中需要转换的 Alpha 通道，如图 8-16 所示。

2 单击通道面板右上角的小三角形按钮，在弹出的快捷菜单中选择“通道选项”命令，弹出对话框设置参数，在“色彩指示”栏中选中 专色(P) 单选项，在“颜色”栏中设置颜色和不透明度，改变专色的颜色和密度，如图 8-17 所示。

3 设置完后单击“确定”按钮后，Alpha 通道转换成专色通道，如图 8-18 所示。

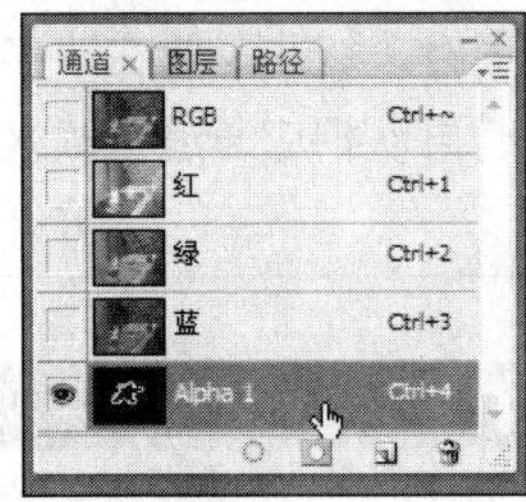

图 8-16　选择通道

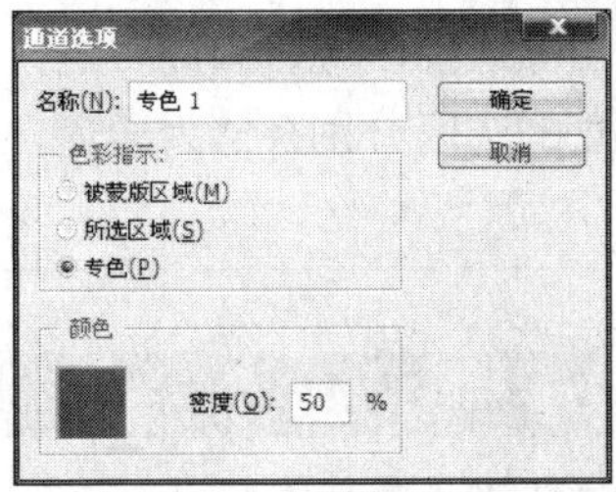

图 8-17　“通道选项”对话框

图 8-18　转换为专色通道示意图

8.2.3 复制通道

在使用通道过程中常需要复制通道，其操作方法与图层的复制类似，最常用的方法便是利用鼠标直接将要复制的通道拖动到通道面板底部的按钮上后释放鼠标，即可复制一个副本通道，如图 8-19 所示。

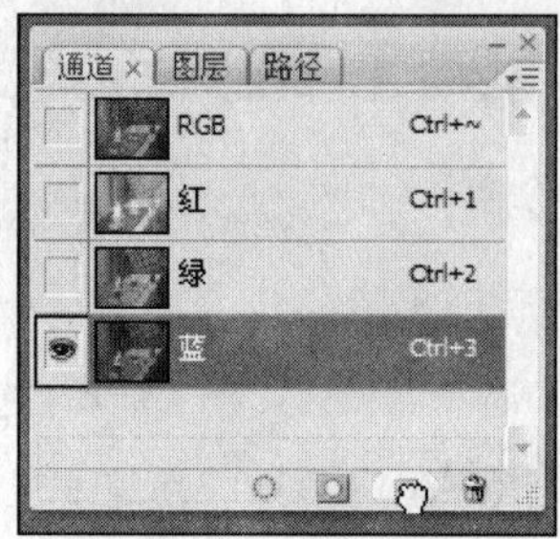

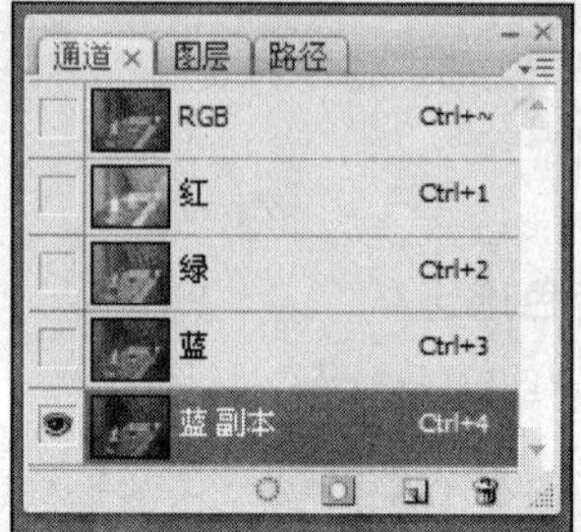

图 8-19 复制通道示意图

8.2.4 删除通道

将多余的通道删除，可以减少系统资源的使用，提高运行速度。具体操作步骤如下。

1 用鼠标将需要删除的通道拖至通道面板下方的“删除当前通道”按钮上，即可删除此通道。

2 右击需要删除的通道，在弹出的快捷菜单中选择删除通道选项，如图 8-20 所示，此通道即被删除，如图 8-21 所示。

3 选中需要删除的通道后，单击通道面板右上方的三角按钮，在弹出的菜单中选择“删除通道”命令，即可直接删除选择的通道。

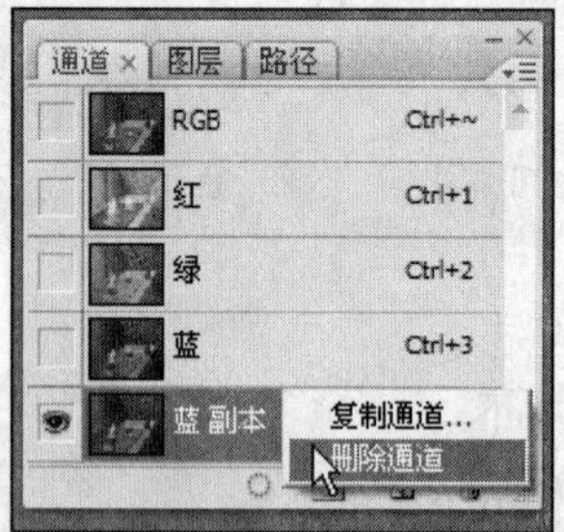

图 8-20 选择“删除通道”命令

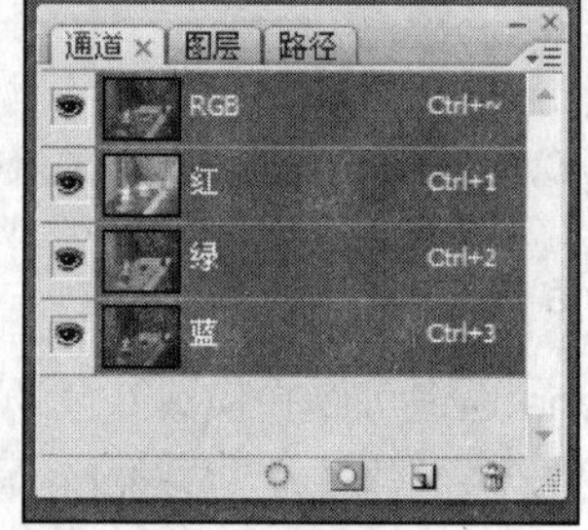

图 8-21 删除通道

8.3 通道运算

通道的主要用途便是存储和编辑图像选择区域，因此在进行图像处理时，往往需要在对多个选区进行操作时根据需要将建立的选区分别存储为通道，需使用时再从相应通道中载入选区。

8.3.1 将选区存储为通道

需要将选区保存为通道，其具体操作步骤如下。

1 在图像中创建选区，如图 8-22 所示。

2 选择“选区”|“存储选区”命令，弹出如图 8-23 所示“存储选区”对话框，在“名称”文本框中输入通道名称，单击“确定”按钮，选区存储在指定名称通道中，如图 8-24 所示。

图 8-22　创建选区

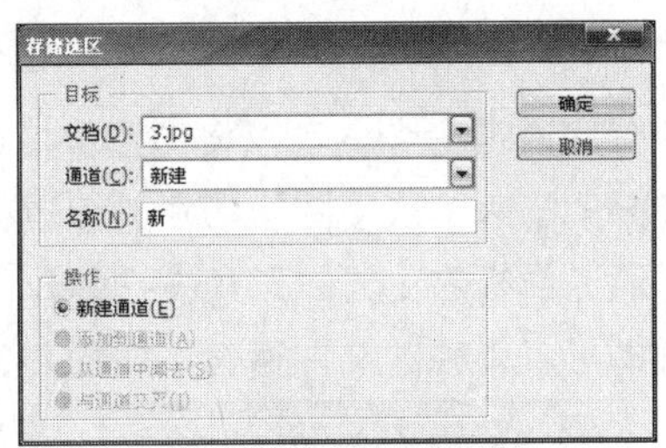

图 8-23　“存储选区”对话框

3 也可以在通道面板中单击面板底部的“将选区存储为通道”按钮，即可将图像选择区域以白色显示，未被选择区域以黑色显示，并可从通道的缩略图中查看选择区域的大小和形状等，如图 8-25 所示。

图 8-24　存储选区通道

图 8-25　存储的选区

8.3.2　将通道作为选区载入

使用通道过程中常需要对载入某个通道的选区进行编辑。在编辑过程中，如果需要使用存储在通道面板中的选区，具体操作步骤如下。

1 可以选择 Alpha 通道，单击通道面板下方的将“通道作为选区载入”按钮，如图 8-26 所示。

2 此时该通道选区浮出，如图 8-27 所示。载入选区后可以切换到图层面板中对选区进行编辑，也可直接在通道中使用滤镜等命令对其进行处理。

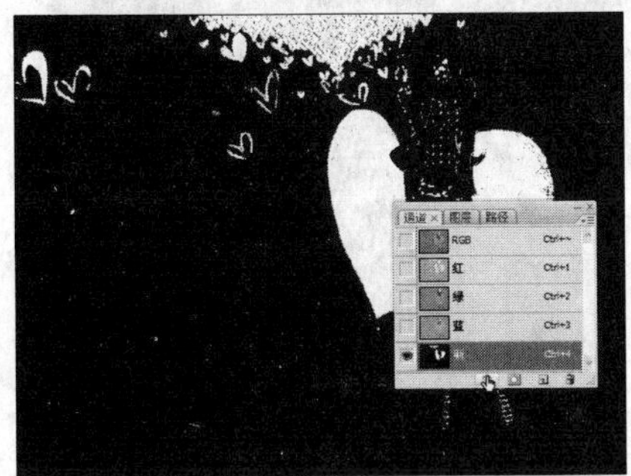
图 8-26　通道作为选区载入

图 8-27　通道选区浮出

8.3.3 分离和合并通道

通道的分离是指将图像中的各个颜色通道以单个文件的形式分离出来，以方便用户对其进行单独的编辑或存储，对于编辑后的各单个颜色通道还可进行合并操作，使其成为一幅图像文件。

1. 分离通道

使用分离通道命令，可以将该图像按原图像中的分色通道数目分解为独立的灰度图像，这样可以将分解出来的灰度图像独立的编辑、处理和保存。

单击通道面板右上方的三角按钮，在弹出的菜单中选择“分离通道”命令，图像中的每一个通道即可以单独的文件存在，如图 8-28 所示。

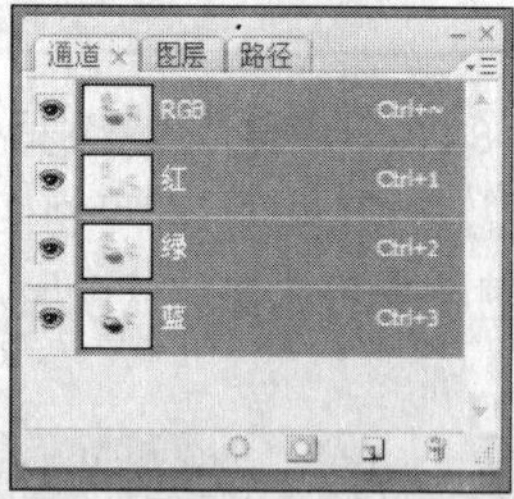

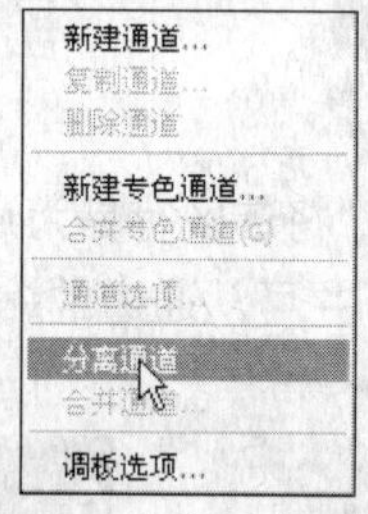

图 8-28 分离通道示意图

2. 合并通道

合并通道可以将单独处理后的单通道灰度图像还原成多通道合成的图像，也可以将分离后的通道合并。

单击通道面板右上方的三角按钮，在弹出的菜单中选择“合并通道”命令，此时弹出如图 8-29 所示的对话框，单击“确定”按钮后，弹出如图 8-30 所示的对话框，单击“下一步”按钮合并，再次单击“确定”按钮即可合并通道。

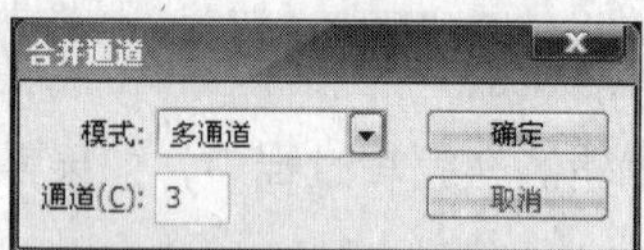

图 8-29 “合并通道”对话框

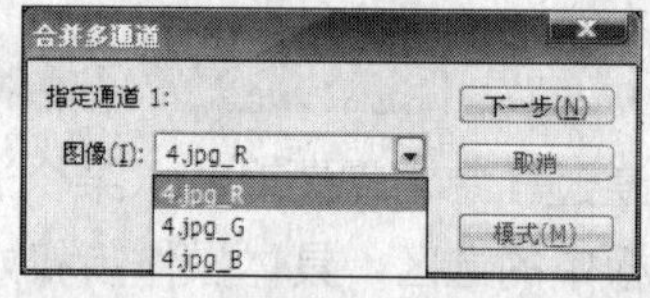

图 8-30 “合并多通道”对话框

现场练兵

瓶中舞

本例将通过复制通道、调整通道抠出玻璃图像，制作瓶中舞效果，如图 8-31 所示

图 8-31 最终效果

本例的具体操作步骤如下。

1 按 Ctrl+O 键打开一张素材图片，如图 8-32 所示。

2 切换到通道面板，将“红”通道复制“红副本”通道，按 Ctrl+I 组合键反相图像，按住 Ctrl 键单击“红通道副本”，将其选区浮出，如图 8-33 所示。

图 8-32　素材图片

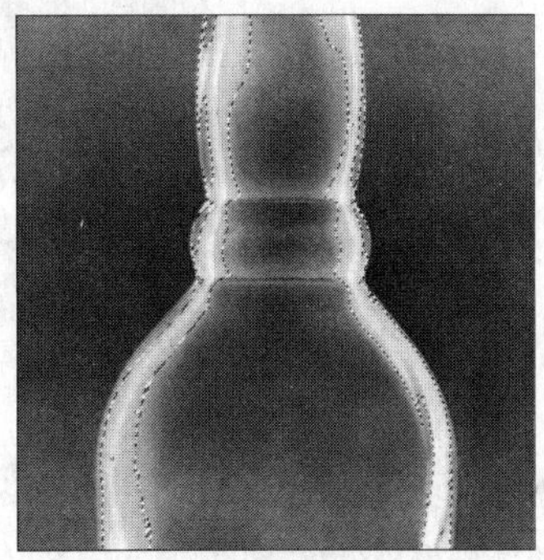

图 8-33　通道选区浮出

3 单击“RGB 通道”，切换到图层面板，按 Ctrl+J 组合键将选区图像复制并粘贴到新“图层 1”中，隐藏“背景”图层，效果如图 8-34 所示。

4 切换到通道面板，单击“红通道副本”通道，按 Ctrl+L 组合键弹出“色阶”对话框，调整参数如图 8-35 所示。

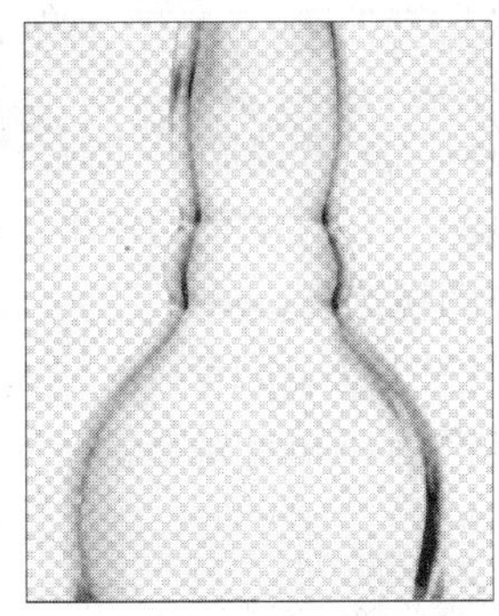

图 8-34　图层 1 效果

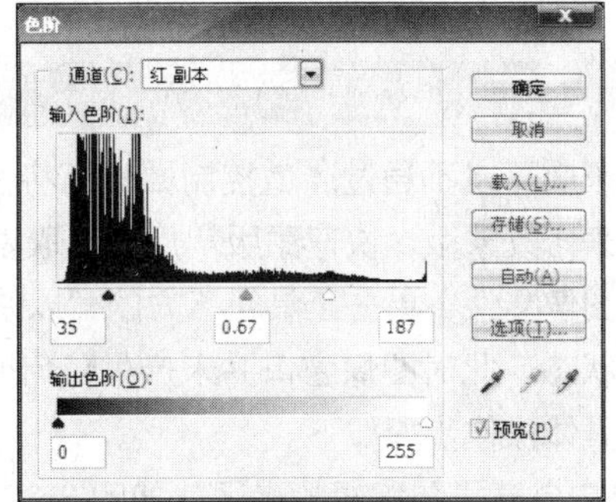

图 8-35　调整色阶

5 载入“红通道副本”通道选区，如图 8-36 所示。切换到图层面板，显示“背景”图层，按 Ctrl+J 组合键将选区图像复制并粘贴到新“图层 2”中，将“图层 1”和“图层 2”合并为一层，合并后的图层命名为“酒瓶”。

6 打开一张素材图片，将酒瓶拖入，调整大小及位置如图 8-37 所示。

图 8-36　载入选区

图 8-37　拖动酒瓶

7 打开“跳舞”素材，拖入当前工作区，旋转到“背景”图层和“酒瓶”图层之间，瓶中舞制

作完成，最终效果如图 8-38 所示。

图 8-38　最终效果

8.4 蒙版的概述

在 Photoshop CS4 中有 3 种蒙版形式：图层蒙版、快速蒙版和通道蒙版。它们都可以用来创建、编辑和存储各种图像选区。蒙版是 Photoshop CS4 中用于制作图像特效的处理手段，它可保护图像的选择区域，并可将部分图像处理成透明或半透明效果，蒙版在图像合成中应用最为广泛。

8.4.1 打开快速蒙版

快速蒙版可以不通过通道控制面板而将任何选区作为蒙版编辑，还可以使用多种工具以及滤镜命令来修改蒙版，快速蒙版常用于选取复杂图像或创建特殊图像选区。

打开图像文件，单击工具箱下方的“以快速蒙版模式编辑”按钮，即可打开快速蒙版，进入编辑状态，此时图像窗口并未产生任何变化，但所进行的操作都不再针对图像而是针对快速蒙版。具体操作步骤如下。

1 在图像中创建需要编辑的选区，如图 8-39 所示。

2 单击“以快速蒙版模式编辑”按钮，除了选择区域外的其他图像区域都蒙上了半透明的遮罩，快速蒙版将转换为选择区域，如图 8-40 所示。

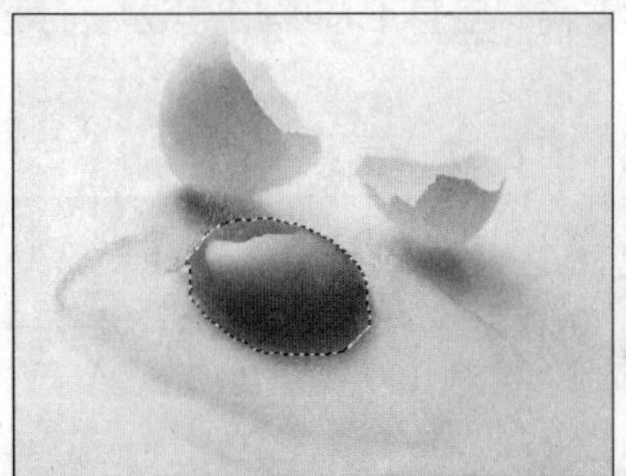

图 8-39　创建选区

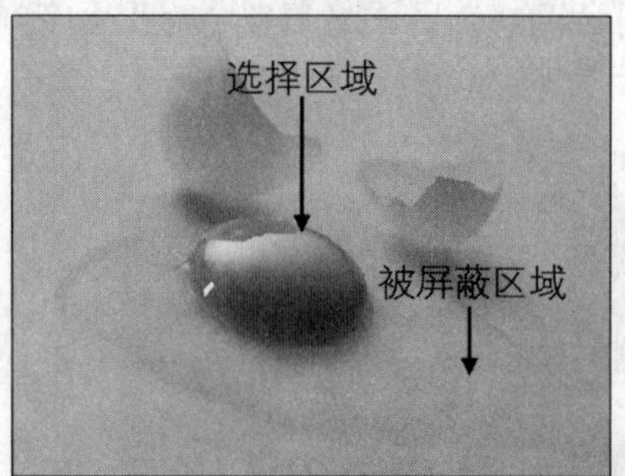

图 8-40　快速蒙版

小提示

创建快速蒙版后将在通道面板中生成一个快速蒙版通道，编辑并退出快速蒙版后将自动删除该快速蒙版通道，直接生成图像选区。

8.4.2　快速蒙版的编辑

进入快速蒙版后，可通过工具箱中的工具或菜单命令进行编辑，即改变被屏蔽和非屏蔽区域的大小。系统会根据编辑时所使用的绘图颜色来决定改变被屏蔽还是非屏蔽的区域，具体规则如下。

- 使用白色进行编辑时，可以减小被屏蔽区域而增大非屏蔽区域，增大选区范围。
- 使用黑色进行编辑时，可以减小非屏蔽区域而增大屏蔽区域，减小选区范围。
- 使用灰色或其他颜色编辑时，会创建半透明区域，对羽化或消除锯齿效果很好，创建部分半透明选区。

如果图像中存在选区，使用快速蒙版修改和编辑选区的操作步骤如下。

1 打开如图 8-41 所示的素材图片。

2 在图像中需要部分创建选区，如图 8-42 所示。

图 8-41　素材图片

图 8-42　创建选区

3 单击工具箱下方的“以快速蒙版模式编辑”按钮，图像将应用快速蒙版，选区以外的被保护的图像以红色覆盖，如图 8-43 所示。

4 使用绘图工具修改蒙版，效果如图 8-44 所示。

图 8-43　以快速蒙版编辑

图 8-44　修改蒙版

5 单击工具箱下方的“以标准模式编辑”　按钮，不被保护的区域变为选区，如图 8-45 所示。

图 8-45　选区效果

小提示 Ps

在编辑快速蒙版时，为了实现精确选取图像的目的，可以随时通过改变前景色来编辑。

8.4.3 快速蒙版选项的设置

进入快速蒙版后，如果原图像颜色与红色屏蔽颜色较为相近，这样不利于编辑，这时用户可以通过设置快速蒙版的选项参数来随意改变屏蔽颜色等选项，其具体操作步骤如下。

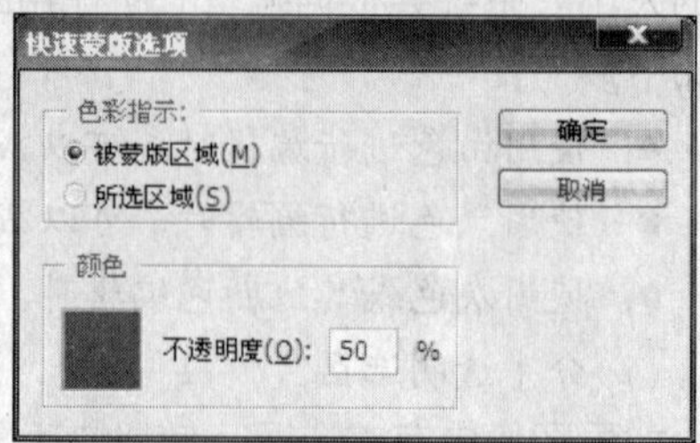

图 8-46 “快速蒙版选项”对话框

1 双击工具箱中的“以快速蒙版模式编辑”按钮，打开如图 8-46 所示的“快速蒙版选项”对话框。

2 选中“被蒙版区域”单选项，表示将作用于蒙版，被蒙住区域为原图像色彩，并作为最终选择区域。

3 选中“所选区域”单选项，表示将作用于选区，即红色屏蔽将蒙在所选区域上而不是非所选区域上，这样显示有屏蔽颜色的部分将作为最终选择区域。

4 单击“颜色”下方的颜色框，可以打开“拾色器”对话框选择屏蔽的颜色。

5 在“不透明度”文本框中可以输入屏蔽颜色的最大不透明度值。

6 完成后单击“确定”按钮应用设置。

8.5 使用图层蒙版

使用图层蒙版可以为特定的图层创建蒙版，常常用于制作图层与图层之间的特殊混合效果。

8.5.1 图层蒙版的创建

可以通过图层面板和“图层”菜单两种方法来创建图层蒙版。

1. 用图层面板创建

单击图层面板下方的“添加图层蒙版”按钮，即可为当前图层创建一个空白图层蒙版，如图 8-47 所示。按住 Alt 键，单击图层面板底部的“添加图层蒙版”按钮，可以创建一个遮盖图层全部的蒙版，如图 8-48 所示。

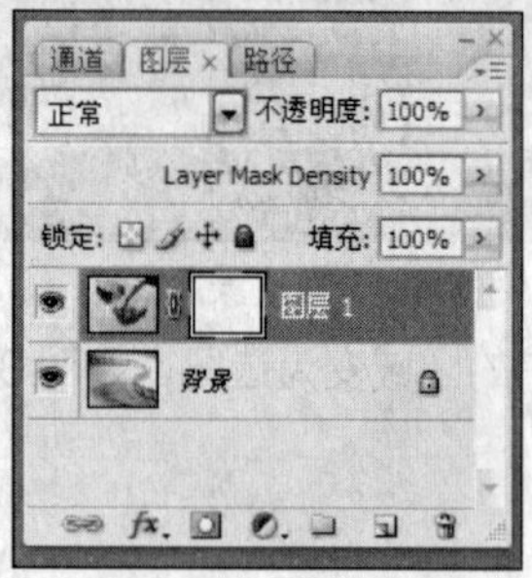

图 8-47 图层蒙版

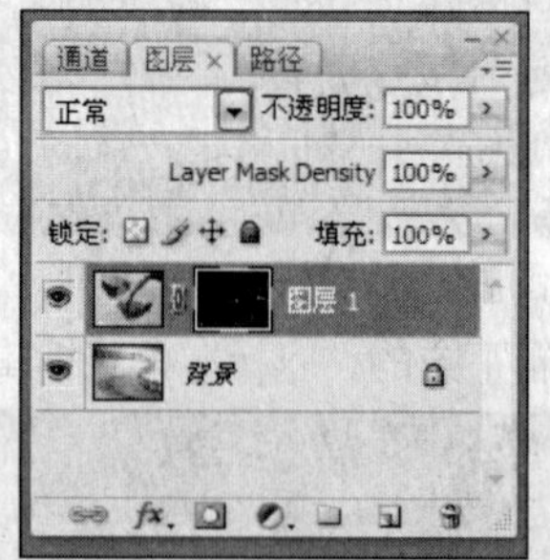

图 8-48 遮盖图层全部的蒙版

2. 使用“图层”菜单创建

- 选择“图层”|“图层蒙版”命令，将弹出如图 8-49 所示子菜单，通过选择其中各命令也可创建图层蒙版。

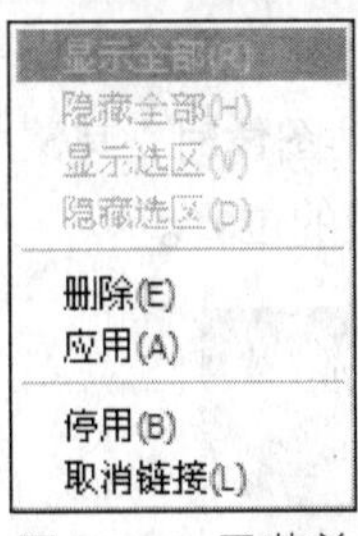

图 8-49　子菜单

- 选择"显示全部"命令，将创建一个空白蒙版，图层中的图像将被全部显示。
- 选择"隐藏全部"命令，将创建一个全黑蒙版，即图层中的图像将全部被屏蔽。
- 选择"显示选区"命令，将根据图层中的已有选择区域创建蒙版，其结果是只显示选择区域内的图像，其他区域均被屏蔽。
- 选择"隐藏选区"命令，其结果与"显示选区"命令相反，即屏蔽选区内的图像，其他区域的图像均被显示。

8.5.2　编辑图层蒙版

编辑图层蒙版的具体操作步骤如下。

1 打开如图 8-50 所示"psd"格式图像文件，图层面板如图 8-51 所示。

图 8-50　素材图片

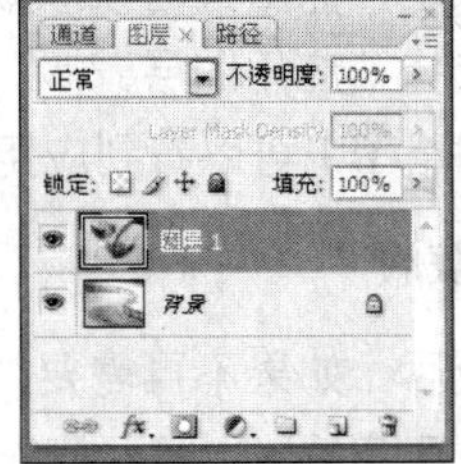

图 8-51　图层面板

2 在图层面板中选中需要使用图层蒙版的"图层 1"，然后单击图层面板底部的"添加图层蒙版"按钮 ，即可为当前图层创建一个空白图层蒙版，如图 8-52 所示。

3 空白图层蒙版的蒙版缩略图将以白色显示，表示该图层图像完全显示，即在创建蒙版时图层中没有选择选区，也就没有区域被屏蔽。

4 选择工具箱中的"渐变填充工具" ，在图像上拖动鼠标创建径向渐变效果，此时，两个图层中的图像完美的融合在一起，如图 8-53 所示。

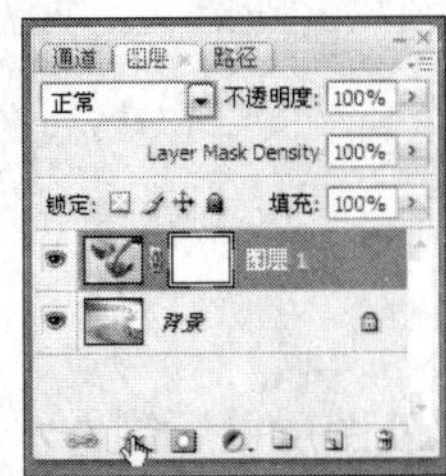

图 8-52　添加图层蒙版

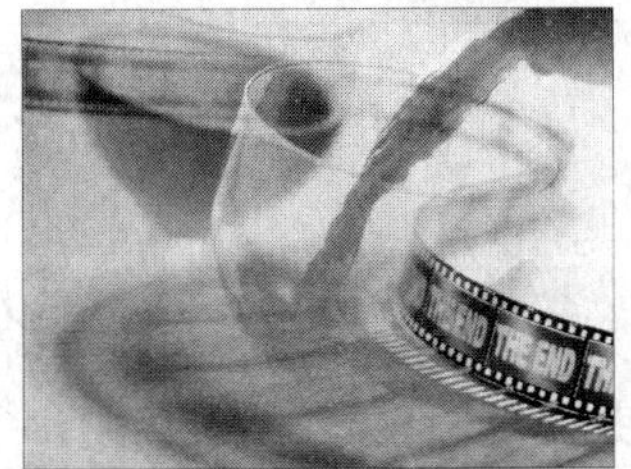

图 8-53　图像效果

5 使用图层蒙版后可以看到，图像蒙版对应的白色区域不透明，黑色区域完全透明，中间的灰色过渡区域呈半透明。

6 创建图层蒙版后在图层缩略图与蒙版缩略图之间有一个链接图标，表示图层内容与图层蒙版是链接在一起的，当用移动工具移动图像时，其蒙版将随之移动，如图 8-54 所示，单击取消链接图标，再次移动时将只移动蒙版的位置。

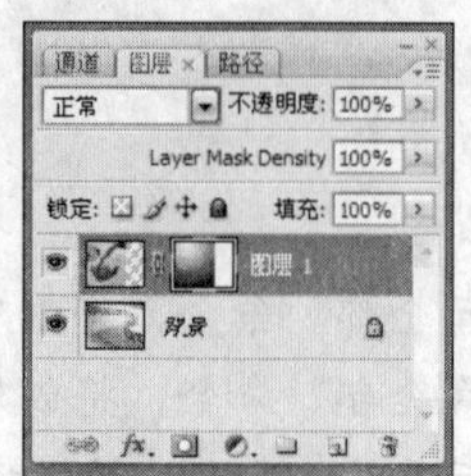

图 8-54　移动蒙版示意图

8.5.3　应用、删除和停用图层蒙版

在图像中添加图层蒙版后，在保存文件时可以将应用到图像中的蒙版效果和图层一起保存，也可以删除不需要的图层蒙版。

1．应用图层蒙版

应用图层蒙版是指保留图层蒙版效果。在需要应用图层蒙版的蒙版缩略图上右击鼠标，将弹出快捷菜单，选择“应用图层蒙版”命令，应用蒙版后图像效果并未变化，而图层蒙版将被取消，在图层的缩略图中可以看到应用蒙版后的图像效果。

2．删除图层蒙版

编辑图层蒙版后，如果不再需要图层蒙版，可以将图层蒙版删除。操作方法是右击蒙版缩略图，在弹出的快捷菜单中选择“删除图层蒙版”命令即可。

3．停用图层蒙版

停用图层蒙版是指在保留蒙版的情况下，将图层中的图像恢复为添加蒙版前的效果，需要时再启用该图层蒙版。停用图层蒙版的操作方法是在蒙版缩略图上右击，然后在弹出的快捷菜单中选择“停用图层蒙版”命令。停用后其蒙版缩略图上将出现一个红色“×”标记。当需要再次应用该蒙版效果时单击蒙版缩略图，在弹出的快捷菜单中选择“启用图层蒙版”命令即可。

水晶球

本例将使用磁性套索工具、色阶命令、球面化滤镜以及图层蒙版制作水晶球效果，如图 8-55 所示。

（处理前）

（处理后）

图 8-55　处理前后效果对比

本例的具体操作步骤如下。

1 按 Ctrl+O 键，打开一幅素材文件，如图 8-56 所示。

2 选择“磁性套索工具”，设置属性栏参数如图 8-57 所示。

图 8-56　素材图片

图 8-57　设置磁性套索工具属性栏参数

3 沿着球体拖动鼠标创建选区，如图 8-58 所示。按 Ctrl+J 组合键将选区图像复制并粘贴到新“图层 1”中。

4 按 Ctrl+L 组合键弹出“色阶”对话框，调整参数如图 8-59 所示，效果如图 8-60 所示。

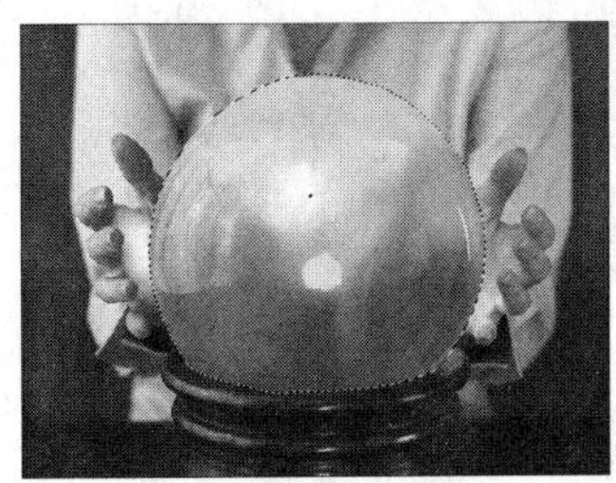
图 8-58　创建选区

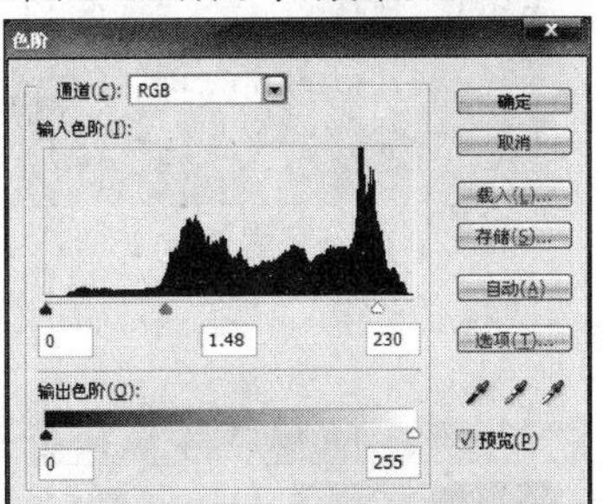

图 8-59　调整色阶

5 打开如图 8-61 所示素材图片。

图 8-60　调整效果

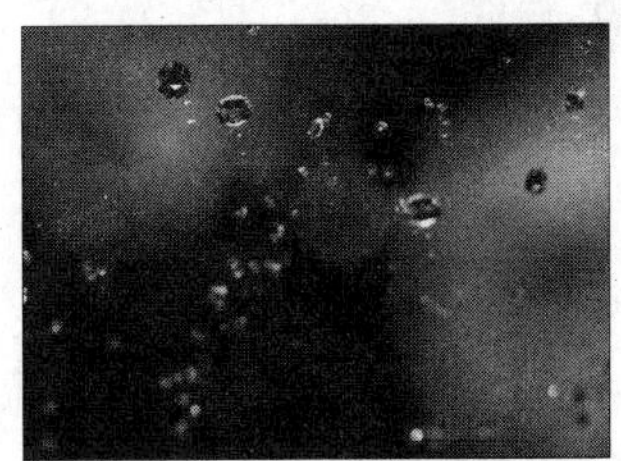
图 8-61　素材图片

6 选择“移动工具”，将素材拖入当前工作区中，生成新“图层 2”，摆放到如图 8-62 所示位置。

7 载入“图层 1”选区，按 Shfit+Ctrl+I 组合键反选选区，按 Delete 键删除选区，效果如图 8-63 所示，取消选区。

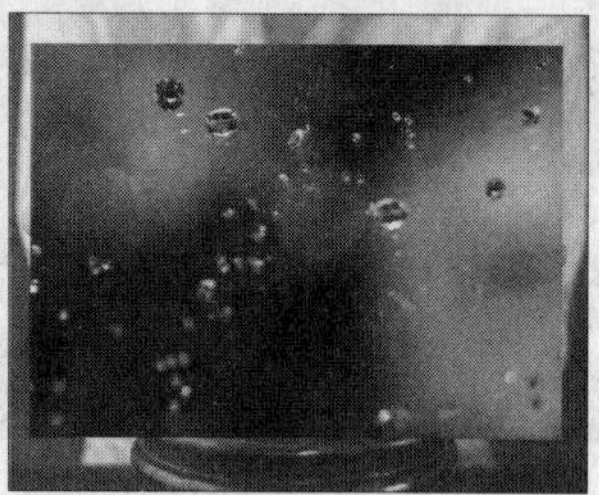
图 8-62　添加图像

图 8-63　删除选区图像

8 将此层图层混合模式设置为“叠加”，效果如图 8-64 所示，再复制一个“图层 2 副本”层，将此层图层不透明度调整为 75%，效果如图 8-65 所示。

图 8-64　叠加效果

图 8-65　复制图像效果

9 打开如图 8-66 所示素材图片。拖动到当前工作区，新生成“图层 3”图层，载入“图层 1”选区，反选选区并删除选区图像，得到如图 8-67 所示效果。

图 8-66　素材图片

图 8-67　删除多余图像效果

10 载入选区，选择“滤镜”|“扭曲”|“球面化”命令，设置参数如图 8-68 所示，效果如图 8-69 所示。

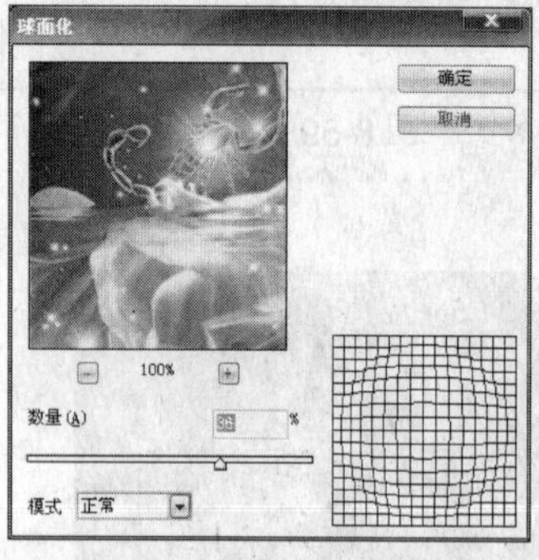

图 8-68　设置球面化参数

图 8-69　球面化效果

11 将此图层混合模式设置为“柔光”，再复制一个副本层，效果如图 8-70 所示。

12 选择“图层 1”，单击图层面板下方的“添加图层蒙版”按钮，为此层添加图层蒙版，使用白色画笔工具在蒙版中擦去一些图像效果，如图 8-71 所示。

图 8-70　柔光效果

图 8-71　添加图层蒙版

13 用类似的方法为其他图层添加图层蒙版，在蒙版中用画笔工具进行绘制，图层面板如图 8-72 所示，图像效果如图 8-73 所示。

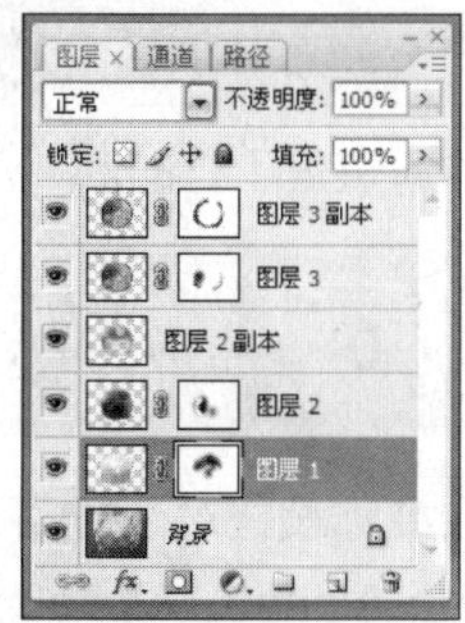
图 8-72　图层面板

图 8-73　图像效果

14 打开如图 8-74 所示素材图片，拖入当前工作区，产生新“图层 4”，将图层混合模式设置为“柔光”，效果如图 8-75 所示。

图 8-74　素材图片

图 8-75　柔光效果

15 为此层添加图层蒙版，使用“画笔工具”在蒙版中将球体部分抹去，图层面板如图 8-76 所示，水晶球制作完成，最终效果如图 8-77 所示。

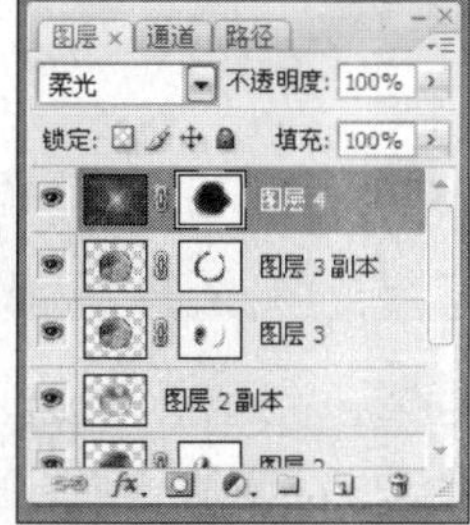
图 8-76　图层面板

图 8-77　最终效果

8.6 疑难解析

通过前面的学习，读者应该已经掌握了在 Photoshop CS4 中新建通道、专色通道的创建、通道运算、各种蒙版的操作方法及技巧，下面就读者在学习的过程中遇到的疑难问题进行解析。

1 怎样使一个图片和另一个图片很好地融合在一起却看不出图像的边缘？

在图片上添加蒙版，然后选柔角的画笔工具或橡皮擦工具对图片进行处理，可以达到融合的效果。最后别忘了把图层的透明度降低，效果会更好。

2 我在 Photoshop CS4 里新建了一个通道，为什么按住 Ctrl 键单击所建的通道没反应呢？

按住 Ctrl 键单击通道的时候，通道上必须有物体，空的通道是不行的。

3 在 Photoshop CS4 中处理图像时，创建好的选区现在不用了需要取消，但在之后如果还要使用该选区怎么办？

创建选区后，选择“选择”|“存储选区”命令,会出现一个名称设置对话框,可以输入文字作为这个选区的名称。如果不命名，Photoshop 会自动以 Alpha1、Alpha2、Alpha3 这样的文字来命名。使用选区存储功能后，选区存储到通道中。想要再次使用该选区时，选择“选择”|“载入选区”命令就可以方便使用之前存储的选区了。

8.7 上机实践

本例将使用通道抠出透明心形，再使用图层蒙版制作柠檬心效果，如图 8-78 所示。

图 8-78　柠檬心

8.8 巩固与提高

本章介绍了通道与蒙版的应用，包括创建通道，将选区存储为通道，将通道作为选区载入，使用快速蒙版，创建图层蒙版等。相对于 Photoshop CS4 的其他功能，蒙版和通道使用起来可能要复杂一些，但是只要真正把蒙版和通道的含义理解了，就不难掌握它们的使用方法了。

1．单选题

（1）通道可以为颜色通道、Alpha 通道和（　　）3 种。

A．多色通道　　B．专用通道

C．专色通道　　D．灰色通道

（2）通道的分离是指将图像中的（　　）以单个文件的形式分离出来。

A．各选项　　B．颜色信息

C．选区　　D．各个颜色通道

2．多选题

（1）在通道面板中创建一个新的通道，称为 Alpha 通道。用户可以通过创建 Alpha 通道来（　　）图像选区。

A．调整　　B．保存　　C．编辑　　D．使用

（2）创建快速蒙版后将在通道面板中生成一个（　　），编辑并退出快速蒙版后将自动删除该快速蒙版通道，直接生成（　　）。

A．水平线　　B．快速蒙版通道

C．导线　　D．图像选区

3．判断题

（1）通道主要有两种作用：一种是保存和调整图像的颜色信息，另一种是保存选定的范围。（　　）

（2）通道在 Photoshop CS4 中主要用于保存图像的颜色和选区信息，而蒙版最大的作用是可以完美地合成图像。（　　）

读书笔记

第9章

滤镜应用

在 Photoshop 中，可以应用滤镜为图像添加各种各样的图像特殊效果。要将所有滤镜的功能应用自如，必须要将滤镜菜单中各组滤镜的操作及其作用了解清楚，进一步运用到图像创作中，创造出各种特殊效果图像。

学习指南

- 滤镜库
- 风格化滤镜组
- 画笔描边滤镜组
- 扭曲滤镜组
- 素描滤镜组
- 视频滤镜组

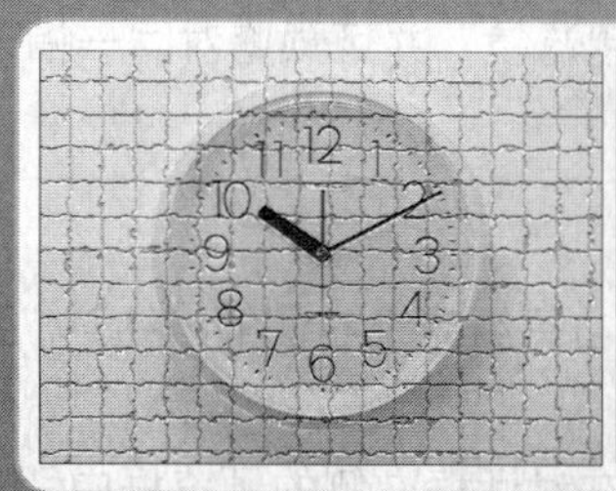

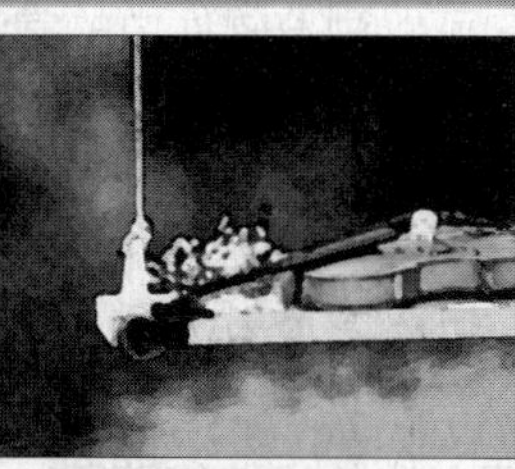

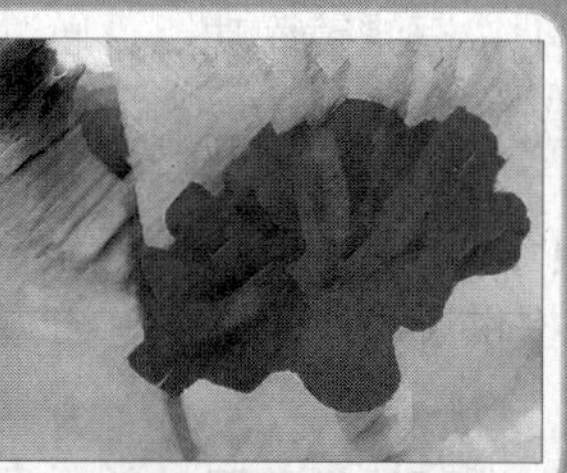

精彩实例效果展示 ▲

9.1 关于滤镜

Photoshop CS4 中提供了功能强大的滤镜使用功能，它可以应用多样的效果来改变源图像，包括扭曲、素描、风格化等多种特效，使平淡的图像产生特殊有趣的效果。

9.1.1 滤镜的使用方法

在处理图像时，想要在图像中应用滤镜效果，操作步骤如下。

1 选择需要运用滤镜效果的图像或图层。

2 在滤镜菜单中选择所需要的滤镜，如果滤镜名称后有省略号，将弹出参数设置对话框，在弹出的对话框中根据需要设置各项参数，单击“确定”按钮后应用滤镜效果。

小提示 Ps

滤镜不能应用于位图模式、索引色或 16 位图像中。一些滤镜只能应用于 RGB 模式色彩模式的图像中。

9.1.2 滤镜菜单

在 Photoshop CS4 中，把最后一次使用过的滤镜放置在“滤镜”菜单的顶部，单击它或按 Ctrl+F 组合键，可以重复执行相同的滤镜。若按 Ctrl+Alt+F 组合键则可打开上次执行该滤镜时的滤镜参数设置对话框。Photoshop CS4 把“智能”滤镜放在“滤镜”菜单的第二栏中。“消失点”、“滤镜库”、“液化”和命令放到了“滤镜”菜单的第三栏中。Photoshop CS4 在“滤镜”菜单的下方提供了 14 组滤镜样式，每组滤镜的子菜单中又包含了几种不同的滤镜效果。

小提示 Ps

在使用滤镜处理图像时要耗费大量系统资源和时间。要想终止正在执行的滤镜操作时，可按 Esc 键，Photoshop CS4 则停止运算并恢复到以前的状态。

9.2 滤镜库

Photoshop CS4 中有滤镜库功能，通过它可以浏览软件中的常用滤镜，并可预览对同一幅图像应用多个滤镜的堆栈效果。使用滤镜库操作步骤如下。

1 选择“滤镜”|“滤镜库”命令，弹出如图 9-1 所示的对话框。

2 在此对话框中提供了风格化、画笔描边、扭曲等 6 组滤镜，单击每组滤镜左侧的按钮▶，即可展开该组滤镜。

3 其中提供了常用的滤镜缩略图，单击需要浏览的滤镜缩略图，在对话框左侧的预览框中即可查看该滤镜的效果，同时将在对话框右侧显示出相应的参数设置选项。

4 如果要同时使用多个滤镜，可以在对话框的右下角单击“新建效果图层”按钮，在原效果层上即可新建一个效果层，单击相应的效果层后便可以应用其他滤镜效果，从而实现多个滤镜的堆栈效果。

5 如果不需要应用某个滤镜效果，选中相应的效果层，再单击下方的“删除效果图层”按钮将其删除即可。完成后单击“确定”按钮即可应用设置的滤镜效果。

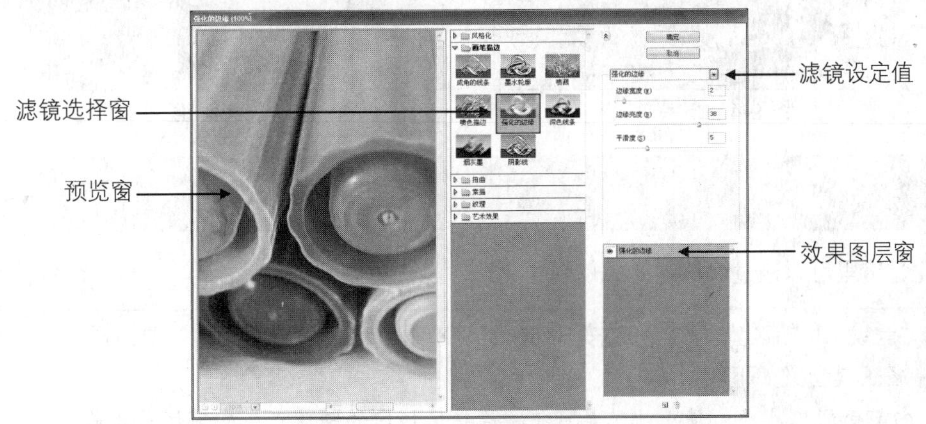

图 9-1　滤镜库

9.3 智能滤镜

利用智能滤镜可以在将某图层转换为智能对象后对其应用各种滤镜。如果觉得某滤镜不合适，可以暂时关闭，或者退回到应用滤镜前的初始状态。

以前我们对一个图层使用多个滤镜效果后，是不能任意取消一个效果的。智能滤镜允许用户象管理图层效果一样来管理这个图层的滤镜效果，具体操作步骤如下。

1 打开一幅图片，并复制“背景”图层得到“背景副本”图层。

2 将复制图层作为当前层，选择“滤镜” | “转换为智能滤镜”命令，弹出如图 9-2 所示提示框，单击“确定”按钮，将该图层转换为智能对象，图层面板如图 9-3 所示。

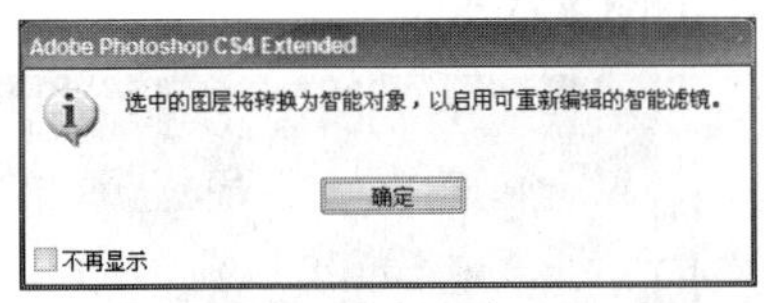

图 9-2　提示框

图 9-3　图层面板

3 对转换得到的智能对象应用各种滤镜即可，应用滤镜后可以看到图层面板中在智能对象下方列出了应用的滤镜，如图 9-4 所示。

4 如果想对某滤镜的参数进行修改，可以直接双击图层面板中的该滤镜，打开滤镜对话框。单击图层面板滤镜左侧的眼睛图标，则可以关闭滤镜的预览效果，如图 9-5 所示。在某滤镜上单击右键，可以弹出一个菜单，可以进行编辑、关闭、删除滤镜等操作。

图 9-4　图层面板

图 9-5　关闭滤镜

9.4 液化滤镜

在液化滤镜里可以通过涂抹的方式使图像变形，具体操作方法如下。

1 选择“滤镜”|“液化”命令，或按 Shift+Ctrl+X 组合键，弹出“液化”对话框，如图 9-6 所示，其中各工具含义如下。

- 向前变形工具：使用此工具可将被涂抹区域内的图像产生向前位移效果。
- 重建工具：使用此工具在液化变形后的图像上涂抹，可将图像还原成原图像效果。
- 顺时针旋转扭曲工具：使用此工具可以使被涂抹的图像产生旋转效果。
- 褶皱工具：使用此工具可以使图像产生向内压缩变形效果。
- 膨胀工具：使用此工具可以使图像产生向外膨胀放大的效果。
- 左推工具：使用此工具可以使图像中的像素产生向左位移变形的效果。
- 镜像工具：使用此工具可以使图像产生复制并推挤变形的效果。
- 湍流工具：使用此工具可以使图像产生水波纹类似的变形效果。
- 冻结蒙版工具：使用此工具在图中进行涂抹，可以将图像中不需要变形的部分图像保护起来。
- 解冻工具：使用此工具可以擦除图像中的冻结部分。
- 抓手工具：用于移动放大后的图像。
- 缩放工具：使用该工具可以缩放图像大小。

2 在对话框左侧为用于不同变形模式的工具，在对话框右侧，可以设置相应工具的画笔尺寸、压力以及查看模式等参数，如图 9-7 所示为变形后的图像效果。

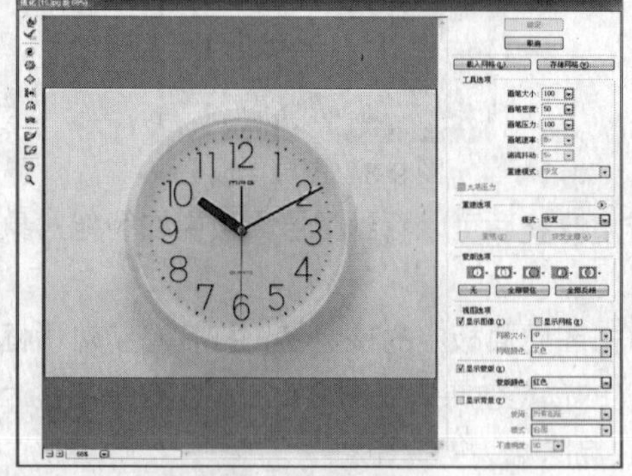

图 9-6　“液化”对话框

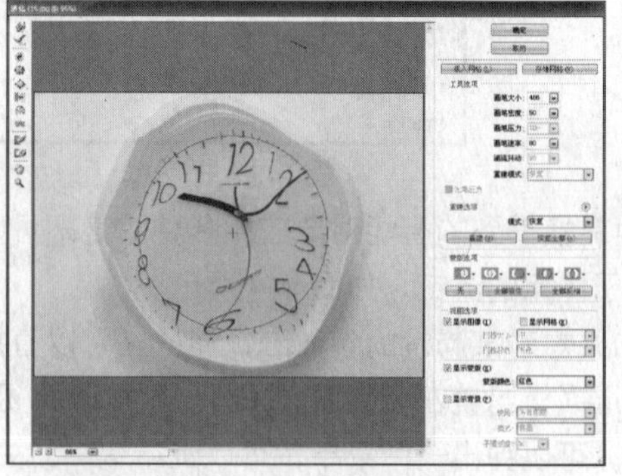

图 9-7　液化后图像效果

3 单击“确定”按钮，液化效果应用到图像中。

9.5 消失点滤镜

使用创新的消失点工具，可以在极短时间内得到令人称奇的效果，它可以让用户复制、绘制和粘贴与任何图像区域的透视自动匹配的元素。具体操作步骤如下。

1 打开一张素材图片。选择“滤镜”|“消失点”命令或按 Alt+Ctrl+V 组合键，弹出“消失点”对话框，如图 9-8 所示。

2 选择“创建平面工具”按钮，在画面上定义一个透视框，沿着 4 个角拉一个平行四边形。使网格覆盖住要修改的范围，如图 9-9 所示。

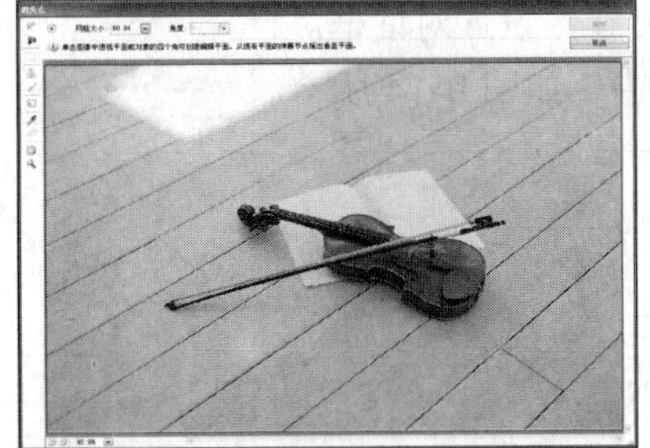

图 9-8 “消失点”对话框

图 9-9 创建透视框

3 继续使用“创建平面工具”创建透视框，如图 9-10 所示。

4 选择图章工具，按住 Alt 键在第一个透视框里单击设置源点，拖动鼠标复制，遮盖小提琴上面部分，如图 9-11 所示。

图 9-10 创建多个透视框

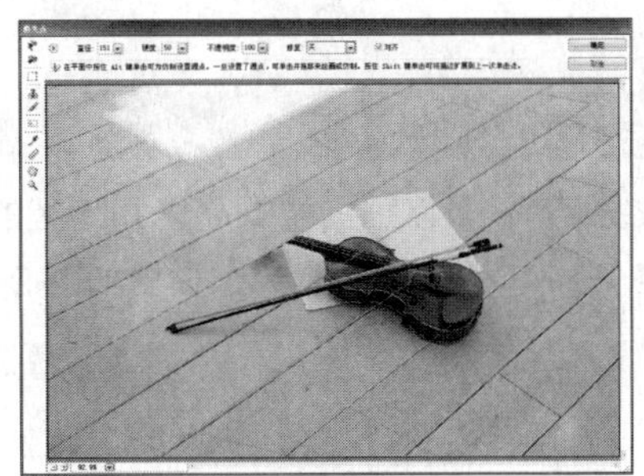

图 9-11 复制图像

5 接着，用同样的方法使用图章工具在其他的透视框中获取源点，复制图像遮盖小提琴，效果如图 9-12 所示。

6 单击“确定”按钮，小提琴消失，木地板效果如图 9-13 所示。

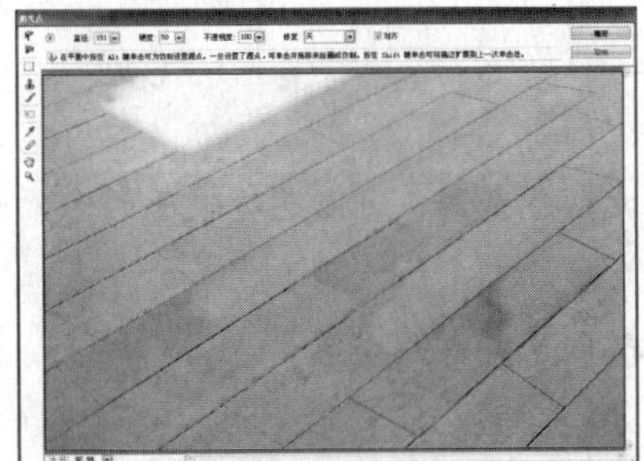

图 9-12 遮盖小提琴

图 9-13 木地板效果

9.6 风格化滤镜组

风格化滤镜组主要通过移动和置换图像的像素并增加图像像素的对比度，生成绘画或印象派的图像效果。选择“滤镜”|“风格化”命令，在“风格化”子菜单中提供了“查找边缘”、“扩散”和“拼贴”等多种滤镜效果命令。

9.6.1 查找边缘

“查找边缘”滤镜可以突出图像边缘，该滤镜无参数设置对话框。选择“滤镜”|“风格化”|“查找边缘”命令，查找边缘效果应用到图像中，如图 9-14 所示。

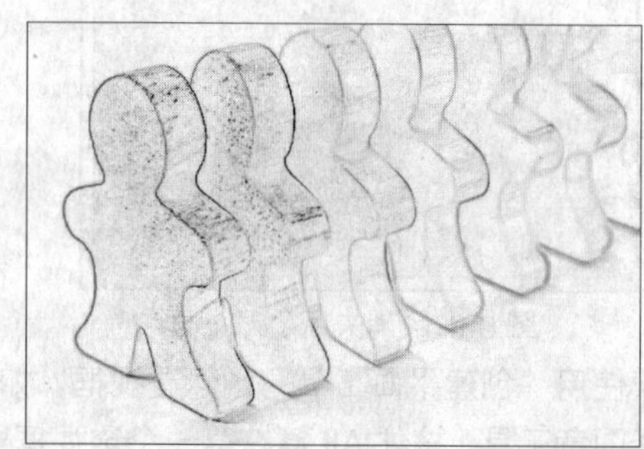

图 9-14 应用查找边缘滤镜图像效果对比

9.6.2 等高线

“等高线”滤镜可以沿图像的亮区和暗区的边界绘出比较细、颜色比较浅的线条。选择“滤镜”|“风格化”|“等高线”命令，弹出如图 9-15 所示的对话框，各选项参数含义如下。

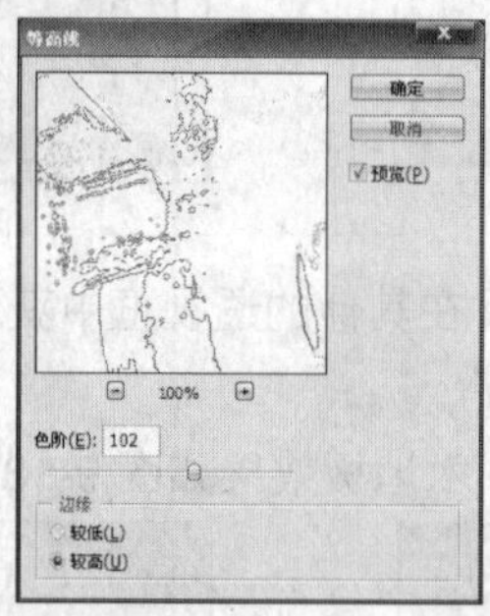

图 9-15 “等高线”对话框

- 色阶：通过调整三角滑块设置边缘线对应的像素颜色范围，可以选择较亮的像素或较暗的像素，调整范围为 0~255 之间。
- 边缘：设置边缘特性，可选择低于色阶的像素或高于色阶的像素。

设置参数后单击“确定”按钮，效果如图 9-16 所示。

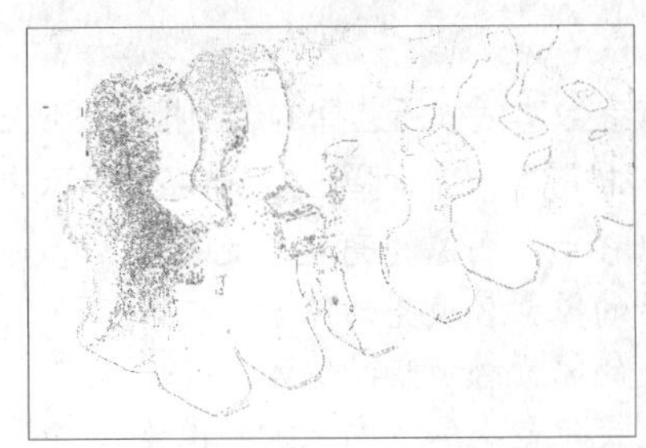

图 9-16　应用效果

9.6.3　风

“风”滤镜可以在图像中添加一些短而细的水平线来模拟风吹效果。选择“滤镜”|“风格化”|“风”命令，弹出如图 9-17 所示的对话框，各选项参数含义如下。

- 方法：选择不同的风力大小，选择的风力越大，图像的线条位移逐渐增大。
- 方向：控制风吹动的方向，有从右到左和从左到右的方向供用户选择。

设置参数后单击“确定”按钮，效果如图 9-18 所示。

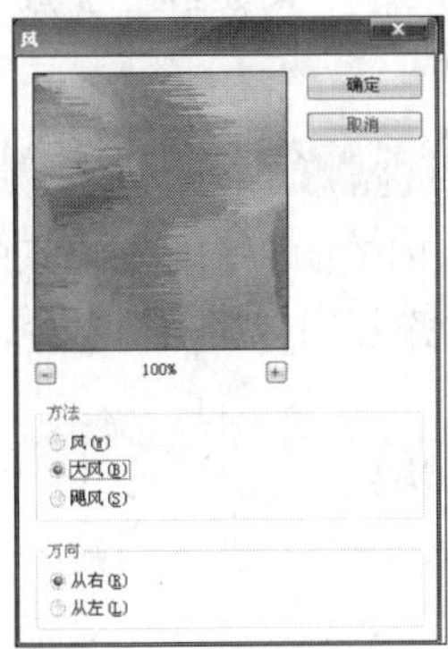

图 9-17　“风”对话框

图 9-18　应用效果

9.6.4　浮雕效果

“浮雕效果”滤镜可以通过勾划选区的边界并降低周围的颜色值，使选区显得凸起或压低，产生浮雕效果。选择“滤镜“|”风格化”|“浮雕效果”命令，弹出如图 9-19 所示的对话框，各选项参数含义如下。

- 角度：调节光线照射的方向，可以在角度后面的框中输入数值或拖动角度指针来改变光线的方向。
- 高度：调整浮雕的凸起程度，参数的取值范围在 1~10 之间，数值越大，图像的凸起程度越明显。
- 数量：调整浮雕凸起部分的细节程度，数值越大，图像细节表现越明显，参数的取值范围在 1%~500%之间。

设置参数后单击“确定”按钮，效果如图 9-20 所示。

9.6.5 扩散

“扩散”滤镜可以根据在其参数对话框所选择的选项搅乱图像中的像素，使图像产生模糊的效果。选择“滤镜”|“风格化”|“扩散”命令，弹出如图 9-21 所示的对话框，各选项参数含义如下。

- 正常：可以使像素随机移动，图像的亮度不变。
- 变暗优先：表示用较暗的像素替换亮的像素。
- 变亮优先：表示用较亮的像素替换暗的像素。
- 各向导性：表示在颜色变化最小的方向上搅乱像素。

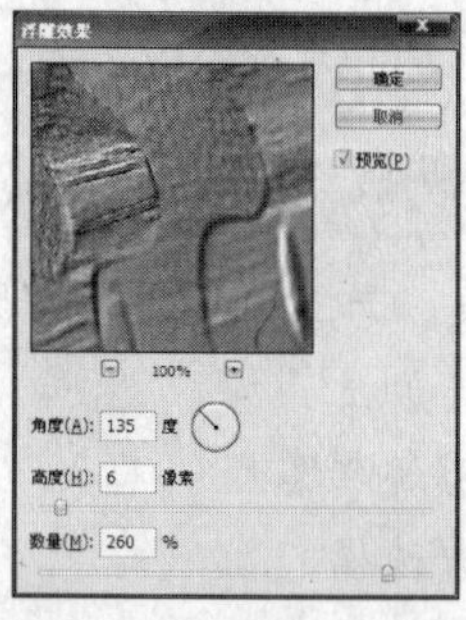

图 9-19 “浮雕”对话框

图 9-20 应用效果

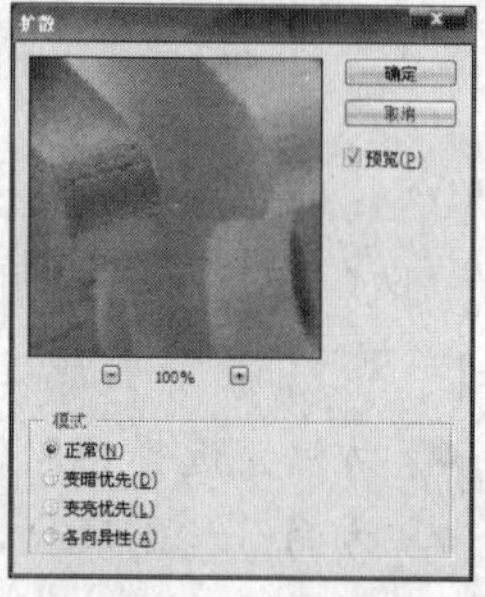

图 9-21 “扩散”对话框

9.6.6 拼贴

“拼贴”滤镜可以将图像分解成许多小贴块，并使每个方块内的图像都偏移原来的位置，看上去好像整幅图像是画在方块瓷砖上一样。选择“滤镜”|“风格化”|“拼贴”命令，弹出如图 9-22 所示的对话框，各选项参数含义如下。

- 拼贴数：用于设置在图像每行和每列中要显示的最小贴块数。
- 最大位移：用于设置允许贴块偏移原始位置的最大距离。
- 填充空白区域用：用于设置贴块间空白区域的填充方式。

设置参数后单击“确定”按钮，效果如图 9-23 所示。

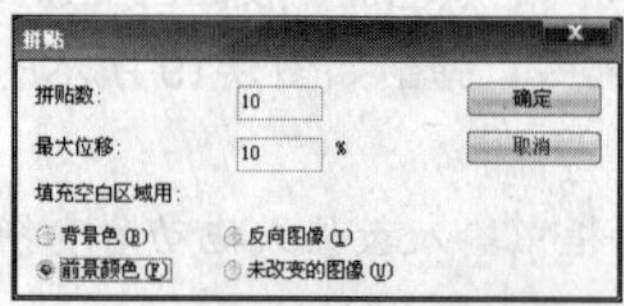

图 9-22 “拼贴”对话框

图 9-23 拼贴效果

9.6.7 曝光过度

“曝光过度”滤镜可以产生图像正片和负片混合的效果，类似于显影过程中将摄影照片短暂曝光，该滤镜无参数设置对话框。

9.6.8 凸出

“凸出”滤镜可以将图像分成一系列大小相同但有机叠放的三维块或立方体，生成一种 3D 纹理效果。选择“滤镜”|“风格化”|“凸出”命令，弹出如图 9-24 所示的对话框，各选项参数含义如下。

- 类型：用于设置三维块的形状。有“块”和“金字塔状”两种块类型。
- 大小：用于设置三维块的大小。
- 深度：用于设置三维块的凸出深度。并可选择是“随机”还是“基于色阶”进行排列。
- “立方体正面”复选框：勾选该复选框，表示只对立方体的表面填充物体的平均色，而不是对整幅图像。
- “蒙版不完整块”复选框：勾选该复选框，可以隐藏所有延伸出选区的对象。

设置参数后单击“确定”按钮，效果如图 9-25 所示。

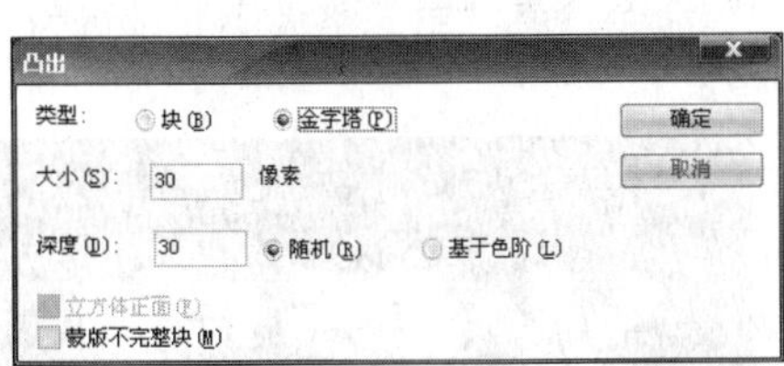

图 9-24　“凸出”对话框

图 9-25　凸出效果

9.6.9 照亮边缘

“照亮边缘”滤镜可以向图像边缘添加类似霓虹灯的光亮效果。选择“滤镜”|“风格化”|“照亮边缘”命令，弹出如图 9-26 所示的对话框，各选项参数含义如下。

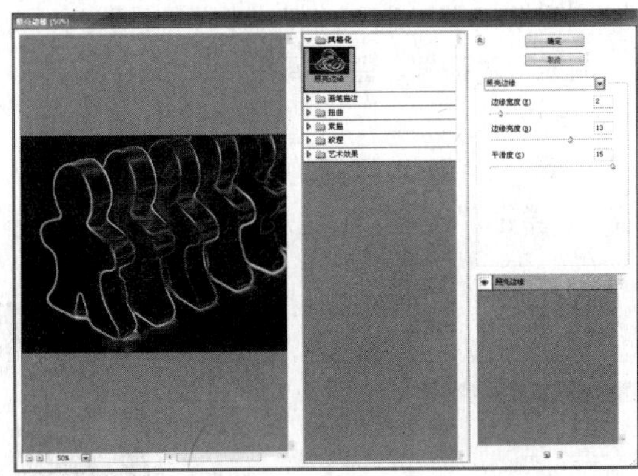

图 9-26　“照亮边缘”对话框

- 边缘宽度：调整发光轮廓线的宽度，参数设置范围在 1~14 之间。
- 边缘亮度：调整发光轮廓线的明暗程度，参数设置范围在 0~20 之间。
- 平滑度：设定发光轮廓线的光滑程度，参数设置范围为 1~15 之间，数值越大曲线越连贯。

现场练兵

冰雪字

本例将通过反向命令、晶格化滤镜以及风滤镜制作冰雪字效果，如图 9-27 所示。

图 9-27 最终效

本例的具体操作步骤如下。

1 新建文档，输入文字，效果如图 9-28 所示。载入文字选区，合并所有图层。

2 反向选区，选择“滤镜”|“像素化”|“晶格化”命令，将“单元格大小”设置为“10”，效果如图 9-29 所示。

图 9-28 输入文字

图 9-29 晶格化效果

3 将选区反向，选择“滤镜”|“杂色”|“添加杂色”命令，在打开的“添加杂色”对话框中将“数量”设置为“35%”，选择“高斯分布”，勾选“单色”复选框。

4 选择“滤镜”|“模糊”|“高斯模糊”命令，将“半径”设置为“4 像素”。

5 按 Ctrl+M 组合键弹出“曲线”对话框，曲线调整如图 9-30 所示。

6 取消选区，顺时针旋转画布 90 度。

7 选择“滤镜”|“风格化”|“风”命令，在打开的“风”对话框中将“方法”选项设置为“风”，“方向”选项设置为“从右”，单击“确定”按钮后，按 Ctrl+F 组合键，再执行一次“风”效果，如图 9-31 所示。

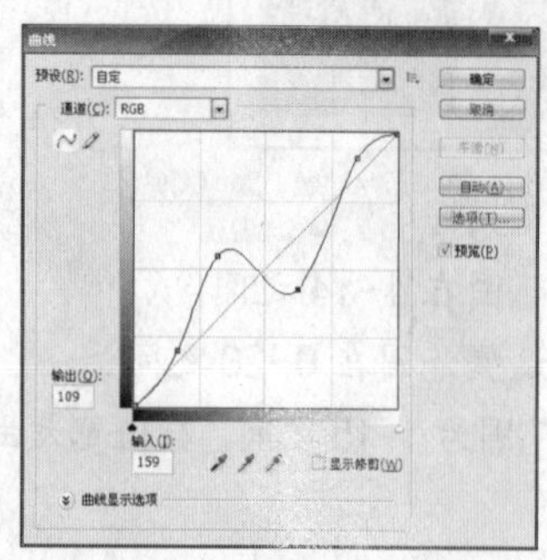

图 9-30 “曲线”对话框

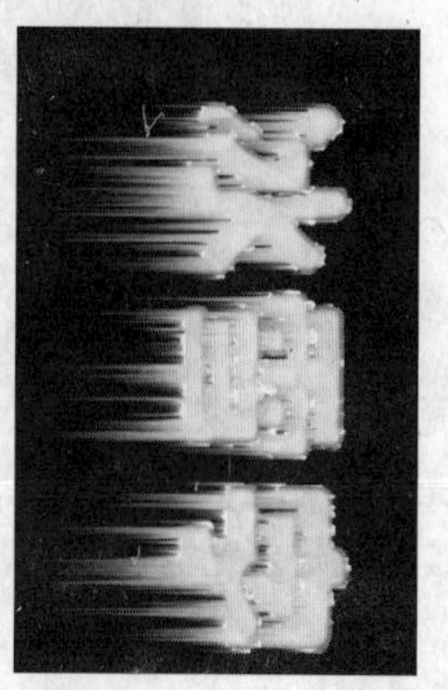
图 9-31 风效果

8 选择“图像”|“旋转画布”|“90 度（逆时针）”命令，将画布旋转。

9 最后使用“色彩平衡”命令为文字上色，使用画笔工具给文字增加上闪烁的效果，最终效果如图 9-32 所示。

图 9-32　完成效果

9.7　画笔描边滤镜组

画笔描边滤镜可以使用不同的画笔或油墨笔刷来产生绘画效果的外观。该组中的所有滤镜都可以通过滤镜库来应用。选择“滤镜”|“画笔描边”命令，在“画笔描边”子菜单中提供了“喷溅”、“喷色描边”和“成角的线条”等多种滤镜效果。

9.7.1　成角的线条

“成角的线条”滤镜可以使用对角描边重新绘制图像，即用一个方向的线条绘制图像的亮区，用相反方向的线条绘制暗区。选择“滤镜”|“画笔描边”|“成角的线条”命令，弹出如图 9-33 所示的对话框，各选项参数含义如下。

- 方向平衡：用于调整笔画线条的倾斜方向。
- 描边长度：用于控制勾绘笔画的长度。
- 锐化程度：用于控制笔画的尖锐程度。

设置参数后单击“确定”按钮，效果如图 9-34 所示。

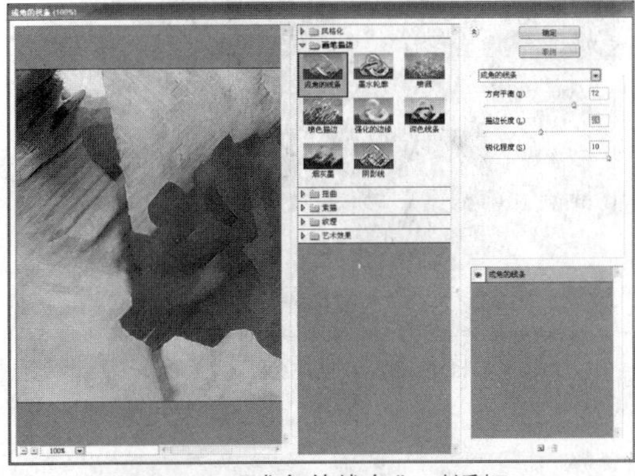

图 9-33　“成角的线条”对话框

图 9-34　应用效果

9.7.2 墨水轮廓

“墨水轮廓”滤镜将以钢笔画的风格，用纤细的线条在原图像细节上重绘图像。选择“滤镜”|“画笔描边”|“墨水轮廓”命令，弹出如图 9-35 所示的对话框，各选项参数含义如下。

- 描边长度：用于控制笔划长度。
- 深色强度：用于设置黑色轮廓强度，参数设置为 50 时，设置被处理图像中所有深色的区域将变为黑色。
- 光照强度：当白色区域强度与深色强度参数相反时，此参数设置为 50 时，被处理图像中所有浅色的区域将变得更亮。

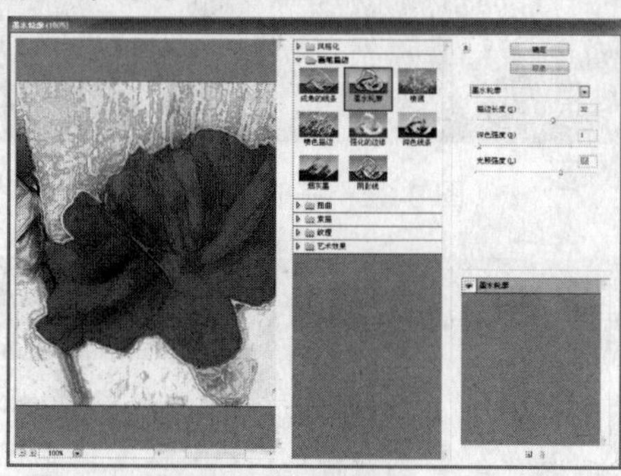

图 9-35 “墨水轮廓”对话框

9.7.3 喷溅

“喷溅”滤镜可以模拟喷枪喷溅的效果。选择“滤镜”|“画笔描边”|“喷溅”命令，弹出如图 9-36 所示的对话框，各选项参数含义如下。

- 喷色半径：用于控制喷溅的范围，值越大，喷溅范围越广。
- 平滑度：用于调整喷溅效果的轻重或光滑度。值越大，喷溅浪花越光滑，但喷溅浪花也会越模糊。

设置参数后单击“确定”按钮，效果如图 9-37 所示。

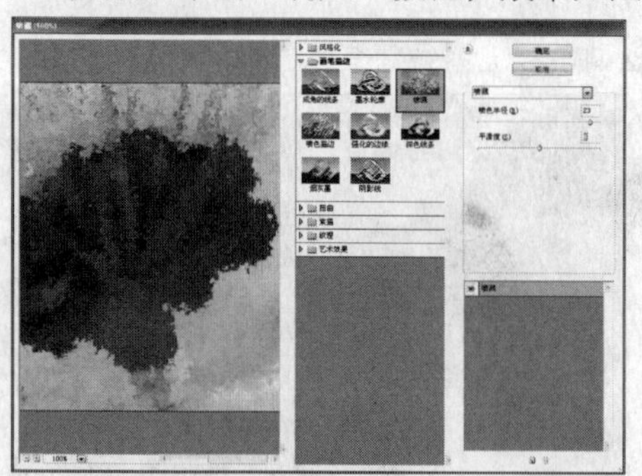

图 9-36 “喷色描边”对话框

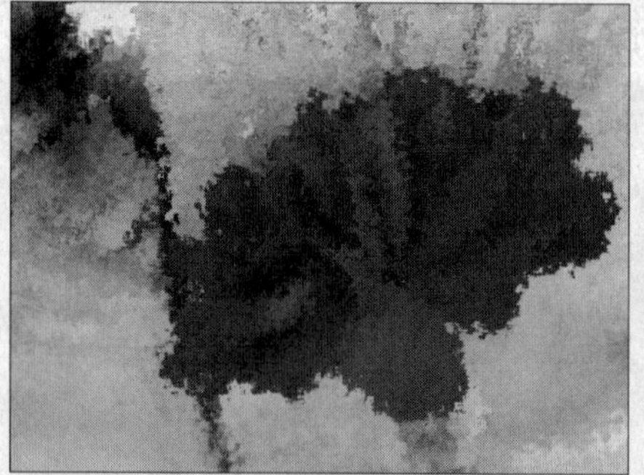

图 9-37 应用效果

9.7.4 喷色描边

“喷色描边”滤镜将用成角的、喷溅的颜色线条重新绘画图像。选择“滤镜”|“画笔描

边”|“喷色描边”命令，弹出如图 9-38 所示的对话框，各选项参数含义如下。

- 描边长度：设置笔划长度。设置值越低，图像越没有什么影响，当值大于 3 时，能够产生一定的效果。
- 喷色半径：用于设置喷溅的范围，值越大，喷溅范围越广。
- 描边方向：用于设置喷绘的方向。

设置参数后单击“确定”按钮，效果如图 9-39 所示。

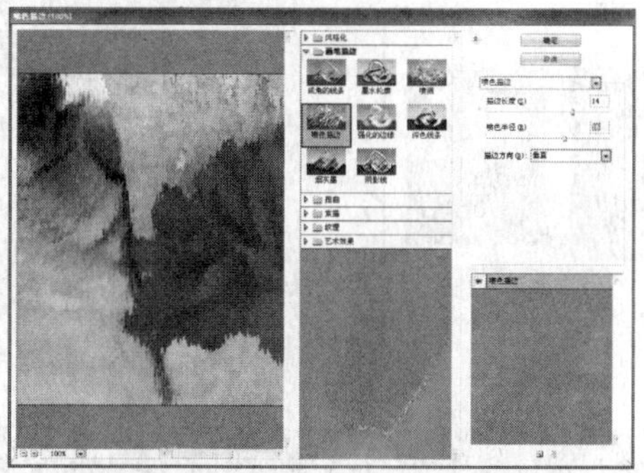

图 9-38 喷色对话框

图 9-39 应用效果

9.7.5 强化的边缘

“强化的边缘”滤镜将对图像的边缘进行强化处理。选择“滤镜”|“画笔描边”|“强化的边缘”命令，弹出如图 9-40 所示的对话框，各选项参数含义如下。

- 发光大小：用于设置霓虹灯的照射范围。
- 边缘宽度：用于控制边缘宽度，值越大，边界越宽。
- 边缘亮度：用于调整边界的亮度。
- 平滑度：用于调整处理边界的平滑度。

设置参数后单击“确定”按钮，效果如图 9-41 所示。

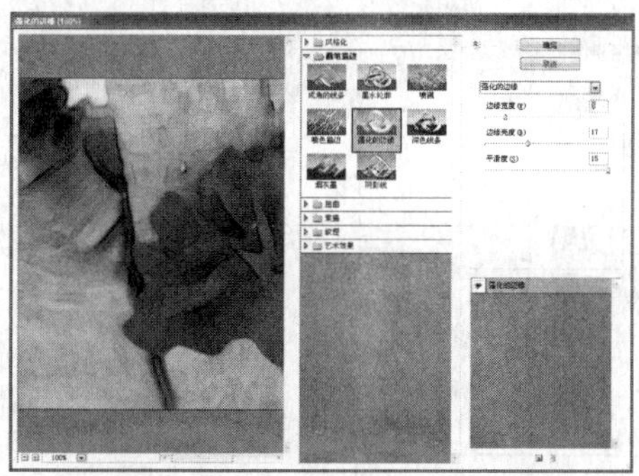

图 9-40 “强化的边缘”对话框

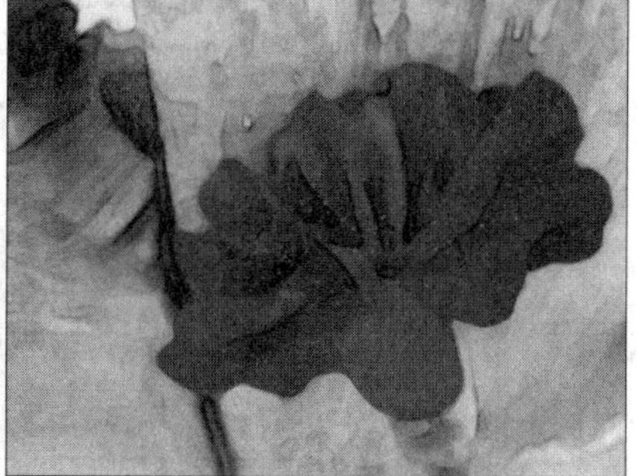

图 9-41 强化的边缘效果

9.7.6 深色线条

“深色线条”滤镜将用短而密的线条来绘制图像中的深色区域，用长而白的线条来绘制图像中颜色较浅的区域，从而产生一种很强的黑色阴影效果。选择“滤镜”|“画笔描边”|“深色线条”命令，弹出如图 9-42 所示的对话框，各选项参数含义如下。

- 平衡：用于调整笔触的方向。

- 黑色强度：用于控制黑色阴影的强度。
- 白色强度：用于控制白色区域的强度。值越大，变亮的浅色区越多。

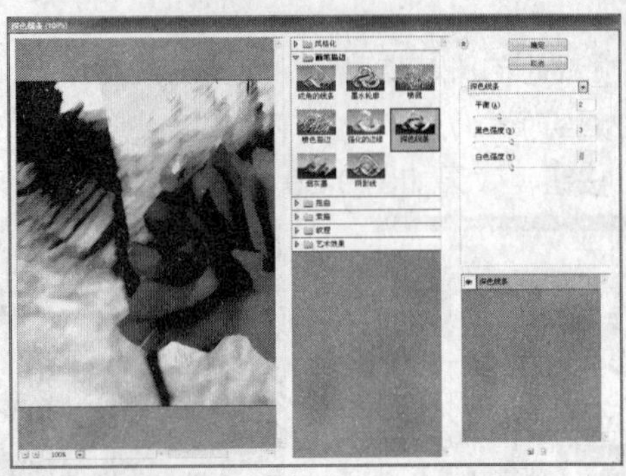

图 9-42 “深色线条”对话框

9.7.7 烟灰墨

“烟灰墨”滤镜是以日本画的风格绘画图像，看起来像是用蘸满黑色油墨的湿画笔在宣纸上绘画的效果。选择“滤镜”|“画笔描边”|“烟灰墨”命令，弹出如图 9-43 所示的对话框，各选项参数含义如下。

- 描边宽度：用于设置笔划的宽度。参数设置值较低时，产生柔和光滑的笔划效果；参数设置值较高时，处理后的图像层次分明，笔划有些粗糙。
- 描边压力：用于设置图像产生黑色的数量。设置值较高时，处理的图像将产生大量的黑色，相反，当取值较低时，产生出一种平滑而模糊的效果。此效果对层次分明的图像特别有效。
- 对比度：用于控制图像的对比度，此值越大，产生的对比效果越强烈。

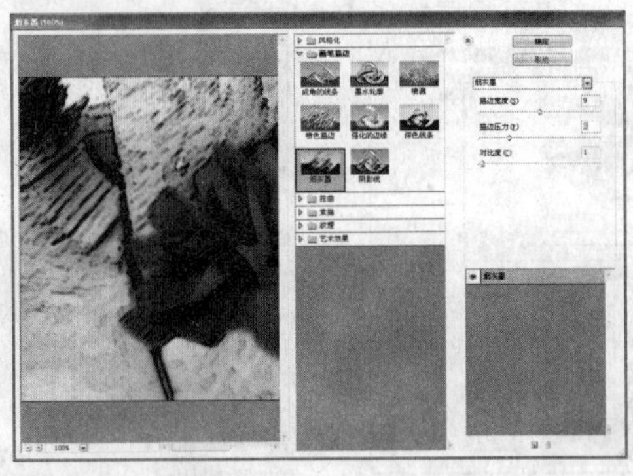

图 9-43 “烟灰墨”对话框

9.7.8 阴影线

“阴影线”滤镜在保留原稿图像的细节和特征的同时，使用模拟的铅笔阴影线添加纹理，并使图像中彩色区域的边缘变粗糙。选择“滤镜”|“画笔描边”|“阴影线”命令，弹出如图 9-44 所示的对话框，各选项参数含义如下。

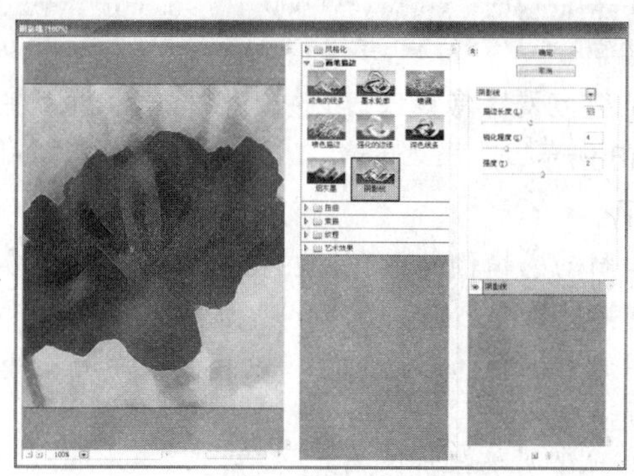

图 9-44　“阴影线”对话框

- 描边长度：用于设置交叉网线笔风的长度。参数设置大于 5 时，能够显示出相互交叉的十字网线。
- 锐化程度：用于设置交叉网线的锐化程度，此参数的设置将受到“强度”参数的影响。
- 强度：用于设置交叉网线的力度感。

9.8 模糊滤镜组

模糊滤镜组可以柔化图像边缘，遮蔽清晰的边缘像素，产生模糊图像的效果。选择“滤镜”|“模糊”命令，在“模糊”子菜单中提供了“动感模糊”、“径向模糊”和“高斯模糊”等 11 种模糊效果。

9.8.1 表面模糊

“表面模糊”命令模糊图像时保留图像边缘，可用于创建特殊效果，以及用于去除杂点和颗粒。选择“滤镜”|“模糊”|“表面模糊”命令，弹出如图 9-45 所示对话框，各选项含义如下。

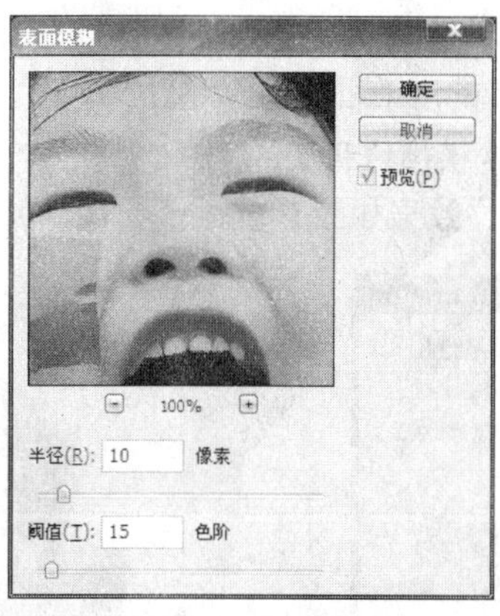

图 9-45　“表面模糊”对话框

- 半径：此选项用于设置模糊效果的强度，取值范围在 1~100 之间，值越大，模糊效果越强。
- 阈值：只有相邻像素间的亮差别不超过临界值所限定的范围内的像素才能被特殊模糊作用到，取值范围在 2~255 之间。

9.8.2 动感模糊

“动感模糊”滤镜在某一方向对图像像素进行线性位移，从而产生一种高速运动的效果。在图像中创建选区，如图 9-46 所示，选择“滤镜”|“模糊”|“动感模糊”命令，弹出如图 9-47 所示对话框，各选项含义如下。

- 角度：此选项用于控制动感模糊的方向，在文本框中可以直接输入数值，也可以直接拖动指针调整动感模糊的角度。
- 距离：此选项用于图像中像素的移动距离，设置的值越大，模糊强度越大。也可以直接拖动滑块调整模糊强度。

设置参数后单击“确定”按钮，效果如图 9-57 所示。

图 9-46 创建选区

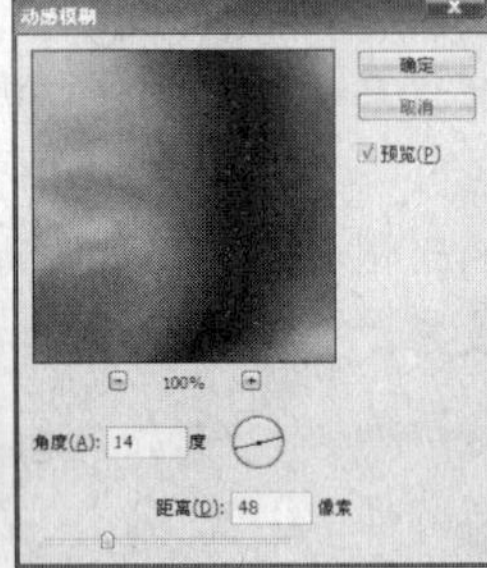

图 9-47 “动感模糊”对话框

图 9-48 应用效果

9.8.3 方框模糊

“方框模糊”滤镜以邻近像素颜色平均值为基准模糊图像。选择“滤镜”|“模糊”|“方框模糊”命令，弹出“方框模糊”对话框，“半径”选项用于设置模糊效果的强度，值越大，模糊效果越强。

9.8.4 高斯模糊

“高斯模糊”滤镜可以通过调整半径值来快速地模糊选区。选择“滤镜”|“模糊”|“高斯模糊”命令，弹出如图 9-49 所示的对话框，各选项含义如下。

- 半径：此选项用于调节图像模糊的程度。

设置参数后单击“确定”按钮，效果如图 9-50 所示。

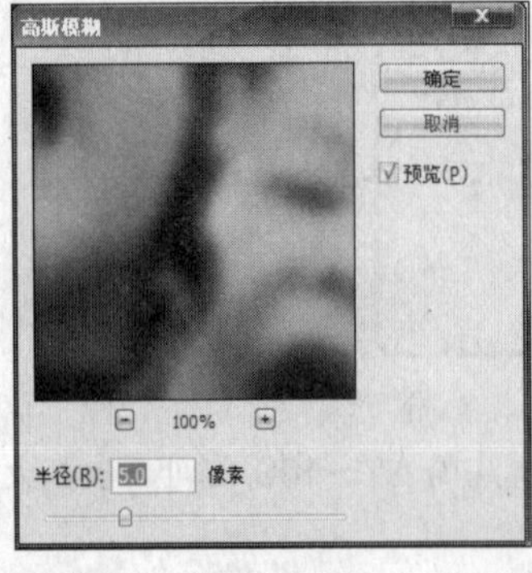

图 9-49 “高斯模糊”对话框

图 9-50 应用效果

9.8.5　进一步模糊

"进一步模糊"滤镜产生的效果比模糊滤镜产生的效果强三至四倍，不需要设置参数。

9.8.6　径向模糊

"径向模糊"滤镜能产生一种旋转的模糊效果，可将图像旋转成圆形，也可将图像制作出从中心辐射的效果，选择"滤镜"|"模糊"|"径向模糊"命令，弹出如图 9-51 所示对话框，各选项含义如下。

- 数量：此选项用于设置模糊效果的强度，值越大，模糊效果越强。
- 中心模糊：此选项用于设置模糊向外扩散的方向点，在预览框中单击，向外扩散模糊时即从此点开始模糊。
- 模糊方法：选中旋转单选项时，产生旋转模糊效果；选中缩放单选区时，产生放射模糊效果，此模糊效果将从图像中心向外开始放射。
- 品质：此选项用于调节模糊质量，其中包括三种品质，分别为草图、好和最好 3 个单选项。

设置参数后单击"确定"按钮，径向模糊效果应用到图像中，如图 9-52 所示。

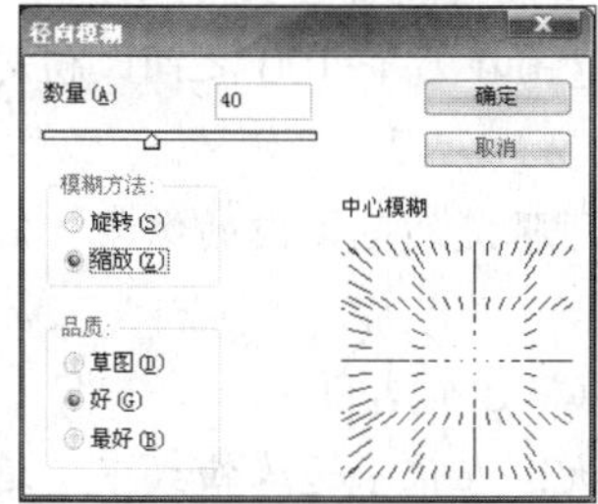

图 9-51　"径向模糊"对话框

图 9-52　应用效果

9.8.7　镜头模糊

"镜头模糊"滤镜可以模仿镜头的方式对图像进行模糊，选择"滤镜"|"模糊"|"镜头模糊"命令，弹出如图 9-53 所示的对话框，各选项含义如下。

图 9-53　"镜头模糊"对话框

- 预览：此选项用于设置预览的方式，选中"更快"单选项可以快速预览调整参数后的效果。
- 深度映射：此栏主要用于调整镜头模糊的远近。通过拖动"模糊焦距"下方的滑块，可以改变模糊镜头的焦距。

- 光圈：用于调整光圈的形状和模糊范围的大小。
- 镜面高光：用于调整模糊镜面的亮度的强弱。
- 杂色：用于设置模糊过程中所添加的杂点的多少和分布方式。

9.8.8 模糊

“模糊”滤镜能让整个图像或图像的选择区域产生一种极轻微的模糊效果，它将图像中所定义线条和阴影区域的边邻近像素平均而产生平滑的过渡效果。此滤镜不需要设置参数。

9.8.9 平均模糊

“平均模糊”滤镜能使图像中的颜色均匀混合产生模糊效果。此滤镜没有参数设置对话框。

9.8.10 特殊模糊

“特殊模糊”滤镜可以创建多种模糊效果，是唯一不模糊图像轮廓的模糊方式，选择“滤镜”|“模糊”|“特殊模糊”命令，弹出如图 9-54 所示对话框，各选项含义如下。

- 半径：此选项用于设置模糊效果的强度，取值范围在 0.1~100 之间，值越大，模糊效果越强。
- 阈值：只有相邻像素间的亮差别不超过临界值所限定的范围内的像素才能被特殊模糊作用到，取值范围在 0.1~100 之间。
- 品质：用于设置模糊的质量。包括“低、中和高”3 个选项。
- 模式：在正常模式下，与其他模糊滤镜差别不大；在仅限边缘模式下，适用于边缘有大量颜色变化的图像，增大边缘，图像边缘将变白，其余部分将变黑；在叠加边缘模式下，滤镜将覆盖图像的边缘。

设置参数后单击“确定”按钮，特殊模糊效果应用到图像中，如图 9-55 所示。

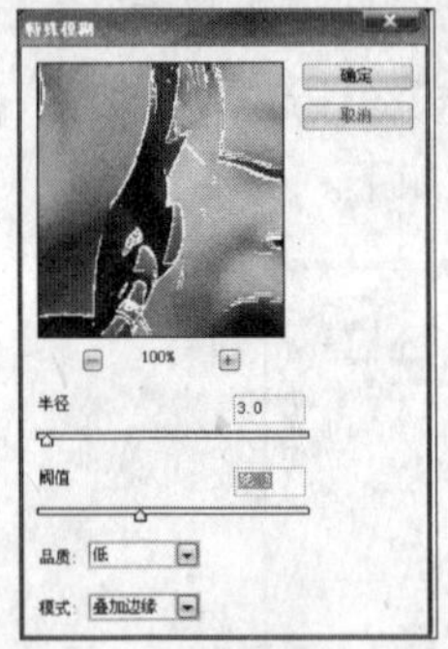

图 9-54 “特殊模糊”对话框

图 9-55 应用效果

9.8.11 形状模糊

“形状模糊”滤镜使用指定的图形作为模糊中心进行模糊。选择“滤镜”|“模糊”|“形状模糊”命令，弹出如图 9-56 所示对话框，各选项含义如下。

- 形状：选择的形状将出现在该预览框中。

- 半径：此选项用于设置图像的模糊强度，设置的值越大，模糊强度越大。也可以直接拖动滑块调整模糊强度。

设置参数后单击“确定”按钮，形状模糊效果应用到图像中，如图 9-57 所示。

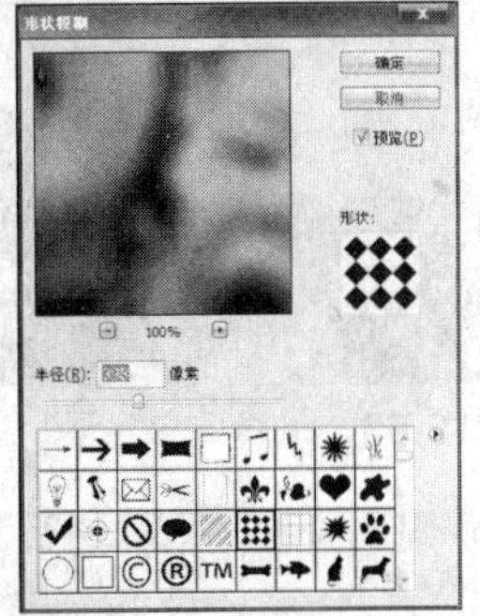

图 9-56　“形状模糊”对话框

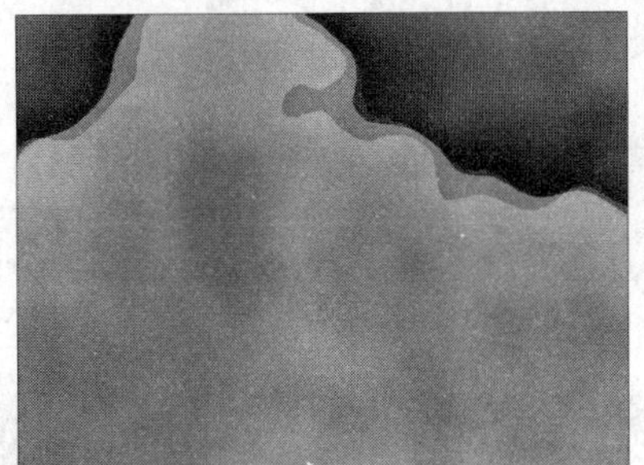

图 9-57　形状模糊效果

窗外

本例将通过高斯模糊以及强光混合模式制作窗外效果，如图 9-58 所示。

图 9-58　最终效果

本例的具体操作步骤如下。

1 按 Ctrl+O 组合键，打开一幅素材文件，如图 9-59 所示。

2 将“背景”图层复制一个“背景副本”图层，选择“滤镜” | “模糊” | “高斯模糊”命令，设置参数如图 9-60 所示。

3 打开如图 9-61 所示水珠素材文件，拖入当前工作区中，调整大小及位置如图 9-62 所示。

图 9-59　素材图片

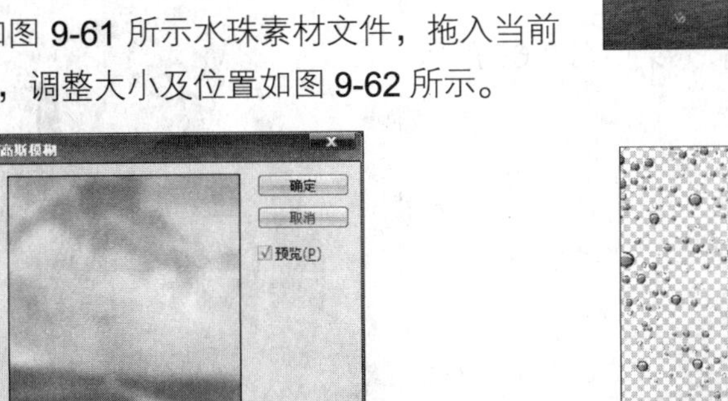

图 9-60　设置高斯模糊参数

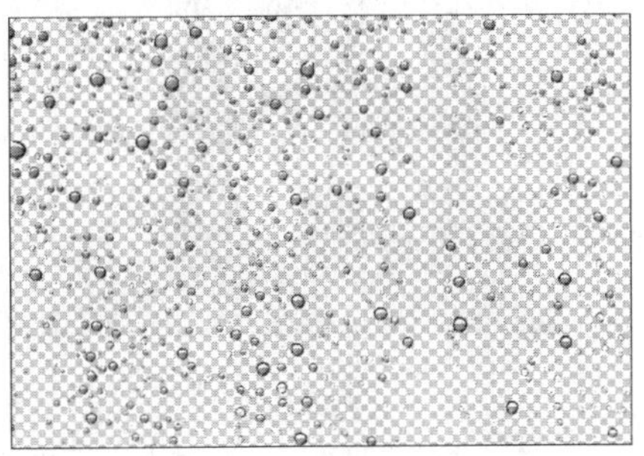

图 9-61　素材

4 将水珠图层混合模式设置为“强光”，窗外最终效果如图 9-63 所示。

图 9-62　调整图像位置

图 9-63　最终效果

9.9 扭曲滤镜组

扭曲滤镜组可以对图像进行扭曲等变形效果。选择“滤镜”|“扭曲”命令，在“扭曲”子菜单中提供了“切变”、“扩散亮光”、“旋转扭曲”、“波纹”和“球面化”等 13 个滤镜效果命令。

9.9.1 波浪

“波浪”滤镜对话框中提供了许多设置波长的选项，在选定的范围或图像上创建波浪起伏的图像效果。选择“滤镜”|“扭曲”|“波浪”命令，弹出如图 9-64 所示的对话框，各选项参数含义如下。

- 生成器数：用于设置产生波的波源数目。
- 波长：用于控制波峰间距，有“最小”和“最大”两个参数，分别表示最短波长和最长波长，最短波长值不能超过最长波长值。
- 波幅：用于设置波动幅度，有“最小”和“最大”两个参数，表示最小振幅和最大振幅，最小振幅不能超过最大振幅。
- 比例：用于调整水平和垂直方向的波动幅度。
- 类型：用于设置波动类型。
- 随机化：用来随机改变波动效果。

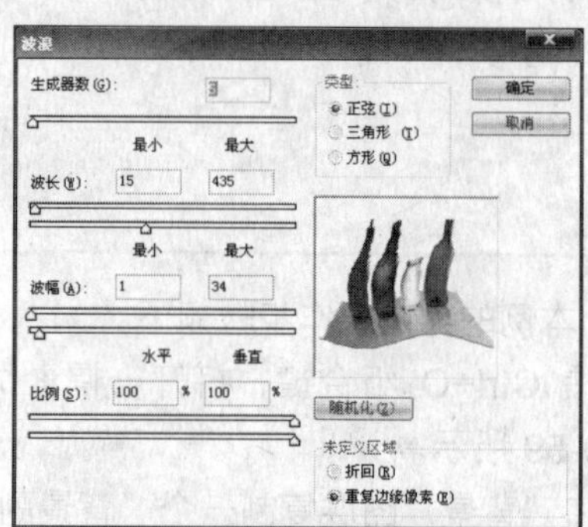

图 9-64　“波浪”对话框

设置参数后单击“确定”按钮，效果如图 9-65 所示。

（处理前）

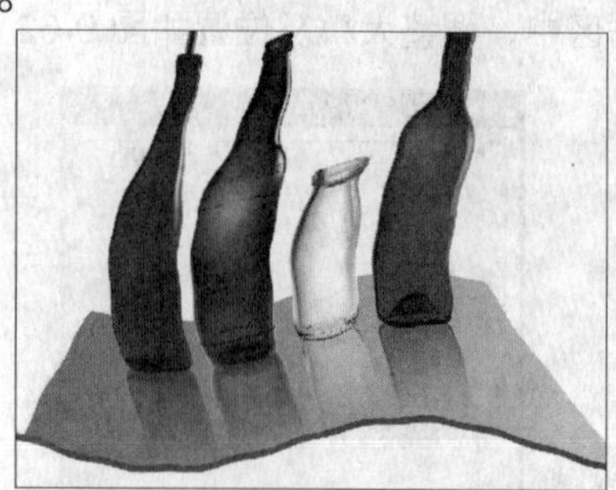

（处理后）

图 9-65　应用效果

9.9.2 波纹

“波纹”滤镜通过将图像像素移位变换图像，可以产生水纹的效果。选择“滤镜”|“扭曲”|“波纹”命令，弹出如图 9-66 所示的对话框，各选项参数含义如下。

- 数量：用于设置产生波纹的数量，参数设置得过高或过低时，图像会强烈变化；在参数设置在-300~300 之间时，才会产生好的效果。
- 大小：用于设定波纹的大小，参数设置有“小”、“中”、“大”3 个选择。

设置参数后单击“确定”按钮，效果如图 9-67 所示。

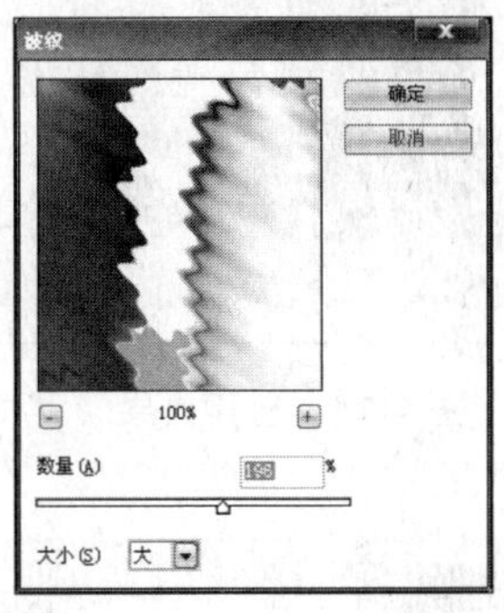

图 9-66 “波纹”对话框

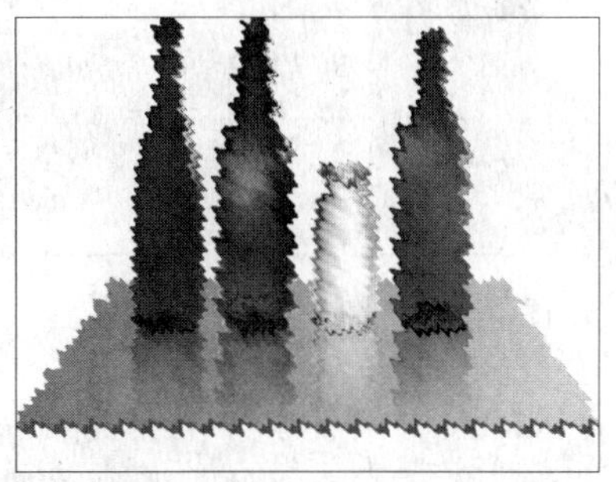

图 9-67 应用效果

9.9.3 玻璃

“玻璃”滤镜可以制造出不同的纹理，让图像产生一种隔着玻璃观看的效果。选择“滤镜”|“扭曲”|“玻璃”命令，弹出如图 9-68 所示的对话框，各选项参数含义如下。

- 扭曲度：用于调节图像扭曲变形的程度，该值越大，扭曲越厉害。
- 平滑度：用于调整玻璃的平滑程度。
- 纹理：用于设置纹理类型。
- 缩放：该选项用于设置图像玻璃化效果的大小。
- 反向：该选项用于设置玻璃效果的反向显示。

设置参数后单击“确定”按钮，效果如图 9-69 所示。

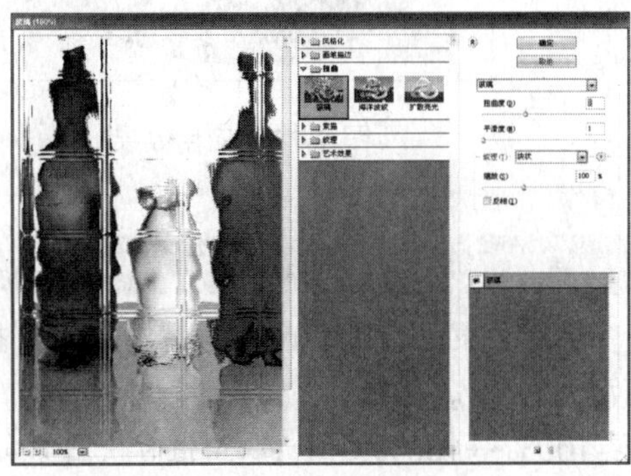

图 9-68 “玻璃”对话框

图 9-69 应用效果

9.9.4 海洋波纹

“海洋波纹”滤镜可以扭曲图像表面，使图像有一种在水面下方的效果。选择“滤镜”|“扭曲”|“海洋波纹”命令，弹出如图 9-70 所示的对话框，各选项参数含义如下。

- 波纹大小：用于调整波纹大小。
- 波纹幅度：用于设置波纹的数量。

设置参数后单击“确定”按钮，效果如图 9-71 所示。

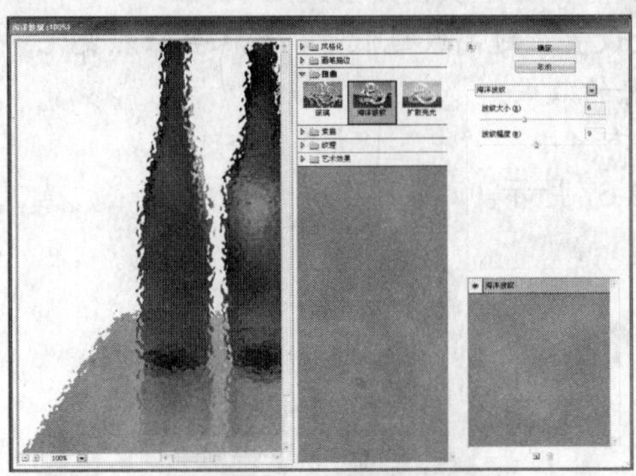
图 9-70 “海洋波纹”对话框

图 9-71 应用效果

9.9.5 极坐标

“极坐标”滤镜可以将图像的坐标从极坐标系转换到直角坐标系。选择“滤镜”|“扭曲”|“极坐标”命令，弹出如图 9-72 所示的对话框，各选项参数含义如下。

- 平面坐标到极坐标：从直角坐标系转化到极坐标系。
- 极坐标到平面坐标：从极坐标系转化到直角坐标系。

设置参数后单击“确定”按钮，效果如图 9-73 所示。

图 9-72 “极坐标”对话框

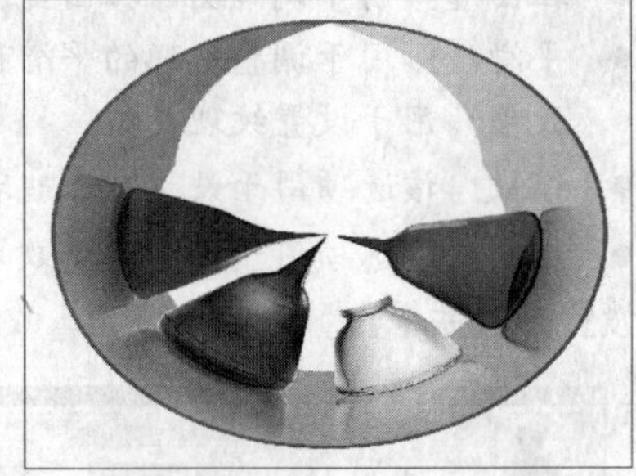
图 9-73 应用效果

9.9.6 挤压

“挤压”滤镜使选定的范围或图像产生挤压变形的效果。选择“滤镜”|“扭曲”|“挤压”命令，弹出如图 9-74 所示的对话框，各选项参数含义如下。

- 数量：用于调整挤压程度。其取值范围在-100%~+100%之间。取正值时使图像向内收缩，取负值时使图像向外膨胀。

设置参数后单击“确定”按钮，效果如图 9-75 所示。

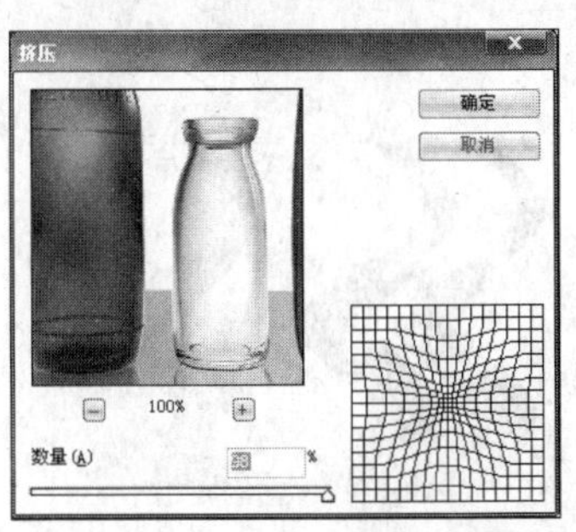

图 9-74　“挤压”对话框

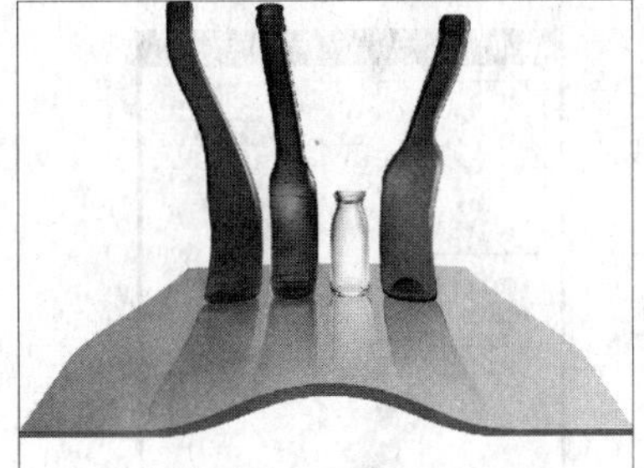
图 9-75　应用效果

9.9.7　镜头校正

“镜头校正”滤镜可以校正普通相机的镜头变形失真的缺陷，例如，桶状变形、枕形失真、晕影、色彩失真等。

9.9.8　扩散亮光

“扩散亮光”滤镜将工具箱中的背景色做为基色对图像进行渲染，生成一种发光的效果。选择“滤镜”|“扭曲”|“扩散亮光”命令，弹出如图 9-76 所示的对话框，各选项参数含义如下。

- 粒度：用于控制辉光中的颗粒度。该值越大，颗粒越多。
- 发光量：用于调整辉光的强度。
- 清除数量：用于控制图像受滤镜影响区域的范围。值越大，受影响的区域越少。

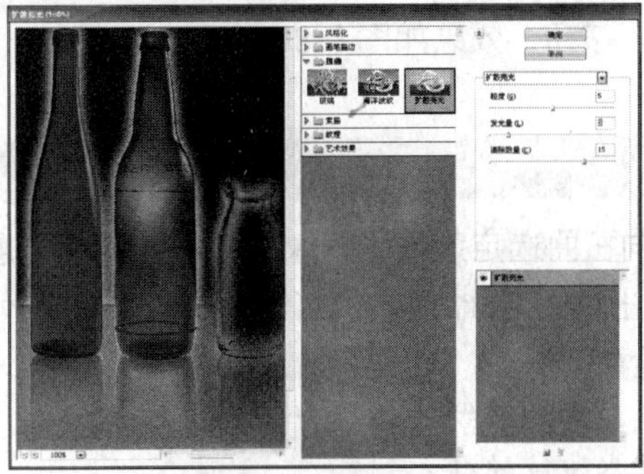
图 9-76　“扩散亮光”对话框

9.9.9　切变

“切变”滤镜可以通过对话框中设置的弯曲路径来扭曲图像。选择“滤镜”|“扭曲”|“切变”命令，弹出如图 9-77 所示的对话框，各选项参数含义如下。

- 未定义区域：用于设定对扭曲后的图像的空白区域的填充方式。
- 折回：则以图像中弯曲出去的部分来填充空白区域。
- 重复边缘象素：则以图像中扭曲边缘的像素来填充空白区域。

设置参数后单击“确定”按钮，效果如图 9-78 所示。

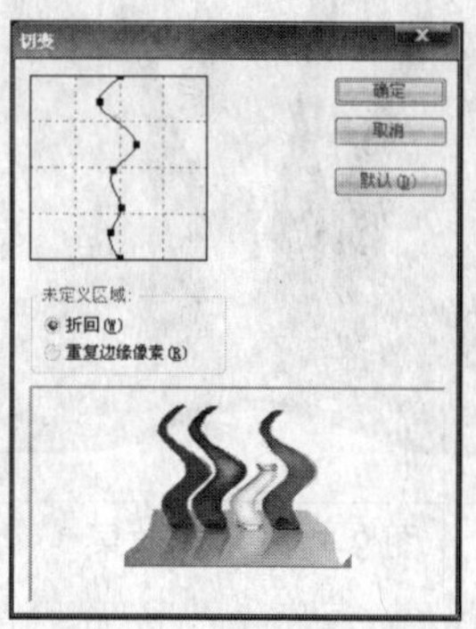

图 9-77 “切变”对话框

图 9-78 应用效果

小提示 Ps

在对话框中可以进行扭曲路径的设置。在方格上单击生成一些控制点，然后拖动这些控制点即可随意创造扭曲路径。将控制点拖出框外即可删除该控制点。

9.9.10 球面化

“球面化”滤镜可以通过设置范围来扭曲图像，使图像增加一种三维或球面效果。选择“滤镜”|“扭曲”|“球面化”命令，弹出如图 9-79 所示的对话框，各选项参数含义如下。

- 数量：用于调整图像不同的球面化程度，数值越大，球面化程度越明显，参数设置为 -100~100 之间。当数值为负值时，图像向内凹陷。
- 模式：单击选择框右侧的三角按钮，在下拉列表中可以选择不同的球面化模式。

设置参数后单击“确定”按钮，效果如图 9-80 所示。

9.9.11 水波

“水波”滤镜可以沿径向扭曲选定范围或图像，产生类似水面涟漪的效果。选择“滤镜”|“扭曲”|“水波”命令，弹出如图 9-81 所示的对话框，各选项参数含义如下。

- 数量：设置水波数量的多少。
- 起伏：设置从波源到边缘的波纹数目。
- 样式：根据需要选择水波纹的样式。

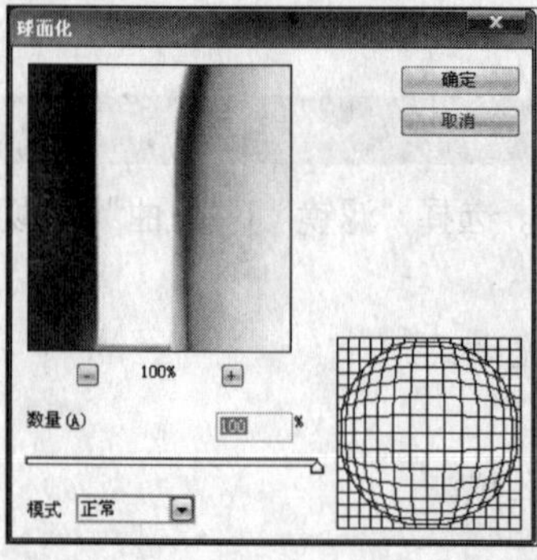

图 9-79 “球面化”对话框

图 9-80 应用效果

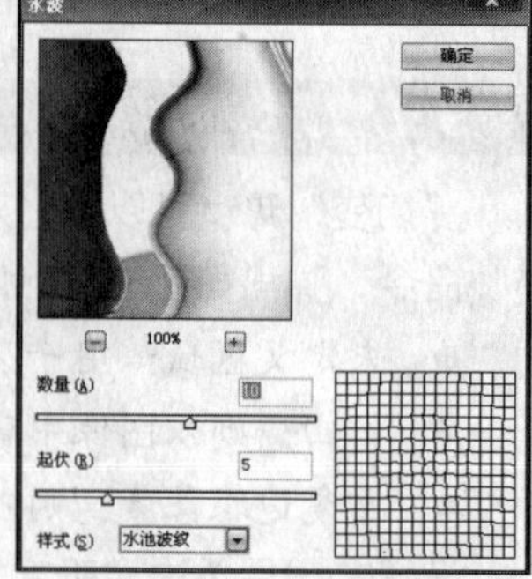

图 9-81 “水波”对话框

9.9.12　旋转扭曲

“旋转扭曲”滤镜产生一种中心位置比边缘位置扭曲更加强烈的效果，根据角度产生旋转扭曲的图像效果。选择“滤镜”|“扭曲”|“旋转扭曲”命令，弹出如图 9-82 所示的对话框，各选项参数含义如下。

- 角度：用于设置旋转扭曲的角度，取值范围是-999~999，设置为负值时，将逆时针扭曲，设置为正值时，将顺时针扭曲。

设置参数后单击“确定”按钮，效果如图 9-83 所示。

9.9.13　置换

“置换”滤镜可以使图像的像素向不同的方向移位。移位的方式不仅是根据对话框中的参数设置，还根据所选择的置换图来决定。选择“滤镜”|“扭曲”|“置换”命令，弹出如图 9-84 所示的对话框，各选项参数含义如下。

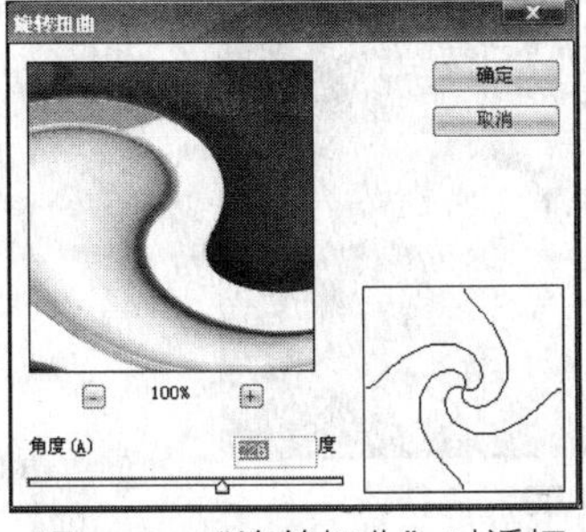

图 9-82　“旋转扭曲”对话框

图 9-83　应用效果

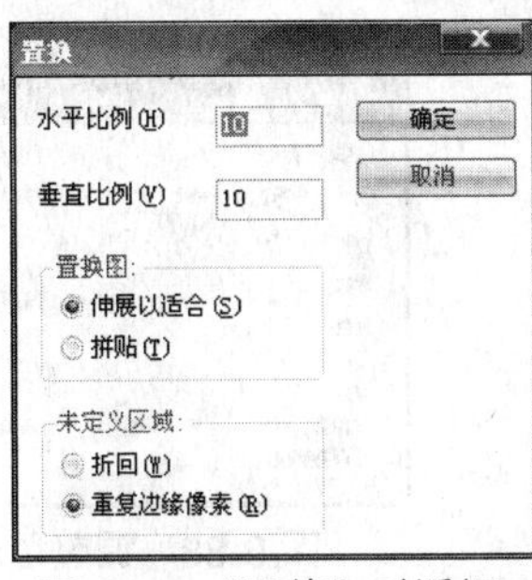

图 9-84　“置换”对话框

- 水平比例：用于设定像素在水平方向的移动距离。
- 垂直比例：用于设定像素在垂直方向的移动距离。
- 置换图：用于设置位移图的属性。其中，“伸展以适合”表示位移图像会覆盖原图并放大（位移图小于原图时），以适合原图大小；“拼贴”表示位移图像会直接叠放在原图上，不做任何大小调整。
- 未定义区域：用于设置未定义区域的处理方法。

鱼缸中的人

本例将通过色彩平衡命令、球面化滤镜以及模糊工具制作鱼缸中的人效果，如图 9-85 所示。

图 9-85　最终效果

本例的具体操作步骤如下。

1 按 Ctrl+O 组合键打开“鱼缸”素材图片，如图 9-86 所示。

2 打开“小孩”素材，拖入“鱼缸”文件中，调整大小及位置如图 9-87 所示。

图 9-86　素材

图 9-87　调整图像大小及位置

3 按 Ctrl+B 组合键弹出“色彩平衡”对话框，调整参数如图 9-88 所示。

4 单击“确定”按钮，效果如图 9-89 所示。

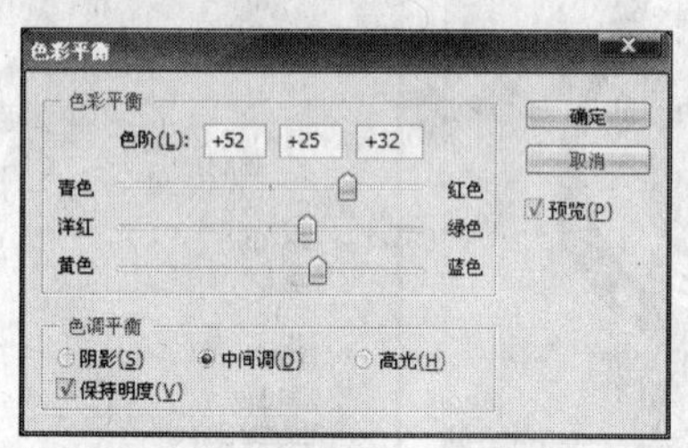

图 9-88　调整色彩平衡参数

图 9-89　调整效果

5 将此图层混合模式设置为“正片叠底”，效果如图 9-90 所示。

6 选择“椭圆选框”工具，设置其羽化值为 10 像素，在如图 9-91 所示位置创建椭圆选区。

图 9-90　正片叠底效果

图 9-91　创建椭圆选区

7 选择“滤镜”|“扭曲”|“球面化”命令，设置参数如图 9-92 所示，效果如图 9-93 所示。

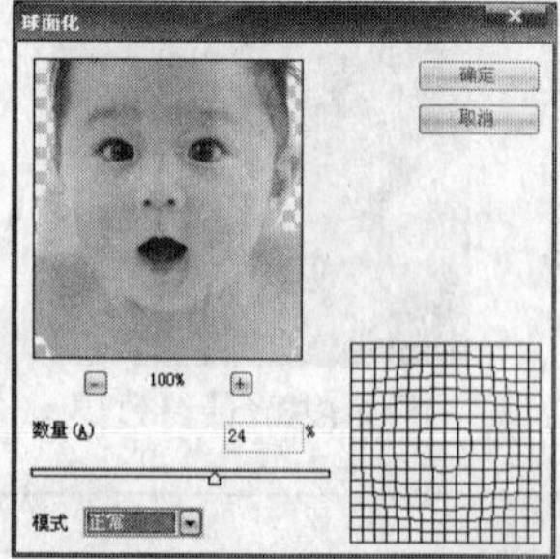

图 9-92　设置球面化参数

图 9-93　球面化效果

8 将此图层复制一个副本，将其图层混合模式设置为“柔光”，得到如图 9-94 所示效果。

9 打开“水泡”素材，拖入当前工作区中，调整好位置，将其图层混合模式设置为“正片叠底”，鱼缸中的人制作完成，最终效果如图 9-95 所示。

图 9-94　柔光效果

图 9-95　最终效果

9.10 锐化滤镜组

锐化滤镜可以通过增加相邻像素的对比度来聚焦模糊的图像。选择“滤镜”|“锐化”命令，在“锐化”子菜单中提供了“USM 锐化”、“锐化”和“锐化边缘”等 5 种滤镜效果命令。

9.10.1 USM 锐化

“USM 锐化”滤镜可以锐化图像边缘，通过调整边缘细节的对比度，在边缘的每侧生成一条亮线和一条暗线。选择“滤镜”|“锐化”|“USM 锐化”命令，弹出如图 9-96 所示的对话框，各选项含义如下。

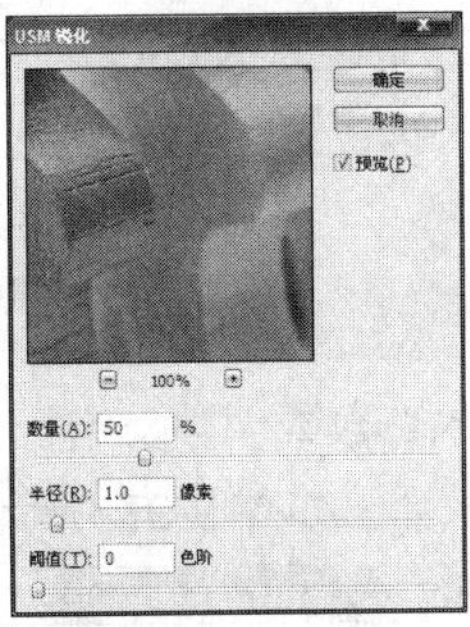

图 9-96 “USM 锐化”对话框

- 数量：用于确定增加像素对比度的数量。
- 半径：用于设置边缘像素周围影响锐化的像素数目。值越大，锐化越明显。
- 阈值：用于设置锐化的相邻像素必须达到的最低差值，只有色调值之差高于此值的像素才会被锐化，否则不进行锐化。

9.10.2 进一步锐化

“进一步锐化”滤镜要比“锐化”滤镜的锐化效果更强烈，无参数设置对话框。

9.10.3 锐化

“锐化”滤镜可以增加图像中相邻像素点之间的对比度，从而可聚焦选区并提高其清晰度。该滤镜无参数设置对话框。

9.10.4 锐化边缘

“锐化边缘”滤镜可以查找图像中颜色发生显著变化的区域，然后将其锐化。该滤镜无参数设置对话框。

9.10.5 智能锐化

相较于标准的“USM 锐化”滤镜，“智能锐化”的开发目的是用于改善边缘细节，阴影及高光锐化，在阴影和高光区域它对锐化提供了良好的控制。选择“滤镜” | “锐化” | “智能锐化”命令，在弹出的对话框中，用户可以从高斯模糊，运动模糊和镜头模糊三个不同类型的模糊中选择移除。

9.11 视频滤镜组

视频是用于控制工具的滤镜，它们属于 Photoshop CS4 的外接口程序，用来从摄像机或图像录像带上输入图像，主要解决与视频图像交换时系统变换的问题。视频滤镜组包括 2 种滤镜：NTSC 颜色和逐行。

9.11.1 NTSC 颜色

“NTSC 颜色”滤镜限制图像的色彩范围为 NTSC 制式电视可以接收并表现的颜色。此滤镜一般用于制作 VCD 静止帧的图像。此滤镜没有对话框。

9.11.2 逐行

“逐行”滤镜通过去掉视频图像中的奇数或偶数交错行，以平滑在视频上捕捉的移动图像。选择“滤镜” | “视频” | “逐行”命令，弹出如图 9-97 所示的对话框，各选项参数含义如下。

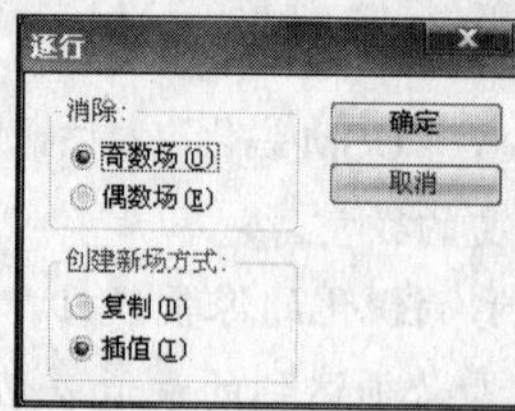

图 9-97　逐行对话框

- 清除：设置清除的行。选择“奇数场”将清除奇数行；选择“偶数场”将清除偶数行。
- 创建新场方式：用于确定图像上追加行的方法。其中“复制”将复制一行到清除的行；“插值”将使用插值法插入一行到清除的行。

9.12 素描滤镜组

素描滤镜可以用来在图像中添加纹理，使图像产生素描、速写及三维的艺术绘画效果（该组中的大部分滤镜与当前前背景颜色的设置相关）。选择“滤镜”|“素描”命令，在“素描”子菜单中提供了“便条纸”、“半调图案”、“撕边”和“铬黄”等多种滤镜效果。

9.12.1 半调图案

“半调图案”滤镜可以用前景色和背景色在图像中模拟半调网屏的效果。选择“滤镜”|“素描”|“半调图案”命令，弹出如图 9-98 所示“半调图案”对话框，各选项参数含义如下。

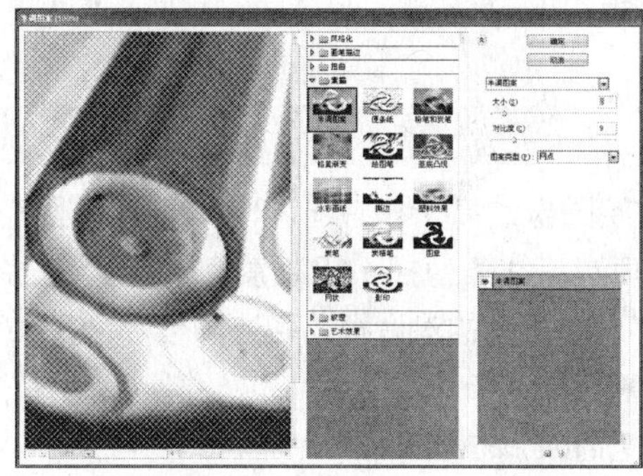

图 9-98 “半调图案”对话框

- 大小：调节网格的大小，参数设置范围为 1~12，设置的值越大，网格的间距也越大。
- 对比度：调节网格的对比度，参数设置范围为 0~50。
- 图案类型：调节网格类型，有网点、圆形和直线 3 种形式。

设置参数后单击“确定”按钮，效果如图 9-99 所示。

（处理前）

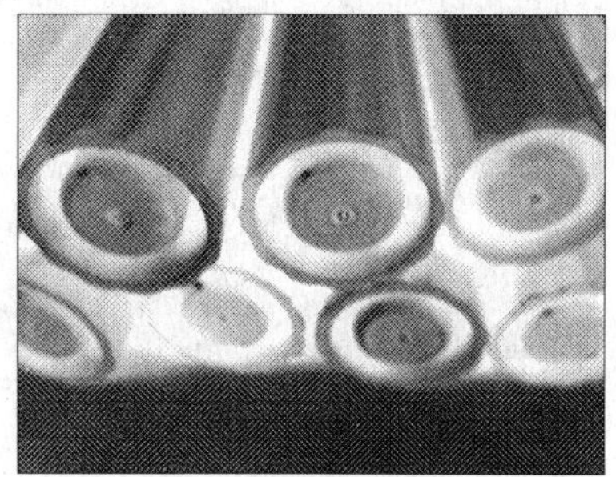

（处理后）

图 9-99 应用效果

9.12.2 便条纸

“便条纸”滤镜简化了图像，可以模拟类似浮雕效果的凹陷压印图案，产生草纸画效果。选择“滤镜”|“素描”|“便条纸”命令，弹出如图 9-100 所示的对话框，各选项参数含义如下。

- 图像平衡：用于调节前景色与背景色在图像效果中的平衡，参数设置范围为 0~50。
- 粒度：调节图案的渐变度，从而控制图像的平滑程度，参数设置范围为 0~20。

- 凸现：调节浮雕隆起的程度，参数设置范围为 0~25。参数越大，浮雕效果越明显。

设置参数后单击“确定”按钮，效果如图 9-101 所示。

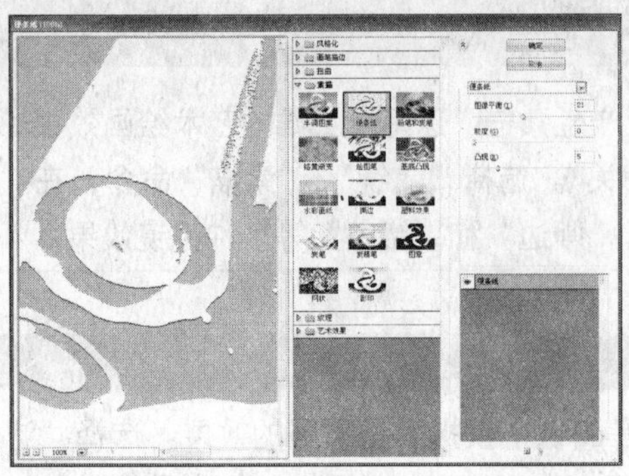

图 9-100 “便条纸”对话框

图 9-101 应用效果

9.12.3 粉笔和炭笔

“粉笔和炭笔”滤镜将重绘图像的高光和中间调，其背景为粗糙粉笔绘制的纯色（用前景色绘制），阴影区域用黑色对角炭笔线条替换（用背景色绘制）。选择“滤镜”|“素描”|“粉笔和炭笔”命令，弹出如图 9-102 所示的对话框，各选项参数含义如下。

- 炭笔区：用于设置炭笔区域的面积。
- 粉笔区：用于设置粉笔的深浅程度。
- 描边压力：用于设置控制笔触的压力。

设置参数后单击“确定”按钮，效果如图 9-103 所示。

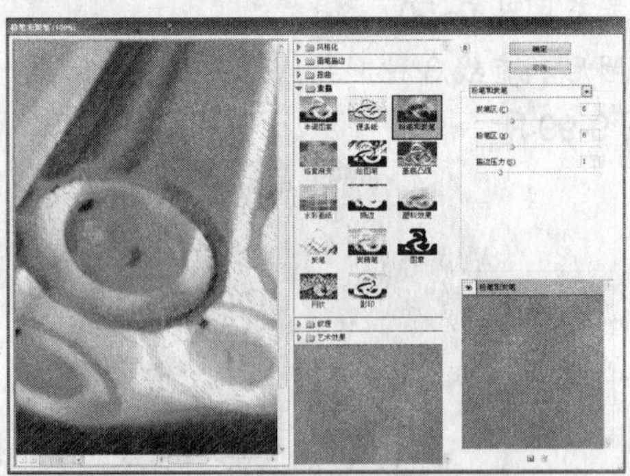

图 9-102 “粉笔和炭笔”对话框

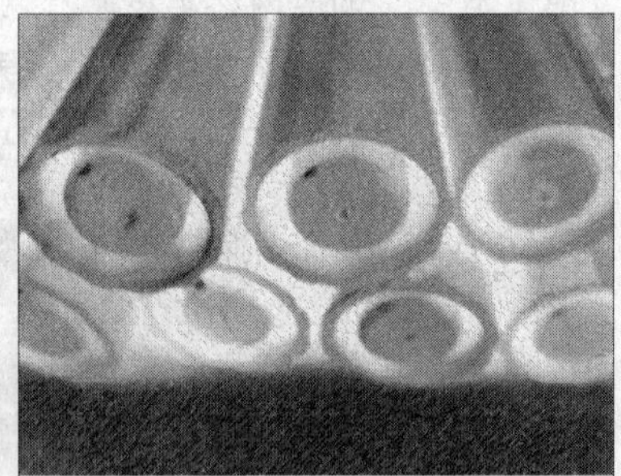

图 9-103 应用效果

9.12.4 铬黄

“铬黄”滤镜可以将图像处理成好像是擦亮的铬黄表面，类似于液态金属的效果。选择“滤镜”|“素描”|“铬黄”命令，弹出如图 9-104 所示的对话框，各选项参数含义如下。

- 细节：用于设置细节效果。
- 平滑度：用于设置调节效果的光滑程度。

设置参数后单击“确定”按钮，效果如图 9-105 所示。

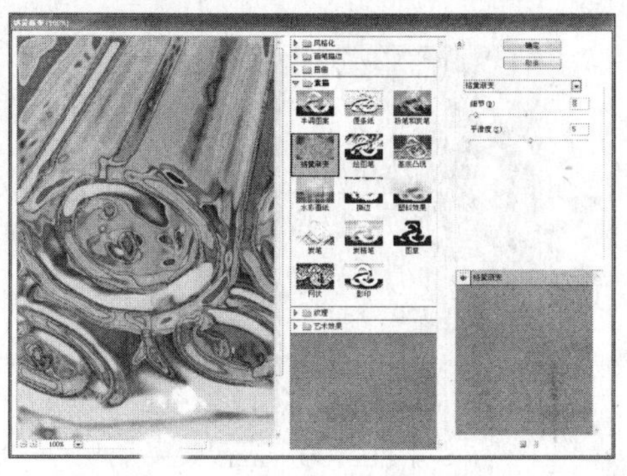

图 9-104　“铬黄渐变”对话框

图 9-105　应用效果

9.12.5　绘图笔

“绘图笔”滤镜可以生成一种钢笔画素描效果。选择“滤镜”|“素描”|“绘图笔”命令，弹出如图 9-106 所示的对话框，各选项参数含义如下。

- 线条长度：用于设置绘图笔划的长度。参数设置范围最小时，笔划将变为点。
- 明/暗平衡：用于设置亮度与暗度的对比。
- 描边方向：用于选择笔划的方向，有 4 个方向提供选择：右对角线、水平、左对角线和垂直。

设置参数后单击“确定”按钮，效果如图 9-107 所示。

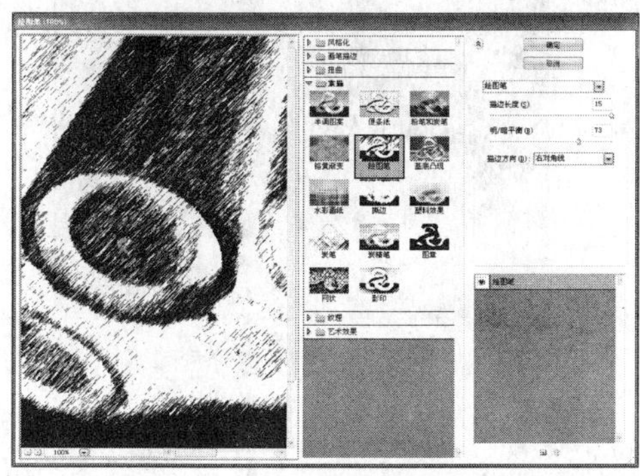

图 9-106　“绘图笔”对话框

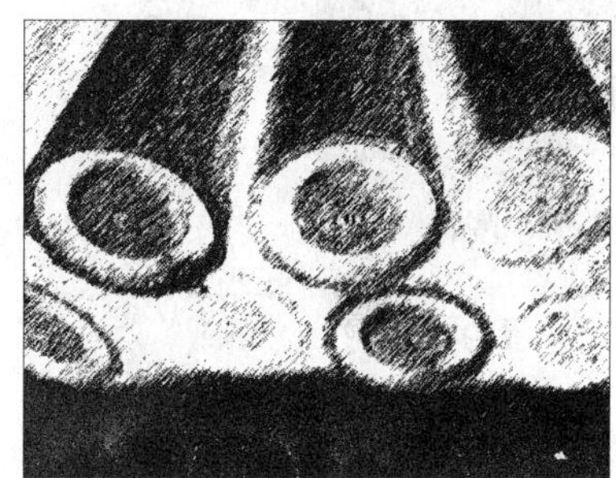

图 9-107　应用效果

9.12.6　基底凸现

“基底凸现”滤镜可以模拟粗糙的浮雕效果。图像的暗区呈现前景色，而浅色区域呈现背景色。选择“滤镜”|“素描”|“基底凸现”命令，弹出如图 9-108 所示的对话框，各选项参数含义如下。

- 细节：调节图像表现的细致程度，参数设置范围为 1~15 之间。
- 平滑度：调节线条的平滑程度，参数设置范围在 1~15 之间。
- 光照方向：灯光照射的方向。

设置参数后单击“确定”按钮，效果如图 9-109 所示。

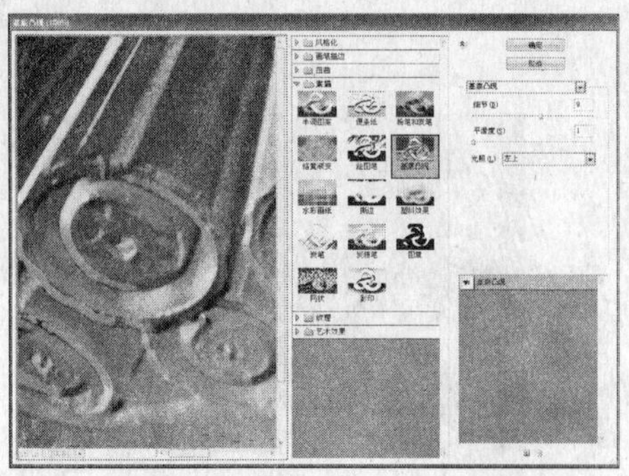

图 9-108 “基底凸现”对话框

图 9-109 应用效果

9.12.7 水彩画纸

“水彩画纸”滤镜可以模仿在潮湿的纤维纸上涂抹颜色，产生画面浸湿、纸张扩散的效果。选择“滤镜”|“素描”|“水彩画纸”命令，弹出如图 9-110 所示的对话框，各选项参数含义如下。

- 纤维长度：用于设置图像在纸张上浸润、扩散的程度，参数设置范围为 3~50。
- 亮度：调节图像的亮度，参数设置范围为 0~100。
- 对比度：调节图像的对比度，参数设置范围为 0~100。

设置参数后单击“确定”按钮，效果如图 9-111 所示。

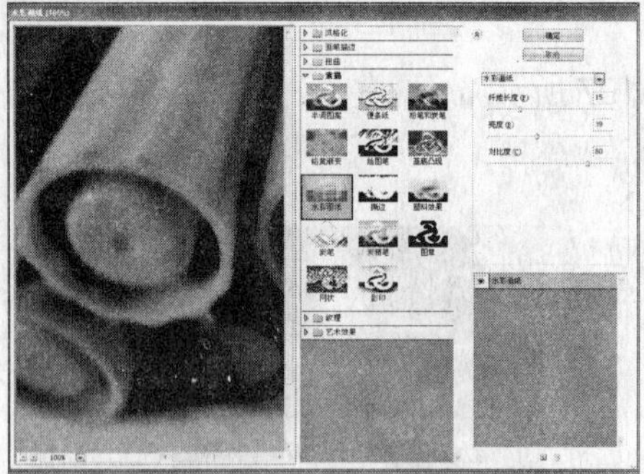

图 9-110 “水彩画纸”对话框

图 9-111 应用效果

9.12.8 撕边

“撕边”滤镜可使图像呈粗糙、撕破的纸片状，并使用前景色与背景色给图像着色。

9.12.9 塑料效果

“塑料效果”滤镜将按 3D 塑料效果来塑造图像，并使用前景色与背景色为图像着色。同时暗区将凸起，亮区将凹陷。选择“滤镜”|“素描”|“塑料效果”命令，弹出“塑料效果”对话框，如图 9-112 所示，各选项参数含义如下。

- 图像平衡：可调节图像中前景色和背景色的比例平衡，参数设置范围为 0~50。
- 平滑度：调节表面的平滑程度，参数设置范围为 1~15。
- 光照位置：选择光的方向。

设置参数后单击“确定”按钮，效果如图 9-113 所示。

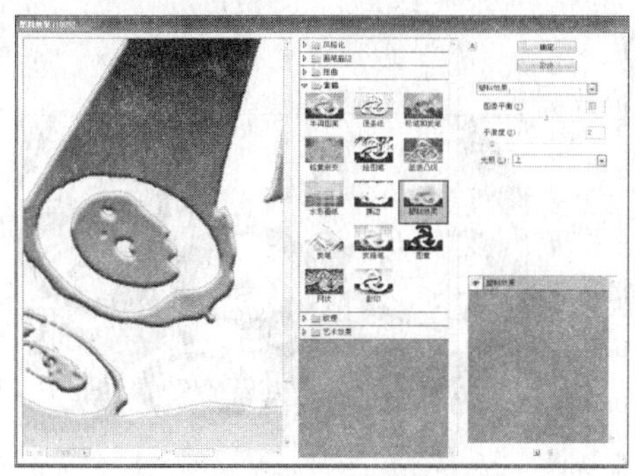
图 9-112　“塑料效果”对话框

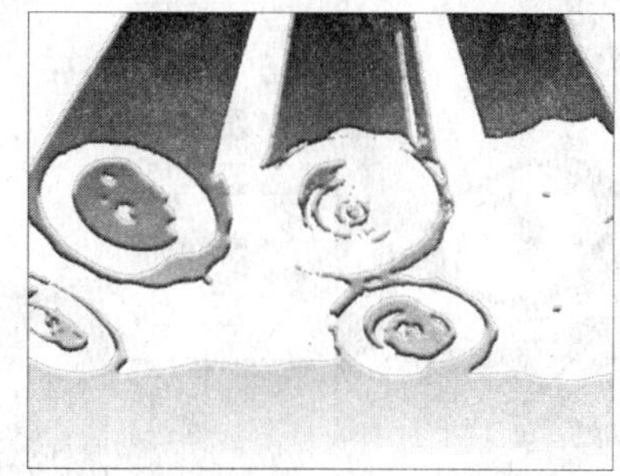
图 9-113　应用效果

9.12.10　炭笔

“炭笔”滤镜将产生色调分离的、涂抹的效果，主要边缘以粗线条绘制，而中间色调用对角描边进行素描（炭笔是前景色，纸张是背景色）。选择“滤镜”|“素描”|“炭笔”命令，弹出如图 9-114 所示的对话框，各选项参数含义如下。

- 炭笔粗细：用于控制炭笔的区域面积，参数设置范围为 1~7 之间。
- 细节：用于设置图像细节的保留程度，设置的值越大，炭笔刻画越细腻。
- 明/暗平衡：用于控制前景色与背景色的混合比例。

设置参数后单击“确定”按钮，效果如图 9-115 所示。

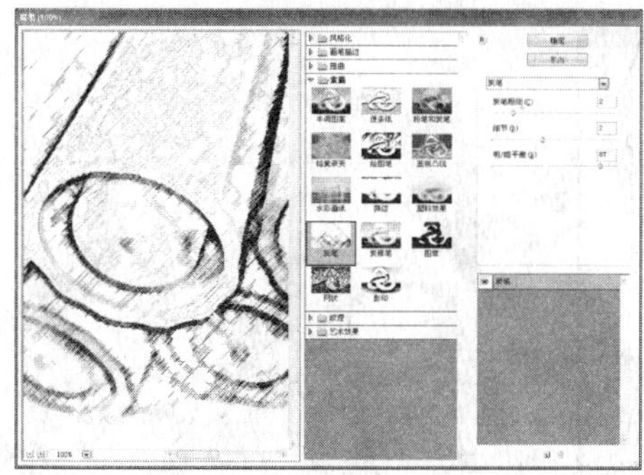
图 9-114　“炭笔”对话框

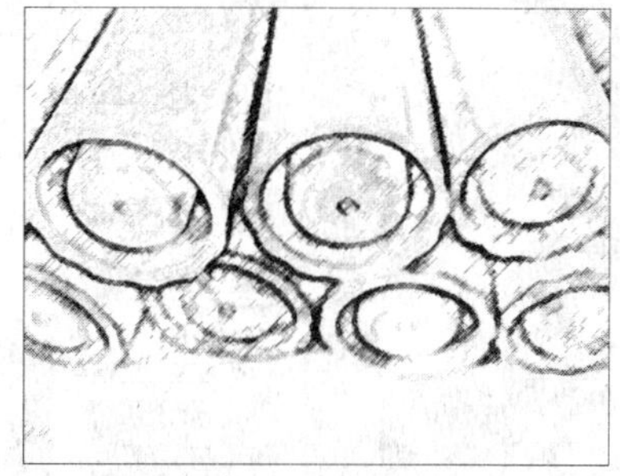
图 9-115　应用效果

9.12.11　炭精笔

“炭精笔”滤镜可以在图像上模拟浓黑和纯白的炭精笔纹理效果。在图像中的深色区域使用前景色，在浅色区域亮区使用背景色。

9.12.12　图章

“图章”滤镜可以使图像呈现用橡皮或木制图章盖印的效果。选择“滤镜”|“素描”|“图章”命令，弹出如图 9-116 所示的对话框，各选项参数含义如下。

- 明/暗平衡：可调节图像中前景色和背景色的比例平衡，参数设置范围为 0~50。
- 平滑度：调节图像线条的平滑程度，参数设置范围为 1~50 之间。

设置参数后单击“确定”按钮，效果如图 9-117 所示。

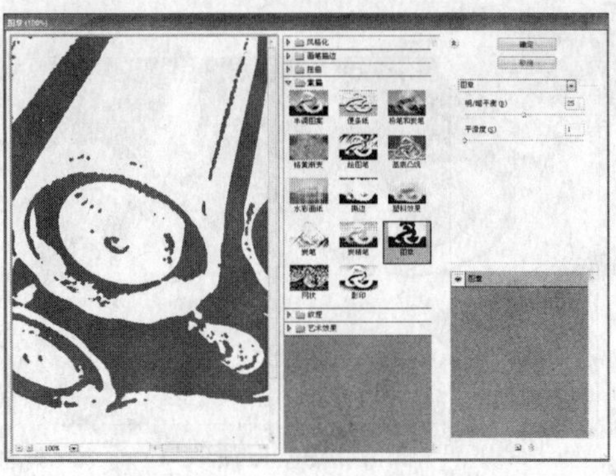

图 9-116 “图章”对话框

图 9-117 应用效果

9.12.13 网状

“网状”滤镜可以使用前景色和背景色填充图像，在图像中产生一种网眼覆盖效果。选择“滤镜”|“素描”|“网状”命令，弹出如图 9-118 所示的对话框，各选项参数含义如下。

- 浓度：用于设置网眼的密度。
- 前景色阶：用于设置前景色的层次，参数值越高图像的灰阶层次越小，实色块越多。
- 背景色阶：用于设置背景色的层次，参数值较小时图像层次较丰富。

设置参数后单击“确定”按钮，效果如图 9-119 所示。

图 9-118 “网状”对话框

图 9-119 应用效果

9.12.14 影印

“影印”滤镜可以模拟影印效果，并用前景色填充图像的高亮度区，用背景色填充图像的暗区。选择“滤镜”|“素描”|“影印”命令，弹出如图 9-120 所示的对话框，各选项参数含义如下。

- 细节：用于调节图像变化的层次。
- 暗度：用于调节图像阴影部分黑色的深度。

设置参数后单击“确定”按钮，效果如图 9-121 所示。

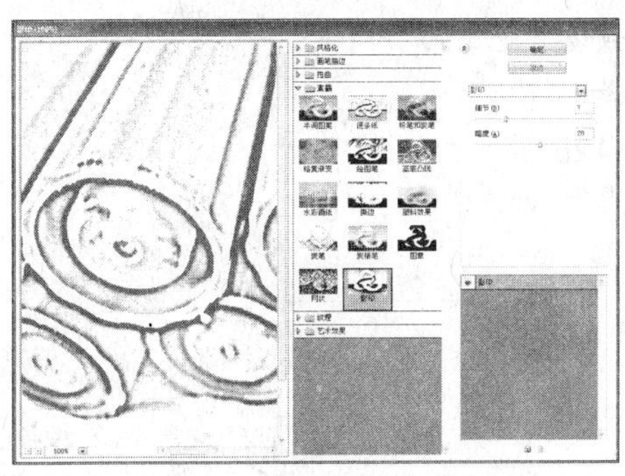
图 9-120　“影印”对话框

图 9-121　应用效果

9.13 纹理

纹理滤镜可以向图像加入纹理，使图像具有深度感和材质感。选择“滤镜”|“纹理”命令，在“纹理”子菜单中提供了“拼缀图”、“染色玻璃”和“纹理化”等 6 种滤镜效果命令。

9.13.1 龟裂缝

“龟裂缝”滤镜可以将图像绘制在一个高凸现的石膏表面上，生成龟裂纹理并使图像产生浮雕效果。选择“滤镜”|“纹理”|“龟裂缝”命令，弹出如图 9-122 所示的对话框，各选项参数含义如下。

- 裂缝间距：用于设置裂纹间隔。
- 裂缝深度：用于设置裂纹深度。
- 裂缝亮度：用于设置裂纹亮度。

设置参数后单击“确定”按钮，效果如图 9-123 所示。

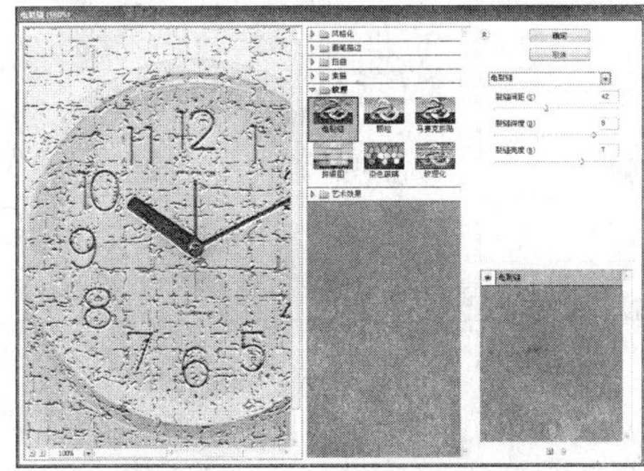
图 9-122　“龟裂缝”对话框

图 9-123　应用效果

9.13.2 颗粒

“颗粒”滤镜可以通过模拟不同种类的颗粒（常规、柔化、喷洒、结块、强反差、扩大、点刻、水平、垂直和斑点）来对图像添加纹理。选择“滤镜”|“纹理”|“颗粒”命令，弹出如图 9-124 所示的对话框，各选项参数含义如下。

- 强度：调节颗粒的明显程度，参数设置范围为 0~100。

- 对比度：调节颗粒的明暗对比程度，参数设置范围为 0~100。
- 颗粒类型：预设多种颗粒类型供用户选择。

设置参数后单击“确定”按钮，效果如图 9-125 所示。

图 9-124 “颗粒”对话框

图 9-125 应用效果

9.13.3 马赛克拼贴

“马赛克拼贴”滤镜可以产生分布均匀但形状不规则的马赛克拼贴效果。选择“滤镜”|“纹理”|“拼缀图”命令，弹出如图 9-126 所示的对话框，各选项参数含义如下。

- 拼贴大小：用于设置马赛克形状的大小。
- 缝隙宽度：此选项用于设置图像中缝隙的间距。
- 加亮缝隙：此选项数值越大，则缝隙纹理越清晰。

设置参数后单击“确定”按钮，效果如图 9-127 所示。

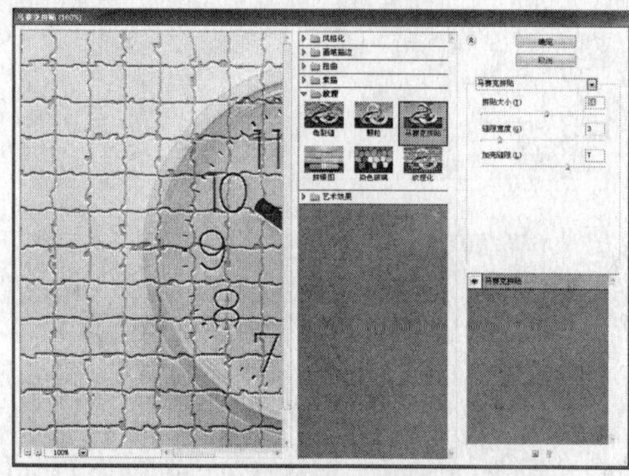

图 9-126 “马赛克拼贴”对话框

图 9-127 应用效果

9.13.4 拼缀图

“拼缀图”滤镜可以将图像分割成无数规则的正方形，形成一种拼贴瓷片的效果。选择“滤镜”|“纹理”|“拼缀图”命令，弹出如图 9-128 所示的对话框，各选项参数含义如下。

- 方形大小：调整被拆分的方块大小，参数设置范围为 0~10。
- 凸现：调整浮雕效果的凸起程度，参数设置范围为 0~25，数值越大，图像的凸起程度越明显。

设置参数后单击“确定”按钮，效果如图 9-129 所示。

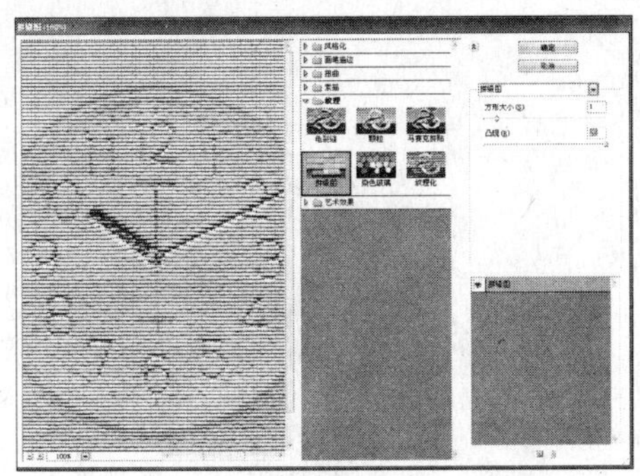
图 9-128　“拼缀图”对话框

图 9-129　应用效果

9.13.5　染色玻璃

“染色玻璃”滤镜可以产生不规则的彩色玻璃单元格效果，相邻单元格间用前景色填充。选择“滤镜”|“纹理”|“染色玻璃”命令，弹出如图 9-130 所示的对话框，各选项参数含义如下。

- 单元格大小：用于设置格子的大小。
- 边框粗细：用来设置格子边框的宽度。
- 光照强度：用于设置灯光强度。

设置参数后单击“确定”按钮，效果如图 9-131 所示。

9.13.6　纹理化

“纹理化”滤镜可以向图像中添加系统提供的各种纹理效果或根据另一个文件的亮度值向图像中添加纹理效果。选择“滤镜”|“纹理”|“纹理化”命令，弹出如图 9-132 所示的对话框，各选项参数含义如下。

- 纹理：在其下拉列表框中提供了画布、砖形、粗麻布和砂岩 4 种纹理类型，也可单击按钮▸，选择“载入纹理”命令，载入其他图像文件作为纹理。
- 缩放：用于增强或减弱图像表面上的纹理效果。
- 凸现：用于调整纹理表面的深度。
- 光照：用于选择图像的光源方向。
- “反相”复选框：勾选该复选框表示反转表面的亮色与暗色。

设置参数后单击“确定”按钮，效果如图 9-133 所示。

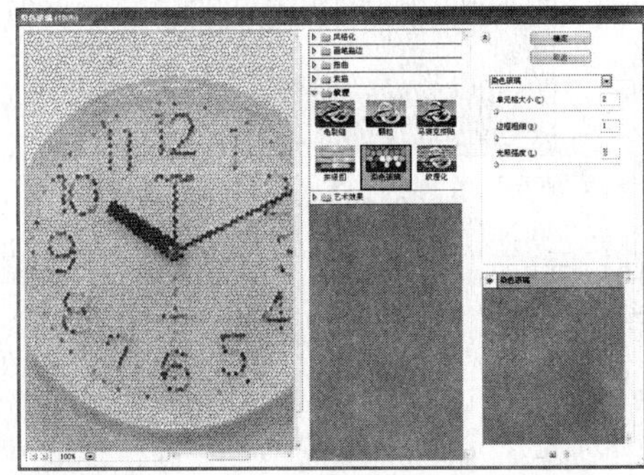
图 9-130　“染色玻璃”对话框

图 9-131　应用效果

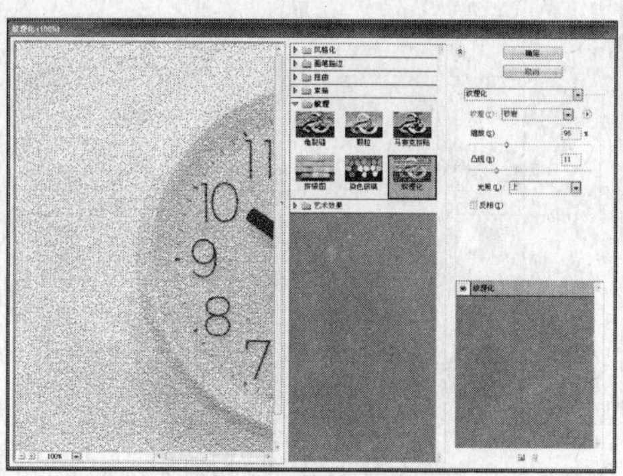

图 9-132 “纹理化”对话框

图 9-133 应用效果

现场练兵

红砖墙纹理

本例将通过添加杂色滤镜、纹理滤镜以及通道运用制作红砖墙纹理，效果如图 9-134 所示。

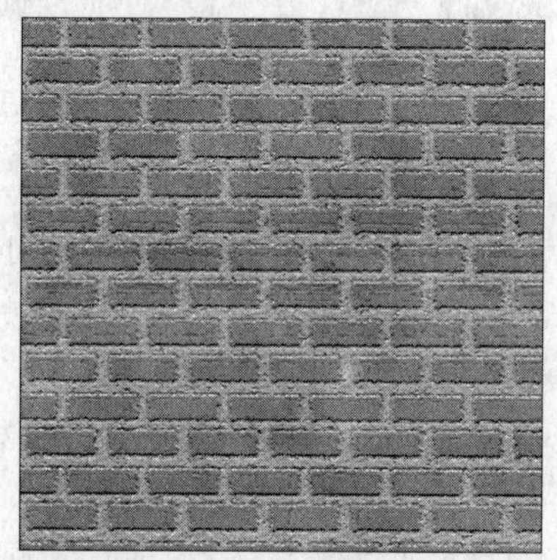

图 9-134 红砖墙纹理

本例的具体操作步骤如下。

1 按 Ctrl+N 组合键，新建图像文件。

2 新建“图层 1”图层，如图 9-135 所示，然后填充灰色（R：160，G：160，B：160），如图 9-136 所示。

图 9-135 新建图层

图 9-136 填充灰色

3 选择“滤镜”|“杂色”|“添加杂色”命令，在打开的“添加杂色”对话框中将“数量”选项设置为“14%”，“分布”选项设置为“高斯分布”，勾选“单色”复选框，如图 9-137 所示，单击“确定”按钮，得到的效果如图 9-138 所示。

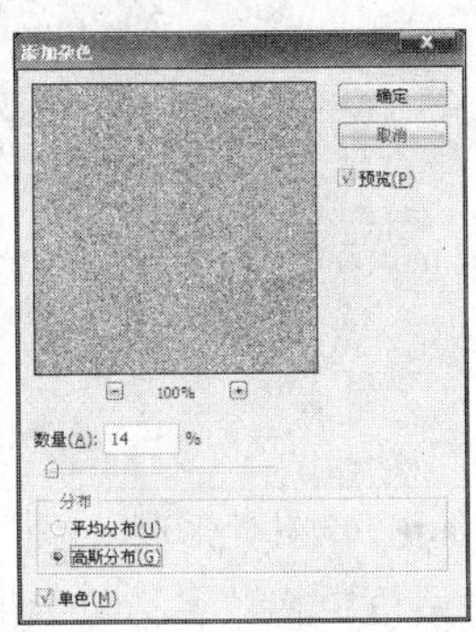

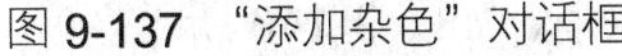
图 9-137　“添加杂色”对话框

图 9-138　杂色效果

4 选择工具箱中 “矩形选框工具”，在画面中创建一个矩形选区，在“图层”面板中新建“图层 2”后，在选区中填充红褐色（R：189，G：88，B：53），如图 9-139 所示。

5 保持选区，选择“编辑”|“描边”命令，设置参数如图 9-140 所示，“颜色”选项设置为深灰色（R：125，G：125，B：125），单击“确定”按钮，给红褐色矩形增加一个边框效果，如图 9-141 所示。

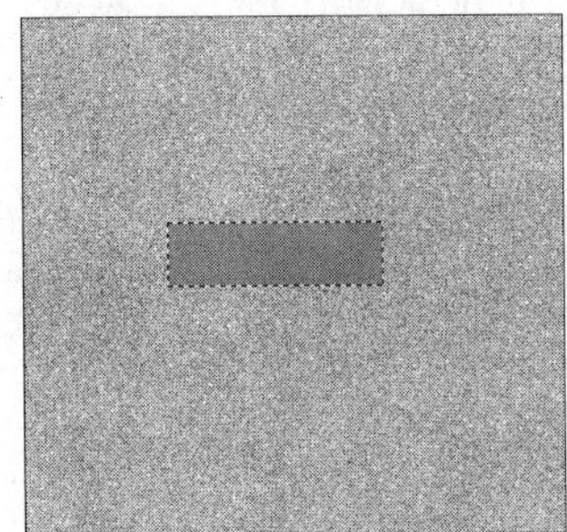
图 9-139　填充颜色

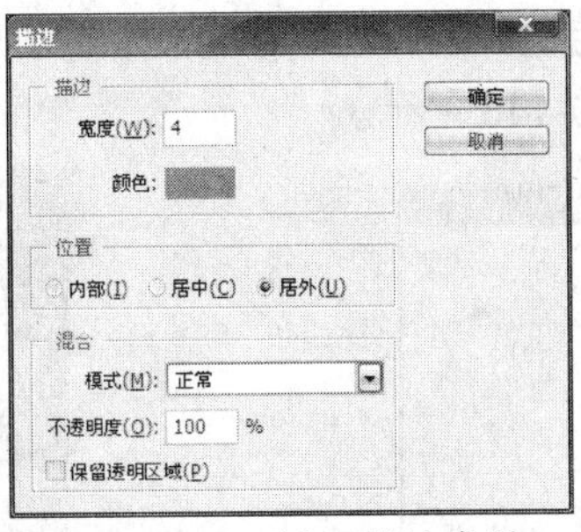

图 9-140　设置描边参数

图 9-141　描边效果

6 选择“滤镜”|“画笔描边”|“喷溅”命令，在打开的“喷溅”对话框中将“喷色半径”选项和“平滑度”选项都设置为“5”，如图 9-142 所示，单击“确定”按钮后，得到效果如图 9-143 所示。

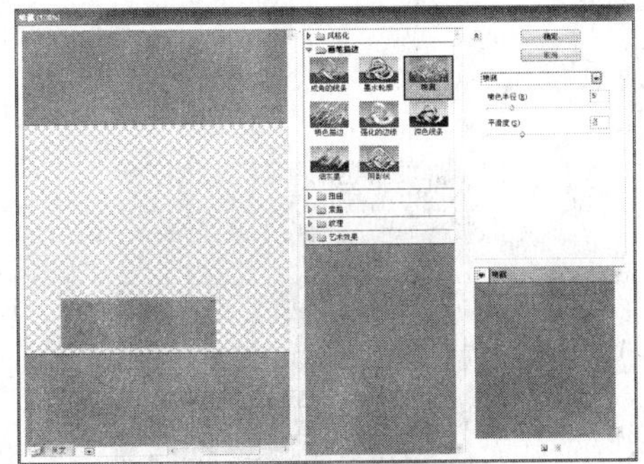
图 9-142　“喷溅”对话框

图 9-143　喷溅效果

7 将绘制好的红褐色矩形复制两个，放置如图 9-144 所示。

8 将所有的红褐色矩形合并在一个图层上，使用“矩形选框工具”，在画面中创建如图 9-145 所示选区。

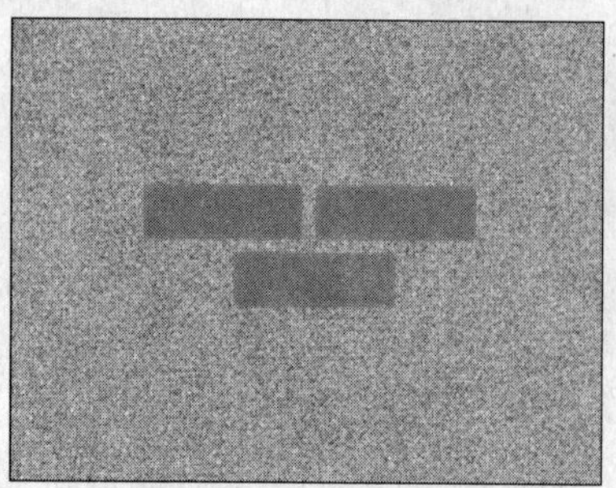
图 9-144　复制图形

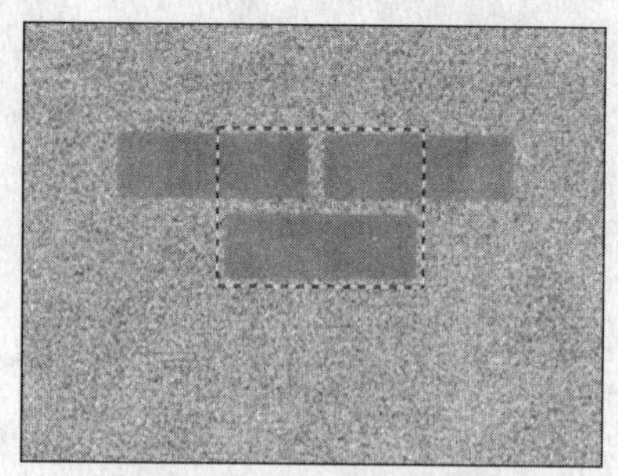
图 9-145　创建矩形选区

9 选择"编辑"|"定义图案"命令，在打开的"图案名称"对话框中将"名称"选项命名为"砖"，单击"确定"按钮后，按下快捷键 Ctrl+D，将选区取消，如图 9-146 所示。

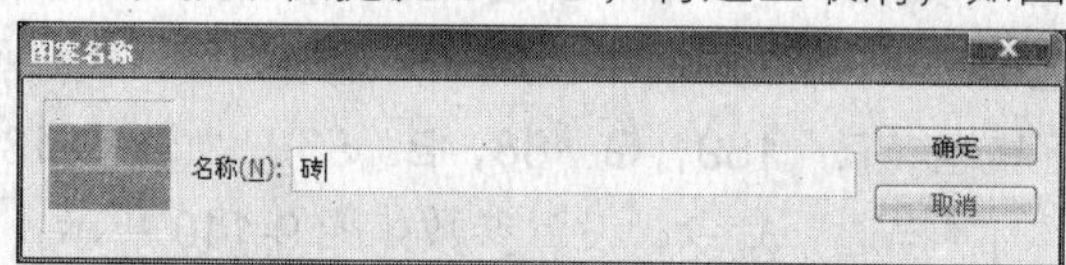

图 9-146　"图案名称"对话框

10 选择"编辑"|"填充"命令，在打开的"填充"对话框中将"使用"选项设置为"图案"，将"自定图案"选项设置为刚才储存的"砖"图案，如图 9-147 所示，单击"确定"按钮后，整个画面都填充上砖的效果，如图 9-148 所示。

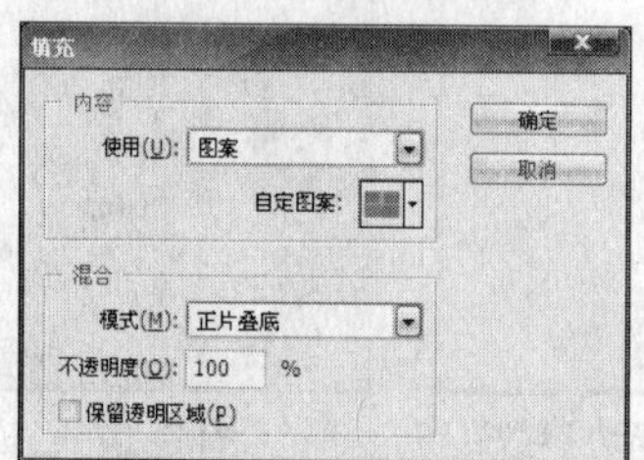

图 9-147　"填充"对话框

图 9-148　填充效果

11 选择"滤镜"|"纹理"|"龟裂缝"命令，设置参数如图 9-149 所示，单击"确定"按钮后，给砖墙制作出裂缝效果，如图 9-150 所示。

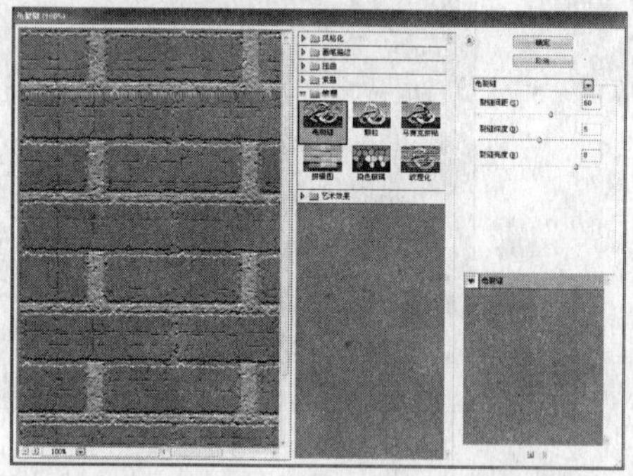
图 9-149　"龟裂缝"对话框

图 9-150　效果

12 选择"通道"面板，在面板中新建"Alpha1"通道，如图 9-151 所示。

13 选择"图层"面板，选择"图层 2"，按下 Ctrl+C 组合键，将图形复制，然后选择"Alpha1"通道，按下 Ctrl+V 组合键，将图形粘贴到通道中，如图 9-152 所示。

14 选择"图像"|"调整"|"阈值"命令，在打开的"阈值"对话框中将"阈值色阶"设置为"84"，如图 9-153 所示，单击"确定"按钮，得到效果如图 9-154 所示。

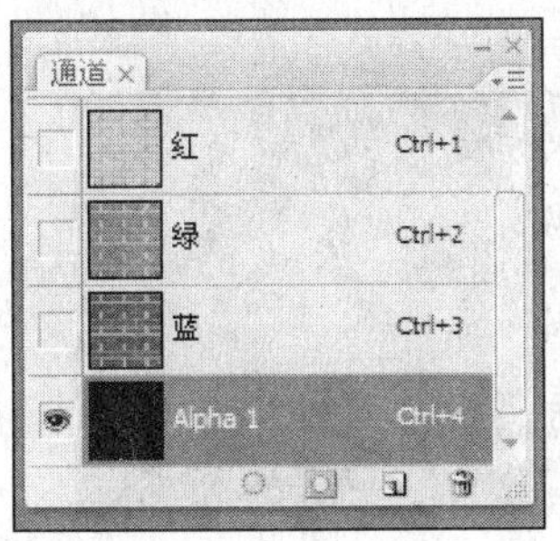

图 9-151 新建通道

图 9-152 粘贴图像

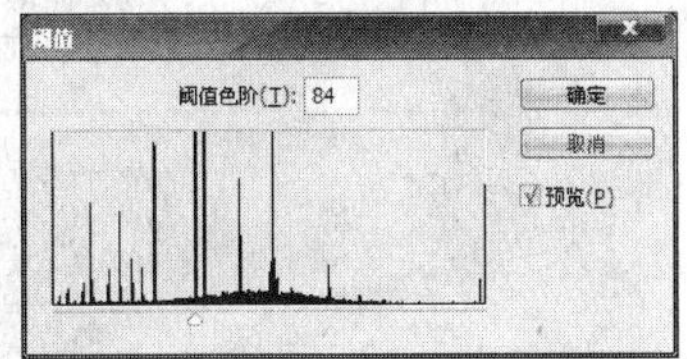

图 9-153 阈值对话框

15 选择“图像”|“调整”|“反相”命令，得到效果如图 9-155 所示。

16 切换到图层面板，红砖墙纹理制作完成，最终效果如图 9-156 所示。

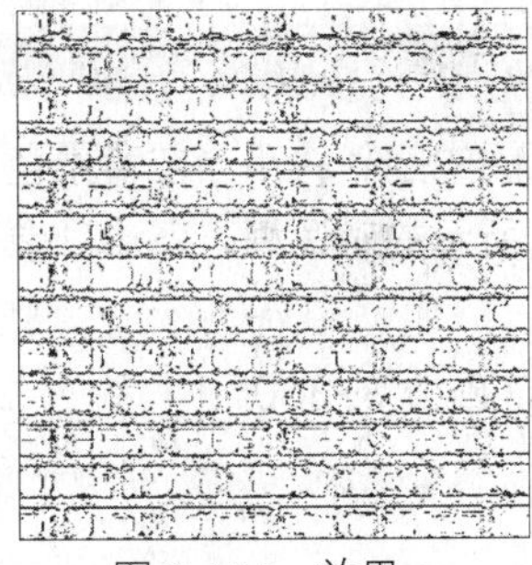

图 9-154 效果

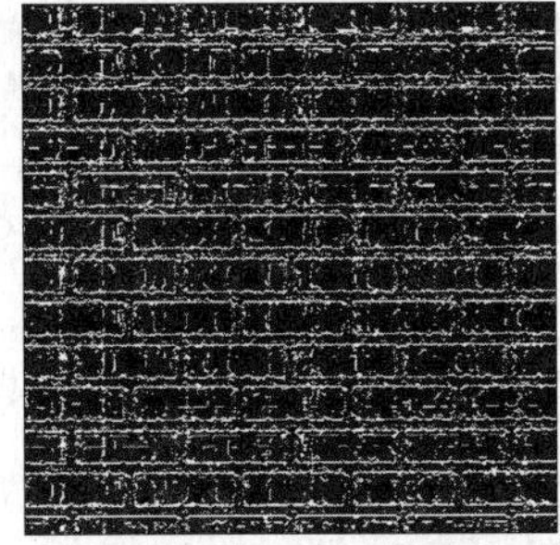

图 9-155 反相效果

图 9-156 最终效果

9.14 像素化滤镜

像素化滤镜通过将颜色相近的像素结合成新的单元，对图像分块或平面化，可以将图像表面处理成彩块化、马赛克等多种效果，选择“滤镜”|“像素化”命令，在“像素化”子菜单中提供了“彩块化”、“彩色半调”和“点状化”等滤镜效果命令，通过这些滤镜可以使图像单元中颜色相近的像素结成块。

9.14.1 彩块化

“彩块化”滤镜可通过将图像中纯色或相似颜色的像素结为彩色像素块，可以使用该滤镜使扫描后的图像看起来像手绘图像，该滤镜无需进行参数设置，将直接应用滤镜效果。

9.14.2 彩色半调

“彩色半调”滤镜将模拟在图像的每个通道上使用放大的半调网屏的效果。选择“滤镜”|“像素化”|“彩色半调”命令，弹出如图 9-157 所示的对话框，各选项参数含义如下。

- 最大半径：用于设置栅格的大小。取值范围为 4~127 像素。
- 网角：用于设置屏蔽度数，共有四个通道，代表填入颜色之间的角度。

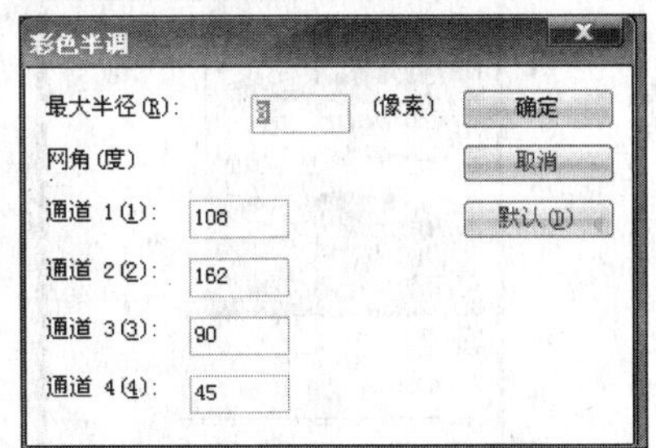

图 9-157 “彩色半调”对话框

设置参数后单击“确定”按钮，效果如图 9-158 所示。

（处理前）

（处理后）

图 9-158 应用效果

9.14.3 点状化

“点状化”滤镜可以使图像产生随机的彩色斑点效果，点与点之间的空隙将用当前背景色填充。选择“滤镜”|“像素化”|“点状化”命令，弹出如图 9-159 所示的对话框，各选项参数含义如下。

- **单元格大小：设置图像中随机分布的网点的大小。参数设置范围为 3~300。**

设置参数后单击“确定”按钮，效果如图 9-160 所示。

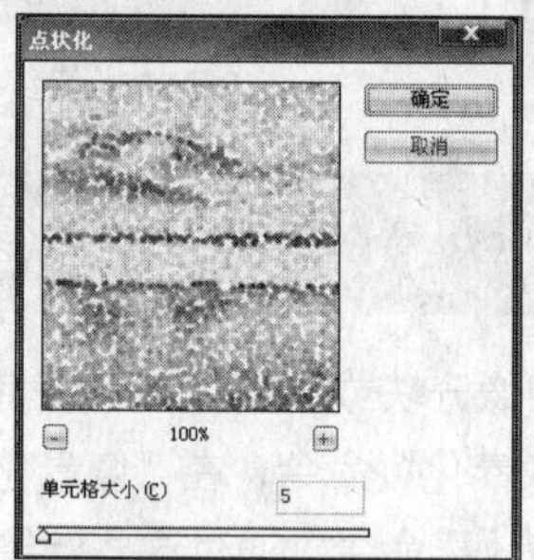

图 9-159 “点状化”对话框

图 9-160 应用效果

9.14.4 晶格化

“晶格化”滤镜将相近的像素集中到一个纯色有角多边形网格中。选择“滤镜”|“像素化”|“晶格化”命令，弹出如图 9-161 所示的对话框，各选项参数含义如下。

- **单元格大小：设置图像中随机分布的晶格的大小。参数设置范围为 3~300。**

设置参数后单击“确定”按钮，效果如图 9-162 所示。

图 9-161 “晶格化”对话框

图 9-162 应用效果

9.14.5　马赛克

“马赛克”滤镜将把一个单元内所有相似色彩像素统一颜色后再合成更大的方块，从而产生马赛克效果。其参数设置对话框中的“单元格大小”选项用于设置产生的方块大小。

9.14.6　碎片

“碎片”滤镜将选区内的图像复制 4 份，然后将它们平均和移位，从而形成一种不聚焦的“四重视”效果，该滤镜无参数设置对话框。

9.14.7　铜板雕刻

“铜板雕刻”滤镜将在图像中随机分布各种不规则的图案效果。选择“滤镜”|“像素化”|“铜版雕刻”命令，弹出如图 9-163 所示的对话框，各选项参数含义如下。

- 类型：单击选择框右侧的三角按钮，在下拉列表中可以选择不同的笔触类型。

设置参数后单击“确定”按钮，效果如图 9-164 所示。

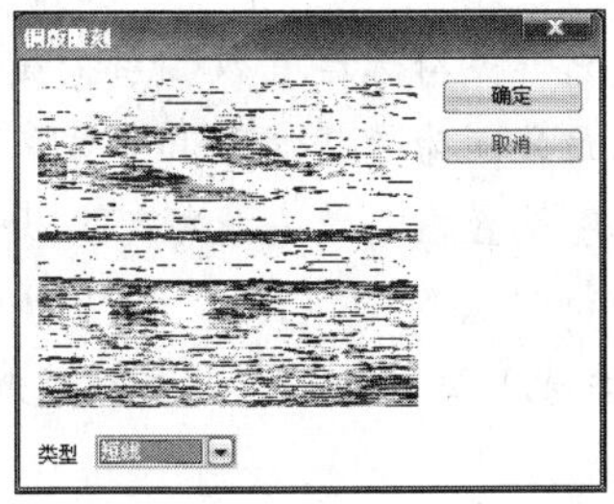

图 9-163　“铜版雕刻”对话框

图 9-164　应用效果

9.15　渲染滤镜

渲染滤镜可以创建 3D 形状、云彩图案和不同的光源效果等。选择“滤镜”|“渲染”命令，在“渲染”子菜单中提供了“云彩”、“光照效果”和“镜头光晕”等 5 种渲染效果。

9.15.1　分层云彩

“分层云彩”滤镜将使用随机生成的介于前景色与背景色之间的值生成云彩图案效果。该滤镜无参数设置对话框。

9.15.2　光照效果

“光照效果”滤镜的功能相当强大，可以通过改变 17 种光照样式、3 种光照类型和 4 套光照属性在 RGB 模式图像上产生多种光照效果。选择“滤镜”|“渲染”|“光照效果”命令，弹出如图 9-165 所示的对话框，各选项参数含义如下。

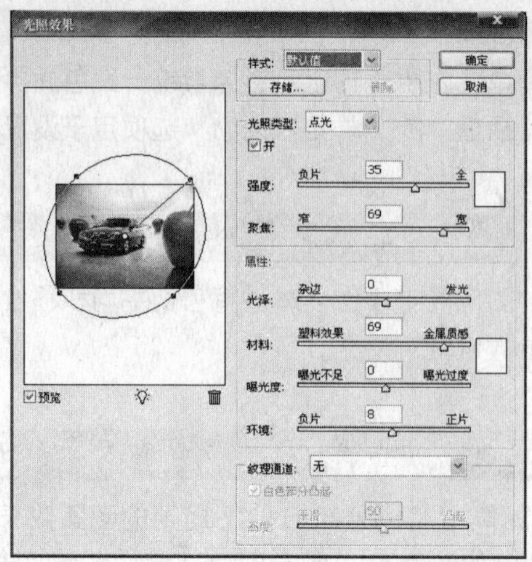

图 9-165 “光照效果”对话框

- 样式：用于设置光照样式。该项模拟了各种舞台光源，系统提供了 17 种样式。用户还可以保存和删除某些光照样式。
- 光照类型：用于设置灯光类型，该项在“开”复选框被勾选后有效。系统提供了“点光”、“平行光”、“全光源”三种灯光类型，在下面分别为“强度”和“聚焦”调节滑块，拖动滑块控件便可调节。滑块的右侧有一颜色设置框，单击此框可打开“颜色拾色器”对话框然后进行灯光颜色设置。
- 光泽：用于设置反光物的表面光洁度。滑块从“发光”到“杂边”端光洁度越来越低，反光效果越来越差。
- 材料：用于设定材质，该项决定反射光色彩是反射光源的色彩还是反射物本身的色彩。滑块从“塑料效果”端滑到“金属质感”端，反射光线颜色也从光源颜色过渡到反射物颜色。
- 曝光度：用于控制照射光线的亮暗度。
- 环境光：用于产生一种舞台灯光的弥漫效果。在其右侧有一颜色设置框，单击此框可打开“颜色拾色器”对话框，然后进行灯光颜色设置。
- 纹理通道：用于在图像中加入纹理来产生一种浮雕效果。
- 高度：选中该项，则纹理的凸出部分用白色表示，凹陷部分用黑色表示。

设置参数后单击“确定”按钮，效果如图 9-166 所示。

图 9-166 应用效果

小提示 Ps

在光照效果的预览框中，通过拖动鼠标可以调整该光源的距离、光照范围及强弱，单击并拖动光源中间的控制点可以移动光源的位置。

9.15.3　镜头光晕

“镜头光晕”滤镜可以模拟亮光照射到像机镜头所产生的折射。选择“滤镜”|“渲染”|“镜头光晕”命令，弹出如图 9-167 所示的对话框，各选项参数含义如下。

- 光度：用来调节反光的强度，值越大，反光越强。
- 光晕中心：用来调整闪光的中心，直接在预览框中点击选取闪光中心。
- 镜头类型：有“50~300 毫米变焦”、“35mm 毫米聚焦”、“105 毫米聚焦”和“电影镜头“四种。

设置参数后单击“确定”按钮，效果如图 9-168 所示。

图 9-167　“镜头光晕“对话框

图 9-168　应用效果

9.15.4　纤维

“纤维”滤镜可以使用前景色和背景色创建编织纤维的外观效果。在其参数设置对话框中通过拖动“差异”滑块来控制颜色的变换方式，较小的值会产生的较长的颜色条纹，而较大的值会产生非常短且颜色分布变化更多的纤维；“强度”用于控制每根纤维的外观。单击“随机化”按钮可更改图案的外观。

9.15.5　云彩

“云彩”滤镜将在当前前景色和背景色间随机地抽取像素值，生成柔和的云彩图案效果，该滤镜无参数设置对话框。需要注意的是应用此滤镜后，原图层上的图像会被替换。

液态纹理

本例将通过分层云彩滤镜、干画滤镜、极坐标滤镜以及波浪滤镜制作液态纹理，如图 9-169 所示。

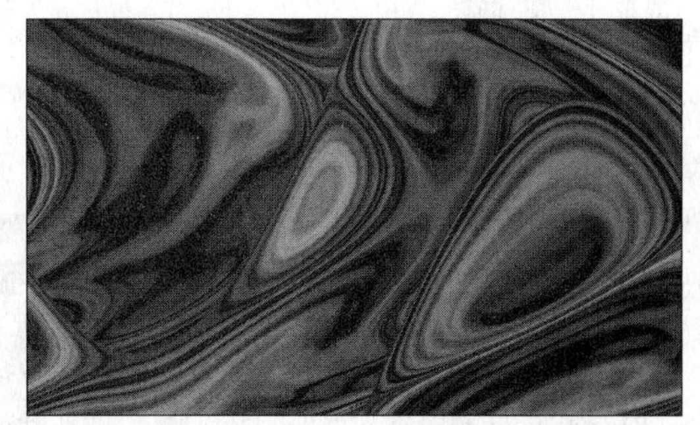

图 9-169　液态纹理

本例的具体操作步骤如下。

1 新建一个图像文件。按 D 键将前景色和背景色恢复为黑色和白色，选择“滤镜”|“渲染”|“分层云彩”命令，按 Ctrl+F 组合键重复执行此命令多次，得到的效果如图 9-170 所示。

2 选择“滤镜”|“艺术效果”|“干画笔”命令，设置参数如图 9-171 所示。

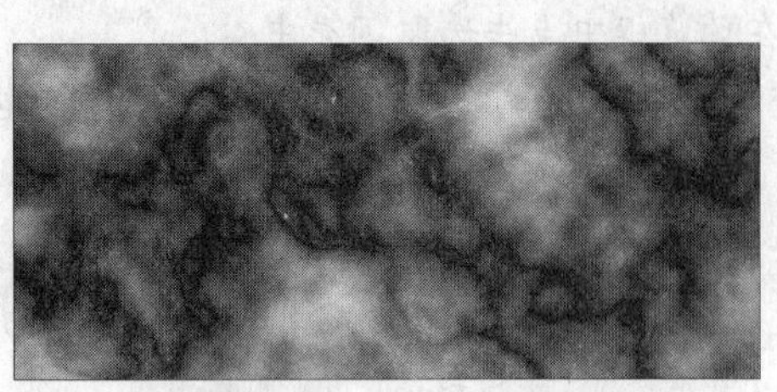

图 9-170　分层云彩效果

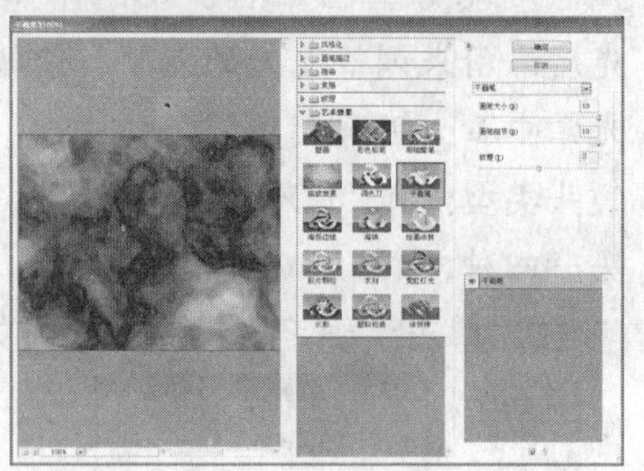

图 9-171　设置干画笔参数

3 选择“滤镜”|“扭曲”|“极坐标”命令，设定参数如图 9-172 所示。按 CTRL+F 组合键重复执行极坐标滤镜三至四次，效果如图 9-173 所示。

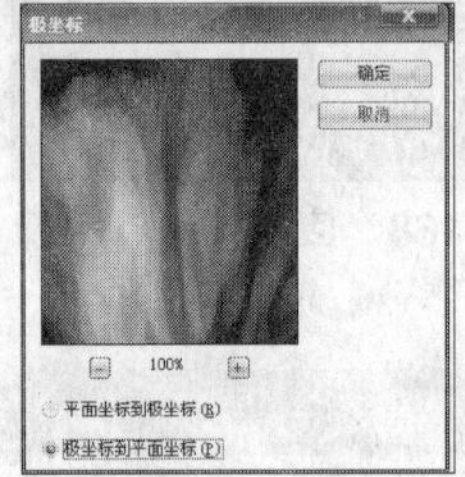

图 9-172　设置极坐标参数

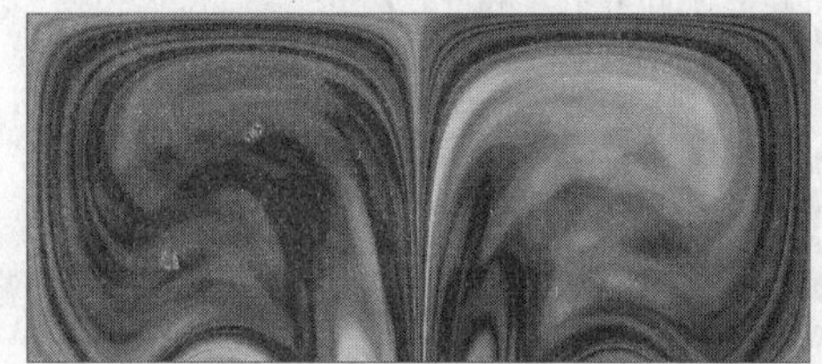

图 9-173　极坐标效果

4 选择“滤镜”|“扭曲”|“波浪”命令，设置参数如图 9-174 所示，单击“确定”按钮，效果如图 9-175 所示。

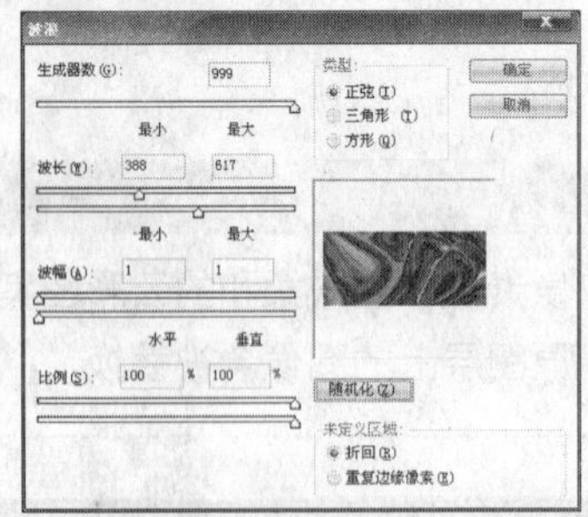

图 9-174　设置波浪参数

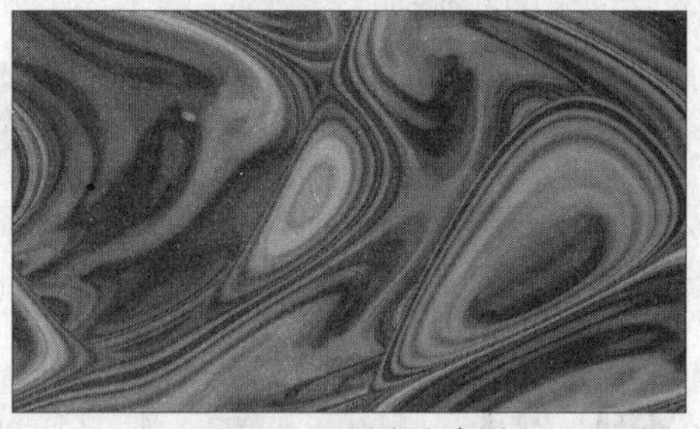

图 9-175　波浪参数

5 按 Ctrl+B 组合键，弹出“色彩平衡”对话框，调整参数如图 9-176 所示，单击“确定”按钮，液态纹理制作完成，最终效果如图 9-177 所示。

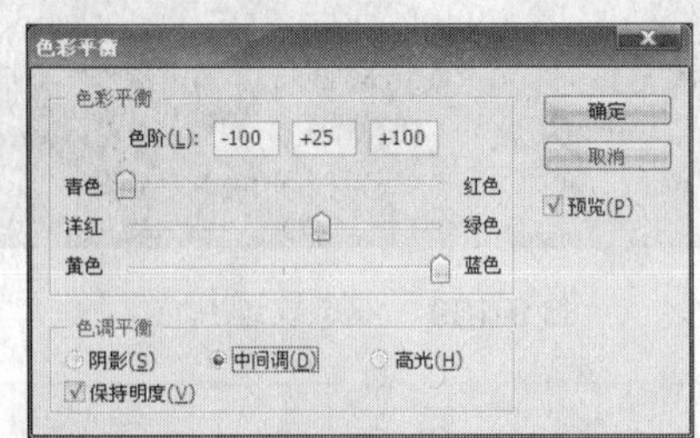

图 9-176　调整色彩平衡参数

图 9-177　最终效果

9.16 艺术效果滤镜

艺术效果滤镜为用户提供了模仿传统绘画手法的途径，可以为图像添加绘画效果或艺术特效，选择“滤镜”|“艺术效果”命令，在“艺术效果”子菜单中提供了“塑料包装”、“壁画”和“彩色铅笔”等多种滤镜效果命令。

9.16.1 壁画

“壁画”滤镜将用短而圆的、粗略轻涂的小块颜料涂抹图像，产生风格较粗犷的效果。选择“滤镜”|“艺术效果”|“壁画”命令，弹出如图 9-178 所示的对话框，各选项参数含义如下。

图 9-178 “壁画”对话框

- 画笔大小：设置的数值越大，画笔效果越明显。参数设置范围为 0~10。
- 画笔细节：设置细节的精细程度。设置值越大，笔画越多。参数设置范围为 0~10。
- 纹理：设置的值越大，产生的纹理越明显。参数设置范围为 1~3。

设置参数后单击“确定”按钮，效果如图 9-179 所示。

（处理前）

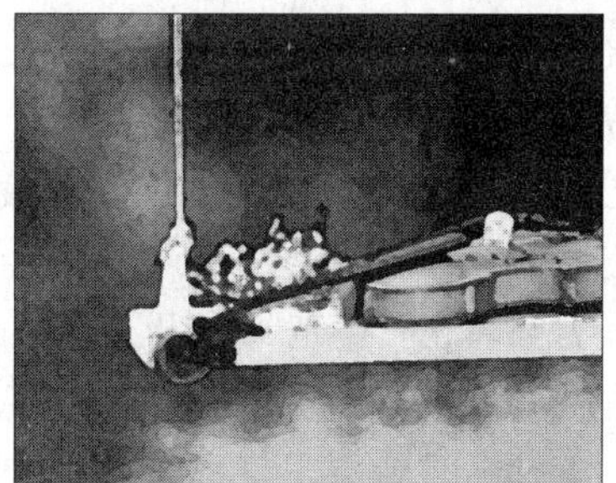

（处理后）

图 9-179　应用效果

9.16.2 彩色铅笔

“彩色铅笔”滤镜可以模拟用彩色铅笔在纸上绘图的效果，同时保留重要边缘，外观呈粗糙阴影线。选择“滤镜”|“艺术效果”|“彩色铅笔”命令，弹出如图 9-180 所示的对话框，各选项参数含义如下。

- 铅笔宽度：用于设置笔画的大小，数值越大，画笔越大，产生的也越粗糙。参数设置范围为 1~24。
- 描边压力：用于设置笔画的力度。数值越大，力度越强，对比度越明显。参数设置范围为 0~15。

- 纸张亮度：指滤镜中笔画所采用的色彩和亮度，它们随着滑块的移动，从背景色逐渐过渡到黑色。设置为 0 时，呈现黑色；设置为 50 时，呈现白色；设置在 0~50 之间呈现灰色。

设置参数后单击“确定”按钮，效果如图 9-181 所示。

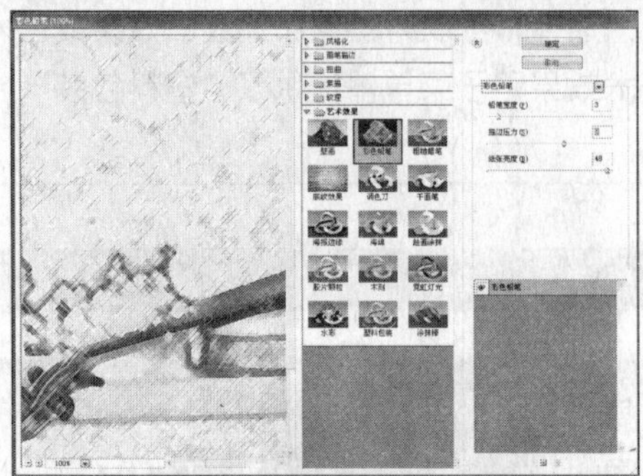

图 9-180 “彩色铅笔”对话框

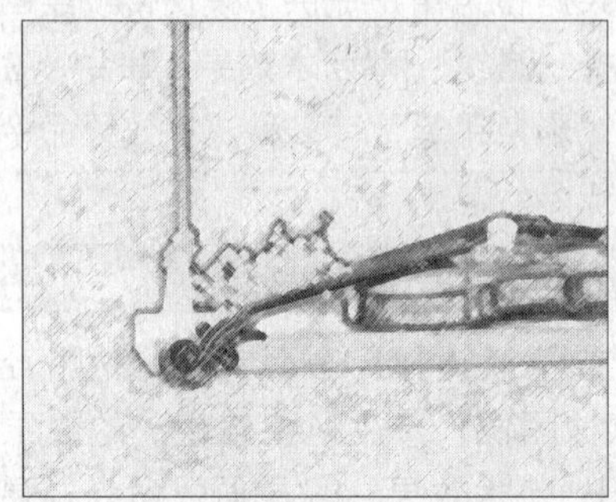

图 9-181 应用效果

9.16.3 粗糙蜡笔

“粗糙蜡笔”滤镜可以模拟蜡笔在纹理背景上绘图，产生一种覆盖纹理效果。选择“滤镜”|“艺术效果”|“粗糙蜡笔”命令，弹出如图 9-182 所示的对话框，各选项参数含义如下。

- 描边长度：设置的值越小，勾画线条断续现象越明显。
- 描边细节：设置值越大，笔画越细，勾绘效果越浓。
- 纹理：用于控制纹理类型。
- 缩放：用于设置覆盖纹理的缩放比例。
- 凸现：用于调整纹理的深度。
- 光照：用于调整灯光照射方向，该项提供了多个灯光照射方向供用户选择。
- 反相：确定纹理是否反向处理。

设置参数后单击“确定”按钮，效果如图 9-183 所示。

图 9-182 “粗糙蜡笔”对话框

图 9-183 应用效果

9.16.4 底纹效果

“底纹效果”滤镜可以在带纹理的背景上绘制图像。选择“滤镜”|“艺术效果”|“底纹效果”命令，弹出如图 9-184 的底纹所示的对话框，各选项参数含义如下。

- 画笔大小：用于调整笔刷的大小。处理后的图像非常模糊，将出现非常大的纹路，取值范围为 0~40。
- 纹理覆盖：用于控制纹理覆盖的范围。
- 纹理：用于设置纹理的类型，其类型包括：砖形、粗麻布、画布、岩砂；用户也可以选择“载入纹理”选项，并在弹出的对话框中选择已存储的纹理图。
- 缩放：用于调整纹理的缩放比例。
- 凸现：用于控制纹理的起伏程度。
- 光照：用于调整光线的照射的方向。
- 反相：用于控制纹理是否反向处理。

设置参数后单击“确定”按钮，效果如图 9-185 所示。

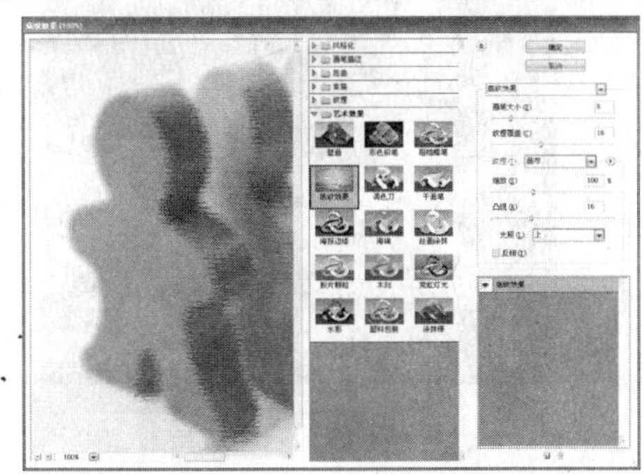

图 9-184 “底纹”对话框

图 9-185　应用效果

9.16.5　调色刀

“调色刀”滤镜可以减少图像中的细节，生成描绘得很淡的画布效果。选择“滤镜”|“艺术效果”|“调色刀”命令，弹出如图 9-186 所示的对话框，各选项参数含义如下。

- 描边大小：设置描边大小，参数设置为最大值 50 时，会失去图像中所有颜色的颜色层次。
- 描边细节：设置颜色细节的相近程度。
- 软化度：将参数设置为 0 时，边缘呈锯齿状。

设置参数后单击“确定”按钮，效果如图 9-187 所示。

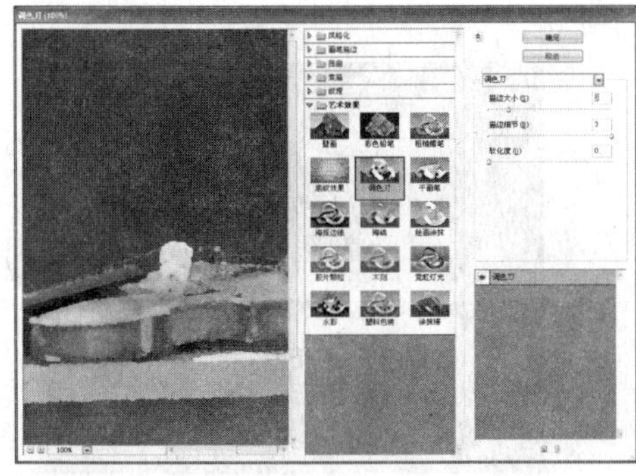

图 9-186 “调色刀”对话框

图 9-187　应用效果

9.16.6 干画笔

“干画笔”滤镜将使用干画笔技术（介于油彩和水彩之间）绘制图像边缘，产生一种不饱和、较干燥的油画效果。选择“滤镜” | “艺术效果” | “干画笔”命令，弹出如图 9-188 所示的对话框，各选项参数含义如下。

- 画笔大小：用于定义笔刷的粗细，数值范围为 0-10 之间，数值越大，画笔越大。
- 画笔细节：设置笔刷描画后对原图保留细节的丰富程度。设置值越大，效果越粗。
- 纹理：用来调整纹理效果，设置数值越大，对比效果越强，取值范围为 1~3。

设置参数后单击“确定”按钮，效果如图 9-189 所示。

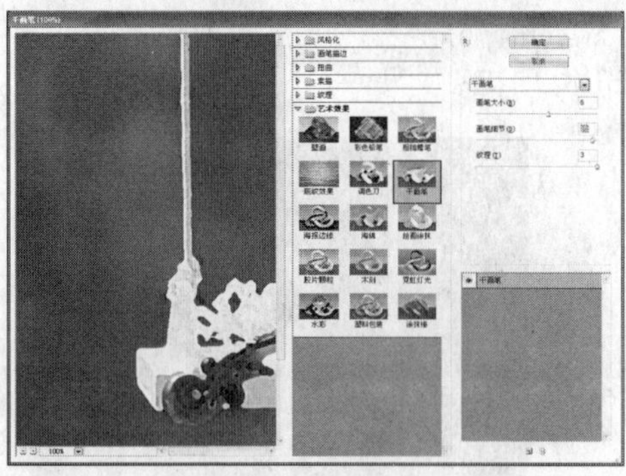

图 9-188 “干画笔”对话框

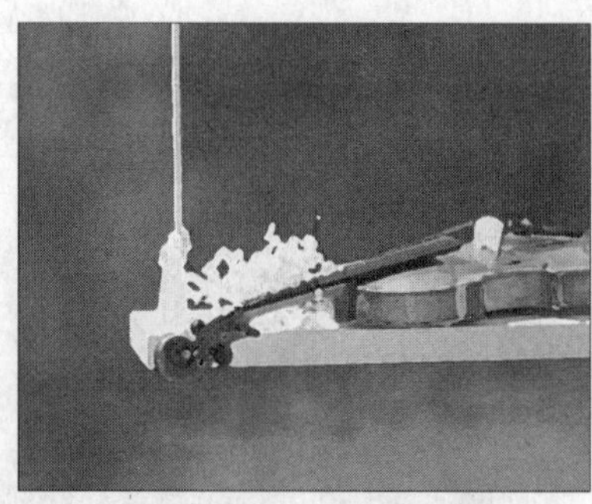

图 9-189 应用效果

9.16.7 海报边缘

“海报边缘”滤镜可以减少图像中的颜色数量，查找图像的边缘，并在边缘上填上黑色线条阴影，使图像产生类似海报招贴画的效果。选择“滤镜” | “艺术效果” | “海报边缘”命令，弹出如图 9-190 所示的对话框，各选项参数含义如下。

- 边缘厚度：设置数值越大，边缘线条越粗。参数设置范围为 0~10。
- 边缘强度：设置数值越大，边缘越明显，效果越强烈。参数设置范围为 0~10。
- 海报化：用于设置镶边后对色彩的渲染程度。数值越大，色调阶数越多，效果越柔和。参数设置范围为 0~6。

设置参数后单击“确定”按钮，效果如图 9-191 所示。

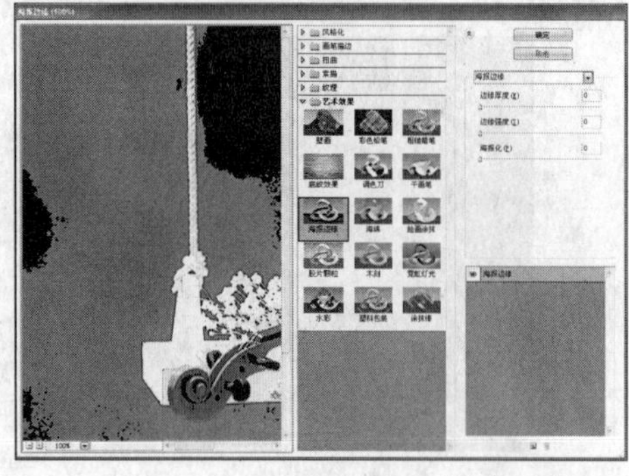

图 9-190 “海报边缘”对话框

图 9-191 应用效果

9.16.8 海绵

“海绵”滤镜可以产生使图像看上去好像是用海绵绘制的浸湿效果。选择“滤镜”|“艺术效果”|“海绵”命令，弹出如图 9-192 所示的对话框，各选项参数含义如下。

- 画笔大小：设置笔刷的大小。设置数值越大则所控制的海绵效果也越强。
- 清晰度：用于调整海绵颜色的深浅。此参数值设置越大，所得到的颜色越深。
- 平滑度：设置的值越大，产生的调整效果越平滑。

设置参数后单击“确定”按钮，效果如图 9-193 所示。

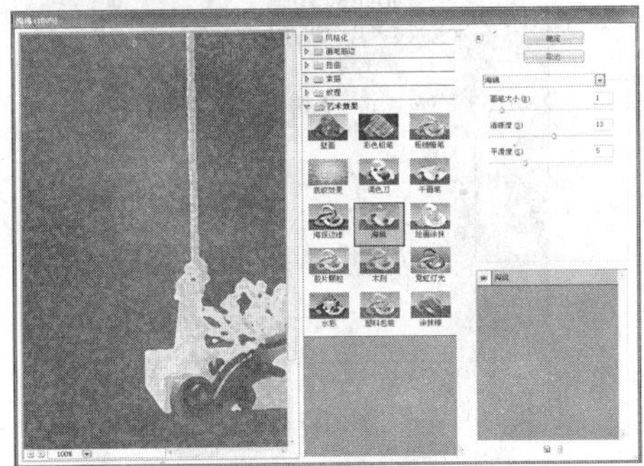

图 9-192 “海绵”对话框

图 9-193 应用效果

9.16.9 绘画涂抹

“绘画涂抹”滤镜可以通过选取不同大小和类型画笔来创建不同的绘画效果。选择“滤镜”|“艺术效果”|“绘画涂抹”命令，弹出如图 9-194 所示的对话框，各选项参数含义如下。

- 画笔大小：用于控制笔刷的范围，值越大，控制区域的范围也就越大。
- 锐化程度：用于控制笔刷的锐化度，值越大，笔触越尖锐。
- 画笔类型：提供多种画笔类型。

设置参数后单击“确定”按钮，效果如图 9-195 所示。

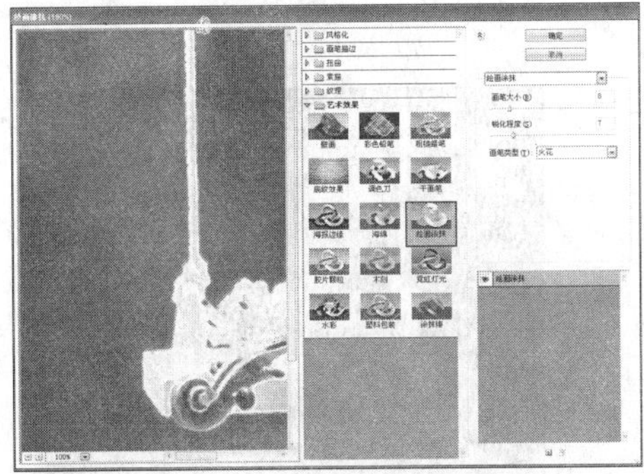

图 9-194 “绘画涂抹”对话框

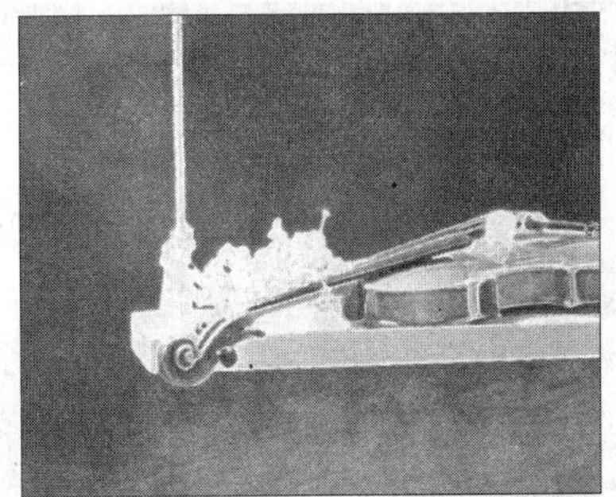

图 9-195 应用效果

9.16.10 胶片颗粒

“胶片颗粒”滤镜将平滑图案应用于图像的阴影色调和中间色调；将一种更平滑、饱和度更高的图案添加到图像的亮区。选择“滤镜”|“艺术效果”|“胶片颗粒”命令，弹出如图 9-196

所示的对话框，各选项参数含义如下。

- 颗粒：决定图像的质量，颗粒值越大，生成的杂点越多越细。参数设置为 0~20。
- 高光区域：值越大，亮度区域范围越大。参数设置范围为 0~20 之间。
- 强度：控制图片的反差度，数值越大，亮区强度越大。参数设置范围为 0~10。

设置参数后单击“确定”按钮，效果如图 9-197 所示。

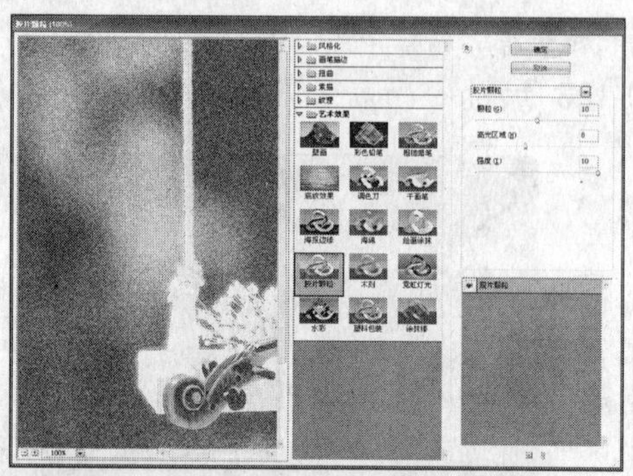

图 9-196 “胶片颗粒”对话框

图 9-197 应用效果

9.16.11 木刻

“木刻”滤镜可以将图像描绘成像是由从彩纸上剪下的边缘粗糙的剪纸片组成的图像效果，常用于创建图像的木刻画效果。选择“滤镜”|“艺术效果”|“木刻”命令，弹出如图 9-198 所示的对话框，各选项参数含义如下。

- 色阶数：控制色彩的层次，数值越大，色块分得越多。参数设置范围为 2~8。
- 边缘简化度：用于控制画面色块的简单程度。数值越小表现得越细。参数设置范围为 0~10。
- 边缘逼真度：用于控制边缘真实度，数值越大真实度越高，取值范围为 1~3。

设置参数后单击“确定”按钮，效果如图 9-199 所示。

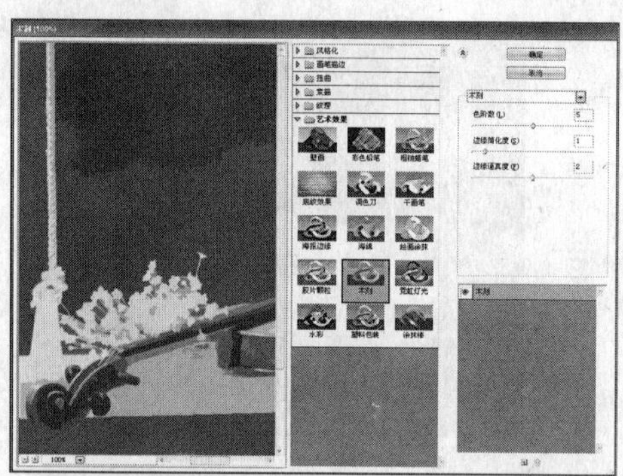

图 9-198 “木刻”对话框

图 9-199 应用效果

9.16.12 霓虹灯光

“霓虹灯光”滤镜可以将各种类型的发光效果添加到图像中的对象上，产生彩色氖光灯照射的效果。选择“滤镜”|“艺术效果”|“霓虹灯光”命令，弹出如图 9-200 所示的对话框，

各选项参数含义如下。

- 发光大小：用于设置霓虹灯的照射范围。
- 发光亮度：设置霓虹灯灯光的亮度，亮度越大，效果越明显。
- 发光颜色：用于设置霓虹灯灯光的颜色。单击颜色框，在打开的拾色器中可选择颜色。

设置参数后单击“确定”按钮，效果如图 9-201 所示。

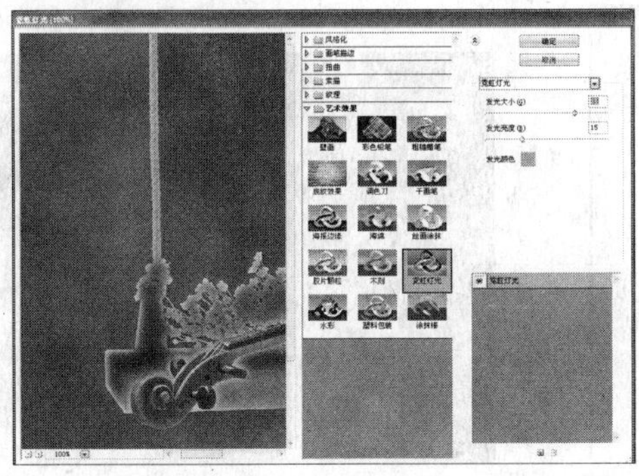

图 9-200 “霓虹灯光”对话框

图 9-201 应用效果

9.16.13 水彩

“水彩”滤镜可以简化图像细节，以水彩的风格绘制图像，产生一种水彩画效果。选择“滤镜”|“艺术效果”|“水彩”命令，弹出如图 9-202 所示的对话框，各选项参数含义如下。

- 画笔细节：用于控制画笔细腻程度。数值越大，画笔效果越细腻，图像效果越细腻。参数设置范围为 1~14。
- 阴影强度：数值越高，阴影表现得越强，图像产生的对比效果越强烈。参数设置范围为 0~10。
- 纹理：控制色彩的过渡效果。数值越大，色彩过度得越好。参数设置范围为 1~3。

设置参数后单击“确定”按钮，效果如图 9-203 所示。

图 9-202 “水彩”对话框

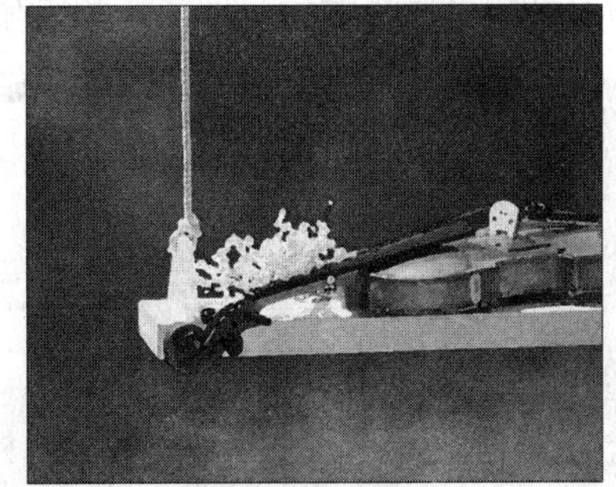

图 9-203 应用效果

9.16.14 塑料包装

“塑料包装”滤镜可以给图像涂上一层光亮的塑料，使图像表面质感强烈。选择“滤镜”|“艺术效果”|“塑料包装”命令，弹出如图 9-204 所示的对话框，各选项参数含义如下。

- 高光强度：设置塑料包装效果中高亮度点的亮度。设置值越大，高亮度点产生的反光也越强。
- 细节：设置细节的精细程度。设置值越大，塑料包装效果越明显。
- 平滑度：设置的值越大，产生的塑料包装越平滑。

设置参数后单击“确定”按钮，效果如图 9-205 所示。

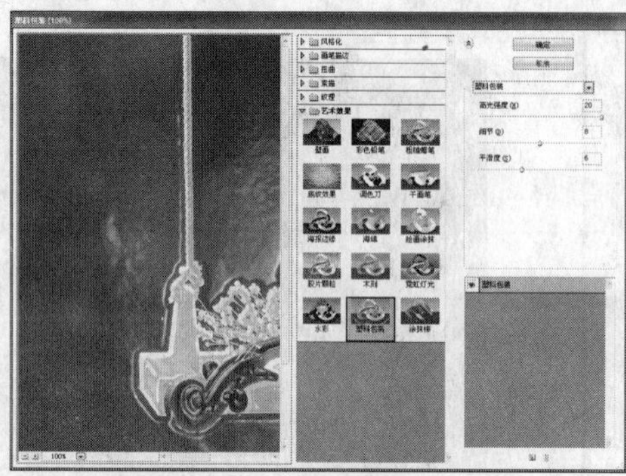
图 9-204 “塑料包装”对话框

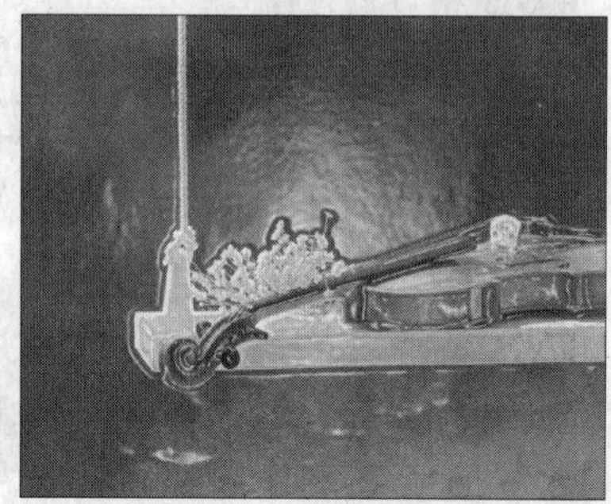
图 9-205 应用效果

9.16.15 涂抹棒

“涂抹棒”滤镜可以使用短的对角描边涂抹图像的暗区以柔化图像，亮区会变得更亮。选择“滤镜”|“艺术效果”|“涂抹棒”命令，弹出如图 9-206 所示的对话框，各选项参数含义如下。

- 描边长度：设置笔划的长度。当参数设置为最大时，被处理图像中颜色最暗调的部分会变亮，设置为 0 时，被处理图像中颜色最暗调的部分变得更暗。
- 高光区域：用于调整高亮区域的面积。此参数设置为最大时，图像中的亮度较强的部分变得更亮。当参数设置为 0 时，被处理图像没有任何变化。
- 强度：用于设置涂抹强度。参数设置越大，产生的涂抹强度越大，有很强的反差效果。取值越小，产生的效果越不明显。

设置参数后单击“确定”按钮，效果如图 9-207 所示。

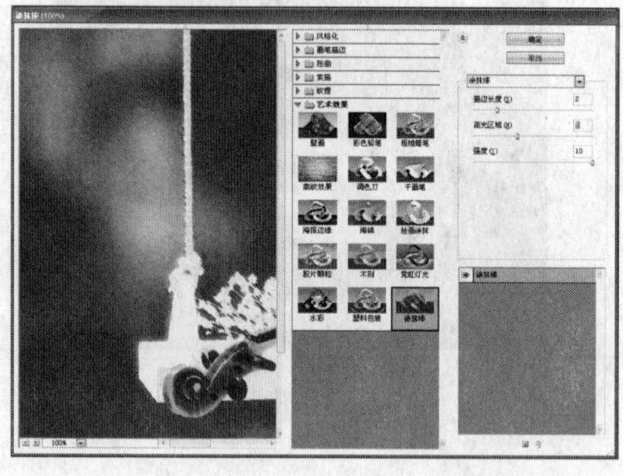
图 9-206 “涂抹棒”对话框

图 9-207 应用效果

现场练兵

花的对比

本例将通过色彩平衡命令、查找边缘滤镜、干画笔滤镜以及水彩画纸滤镜制作花的对比效果，如图 9-208 所示。

图 9-208　最终效果

本例的具体操作步骤如下。

1 新建空白图像文件，用（R：100，G：169，B：172）颜色填充前景层。按 Ctrl+O 组合键，打开如图 9-209 所示图片。

2 选择“魔棒工具”，单击白色背景部分，再反选选区，获取纸张选区，拖入新建空白图像文件中，调整大小及位置如图 9-210 所示。

图 9-209　素材

图 9-210　调整图像大小位置

3 双击此层，打开“图层样式”对话框，选择“投影”样式，设置参数如图 9-211 所示，效果如图 9-212 所示。

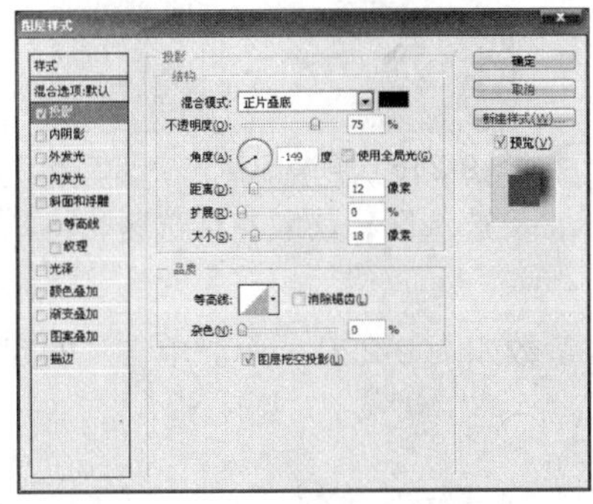

图 9-211　设置投影参数

图 9-212　投影效果

4 按 Ctrl+B 组合键，弹出“色彩平衡”对话框，调整参数如图 9-213 所示。

5 按 Ctrl+M 组合键，弹出“曲线”对话框，调整曲线参数如图 9-214 所示。调整效果如图

9-215 所示。

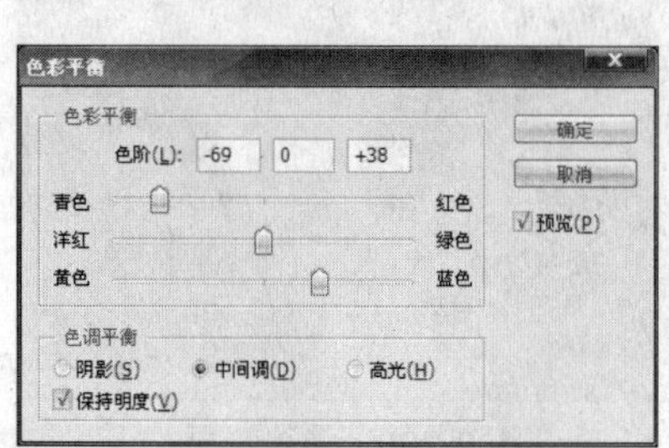

图 9-213　调整色彩平衡参数

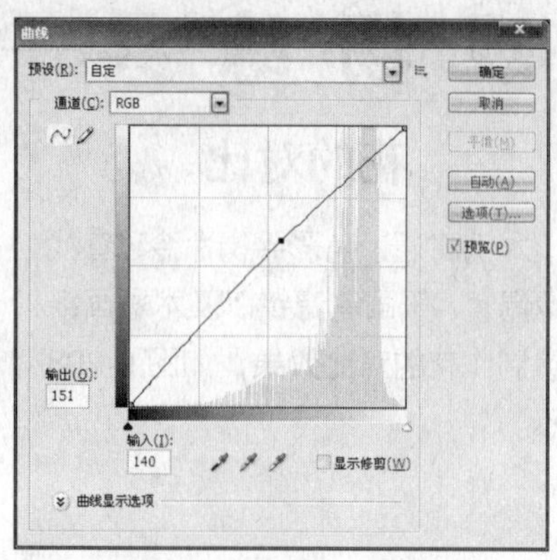

图 9-214　调整曲线参数

6 打开一张素材图片，拖入当前工作区，调整大小及位置如图 9-216 所示。

图 9-215　调整效果

图 9-216　调整图像大小及位置

7 选择“滤镜”|“风格化”|“查找边缘”命令，图像效果如图 9-217 所示。

8 打开一张素材图片，拖入当前工作区，调整大小及位置如图 9-218 所示。

图 9-217　查找边缘效果

图 9-218　调整图像大小及位置

9 用“魔棒工具”选择绿叶作为选区，如图 9-219 所示，反选选区，获取花朵选区，将花朵粘贴到新图层。

10 选择“滤镜”|“艺术效果”|“干画笔”命令，设置参数如图 9-220 所示。单击“确定”按钮，效果如图 9-221 所示。

图 9-219　选择树叶

图 9-220　设置干画笔参数

11 选择玫瑰花所在层，载入花朵选区，删除选区内容。选择“滤镜”|“素描”|“水彩画纸”命令，设置参数如图 9-222 所示，效果如图 9-223 所示。

图 9-221　干画笔效果

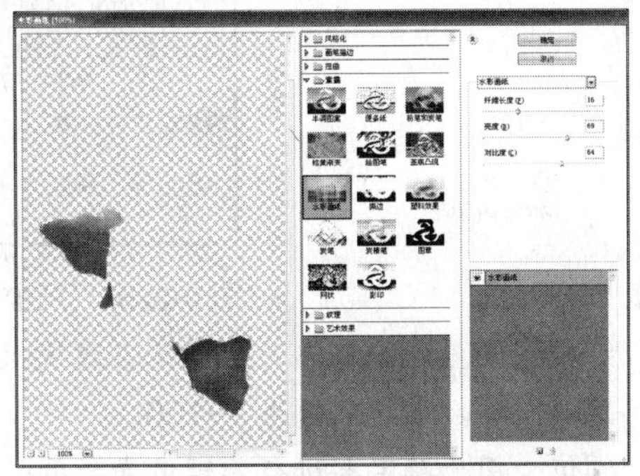

图 9-222　设置水彩画纸参数

12 最后为花朵和绿叶添加投影效果，最终效果如图 9-224 所示。

图 9-223　水彩画纸效果

图 9-224　最终效果

9.17 杂色滤镜

杂色滤镜可以向图像添加杂点或移去图像中的杂点，选择“滤镜”|“杂色”命令，在“杂色”子菜单中提供了“减少杂色”、“蒙尘与划痕”、“去斑”、“添加杂色”和“中间值”5 个滤镜命令。

9.17.1 减少杂色

“减少杂色”滤镜具有在高 ISO 拍摄中使用先进的杂色校正以及消除 JPEG 不自然感的功

能，提高数码照片的光洁度。

9.17.2 蒙尘与划痕

“蒙尘与划痕”滤镜可以将图像中有缺陷的像素融入周围的像素，达到除尘和隐藏瑕疵的目的。选择“滤镜”|“杂色”|“蒙尘与划痕”命令，弹出如图 9-225 所示“蒙尘与划痕”对话框，各选项参数含义如下。

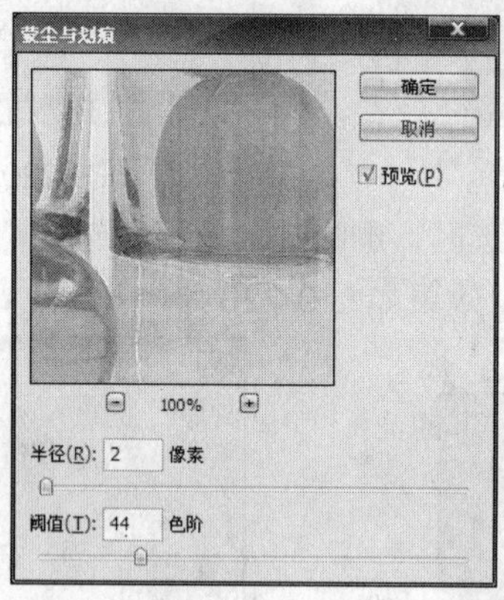

图 9-225 “蒙尘与划痕”对话框

- 半径：设置清除缺陷的范围。当滤镜执行排除操作时，自行检查该数值以决定清除的范围。参数设置范围为 1~100。
- 阈值：用于确定要进行处理像素的阈值，设置的值越大，所能容许的杂色就越多，去杂效果越弱。

9.17.3 去斑

“去斑”滤镜可以对图像或选择区内的图像进行轻微的模糊和柔化处理，从而实现移去杂色的同时保留细节。该滤镜无参数设置对话框。

9.17.4 添加杂色

“添加杂色”滤镜用来在图像上随机添加像素，也可用来减少羽化选区或渐变填充的色带，还可用来使过度修饰的区域显得更为真实。选择“滤镜”|“杂色”|“添加杂色”命令，弹出如图 9-226 所示的对话框，各选项参数含义如下。

- 数量：设置添加的杂色的数目多少，参数设置范围为 0.10~400.00。
- 平均分布：用 0、0 加或减指定的数值，得到的随机数分布颜色值，这种方式可以得到精细的效果。
- 高斯分布：沿铃形曲线分布杂色的颜色值，得到斑点的效果。
- 单色：仅将滤镜应用于图像中的色调图素而不更改其颜色。

设置参数后单击“确定”按钮，效果如图 9-227 所示。

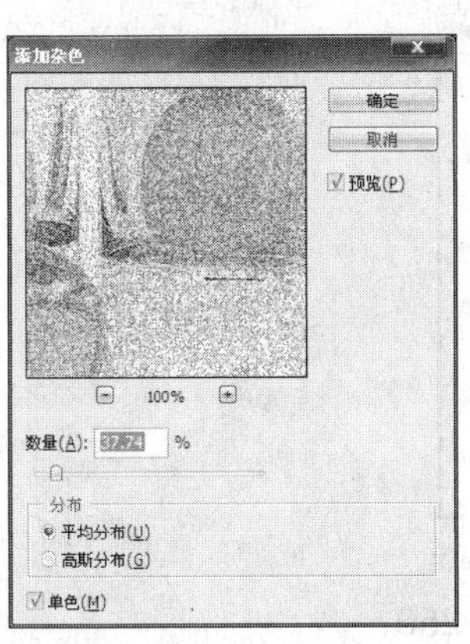

图 9-226　“添加杂色“对话框

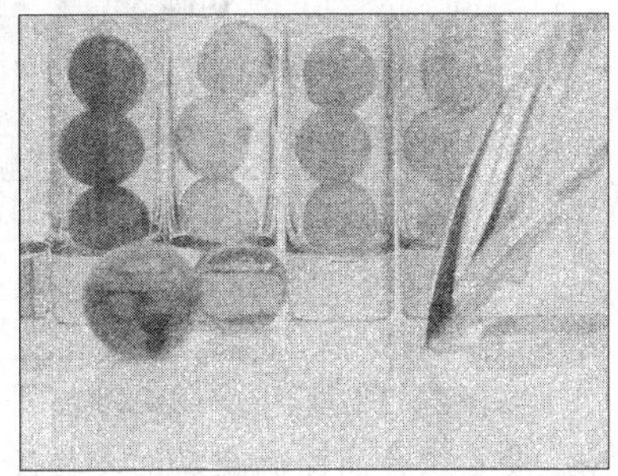
图 9-227　应用效果

9.17.5　中间值

“中间值”滤镜可以通过混合图像中像素的亮度来减少图像的杂色。选择“滤镜”|“杂色”|“中间值”命令，弹出如图 9-228 所示的对话框，其中各选项含义如下。

- 半径：此选项用于设置搜索相同亮度的像素的范围。当执行滤镜排除操作时，将自行检查该数值确定搜索半径。参数设置范围为 1~100。

设置参数后单击“确定”按钮，效果如图 9-229 所示。

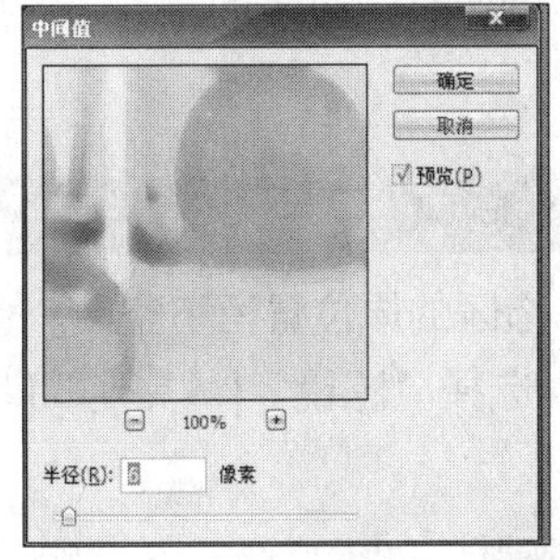

图 9-228　“中间值”对话框

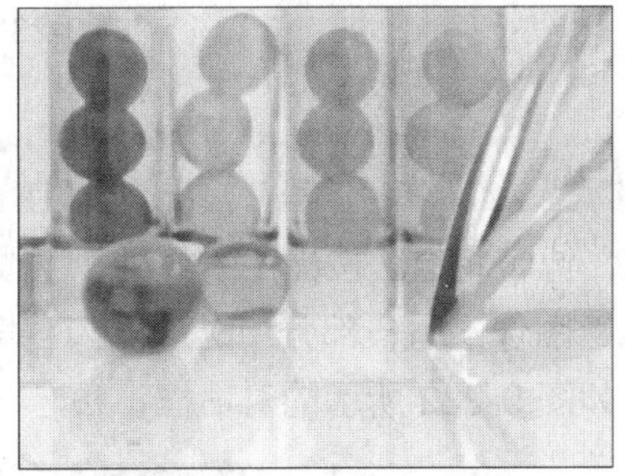
图 9-229　应用效果

9.18　“其他”滤镜

其他滤镜组可以用来修饰图像的细节部分和修改蒙版等，还可以让用户创建自己的滤镜。选择“滤镜”|“其他”命令，在“其他”子菜单中提供了“位移”、“最大值”和“最小值”等 5 种滤镜效果命令。

9.18.1　高反差保留

“高反差保留”滤镜在明显的颜色过渡处保留指定半径内的边缘细节，并隐藏图像的其他部分。选择“滤镜”|“其他”|“高反差保留”命令，弹出如图 9-230 所示的对话框，各选项参数含义如下。

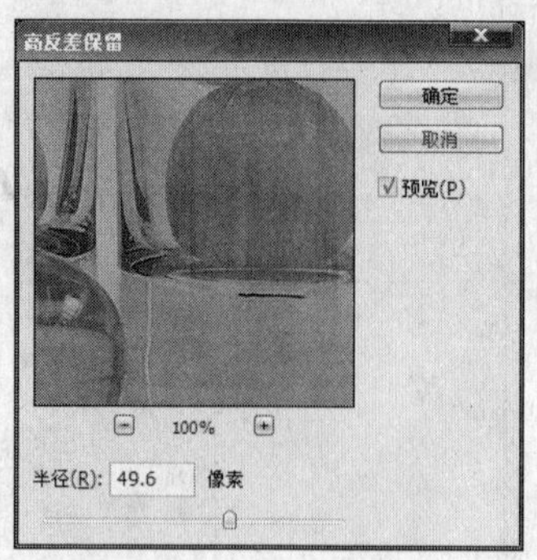

图 9-230 “高反差保留”对话框

- 半径：设置像素周围的距离，参数设置范围为 0.1~250。

设置参数后单击“确定”按钮，效果如图 9-231 所示。

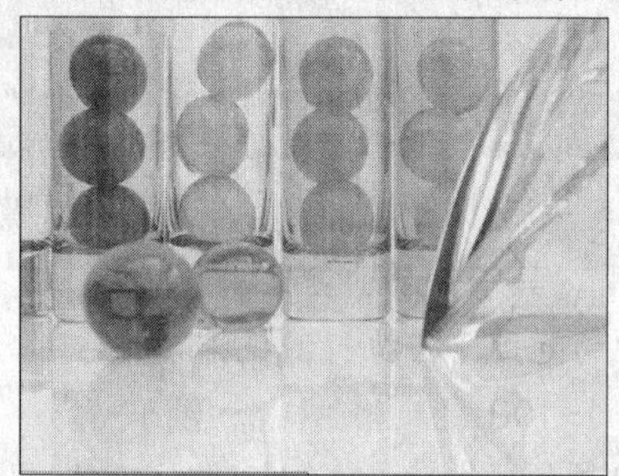

（处理前）

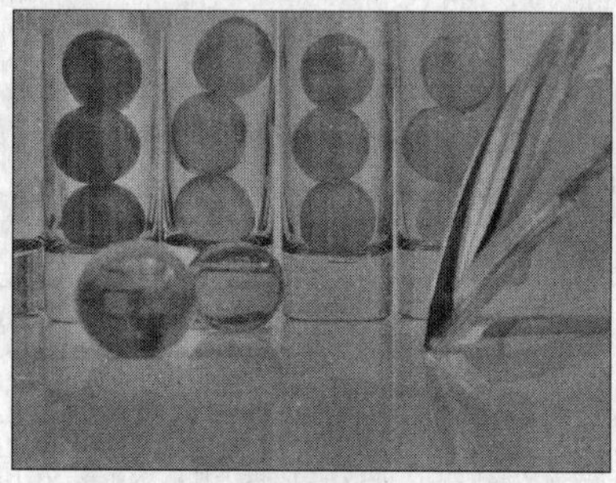

（处理后）

图 9-231 应用效果

9.18.2 位移

“位移”滤镜将选区按指定的数量水平或垂直移动，在选区的原位置留下空白。也可以用当前背景色、图像的另一部分中选取的内容填充空白区域。选择“滤镜”|“其他”|“位移”命令，弹出如图 9-232 所示的对话框，各选项参数含义如下。

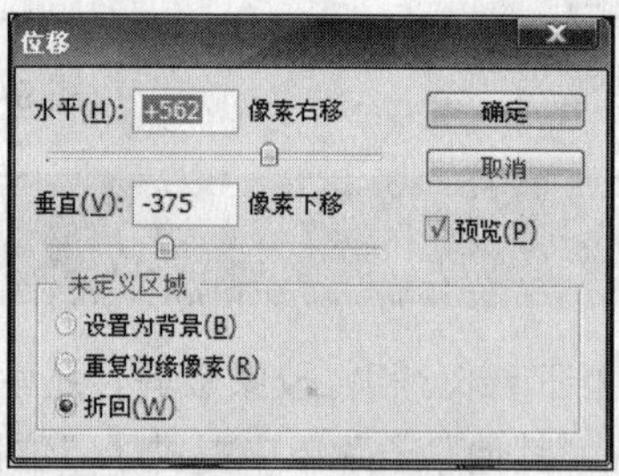

图 9-232 “位移”对话框

- 水平：设置水平偏移的数值，参数设置范围为-5472~5472，正值向右偏移，负值向左偏移。
- 垂直：设置垂直偏移的数值，参数设置范围为-7296~7296，正值向下偏移，负值向上偏移。
- 设置为背景：将偏移的空白区域填充为背景色。
- 重复边缘像素：将偏移的空白区域重复边缘像素填充。

- 折回：重复边缘像素用图像的折回部分填充。

设置参数后单击“确定”按钮，效果如图 9-233 所示。

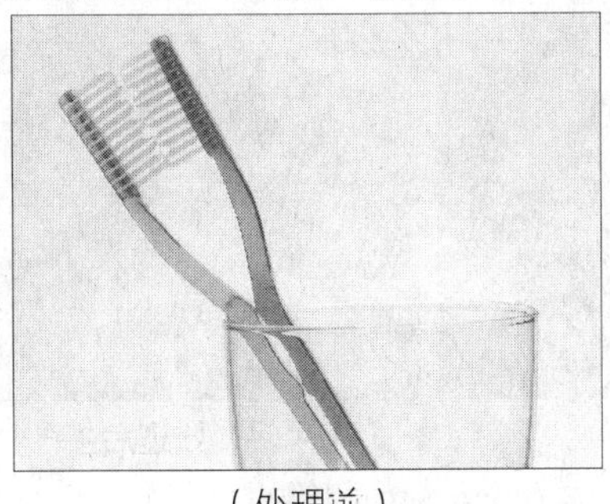

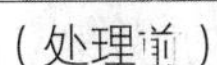
（处理前）

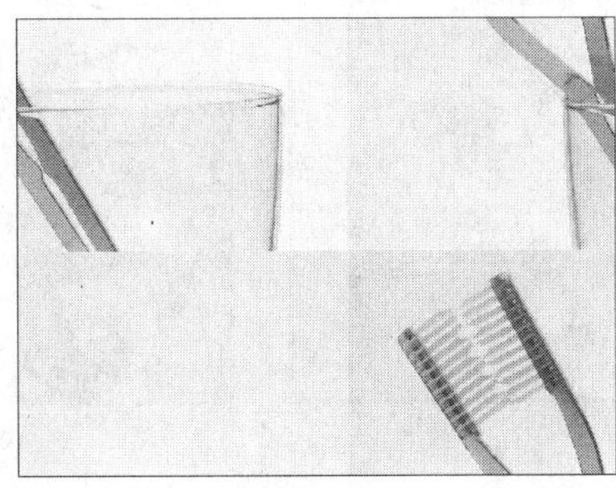
（处理后）

图 9-233　应用效果

9.18.3　自定义

“自定义”滤镜是所有滤镜中功能最强大的滤镜，使用它，用户可以创建滤镜，根据预定义的数学运算，设计出模糊、清晰及浮雕等效果的滤镜。其参数设置对话框如图 9-234 所示。在对话框中有一个 5×5 的文本框矩阵，最中间的方格代表目标像素，其余的方格代表目标像素周围相对应位置上的像素。使用步骤如下。

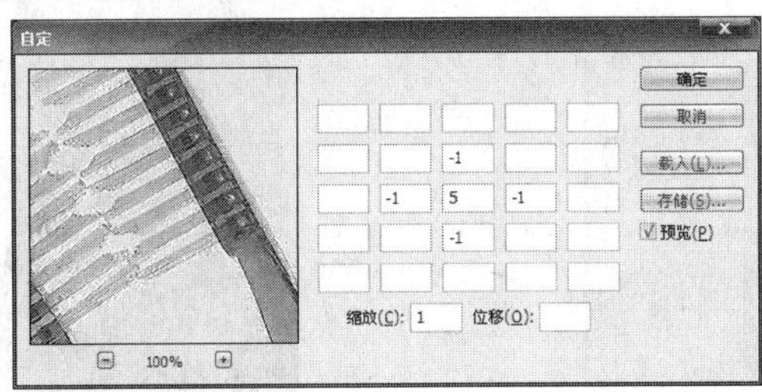

图 9-234　“自定义”对话框

1 单击正中间的文本框，它代表要进行计算的像素。输入要与该像素的亮度值相乘的值，范围为-999 ~ +999。

2 在代表相邻像素的文本框中单击，输入要与该位置的像素相乘的值。例如，若要将紧邻当前像素右侧的像素亮度值乘-1，可在紧邻中间文本框右侧的文本框中输入-1。

3 对所有要进行计算的像素重复步骤（1）和（2），但应注意不必在所有文本框中都输入值。

4 在“缩放”文本框中输入一个值，可用该值去除计算中包含的像素的亮度值的总和。

5 在“位移”文本框中输入要与缩放计算结果相加的值。然后单击“确定”按钮，自定滤镜将逐个应用到图像中的每一个像素。

9.18.4　最大值

“最大值”滤镜可用来强化图像中的色调，削减暗部色调。此滤镜具有收缩的效果，即向外扩展白色区域并收缩黑色区域。选择“滤镜”|“其他”|“最大值”命令，弹出如图 9-235 所示的对话框，各选项参数含义如下。

- 半径：设置周围像素的取样距离，参数设置范围为 1~100。

设置参数后单击“确定”按钮，效果如图 9-236 所示。

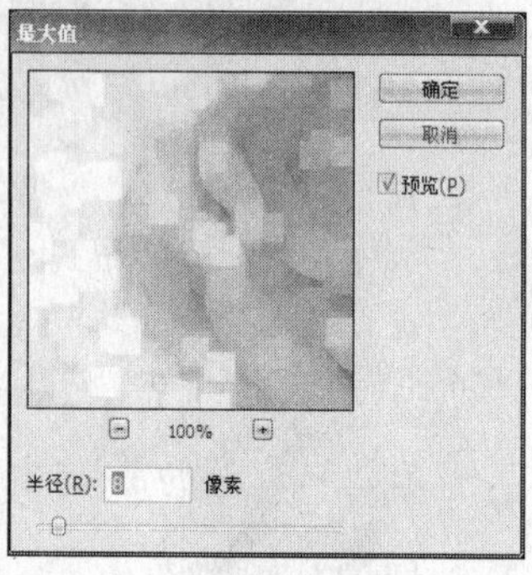

图 9-235 “最大值”对话框

处理前

处理后

图 9-236 应用效果

9.18.5 最小值

“最小值”滤镜能在指定半径内，用周围像素中最小的亮度替换当前像素的亮度值，此滤镜也具有扩展的效果，即向外扩展黑色区域并收缩白色区域。选择“滤镜”|“其他”|“最小值”命令，弹出如图 9-237 所示的对话框，各选项参数含义如下。

- 半径：设置周围像素的取样距离，参数设置范围为 1~100。

设置参数后单击“确定”按钮，效果如图 9-238 所示。

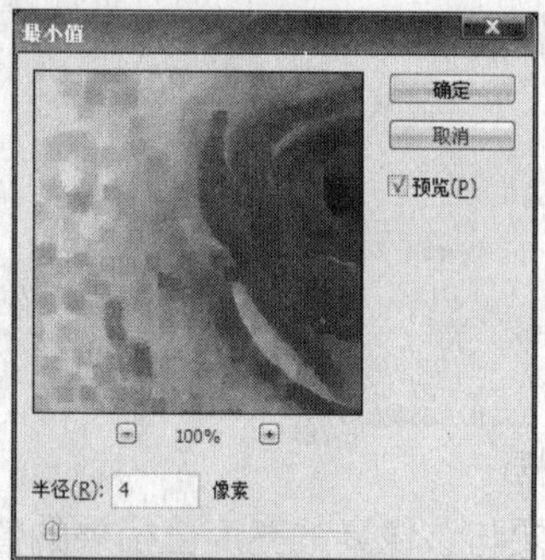

图 9-237 “最小值”对话框

图 9-238 应用效果

现 场 练 兵

速写效果

本例将通过去色命令、高斯模糊滤镜以及最小值滤镜制作速写效果，如图 9-239 所示。

图 9-239 最终效果

本例的具体操作步骤如下。

1 打开如图 9-240 所示素材图片。

2 按 Ctrl+Shift+U 组合键去色，使图像以灰度色彩显示，如图 9-241 所示。

图 9-240　素材

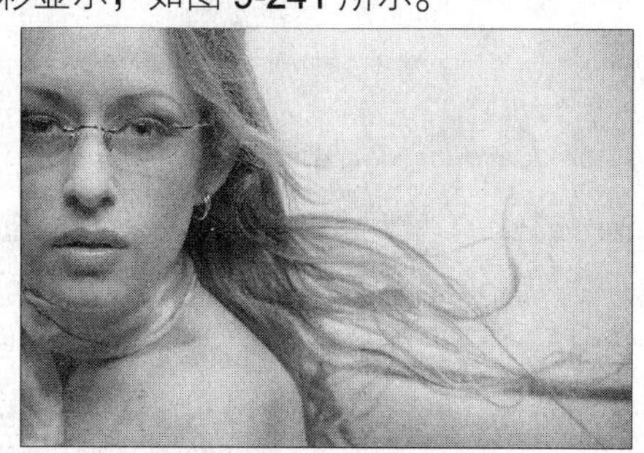

图 9-241　灰度效果

3 按 Ctrl+J 组合键，复制背景图层生成新“图层 1”， 图层面板如图 9-242 所示，按 Ctrl+I 组合键反相，效果如图 9-243 所示。

图 9-242　复制图层

图 9-243　反相效果

4 为了让线条更清晰一点，选择“滤镜” | “其它” | “最小值”命令，参数设置如图 9-244 所示。

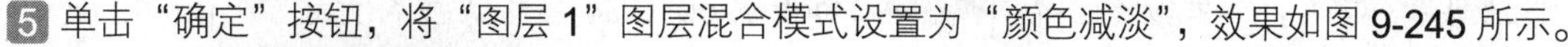

5 单击“确定”按钮，将“图层 1”图层混合模式设置为“颜色减淡”，效果如图 9-245 所示。

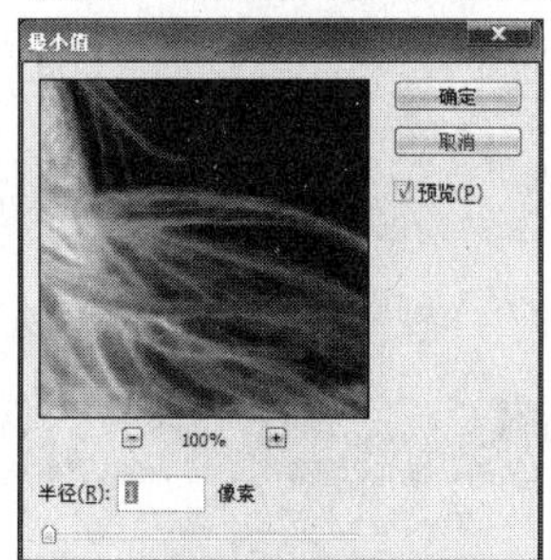

图 9-244　设置最小值参数

图 9-245　图像效果

6 选择“滤镜” | “模糊” | “高斯模糊”命令，参数设置如图 9-246 所示。单击“确定”按钮，照片中的杂色淡化了，轮廓线更突出，最终效果如图 9-247 所示。

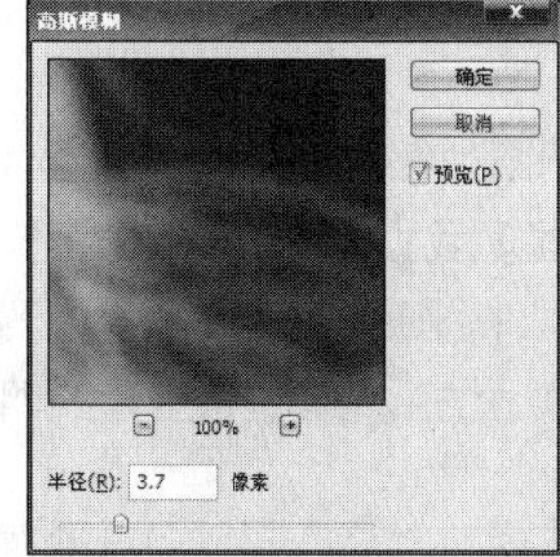

图 9-246　设置高斯模糊参数

图 9-247　最终效果

9.19 Digimarc 滤镜

Digimarc 滤镜的功能主要是让用户添加或查看图像中的版权信息。选择“滤镜”|“Digimarc”命令，在“Digimarc”子菜单中提供了“读取水印”和“嵌入水印”2 种滤镜效果命令。

9.19.1 读取水印

“读取水印”滤镜可以查看并阅读该图像的版权信息。

9.19.2 嵌入水印

“嵌入水印”滤镜可以在图像中产生水印。用户可以选择图像是受保护的还是完全免费的。水印是作为杂色添加到图像中的数字代码，它可以以数字和打印的形式长期保存，且图像经过普通的编辑和格式转换后水印依然存在。水印的耐用程度设置的越高，则越经得起多次的复制。如果要用数字水印注册图像，可单击个人注册按钮，用户可以访问 Digimarc 的 Web 站点获取一个注册号。

9.20 疑难解析

通过前面的学习，读者应该已经掌握了在 Photoshop CS4 各种滤镜的使用方法和应用效果。下面就读者在学习的过程中遇到的疑难问题进行解析。

1 怎样做一个很自然的阳光效果？

在 Photoshop CS4 滤镜里使用“渲染”|“光照效果”命令，可以制作阳光效果。

2 如何巧妙去除扫描时图像上产生的网纹？

有以下两种方法可供选择。

1. 减少杂色法

选择“滤镜”|“杂色”|“减少杂色”命令，这是最快速、方便的去网纹方法。

2. 放大缩小法

先用较高的解析度扫描图片，然后再用 Photoshop CS4 把图片缩小为所需的大小。比如原来的图片是用 200dpi 扫描的，图片大小为 240x160，网纹明显。我们用 300dpi 来扫描，图片大小增加为 360x240，画面仍有轻微的网纹。然后选择“图像”|“图像大小”命令把图片缩小为 240x160，同时将“重定图像像素”选项参数设定为“两次立方”。缩小后图片的网纹几乎完全消除了，画面颜色变得相当平整，品质提高不少。

3．模糊法

模糊法对细密的网纹特别有效。选择“滤镜”|“模糊”|“高斯模糊”命令，通过“模糊”对话框来设定模糊的程度，可是这个方式有个缺点，就是网纹减轻了，但画面模糊了，使用时要小心。

9.21 上机实践

本例将使用镜头光晕滤镜以及极坐标滤镜制作发光圈效果，如图 9-248 所示。

图 9-248　最终效果

9.22 巩固与提高

本章介绍了 Photoshop CS4 中的内置滤镜的使用方法，Photoshop CS4 内置了 100 多种滤镜，每个滤镜都有自己特有的效果。每个滤镜参数设置不同，颜色设置不同，最终效果都会产生很大的差异！只有掌握了基本操作方法，学习起来才会轻松有趣，同时要了解每种滤镜的功能和大概会产生什么效果。

1．单选题

（1）（　　）滤镜将选区按指定的数量水平或垂直移动，在选区的原位置留下空白。

A．其他　　B．中间值　　C．位移　　D．最大值

（2）（　　）滤镜可以对图像或选择区内的图像进行轻微的模糊和柔化处理，从而实现移去杂色的同时保留细节。

A．去斑　　B．涂抹棒　　C．减少杂色　　D．自定

2．多选题

（1）滤镜不应用于（　　）中，一些滤镜只能应用 RGB 模式色彩模式的图像中。

A．位图模式　　B．索引色　　C．16 位图像　　D．CMYK 图像

（2）纹理滤镜可以向图像加入纹理，使图像具有深度感和材质感。选择“滤镜”|“纹理”命令，在“纹理”子菜单中提供了（　　）等 6 种滤镜效果命令，

A．木刻　　B．拼缀图　　C．染色玻璃　　D．纹理化

3. 判断题

（1）其他滤镜组可以用来修饰图像的细节部分和修改蒙版等，还可以让用户创建自己的滤镜。(　　)

（2）嵌入水印滤镜可以在图像中产生水印。用户可以选择图像是受保护的但不是免费的。(　　)

Study

第10章

文字应用

Photoshop CS4 提供了丰富的文字输入和编排功能，掌握了文字工具的输入、设置以及调整方法，就能运用文字工具制作特殊的文字效果。

学习指南

- 文字工具
- 设置文本的属性
- 路径文字

精彩实例效果展示 ▲

10.1 文字工具

选择工具箱中的“横排文字工具“T，可以看到 Photoshop CS4 提供了 4 种文字工具：横排文字工具T、直排文字工具T、横排文字蒙版工具T和直排文字蒙版工具T，如图 10-1 所示。

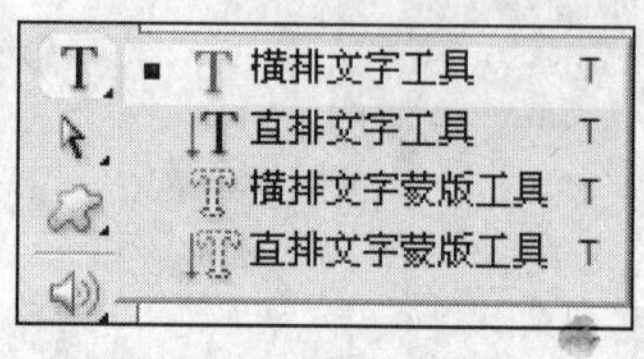

图 10-1　文字工具组

10.1.1 创建美术字文本

美术字文本指用横排文字工具和直排文字工具在图像中单击后直接输入的文字。直排文字工具的参数设置和使用方法与横排文字工具相同。横排文字工具T可以输入横向文字，直排文字工具T可以输入纵向文字。选择工具箱的“横排文字工具“T，其属性工具栏如图 10-2 所示，各选项含义如下。

图 10-2　横排文字工具属性工具栏

- ：单击该按钮可以在文字的水平排列状态和垂直排列状态之间进行切换。
- “字体”下拉列表框 方正报宋简体 ：该下拉列表框用于选择一种字体。
- “字体大小”：用于选择字体的大小，也可直接在文本框中输入要设置字体的大小。
- “消除锯齿”：用于选择是否消除字体边缘的锯齿效果，以及用什么方式消除锯齿。
- ：选择按钮可以使文本向左对齐；选择按钮，可使文本沿水平中心对齐；选择按钮，可使文本向右对齐。
- “文本颜色”色块：单击该色块，可打开“拾色器”对话框，用于设置字体的颜色。
- ：单击该按钮，可以设置文字的变形效果。
- ：单击该按钮，显示/隐藏字符和段面板。
- ：单击该按钮，可以取消当前正在进行的所有文本编辑操作。
- ：单击该按钮，可以提交当前的文本编辑操作。

使用直排文字工具或横排文字工具具体操作步骤如下。

1 选择工具箱中的“横排文字工具”T，然后在属性工具栏中设置文字的字体、大小和文字颜色等参数，如图 10-3 所示。

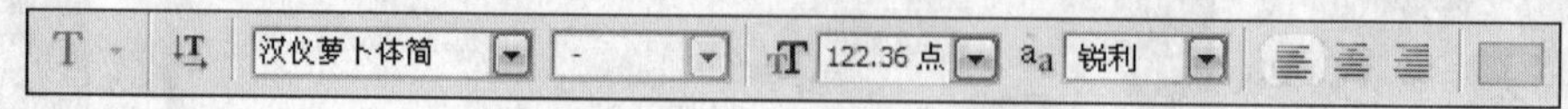

图 10-3　设置文字工具属性栏参数

2 将鼠标指针移到图像窗口需要输入文字的位置处单击，待出现闪烁的插入光标后输入所需的文字即可，如图 10-4 所示。

3 选择“直排文字工具”T创建的美术字文本效果如图 10-5 所示。

图 10-4　输入文字

图 10-5　直排文字效果

4 创建文本后，图层面板中生成相应的文字图层，如图 10-6 所示。

图 10-6　文字图层

10.1.2　创建文字选区

使用横排文字蒙版工具和直排文字蒙版工具可以创建横排和竖排文字选区，其创建方法与美术字文本的创建方法相同，使用文字蒙版工具的输入结果是文字的选区。具体操作步骤如下。

1 选择工具箱中的“横排文字蒙版工具”或“直排文字蒙版工具”，在图像中需创建文字选区的位置单击，待出现插入光标后输入所需的文字，如图 10-7 所示。

2 完成后选择工具箱中的其他工具，退出文字蒙版输入状态，输入文字将以文字选区显示，但不产生文字图层，如图 10-8 所示。

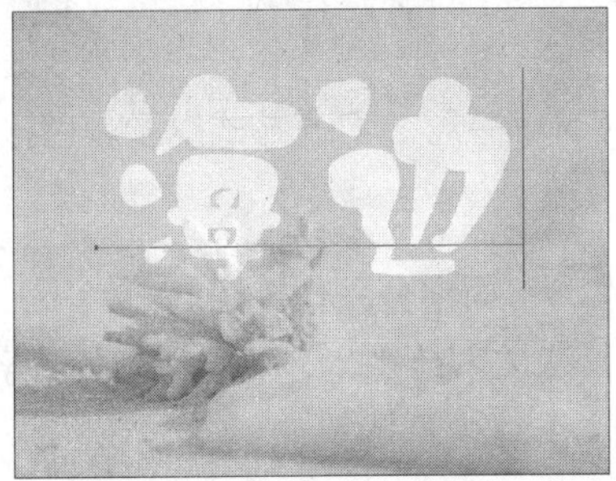

图 10-7　文字蒙版

图 10-8　直排文字选区

10.1.3　创建段落文本

段落文本是指在一个段落文本框中输入所需的文本，以便于用户对该段落文本框中的所有文本进行统一的格式编辑和修改。在处理较多文字时可以使用段落文本，而文字较少时一般都使用美术字文本。

创建段落文本具体操作步骤如下。

1 选择工具箱中的“横排文字工具”T或“直排文字工具”IT，然后在属性工具栏中设置文字的字体、大小和文字颜色等参数。

2 将鼠标指针移动到需要输入文字的图像位置，指针将变成形状，按住左键不放并拖动，将出现一个虚线框，当该虚线框达到所需大小后释放鼠标，绘制出一个段落文本框，如图 10-9 所示。在段落文本框的左上角将显示一个插入光标，用于输入文本。

3 在段落文本框的左上角的闪烁光标处输入需要的文字，输入文字时当文字到达段落文本框右边界时将自动换行，如图 10-10 所示。如需分段输入，可以按 Enter 键。

4 在输入文字过程中，用户可以根据需要调整段落文本框的大小，其方法是将鼠标指针移到段落文本框的某一方形节点上，当指针变成双向箭头后拖动即可。

5 文字输入完成后单击工具箱中的其他工具，退出段落文本输入状态，此时将取消段落文本框的显示。

小提示 Ps

创建段落文本后同样将在图层面板中生成相应的文字图层，若需修改段落文本框中的文本内容时选中该文字图层，单击工具箱中的横排文字工具T，将鼠标指针移动段落文本框边缘或内部某个位置，当指针变成I形状时单击，将激活段落文本框并使文本处于可编辑状态。

图 10-9　创建段落文本框

图 10-10　创建段落文本

10.2 设置文本的属性

在 Photoshop CS4 中，用户不仅可以设置文本的字体、字号、对齐方式以及颜色，还可以设置文字的间距、行间距等属性。

Photoshop CS4 提供了 3 种设置文本属性的方法，下面将分别作介绍。

- 选中工具箱中的文字工具，在属性工具栏上设置文本的字体、字号以及颜色等属性。设置完成后，工作区中将应用同一种属性显示文本。
- 在文本输入的过程中，用户可以随时在属性工具栏中更改文本属性，修改后的文本属性将应用到文本中，也可以选中需要更改的文本，在属性工具栏上重新设置属性，重新设置的属性将应用到当前选中的文本中，如图 10-11 所示。
- 文本输入完成后，选中工具箱中的文本输入工具，在输入的文本上单击，使它处于编辑状态，在属性工具栏上可以重新调整选中的文本属性。

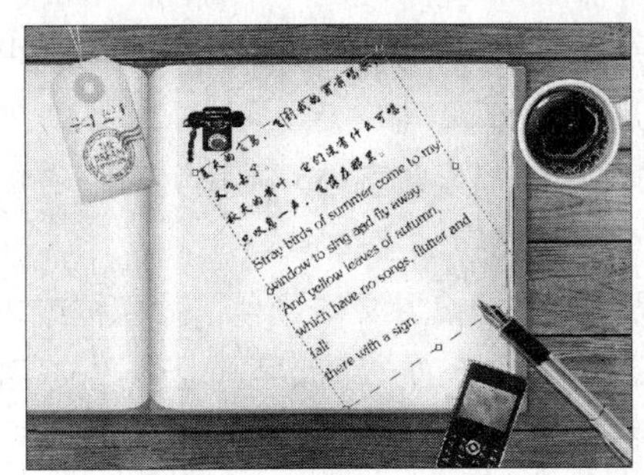

图 10-11　更改文字属性

10.2.1　选择文字

要对文字进行编辑时除了需选中该文字所在图层，还需选取要设置的部分文字。选取文字时先切换到横排文字工具，然后将鼠标指针移动到要选择的文字的开始处，当指针变成I形状时拖动鼠标，在需要选取文字的结尾处释放鼠标，被选中的文字将以文字的补色显示，如图 10-12 所示。

10.2.2　改变文字方向

在实际应用中，当输入文本后，如果需将横排文本转换成竖排文本或将竖排文本转换成横排文字，此时无需再重新使用相应的文字工具输入，可直接进行文字方向的转换。具体操作步骤如下。

1 选中需要改变文字方向的文字图层，使其成为当前图层。

2 切换到工具箱中的任意一种文本工具状态下，然后单击文字属性工具栏中左侧的“更改文本方向”按钮，即可在横排文本和竖排文本间进行转换，如图 10-13 所示。

图 10-12　选择文字

图 10-13　更改文字方向

小提示

选中需要改变文字方向的文字图层后，选择“图层”|“文字”|“水平”或“垂直”命令也可改变文字的方向。

10.2.3　设置字体和字号及颜色

先在图层面板中选择相应的文字图层，选择工具箱中的“横排文字工具”T，拖动选取要

修改的部分文字（若需将修改应用到当前文字图层中的所有文字中，则无需选取），修改文字的字体、颜色和大小的操作方法分别如下。

（1）单击文字属性工具栏中的“设置字体”下拉列表框右侧的按钮，在弹出的下拉列表框中选择所需的字体样式即可修改文字的字体。

（2）单击文字属性工具栏中的“设置文本颜色”颜色框或单击工具箱中的前景色图标，在打开的“拾色器”对话框中选择一种新的文字颜色即可修改文字的颜色。

（3）在文字属性工具栏中的“设置文本大小”下拉列表框中选择一种文本大小，或直接在其列表框中输入具体的数值修改文字的大小。

10.2.4 设置字体样式和消除锯齿方式

在属性工具栏中的“消除锯齿”下拉列表框 aa 锐利 用于选择是否消除字体边缘的锯齿效果，以及用什么方式消除锯齿。单击 aa 锐利 选择框右侧的三角按钮，在打开的如图 10-14 所示的下拉列表中可以选择需要使用的消除锯齿方式。

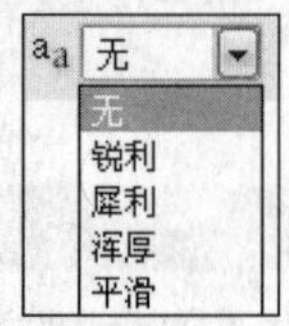

图 10-14 “消除锯齿”下拉列表

如图 10-15 所示为分别使用了无消除锯齿效果和平滑效果后，局部放大后字体效果的对比。

（无消除锯齿效果）

（平滑效果）

图 10-15 字体效果的对比

10.2.5 设置文本对齐方式

属性工具栏中的按钮，分别用于设置文本的对齐方式，如图 10-16 所示分别显示了左对齐、中间对齐和右对齐 3 种不同方式的应用效果。

（左对齐）

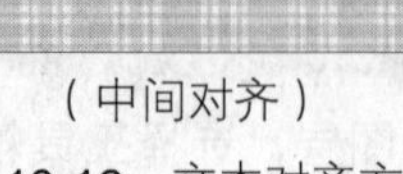

（中间对齐）

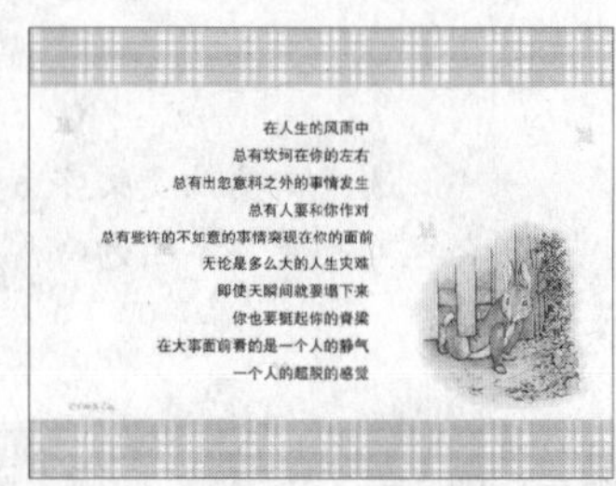

（右对齐）

图 10-16 文本对齐方式

10.2.6　创建变形文本

Photoshop CS4 提供了创建变形文字的功能，以方便用户创建各种变形样式的文字效果，其具体操作如下。

1 先用文字工具输入所需的文本，如图 10-17 所示。

2 单击文字属性工具栏中的“创建变形文本”按钮，将打开如图 10-18 所示的“变形文字”对话框，选中“水平”或“垂直”单选项可以更改变形文字的方向。

图 10-17　设置输入文字

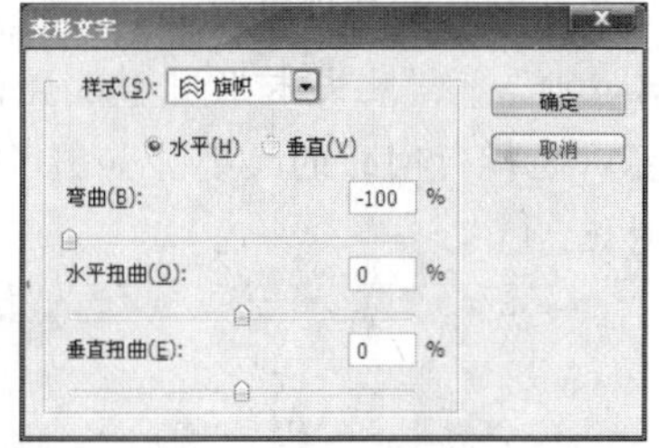

图 10-18　设置变形文字对话框参数

3 在“样式”下拉列表框中有多种变形样式选择，如图 10-19 所示，拖动对话框下方的滑块可以设置变形程度参数。

4 设置完成后，单击“确定”按钮，即可将设置的变形样式应用到当前文字图层中，效果如图 10-20 所示。

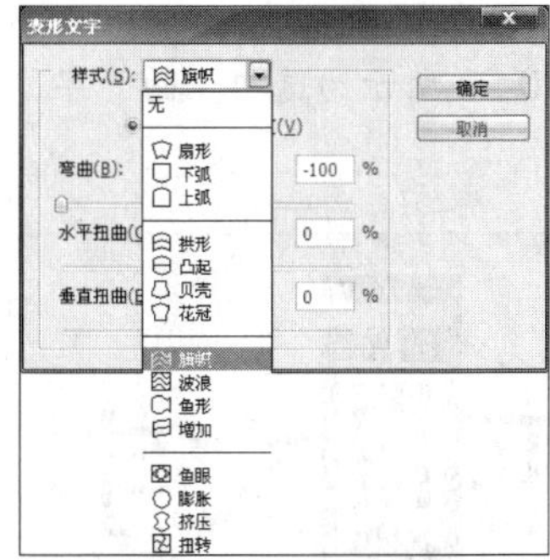

图 10-19　设置变形样式

图 10-20　应用变形效果

10.2.7　使用“字符”面板

单击“字符” 按钮，可以打开字符面板设置字符，弹出如图 10-21 所示的面板，面板中包含了两个选项，字符选项用于设置字符属性，段落选项用于设置段落属性。

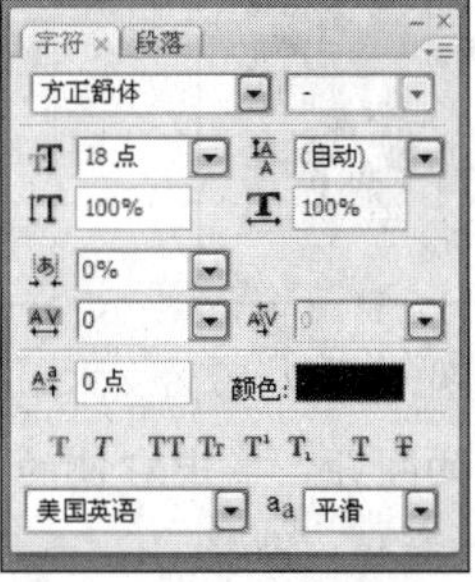

图 10-21　字符面板

字符面板用于设置字符的字间距、行间距、缩放比例、字体以及尺寸等属性。其中各选项含义如下。

- SingkaiCSEG-Bo...：单击此文本框右侧的三角按钮，在下拉列表中选择需要使用的字体。
- T 48点：在此文本框中直接输入数值可以设定字体大小。
- 颜色：单击颜色块，在弹出的拾色器中设置文本的颜色。
- T T TT Tr T¹ T₁ T T 按钮：分别用于对文字进行加粗、倾斜、全部大写字母、将大写字母转换成小写字母、上标、下标、添加下划线、添加删除线等操作。设置时选取文本后单击相应的按钮即可。
- (自动)：此文本框用于设置行间距，单击文本框右侧的三角按钮，在下拉列表中可以选择行间距的大小。如图 10-22 所示分别为设置行间距为“自动”和 48 的效果对比。

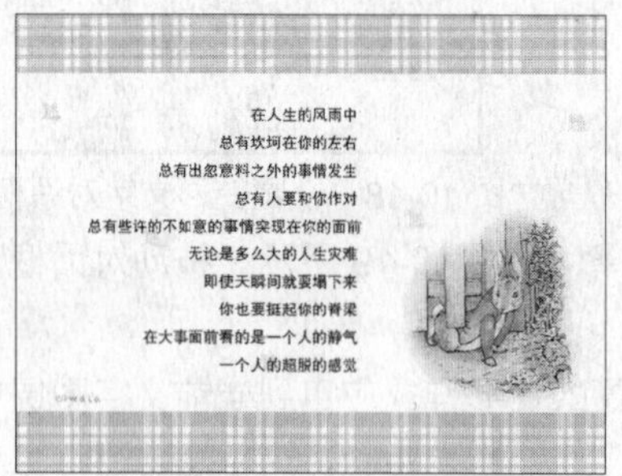

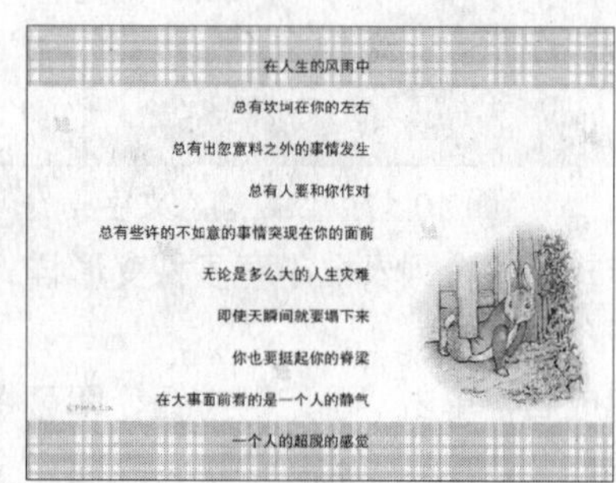

图 10-22　设置不同的行间距

- IT 100%：设置选中文本的垂直缩放效果。如图 10-23 所示为选中“面”字，将文本框中数值分别设置为 20%和 200%的效果对比。

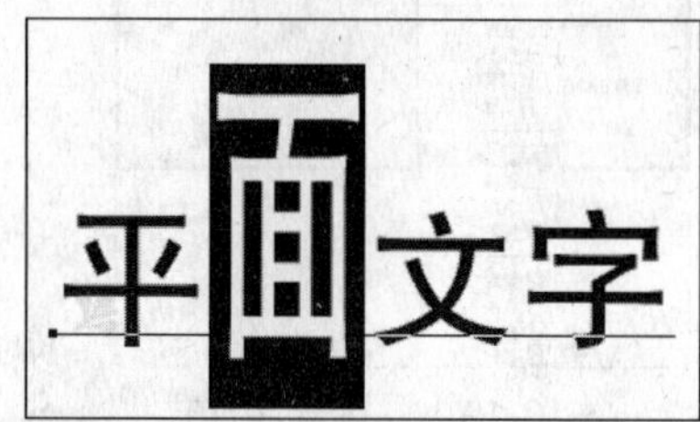

图 10-23　设置文本垂直缩放效果

- T 100%：设置选中文本的水平缩放效果。如图 10-24 所示为选中“文字”，将文本框中数值分别设置为 50%和 140%的效果对比。

图 10-24　设置文本水平缩放效果

- AV 0：设置所选字符的字距，单击右侧的三角按钮，在下拉列表中选择字符间距，也可以直接在文本框中输入数值。如图 10-25 所示为分别设置 AV 为-200 和 200 的效果对比。

平 面 文 字

图 10-25　调整所选字距

- ：用于两个字符间的微调。
- ：设置基线偏移，当设置参数为正值时，向上移动，当设置参数为负值时，向下移动。如图 10-26 所示为分别设置为 35 点和 50 的应用效果对比。

图 10-26　设置基线偏移

小提示

如果当前文本为非编辑状态，在字符面板上所设置的参数将应用到工作区中的所有文字中。

10.2.8　使用“段落”面板

打开“段落”选项卡，切换到“段落”面板中，如图 10-27 所示，在此面板中可以设置段落文本的对齐方式、缩进间距等，各选项含义如下。

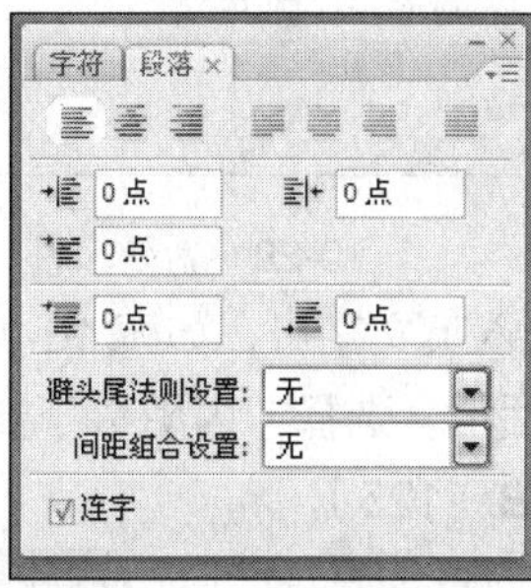

图 10-27　“段落”面板

- 左对齐：单击此按钮，段落中所有文字居左对齐。
- 居中对齐：单击此按钮，段落中所有文字居中对齐。
- 右对齐：单击此按钮，段落中所有文字居右对齐。
- 最后一行左对齐：单击此按钮，段落中最后一行左对齐。
- 最后一行中间对齐：单击此按钮，段落中最后一行中间对齐。
- 最后一行右对齐：单击此按钮，段落中最后一行右对齐。
- 全部对齐：单击此按钮，段落中所有行全部对齐。
- 左缩进：用于设置所选段落文本左边向内缩进的距离。
- 右缩进：用于设置所选段落文本右边向内缩进的距离。

- 首行缩进 0点：用于设置所选段落文本首行缩进的距离。
- 段落前添加空格 0点：用于设置插入光标所在段落与前一段落间的距离。
- 段落后添加空格 0点：用于设置插入光标所在段落与后一段落间的距离。
- “连字”复选框：勾选该复选框，表示可以将文字的最后一个外文单词拆开形成连字符号，使剩余的部分自动换到下一行。

现场练兵

立体文字

本例将使用横排文字工具、内阴影样式、斜面和浮雕样式以及变换复制文字制作立体文字效果，如图 10-28 所示。

图 10-28　最终效果

本例的具体操作步骤如下。

1 按 Ctrl+N 组合键，打开“新建”对话框，参数如图 10-29 所示。

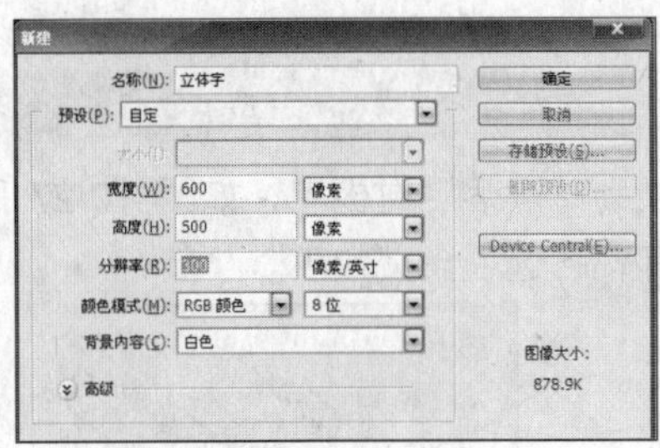

图 10-29　新建文件

2 选择“文字工具”，在图像中输入英文字母，如图 10-30 所示。

3 双击文字层，弹出图层样式对话框，选择“内阴影”样式，设置参数如图 10-31 所示，设置内阴影颜色为（R：249，G：4，B：125）。

图 10-30　输入文字

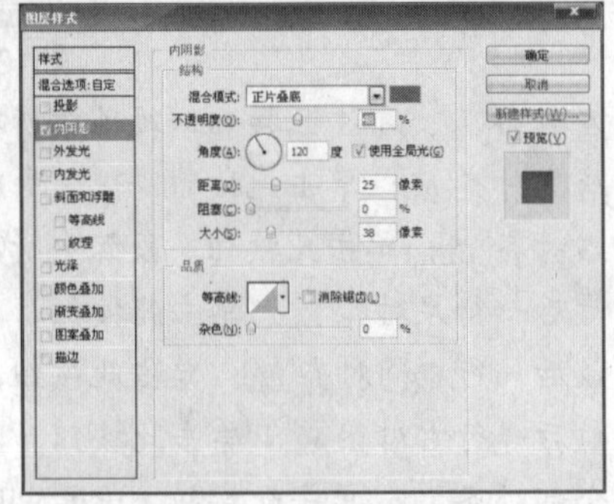

图 10-31　设置内阴影样式

4 选择“斜面和浮雕”样式，设置参数如图 10-32 所示，打开等高线编辑框，调整曲线如图 10-33 所示，单击“确定”按钮。

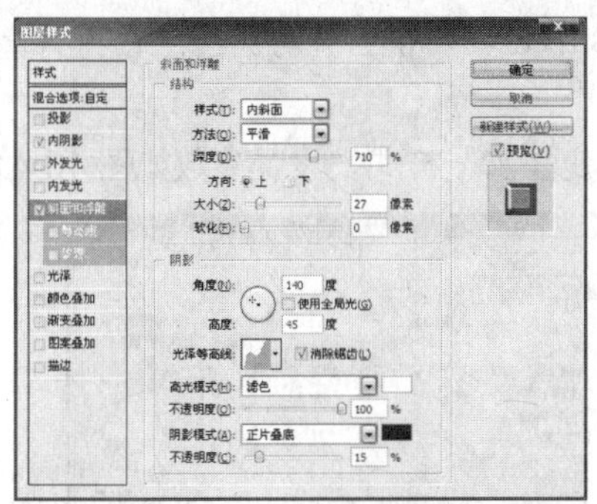

图 10-32　设置斜面和浮雕样式参数

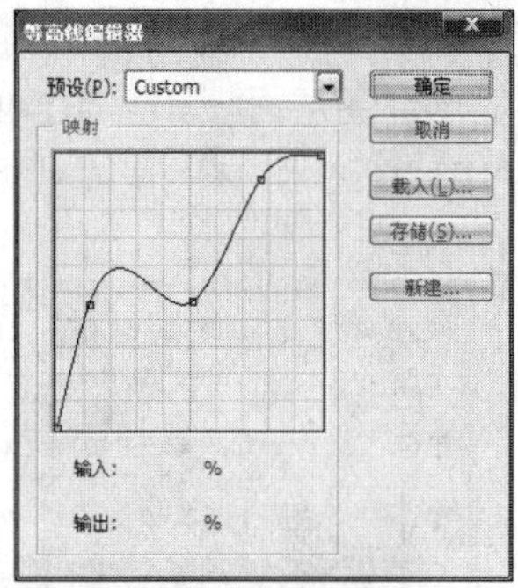

图 10-33　调整曲线

5 勾选“等高线”复选框，调整参数如图 10-34 所示，等高线调整如图 10-35 所示。

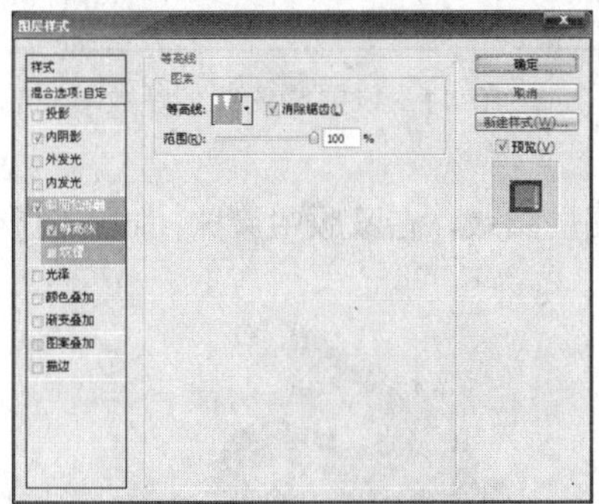

图 10-34　设置等高线参数

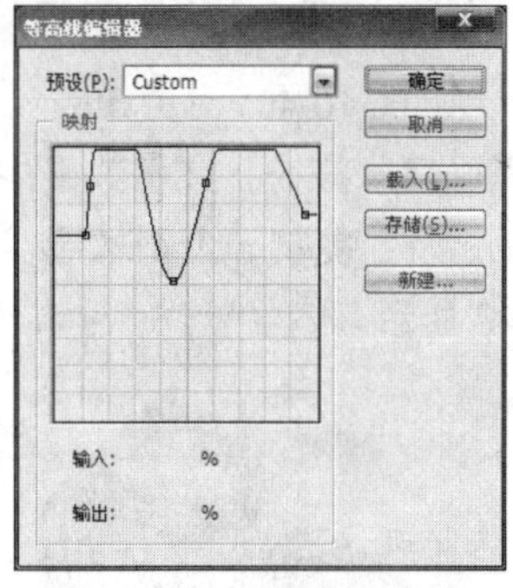

图 10-35　调整等高线

6 选择“光泽”样式，参数设置如图 10-36 所示。

7 单击“确定”按钮，文字效果如图 10-37 所示。

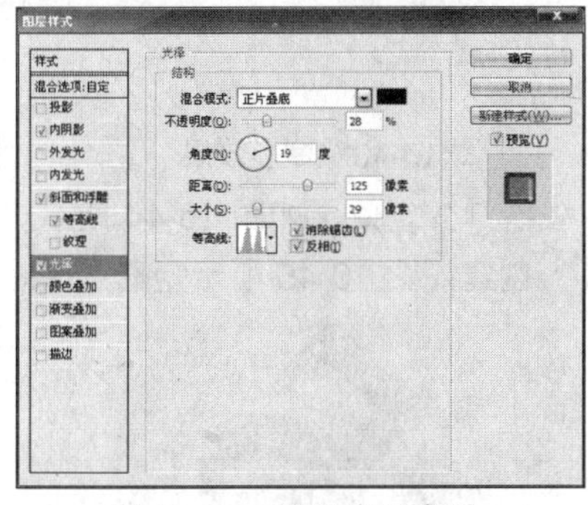

图 10-36　设置光泽参数

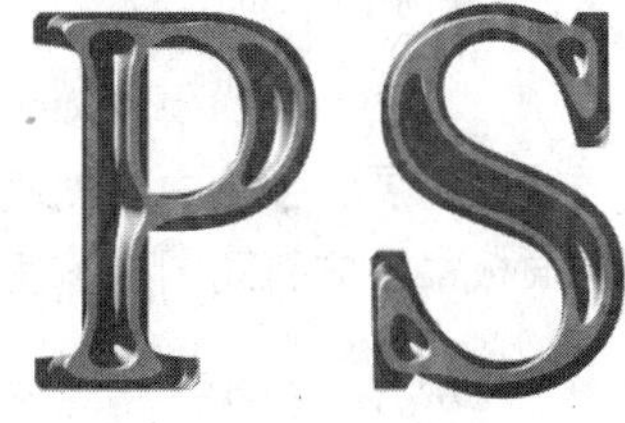

图 10-37　文字效果

8 新建“图层1”，将文字层和“图层1”合并为一层。按 Ctrl+T 键调整文字为如图10-38 所示角度。

9 按住 Ctrl+Alt+→键复制多层文字，直到效果如图 10-39 所示。

图 10-38　填充颜色

图 10-39　立体效果

10 将“背景”层和图层最顶层暂时隐藏，按 Shfit+Ctrl+E 组合键合并可见图层，将“背景”层和最顶层显示，图层面板如图 10-40 所示。

11 双击“图层 1”，打开图层样式对话框，选择“渐变叠加”样式，设置参数如图 10-41 所示。

图 10-40　合并图层

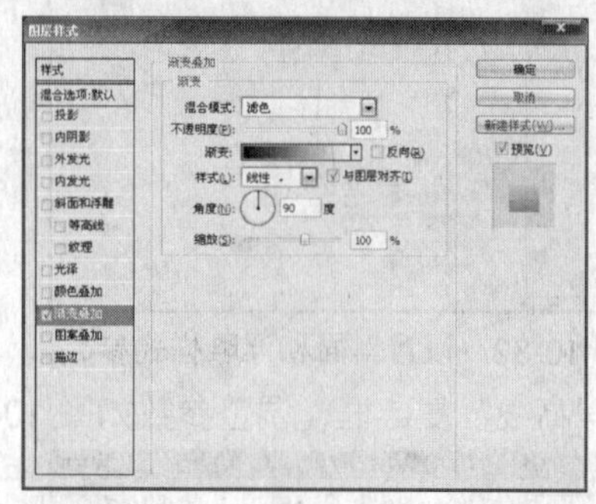

图 10-41　设置渐变叠加参数

12 单击“确定”按钮，文字效果如图 10-42 所示。

13 将“图层 1”复制一个副本层，移动图像，添加图层蒙版，在蒙版中涂抹，制作倒影效果，如图 10-43 所示。

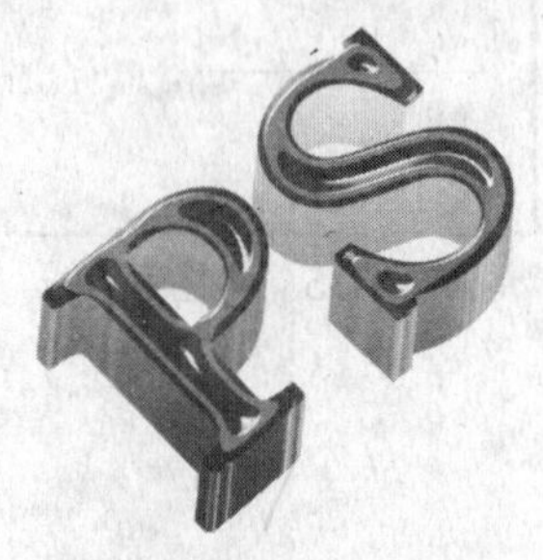

图 10-42　图像效果

图 10-43　倒影效果

14 选择“背景”层，创建由“浅灰色”到“白色”的线性渐变，效果如图 10-44 所示。

15 在图层面板最上方新建图层，使用“矩形选框工具”创建如图 10-45 所示矩形选区。

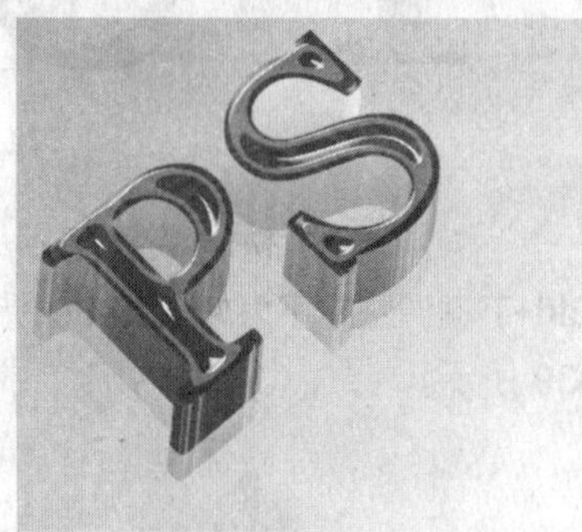

图 10-44　渐变效果

图 10-45　矩形选区

16 选择“编辑”|“描边”命令，设置参数如图 10-46 所示，其中描边色（R：246，G：6，B：192）。

17 单击“确定”按钮，取消选区，效果如图 10-47 所示。

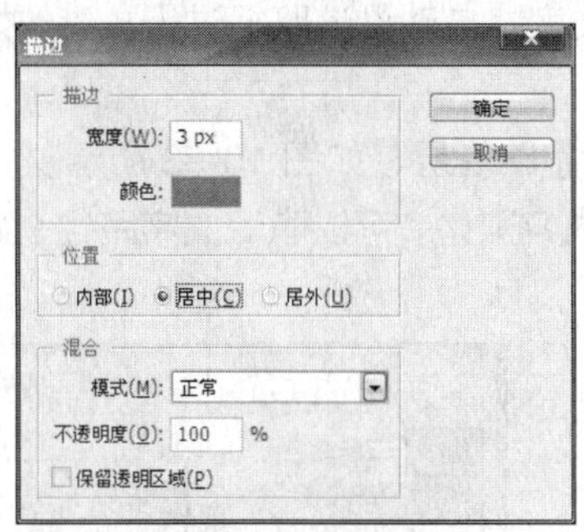

图 10-46 设置描边参数

图 10-47 描边效果

18 使用“矩形选框工具”在如图 10-48 所示位置创建选区，按 Delete 键删除选区内容，最后输入文字，得到最终效果如图 10-49 所示。

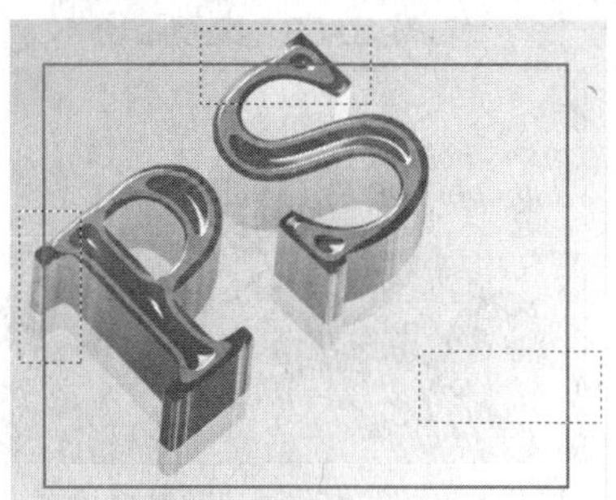

图 10-48 设置图层混合模式

图 10-49 文字效果

10.3 路径文字

在 Photoshop CS4 中可以实现使输入的文字沿路径放置的功能，以方便用户快速得到各种变化的文本效果。

10.3.1 沿路径输入文字

沿路径输入文字前必须先创建所需的形状路径（可以闭合或未闭合路径），具体操作步骤如下。

1 打开如图 10-50 所示的素材图片。

2 选择工具箱中的“钢笔工具”，在如图 10-51 所示位置创建形状路径。

图 10-50 素材图片

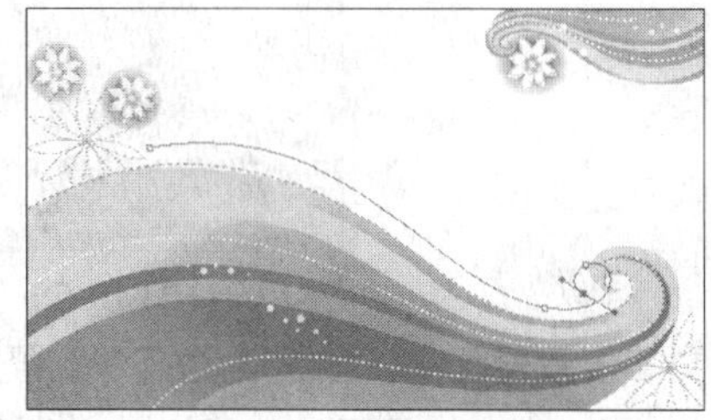

图 10-51 创建形状路径

3 然后选择工具箱中的“横排文字工具”T，设置好字体参数后在绘制的路径上需要开始输入文字处单击，当出现插入 I 光标后输入所需的文字，文字将自动沿该路径进行放置，如图 10-52 所示。

4 文字输入完成后，在路径控制面板中会自动生成文字路径层，如图 10-53 所示。

5 选择“视图”|“显示额外内容”命令，将显示额外内容取消，可以隐藏文字路径，如图 10-54 所示。

图 10-52　沿路径输入文字

图 10-53　文字路径

即使现在删除最初绘制的路径，也不会改变文字的形态。同样，即使现在修改最初绘制的路径形态，也不会改变文字的排列。

图 10-54　隐藏路径

10.3.2　编辑路径上的文字

沿路径输入文本后，在路径上以一个与路径相交的标记表示文字的起点，以小圆圈表示文字的结束点，两个标记的中间段就是文字的显示范围。

根据需要，用户可以使用路径选择工具来调整文本在路径上的位置，同时并可通过修改路径的形状来改变文字的排列效果。

1. 编辑文字在路径上的位置

1 选择工具箱中的“路径选择工具”，将鼠标指针移到路径左端标记处，当指针变成形状时单击并拖动，即可使路径上的文本向右移动，如图 10-55 所示。

图 10-55　移动文本图

2 在移动文字位置过程中，如果将路径向路径下方拖动，文字将翻转到路径的另一边，同时文字将从路径的另一端开始放置，如图 10-56 所示。

3 选择“路径选择工具”后，将鼠标指针移到路径右端带有圆圈的位置处，当指针变成形状时，单击并向前拖动鼠标可以暂时隐藏被指针拖动过路径上的文字，如图 10-57 所示。反方向向后拖动时即可恢复被隐藏的文字。

图 10-56　调整文字方向

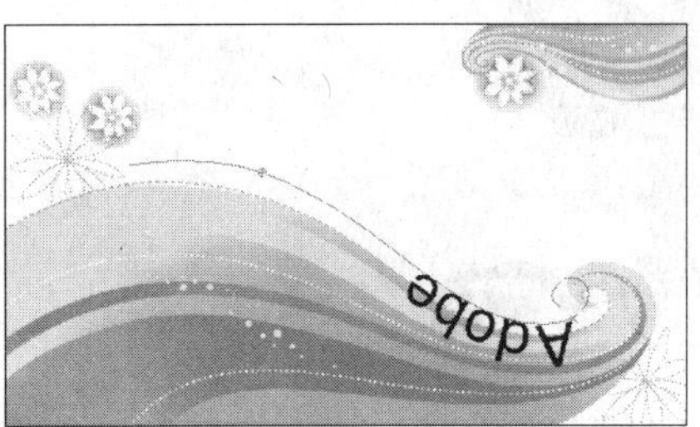

图 10-57　隐藏文字

2．编辑文字的放置形状

通过调整路径的形状，在路径上的文字形状也随之改变。选择工具箱中的“转换点工具”，将路径进行调整，文字的排列效果如图 10-58 所示。

图 10-58　文字排列调整后效果

小提示 Ps

要先在路径控制面板中选中相应的文本路径，才可以进行编辑，从而改变路径形状。

路径文字

本例将使用自定形状工具、文字工具、路径选择工具、投影图层样式制作如图 10-59 所示路径文字效果。

图 10-59　最终效果

本例的具体操作步骤如下。

1 按 Ctrl+O 组合键，打开素材图片，选择“自定形状工具”，选择心形绘制如图 10-60 所示心形路径。

2 选择“文字工具”，单击路径内部，输入单词 LOVE，如图 10-61 所示。

3 重复输入相同的文字，得到如图 10-62 所示效果。

图 10-60　绘制心形路径

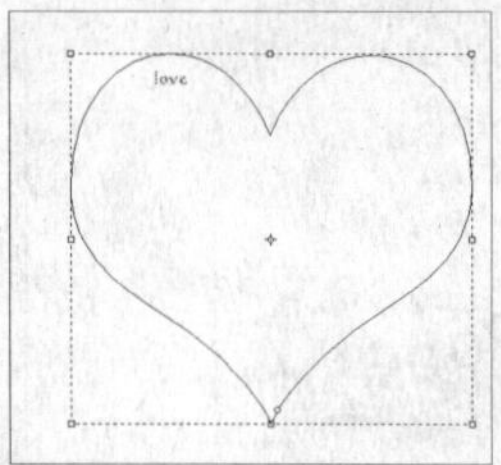

图 10-61　输入文字

图 10-62　输入文字

4 隐藏路径，双击文字层，弹出图层样式对话框，选择投影样式，设置参数如图 10-63 所示。

5 单击“确定”按钮，投影效果如图 10-64 所示。

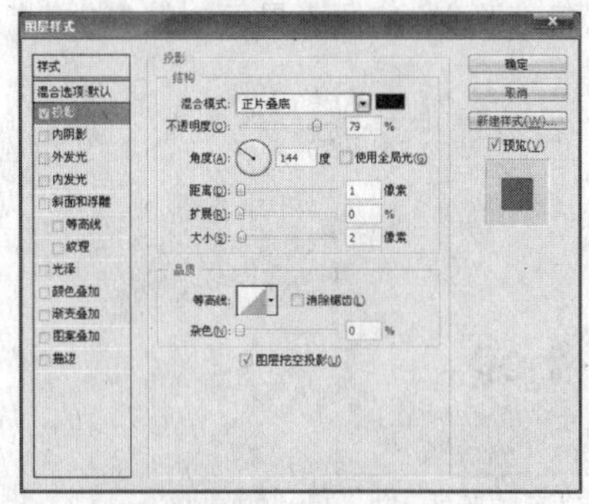

图 10-63　设置投影参数

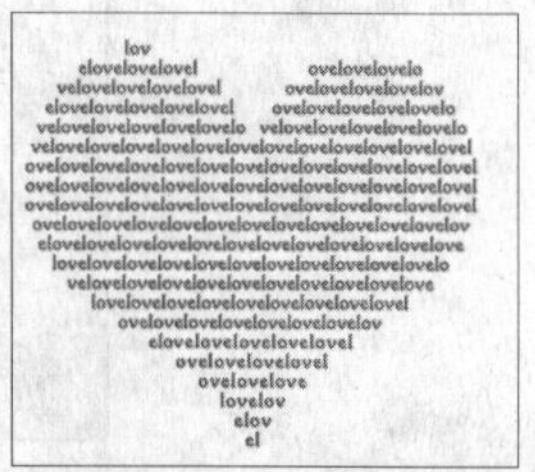

图 10-64　投影效果

6 将工作路径放大，使用文字工具在路径上单击，输入如图 10-65 所示文字。

7 选择“路径选择工具”，拖动文字，文字移动方向，如图 10-66 所示。

8 用同样的方法输入另外的文字，路径文字制作完成，最终效果如图 10-67 所示。

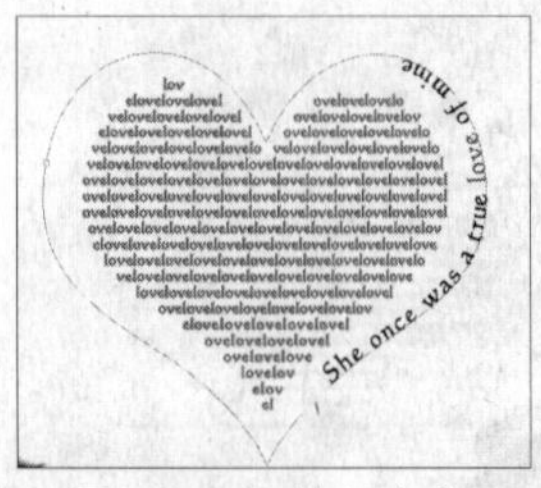

图 10-65　输入文字

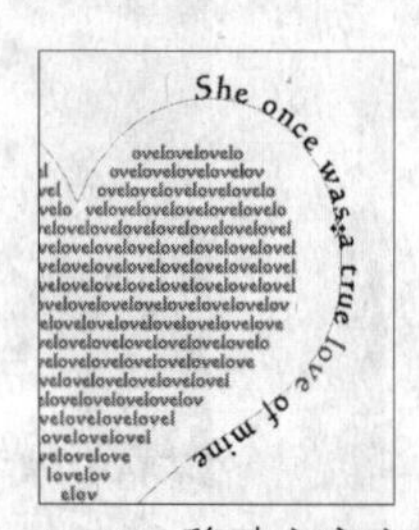

图 10-66　移动文字方向

图 10-67　最终效果

10.4 疑难解析

通过前面的学习，读者应该已经掌握了在 Photoshop CS4 中创建美术文字、段落文字以及文字选区等操作方法，下面就读者在学习的过程中遇到的疑难问题进行解析。

1 在 Photoshop CS4 中输入文字后，怎样选取文字的一部分？

把文字层栅格化，然后按住 Ctrl 键单击图层面板中的文字所在的图层，就能选中全部文字，按住 Alt 键，就会出现+_符号，然后选中不需要的文字，那么留下的就是需要的文字部分选区。

2　怎样使文字边缘填充颜色或渐变色？

要给文字边缘填充颜色，可以使用描边命令。也可以使用图层样式中的描边样式制作渐变描边效果。

3　请问怎么向 Photoshop CS4 添加新的字体？

Photoshop 使用的是 Windows 系统的字体。在 Windows\fonts\目录中安装新字体就可以了。

10.5 上机实践

本例将使用图层样式、云彩、添加杂色以及光照效果命令制作斑驳铁锈字效果，如图 10-68 所示。

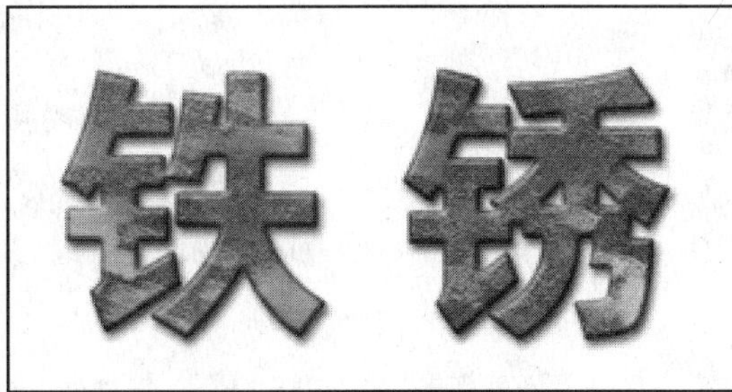

图 10-68　斑驳铁锈字

10.6 巩固与提高

本章介绍了文字的应用，包括：创建美术文本、创建文字选区、创建段落文本、设置文本的属性以及创建路径文字等。文字是平面设计中的一个重要元素，要想制作出各种特殊效果的文字，必须掌握一些有关文字处理的基础知识及技术要点。

1．单选题

（1）美术字文本指用“横排文字工具”和“直排文字工具”在图像中（　　）直接输入的文字。

A．双击后　　　　B．拖动鼠标
C．单击后　　　　D．的文本框

（2）选取文字后，被选中的文字将以文字的（　　）显示。

A．白色　　　　B．红色
C．灰色　　　　D．补色

2．多选题

（1）段落文本是指在一个段落文本框中输入所需的文本，以便于用户对该段落文本框中的所有文本进行统一的（　　）。

A．格式编辑　　　　B．修改
C．段落调整　　　　D．字符调整

（2）Photoshop CS4 提供了丰富的文字的输入和编排功能，工具箱中提供的文字工具分别是（　　）。

A．横排文字工具　　B．横排文字蒙版工具

C．直排文字工具　　D．直排文字蒙版工具

3．判断题

（1）如果当前文本处于非编辑状态，在字符面板上所设置的参数将应用到工作区中的所有文字中。（　　）

（2）要先在路径控制面板中选中相应的文本路径，才可以进行编辑，再改变路径形状。（　　）

Study

第 11 章

动作与批处理文件

在 Photoshop CS4 中可以使用动作面板以及样式命令。掌握了自动化功能可以使系统自动完成大量机械而又繁琐的操作，从而提高设计效率。本章将介绍自动化功能的使用方法。

学习指南

- 动作的使用
- 样式的使用

样式

精彩实例效果展示 ▲

11.1 动作的使用

使用 Photoshop CS4 中的自动化功能可以按照规定的操作步骤自动处理图像文件，也可以将一系列操作应用到文件夹所保存的图像文件中。Photoshop CS4 中的自动化图像处理主要包括动作和样式的使用。使用自动化功能可以使系统自动完成大量机械而又繁琐的操作，从而提高设计效率。

11.1.1 认识动作面板

在 Photoshop CS4 中，自动应用的一系列命令称为“动作”。在 Photoshop CS4 工作界面中单击“动作”标签或选择“窗口”|“动作”命令，将打开如图 11-1 所示的动作面板。动作面板中各组成部分的名称和作用如下。

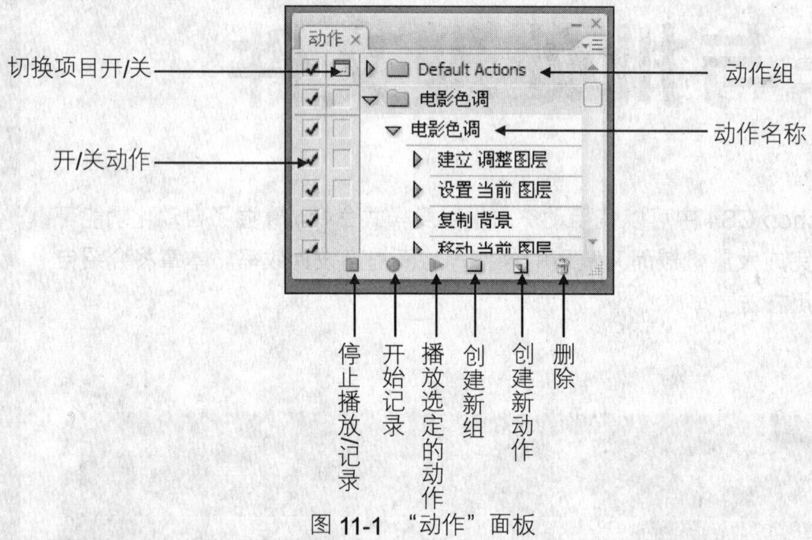

图 11-1 “动作”面板

- 动作组：也称动作集， Photoshop 提供了“默认动作”、“图像效果”、“纹理”等多个动作组，每一个动作组中又包含多个动作，单击“展开动作”按钮，可以展开动作组或动作的操作步骤及参数设置，展开后单击按钮便可再次折叠动作组。
- 动作名称：每一个运作组或动作都有一个名称，以便于用户识别。
- 开/关动作：在状态下，对应的动作或动作组可用。单击显示时，表明对应的动作或动作组不可用。
- 切换对话开/关：若为灰色空白框显示，则表示在播放该动作过程中不会暂停显示提示信息；若显示为红色的标记，则表示该动作中会有部分动作设置了暂停时都将会暂停在参数设置对话框中，暂停是指在播放动作过程中若涉及到某个命令的参数设置，则将打开该操作的参数设置对话框，让用户对原设置的参数进行修改确认后再继续播放动作中的下一步操作。
- 切换项目开/关：若该框显示为空白，则表示该动作不能被播放；若显示为红色的√标记，则表示该动作中有部分动作不能正常播放；若显示为黑色的√标记，则表示该动作中的所有动作都能正常播放。

- “停止播放/记录”按钮：单击该按钮，可以停止正在播放的动作，或在录制新动作时单击暂停动作的录制。
- “开始记录”按钮：单击该按钮，可以开始录制一个新的动作，在录制的过程中，该按钮将显示为红色。
- “播放选定的动作”按钮：单击该按钮，可以播放当前选定的动作。
- “创建新组”按钮：单击该按钮，可以新建一个动作组。
- “创建新动作”按钮：单击该按钮，可以新建一个动作。
- “删除”按钮：单击该按钮，可以删除当前选定的动作或动作组。

11.1.2　动作的创建与保存

通过动作的创建与保存，用户可以将自己制作的图像效果，如画框效果、文字效果等制作成动作保存在电脑中，以避免重复的处理操作。下面将讲解如何创建动作。

1. 创建新动作

如果要创建多个动作，具体操作步骤如下。

1 打开要用作制作动作范例的图像文件，切换到动作面板，单击面板底部的“创建新组”按钮，弹出如图 11-2 所示“新建组”对话框。

2 单击面板底部中的“创建新动作”按钮，打开 “新建动作”对话框进行设置，如图 11-3 所示，各选项含义如下。

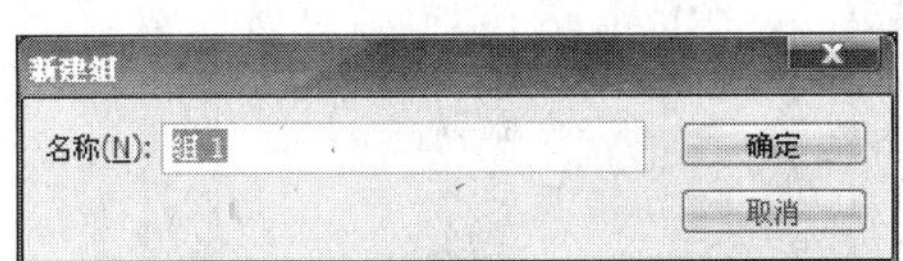

图 11-2 “新建组”对话框

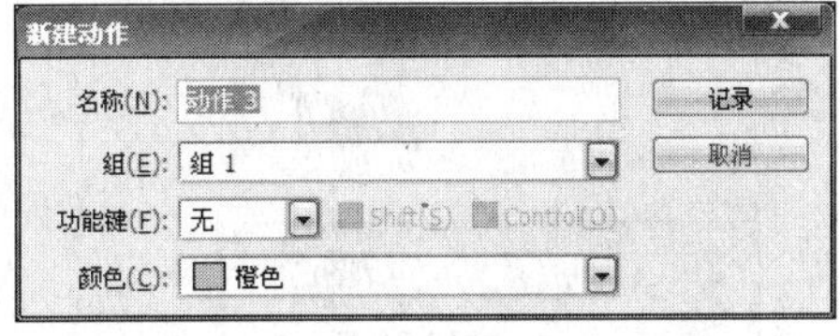

图 11-3 “新建动作”对话框

- 名称：在文本框中输入新动作名称。
- 组：单击右侧的三角按钮，在下拉列表中选择放置动作的动作组。
- 功能键：单击右侧的三角按钮，在下拉列表中为记录的动作设置一个功能键，按下功能键即可以运行对应的动作。
- 颜色：单击右侧的三角按钮，在下拉列表中选择录制动作色彩。

3 单击“记录”按钮，开始记录动作，此时动作面板上的“开始记录”按钮变为红色。

单击动作面板右上角的箭头按钮，在弹出的菜单中选择“按钮模式”命令，将切换到动作的按钮显示模式下，在该模式下只显示代表各动作的按钮，单击便可进行播放。

4 此时根据需要对当前图像进行所需的操作，每进行一步操作都将在动作面板中记录相关的操作项及参数，如图 11-4 所示。

5 记录完成后，单击“停止播放/记录”按钮完成操作。创建的动作将自动保存在动作面板上。

图 11-4 记录完成

2．保存动作

用户自己创建的动作将暂时保存在 Photoshop CS4 的动作面板中，在每次启动 Photoshop CS4 后即可使用，如不小心删除了动作，或重新安装了 Photoshop CS4 后，则用户手动制作的动作将消失。因此，应将这些已创建好的动作以文件的形式进行保存，需使用时再通过加载文件的形式载入到动作面板中即可。

保存动作的操作步骤如下。

1 选定要保存的动作序列，如图 11-5 所示。

2 单击动作面板右上角的按钮，在弹出的下拉菜单中选择“存储动作”命令，在打开的“存储”对话框中指定保存位置和文件名，如图 11-6 所示，完成后单击“保存”按钮，即可将动作以.ATN 文件格式进行保存。

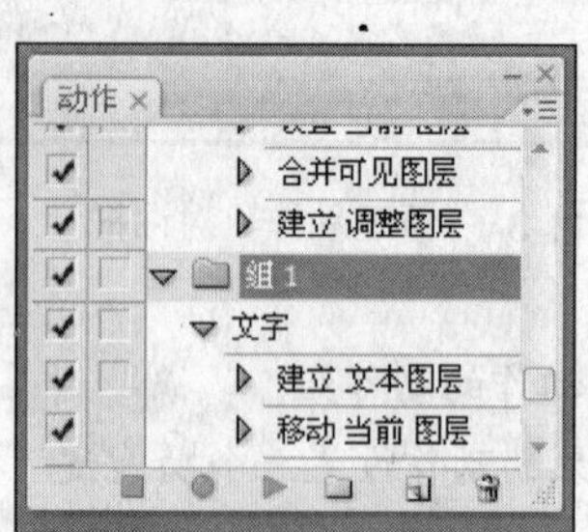

图 11-5 选择动作

图 11-6 “存储”对话框

11.1.3 动作的载入与播放

无论是用户自己创建的动作，还是 Photoshop CS4 软件本身提供的动作序列，都可通过播放动作的形式自动地对其他图像实现相应的图像效果。

1．载入动作

如果需要载入保存在硬盘上的动作序列，具体操作步骤如下。

1 单击动作面板右上角的按钮，在弹出的下拉菜单中选择“载入动作”命令。

2 在弹出的如图 11-7 所示对话框中查找需要载入的动作序列的名称和路径。

3 单击“载入”按钮后完成操作，选择载入的动作序列载入到动作面板中。

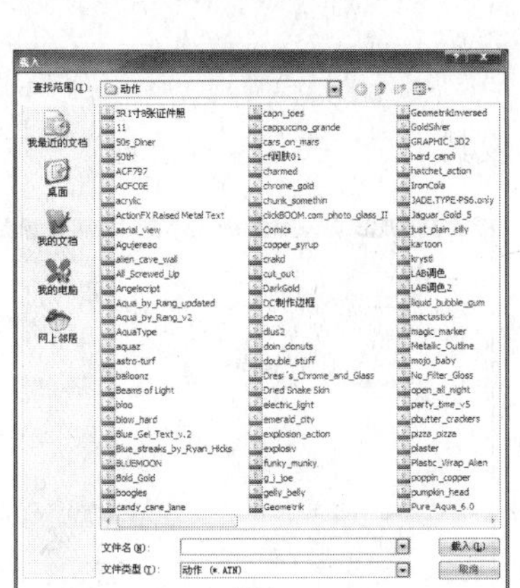

图 11-7　"载入"对话框

小提示

单击按钮▶后，也可直接选择其菜单底部相应的动作序列命令来载入，同时选择"复位动作"命令可以将动作面板恢复到默认状态。

2. 播放动作

动作录制完成后，需要播放动作，可以使用以下几种方法。

1 选择需要播放的动作名称，单击动作面板下方的播放选定动作按钮 ▶ 即可。

2 选择动作中的一个命令名称，单击动作面板下方的播放选定动作按钮 ▶ 将插入当前命令以后的命令（包括当前命令）。

3 双击动作面板上的一个命令，可以只播放当前命令。

在播放使用动作的过程中，有以下几个事项需要读者注意。

- 动作播放完成后一般都将在图层面板中生成相应的图层，通过对图层的再次编辑操作可以对播放后的效果进行调整，如调整图像色彩等。
- 在播放某些动作过程中，如果打开了类似如图 11-8 所示的"信息"对话框，单击"确定"按钮，继续执行动作。
- 大部分动作在播放前都创建了历史记录快照，因此在播放动作后，如果要还原到播放前的图像效果，可通过单击历史记录面板中的快照来快速恢复图像效果，如图 11-9 所示。

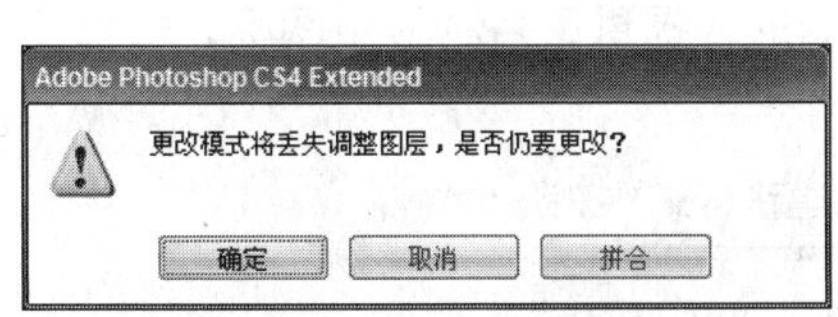

图 11-8　提示框

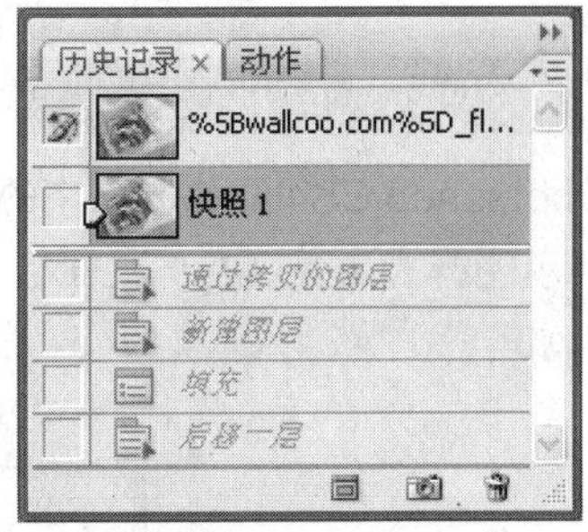

图 11-9　动作记录

- 动作的播放与当前图像的一些设置有关，如大小、前背景颜色等，如果不能正常播放或播放后得不到所需的效果，可以依次展开该动作下的每个操作步骤，查看其设置，对当前设置进行修改后再播放动作。
- 单击动作面板右上角的按钮▶，在弹出的下拉菜单中选择"回放选项"命令，在打开的对话框中可以选择所需的播放速度。

11.1.4　使用“批处理”命令

使用“批处理”命令可以将一个动作应用到文件夹及其子文件夹包含的所有文件中。使用这种方式，可以让程序自动完成定制的工作，如统一更改图像大小，调整色彩等操作。使用“批处理”命令具体操作步骤如下。

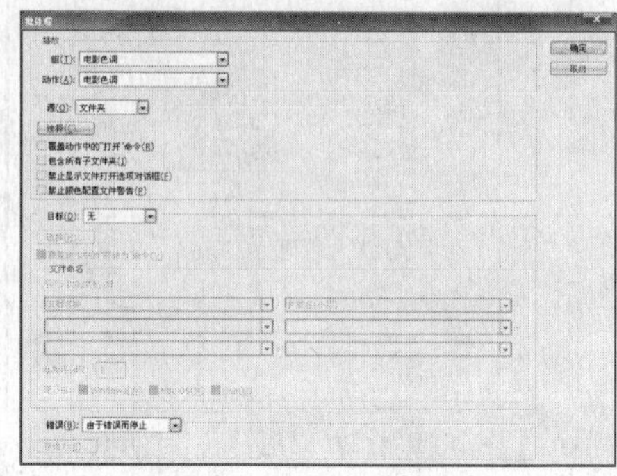

图 11-10　“批处理”对话框

1 将所有需要处理的图像文件放置到同一个文件夹中。

2 按照创建新动作的方法在动作面板上记录需要使用的动作。

3 选择“文件”|“自动”|“批处理”命令，将打开如图 11-10 所示的“批处理”对话框。

4 在“播放”栏中选择用于播放的动作序列及该序列中的某个动作。

5 在“源”栏中设置用于播放所选动作的源文件，在“源”下拉列表框中可选择是对输入的图像、文件夹中的图像或是文件浏览器中的图像进行播放，一般选择“文件夹”选项。

6 单击“选择”按钮，指定需要批处理的图像所在文件夹。

7 最后在“目标”下拉列表框中选择播放动作后的处理方式，可以存储并关闭文件或是保存到另一文件夹中，如果是保存到其他文件夹中，可以单击“选择”按钮，选择目标文件夹。

8 完成后单击“确定”按钮即可按设置自动进行批处理操作。

11.2　样式的使用

样式也是为方便用户使用并提高工作效率而设计的一种自动化处理图像的途径。样式主要针对的是 Photoshop CS4 的图层，通过应用样式可以添加多种图层样式效果，从而自动创建出相应的图像特效。

11.2.1　认识样式面板

单击 Photoshop CS4 工作界面中的“样式”标签或选择“窗口”|“样式”命令，将打开如图 11-11 所示的样式面板。在样式面板中以按钮的形式提供了各种效果图标，面板下方的 3 个按钮的作用如下。

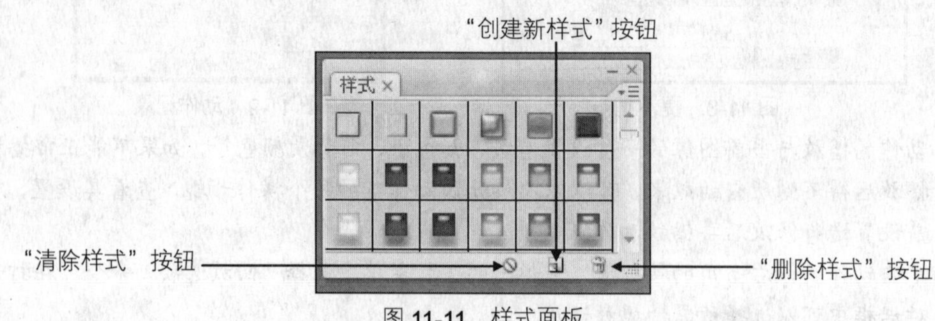

图 11-11　样式面板

- “清除样式”按钮：单击该按钮，可以清除当前图层中的所有图层样式效果。

- “创建新样式”按钮：单击该按钮，可以将当前图层的图层样式效果以按钮的形式添加到样式面板中。
- “删除样式”按钮：将样式面板中的某个效果按钮拖动到该按钮上后释放鼠标，可以将其从当前样式面板中删除掉。

11.2.2　样式的新建和保存

在图像处理过程中，用户也可以将通过图层样式效果创建的各种效果新建成样式，进行保存后还可在图像处理中随时调用。

1. 新建样式

新建样式的具体操作如下。

1 通过图层样式创建出如图 11-12 所示的文字效果。

2 在图层面板中选中需要新建成样式的带有图层样式效果的图层，如图 11-13 所示，从中可以看出该效果使用了哪些图层样式。

图 11-12　应用图层样式的文字

图 11-13　选择图层

3 切换到样式面板中，单击底部的“创建新样式”按钮，在打开的如图 11-14 所示的“新建样式”对话框中输入样式名称，如“蓝色文字”。

4 单击“确定”按钮，将在当前样式面板的最末处添加一个相应样式名称的样式按钮，如图 11-15 所示。

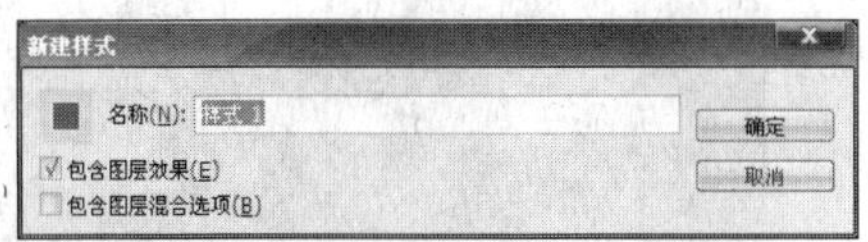

图 11-14　“新建样式”对话框

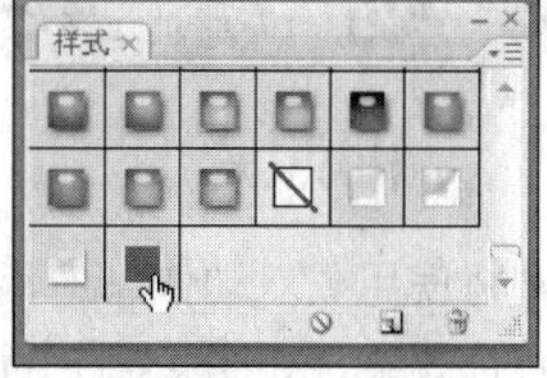

图 11-15　添加新样式

2. 保存样式

保存样式的方法是单击样式面板右上角的按钮，在弹出的菜单中选择“存储样式”命令，在打开的样式对话框中输入动作文件名后单击“保存”按钮，即可将动作以.ASL 文件格式进行保存。

11.2.3 样式的使用

样式的使用方法非常简单，先选中需要应用样式的图层，然后单击样式面板上所需的效果按钮即可将该样式应用到当前图层中。

1. 载入样式

在应用样式前同样需要先载入所需的样式集，Photoshop CS4 提供了抽象样式、摄影效果、文字效果、玻璃和纹理等样式集。载入新样式的方法是单击样式面板右上角的按钮，在弹出的菜单中选择“载入样式”命令，在打开的对话框中选择需载入的样式后单击“载入”按钮，即可将该样式集中的所有样式追加到样式面板中已有样式的末尾。

小提示

载入多种样式后，如果需将样式面板恢复到默认状态时，可单击样式面板右上角的按钮，在弹出的菜单中选择“复位样式”命令即可。

2. 应用样式

载入样式后在图层面板中单击选中需应用样式的图层，然后单击样式面板中所需的样式按钮即可，如图 11-16 所示为所在图层应用样式后的效果。

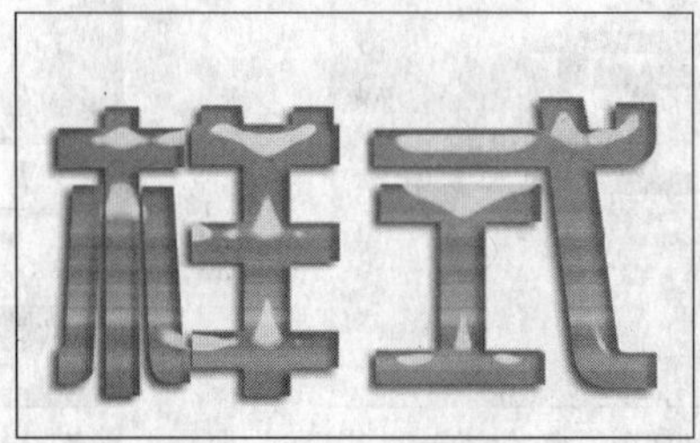

图 11-16 应用样式

应用样式实际是为该图层添加了多个图层样式，因此应用样式后用户还可根据需要对这些样式进行修改，以达到所需的效果。

旧照片

本例将使用载入动作、应用动作制作旧照片效果，如图 11-17 所示。

图 11-17 旧照片

本例的具体操作步骤如下。

1 从电脑中找到需要载入的动作文件，本例需要载入的动作是“旧照片”动作，如图 11-18 所示。

2 按 Ctrl+C 组合键复制文件。

3 在打开电脑 C:\Program Files\Adobe\Adobe Photoshop CS4\预置\动作文件夹，按 Ctrl+V 组合键粘贴“旧照片”动作。

4 打开 Photoshop CS4，单击动作面板右上角的三角按扭，在弹出的快捷菜单中选择“载入动作”命令，如图 11-19 所示。

5 在电脑 C:\Program Files\Adobe\Adobe Photoshop CS4\预置\动作路径下找到“旧照片”动作，如图 11-20 所示，单击“载入”按钮。

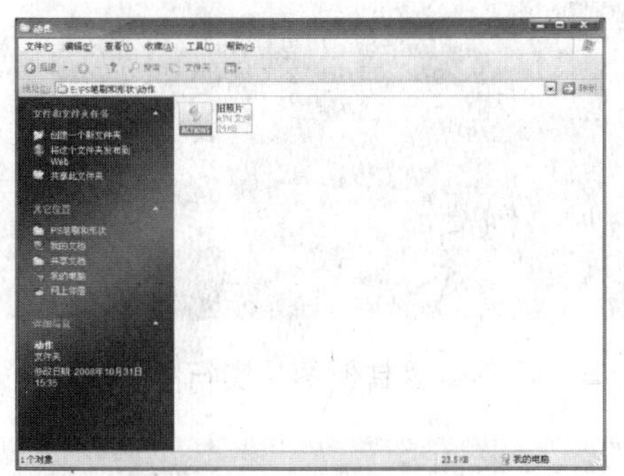

图 11-18　动作文件

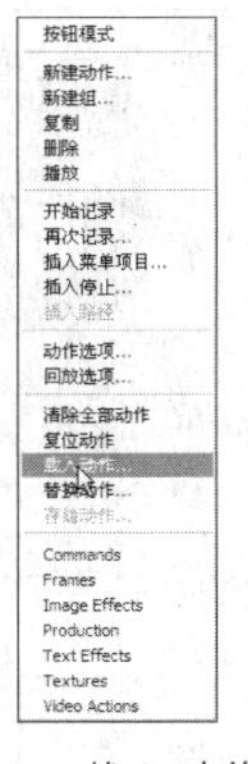

图 11-19　载入动作命令

图 11-20　“载入”对话框

6 此时动作面板载入了“旧照片”动作，如图 11-21 所示。

7 按 Ctrl+O 组合键打开如图 11-22 所示素材图片。

8 单击动作面板下方的“播放”按钮，如图 11-23 所示，打开的素材开始执行当前动作。

图 11-21　载入的动作

图 11-22　素材图片

图 11-23　播放动作

9 弹出如图 11-24 所示提示框，单击“继续”按钮，继续执行动作。

10 完成后使用画笔工具绘制照片边缘背景，并添加图层样式，效果如图 11-25 所示。

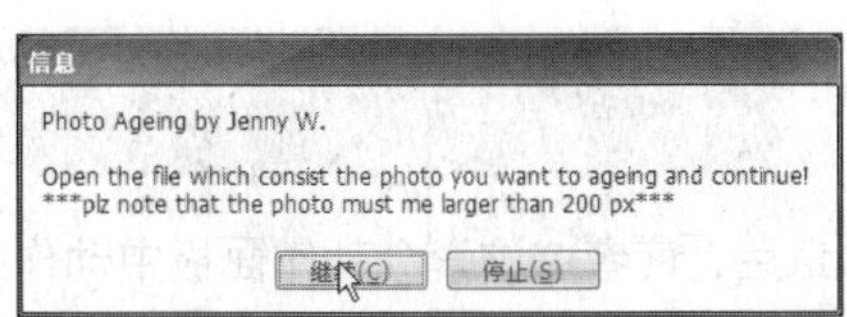

图 11-24　提示框

图 11-25　最终效果

11.3 疑难解析

通过前面的学习，读者应该已经掌握了在 Photoshop CS4 中动作的创建与保存、动作的载入与播放、批处理命令的运用及样式的应用。下面就读者在学习的过程中遇到的疑难问题进行解析。

1 在 Photoshop CS4 的动作面板中，我录制了几个命令，其中有一个命令是用毛笔工具在图片上写了一个字，其他的命令是对图片加滤镜、保存和关闭等，但是当用这个动作对一组图片处理时，为什么没有执行写字的命令（这组图片上没有录制的那个字，而其他的效果都有）？而其他的几个命令都执行了。

Photoshop CS4 里用“动作”面板录制下的书写文字，是不能对其他图片实行的。

2 请问 Photoshop CS4 怎样批量把图片改成一定尺寸？

（1）先打开一幅你要改变尺寸的图片，同时打开动作面板。

（2）按下动作的录制键，然后对图片进行操作 。

（3）完成图片操作后，按 Ctrl+W 组合键，再按 Enter 键，保存修改结果，同时停止动作录制。

（4）在动作面板里对刚才录制的每一步操作过程进行复制，比如你刚才操作步骤是打开图像文件、图像大小命令、关闭命令、存储图像，那么每一步复制 10 个，按循序排好。

（5）同时打开 10 个图片，按下动作面板中刚才操作的播放键，一次 10 张图片就可以了。

11.4 上机实践

本例使用样式面板中的样式快速制作花纹按钮，效果如图 11-26 所示。

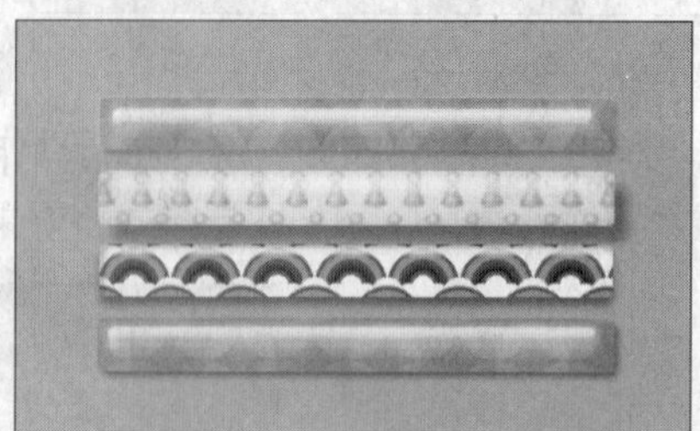

图 11-26　花纹按钮

11.5 巩固与提高

本章介绍了 Photoshop CS4 的自动化功能，学习本章后，读者应该学会动作面板中动作的使用、动作的创建与保存、样式的使用等。只要正确设置了批处理、电脑自动处理的时候，就可以事半功倍地完成一些自动功能处理图像。

1．单选题

（1）Photoshop CS4 中的自动化图像处理主要包括（　　）的使用。使用自动化功能可以使系统自动完成大量机械而又繁琐的操作，从而提高设计效率。

A．面板　　B．动作
C．样式　　D．动作和样式

（2）在 Photoshop CS4 中，自动应用的一系列命令称为（　　）。

A．调整　　B．批处理
C．样式　　D．动作

2．多选题

（1）通过动作的创建与保存，用户可以将自己制作的图像效果，如（　　）等制作成动作保存在电脑中，以避免重复的处理操作。

A．复制图层　　B．画框效果
C．文字效果　　D．新建图层

（2）在动作面板中单击按钮▸后，可直接选择其（　　）来载入，同时选择“复位动作”命令可以将动作面板恢复到默认状态。

A．菜单顶部　　B．菜单底部
C．第一个命令　　D．相应的动作序列命令

3．判断题

（1）使用 Photoshop CS4 中的自动化功能可以按照规定的操作步骤自动处理图像文件，也可以将一系列操作应用到文件夹所保存的图像文件中。（　　）

（2）无论是用户自己创建的动作，还是 Photoshop CS4 软件本身提供的动作序列，都可通过播放动作的形式自动地对其他图像实现相应的图像效果。（　　）

读书笔记

第12章

综合运用实例

通过前面对 Photoshop CS4 基本操作、典型现场练兵实例的学习以及上机实践的练习，相信大家已经掌握了 Photoshop CS4 的一些基本操作技巧和使用方法。为了进一步提高实战能力，本章将向读者讲解 14 个经典应用实例，综合应用 Photoshop CS4 强大的图像处理功能 。

学习指南

- 魔域传奇
- 化妆品牌标志
- 房产标志
- 香水广告海报
- 酒店杂志
- 红酒包装

精彩实例效果展示 ▲

12.1 发光字

本例将主要使用极坐标滤镜、旋转画布命令、风滤镜、渐变填充命令制作发光字效果，如图 12-1 所示。

图 12-1 最终效果

本例的具体操作步骤如下。

1 按 Ctrl+N 组合键，弹出“新建”对话框，新建 650 像素×500 像素图像文件，单击“确定”按扭。

2 输入文字，如图 12-2 所示，将文字图层栅格化。然后按 Ctrl 键单击文字图层载入选区，如图 12-3 所示。

ADOBE
PHOTOSHOP

图 12-2 输入文字

ADOBE
PHOTOSHOP

图 12-3 载入选区

3 选择“选择”|“存储选区”命令，在弹出窗口中设置名称，如图 12-4 所示，单击“确定”按钮。

4 切换到通道面板观察，增加了一个“Alpha 1”通道。按 Ctrl+D 组合键取消选区。

5 切换到图层面板，按 Shift+F5 组合键弹出如图 12-5 所示“填充”对话框。

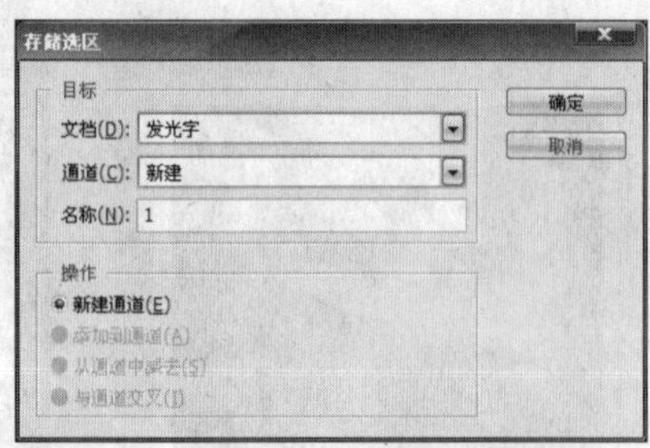

图 12-4 存储文字选区

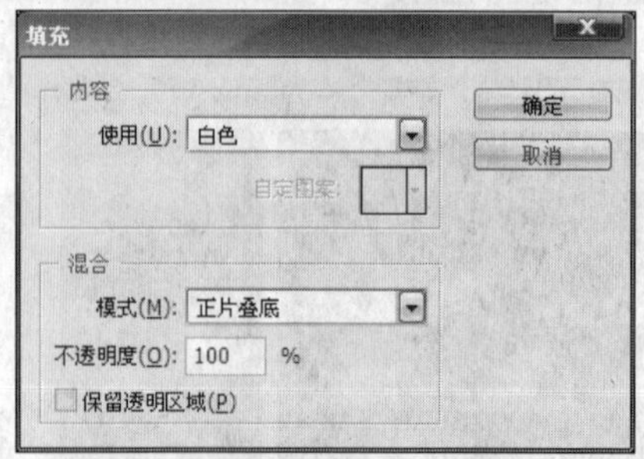

图 12-5 “填充”对话框

6 选择“滤镜”|“模糊”|“高斯模糊”对话框，设置参数如图 12-6 所示，单击“确定”按钮

后选择“滤镜”|“风格化”|“曝光过度”命令，效果如图 12-7 所示。

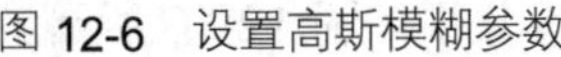
图 12-6　设置高斯模糊参数

图 12-7　曝光过度效果

7 按 Ctrl+L 组合键弹出“色阶”对话框，调整参数如图 12-8 所示，使白色边缘变亮，如图 12-9 所示。

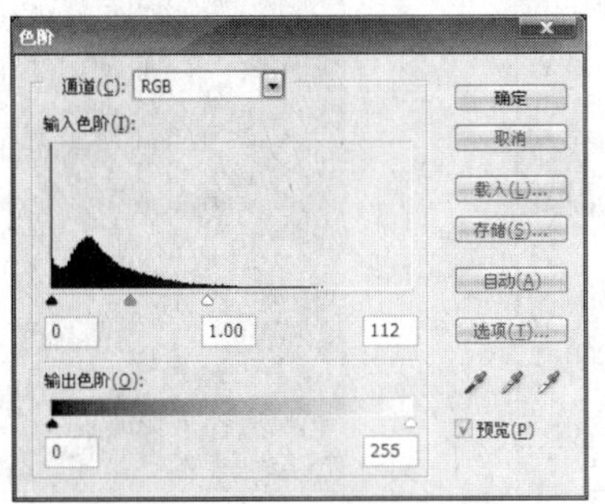

图 12-8　调整色阶

图 12-9　调整色阶效果

8 按 Ctrl+J 组合键复制文字层。选择“滤镜”|“扭曲”|“极坐标”命令，设置参数如图 12-10 所示，效果如图 12-11 所示。

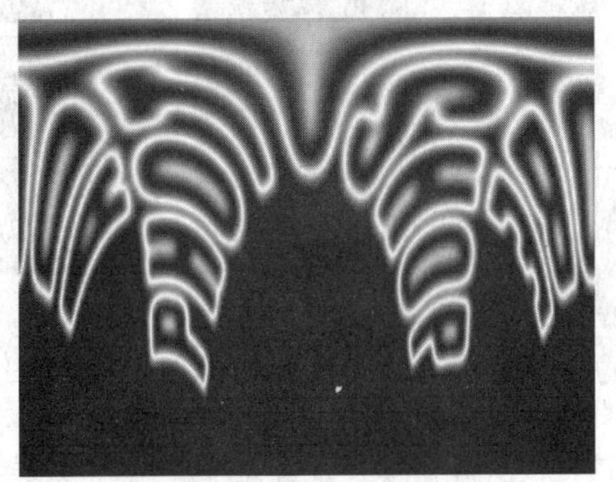

图 12-10　调整极坐标参数

图 12-11　应用极坐标效果

9 选择“图像”|“旋转画布”|“90 度（顺时针）”命令，效果如图 12-12 所示。

10 按 Ctrl+I 组合键反相，效果如图 12-13 所示。

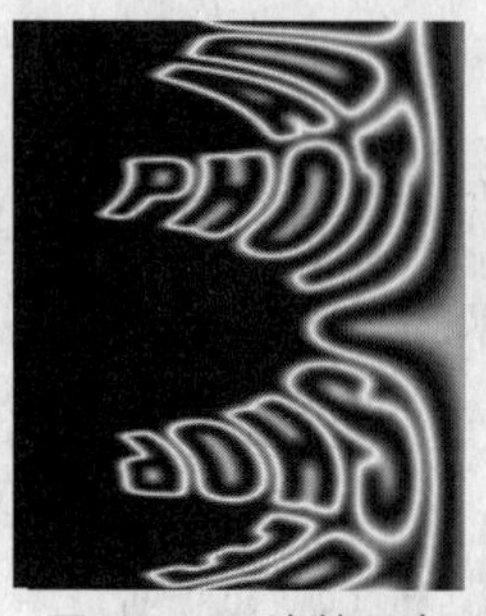

图 12-12　旋转画布

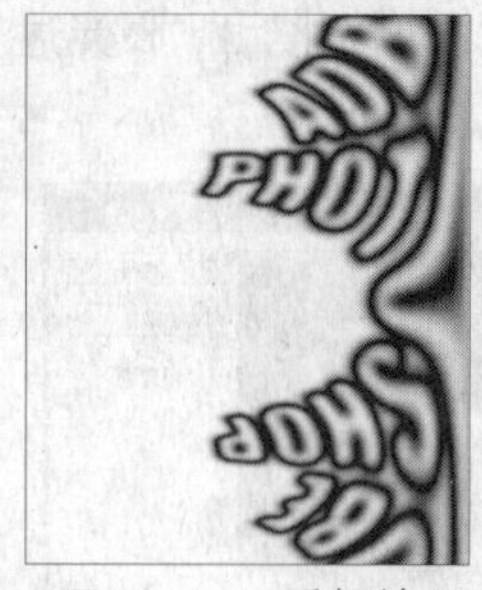

图 12-13　反相效果

11 选择“滤镜”|“风格化”|“风”命令，设置参数如图 12-14 所示。

12 按 Ctrl+F 组合键重复两次应用风滤镜，效果如图 12-15 所示。

13 按 Ctrl+I 组合键反相，再按 Ctrl+F 三次重复应用风滤镜，效果如图 12-16 所示。

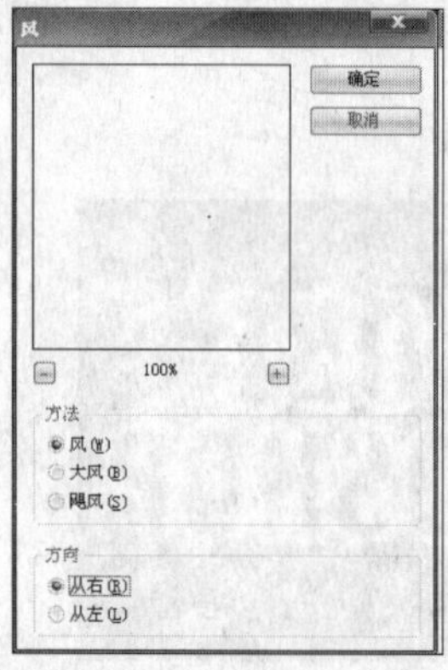

图 12-14　调整风参数

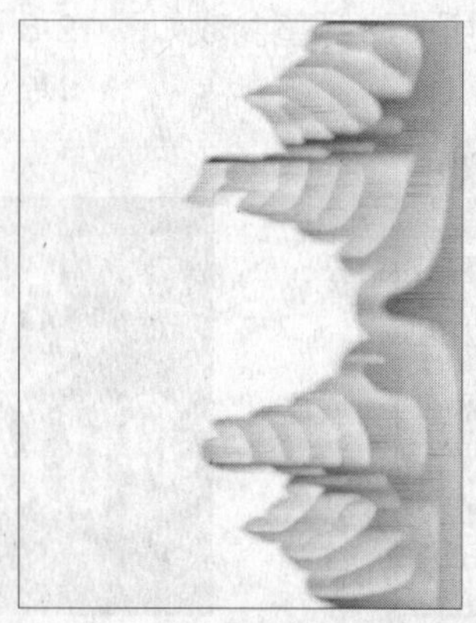

图 12-15　多次执行风效果

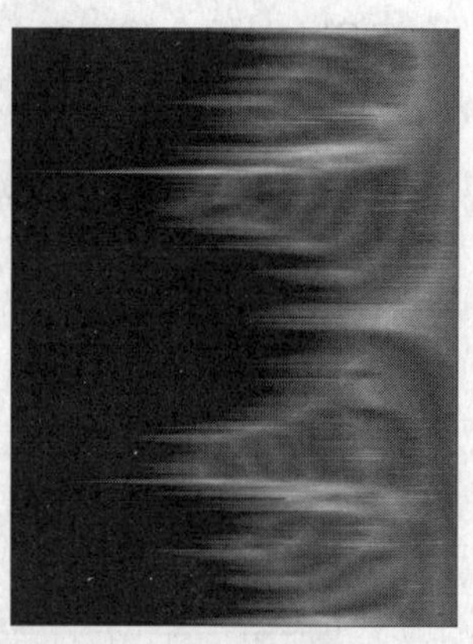

图 12-16　风滤镜效果

14 选择“图像”|“旋转画布”|“90 度（逆时针）”命令，效果如图 12-17 所示。

15 选择“滤镜”|“扭曲”|“极坐标”命令，设置参数如图 12-18 所示，效果如图 12-19 所示。

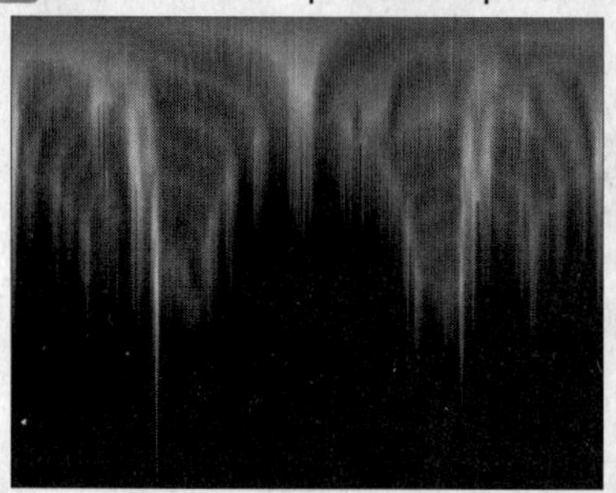

图 12-17　逆时针旋转效果

图 12-18　设置极坐标参数

图 12-19　极坐标效果

16 将该图层的混合模式设置为“滤色”，效果如图 12-20 所示。

17 单击图层面板下方的“创建新的填充或调整图层”按钮，选择“渐变”命令，弹出“渐变填充”对话框，打开“渐变编辑器”，设置从左至右色标值分别为：（R：203，G：179，B：45），（R：255，G：109，B：0）。

18 如图 12-21 所示，单击“确定”按钮，设置渐变填充参数如图 12-22 所示，单击“确定”按钮，将填充层图层混合模式设置为“柔光”，效果如图 12-23 所示。

图 12-20　滤色效果

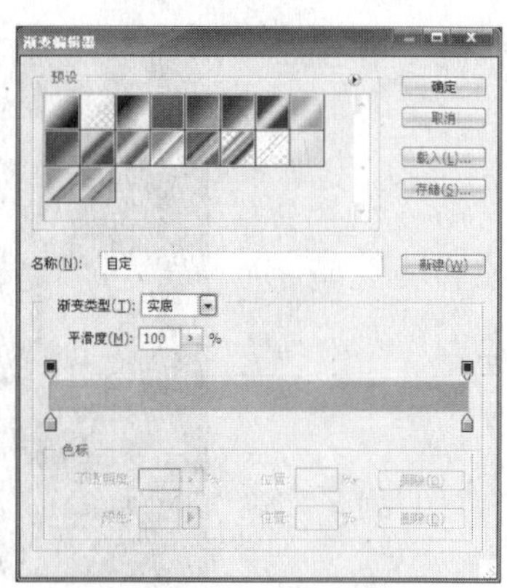

图 12-21　设置渐变色

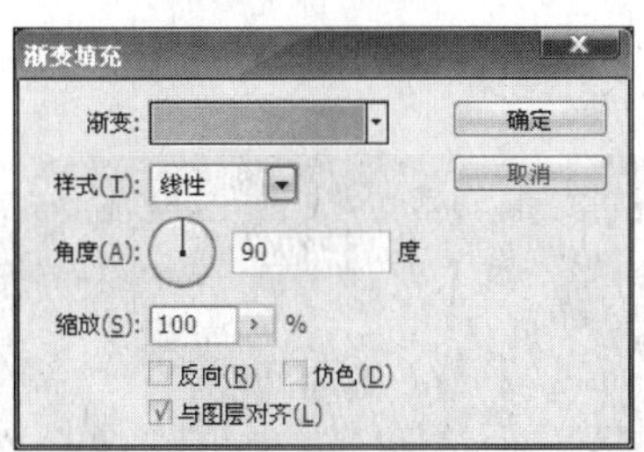

图 12-22　设置渐变填充参数

图 12-23　柔光效果

19 在图层面板新建图层，载入通道“Alhpa 1”选区，用黑色填充。双击此层，弹出图层样式对话框，选择“斜面和浮雕”样式，设置参数如图 12-24 所示，单击“确定”按钮，文字效果制作完成，最终效果如图 12-25 所示。

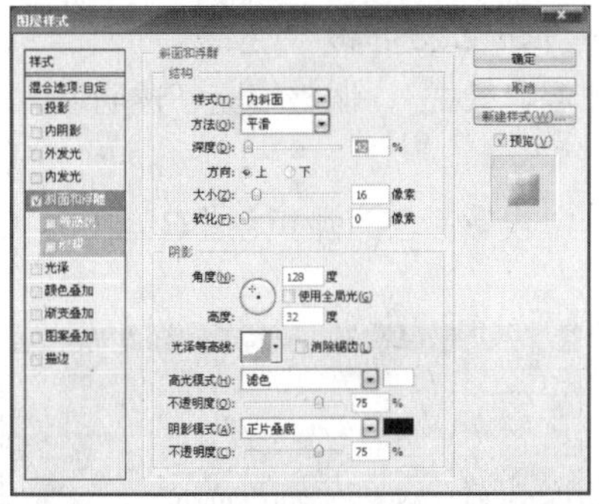

图 12-24　设置斜面和浮雕样式参数

图 12-25　最终效果

12.2 火焰特效字

本例将主要使用文字工具、外发光样式、内发光样式、复制图层命令制作火焰特效字效果，如图 12-26 所示。

图 12-26　最终效果

本例的具体操作步骤如下。

1 按 Ctrl+O 组合键打开如图 12-27 所示素材图片。

2 选择“横排文字工具”，在如图 12-28 所示位置输入红色文字。

图 12-27　素材图片

图 12-28　输入红色文字

3 双击文字图层，弹出“图层样式”对话框，选择“混合模式”，调整填充不透明度为 0%，其他参数设置为默认值，如图 12-29 所示。

4 选择“投影”样式，设置参数如图 12-30 所示，其中投影颜色为淡黄色（R：255，G：255，B：220）。

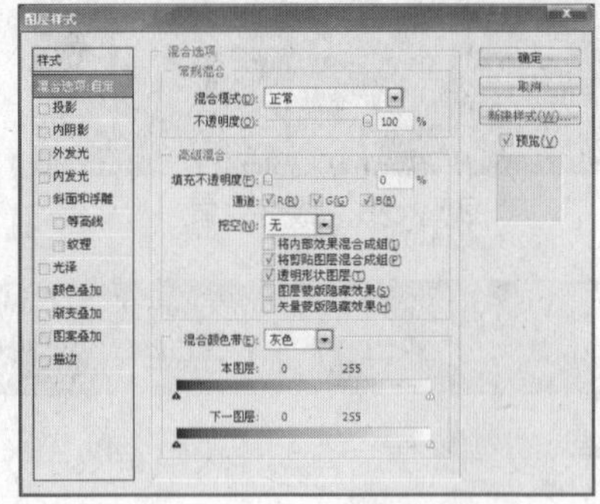

图 12-29　设置混合模式参数

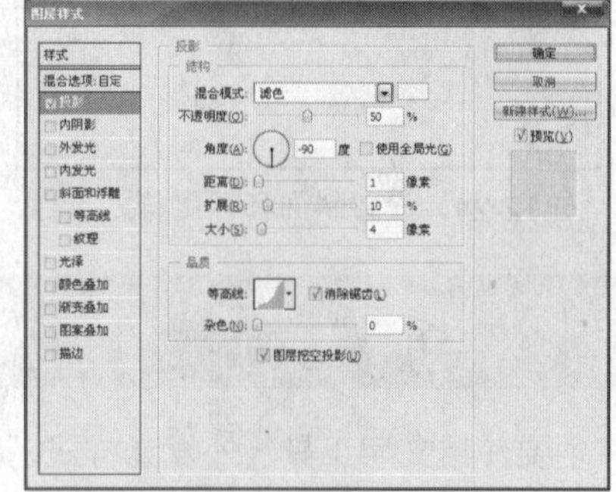

图 12-30　设置投影参数

5 选择“内阴影”样式，设置参数如图 12-31 所示。内阴影颜色为黄色（R：255，G：255，B：161）。

6 选择“外发光”样式，单击“渐变编辑条”，弹出“渐变编辑器”，设置从左至右色标位置和

RGB 值分别为：位置：0，（R：255，G：255，B：255），位置：6，（R：255，G：246，B：0），位置：14，（R：255，G：126，B：0），位置：29，（R：255，G：0，B：0），位置：100，（R：255，G：0，B：0），如图 12-32 所示，单击“确定”按钮，设置外发光参数如图 12-33 所示。

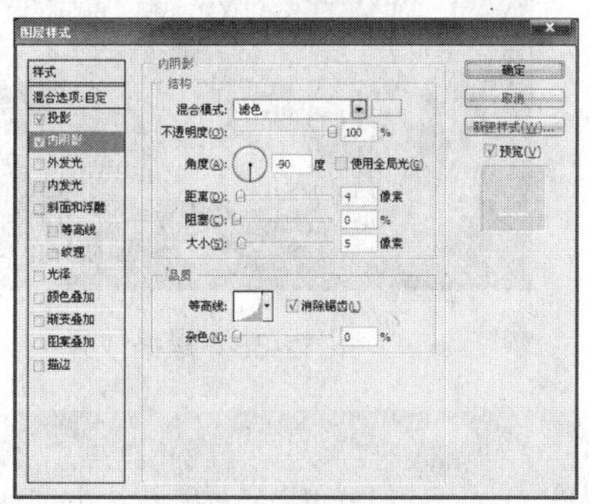

图 12-31　设置内阴影参数

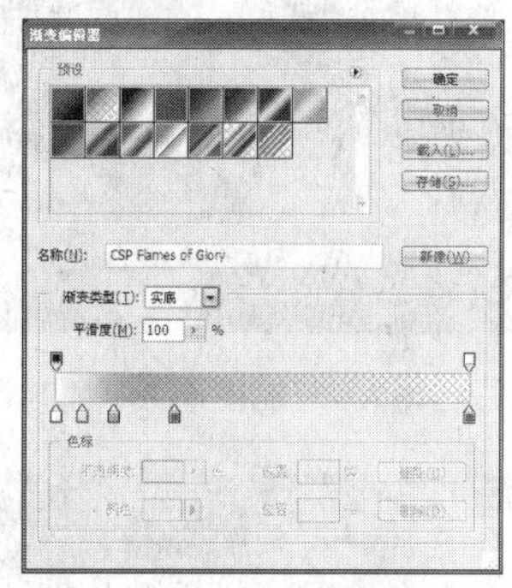

图 12-32　设置渐变色

7 选择“内发光”样式，设置参数如图 12-34 所示，其中内发光渐变色设置与外发光相同。

8 选择“光泽”样式，设置参数如图 12-35 所示，单击“确定”按钮，文字效果如图 12-36 所示。

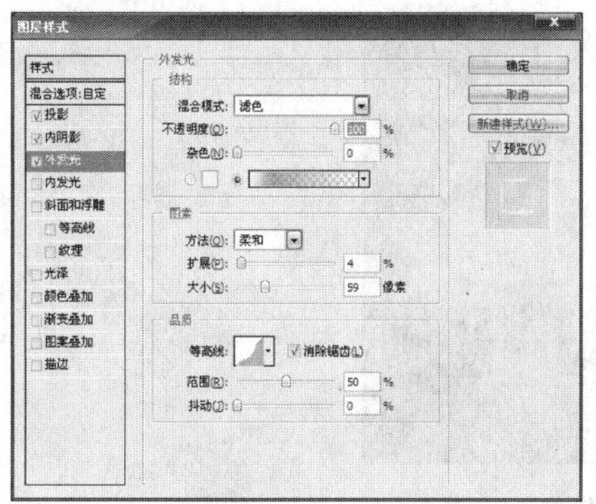

图 12-33　设置外发光参数

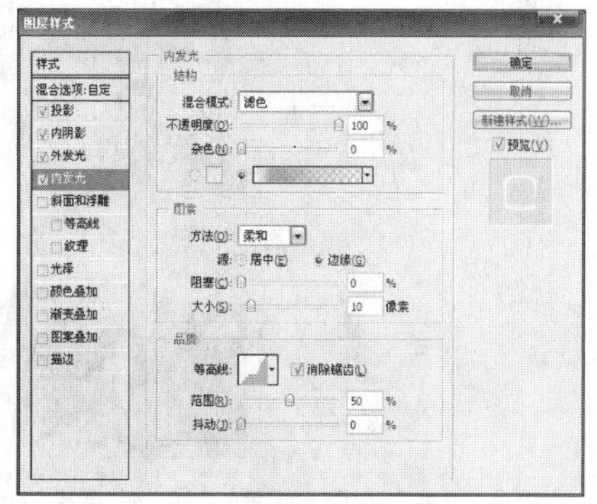

图 12-34　设置内发光参数

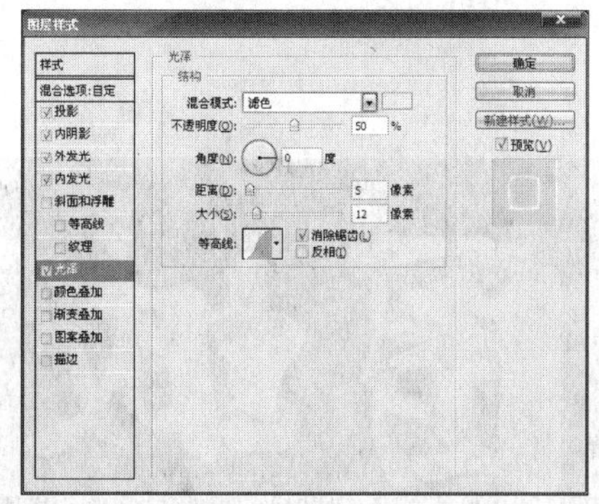

图 12-35　设置光泽参数

图 12-36　应用效果

9 将文字层复制一个副本，得到如图 12-37 所示效果。

10 最后用画笔绘制一些火星效果，再添加图层样式，火焰字最终效果如图 12-38 所示。

图 12-37　复制图层效果

图 12-38　最终效果

12.3 粉刷字

本例将主要使用通道、高斯模糊、干画笔、阈值命令制作粉刷字效果，如图 12-39 所示。

图 12-39　最终效果

本例的具体操作步骤如下。

1 打开如图 12-40 所示素材文件。

2 在通道面板新建通道，输入文字，如图 12-41 所示。

图 12-40　素材文件

图 12-41　输入文字

3 选择“滤镜”|“模糊”|“高斯模糊”命令，设置参数如图 12-42 所示。

4 选择“滤镜”|“艺术效果”|“干画笔”命令，设置参数如图 12-43 所示。

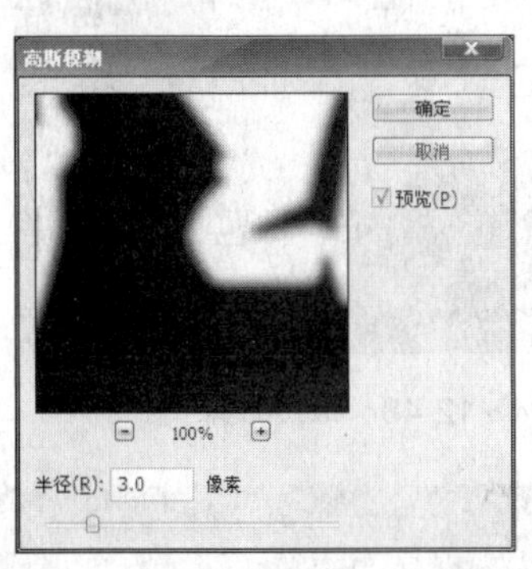

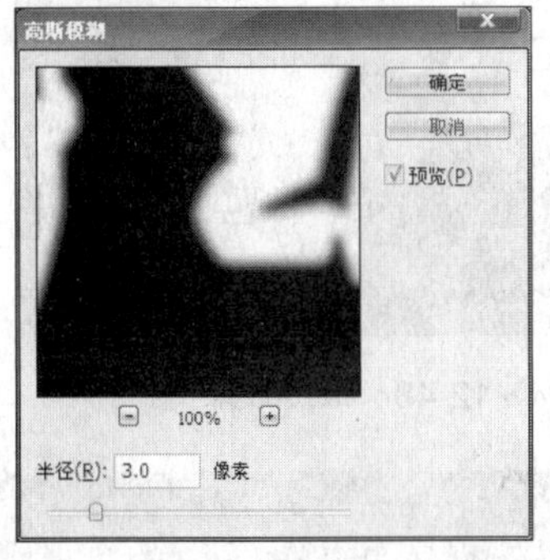

图 12-42 设置高斯模糊参数

图 12-43 设置干画笔参数

5 单击“确定”按钮，将新通道的选区载入图层面板中，新建“图层 1”，用“白色”填充选区，取消选区效果如图 12-44 所示。

6 切换到通道面板，将“红”通道复制一个副本，选择“图像”|“调整”|“阈值”命令，设置参数如图 12-45 所示。

图 12-44 干画笔效果

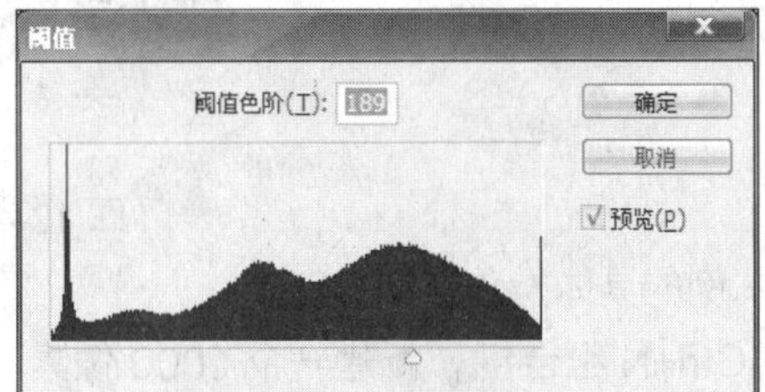

图 12-45 设置阈值参数

7 载入红通道副本选区，将选区反选，载入“背景”图层中，如图 12-46 所示，按 Ctrl+J 组合键将选区图像粘贴到新“图层 2”中，将此层放置到图层面板最顶层，效果如图 12-47 所示。

图 12-46 载入选区

8 将文字层图层混合模式设置为“溶解”，粉刷字制作完成，最终效果如图 12-48 所示。

图 12-47 文字效果

图 12-48 最终效果

12.4 斑驳铁锈字

本例主要使用横排文字工具、光照效果以及创建剪贴蒙版制作斑驳铁锈字，如图 12-49 所示。

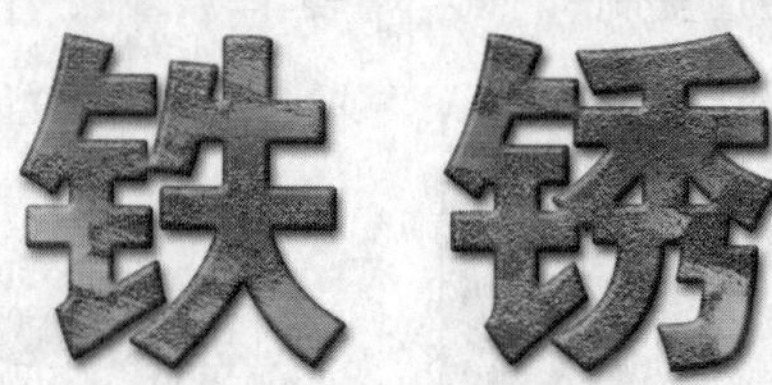

图 12-49 铁锈字效果

本例的具体操作步骤如下。

1 按 Ctrl+N 组合键，新建一个 1000 像素×500 像素的图像文件，背景色为白色。

2 选择工具箱中的“横排文字工具”，在属性栏中设置适当的字体，输入如图 12-50 所示大小的文字。

3 双击文字图层，在图层样式对话框中选择“投影样式”，设置参数如图 12-51 所示。

图 12-50 输入文字

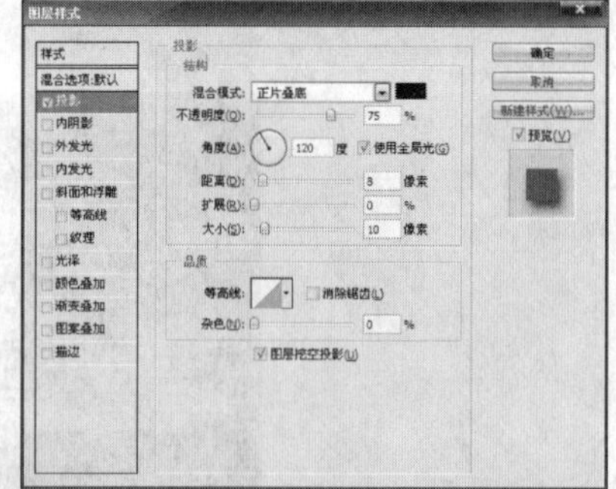

图 12-51 设置投影参数

4 选择“斜面和浮雕”样式，参数设置如图 12-52 所示，其中高光模式的色彩设置为蓝色（R：0，G：205，B：250）。

5 选择“内发光”样式，参数设置如图 12-53 所示，其中内发光颜色设置为“纯黑色”。单击“确定”按钮，文字效果如图 12-54 所示。

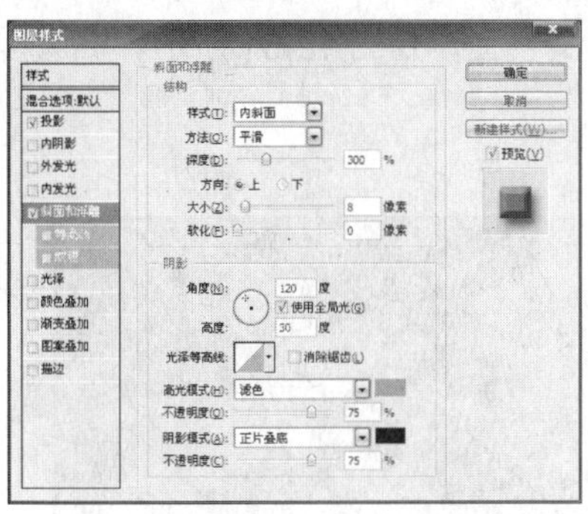
图 12-52　设置斜面和浮雕参数

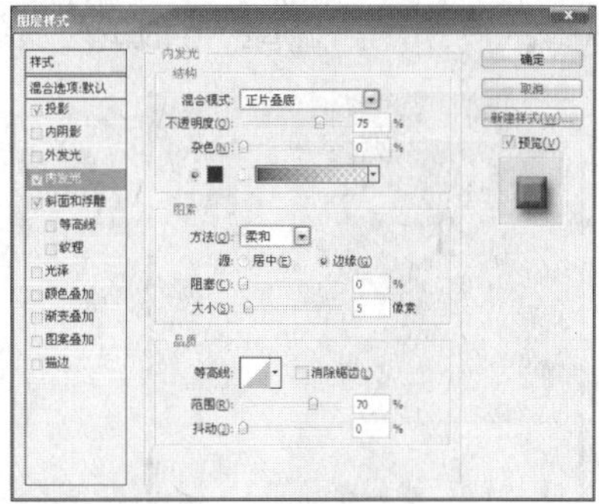
图 12-53　设置内发光样式

小提示

“斜面和浮雕”中的高光与“内发光”中的黑色发光色设置主要要来表现金属的高光发射色和暗调区域。

6 新建“图层 1”，确认前景色是黑色，背景色为白色，选择“滤镜”|“渲染”|“云彩”命令，效果如图 12-55 所示。

图 12-54　文字效果

图 12-55　云彩效果

7 选择“滤镜”|“杂色”|“添加杂色”，在“添加杂色”对话框中设置参数如图 12-56 所示。单击“确定”按钮，效果如图 12-57 所示。

图 12-56　设置添加杂色参数

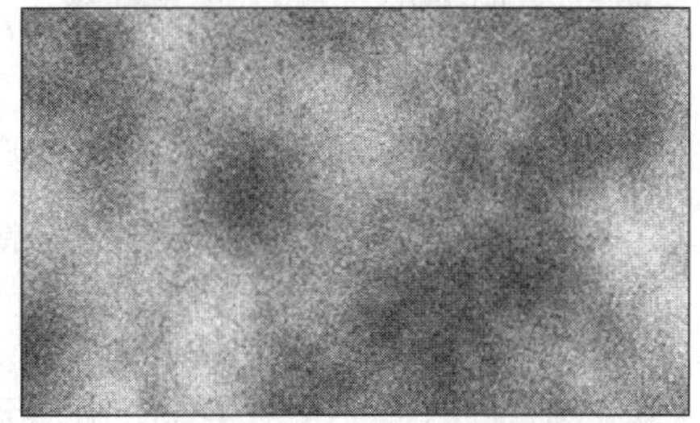
图 12-57　添加杂色后效果

8 选择“滤镜”|“模糊”|“动感模糊”命令，设置参数如图 12-58 所示。单击“确定”按钮，效果如图 12-59 所示。

9 按 Alt 键在“图层 1”和文字图层间单击一下，以该图层的纹理图像作为文字图层的“剪贴蒙

版”，如图 12-60 所示。金属拉丝般的材质效果贴到了文字上，如图 12-61 所示。

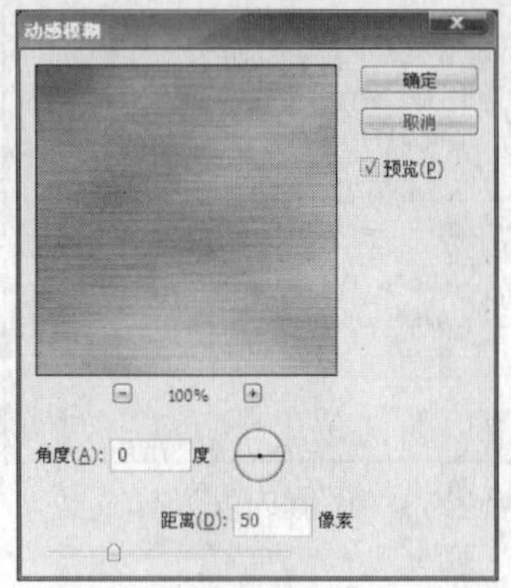

图 12-58　设置动感模糊参数

图 12-59　动感模糊后效果

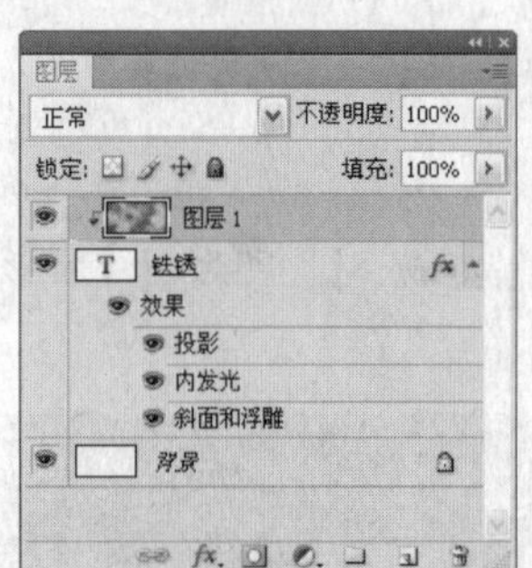

图 12-60　合成剪贴蒙版

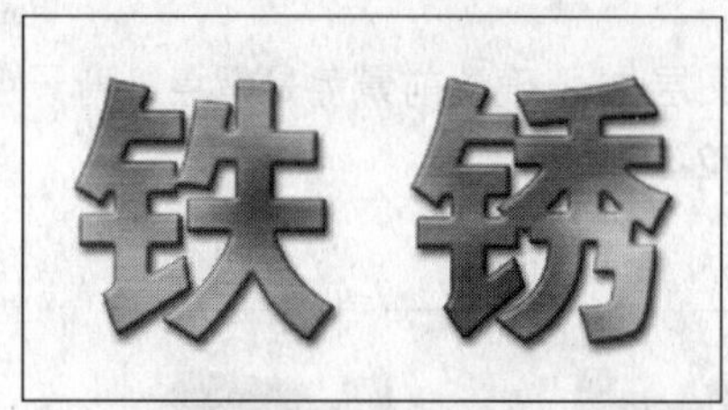

图 12-61　金属拉丝效果

10 新建“图层 2”，设置前景色（R：250，G：100，B：30），设置背景色（R：100，G：20，B：0）。选择“滤镜”|“渲染”|“云彩”命令，效果如图 12-62 所示。

11 选择“滤镜”|“杂色”|“添加杂色”，设置参数如图 12-63 所示。

图 12-62　云彩效果

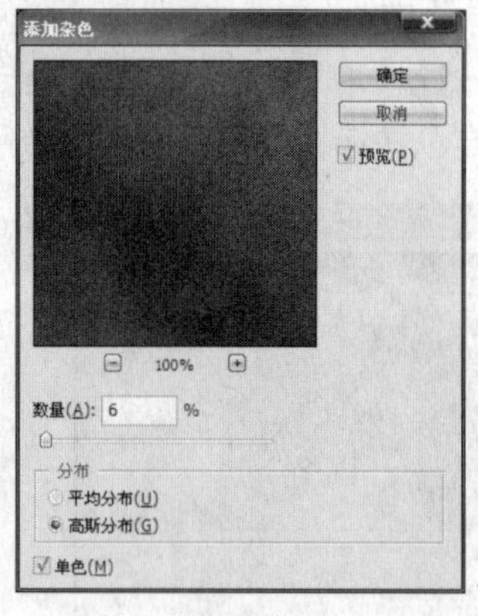

图 12-63　设置添加杂色参数

12 切换到通道面板，创建新通道“Alpha 1”，如图 12-64 所示。

13 在该通道中选择“滤镜”|“渲染”|“分层云彩”命令，再选择“滤镜”|“杂色”|“添加杂色”命令，设置数量为 3%，分布为“高斯分布”，选择“单色”模式，单击确定按钮，如图 12-65 所示。

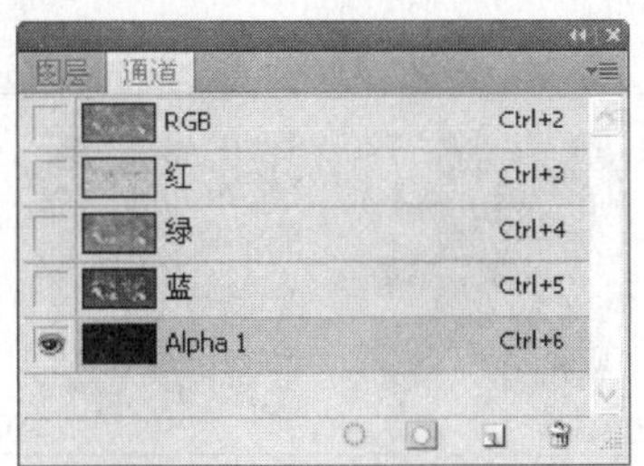

图 12-64　新建通道“Alpha 1”

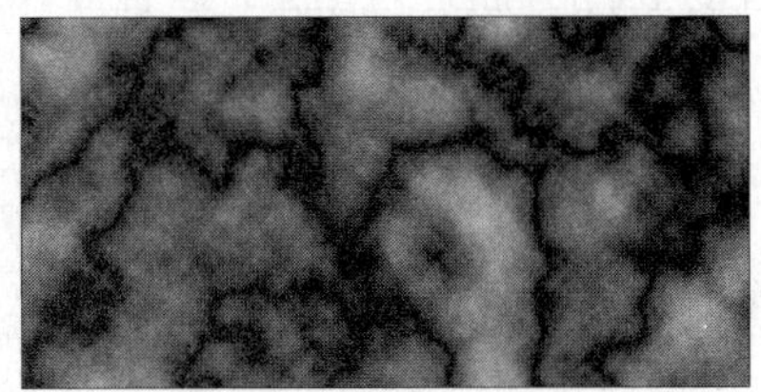

图 12-65　添加杂色效果

14 重复“步骤 13”，只是在设置“添加杂色”参数时将“数量”设置为 5％，其余和步骤 13 一致，得到的通道如图 12-66 所示效果。

15 切换到图层面板，选择“图层 2”，选择“滤镜”|“渲染”|“光照效果”命令，在弹出的“光照效果”对话框中设置参数如图 12-67 所示。单击“确定”按钮，得到如图 12-68 所示铁锈材质效果。

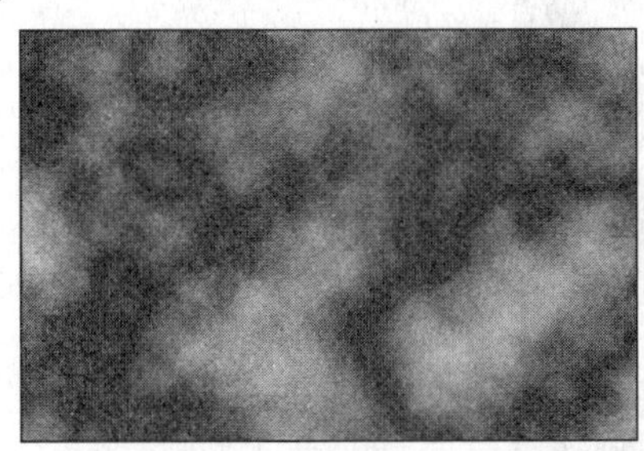

图 12-66　添加杂色效果

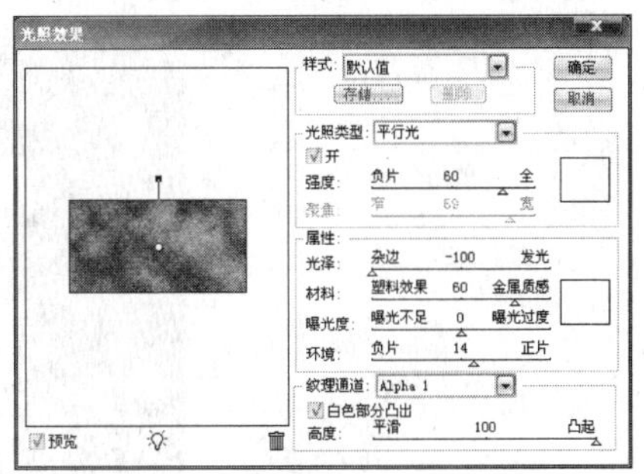

图 12-67　设置光照效果参数

16 右击“图层 2”，在下拉菜单中选择“创建剪贴蒙版”选项，如图 12-69 所示为得到的铁锈材质被贴在字体上的效果，如图 12-70 所示。

图 12-68　铁锈材质效果

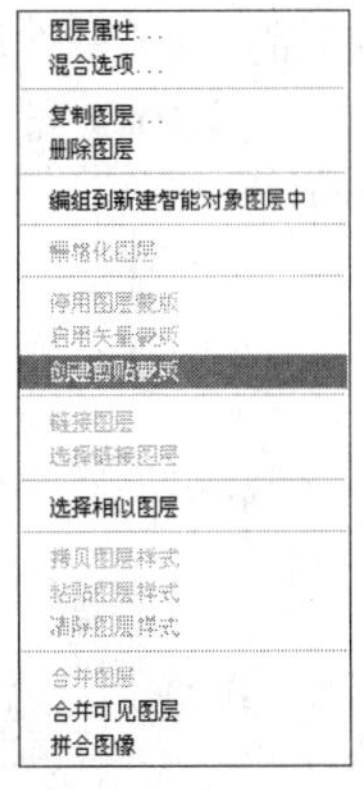

图 12-69　选择“创建剪贴蒙版”

17 选择工具箱中的“橡皮擦工具”，在画笔面板中选择“粉笔 60 像素”，在“图层 2”用“橡皮擦工具”擦除一部分，得到最终的效果图，如图 12-71 所示。

使用橡皮擦擦拭时，不用连续拖动擦拭，应采取“点”擦的方式，用鼠标一点点擦除，才能得到逼真的效果。

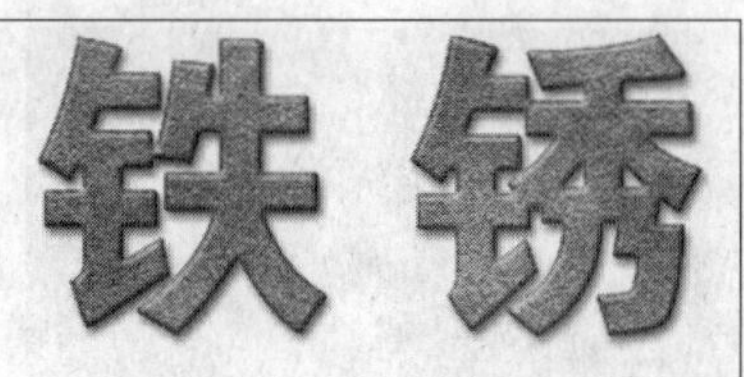

图 12-70　铁锈贴在字体上的效果

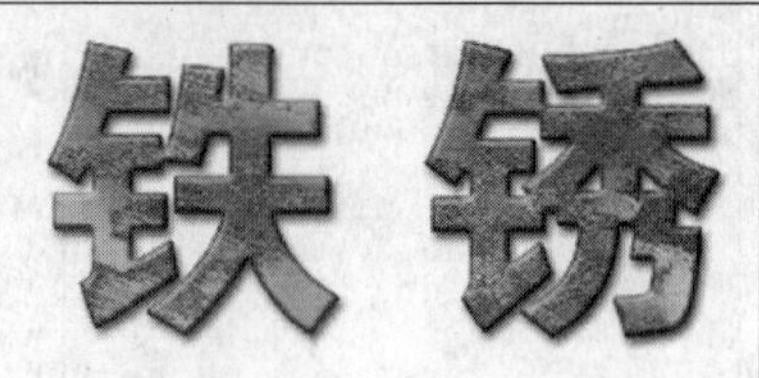

图 12-71　最终效果图

12.5 魔域传奇

本例在制作过程中利用了图层混合模式、色阶命令、色相/饱和度命令、波浪滤镜、铬黄滤镜等，图层混合模式的设置是本例制作的关键，如图 12-72 所示。

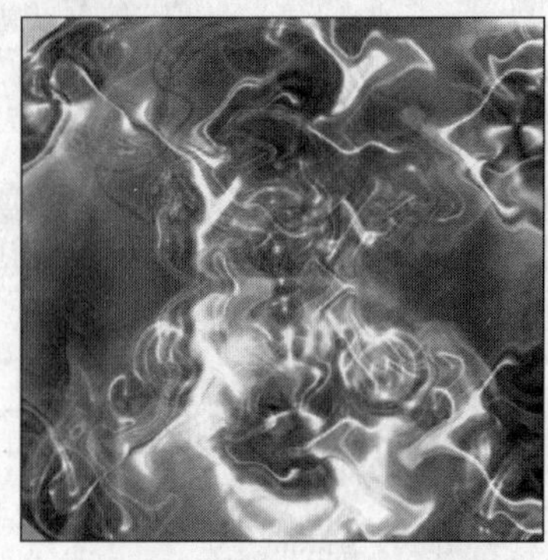

图 12-72　最终效果

本例的具体操作步骤如下。

1 按 Ctrl+N 组合键，建立一个新的图像文件，输入名称为“魔域传奇”，设置图像“宽度”为 600 像素，“高度”为 600 像素，“分辨率”为 72 像素/英寸，模式为 RGB，如图 12-73 所示，单击“确定”按钮。

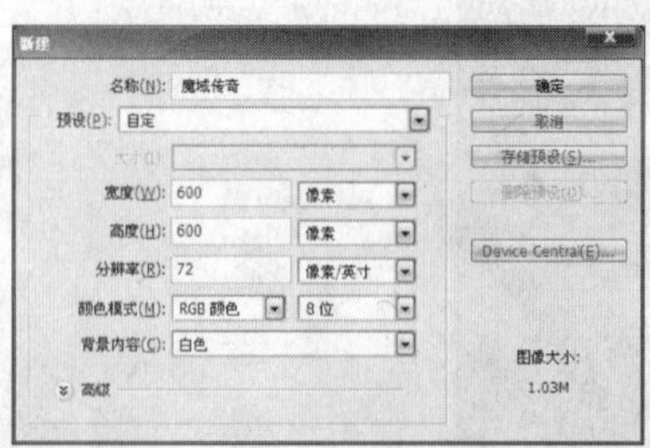

图 12-73　“新建”对话框

2 按 D 键将前景色与背景色恢复为默认值，按 Alt+Delete 组合键填充前景色，选择“滤镜”|“渲染”|“镜头光晕”命令，弹出“镜头光晕”对话框，设置“亮度”为 125%；“镜头类型”为 50~300 毫米变焦，参数设置如图 12-74 所示，单击“确定”按钮，效果如图 12-75 所示。

3 按 Ctrl+Alt+F 组合键再次打开“镜头光晕”对话框，参数设置同前，改变镜头光晕位置，完成后，再在不同的位置执行一次该命令，效果如图 12-76 所示。

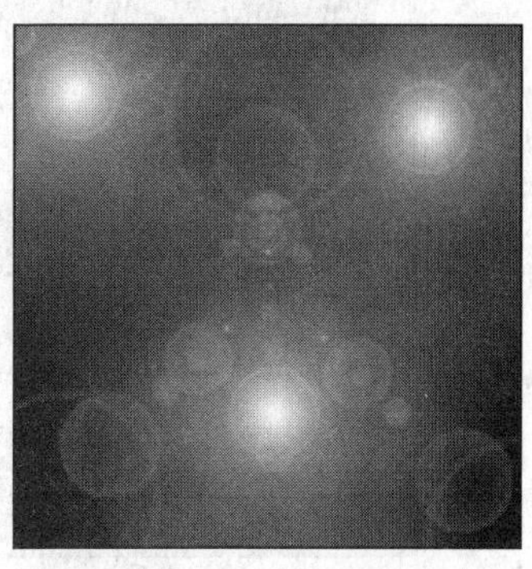

图 12-74　“镜头光晕”对话框　图 12-75　“镜头光晕”效果　图 12-76　“镜头光晕”效果

4 选择“滤镜”|“素描”|“铬黄”命令，弹出“铬黄”对话框，设置“细节”为 6，“平滑”为 4，参数设置如图 12-77 所示，效果如图 12-78 所示。

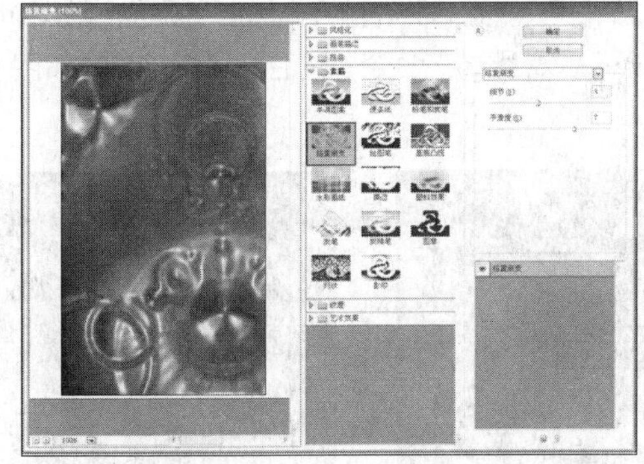

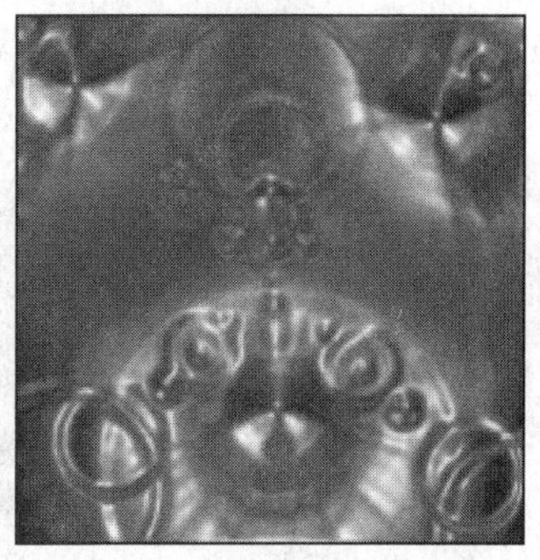

图 12-77　“铬黄”对话框　图 12-78　“铬黄”效果

5 选择“图像”|“调整”|“色相/饱和度”命令，弹出“色相/饱和度”对话框，选中“着色”选项，参数设置如图 12-79 所示，单击“确定”按钮，得到图 12-80 所示的效果。

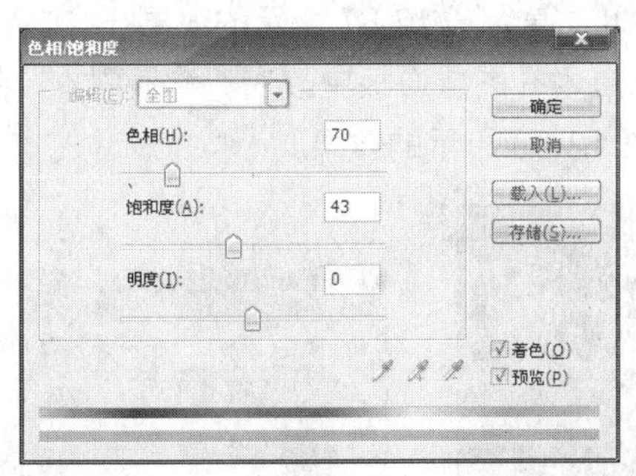

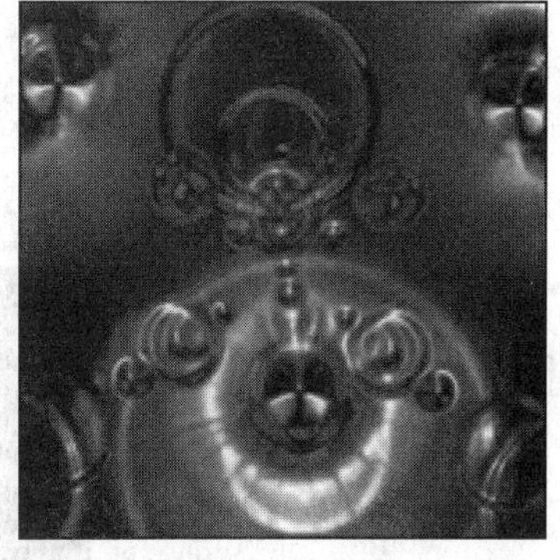

图 12-79　“色相/饱和度”对话框　图 12-80　调整后的颜色

6 复制“背景”图层，生成“背景副本”图层。在图层面板中选中“背景副本”图层，然后选择“滤镜”|“扭曲”|“波浪”命令，弹出“波浪”对话框，在对话框中的“随机化”按钮上单击多次（单击次数不定，读者觉得好看就行），参数设置如图 12-81 所示，按 Ctrl +F 组合键两次，重复波浪命令，得到图 12-82 所示的效果。

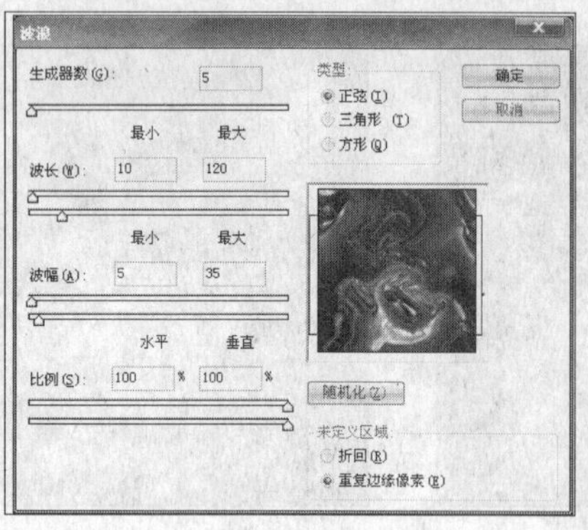

图 12-81 “波浪”对话框

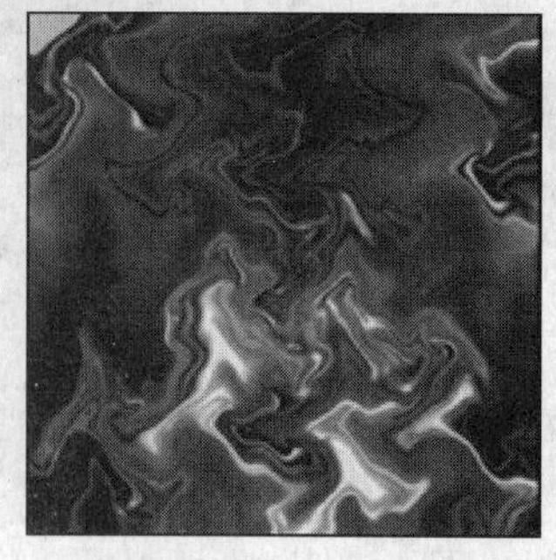

图 12-82 “波浪”效果

7 选择“图像”|“调整”|“色相/饱和度”命令，弹出“色相/饱和度”对话框，选中“着色”选项，参数设置如图 12-83 所示，单击“确定”按钮，得到图 12-84 所示的效果。

8 复制“背景副本”图层，生成“背景副本 2”图层。选中“背景副本 2”图层，按 Ctrl+T 组合键，在图像上右击，在弹出的快捷菜单中选择“垂直翻转”命令，按 Enter 键确定，如图 12-85 所示。

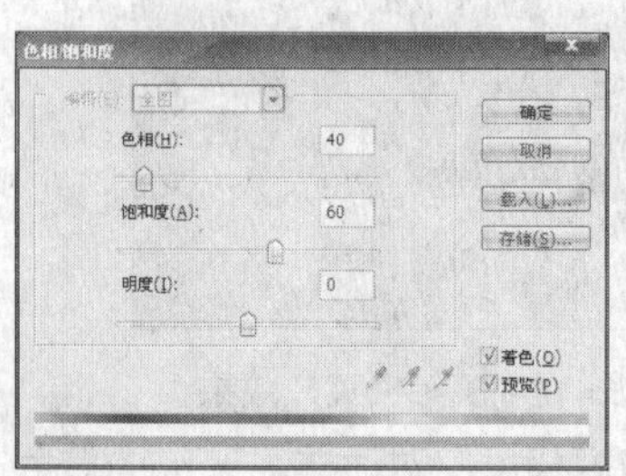

图 12-83 “色相/饱和度”对话框

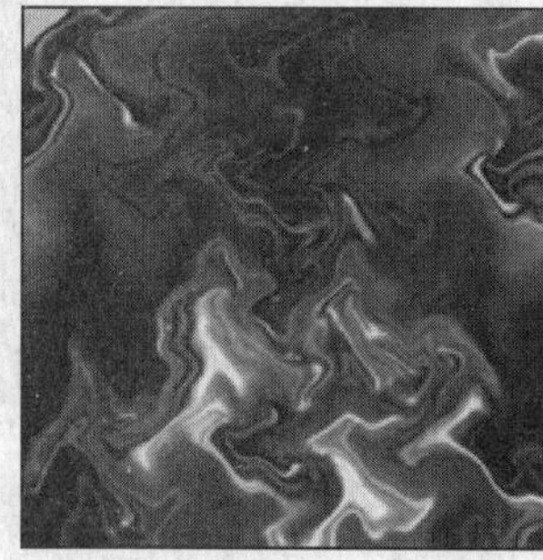

图 12-84 调整后的颜色

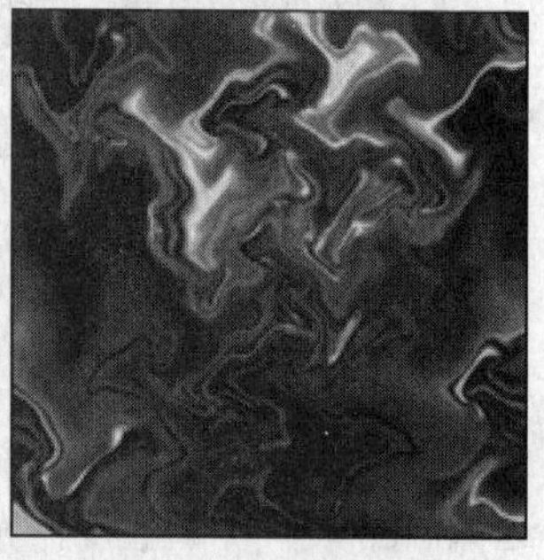

图 12-85 垂直翻转

9 选择“图像”|“调整”|“色相/饱和度”命令，弹出“色相/饱和度”对话框，选中“着色”选项，参数设置如图 12-86 所示，单击“确定”按钮，得到图 12-87 所示的效果。

10 隐藏“背景副本 2”图层，选中“背景副本”图层，在图层面板中改变“背景副本”的图层混合模式为“线性减淡”，如图 12-88 所示，得到图 12-89 所示的效果。

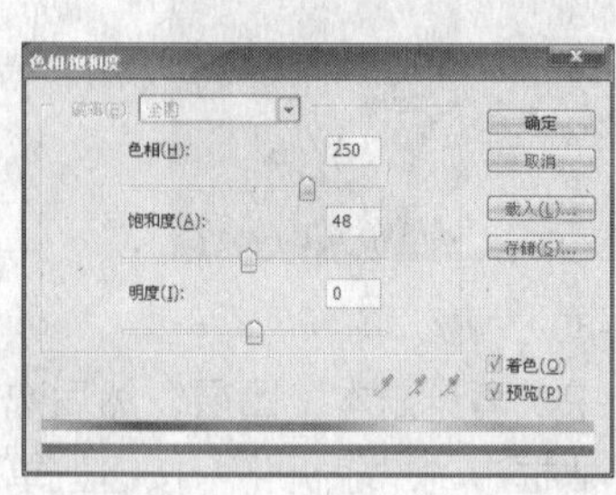

图 12-86 “色相/饱和度”对话框

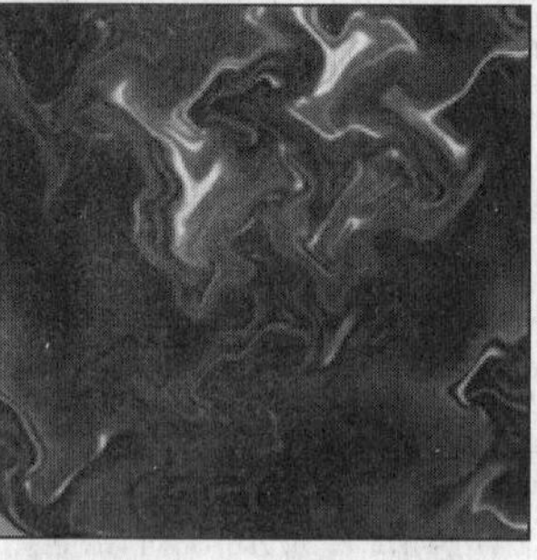

图 12-87 调整后的颜色

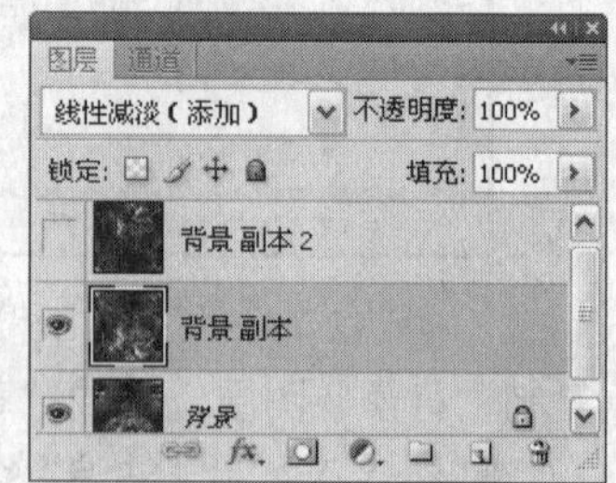

图 12-88 图层面板

11 显示“背景副本 2”图层，在图层面板中改变“背景副本 2”的图层混合模式为“线性减淡”，如图 12-90 所示，得到图 12-91 所示的效果。这样本例的制作就完成了。

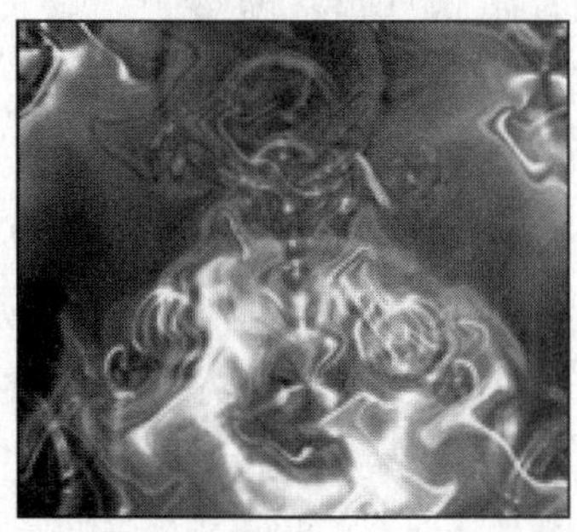
图 12-89　改变图层的混合模式

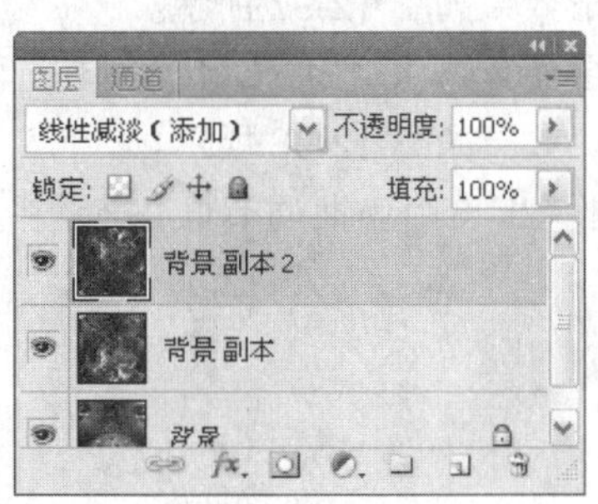

图 12-90　图层面板

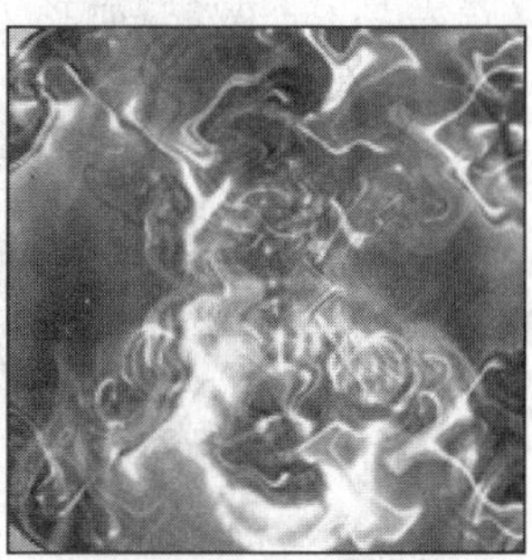
图 12-91　最终效果

12.6 化妆品牌标志

本例主要使用矩形工具、变形命令、自由变换以及投影图层样式制作化妆品牌标志，如图 12-92 所示。

图 12-92　最终效果

本例的具体操作步骤如下。

1 按 Ctrl+N 组合键新建 600 像素×600 像素空白文件。选择“矩形工具”，设置其属性栏参数如图 12-93 所示。

图 12-93　设置矩形工具属性栏参数

2 设置前景色（R：220，G：220，B：220），新建“图层 1”，拖动鼠标绘制如图 12-94 所示灰色矩形。

3 选择“编辑”|“变换”|“变形”命令，弹出“变形”调节框，如图 12-95 所示。

4 分别拖动调节杆，对矩形进行如图 12-96 所示变形。

图 12-94　绘制灰色矩形

图 12-95　变形调节框

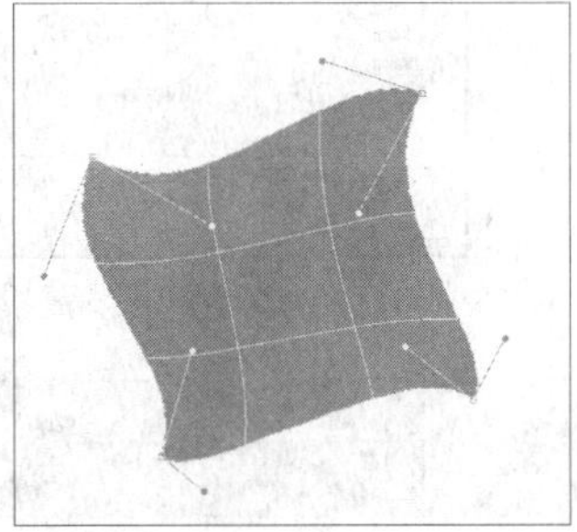
图 12-96　变形图形

5 单击 Enter 键确认变形，图形效果如图 12-97 所示。

6 将“图层 1”复制一个“图层 1 副本”，按住 Ctrl 键将其选区浮出，设置前景色（R：120，G：120，B：120），填充选区，效果如图 12-98 所示。

7 取消选区，按 Ctrl+T 组合键弹出自由变换调节框，拖动中心点到图形左下角，如图 12-99 所示。

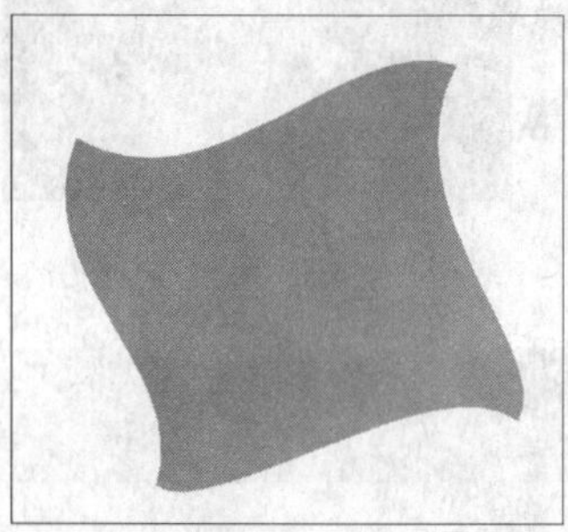

图 12-97　变形效果

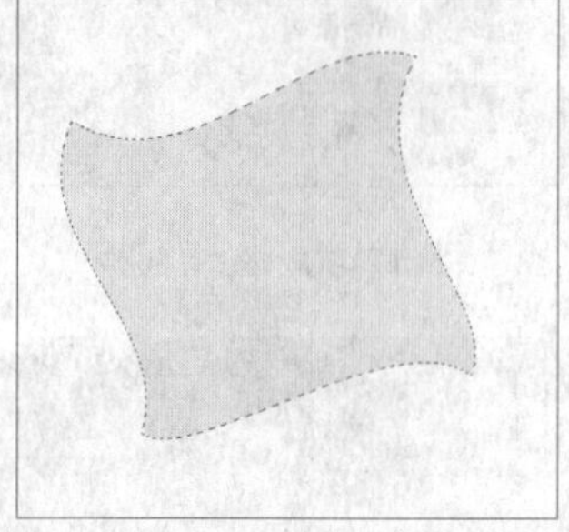

图 12-98　填充选区

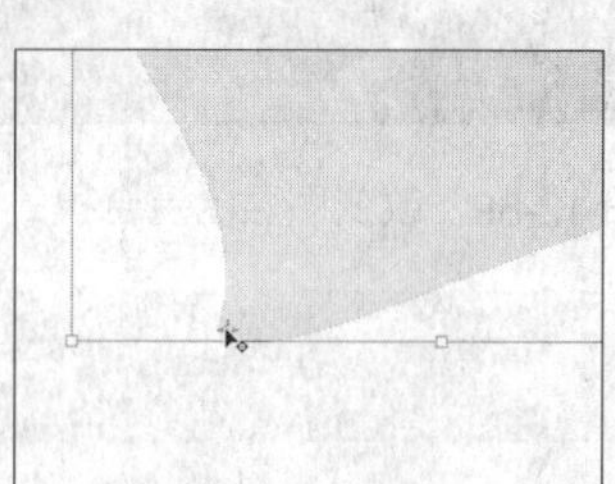

图 12-99　拖动中心点

8 将鼠标移至调节框外，旋转图形，如图 12-100 所示。

9 单击 Enter 键确认变形，将“图层 1 副本”图层不透明度调整为 70%，图像效果如图 12-101 所示。

10 选择“文字工具”输入标志名称，如图 12-102 所示。

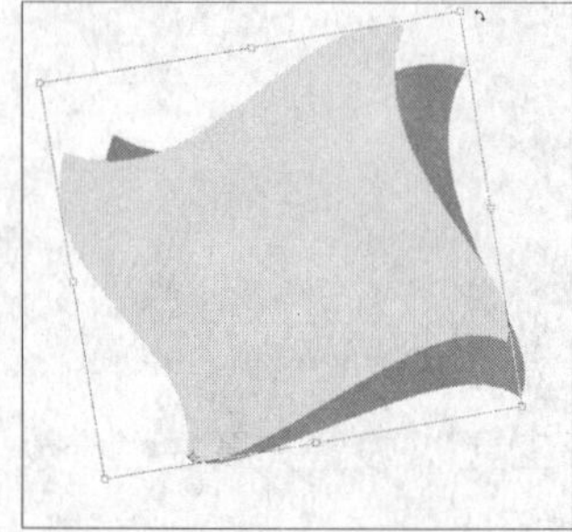

图 12-100　旋转图形

图 12-101　调整图像不透明度

图 12-102　输入标志名称

11 双击文字层，弹出图层样式对话框，选择“投影”样式，设置参数如图 12-103 所示。

12 单击“确定”按钮，化妆品牌标志制作完成，如图 12-104 所示。

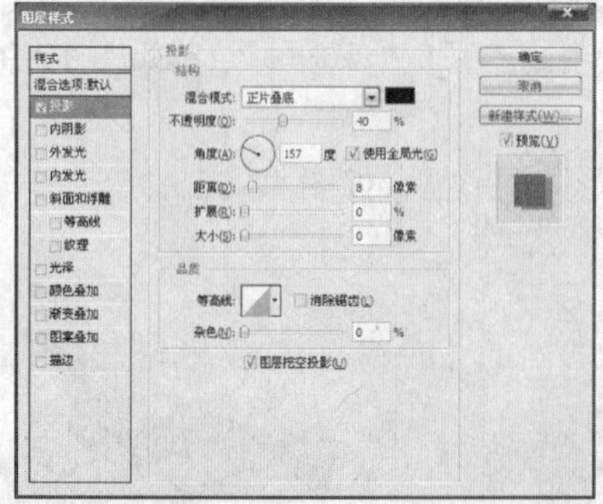

图 12-103　设置投影参数

图 12-104　最终效果

12.7 | 房产标志

本例主要使用纹理化滤镜以及橡皮擦工具制作房产标志，如图 12-105 所示。

图 12-105　最终效果

本例的具体操作步骤如下。

1 按 Ctrl+O 组合键，打开如图 12-106 所示图片。

2 将“背景层”复制一个“背景副本”层，选择“滤镜”|“纹理”|“纹理化”命令，设置参数如图 12-107 所示。

图 12-106　素材图片

图 12-107　设置纹理化参数

3 新建“图层 1”，用白色填充，图层面板如图 12-108 所示。

4 选择“橡皮擦工具”，打开画笔面板，选择画笔笔尖形状为“粗糙油墨笔”，调整画笔参数如图 12-109 所示。

图 12-108　填充图层

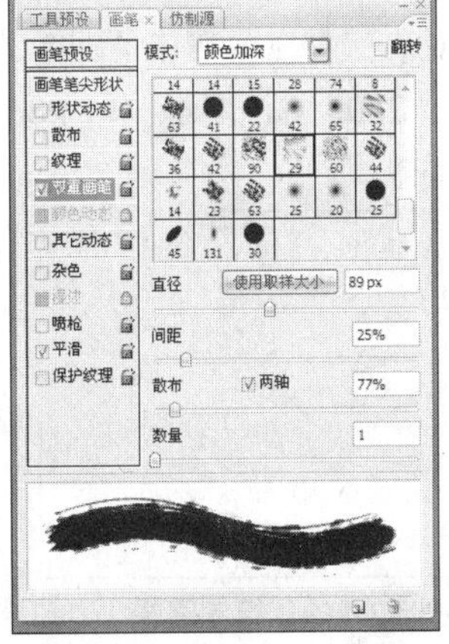

图 12-109　设置画笔面板参数

5 使用“橡皮擦工具”在工作区中拖动，得到如图 12-110 所示效果。

6 最后为房产标志添加相关文字信息，房产标志制作完成，如图 12-111 所示。

图 12-110　擦除效果

图 12-111　最终效果

12.8 皇冠

本例在制作过程中利用了渐变填充、钢笔工具、“外发光”样式、“添加杂色”滤镜、加深与减淡工具、描边路径等绘制皇冠，最终效果如图 12-112 所示。

图 12-112　最终效果

12.8.1　绘制主体

1 按 Ctrl+N 键，建立一个新的图像文件，输入名称为“皇冠”，设置图像“宽度”为 1000 像素，“高度”为 1000 像素，“分辨率”为 72 像素/英寸，模式为 RGB，单击“确定”按钮。

2 新建“路径 1”，选择工具箱中“钢笔工具”，绘制如图 12-113 所示的路径。新建“图层 1”，设置前景色（R：230、G：194、B：23），单击路径面板中“用前景色填充路径”按钮，得到图 12-114 所示的效果。

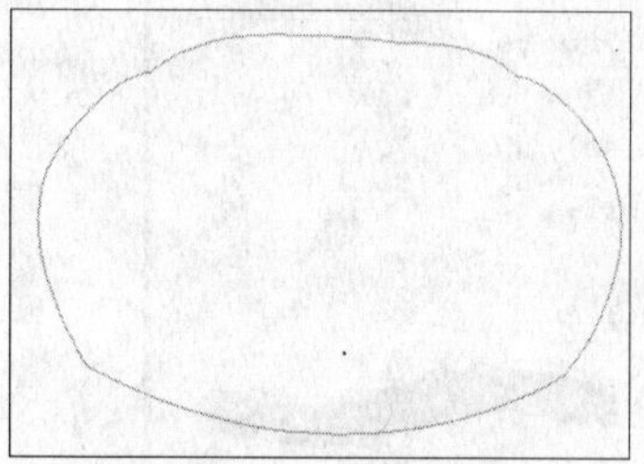

图 12-113　绘制路径

图 12-114　用前景色填充路径

3 按 Ctrl+R 组合键，出现标尺，在水平标尺上向下拖动绘制一条水平辅助线，在垂直标尺上向右拖动绘制一条垂直辅助线，如图 12-115 所示。

4 新建“路径 2”，选择工具箱中“钢笔工具”，在其属性栏中单击路径按钮，绘制如图 12-116 所示的路径。按 Ctrl+Enter 组合键，将路径转换为选区。

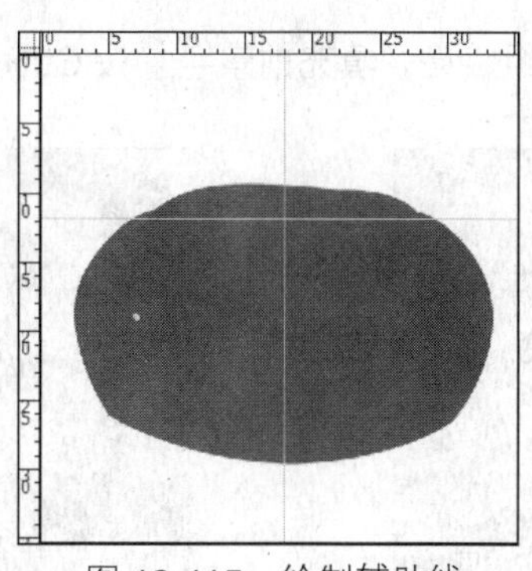
图 12-115　绘制辅助线

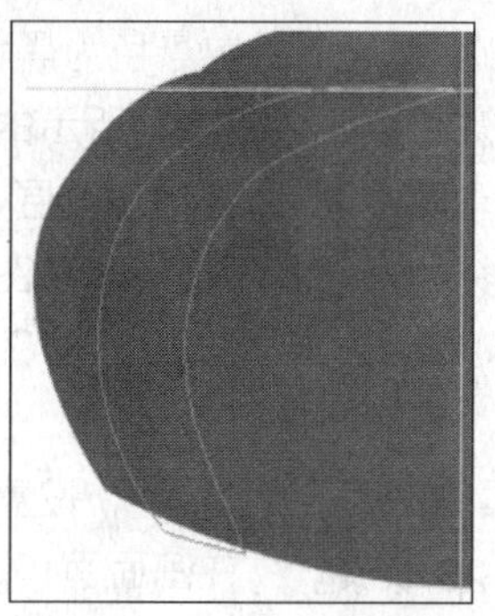
图 12-116　绘制路径

5 选择工具箱中“渐变工具”，打开“渐变编辑器”对话框，设置第一个色标的 RGB 值为（R：255、G：136、B：0），第二个色标（R：255、G：255、B：67），第三个色标（R：255、G：149、B：0），第四个色标（R：255、G：208、B：0），如图 12-117 所示，单击“确定”按钮。

6 新建“图层 2”，在选区内从上向下拖动鼠标，创建线性渐变，效果如图 12-118 所示，填充渐变色效果如图 12-119 所示。

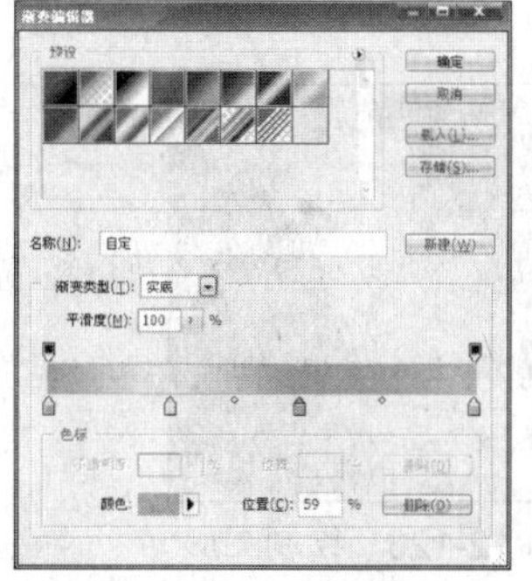
图 12-117　“渐变编辑器”对话框

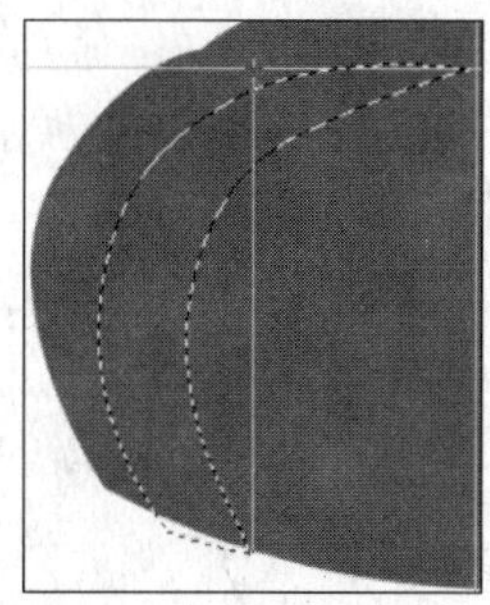
图 12-118　创建线性渐变

图 12-119　填充渐变色

7 新建“路径 3”，选择工具箱中“钢笔工具”，绘制如图 12-120 所示的路径。

8 设置前景色（R：253、G：248、B：229），选择工具箱中“画笔工具”，设置画笔大小为 3 像素。新建“图层 3”，选中“路径 3”，单击路径面板中“用画笔描边路径”按钮，得到图 12-121 所示的效果。

9 按住 Ctrl 键的同时，在图层面板中单击“图层 3”，将“图层 3”中的图形载入选区，如图 12-122 所示。

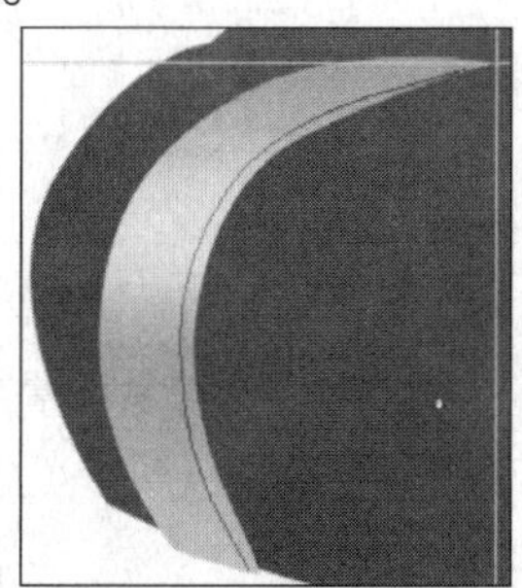
图 12-120　绘制路径

图 12-121　描边路径

图 12-122　载入选区

10 新建“图层 4”，设置前景色为黑色，按 Alt+Delete 组合键，填充前景色。按 Ctrl+D 组合键，取消选区，得到如图 12-123 所示的效果。再将“图层 4”调整到下一层，向右下方移动一定距离，得到图 12-124 所示的效果。将“图层 3”、“图层 4”合并。

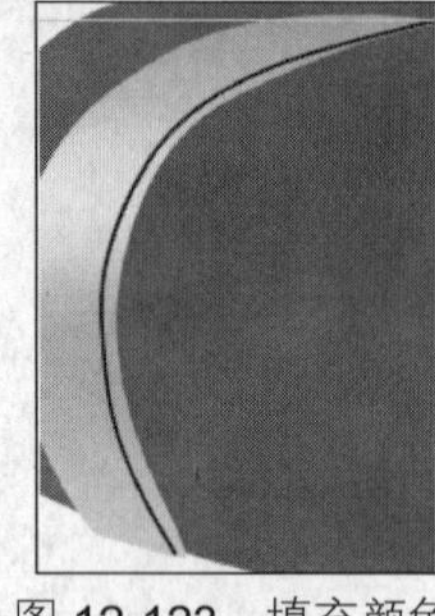
图 12-123 填充颜色

图 12-124 调整图层顺序

11 选择工具箱中“画笔工具”，设置画笔大小为 25 像素。打开画面面板，选择“形状动态”，设置参数如图 12-125 所示。设置前景色（R：251、G：154、B：0），新建“图层 5”，绘制图 12-126 所示的图形。

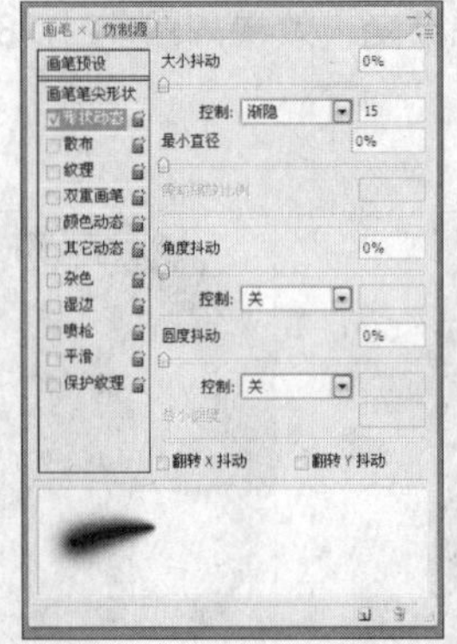

图 12-125 设置形状动态参数

图 12-126 绘制图形

12 选中“图层 5”，选择“橡皮擦工具”，在属性栏中选择“柔角画笔”，参数设置如图 12-127 所示，擦除边缘的图形，得到图 12-128 所示的效果。

画笔: 40 模式: 画笔 不透明度: 20% 流量: 100% 抹到历史记录

图 12-127 属性栏

图 12-128 擦除边缘的图形

13 选中“图层 2”，选择工具箱中“加深工具”，在属性栏中选择“柔角画笔”，其余设置如图 12-129 所示。在图 12-130 所示的位置涂抹，得到图 12-131 所示的效果。

图 12-129 属性栏

14 新建“路径 4”，选择工具箱中“钢笔工具”，绘制如图 12-132 所示的路径。按 Ctrl+Enter 组合键，将路径转换为选区。

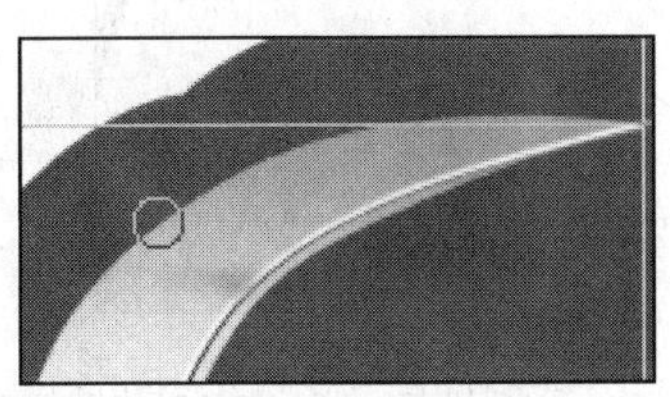

图 12-130　光标位置

图 12-131　加深

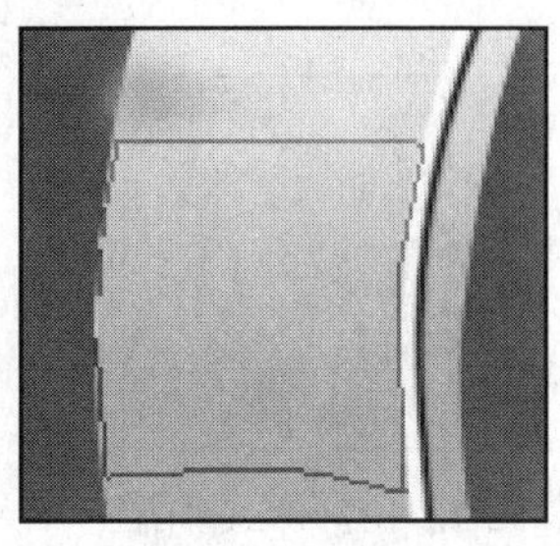

图 12-132　绘制路径

15 选择工具箱中“渐变工具”，打开属性栏中的“渐变编辑器”对话框，设置：第一个色标（R：255、G：107、B：1），第二个色标（R：254、G：203、B：0），如图 12-133 所示，单击“确定”按钮。

16 新建“图层 6”，单击属性栏中“线性渐变”按钮，在选区内从下向上拖动鼠标，如图 12-134 所示，填充渐变色效果如图 12-135 所示。

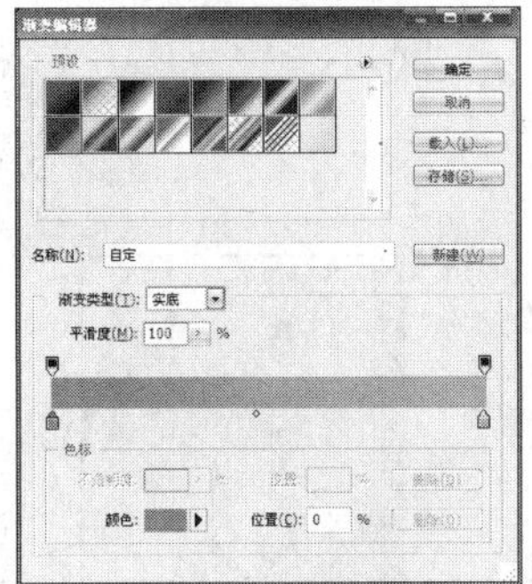

图 12-133　“渐变编辑器”对话框

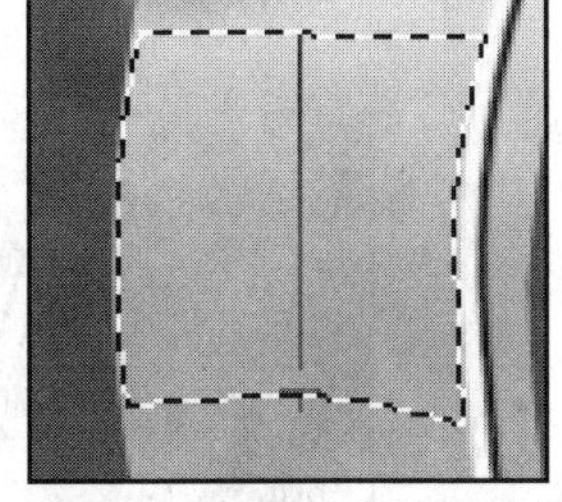

图 12-134　创建线性渐变

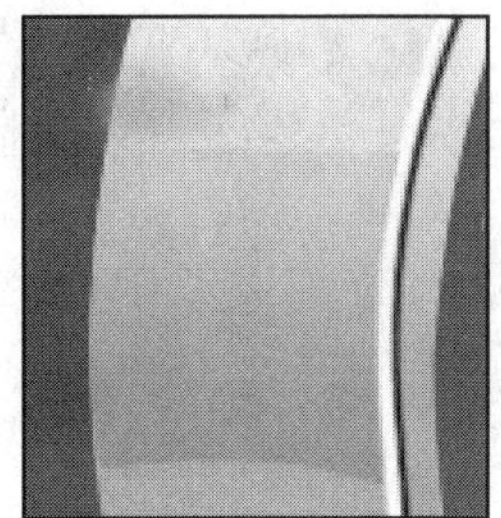

图 12-135　填充渐变色

17 选择工具箱中“橡皮擦工具”，在属性栏中选择“柔角画笔”，擦除边缘的图形，得到图 12-136 所示的效果。

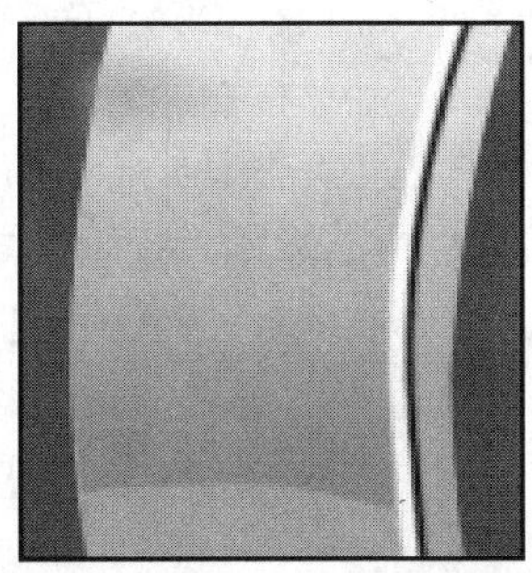

图 12-136　擦除边缘的图形

12.8.2　绘制宝石

1 新建“路径 5”，选择工具箱中“椭圆工具”，绘制如图 12-137 所示的椭圆。

2 复制“路径 5”，生成“路径 5 副本”，重命名为“路径 6”，再在“路径 6”中绘制一个椭圆，如图 12-138 所示。使用“路径选择工具”，选中左边的椭圆，单击属性栏中“从形状区域减去”按钮，得到图 12-139 所示的效果。

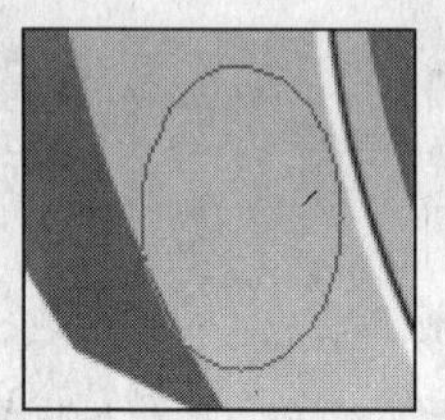

图 12-137　绘制路径

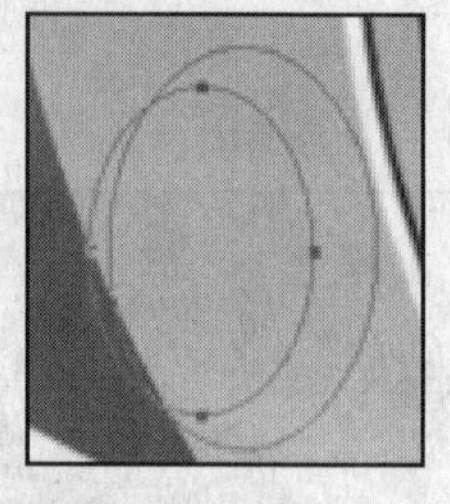

图 12-138　绘制路径

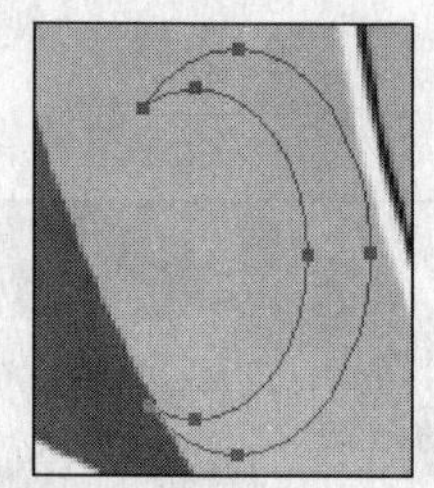

图 12-139　修剪图形

3 按 Ctrl+Enter 组合键，将路径转换为选区。选择工具箱中“渐变工具”，打开“渐变编辑器”对话框，设置：第一个色标（R：255、G：107、B：1），第二个色标（R：255、G：239、B：68），如图 12-140 所示，单击“确定”按钮。

4 新建“图层 7”，单击属性栏中“线性渐变”按钮，在选区内从上向下拖动鼠标，填充渐变色效果如图 12-141 所示。

5 新建“路径 7”，选择工具箱中“钢笔工具”，在其属性栏中单击“路径”按钮，绘制如图 12-142 所示的路径。按 Ctrl+Enter 组合键，将路径转换为选区。

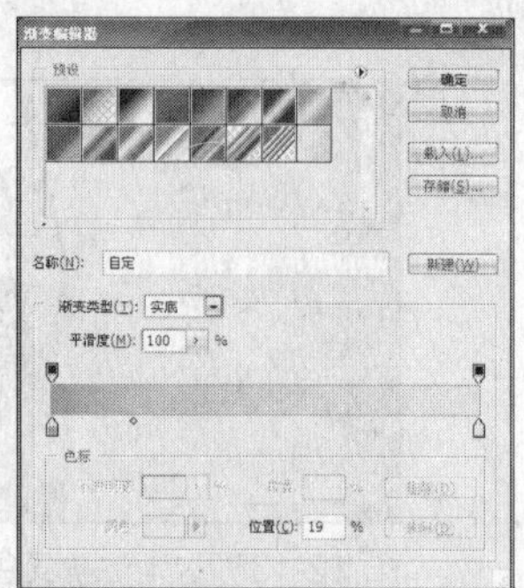

图 12-140　“渐变编辑器”对话框

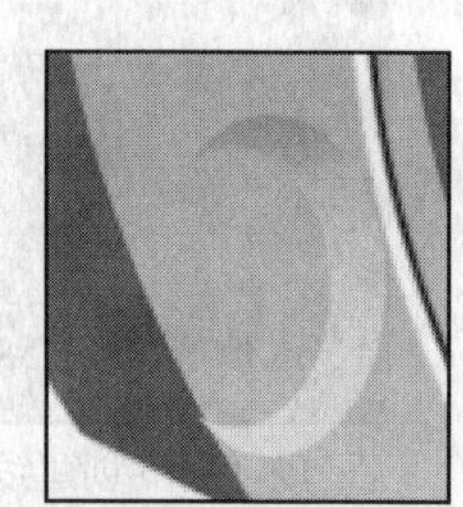

图 12-141　填充渐变色

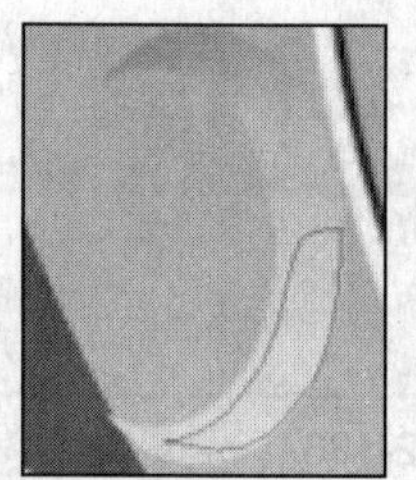

图 12-142　绘制路径

6 选择工具箱中“渐变工具”，打开“渐变编辑器”对话框，设置：第一个和第四个色标（R：99、G：44、B：23），第二个和第三个色标（R：254、G：136、B：2），如图 12-143 所示，单击“确定”按钮。

7 新建“图层 8”，在选区内从右上角向左下角拖动鼠标，填充渐变色效果如图 12-144 所示。

8 选择工具箱中“橡皮擦工具”，在属性栏中选择“柔角画笔”，在图形的下方擦试，得到图 12-145 所示的效果。

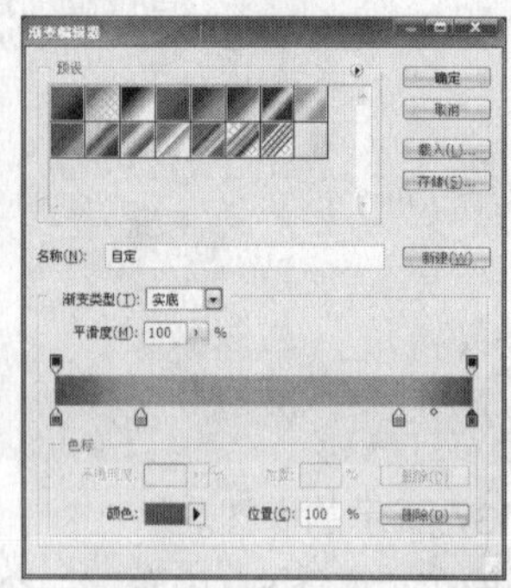

图 12-143　“渐变编辑器”对话框

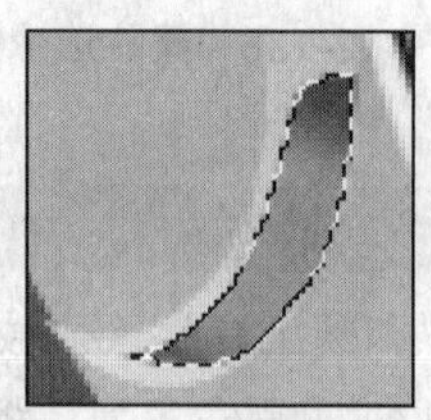

图 12-144　填充渐变色

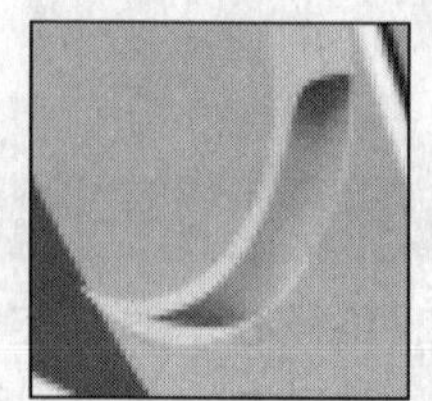

图 12-145　擦除边缘的图形

9 复制“图层 7”，生成“图层 7 副本”。按住 Ctrl 键的同时，在图层面板中单击“图层 7 副本”，将“图层 7 副本”中的图形载入选区。改变图形的颜色（R：247、G：233、B：110），如图

12-146 所示。调整“图层 7 副本”的顺序，并将其向右稍微移动一定距离，如图 12-147 所示。

图 12-146　填色

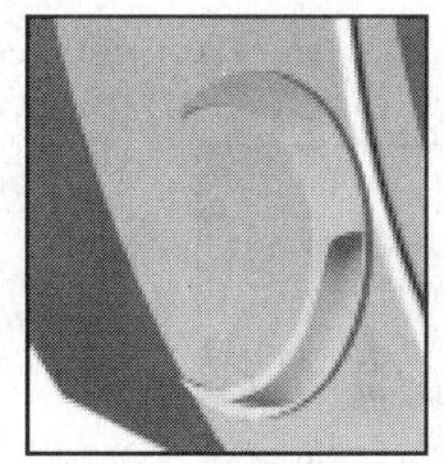
图 12-147　调整图层顺序

10 选中“路径 5”，如图 12-148 所示。按 Ctrl+Enter 组合键，将路径转换为选区。选择工具箱中“渐变工具”，单击编辑渐变图标，打开“渐变编辑器”对话框，设置：左边色标（R：244、G：230、B：197），右边色标（R：216、G：186、B：172），如图 12-149 所示，单击“确定”按钮。

11 新建“图层 9”，单击属性栏中“线性渐变”按钮，在选区内从左向右拖动鼠标，如图 12-150 所示，填充渐变色效果如图 12-151 所示。

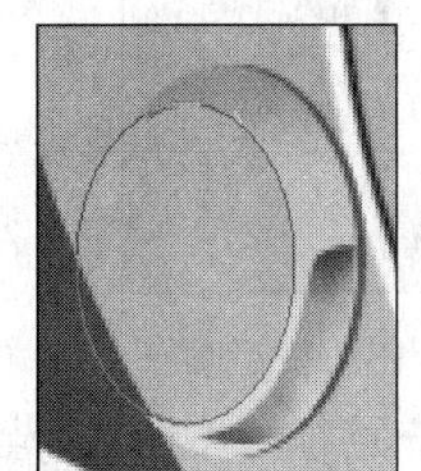
图 12-148　绘制路径

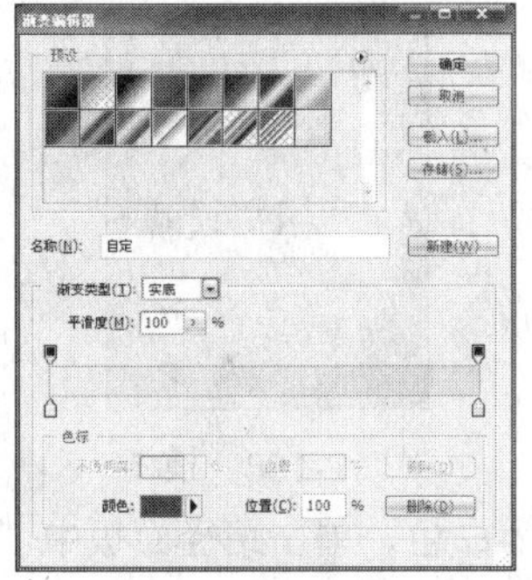
图 12-149　“渐变编辑器”对话框

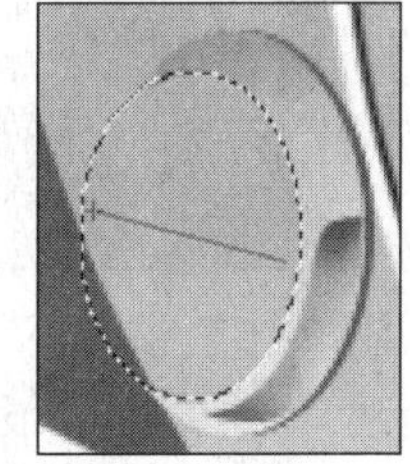
图 12-150　创建线性渐变

12 选择“滤镜”|“杂色”|“添加杂色”命令，弹出“添加杂色”对话框，参数设置如图 12-152 所示，单击“确定”按钮。

13 新建“路径 8”，选择工具箱中“钢笔工具”，绘制如图 12-153 所示的路径。新建“图层 10”，设置前景色为黑色，单击路径面板中“用前景色填充路径”按钮，得到图 12-154 所示的效果。

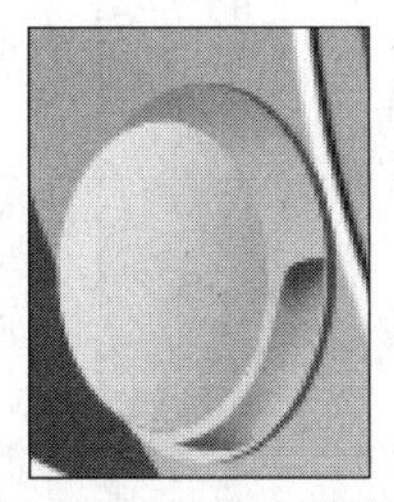
图 12-151　填充渐变色

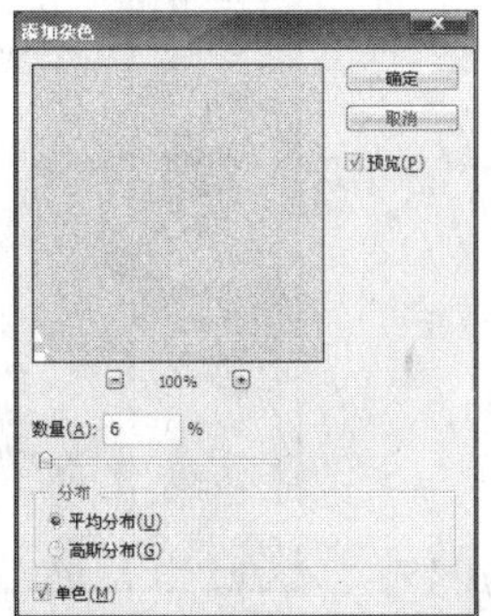
图 12-152　“添加杂色”对话框

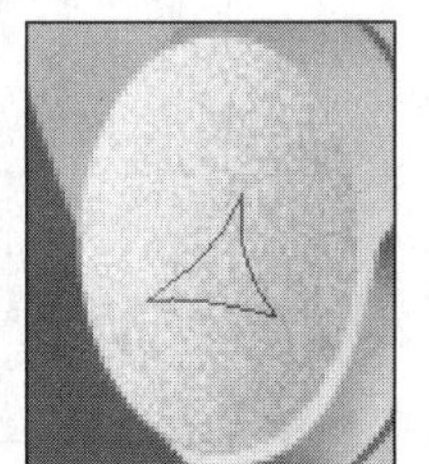
图 12-153　绘制路径

14 选择“滤镜”|“杂色”|“添加杂色”命令，弹出“添加杂色”对话框，参数设置如图 12-155 所示，单击“确定”按钮，得到图 12-156 所示的效果。

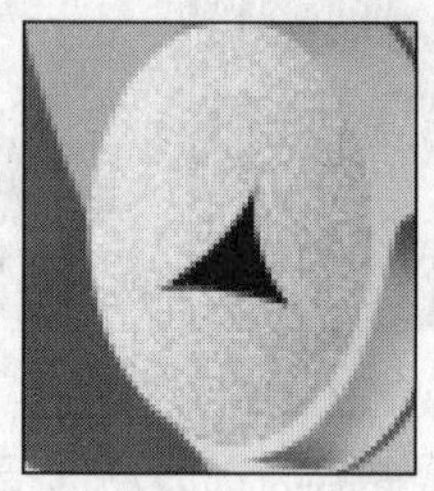

图 12-154　用前景色填充路径

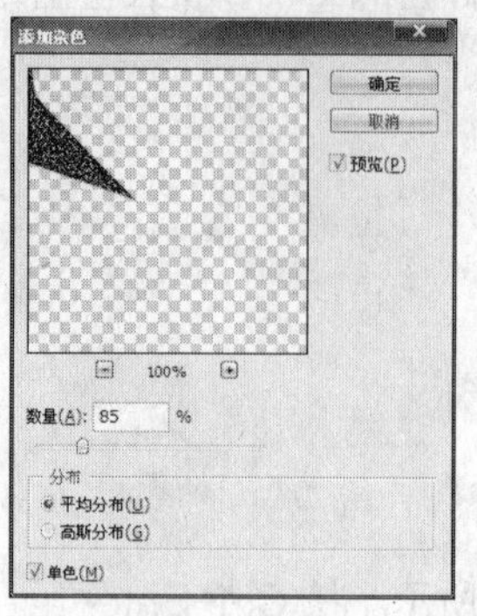

图 12-155　“添加杂色”对话框

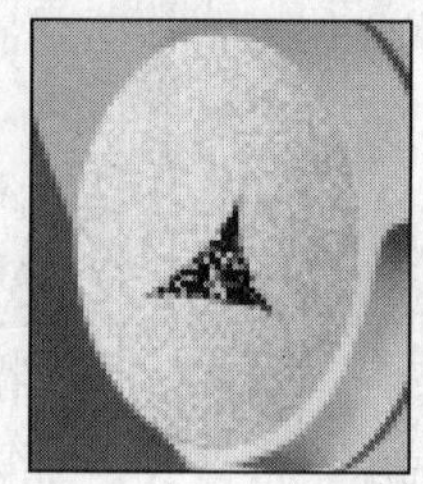

图 12-156　添加杂色

15 在图层面板中选中“图层 10”，设置它的不透明度为 80%，如图 12-157 所示。选择“滤镜”|“模糊”|“模糊”命令两次，得到图 12-158 所示的效果。

16 新建“路径 9”，选择工具箱中“椭圆工具”，绘制一个椭圆，将椭圆旋转一定角度，如图 12-159 所示。

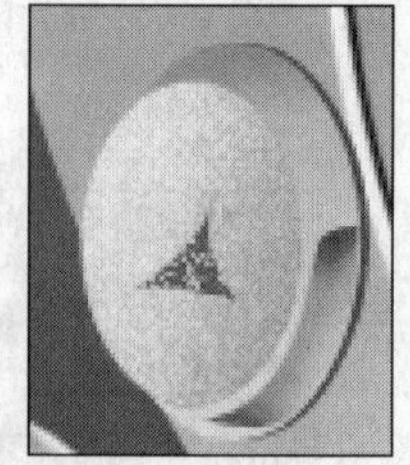

图 12-157　调整不透明度

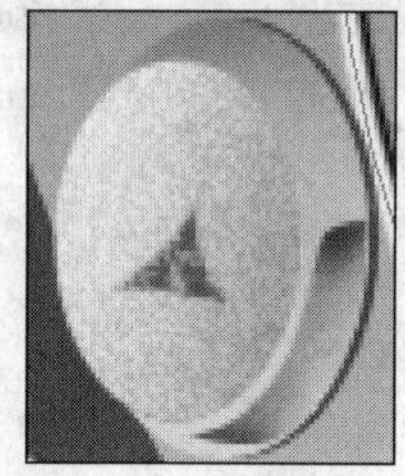

图 12-158　模糊

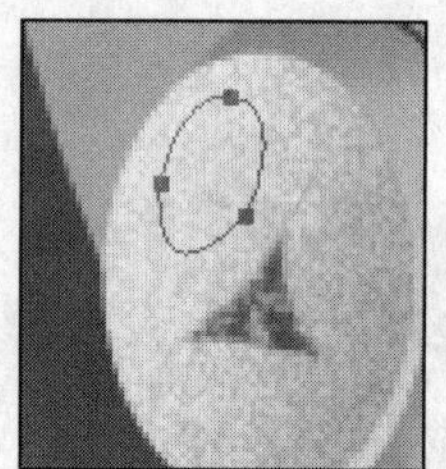

图 12-159　绘制路径

17 新建“图层 11”，设置前景色为白色，单击路径面板中“用前景色填充路径”按钮，得到图 12-160 所示的效果。

18 选择“图层”|“图层样式”|“外发光”命令，打开“外发光”对话框，参数设置如图 12-161 所示，单击“确定”按钮，效果如图 12-162 所示。

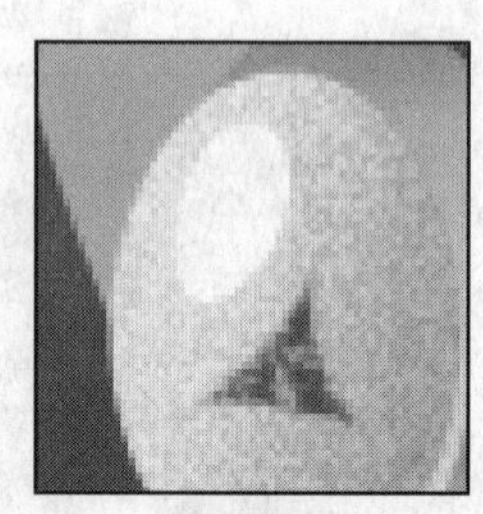

图 12-160　用前景色填充路径

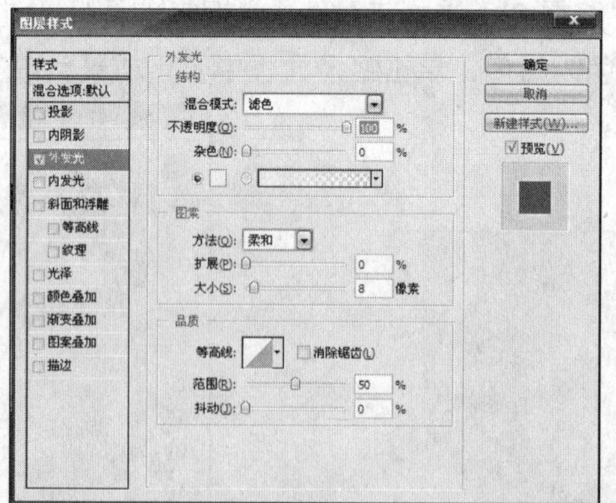

图 12-161　“外发光”对话框

19 复制“图层 11”，生成“图层 11 副本”。调整图形的大小并将其旋转一定角度，得到图 12-163 所示的效果。再复制一个图形，调整图形的大小并将其旋转一定角度，得到图 12-164 所示的效果。

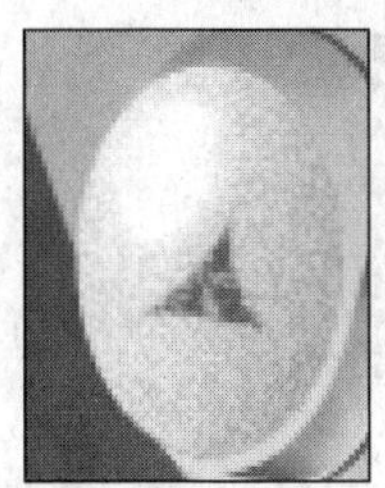

图 12-162 “外发光”效果

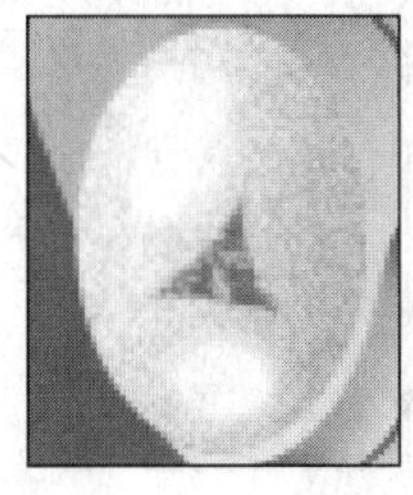

图 12-163 复制并调整图形

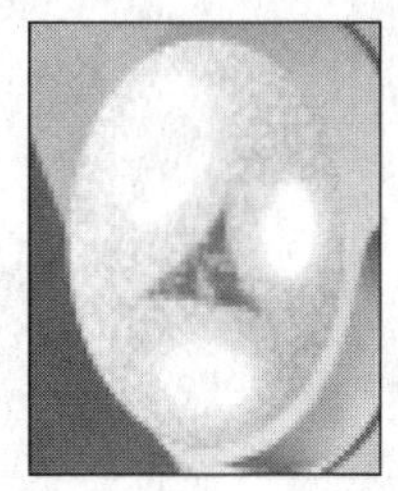

图 12-164 复制并调整图形

20 选择“滤镜”|“模糊”|“高斯模糊”命令，弹出“高斯模糊”对话框，参数设置如图 12-165 所示，单击“确定”按钮，得到图 12-166 所示的效果。

21 新建“图层 12”，设置前景色为白色，选择工具箱中“画笔工具”，在属性栏中选择“柔角画笔”，设置画笔大小为 10 个像素，绘制图 12-167 中的图形。

22 选择工具箱中“橡皮擦工具”，在属性栏中选择“柔角画笔”，参数设置如图 12-168 所示，在图形的上方擦试，得到图 12-169 所示的效果。

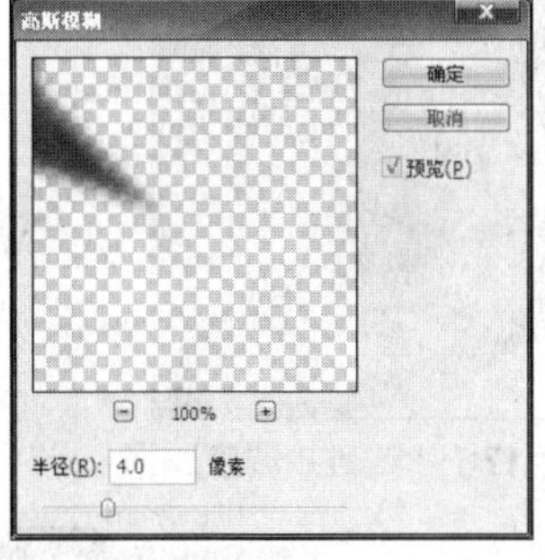

图 12-165 “高斯模糊”对话框

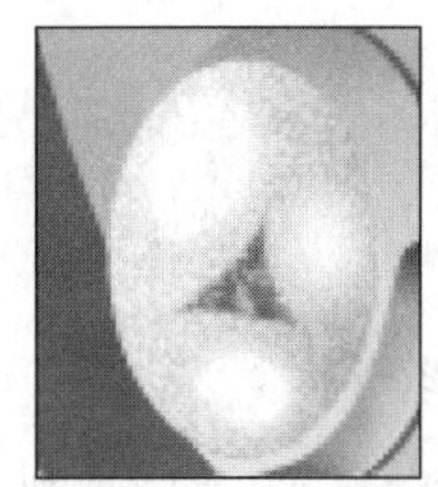

图 12-166 高斯模糊效果

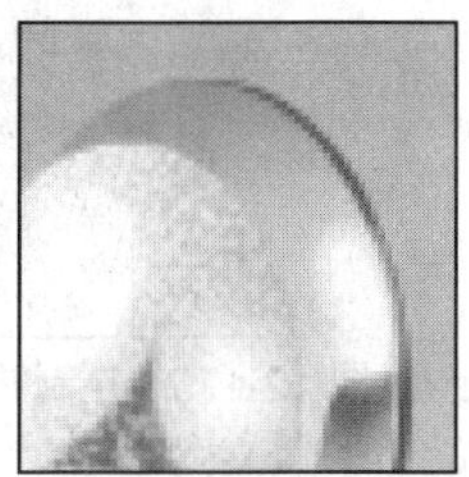

图 12-167 绘制图形

图 12-168 属性栏

23 新建“路径 10”，选择工具箱中“钢笔工具”，在其属性栏中单击“路径”按钮，绘制如图 12-170 所示的路径。

24 设置前景色为白色，新建“图层 13”，单击路径面板中“用前景色填充路径”按钮，得到图 12-171 所示的效果。

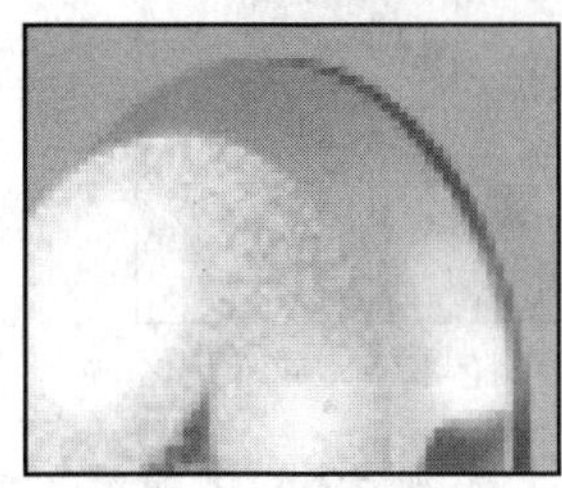

图 12-169 擦除边缘的图形

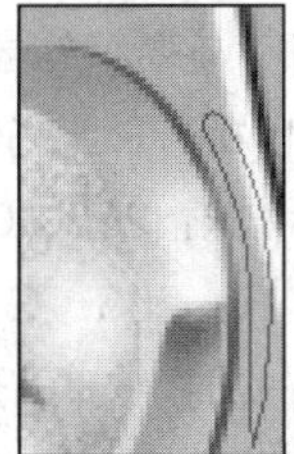

图 12-170 绘制路径

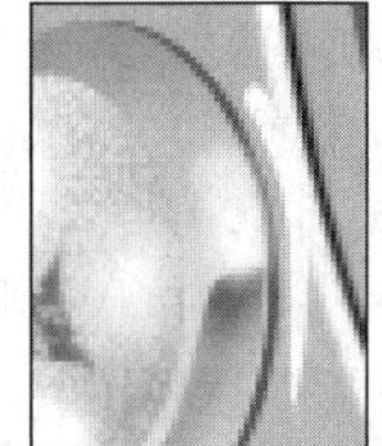

图 12-171 用前景色填充路径

25 选择“滤镜”|“模糊”|“模糊”命令两次，得到图 12-172 所示的效果。在图层面板中选中“图层 1”，设置它的不透明度为 90%，得到图 12-173 所示的效果。

26 再选中“图层 10”，再将中间的黑色图形模糊并涂抹，得到图 12-174 所示的效果。

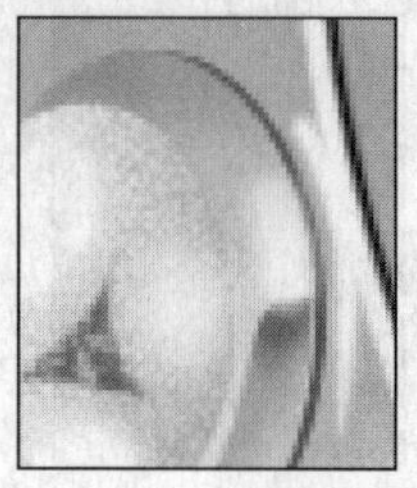
图 12-172 模糊

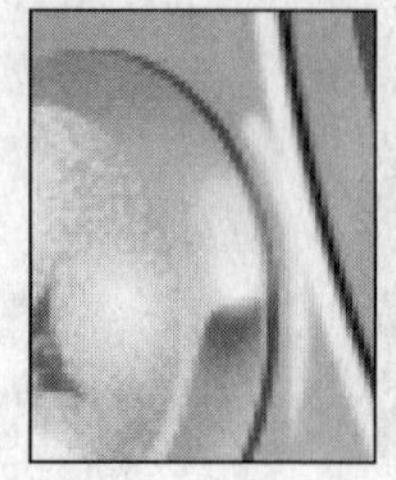
图 12-173 调整不透明度

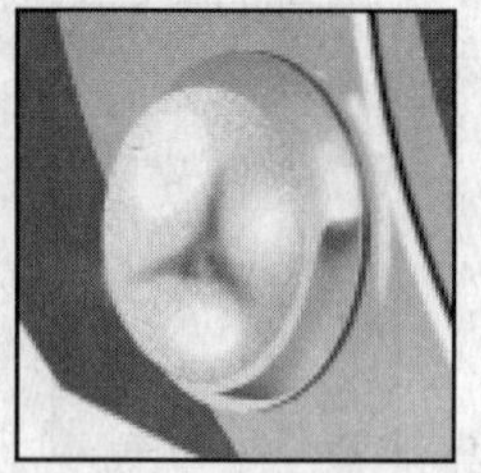
图 12-174 模糊并涂抹

27 新建一个文件，命名为“宝石”，背景为透明，将宝石所在的所有图层合并后拖到“宝石”文件中，将文件保存为.png 格式。

28 将.png 格式的宝石拖到“皇冠”文件中，复制宝石，对复制的宝石进行旋转、调整大小等操作，得到图 12-175 所示的效果。用相同的方法复制宝石，效果如图 12-176 所示。将所有的宝石合并为一层，重命名为“图层 6”。

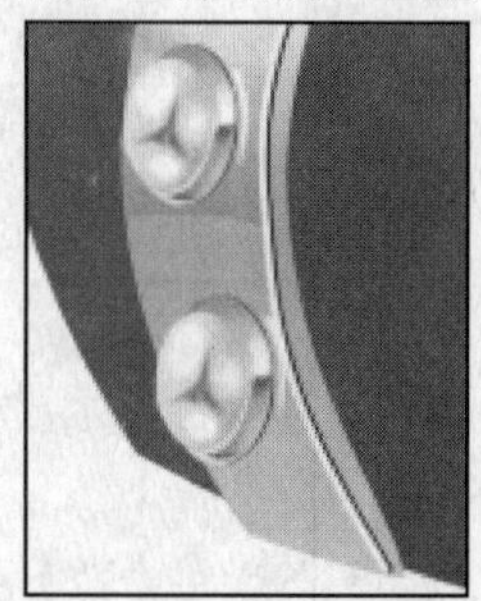
图 12-175 复制并调整图形

图 12-176 复制并调整图形

小提示

因为图层样式不能合并，所以要将宝石存为.png 格式的图片，便于下一步操作。

12.8.3 绘制金箍一

1 复制“图层 2”，生成“图层 2 副本”，将复制的图形水平翻转。按住 Ctrl 键的同时，在图层面板中单击“图层 2 副本”，将“图层 2 副本”中的图形载入选区，如图 12-177 所示。

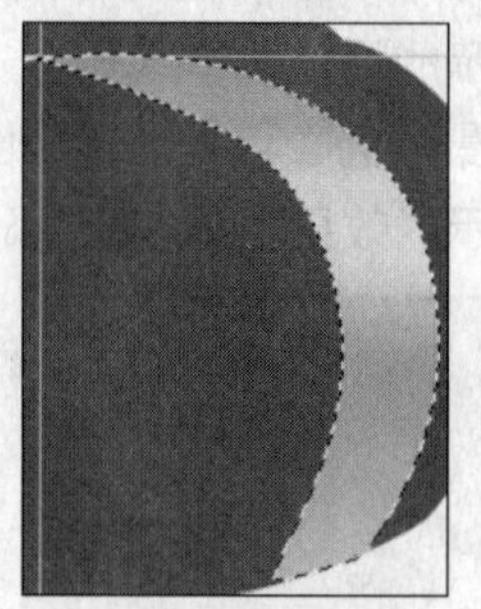
图 12-177 载入选区

2 选择工具箱中“渐变工具”，打开“渐变编辑器”对话框，设置第一、二、四、六、七个色标（R：255、G：126、B：0），第三个和第五个色标（R：255、G：224、B：11），第八个和第九个色标（R：255、G：187、B：1），如图 12-178 所示，单击“确定”按钮。

3 单击属性栏中“线性渐变”按钮，在选区内从上向下拖动鼠标，如图 12-179 所示，填充渐变色效果如图 12-180 所示。

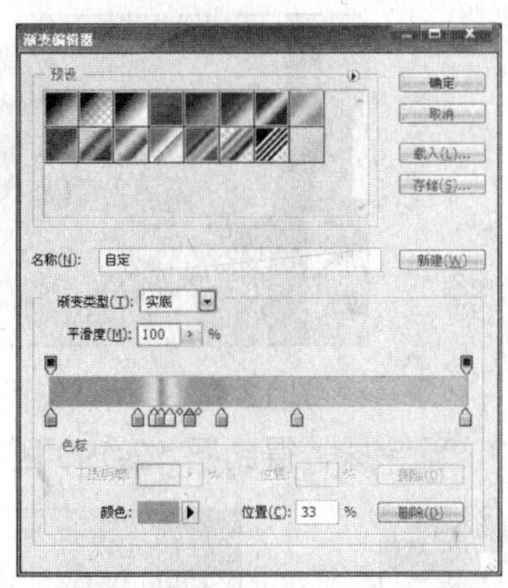

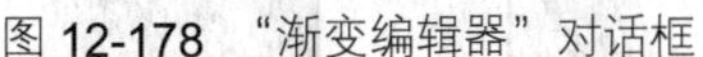

图 12-178 “渐变编辑器”对话框　　图 12-179 创建线性渐变色

4 复制“图层 5”，生成“图层 5 副本”，将复制的图形水平翻转后放到图 12-181 所示的位置。按 Ctrl+T 组合键调整图形的宽度。

5 复制“图层 3”中的图形，将复制的图形水平翻转后放到图 12-182 所示的位置。

图 12-180 填充渐变色

图 12-181 复制并调整图形

图 12-182 复制并调整图形

6 选中“图层 2 副本”，选择工具箱中“减淡工具”，在属性栏中选择“柔角画笔”，其余设置如图 12-183 所示。在图 12-184 所示的位置涂抹，得到图 12-185 所示的效果。

画笔: 50　范围: 高光　曝光度: 90%

图 12-183 属性栏

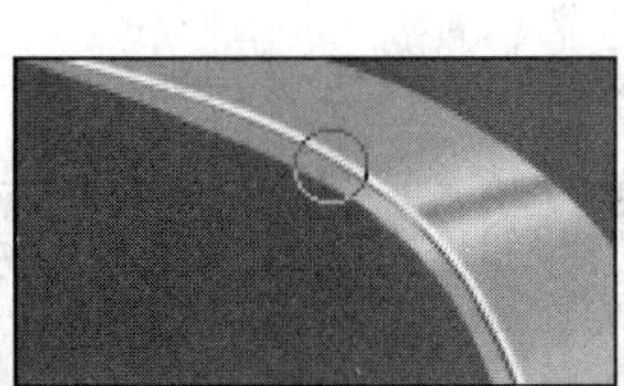

图 12-184 光标位置

图 12-185 减淡

7 选择工具箱中“加深工具”，在属性栏中选择“柔角画笔”，其余设置如图 12-186 所示。在图 12-187 所示的位置涂抹，得到图 12-188 所示的效果。

画笔: 65 范围: 中间调 曝光度: 50%

图 12-186 属性栏

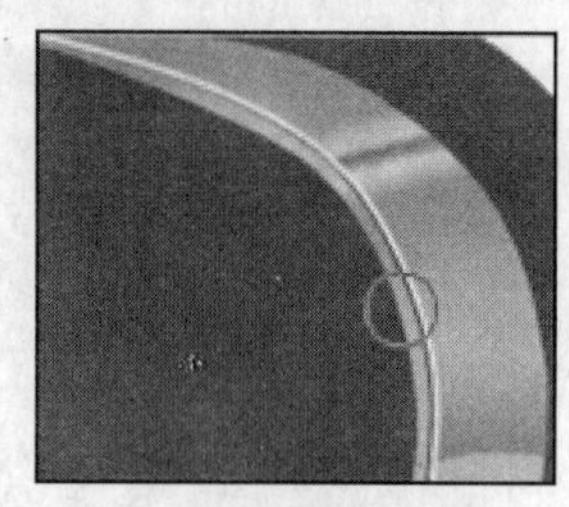

图 12-187 光标位置

8 选择工具箱中“加深工具”，在图 12-189 所示的位置涂抹，得到图 12-190 所示的效果。

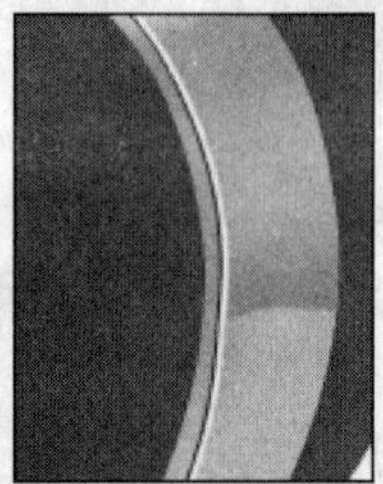

图 12-188 加深

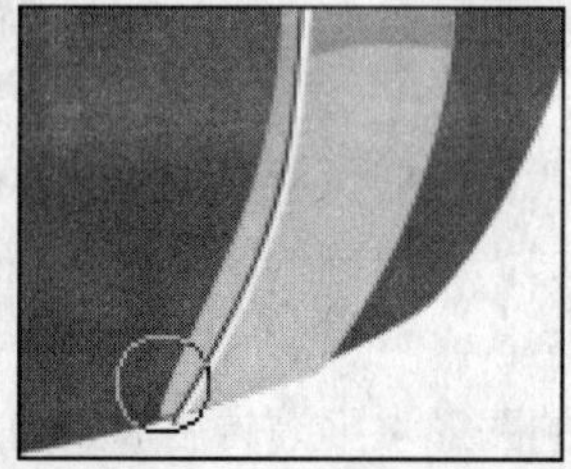

图 12-189 光标位置

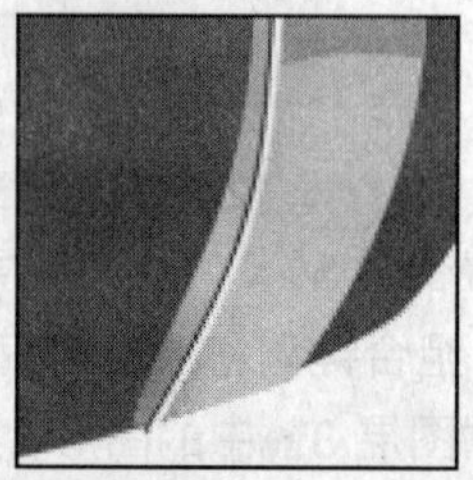

图 12-190 加深

9 复制“图层 6”，生成“图层 6 副本”，将复制的图形水平翻转后放到图 12-191 所示的位置。

12.8.4 绘制金箍二

1 新建“路径 11”，选择工具箱中“钢笔工具”，绘制如图 12-192 所示的路径。按 Ctrl+Enter 组合键，将路径转换为选区。

2 选择工具箱中“渐变工具”，打开“渐变编辑器”对话框，设置第一个色标（R：253、G：153、B：2），第二个色标（R：255、G：255、B：75），第三个色标（R：239、G：117、B：10），第四个色标（R：255、G：235、B：22），第五个色标（R：219、G：107、B：19），如图 12-193 所示，单击“确定”按钮。

图 12-191 复制图形

图 12-192 绘制路径

3 新建“图层 14”，单击属性栏中“线性渐变”按钮，在选区内从上向下拖动鼠标，如图 12-194 所示，填充渐变色效果如图 12-195 所示。

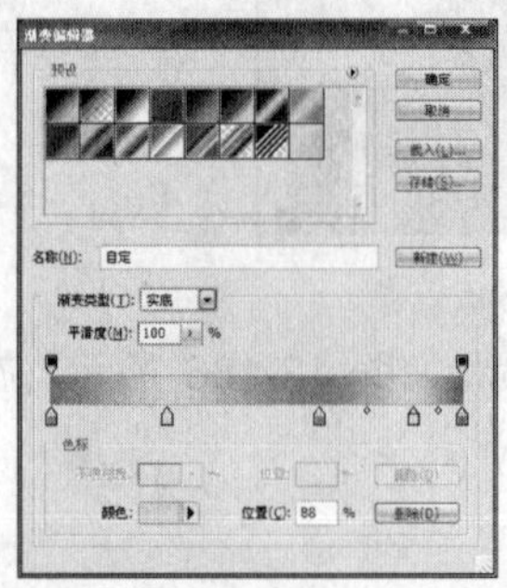

图 12-193 “渐变编辑器”对话框

图 12-194 创建线性渐变色

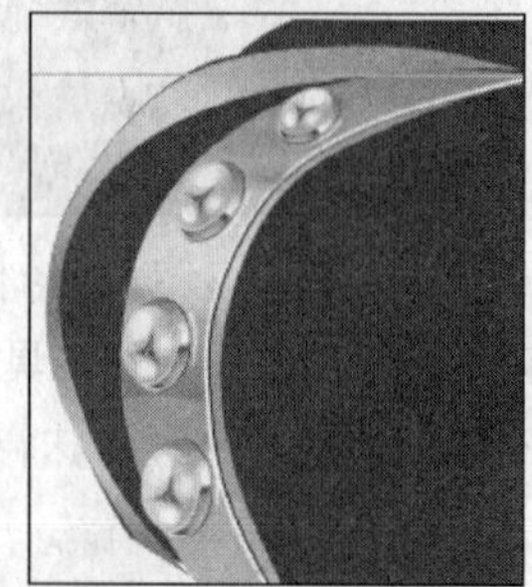

图 12-195 填充渐变色

4 新建“路径 12”，选择工具箱中“钢笔工具”，绘制如图 12-196 所示的路径。

5 设置前景色（R：253、G：248、B：229），选择工具箱中"画笔工具"，设置画笔大小为 4 个像素。新建"图层 15"，选中"路径 12"，单击路径面板中"用画笔描边路径"按钮，得到图 12-197 所示的效果。

6 按住 Ctrl 键的同时，在图层面板中单击"图层 15"，将"图层 15"中的图形载入选区，如图 12-198 所示。

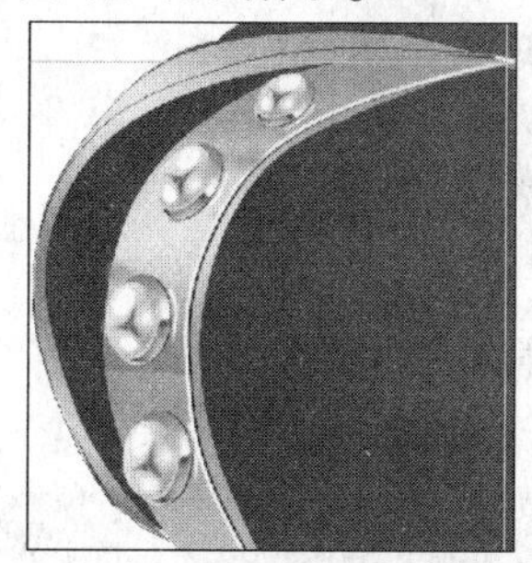
图 12-196 绘制路径

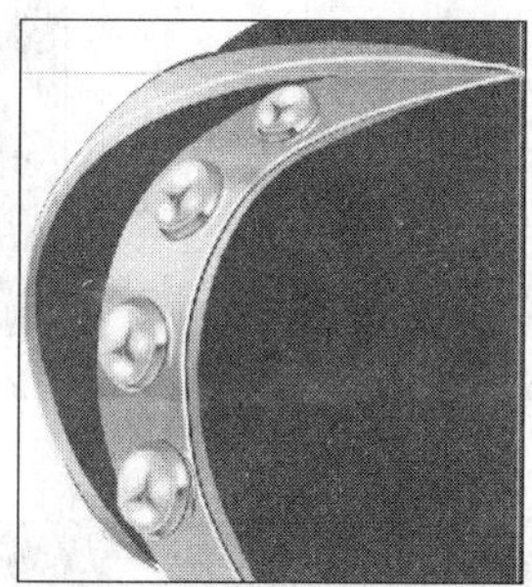
图 12-197 描边路径

图 12-198 载入选区

7 新建"图层 16"，设置前景色为黑色，按 Alt+Delete 组合键，填充前景色。按 Ctrl+D 组合键，取消选区，得到如图 12-199 所示的效果。再将"图层 16"调整到下一层，向右下方移动一定距离，得到图 12-200 所示的效果。

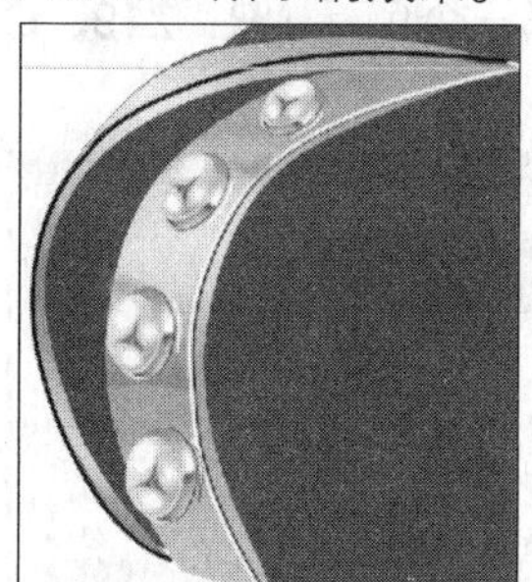
图 12-199 填色

图 12-200 调整图层顺序

8 按住 Ctrl 键的同时，在图层面板中单击"图层 14"，将"图层 14"中的图形载入选区，如图 12-201 所示。选择工具箱中"画笔工具"，设置画笔大小为 5 个像素，设置前景色（R：247、G：233、B：110），在选区的上部分涂抹，效果如图 12-202 所示。

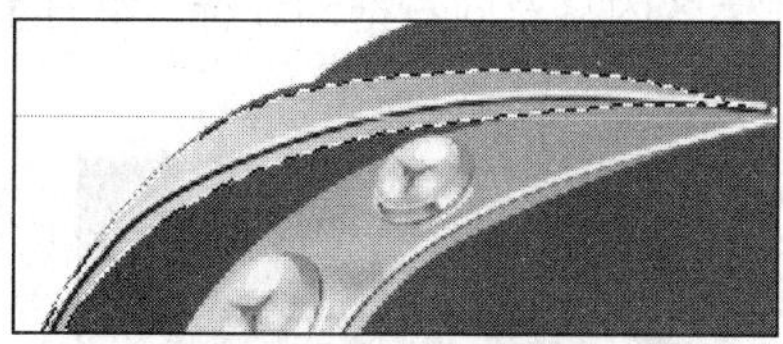
图 12-201 载入选区

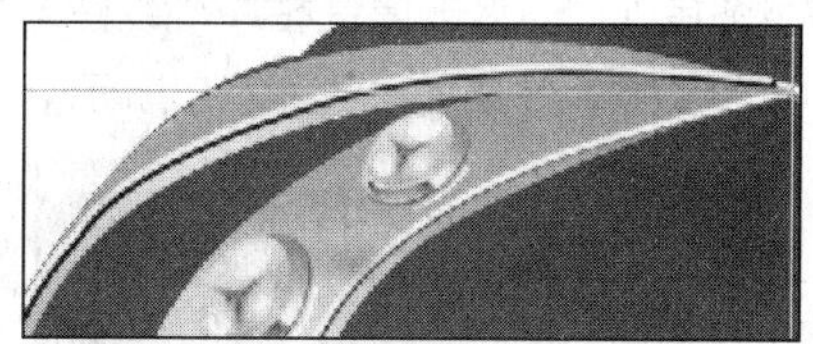
图 12-202 绘图

9 将.png 格式的宝石拖到"皇冠"文件中，对其进行旋转、调整大小等操作，得到图 12-203 所示的效果。用相同的方法复制宝石，效果如图 12-204 所示。用前面相同的方法制作图 12-205 所示的两颗宝石。

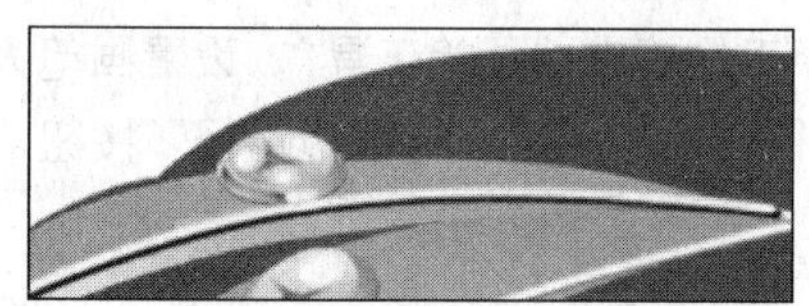
图 12-203 复制并调整图形

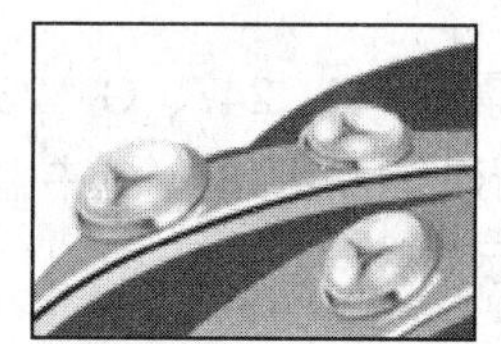
图 12-204 复制并调整图形

10 合并图层，生成新的“图层 14”。复制“图层 14”，生成“图层 14 副本”。选中“图层 14 副本”，将其水平翻转后放到图 12-206 所示的位置。

图 12-205 绘制图形

图 12-206 复制并调整图形

12.8.5 绘制金箍三

1 新建“路径 13”，选择工具箱中“钢笔工具”，绘制如图 12-207 所示的路径。按 Ctrl+Enter 组合键，将路径转换为选区。

2 选择工具箱中“渐变工具”，打开“渐变编辑器”对话框，设置第一个色标（R：255、G：153、B：2），第二个色标（R：255、G：255、B：75），第三个色标（R：219、G：107、B：19），如图 12-208 所示，单击“确定”按钮。

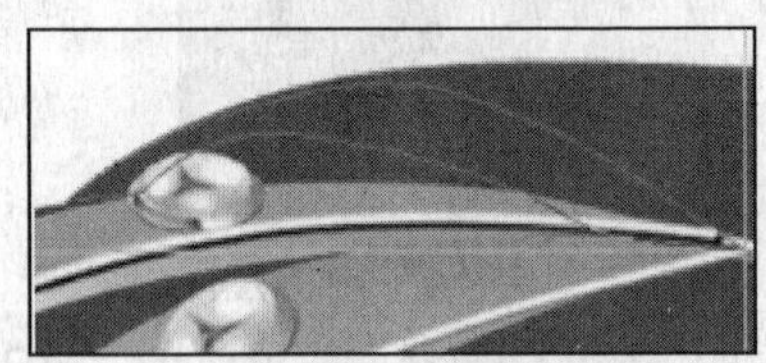
图 12-207 绘制路径

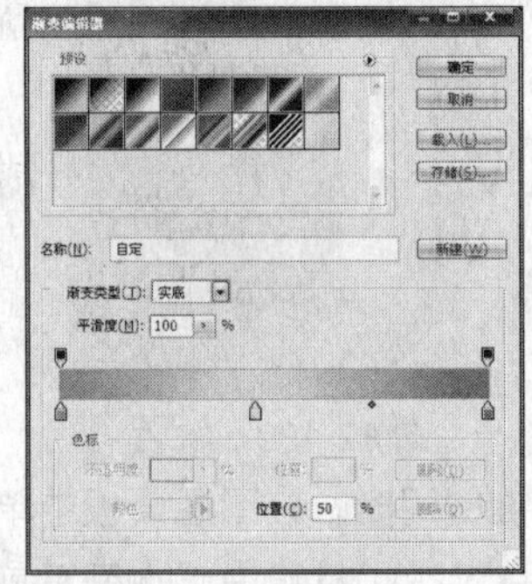

图 12-208 “渐变编辑器”对话框

3 新建“图层 17”，单击属性栏中“线性渐变”按钮，在选区内从左向右拖动鼠标，如图 12-209 所示，填充渐变色效果如图 12-210 所示。

图 12-209 创建线性渐变色

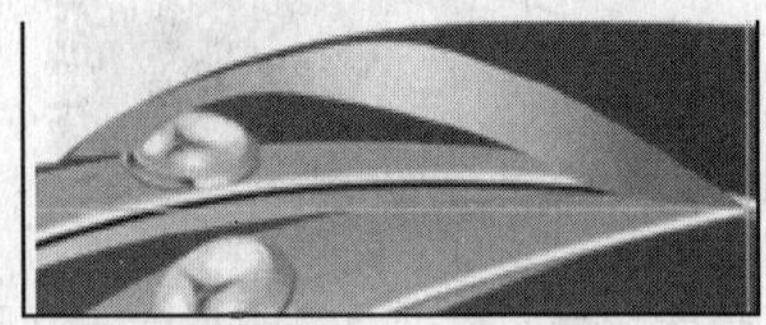
图 12-210 填充渐变色

4 新建“路径 14”，选择工具箱中“钢笔工具”，在其属性栏中单击路径按钮，绘制如图 12-211 所示的路径。

5 设置前景色（R：247、G：233、B：110），选择工具箱中“画笔工具”，设置画笔大小为 4 个像素。新建“图层 18”，选中“路径 14”，单击路径面板中“用画笔描边路径”按钮，得到图 12-212 所示的效果。

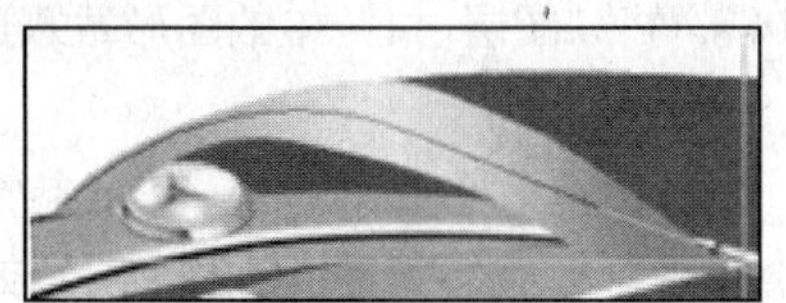
图 12-211 绘制路径

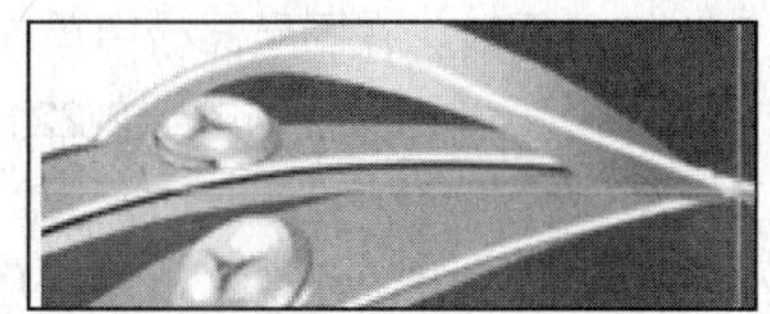
图 12-212 描边路径

6 按住 Ctrl 键的同时，在图层面板中单击“图层 18”，将“图层 18”中的图形载入选区。新建“图层 19”，设置前景色为黑色，按 Alt+Delete 组合键，填充前景色。按 Ctrl+D 组合键，取消选区，得到如图 12-213 所示的效果。再将“图层 19”调整到下一层，向右下方移动一定距离，得到图 12-214 所示的效果。

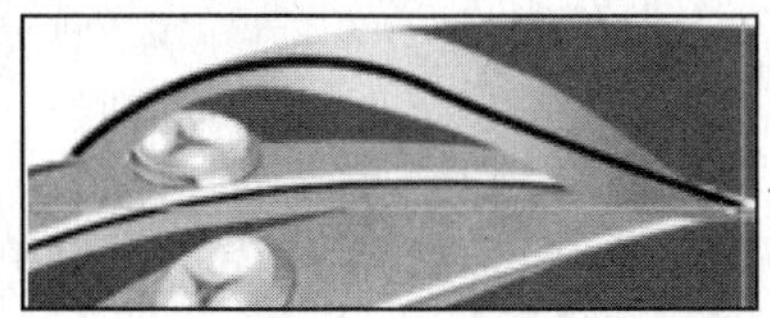
图 12-213 填充颜色

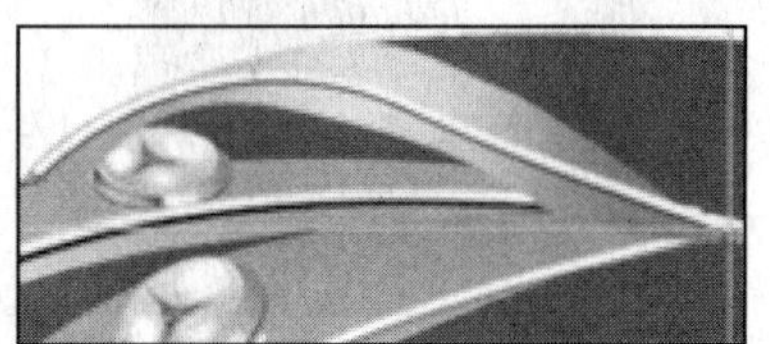
图 12-214 调整图层移动

7 按住 Ctrl 键的同时，在图层面板中单击“图层 17”，将“图层 17”中的图形载入选区，如图 12-215 所示。

8 选择工具箱中“画笔工具”，设置前景色（R：255、G：143、B：2），在选区的上方涂抹，效果如图 12-216 所示。

图 12-215 载入选区

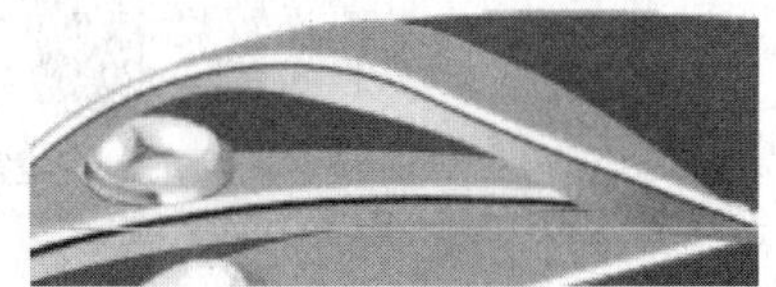
图 12-216 绘制图形

9 用前面相同的方法制作宝石，放到图 12-217 所示的位置。将刚才绘制的几个图形合并，生成新的“图层 17”，调整图层顺序如图 12-218 所示。

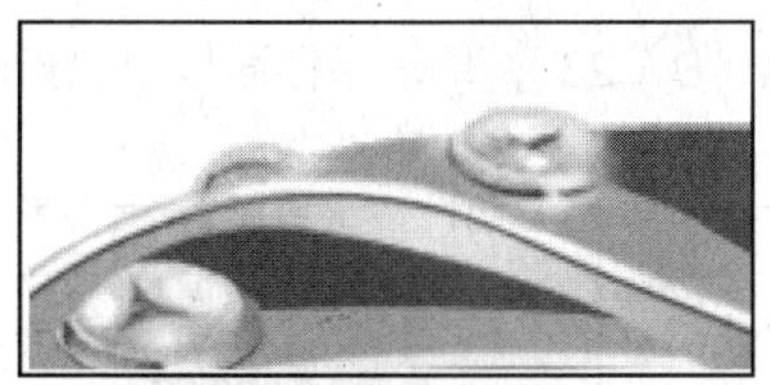
图 12-217 绘制图形

图 12-218 调整图层顺序

10 复制图形，将复制的图形水平移动后放到图 12-219 所示的位置，调整图层顺序如图 12-220 所示。

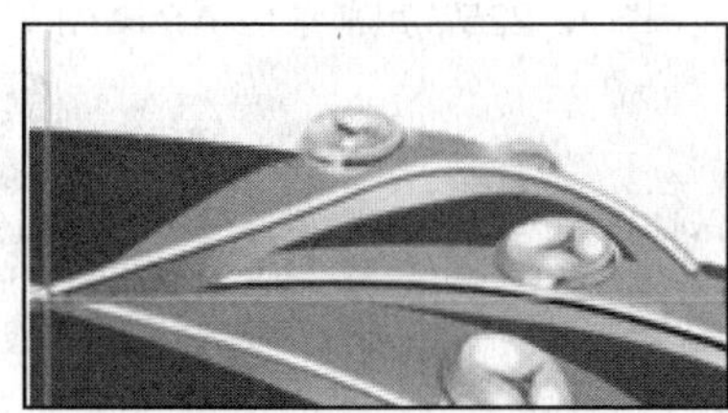
图 12-219 复制并调整图形

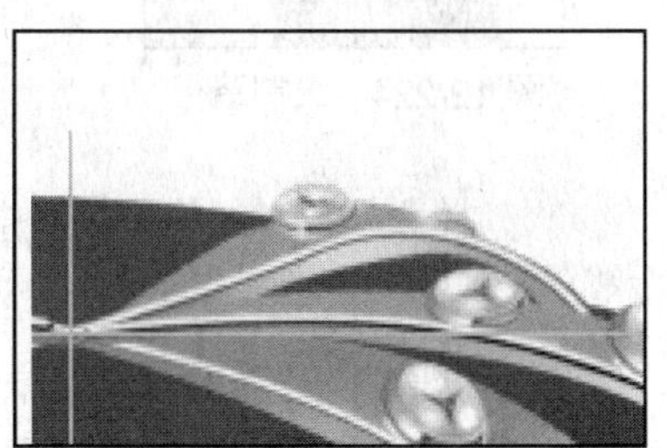
图 12-220 调整图层顺序

11 按住 Ctrl 键的同时，在图层面板中单击“图层 14”，将“图层 14”中的图形载入选区。按 Ctrl+Shift+I 组合键反选选区，如图 12-221 所示。

12 选择工具箱中“画笔工具”，选择“柔角画笔”，设置画笔大小 20 像素，其余参数设置如图 12-222 所示。新建“图层 20”，沿图形的边缘绘制阴影效果，如图 12-223 所示效果，取消选区。

图 12-221　载入选区

图 12-222　属性栏

图 12-223　绘制阴影效果

12.8.6　制作暗部效果

1 新建“路径 15”，选择工具箱中“钢笔工具”，在其属性栏中单击“路径”按钮，绘制如图 12-224 所示的路径。

2 新建“图层 21”，设置前景色（R：230、G：194、B：23），单击路径面板中“用前景色填充路径”按钮，得到图 12-225 所示的效果。

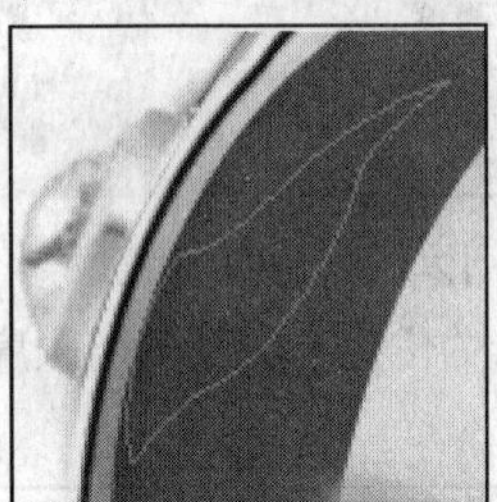
图 12-224　绘制路径

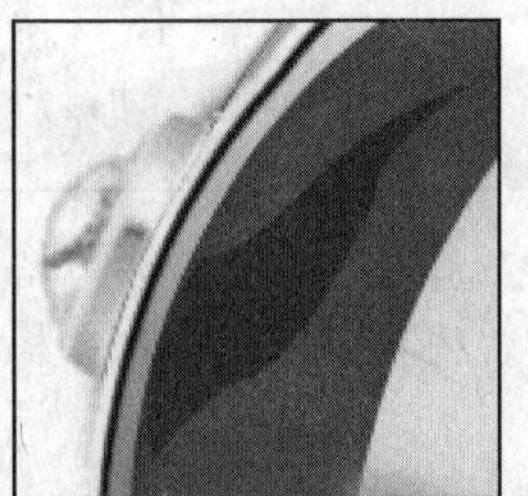
图 12-225　用前景色填充路径

> **小提示**
> 将“图层 14”中的图形载入选区并反选，是为了保证在制作阴影效果时沿图形边缘制作。

3 选择“滤镜”|“模糊”|“高斯模糊”命令，弹出“高斯模糊”对话框，参数设置如图 12-226 所示，单击“确定”按钮，得到图 12-227 所示的效果。

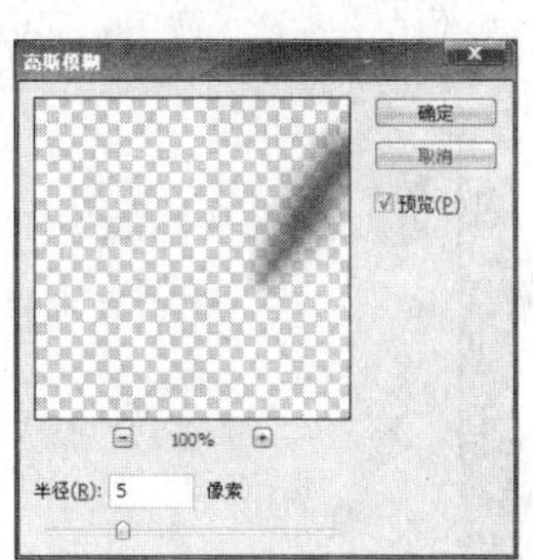

图 12-226　“高斯模糊”对话框

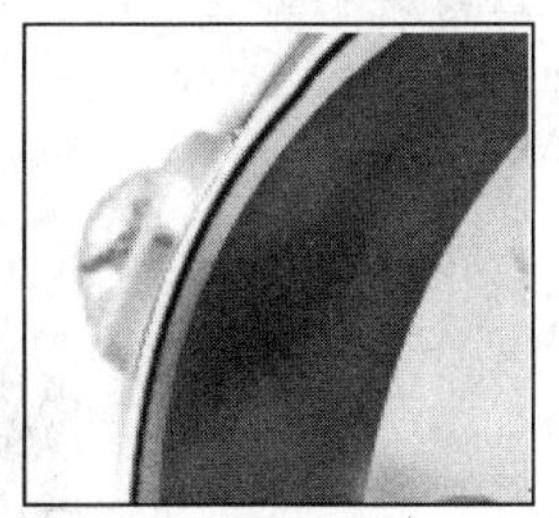

图 12-227　高斯模糊效果

4 选中“图层 21”，单击图层面板中的“添加图层蒙版”按钮，为“图层 21”添加蒙版。按 D 键，使前景色和背景色为默认的黑白色，选择工具箱中“渐变工具”，单击属性栏中的“渐变编辑器”按钮，弹出“渐变编辑器”对话框，选中预设中“前景到背景”图标，如图 12-228 所示，单击“确定”按钮。

5 单击属性栏中“线性渐变”按钮，按住 Shift 键，从左下角向右上角拖动鼠标，如图 12-229 所示，释放鼠标，得到图 12-230 所示的效果。

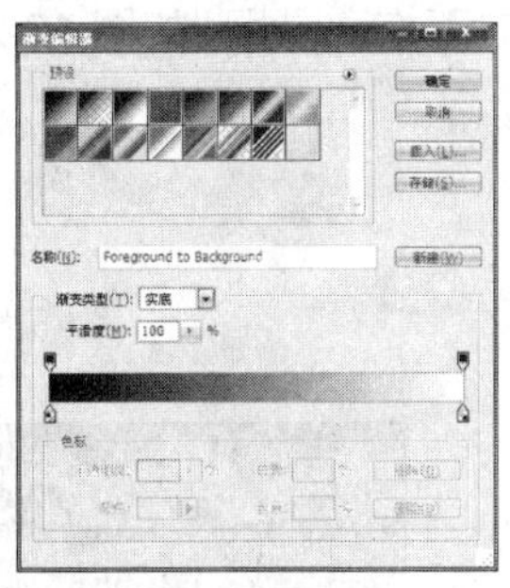

图 12-228　“渐变编辑器”对话框

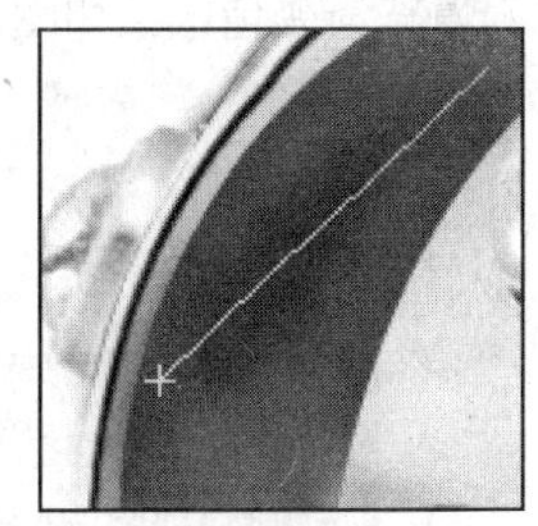

图 12-229　从左下角向右上角拖动鼠标

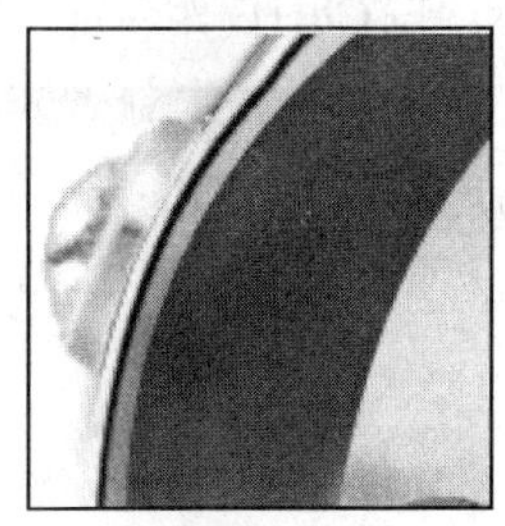

图 12-230　透明效果

6 选中“图层 21”，选择工具箱中“加深工具”，在属性栏中选择“柔角画笔”，其余设置如图 12-231 所示。在图 12-232 所示的位置涂抹，得到图 12-233 所示的效果。用相同的方法制作其余的暗部效果，如图 12-234 所示。

图 12-231　属性栏

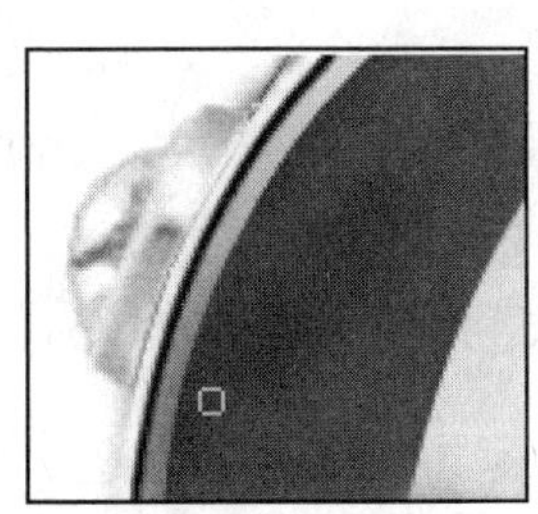

图 12-232　光标位置

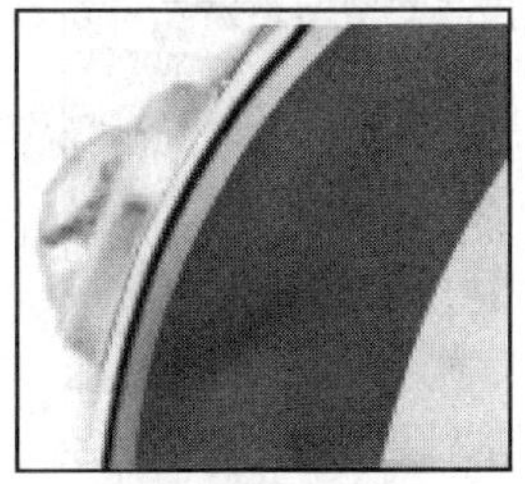

图 12-233　加深

图 12-234　绘制阴影效果

12.8.7　绘制金箍

1 新建“路径 16”，选择工具箱中“钢笔工具”，绘制如图 12-235 所示的路径。按 Ctrl+Enter

组合键，将路径转换为选区。

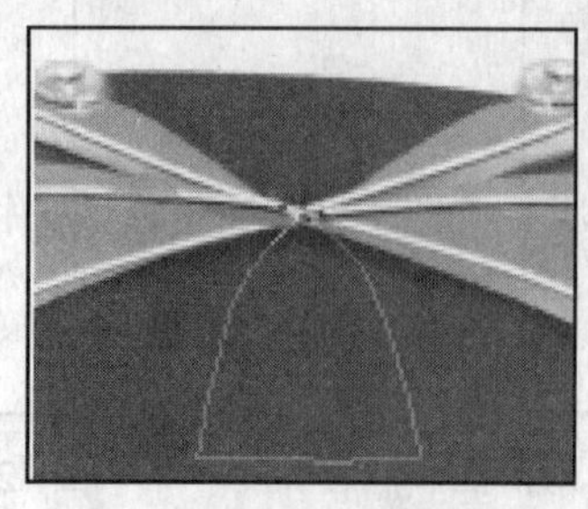

图 12-235　绘制路径

2 选择工具箱中“渐变工具”，打开属性栏中的“渐变编辑器”对话框，设置第一、二个色标（R：255、G：113、B：0）（255、113、0），第三个色标（R：254、G：203、B：1），第四个色标（R：255、G：144、B：1），第五个色标（R：250、G：176、B：0），第六个色标（R：240、G：88、B：12），第七、八个色标（R：252、G：240、B：48），如图 12-236 所示，单击“确定”按钮。

3 新建“图层 22”，单击属性栏中“线性渐变”按钮，在选区内从上向下拖动鼠标，如图 12-237 所示。按 Ctrl+D 组合键，取消选区，填充渐变色效果如图 12-238 所示。

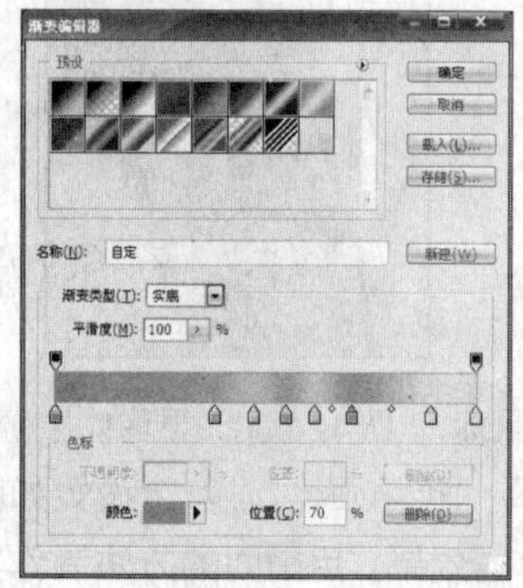

图 12-236　“渐变编辑器”对话框

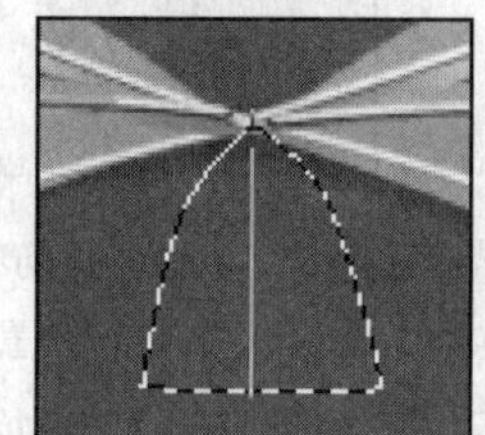

图 12-237　创建线性渐变色

图 12-238　填充渐变色

4 设置前景色（R：253、G：253、B：241），选择工具箱中“画笔工具”，设置画笔大小为 4 个像素。新建“图层 23”，选中“路径 16”，单击路径面板中“用画笔描边路径”按钮，得到图 12-239 所示的效果。

图 12-239　描边路径

5 设置前景色为黑色，选择工具箱中“画笔工具”，设置画笔大小为 6 像素。新建“图层 24”，选中“路径 16”，单击路径面板中“用画笔描边路径”按钮，得到图 12-240 所示的效果，将图层调整到下一层，效果如图 12-241 所示。用前面相同的方法绘制一颗宝石，放到图 12-242 所示的位置。

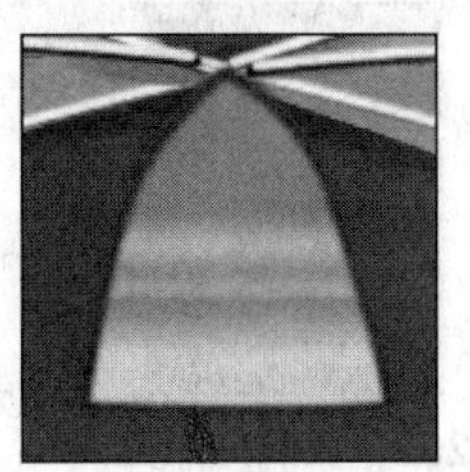
图 12-240　描边路径

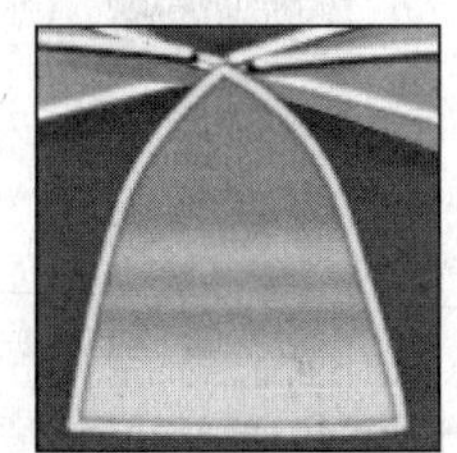
图 12-241　调整图层顺序

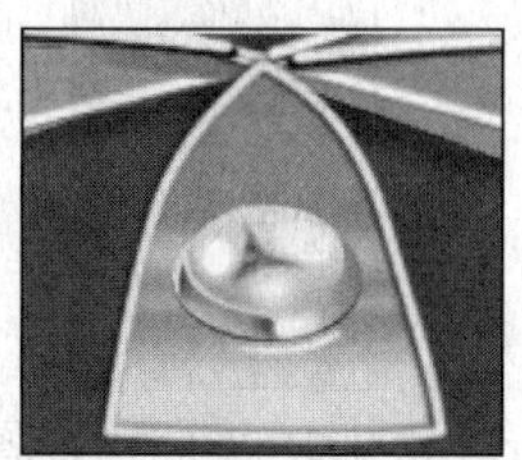
图 12-242　调整图形

12.8.8　绘制中心部分

1 选择工具箱中“矩形选框工具”，拖动鼠标绘制一个矩形选框，如图 12-243 所示。选择工具箱中“渐变工具”，打开“渐变编辑器”对话框，设置：第一个色标（R：255、G：120、B：1），第二个和第三个色标（R：255、G：243、B：17），第四个色标（R：137、G：68、B：32），第五个和第六个色标（R：254、G：113、B：0），第七个色标（R：254、G：173、B：0），如图 12-244 所示，单击“确定”按钮。

2 新建“图层 25”，单击属性栏中“线性渐变”按钮，在选区内从上向下拖动鼠标，填充渐变色效果如图 12-245 所示。

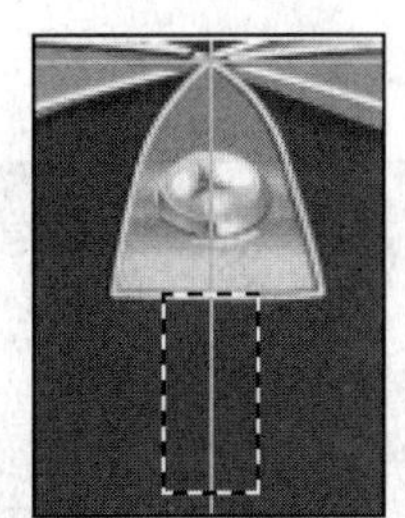
图 12-243　绘制选区

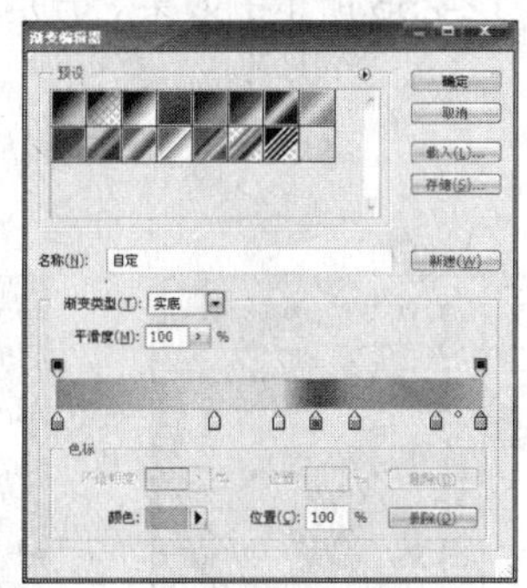
图 12-244　“渐变编辑器”对话框

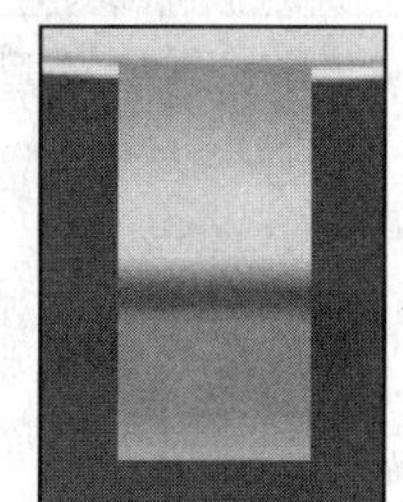
图 12-245　填充渐变色

3 新建“图层 26”，选择工具箱中“画笔工具”，选择“柔角画笔”，设置画笔大小为 3 个像素，如图 12-246 所示，绘制图 12-247 所示的两条直线。

画笔：3　模式：正常　不透明度：50%　流量：100%

图 12-246　属性栏

4 绘制两个刚才制作的渐变图形，放到图 12-248 所示的位置。再复制两个图形，调整大小及宽度后放到图 12-249、图 12-250 所示的位置。再复制两个图形，调整大小及宽度后放到图 12-251、图 12-252 所示的位置。

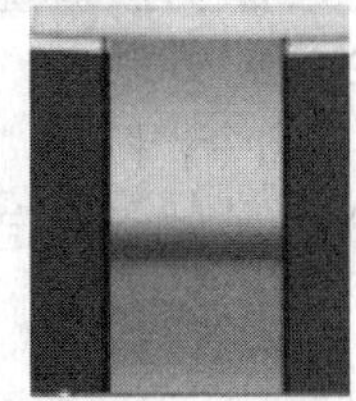
图 12-247　绘制直线

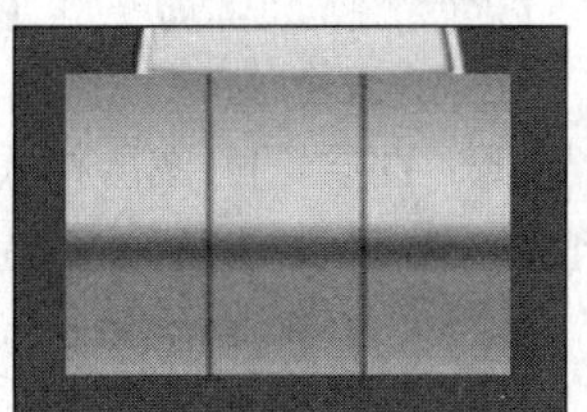
图 12-248　复制图形

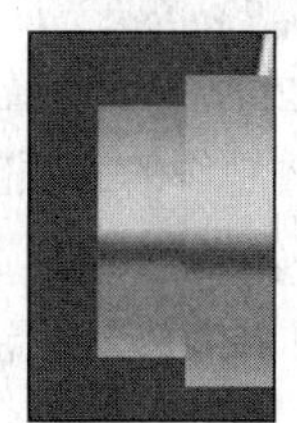
图 12-249　复制并调整图形

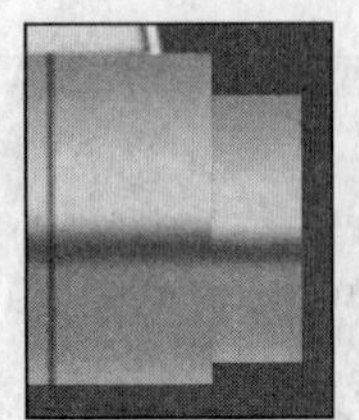

图 12-250　复制并调整图形

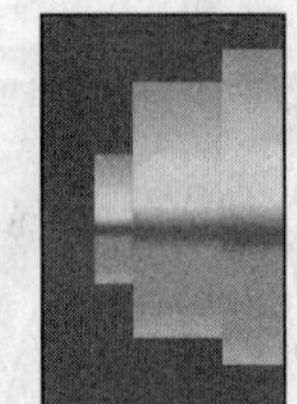

图 12-251　复制并调整图形

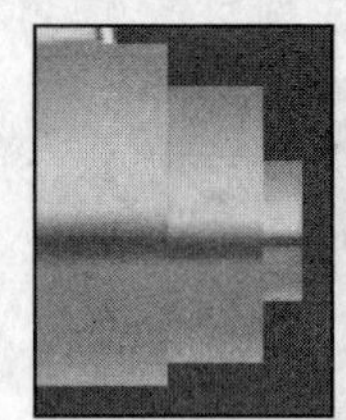

图 12-252　复制并调整图形

5 选择工具箱中“圆角矩形工具”，单击属性栏中“填充像素”按钮，在属性栏中设置半径为 10，设置前景色为白色，新建“图层 27”，绘制图 12-253 所示的圆角矩形。

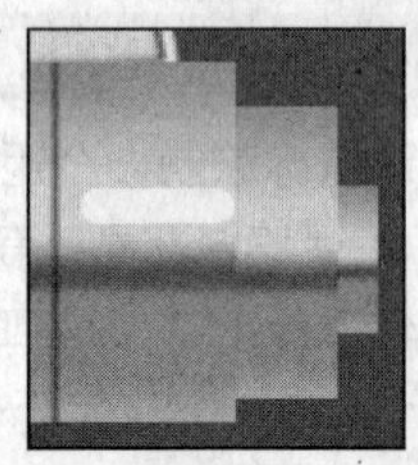

图 12-253　绘制图形

6 选择“滤镜”|“模糊”|“高斯模糊”命令，弹出“高斯模糊”对话框，参数设置如图 12-254 所示，单击“确定”按钮，得到图 12-255 所示的效果。分别复制多个白色矩形，调整它们的大小，放到图 12-256 所示的位置。

图 12-254　“高斯模糊”对话框

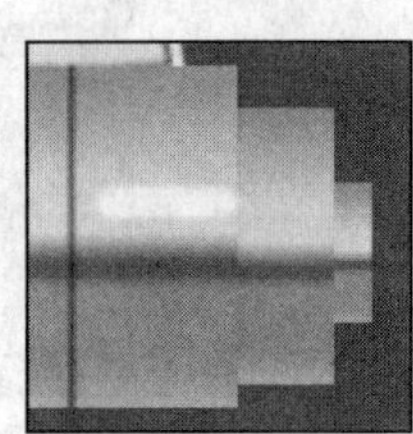

图 12-255　“高斯模糊”效果

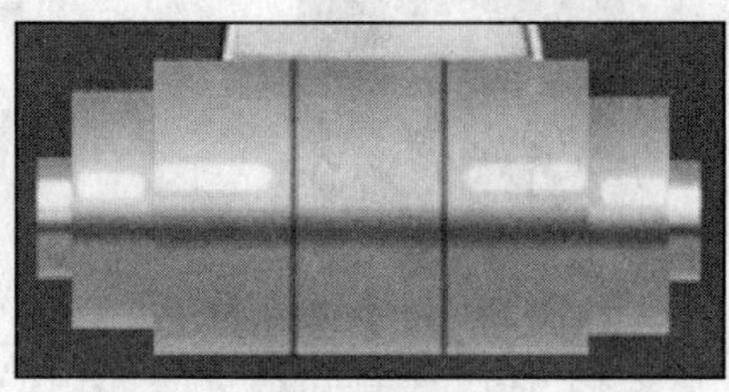

图 12-256　复制并调整图形

7 选中“图层 27”的副本，选择工具箱中“加深工具”，在属性栏中选择“柔角画笔”，在图 12-257 所示的位置涂抹，得到图 12-258 所示的效果。用相同的方法制作另一个图形的加深效果，如图 12-259 所示。用前面相同的方法制作三颗宝石，放到图 12-260 所示的位置。

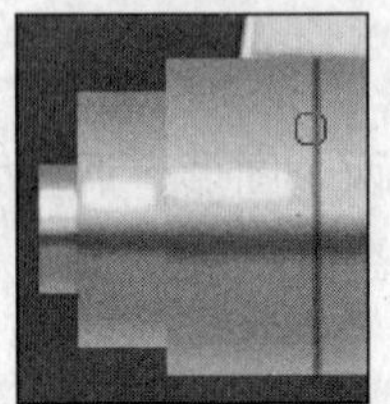

图 12-257　光标位置

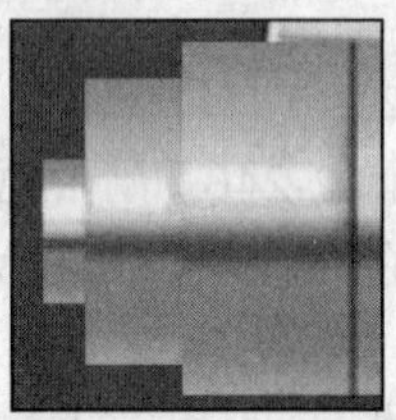

图 12-258　加深

图 12-259　加深

8 将刚才制作的三颗宝石合并，选择“图层”|“图层样式”|“外发光”命令，打开“外发光”对话框，发光色（R：255、G：138、B：1），参数设置如图 12-261 所示，单击“确定”按钮，效果如图 12-262 所示。

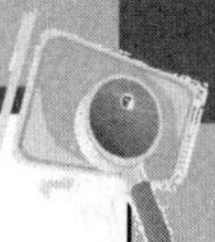

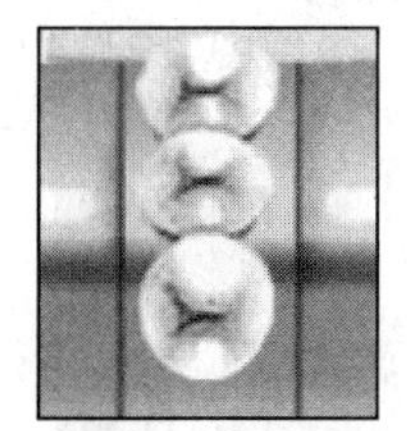

图 12-260　绘制图形

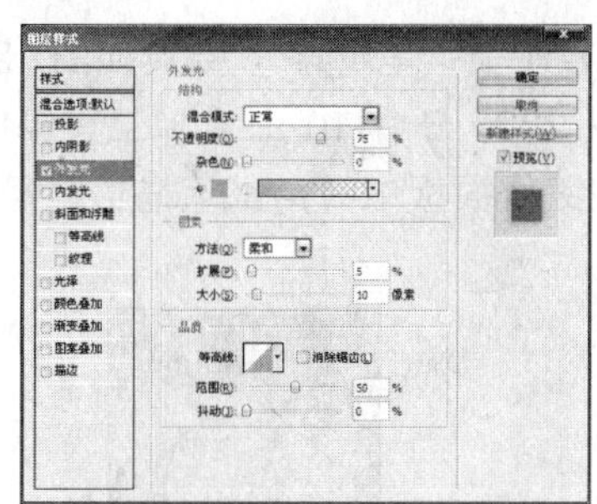

图 12-261　“外发光”对话框

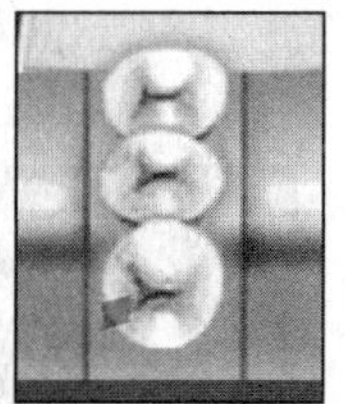

图 12-262　“外发光”效果

12.8.9　绘制中心部分

1 新建“路径 17”，选择工具箱中“钢笔工具”，在其属性栏中单击“路径”按钮，绘制如图 12-263 所示的路径。按 Ctrl+Enter 组合键，将路径转换为选区。

2 选择工具箱中“渐变工具”，打开“渐变编辑器”对话框，设置第一、三、五个色标（R：230、G：90、B：3），第二个和第七个色标（R：254、G：137、B：0），第四个色标（R：187、G：71、B：12），第六、八个色标（R：255、G：198、B：2），如图 12-264 所示，单击“确定”按钮。

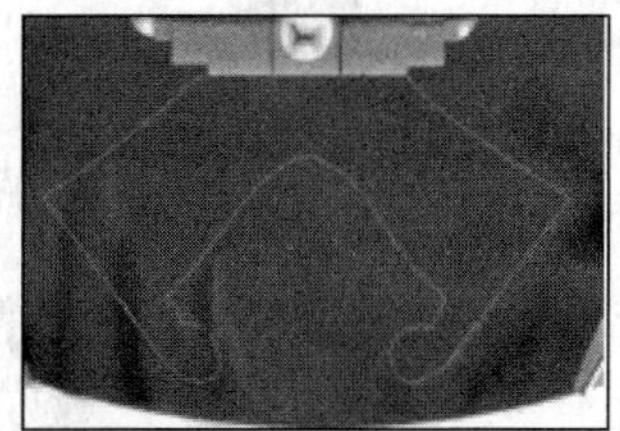

图 12-263　绘制路径

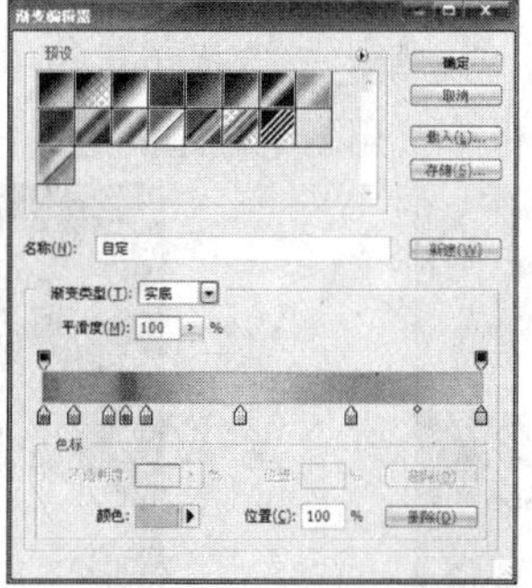

图 12-264　“渐变编辑器”对话框

3 新建“图层 28”，单击属性栏中“线性渐变”按钮，在选区内从上向下拖动鼠标，填充渐变色效果如图 12-265 所示。

4 新建“路径 18”，选择工具箱中“钢笔工具”，在其属性栏中单击“路径”按钮，绘制如图 12-266 所示的路径。

5 设置前景色（R：247、G：233、B：110），选择工具箱中“画笔工具”，设置画笔大小为 4 像素。新建“图层 29”，选中“路径 18”，单击路径面板中“用画笔描边路径”按钮，得到图 12-267 所示的效果。用前面相同的方法制作图形阴影效果，如图 12-268 所示。

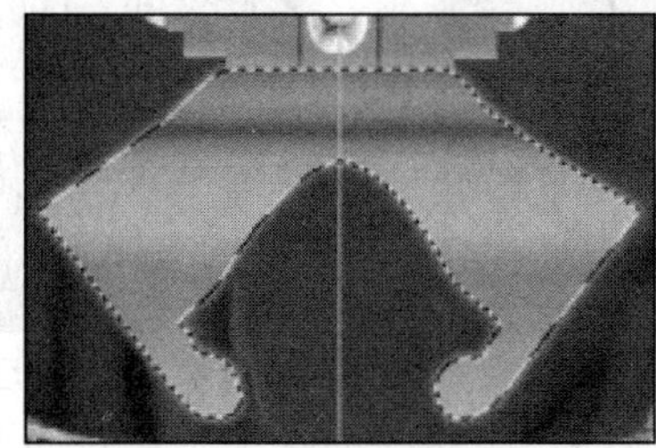

图 12-265　填充渐变色

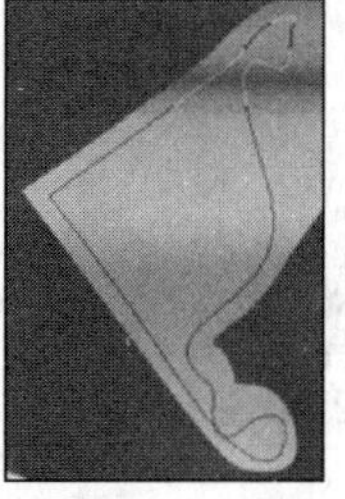

图 12-266　绘制路径

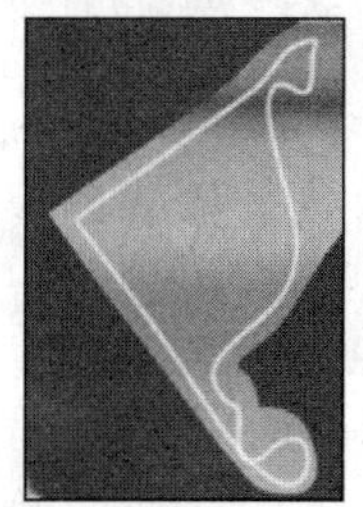

图 12-267　描边路径

6 新建“路径 19”，选择工具箱中“钢笔工具”，绘制如图 12-269 所示的路径。

7 设置前景色（R：247、G：233、B：110），选择工具箱中“画笔工具”，设置画笔大小 4 像素。新建“图层 30”，单击路径面板中“用画笔描边路径”按钮，得到图 12-270 所示的效果。

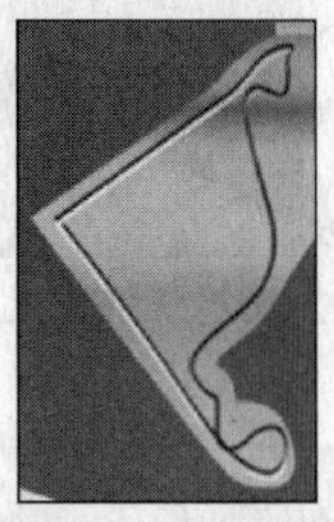
图 12-268　描边路径

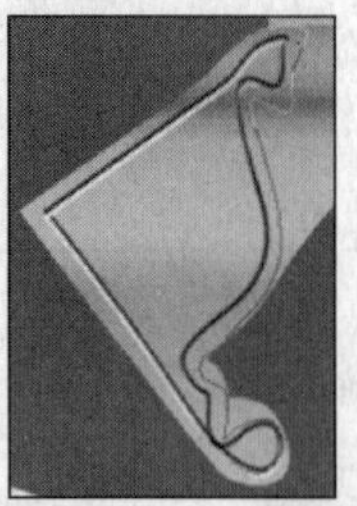
图 12-269　绘制路径

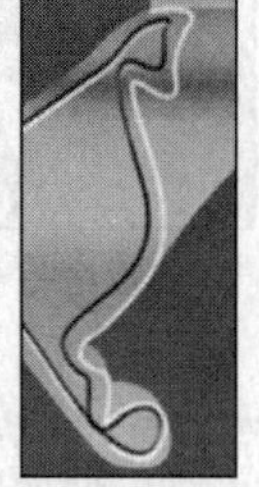
图 12-270　描边路径

8 选中“图层 30”，选择工具箱中“橡皮擦工具”，在属性栏中选择“柔角画笔”，其余参数设置如图 12-271 所示，在线条局部擦拭，得到图 12-272 所示的效果。

画笔: 15 模式: 画笔 不透明度: 50% 流量: 100%

图 12-271　属性栏

9 新建“路径 20”，选择工具箱中“钢笔工具”，在其属性栏中单击“路径”按钮，绘制如图 12-273 所示的路径。

10 设置前景色为黑色，选择工具箱中“画笔工具”，设置画笔大小 4 像素。新建“图层 31”，单击路径面板中“用画笔描边路径”按钮，得到图 12-274 所示的效果。

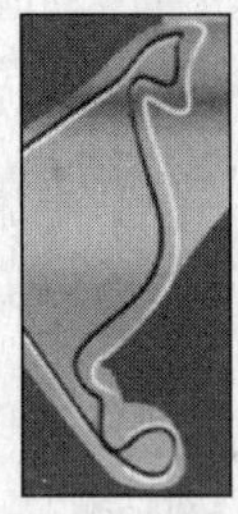
图 12-272　在线条局部擦拭

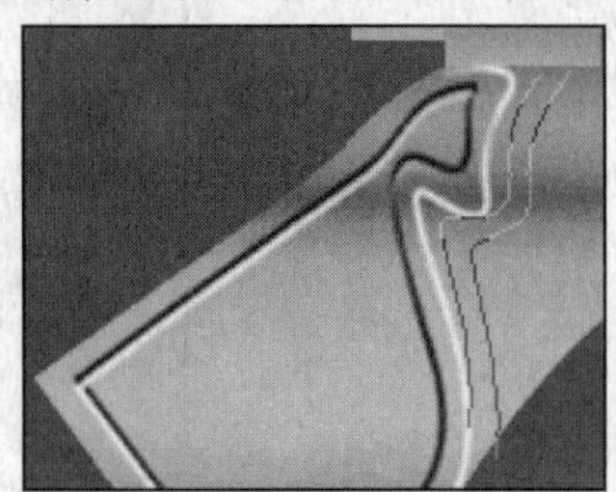
图 12-273　绘制路径

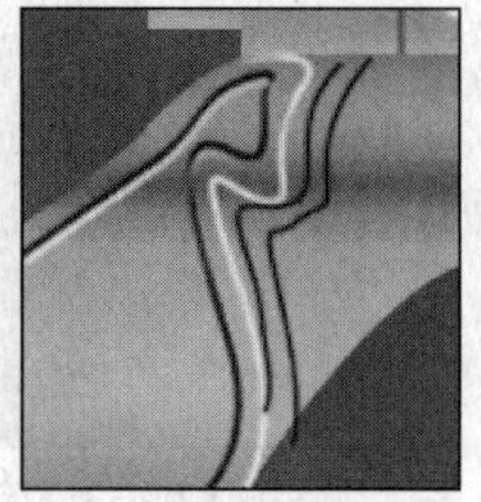
图 12-274　描边路径

11 选中“路径 20”，选择工具箱中“路径选择工具”，选中右边的路径，如图 12-275 所示。设置前景色（R：247、G：233、B：110），选择工具箱中“画笔工具”，设置画笔大小 4 像素。新建“图层 32”，单击路径面板中“用画笔描边路径”按钮，得到图 12-276 所示的效果。

12 将图形向左移动一定距离，如图 12-277 所示。选中“图层 23”，选择工具箱中“橡皮擦工具”，在属性栏中选择“柔角画笔”，在线条局部擦拭，得到图 12-278 所示的效果。

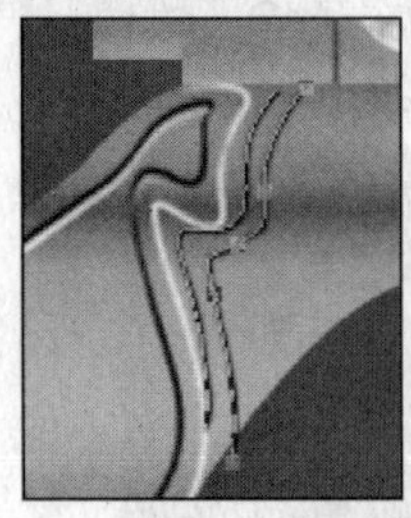
图 12-275　选中路径

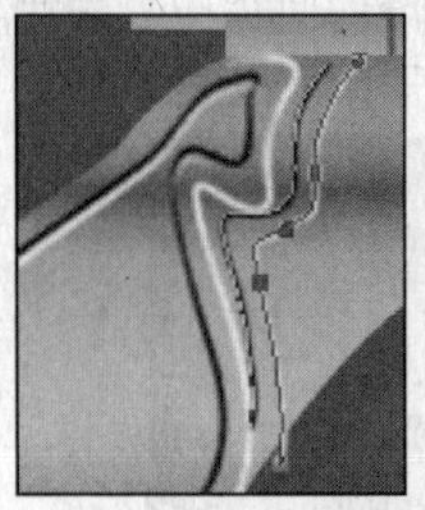
图 12-276　描边路径

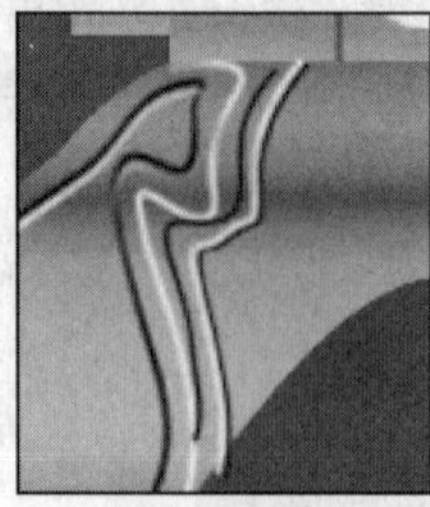
图 12-277　移动线条

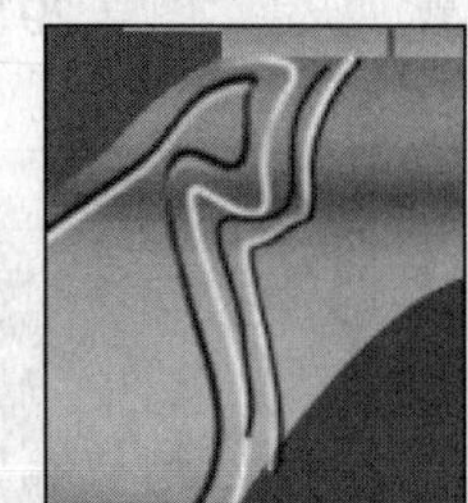
图 12-278　在线条局部擦拭

12.8.10　绘制宝石

1 新建“路径 21”，选择工具箱中“钢笔工具”，绘制如图 12-279 所示的路径。

2 设置前景色（R：109、G：23、B：26），选择工具箱中“画笔工具”，设置画笔大小为 4 个像素。新建“图层 33”，单击路径面板中“用画笔描边路径”按钮，得到图 12-280 所示的效果。

3 选中“路径 21”，按 Ctrl+Enter 组合键，将路径转换为选区，如图 12-281 所示。选择工具箱中“矩形选框工具”，在属性栏中单击“从选区减去”按钮，拖动鼠标绘制一个矩形选框，如图 12-282 所示，释放鼠标，得到一个新的选区。

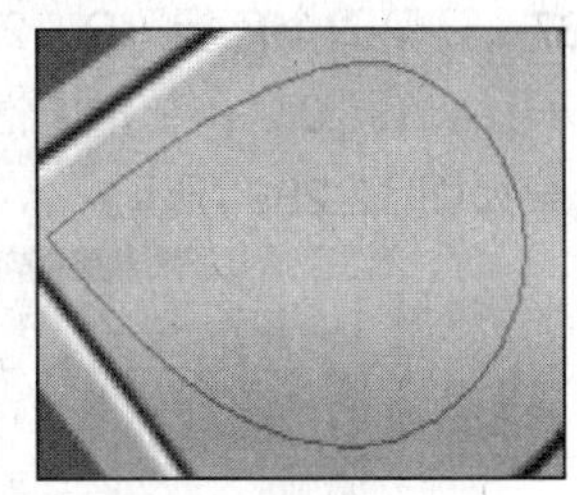

图 12-279　绘制路径

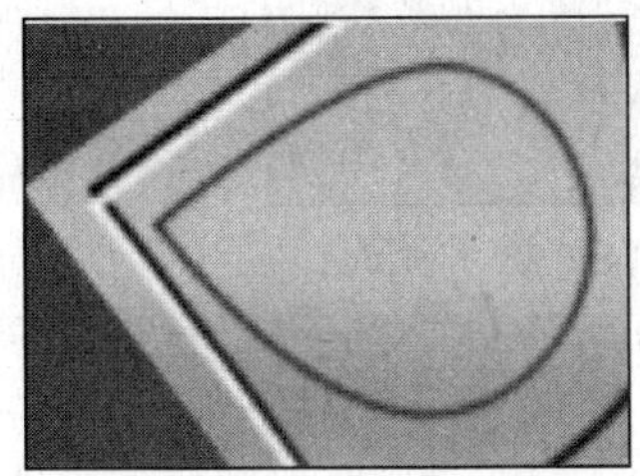

图 12-280　描边路径

图 12-281　将路径转换为选区

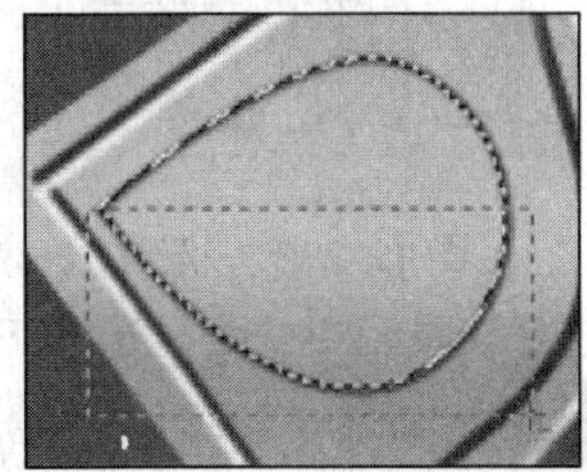

图 12-282　绘制选区

4 选择工具箱中“渐变工具”，打开“渐变编辑器”对话框，设置：第一、三个色标（R：253、G：232、B：3），第二、四个色标（R：254、G：121、B：0），如图 12-283 所示，单击“确定”按钮。

5 新建“图层 34”，单击属性栏中“线性渐变”按钮，在选区内从上向下拖动鼠标，填充渐变色效果如图 12-284 所示。

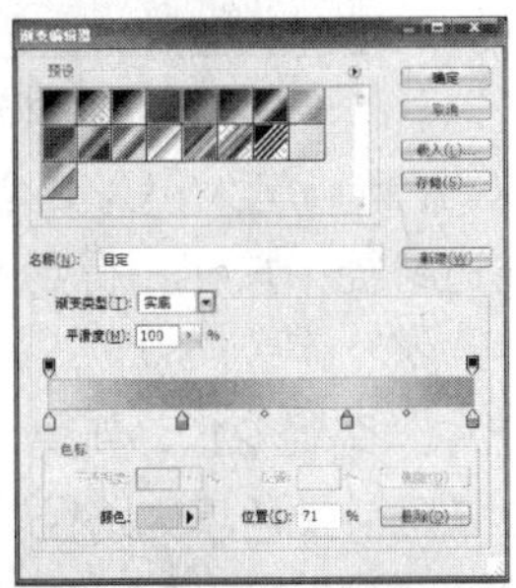

图 12-283　“渐变编辑器”对话框

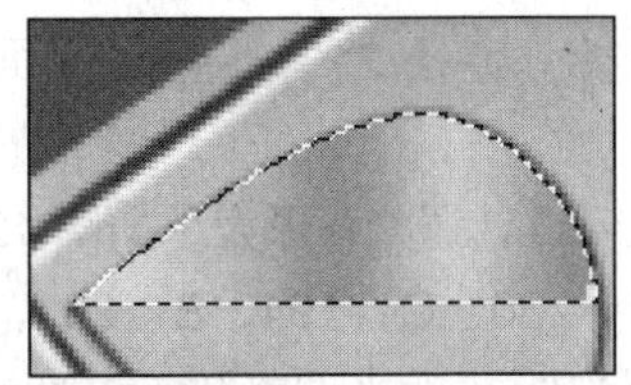

图 12-284　填充渐变色

6 单击工具箱下面的“以快速蒙版模式编辑”按钮，进入快速蒙版，按 Ctrl+T 组合键打开自由变换调节框，如图 12-285 所示。将选框垂直翻转并调整其高度，如图 12-286 所示。再单击工具箱下面的“以标准模式编辑”按钮，选区如图 12-287 所示。

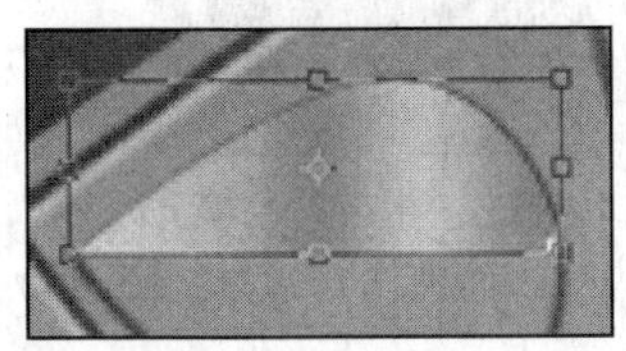

图 12-285　自由变换调节框

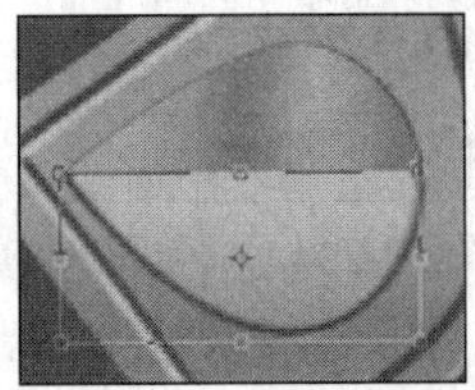

图 12-286　选框垂直翻转并调整高度

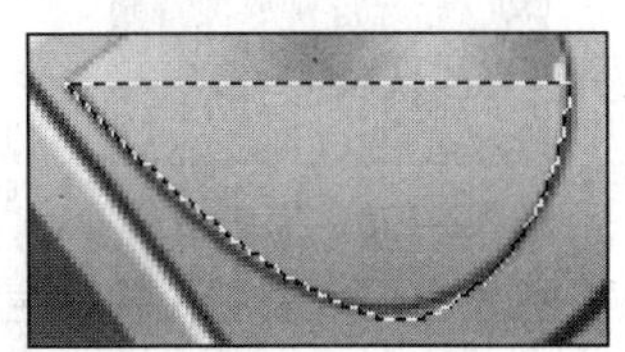

图 12-287　新的选区

7 选择工具箱中“渐变工具”，打开“渐变编辑器”对话框，设置第一个色标（R：177、G：81、B：21），第二、五个色标（R：254、G：121、B：0），第三个色标（R：217、G：129、B：67），第四个色标（R：255、G：186、B：0），如图 12-288 所示，单击“确定”按钮。

8 新建“图层 35”，单击属性栏中“线性渐变”按钮，在选区内从左向右拖动鼠标，填充渐变色效果如图 12-289 所示。

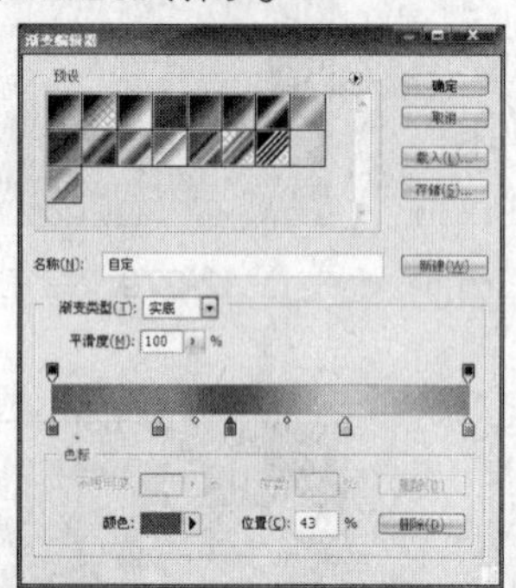

图 12-288 “渐变编辑器”对话框

图 12-289 填充渐变色

9 选择工具箱中“路径选择工具”，选中“路径 21”，如图 12-290 所示。按 Ctrl+T 组合键，调整路径大小如图 12-291 所示。

10 设置前景色为白色，选择工具箱中“画笔工具”，设置画笔大小为 4 个像素。新建“图层 36”，选中“路径 21”，单击路径面板中“用画笔描边路径”按钮，得到图 12-292 所示的效果。

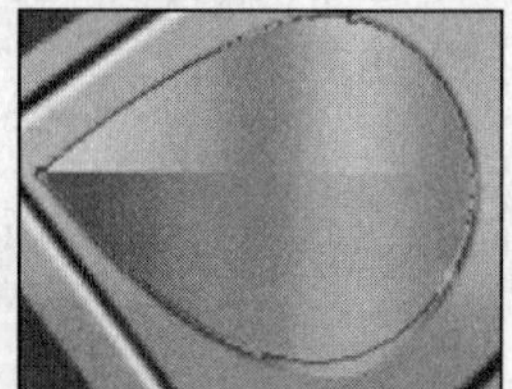

图 12-290 选中路径

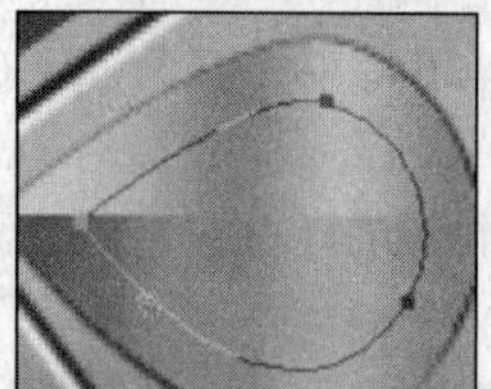

图 12-291 调整路径

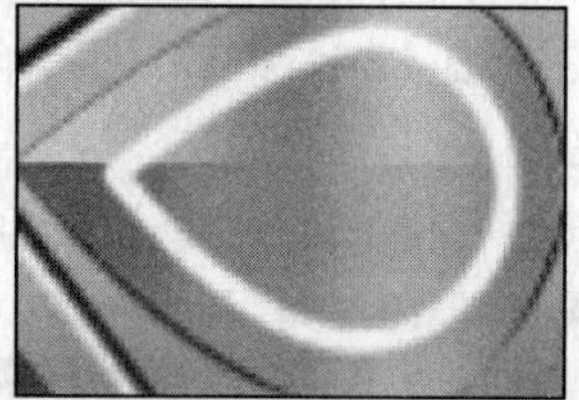

图 12-292 描边路径

11 设置前景色 RGB 值为黑色，选择工具箱中“画笔工具”，设置画笔大小为 2 个像素。新建“图层 37”，选中“路径 21”，单击路径面板中“用画笔描边路径”按钮，得到图 12-293 所示的效果。

12 按 Ctrl+T 组合键，调整图形大小如图 12-294 所示。再选中“路径 21”，新建“图层 38”，设置前景色（R：230、G：194、B：23），单击路径面板中“用前景色填充路径”按钮，得到图 12-295 所示的效果。适当调整红色图形大小，再利用前面相同的方法制作图形上的阴影效果，如图 12-296 所示。

图 12-293 描边路径

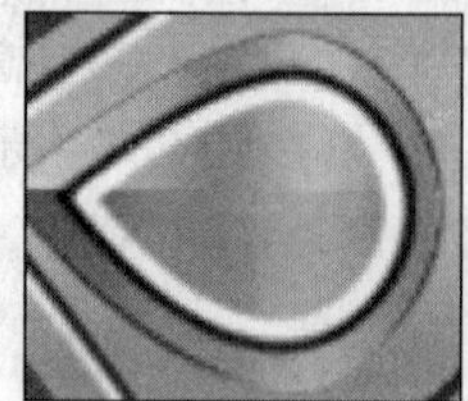

图 12-294 调整图形

图 12-295 用前景色填充路径

13 将刚才的几个图层合并，生成新的“图层 29”，复制图形，将它水平翻转后放到图 12-297 所示的位置。

图 12-296　制作阴影效果

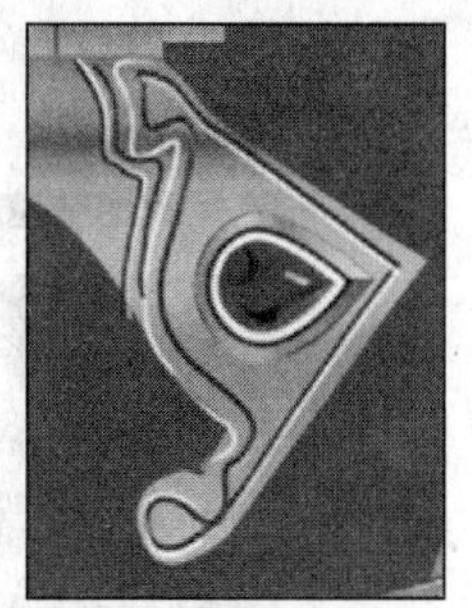
图 12-297　复制并调整图形

12.8.11　绘制黄金饰物

1 新建“路径 22”，选择工具箱中“钢笔工具”，在其属性栏中单击“路径”按钮，绘制如图 12-298 所示的路径。

2 设置前景色为“黑色”，选择工具箱中“画笔工具”，在属性栏中选择“柔角画笔”，设置画笔大小为 2 个像素。新建“图层 39”，单击路径面板中“用画笔描边路径”按钮，得到图 12-299 所示的效果。

3 选择工具箱中“矩形选框工具”，拖动鼠标绘制一个矩形选框，如图 12-300 所示。选择工具箱中“渐变工具”，打开“渐变编辑器”对话框，设置左边色标（R：255、G：234、B：0），右边色标（R：254、G：186、B：0），如图 12-301 所示，单击“确定”按钮。

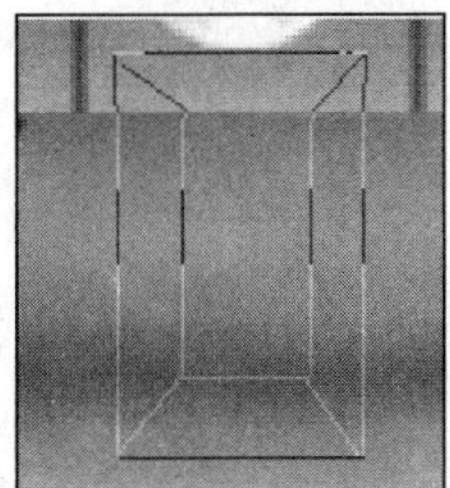
图 12-298　绘制路径

图 12-299　描边路径

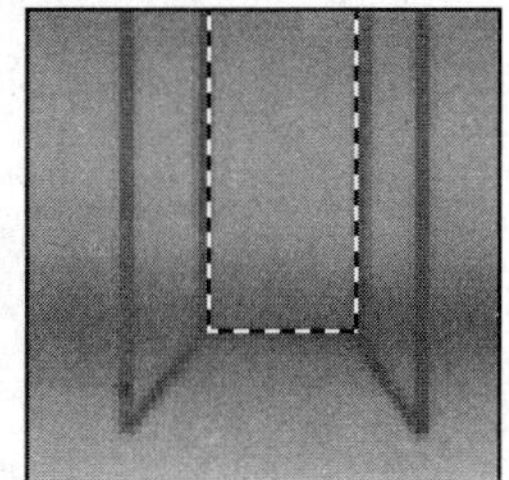
图 12-300　绘制选区

4 新建“图层 40”，单击属性栏中“线性渐变”按钮，在选区内从上向下拖动鼠标，填充渐变色效果如图 12-302 所示。

5 选择工具箱中“多边形套索工具”，绘制图 12-303 所示的选区。选择工具箱中“渐变工具”，打开“渐变编辑器”对话框，设置左边色标（R：236、G：105、B：14），右边色标（R：253、G：184、B：3），如图 12-304 所示，单击“确定”按钮。

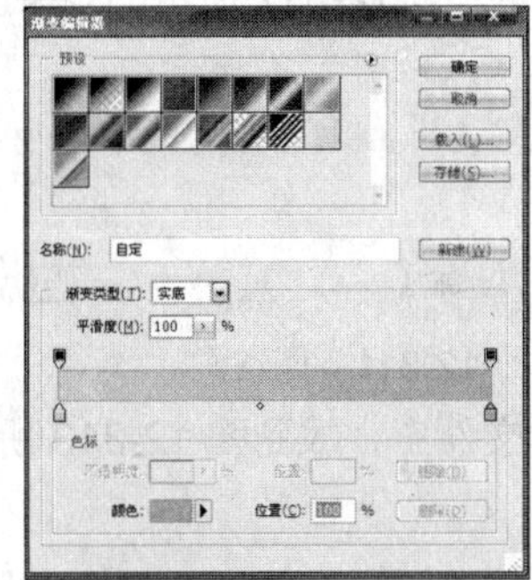

图 12-301　“渐变编辑器”对话框

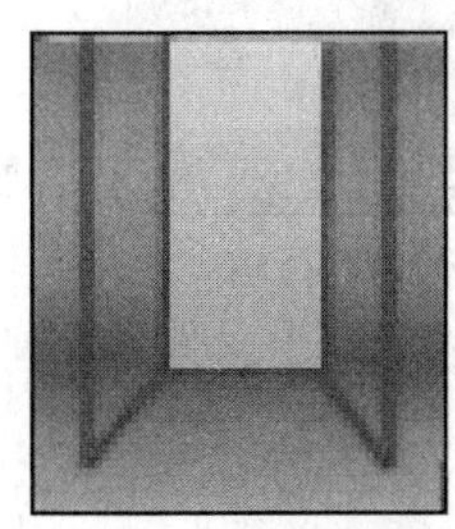
图 12-302　填充渐变色

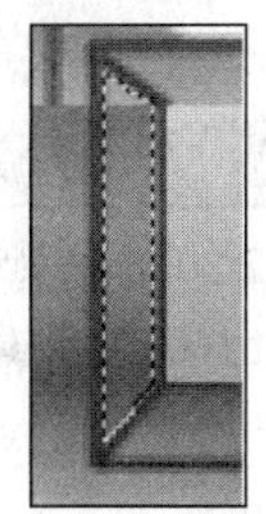
图 12-303　绘制选区

6 单击属性栏中“线性渐变”按钮，在选区内从上向下拖动鼠标，填充渐变色效果如图 12-305 所示。

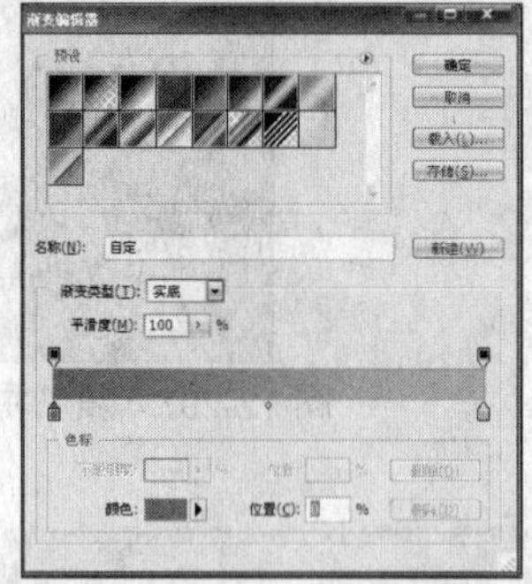

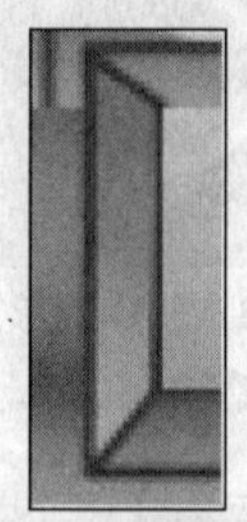

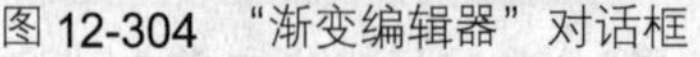

图 12-304 “渐变编辑器”对话框　　图 12-305 填充渐变色

7 选择工具箱中“多边形套索工具”，绘制图 12-306 所示的选区。选择工具箱中“渐变工具”，打开“渐变编辑器”对话框，设置第一个色标（R：162、G：74、B：26），第二个色标（R：255、G：133、B：3），第三个色标（R：253、G：112、B：0），如图 12-307 所示，单击“确定”按钮。

8 单击属性栏中“线性渐变”按钮，在选区内从上向下拖动鼠标，填充渐变色效果如图 12-308 所示。

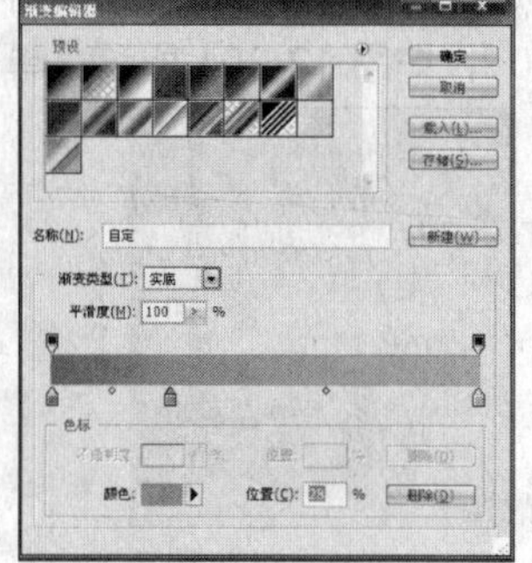

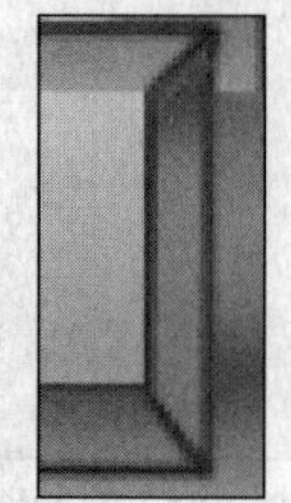

图 12-306 绘制选区　　图 12-307 “渐变编辑器”对话框　　图 12-308 填充渐变色

9 选择工具箱中“多边形套索工具”，绘制如图 12-309 所示的选区。设置前景色（R：255、G：201、B：4），按 Alt+Delete 组合键，填充前景色。按 Ctrl+D 组合键，取消选区，得到如图 12-310 所示的效果。

10 选中“图层 40，选择工具箱中“加深工具”，在属性栏中选择“柔角画笔”，设置画笔大小为 6 像素，其余参数设置如图 12-311 所示。在图形上多次涂抹，得到图 12-312 所示的效果。

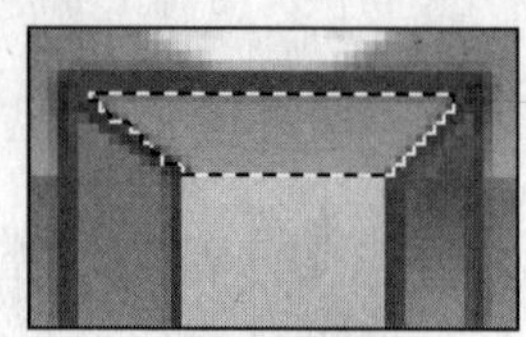

图 12-309 绘制选区

图 12-310 填色

图 12-311 属性栏

11 按 Ctrl+O 组合键，打开“钻石”文件，将钻石拖到“皇冠”文件中，放到图 12-313 所示的位置。

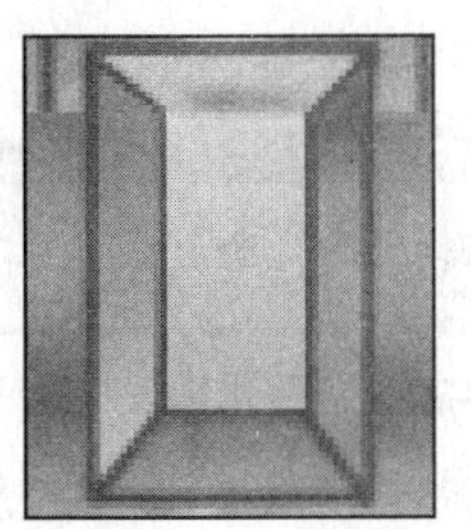

图 12-312 在图形上多次涂抹

图 12-313 素材图片

12.8.12 绘制宝石

1 选择工具箱中“椭圆选框工具”，按住 Shift 键的同时，拖动鼠标绘制一个圆，如图 12-314 所示。

2 选择工具箱中“渐变工具”，打开“渐变编辑器”对话框，设置左边色标（R：0、G：118、B：141），右边色标（R：4、G：2、B：16），如图 12-315 所示，单击“确定”按钮。

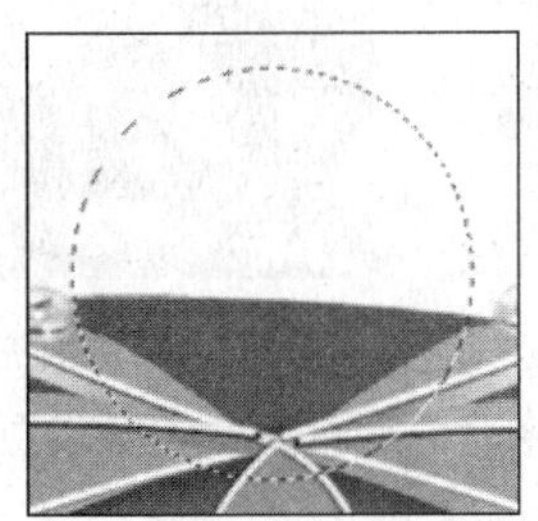

图 12-314 绘制选区

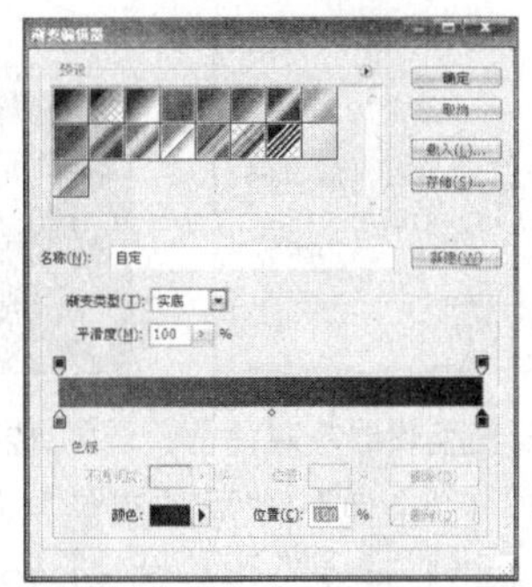

图 12-315 “渐变编辑器”对话框

3 新建“图层 41”，单击属性栏中“径向渐变”按钮，在选区内从内向外拖动鼠标，如图 12-316 所示，填充渐变色效果如图 12-317 所示。

4 选择工具箱中“椭圆选框工具”，按住 Alt 键拖动鼠标绘制一个圆，释放鼠标，得到图 12-318 所示的选区。

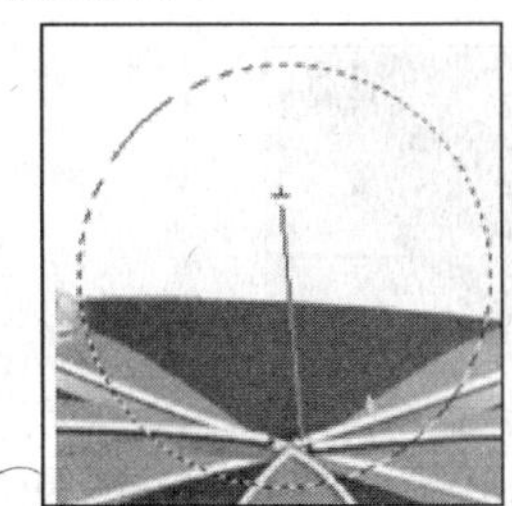

图 12-316 拖动鼠标

图 12-317 填充渐变色

图 12-318 新的选区

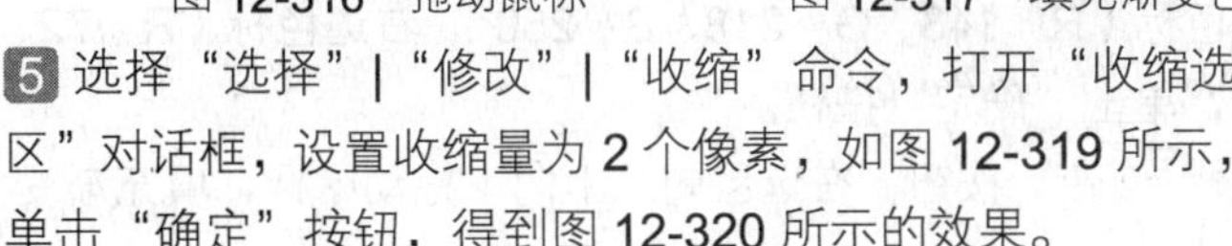

5 选择“选择”|“修改”|“收缩”命令，打开“收缩选区”对话框，设置收缩量为 2 个像素，如图 12-319 所示，单击“确定”按钮，得到图 12-320 所示的效果。

6 选择“选择”|“修改”|“羽化”命令，打开“羽化选

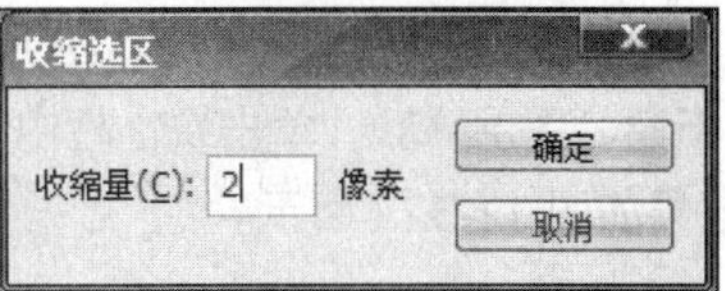

图 12-319 “收缩选区”对话框

区”对话框，设置羽化半径为 2 个像素，如图 12-321 所示，单击“确定”按钮。

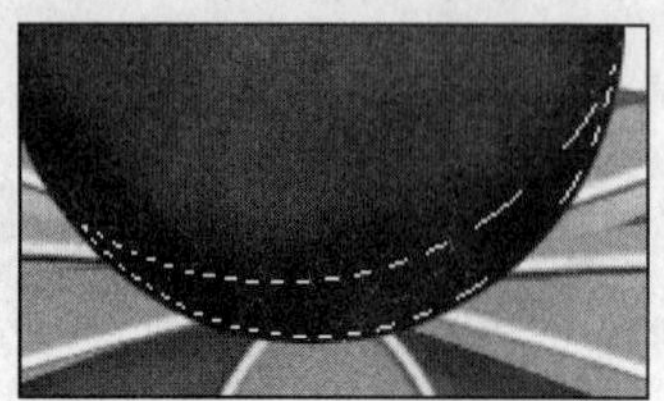

图 12-320　收缩选区

图 12-321　“羽化选区”对话框

7 选择工具箱中“渐变工具”，打开“渐变编辑器”对话框，设置：第一个色标（R：106、G：118、B：82），第二个和第三个色标（R：224、G：220、B：129），第四个色标（R：59、G：90、B：84），如图 12-322 所示，单击“确定”按钮。

8 新建“图层 42”，单击属性栏中“线性渐变”按钮，在选区内从左向右拖动鼠标，如图 12-323 所示。按 Ctrl+D 组合键，取消选区，填充渐变色效果如图 12-324 所示。

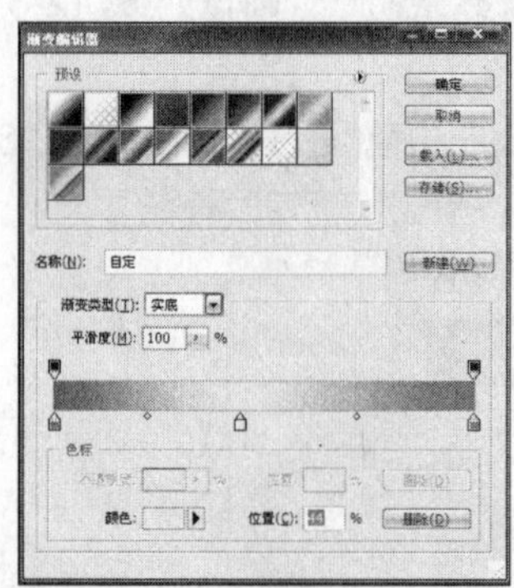

图 12-322　“渐变编辑器”对话框

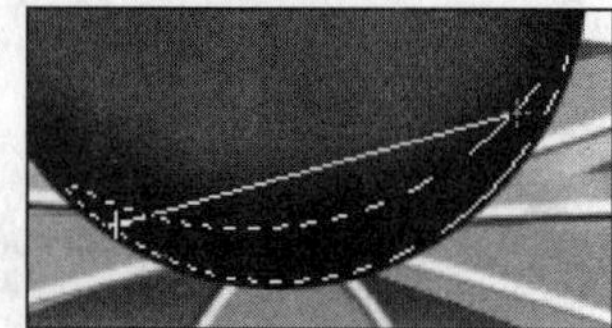

图 12-323　创建浅性渐变

图 12-324　填充渐变色

9 选择“滤镜”|“杂色”|“添加杂色”命令，弹出“添加杂色”对话框，参数设置如图 12-325 所示，单击“确定”按钮，得到图 12-326 所示的效果。

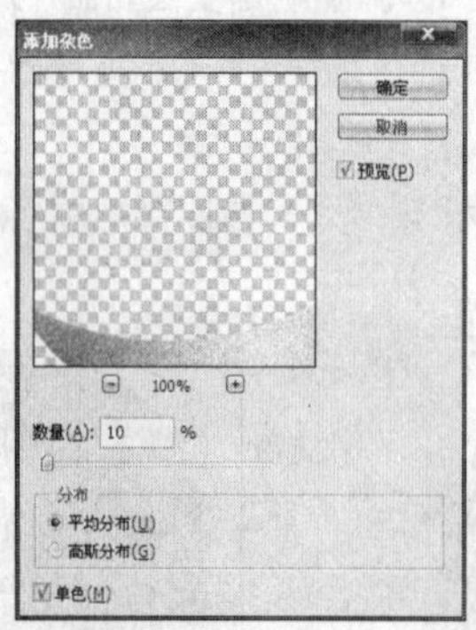

图 12-325　“添加杂色”对话框

图 12-326 添加杂色

10 选择工具箱中“多边形套索工具”，绘制图 12-327 所示的选区。选择工具箱中“渐变工具”，打开“渐变编辑器”对话框，设置左边色标（R：143、G：218、B：250），右边色标（R：72、G：173、B：203），如图 12-328 所示，单击“确定”按钮。

11 新建“图层 43”，单击属性栏中“线性渐变”按钮，在选区内从上向下拖动鼠标，填充渐变色效果如图 12-329 所示。

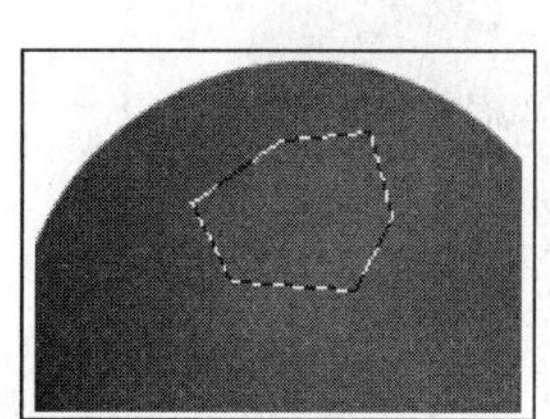

图 12-327　绘制选区

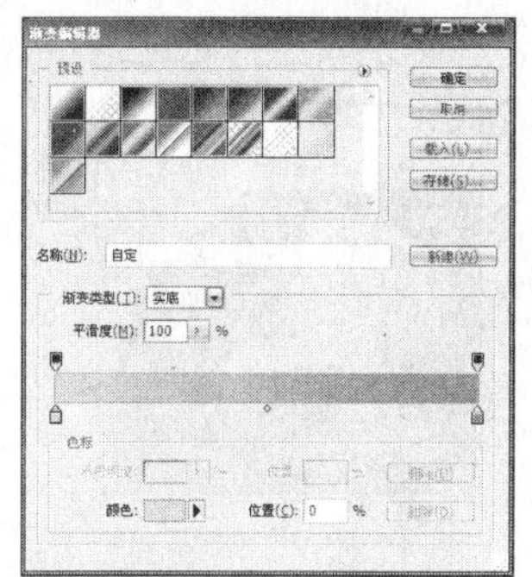
图 12-328　“渐变编辑器”对话框

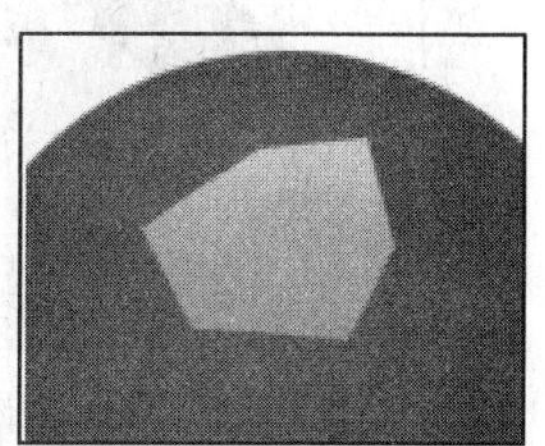
图 12-329　填充渐变色

12 选择工具箱中“椭圆选框工具”，在属性栏中设置羽化为“2”像素，按住 Shift 键的同时，拖动鼠标绘制一个圆，如图 12-330 所示。

13 设置前景色（R：247、G：233、B：110），新建“图层 44”，按 Alt+Delete 组合键，填充前景色。按 Ctrl+D 组合键，取消选区，得到如图 12-331 所示的效果。用相同的方法制作一个白色的羽化圆，如图 12-332 所示。

图 12-330　绘制选区

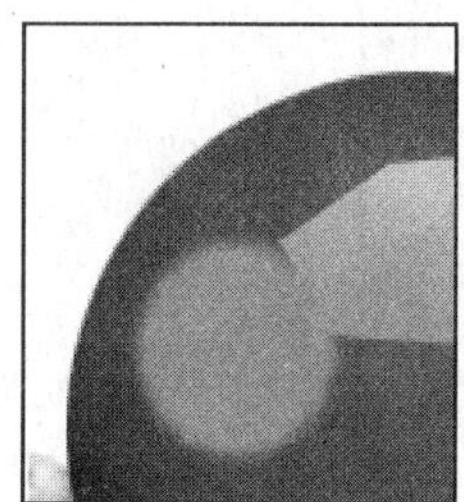
图 12-331　填色

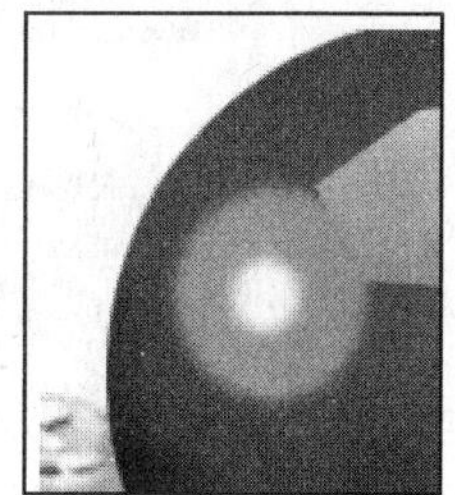
图 12-332　制作高光

14 选择“图层”|“图层样式”|“外发光”命令，打开“外发光”对话框，参数设置如图 12-333 所示，单击“确定”按钮，效果如图 12-334 所示。

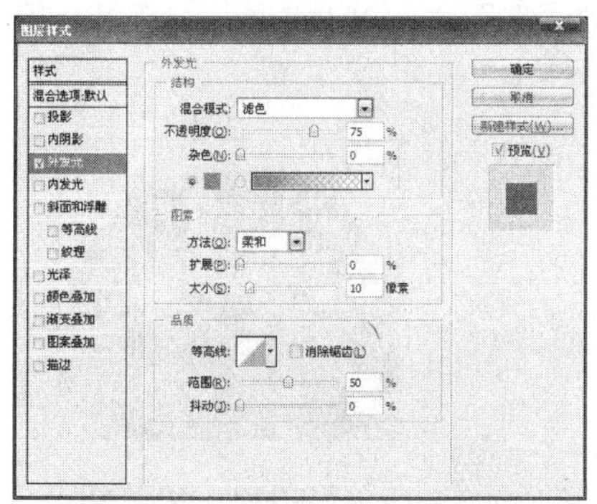
图 12-333　“外发光”对话框

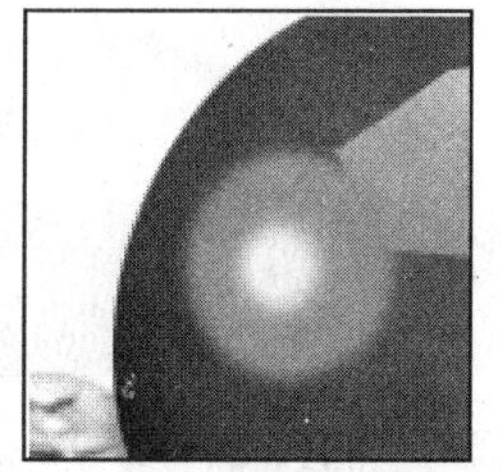
图 12-334　“外发光”效果

15 为“图层”添加蒙版。按 D 键，使前景色和背景色为默认的黑白色，选择工具箱中“渐变工具”，打开“渐变编辑器”对话框，选中预设中“前景到背景”图标，单击“确定”按钮。

16 单击属性栏中“径向渐变”按钮，从中心向外拖动鼠标，如图 12-335 所示，得到图 12-336 所示的效果。

17 复制发光的图形，将其放到图 12-337 所示的位置。新建“路径 23”，选择工具箱中“钢笔工具”，绘制如图 12-338

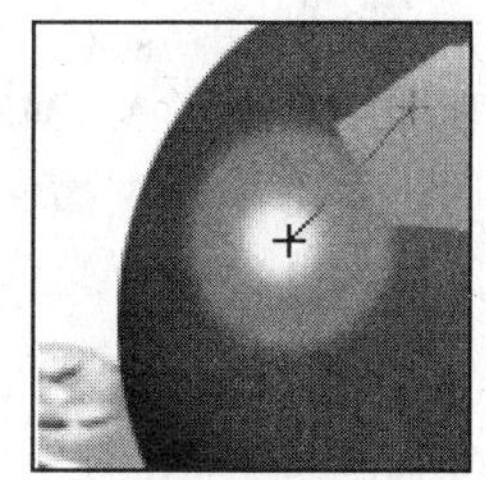
图 12-335　从中心向外拖动鼠标

所示的路径。按 Ctrl+Enter 组合键，将路径转换为选区。

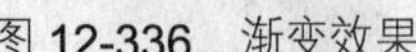
图 12-336 渐变效果

图 12-337 复制图形

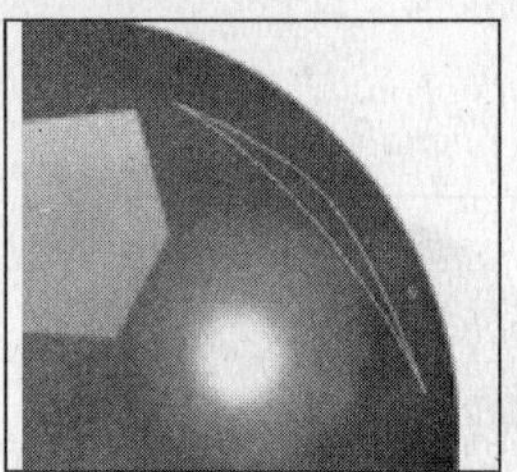
图 12-338 绘制路径

18 选择工具箱中“渐变工具”，打开“渐变编辑器”对话框，设置三个色标（R：147、G：202、B：240），左上角和右上角色标的不透明度为 30%，如图 12-339 所示，单击“确定”按钮。

19 新建“图层 45”，单击属性栏中“线性渐变”按钮，在选区内从左上角向右下角拖动鼠标。按 Ctrl+D 组合键，取消选区，填充渐变色效果如图 12-340 所示。

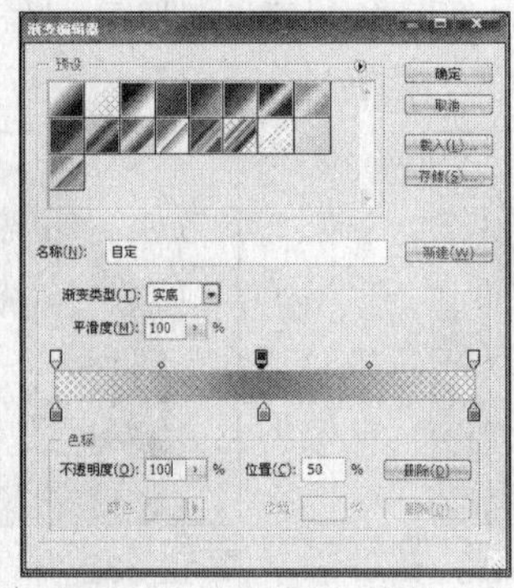

图 12-339 “渐变编辑器”对话框

图 12-340 填充渐变色

20 复制刚才制作的图形，将其水平翻转后放到图 12-341 所示的位置。新建“路径 24”，选择工具箱中“钢笔工具”，绘制如图 12-342 所示的路径。按 Ctrl+Enter 组合键，将路径转换为选区。

图 12-341 复制并调整图形

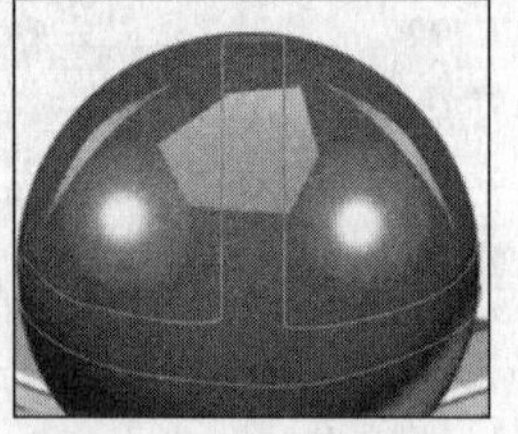
图 12-342 绘制路径

21 选择工具箱中“渐变工具”，打开“渐变编辑器”对话框，设置：第一、三、五个色标（R：250、G：149、B：0），第二、九个色标（R：202、G：107、B：23），第四个色标（R：254、G：220、B：0），第六、八、十个色标（R：250、G：149、B：0），第七个色标（R：160、G：98、B：51），如图 12-343 所示，单击“确定”按钮。

22 新建“图层 46”，单击属性栏中“线性渐变”按钮，在选区内从上向下拖动鼠标，填充渐变色效果如图 12-344 所示。

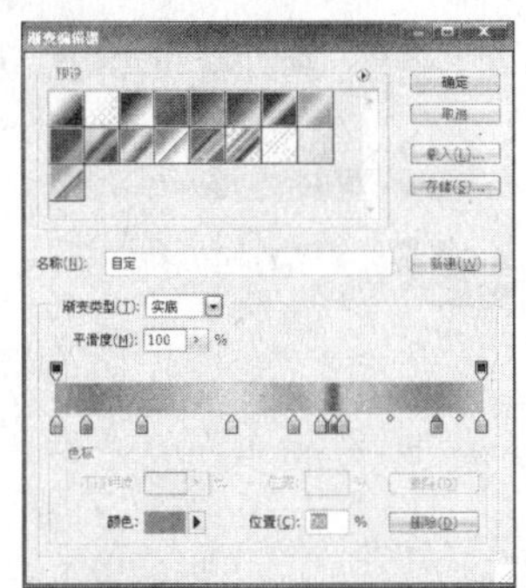

图 12-343　“渐变编辑器”对话框

图 12-344　填充渐变色

23 选中“图层 46”，选择工具箱中“减淡工具”，在属性栏中选择“柔角画笔”，其余设置如图 12-345 所示。从图 12-346 所示的位置向下多次涂抹，得到图 12-347 所示的效果。

图 12-345　属性栏

24 新建“路径 25”，选择工具箱中“钢笔工具”，绘制如图 12-348 所示的路径。按 Ctrl+Enter 组合键，将路径转换为选区。

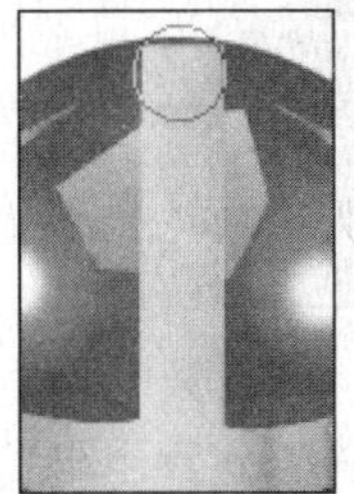

图 12-346　光标位置

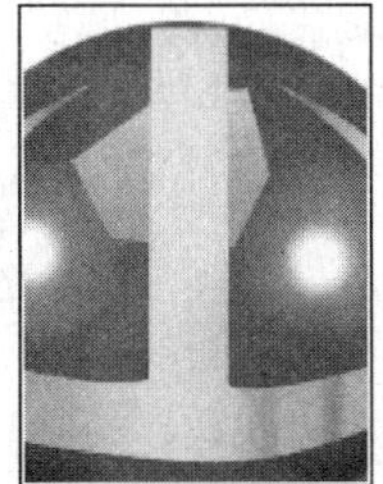

图 12-347　减淡

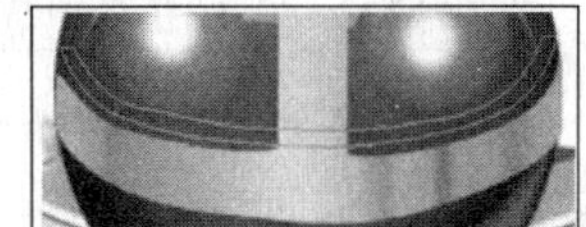

图 12-348　绘制路径

25 选择工具箱中“渐变工具”，打开“渐变编辑器”对话框，设置：第一、三个色标（R：253、G：245、B：56），第二个色标（R：255、G：149、B：2），如图 12-349 所示，单击“确定”按钮。

26 新建“图层 47”，单击属性栏中“线性渐变”按钮，在选区内从左向右拖动鼠标，填充渐变色效果如图 12-350 所示，调整图形顺序如图 12-351 所示。

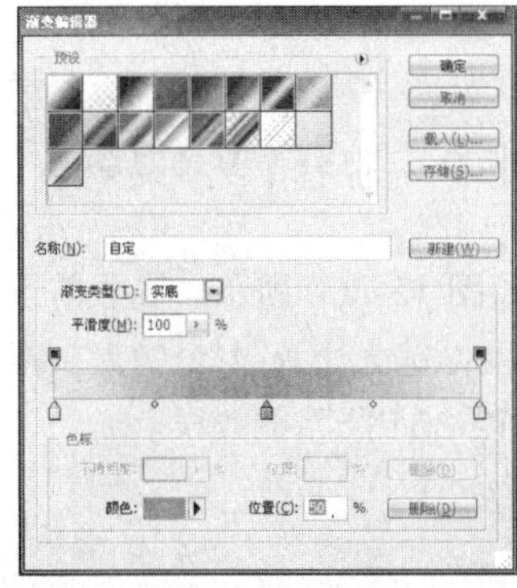

图 12-349　“渐变编辑器”对话框

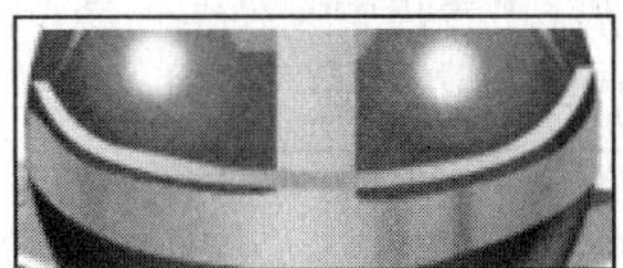

图 12-350　填充渐变色

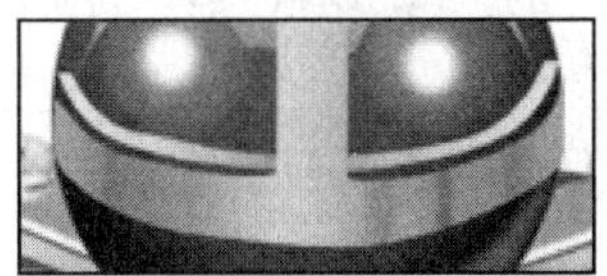

图 12-351　调整图层顺序

27 新建“路径 26”，选择工具箱中“钢笔工具”，绘制如图 12-352 所示的路径。按 Ctrl+Enter 组合键，将路径转换为选区。

28 选择工具箱中“渐变工具”，打开“渐变编辑器”对话框，设置：第一、三、五个色标（R：

251、G：147、B：23），第二个和第四个色标（R：255、G：244、B：67），如图 12-353 所示，单击“确定”按钮。

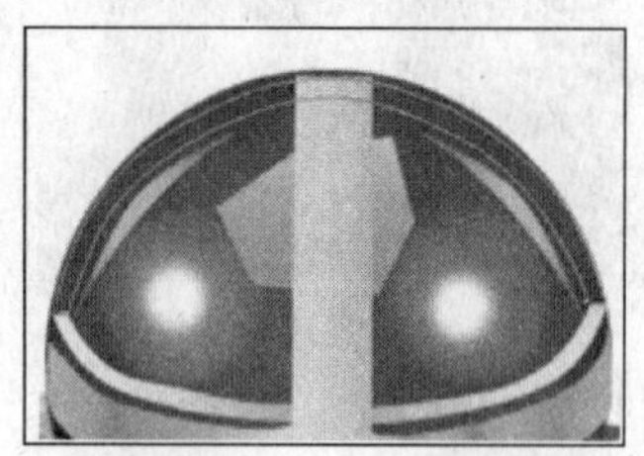
图 12-352　绘制路径

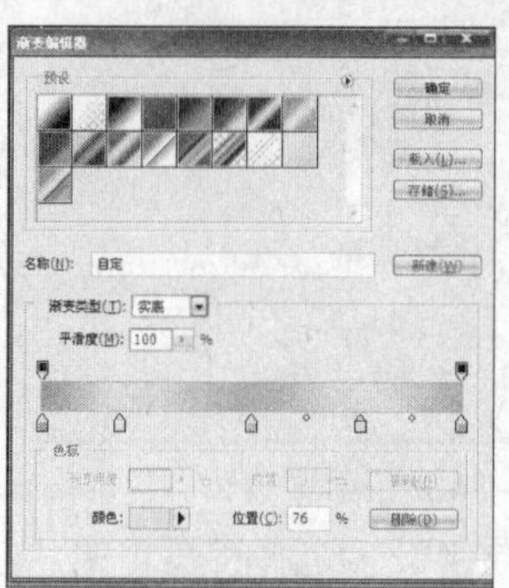
图 12-353　“渐变编辑器”对话框

29 新建“图层 48”，单击属性栏中“线性渐变”按钮，在选区内从左向右拖动鼠标，填充渐变色效果如图 12-354 所示，调整图形顺序如图 12-355 所示。

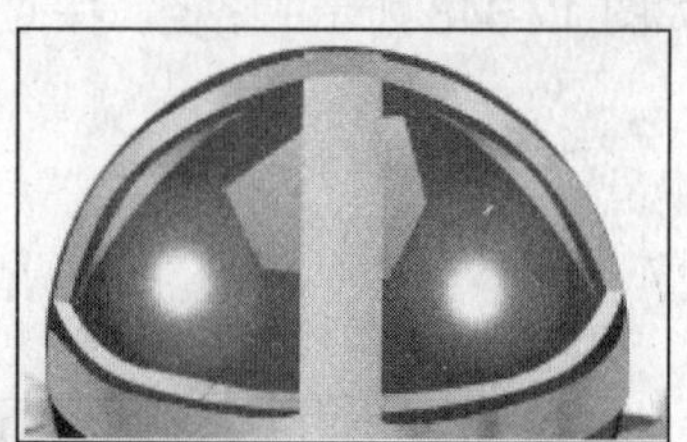
图 12-354　填充渐变色

图 12-355　调整图层顺序

30 新建“路径 27”，选择工具箱中“钢笔工具”，绘制如图 12-356 所示的路径。新建“图层 49”，设置前景色（R：230、G：194、B：23），单击路径面板中“用前景色填充路径”按钮，得到图 12-357 所示的效果。

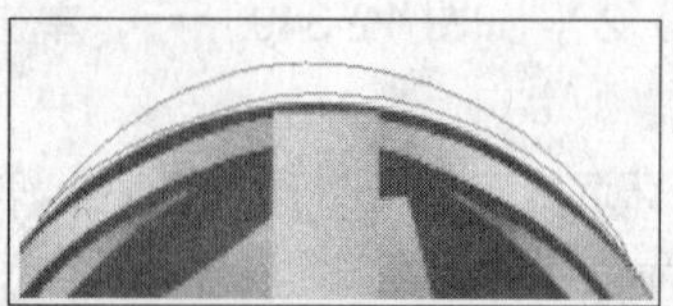
图 12-356　绘制路径

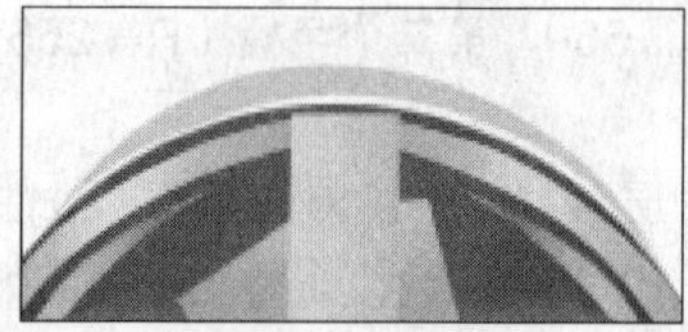
图 12-357　用前景色填充路径

31 选择工具箱中“矩形选框工具”，拖动鼠标绘制一个矩形选框，如图 12-358 所示。设置前景色（R：247、G：233、B：110），新建“图层 50”，按 Alt+Delete 组合键，填充前景色。按 Ctrl+D 组合键，取消选区，得到如图 12-359 所示的效果。

32 复制“路径 25”，选择工具箱中“路径选择工具”，调整路径如图 12-360 所示。设置前景色（R：247、G：233、B：110），选择工具箱中“画笔工具”，设置画笔大小为 4 个像素。新建“图层 51”，单击路径面板中“用画笔描边路径”按钮，得到图 12-361 所示的效果。

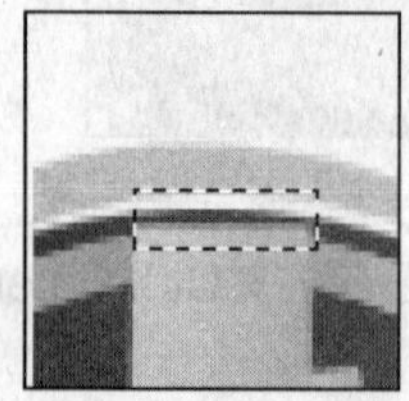
图 12-358　绘制选区

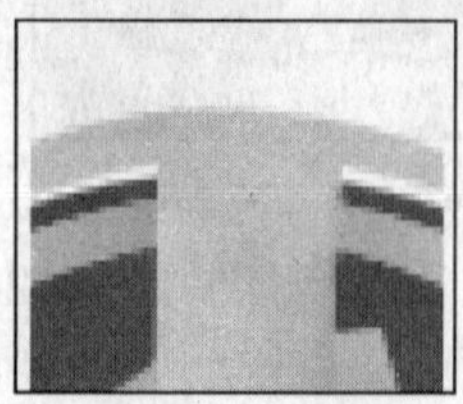
图 12-359　填色

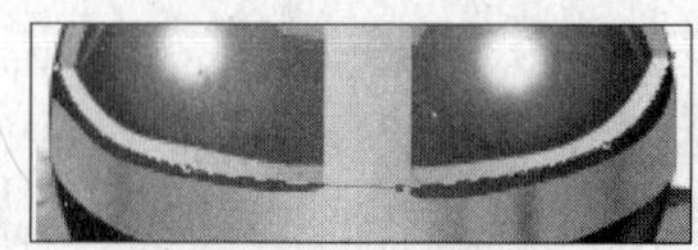
图 12-360　调整路径

33 选择工具箱中“橡皮擦工具”，擦除图形的中间部分，得到图 12-362 所示的效果。用前面相同的方法制作十字架，得到图 12-363 所示的效果。

图 12-361　描边路径

图 12-362　擦除图形的中间部分

图 12-363　制作十字架

12.8.13　绘制皇冠底部

1 新建“路径 28”，选择工具箱中“钢笔工具”，绘制如图 12-364 所示的路径。按 Ctrl+Enter 组合键，将路径转换为选区。

图 12-364　绘制路径

2 选择工具箱中“渐变工具”，打开“渐变编辑器”对话框，设置：第一、三、五个色标（R：252、G：123、B：0），第二、四个色标（R：255、G：244、B：67），第六个色标（R：251、G：171、B：0），如图 12-365 所示，单击“确定”按钮。

3 新建“图层 52”，单击属性栏中“线性渐变”按钮，在选区内从左向右拖动鼠标，填充渐变色效果如图 12-366 所示。

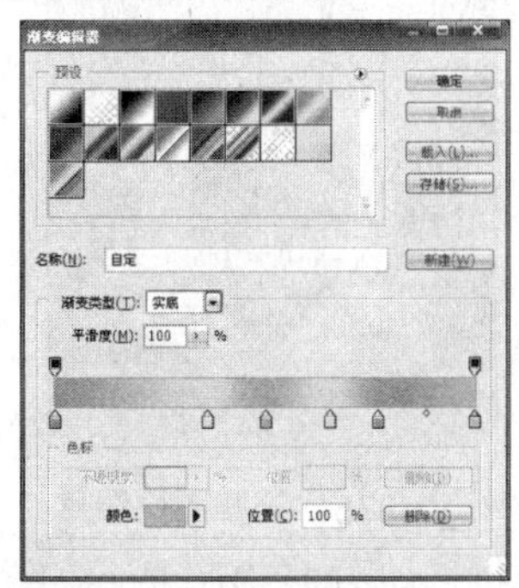
图 12-365　“渐变编辑器”对话框

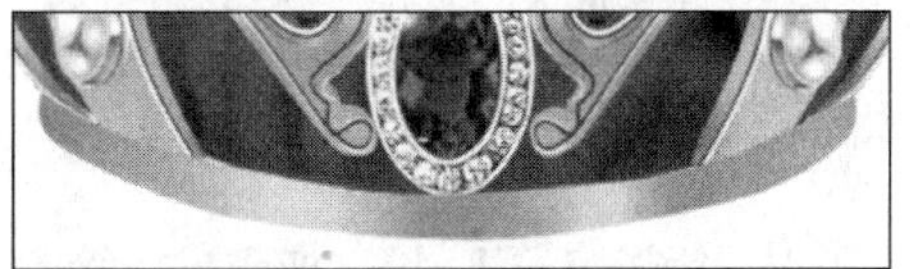
图 12-366　填充渐变色

4 复制“路径 28”，选择工具箱中的“路径选择工具”，在图 12-367、图 12-368 所示的位置添加节点，再删除不需要的线段，得到图 12-369 所示的曲线。

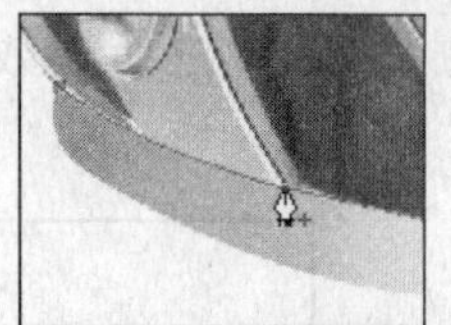

图 12-367 添加节点

图 12-368 添加节点

图 12-369 调整路径

5 设置前景色（R：252、G：28、B：0），选择工具箱中“画笔工具”，设置画笔大小为 8 像素。新建“图层 53”，选择路径面板中“用画笔描边路径”按钮，得到图 12-370 所示的效果。

6 选择工具箱中“加深工具”，在属性栏中选择“柔角画笔”，设置画笔大小为 65 像素，其余参数设置如图 12-371 所示。在图 12-372 所示的位置涂抹，得到图 12-373 所示的效果。

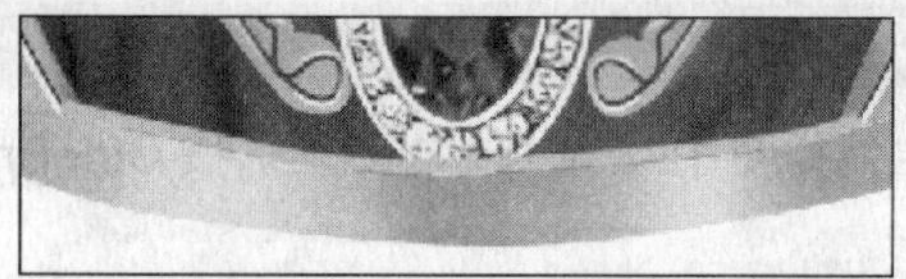

图 12-370 描边路径

图 12-371 属性栏

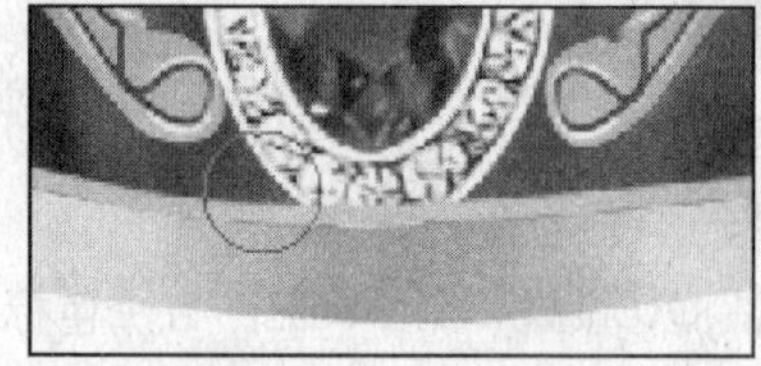

图 12-372 光标位置

图 12-373 加深

7 用前面相同的方法再制作一条黑色的线，作为阴影，如图 12-374 所示，再调整图层顺序如图 12-375 所示。

图 12-374 制作阴影

图 12-375 调整图层顺序

8 选择工具箱中“矩形选框工具”，拖动鼠标绘制一个矩形选框，如图 12-376 所示。设置前景色（R：168、G：7、B：17），选中“图层 52”，按 Alt+Delete 组合键，填充前景色。按 Ctrl+D 组合键，取消选区，得到如图 12-377 所示的效果。

9 新建“路径 29”，选择工具箱中“钢笔工具”，绘制如图 12-378 所示的路径。

10 设置前景色为黑色，选择工具箱中“画笔工具”，设置画笔大小为“1”像素。单击路径面板中“用画笔描边路径”按钮，得到图 12-379 所示的效果。

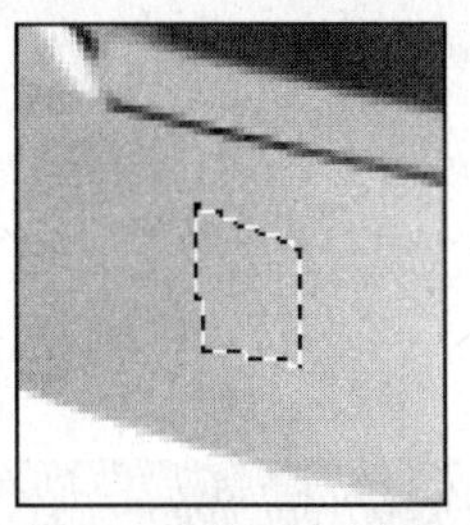
图 12-376　绘制选区

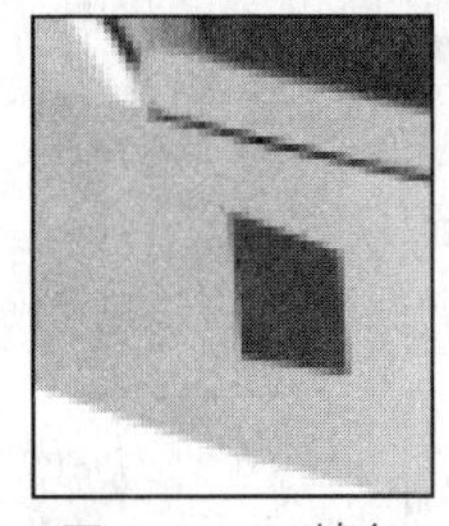
图 12-377　填色

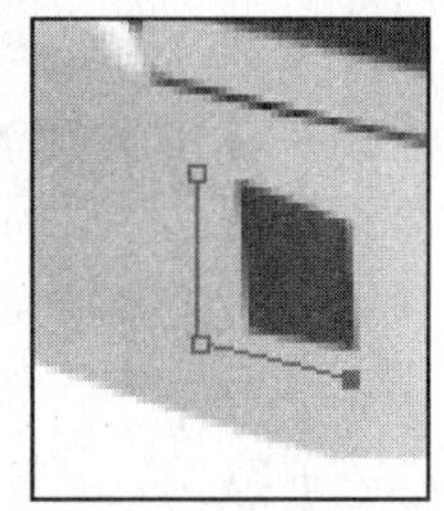
图 12-378　绘制路径

11 设置前景色（R：247、G：233、B：110），选择工具箱中“画笔工具”，设置画笔大小为 4 像素。单击路径面板中“用画笔描边路径”按钮，得到图 12-380 所示的效果。将得到的图形向左移动一定距离。

12 设置前景色（R：83、G：75、B：4），选择工具箱中“画笔工具”，设置画笔大小为 4 像素，绘制一条直线，如图 12-381 所示.。

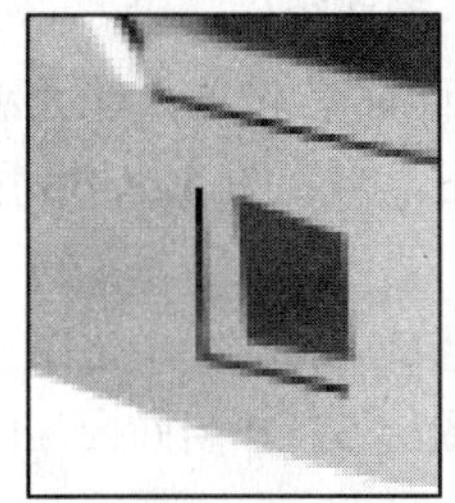
图 12-379　描边路径

图 12-380　描边路径

图 12-381　绘制直线

13 选中“图层 52”，利用加深工具制作局部加深效果，如图 12-382 所示。用相同的方法再制作几个相同的图形，得到图 12-383 所示的效果。

图 12-382　加深

图 12-383　绘制图形

14 新建“路径 30”，选择工具箱中“钢笔工具”，绘制如图 12-384 所示的路径。按 Ctrl+Enter 组合键，将路径转换为选区。

15 选择工具箱中“渐变工具”，打开“渐变编辑器”对话框，设置：第一个色标（R：252、G：123、B：0），第二个色标（R：255、G：244、B：67），第三个色标（R：254、G：204、B：9），第四、六、八个色标（R：255、G：124、B：2），第五个色标（R：255、G：155、B：5），第七个色标（R：133、G：59、B：20），第九个色标（R：253、G：124、B：0），如图 12-385 所示，单击“确定”按钮。

图 12-384　绘制路径

16 新建“图层 54”，单击属性栏中“线性渐变”按钮，在选区内从左向右拖动鼠标，填充渐变色效果如图 12-386 所示。

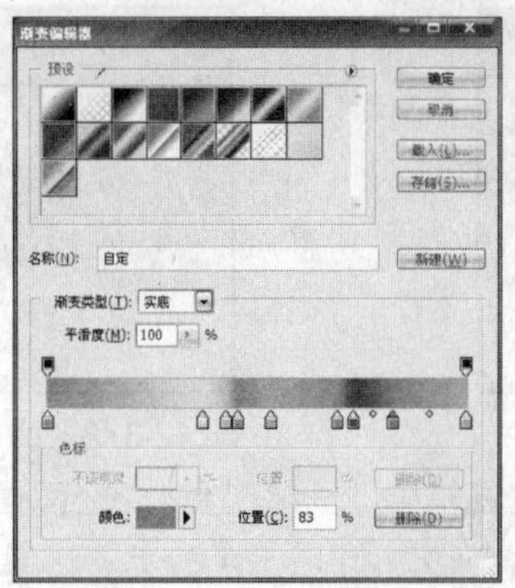

图 12-385 “渐变编辑器”对话框

图 12-386 填充渐变色

12.8.14 绘制宝石

1 新建“路径 31”，选择工具箱中“钢笔工具”，绘制如图 12-387 所示的路径。

2 设置前景色（R：247、G：233、B：110），选择工具箱中“画笔工具”，设置画笔大小为 4 个像素。新建“图层 55”，单击路径面板中“用画笔描边路径”按钮，得到图 12-388 所示的效果。

3 选中“路径 31”，新建“图层 56”，设置前景色（R：255、G：246、B：203），单击路径面板中“用前景色填充路径”按钮，得到图 12-389 所示的效果。新建“图层 57”，用前面相同的方法制作图形的暗部效果，如图 12-390 所示。

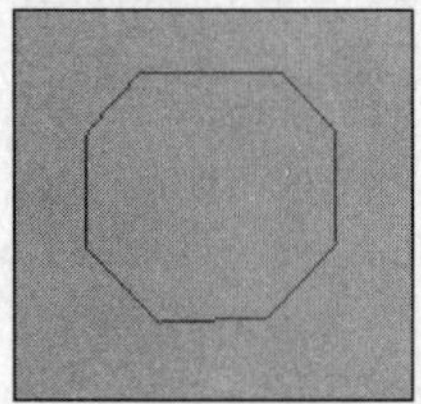

图 12-387 绘制路径

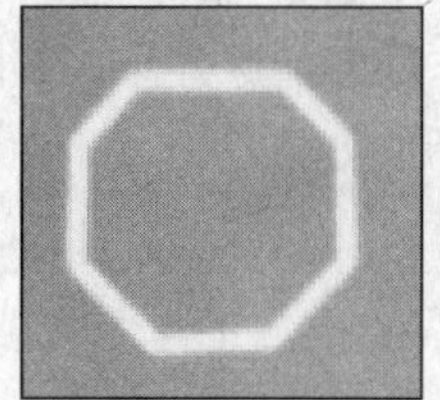

图 12-388 描边路径

图 12-389 用前景色填充路径

4 选中“路径 31”，设置前景色为黑色，选择工具箱中“画笔工具”，设置画笔大小为 1 个像素。新建“图层 58”，选中“路径 31”，单击路径面板中“用画笔描边路径”按钮，得到图 12-391 所示的效果。

5 选中“图层 58”，选择工具箱中“橡皮擦工具”，擦除图形的下面部分，得到图 12-392 所示的效果。

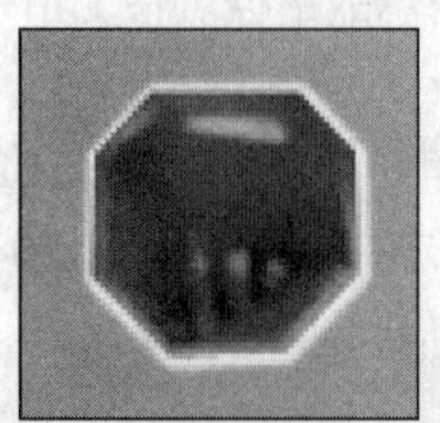

图 12-390 绘制暗部效果

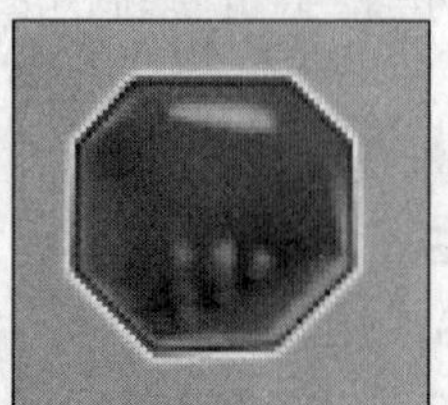

图 12-391 描边路径

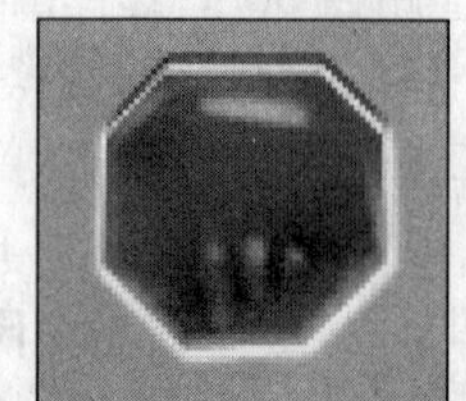

图 12-392 擦除图形的下面部分

6 选择工具箱中“矩形选框工具”，拖动鼠标绘制一个矩形选框，如图 12-393 所示。新建“图层 59”，选择工具箱中“渐变工具”，打开“渐变编辑器”对话框，设置：左边色标（R：235、G：134、B：15），右边色标（R：255、G：255、B：30），如图 12-394 所示，单击“确定”按钮。

图 12-393　绘制选区

图 12-394　“渐变编辑器”对话框

7 新建“图层 60”，单击属性栏中“线性渐变”按钮，在选区内从左向右拖动鼠标，填充渐变色效果如图 12-395 所示。

8 选择工具箱中“多边形套索工具”，绘制图 12-396 所示的选区。选择工具箱中“渐变工具”，打开“渐变编辑器”对话框，设置：第一、二个色标（R：254、G：107、B：4），第三个色标（R：174、G：77、B：22），如图 12-397 所示，单击“确定”按钮。

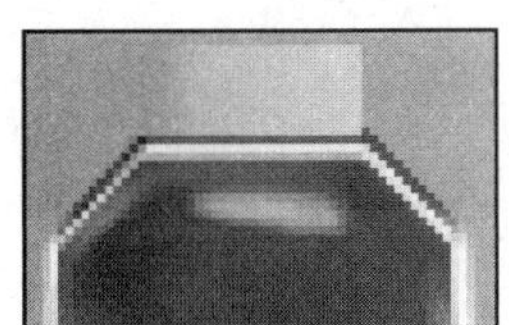
图 12-395　填充渐变色

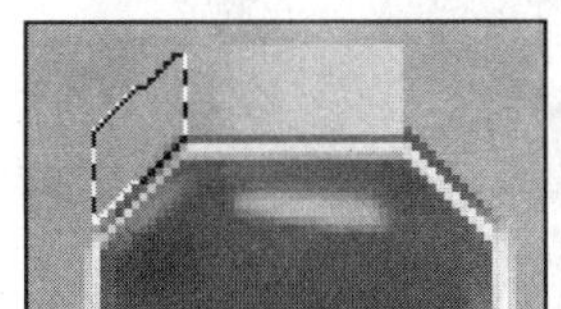
图 12-396　绘制选区

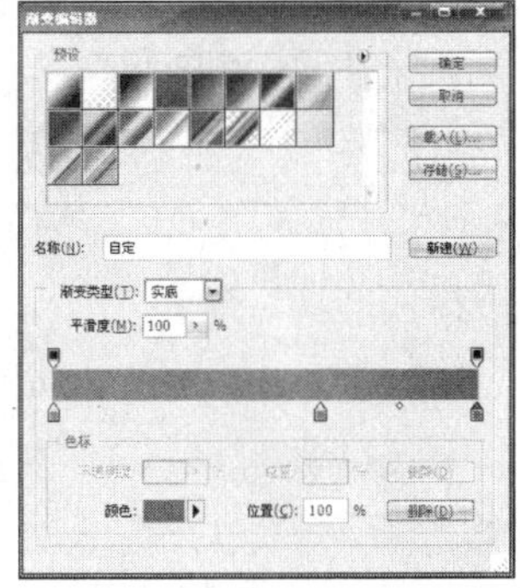
图 12-397　“渐变编辑器”对话框

9 新建“图层 61”，单击属性栏中“线性渐变”按钮，在选区内从左向右拖动鼠标，如图 12-398 所示。按 Ctrl+D 组合键，取消选区，填充渐变色效果如图 12-399 所示。

10 复制刚才制作的渐变图形，将其水平翻转后放到图 12-400 所示的位置。这样，红色宝石就做好了，如图 12-401 所示。复制多个红色宝石，改变它们的大小后放到图 12-402 所示的位置。

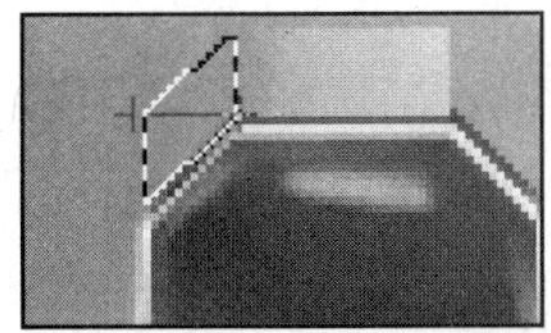
图 12-398　创建线性渐变

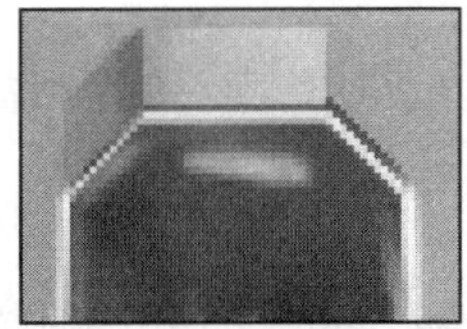
图 12-399　渐变填充效果

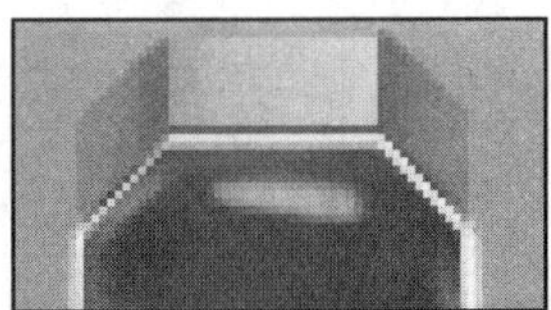
图 12-400　复制并调整图形

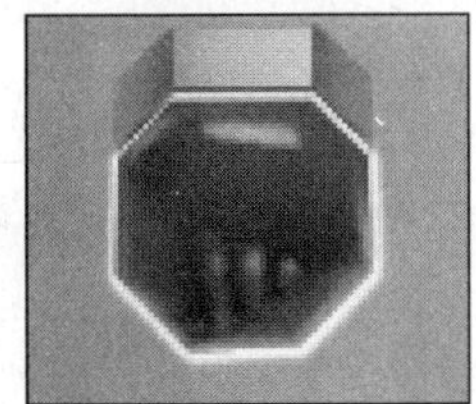
图 12-401　红色宝石

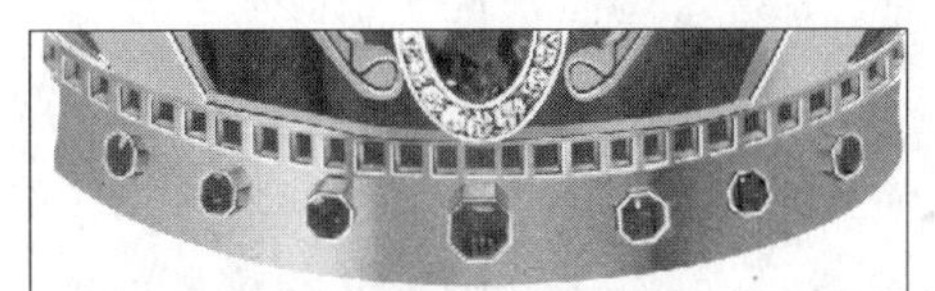
图 12-402　绘制图形

11 复制“路径 28”，用前面相同的方法制作黑色曲线，如图 12-403 所示。这样，本例的制作就完成了，最终效果如图 12-404 所示。

图 12-403　制作黑色曲线

图 12-404　最终效果

12.9　香水广告海报

本例利用自由变换命令制作倒影，使用色彩范围命令获取所需要的选区，最后输入文字信息，制作“香水广告海报”，处理后的效果如图 12-405 所示。

图 12-405　处理后的效果

本例的具体操作步骤如下。

1 设置背景色为“黑色”，选择“文件”|“新建”命令，弹出“新建”对话框，设置名称为“香水海报”，“宽度”为 10 厘米，“高度”为 13 厘米，“分辨率”为 150 像素/英寸，颜色模式为“RGB 颜色”，如图 12-406 所示。

2 按 Ctrl+O 组合键，打开素材文件“香水.TIF”文件，如图 12-407 所示。

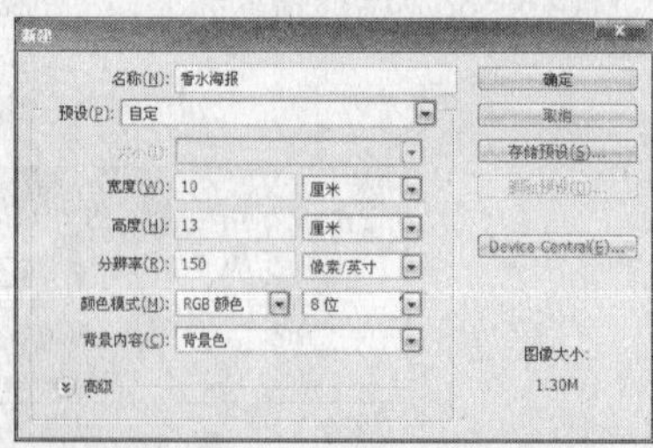

图 12-406　“新建”对话框

3 使用“移动工具”将“香水”拖入当前工作界面中，并按 Ctrl+T 组合键打开自由变换调节框，调整香水大小及位置如图 12-408 所示。

4 将“香水”层复制一个副本层，并对其进行垂直翻转命令，调整好位置如图 12-409 所示。

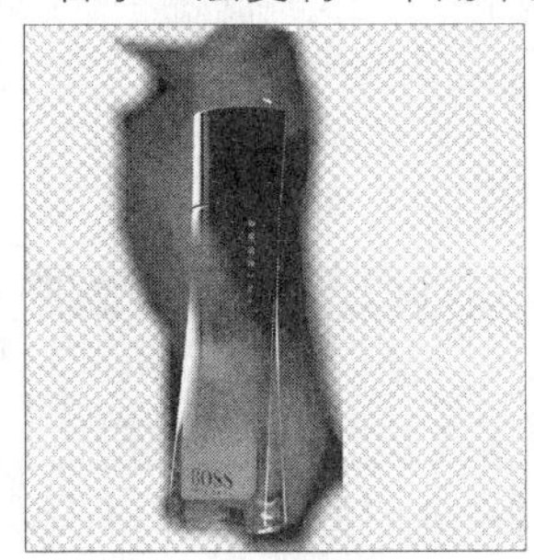

图 12-407　素材图片

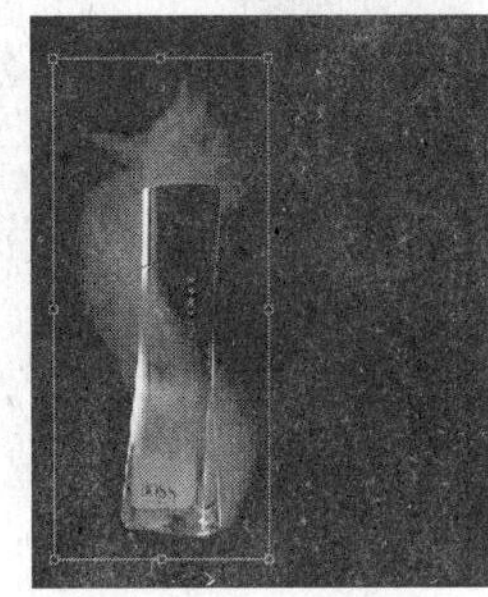
图 12-408　调整大小

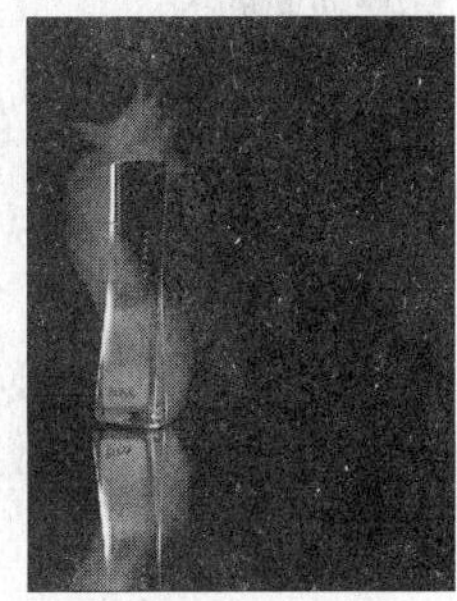
图 12-409　复制图层

5 将“香水”副本层的图层不透明度调整为 63%，制作出倒影效果如图 12-410 所示。

6 按 Ctrl+O 组合键，打开素材文件“美女.TIF”文件，如图 12-411 所示。

7 使用“移动工具”将“美女”拖入当前工作界面中，并按 Ctrl+T 组合键打开自由变换调节框，对美女进行水平翻转，调整大小及位置如图 12-412 所示。

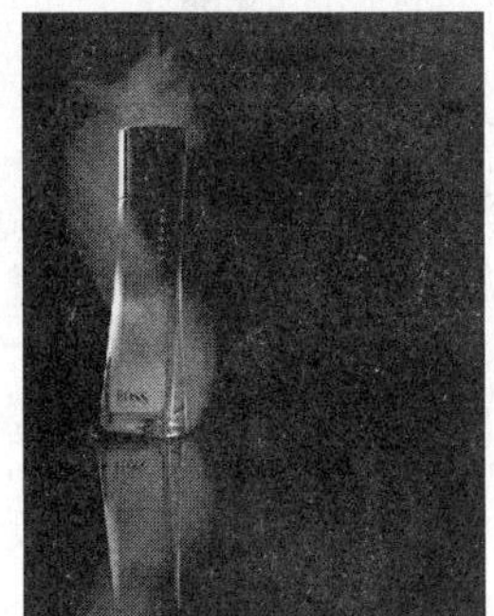
图 12-410　倒影效果

图 12-411　素材

图 12-412　调整大小及位置

8 使用“吸管工具”吸取图像中蓝色部分，选择“选择”|“色彩范围”命令，打开色彩范围对话框，设置参数如图 12-413 所示，蓝色部分为需要的选择范围。

9 单击“确定”按钮，获取蓝色图像选区，如图 12-414 所示。

10 按 Ctrl+J 组合键将选区图像复制并粘贴到新层中，如图 12-415 所示。

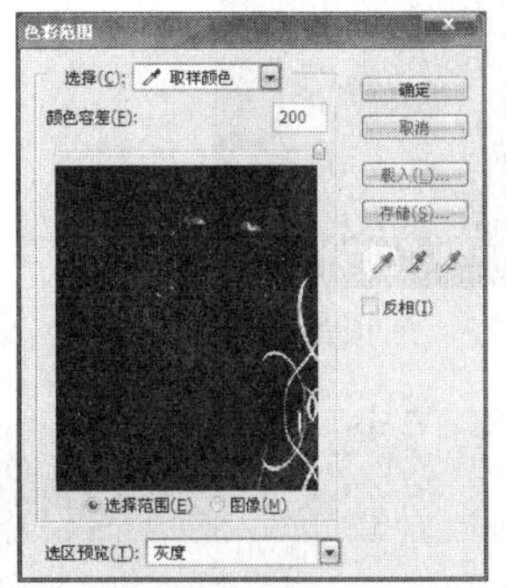

图 12-413　“色彩范围”对话框

图 12-414　获取选区

图 12-415　新图层

11 载入“图层 3”选区，用玫瑰红填充选区，如图 12-416 所示。

12 对“美女”层选择“图像”|“调整”|“去色”命令，得到如图 12-417 所示效果。

13 将“美女”所在图层选区浮出，选择“选择”|“修改”|“羽化”命令，弹出“羽化选区”

对话框，设置参数如图 12-418 所示。

图 12-416　填充选区

图 12-417　去色

图 12-418　“羽化选区”对话框

14 单击“确定”按钮，将选区反选，按 Delete 键删除选区，取消选区，图像边缘变得柔和，如图 12-419 所示。

15 选择“图像”|“调整”|“色阶”命令，弹出“色阶”对话框，设置参数如图 12-420 所示。

图 12-419　羽化后图像效果

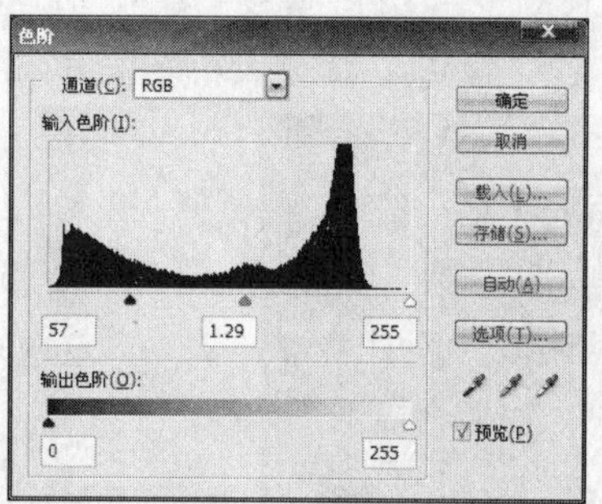

图 12-420　“色阶”对话框

16 单击“确定”按钮，图像效果如图 12-421 所示。

17 使用“文字工具”输入文字内容，海报制作完成，如图 12-422 所示。

图 12-421　调整后图像效果

图 12-422　海报最终效果

12.10 | 酒店杂志

本例制作一个酒店杂志。通过本例的练习，使读者练习和巩固在 Photoshop CS4 中魔棒工具的使用方法和技巧。本例制作完成后的最终效果如图 12-423 所示。

图 12-423　最终效果

本例的具体操作步骤如下。

1 按 Ctrl+N 组合键，在打开的“新建”对话框中将“名称”命名为“酒店杂志”，“宽度”选项设置为 36 厘米，“高度”选项设置为 30 厘米，“分辨率”选项设置为 300 像素/英寸，“颜色模式”选项设置为“CMYK 颜色”。单击“确定”按钮后，新建一个空白的文件，并按 Ctrl+R 组合键打开标尺。

2 选择“移动工具”，从竖着的标尺上拖一条参考线到 18cm 处，如图 12-424 所示。

3 选择“矩形选框工具”，绘制一个矩形选区，如图 12-425 所示。

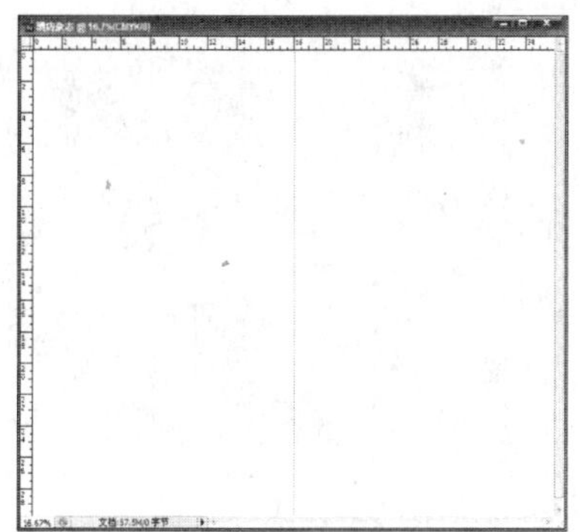

图 12-424　建立参考线

图 12-425　绘制矩形选区

4 在工具箱中将前景色设置为黑色（C：0，M：0，Y：0，K：100），在“图层”面板中新建“图层 1”，按 Alt+Delete 组合键，将选区中填充黑色。

5 选择“文件”|“打开”命令，在弹出的“打开”对话框中选择“底纹.psd”文件，将底纹图片打开，如图 12-426 所示。

6 选择“魔棒工具”，在其工具属性栏中将“容差”设置为 25，不要勾选“连续”复选框，然后利用设置好的魔棒工具在红色的部分单击，将画面中所有相同红色的图形选中，如图 12-427 至图 12-428 所示。

图 12-426　底纹图片

图 12-427　设置“魔棒工具”

图 12-428　点选红色部分

7 按 Ctrl+Shift+I 组合键，将选区反选后，按 Ctrl+J 组合键，将选中的图形复制到新图层中，将“背景”图层暂时隐藏，如图 12-429 所示，得到效果如图 12-430 所示。

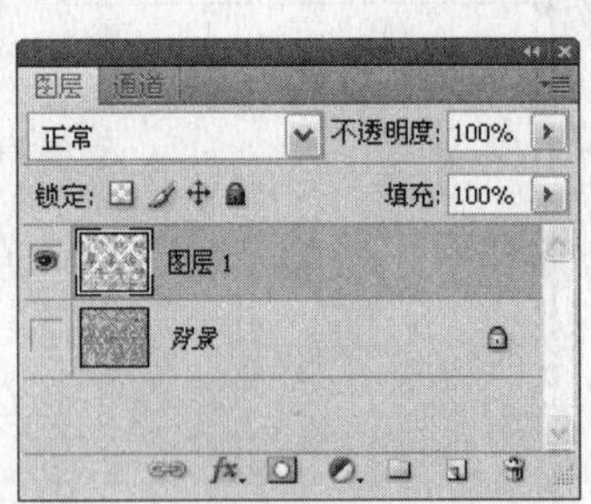

图 12-429　隐藏背景图层

图 12-430　效果

8 继续使用“魔棒工具”，用相同的方法将画面中的蓝色部分也删除，得到最后的效果如图 12-431 所示。

9 利用“移动工具”，将处理好的底纹图形拖入“酒店杂志.psd”文件中，生成“图层 2”，效果如图 12-432 所示。

图 12-431　删除蓝色部分

图 12-432　效果

10 按 Ctrl+T 组合键，将“图层 2”图层的调整框调出来，然后将其缩小，放置如图 12-433 所示位置。

11 按住 Alt 键，选择“移动工具”，拖动将底纹图案复制一个，然后按 Ctrl+T 组合键，将其调整框调出来，右击，在其下拉菜单中选择“水平翻转”，按 Enter 键确定后，得到效果如图 12-434 所示。

图 12-433　缩小图形

图 12-434　水平翻转效果

12 用相同的方法将底纹复制若干个，摆满整个画面。如图 12-435 所示。

13 在“图层”面板中将所有的底纹图层合并为“图层 2”，然后将“不透明度”选项设置为 40%，得到淡淡的肌理效果，如图 12-436 所示。

图 12-435　复制底纹

图 12-436　肌理效果

14 选择工具箱中“矩形选框工具”，在黑色的区域绘制一个矩形选框。如图 12-437 所示。

15 在“图层”面板中新建“图层 3”图层，然后在选区中填充金色（C：20，M：37，Y：72，K：11），如图 12-438 所示。

图 12-437　绘制选区

图 12-438　填充金色

16 选择工具箱中 “文字工具”，在其属性栏中将“字体”设置为“Benguiat Bk BT”，“字体大小”设置为“73px”，颜色设置为金色（C：20，M：37，Y：72，K：11），然后在画面中输入“GUO,SE,TIAN,XIANG.”，如图 12-439 至图 12-440 所示。

Benguiat Bk BT　Bold　73 px　锐利　工作区

图 12-439　设置文字工具

17 利用“文字工具”选中“G”，在其工具属性栏中将“字体大小”设置为“106px”，如图 12-441 所示。

18 用相同的方法将每个单词的首字母大小都调整为“106px”，如图 12-442 所示。

图 12-440　输入文字

图 12-441　更改字体大小

图 12-442　改变字体大小

19 选择“文件”|“打开”命令，打开“酒店外景 2.jpg”文件，如图 12-443 所示。

20 利用“移动工具”将“酒店外景 2.jpg”文件拖入“酒店杂志.psd”文件中，生成“图层 4”图层，按下 Ctrl+T 组合键，将其缩小放置如图 12-444 所示。

21 选择“矩形选框工具”，绘制一个略小的矩形选区，如图 12-445 所示。

图 12-443　酒店外景图片

图 12-444　调整图片大小

图 12-445　绘制矩形选区

22 按 Ctrl+Shift+I 组合键，将选区反选，然后按 Delete 键，将选区中的图形删除，如图 12-446 所示。

23 用相同的方法将“娱乐厅”，“餐厅”，“客房”的图片在画面中调整放置，如图 12-447 所示。

图 12-446　删除选区中图形

图 12-447　放置图片

24 选择“钢笔工具”，在其工具属性栏中选择“路径”选项，然后在画面的左下方绘制一个如图 12-448 所示路径。

25 按 Ctrl+Enter 组合键，将路径转换为选区，在“图层”面板中新建“图层 5”图层，然后选择“编辑”|“描边”命令，在弹出的“描边”对话框中，将“宽度”设置为“5px”，“颜色”设置为金色（C：20，M：37，Y：72，K：11），“位置”选项设置为“居外”，如图 12-449 所示，单击“确定”按钮后，得到效果如图 12-450 所示。

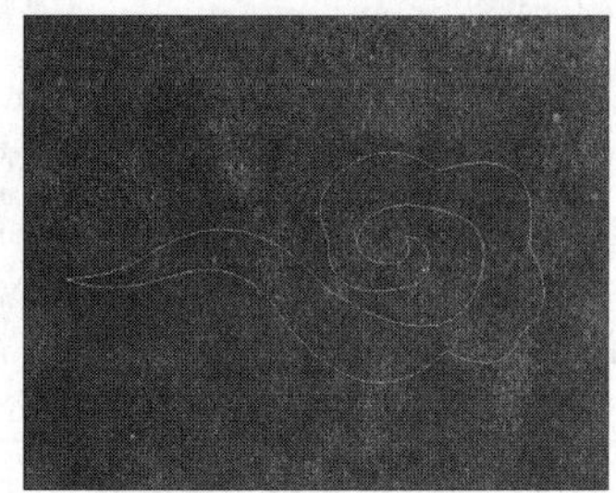

图 12-448　绘制路径

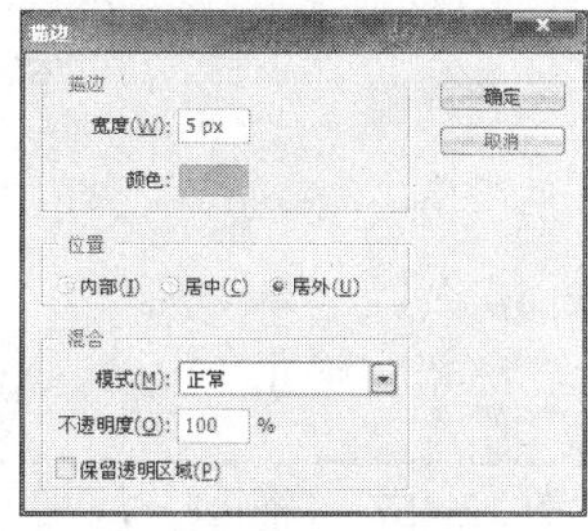

图 12-449　“描边”对话框

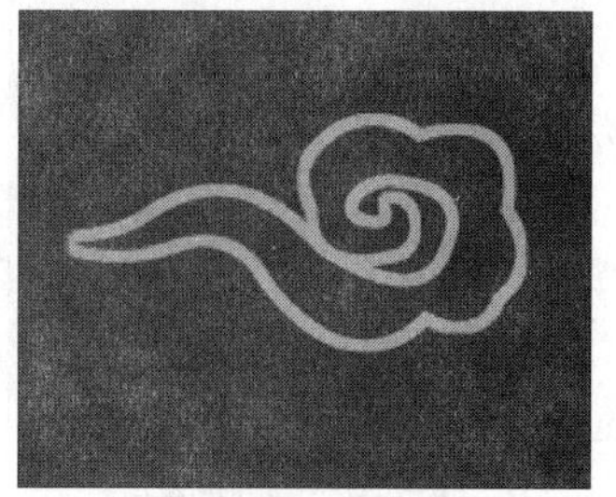

图 12-450　效果

26 打开“酒店介绍.doc”文件，在打开的文字档中将酒店介绍文字选中，按 Ctrl+C 组合键复制。如图 12-451 所示。

27 选择“文字工具”，在画面中单击，然后按 Ctrl+V 组合键，将刚才复制的文字粘贴，在文字工具属性栏中改变文字大小及字体，效果如图 12-452 所示。

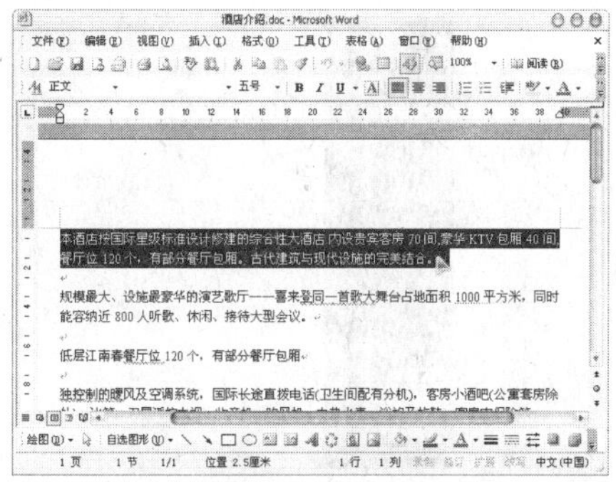

图 12-451　复制文字

图 12-452　效果

28 用相同的方法将酒店介绍的其他文字调整字体大小后放置在适当位置,如图 12-453 所示。

29 选择工具箱中“钢笔工具”，绘制一个如图 12-454 所示路径。

30 按 Ctrl+Enter 组合键，将路径转换为选区，然后在“图层”面板中新建“图层 6”后，在选区中填充金色（C：20，M：37，Y：72，K：11），放置在画面的最右边,如图 12-455 所示。

图 12-453　粘贴其他文字

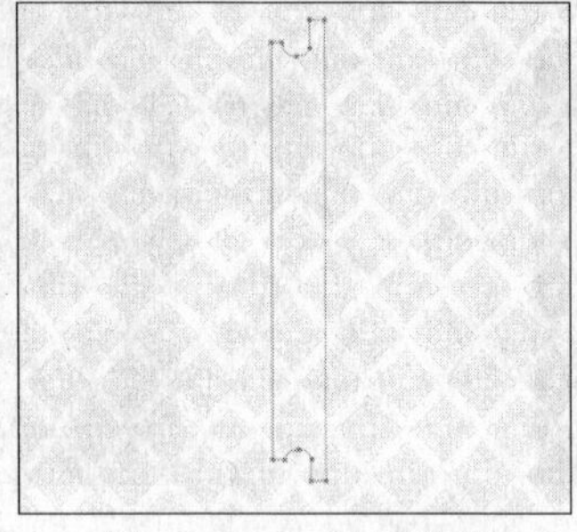
图 12-454　绘制路径

图 12-455　填充金色

31 继续利用钢笔工具，绘制一个如图 12-456 所示路径。

32 按 Ctrl+Enter 组合键，将路径转换为选区，然后在"图层"面板中新建"图层 7"后选择"编辑"|"描边"命令，在打开的"描边"对话框中，将"宽度"设置为"7px"，"颜色"设置为金色（C：20，M：37，Y：72，K：11），"位置"设置为"居外"，如图 12-457 所示，单击"确定"按钮后，将得到的图形移动位置如图 12-458 所示。

图 12-456　绘制路径

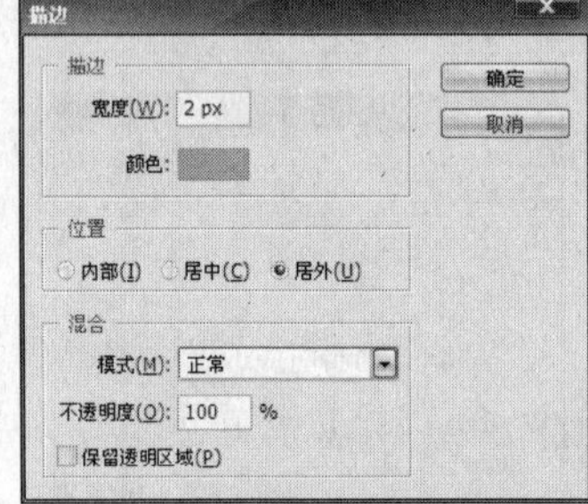

图 12-457　"描边"对话框

图 12-458　效果

33 再利用钢笔工具绘制一个如图 12-459 所示路径。

34 按 Ctrl+Enter 组合键，将路径转换为选区，然后在"图层"面板中新建"图层 8"图层后，用"宽度"为"5px"进行描边，单击"确定"按钮后，将得到的图形移动位置，如图 12-460 所示。

35 将这个图形复制几个，旋转位置放置如图 12-461 所示。

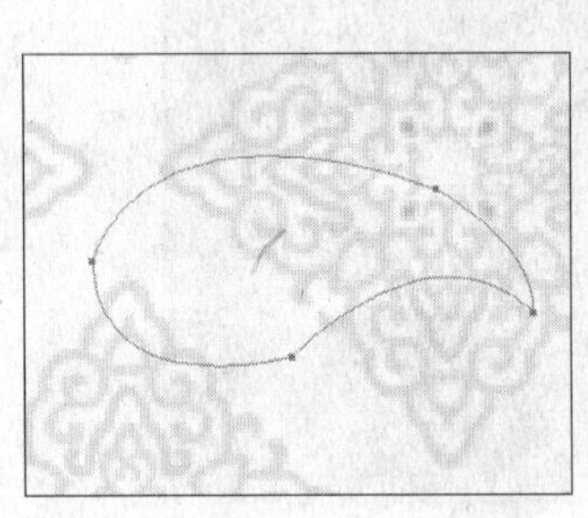
图 12-459　绘制路径

图 12-460　效果

图 12-461　复制图形

36 选择"文字工具"，在其工具属性栏中将"字体"设置为"Benguiat Bk BT"，"字体大小"设置为"33px"，颜色设置为黑色（C：0，M：0，Y：0，K：100），然后在画面中输入"GUO,SE,TIAN,XIANG."，如图 12-462 所示。

37 选中“G”字母，在其工具属性栏中将“字体大小”设置为“48px”，字体效果如图 12-463 所示。

38 用相同的方法将每个单词的首字母的大小都设置为“48px”，如图 12-464 所示。

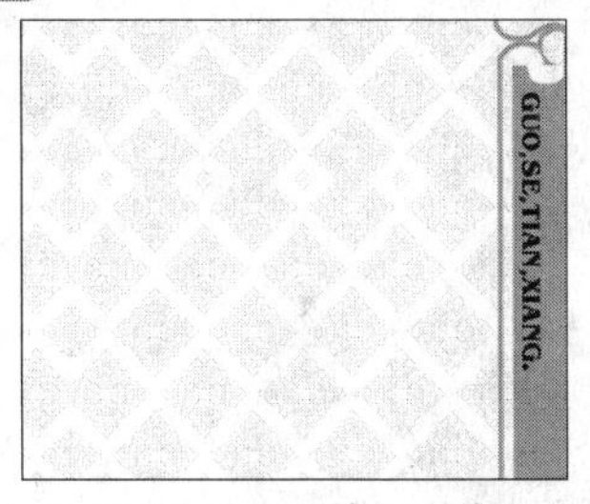

图 12-462　输入文字

图 12-463　效果

图 12-464　修改文字大小

39 选择工具箱中 “直排文字工具”，在其工具属性栏中将“字体”设置为“中宋”，“字体大小”设置为“23px”，颜色设置为“黑色“，设置好后输入文字“国色天香大酒店”，效果如图 12-465 所示。

40 在工具属性栏中单击“切换字符和段落面板”按钮，在打开的“字符”面板中将“选取字符的字距调整”选项设置为 200，将文字间的距离拉大一些，如图 12-466 所示。

41 选择工具箱中“椭圆工具”，在其工具属性栏中选择“像素填充”选项，并在工具箱中将前景色设置为黑色（C：0，M：0，Y：0，K：100），在“图层”面板中新建“图层 9”后，按住 Shift 键，绘制几个黑色的小圆形，放置在每个文字间的空隙处，如图 12-467 所示。

图 12-465　输入文字

图 12-466　效果

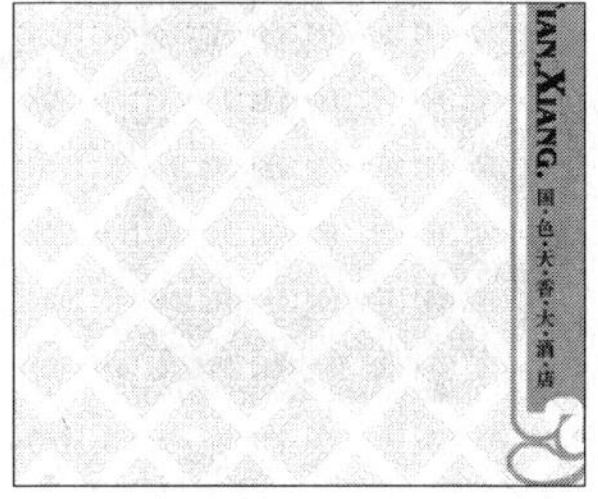

图 12-467　绘制圆形

42 选择工具箱中 “直排文字工具”，在其工具属性栏中将“字体”设置为“经典粗宋繁”，“字体大小”设置为 58.07px，颜色设置为黑色（C：0，M：0，Y：0，K：100），然后输入文字“满园诗画，国色天香”，如图 12-468 所示。

43 打开“酒店介绍.doc”文件，在打开的文字档中将酒店概况文字选中，按快捷键 Ctrl+C 复制，如图 12-469 所示。

图 12-468　输入文字

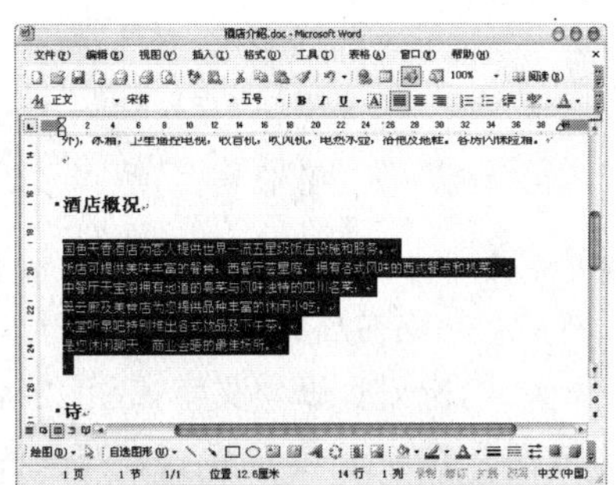

图 12-469　复制文字

44 回到“酒店杂志.psd”文件，选择工具箱中 “直排文字工具”，在画面中单击，然后按 Ctrl+V

组合键，将文字粘贴在画面中，调整字体大小，调整文字，效果如图 12-470 所示。

45 选择“文件”|“打开”命令，打开“孩童 1.psd”文件，如图 12-471 所示。

图 12-470　效果

图 12-471　孩童图片

46 利用移动工具，将图片拖入“酒店杂志.psd”文件中，生成“图层 10”，调整其大小和方向如图 12-472 所示。

47 同样的方法，再将另一张孩童的图片和蝴蝶的图片都拖入“酒店杂志.psd”文件中，调整它们的大小和位置如图 12-473 所示。

图 12-472　调整图片

图 12-473　调整图片

48 打开“酒店介绍.doc”文件，在打开的文字档中将诗文字选中，按 Ctrl+C 复制，如图 12-474 所示。

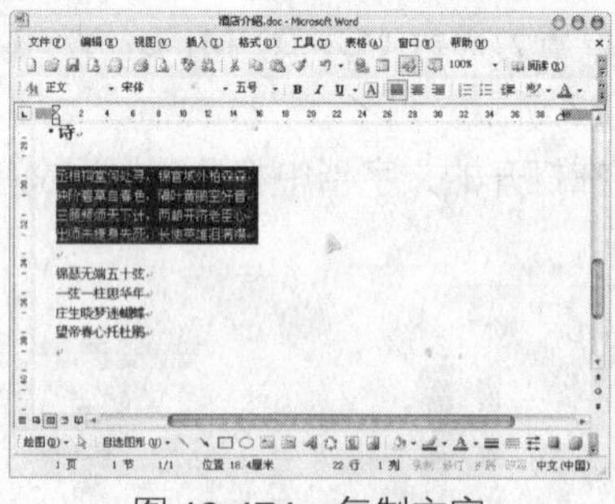

图 12-474　复制文字

49 回到“酒店杂志.psd”文件，选择工具箱中“直排文字工具”，在画面中单击鼠标，然后 Ctrl+V 组合键，将文字粘贴在画面中，然后在工具属性栏中将“字体”设置为“经典繁行书”，“字体大小”设置为“15px”，调整文字如图 12-475 所示。

50 选择“文件”|“打开”命令，在打开的“打开”对话框中选择“吉祥.psd”文件，然后单击“打开”按钮，打开文件，如图 12-476 所示。

图 12-475　效果

图 12-476 吉祥图片

51 利用“移动工具”将吉祥图案拖入“酒店杂志.psd”文件中，调整大小后，放置在适当位置，如图 12-477 所示。

52 用相同的方法将另一首诗也粘贴到画面中，并加一个吉祥图片，完成本范例的制作，如图 12-478 所示。

图 12-477　调整吉祥图片位置

图 12-478　完成效果

12.11 宣传单

本例制作一个音乐会招贴。通过本例的练习，使读者练习并巩固 Photoshop CS4 中通道的应用方法和技巧。本例制作完成后的最终效果如图 12-479 所示。

图 12-479 完成效果

本例的具体操作步骤如下。

1 选择“文件”|“新建”命令，在弹出的“新建”对话框中将“名称”命名为“宣传单”，“宽度”选项设置为 16 厘米，“高度”选项设置为 22 厘米，“分辨率”选项设置为 300 像素/英寸，“颜色模式”选项设置为“CMYK 颜色”。

2 选择工具箱中“渐变工具”，打开“渐变编辑器”的对话框，设置一个从淡粉色（C：4，M：11，Y：8，K：0）到黄灰色（C：12，M：22，Y：30，K：1）的渐变色，并选择“径向渐变”选项。

3 在“图层”面板中新建“图层 1”图层，然后运用设置好的渐变工具，在画面中从中心向旁边拖动，填充渐变色,如图 12-480 所示。

4 选择“通道”面板，在通道面板中单击“创建新通道”按钮，新增“Alpha 1”通道，如图 12-481 所示。

5 选择工具箱中 “矩形选框工具”，绘制一个矩形选区。

6 工具箱中将前景色设置为“白色”，然后按 Alt+Delete 组合键，在选区中填充白色，如图 12-482 所示。

图 12-480 填充渐变色

图 12-481 创建新通道

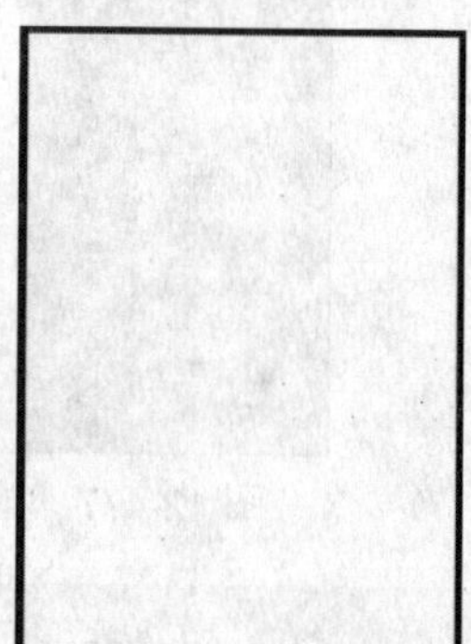

图 12-482 填充前景色

7 选择“滤镜”|“画笔描边”|“喷溅”命令，在弹出的“喷溅”对话框中设置参数，如图 12-483 所示，单击“确定”按钮。

8 按住 Ctrl 键，在“通道”面板中单击“Alpha 1”通道，将其选区调出来。

9 选择“图层”面板，新建“图层 2”，然后填充酱红色（C：34，M：75，Y：52，K：55），如图 12-484 和图 12-485 所示。

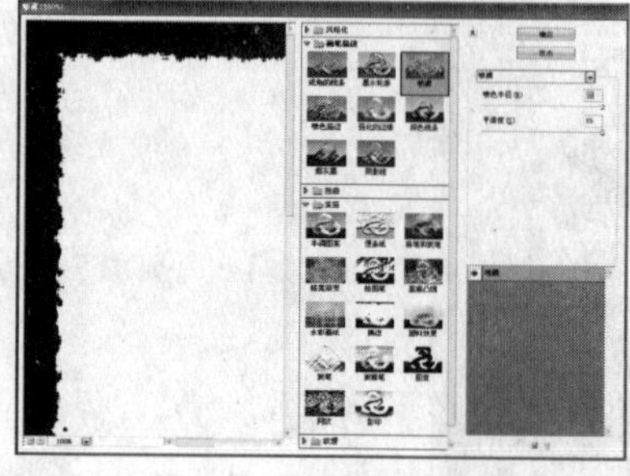

图 12-483 设置喷溅参数

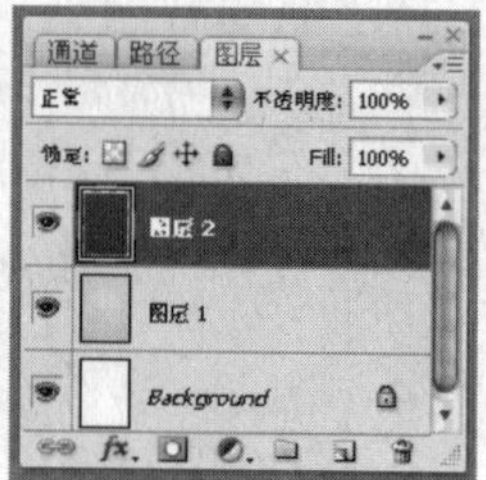

图 12-484 新建图层

10 再选择“通道”面板，新建“Alpha 2”通道，然后在工具箱中选择“矩形选框工具”，绘制一个矩形选区，然后填充白色。如图 12-486 和图 12-487 所示。

图 12-485　填充酱红色

图 12-486　新建“Alpha 2”通道

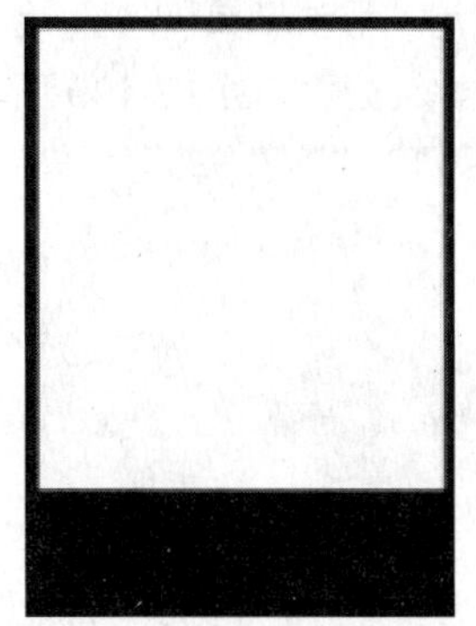

图 12-487　填充白色

11 选择“滤镜”|“画笔描边”|“喷溅”命令，在弹出的“喷溅”对话框中设置参数，如图 12-488 所示，单击“确定”按钮后，得到效果如图 12-489 所示。

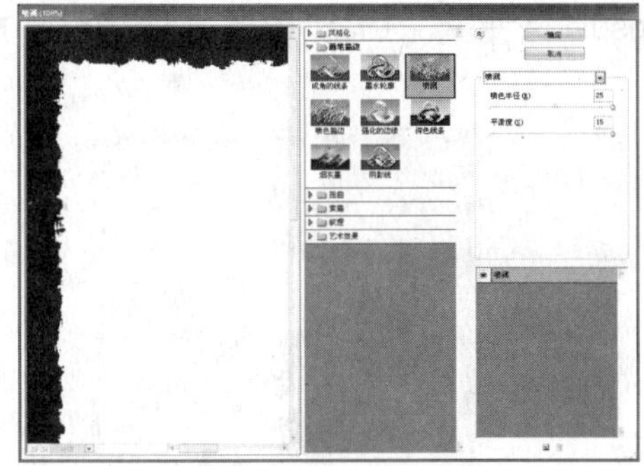

图 12-488　设置喷溅

图 12-489　效果

12 按住 Ctrl 键，单击“Alpha 2”通道，将其选区调出来，然后选择“图层”面板，新建“图层 3”，选择工具箱中 “渐变工具”，在其工具属性栏中保持选项不变，然后在选区中拖动，填充渐变色，如图 12-490 所示。

13 选择工具箱中“橡皮擦工具”，在其工具属性栏中将“画笔”选项设置为“尖角 80 像素”。

14 在“图层”面板中选择“图层 2”图层，然后利用设置好的橡皮擦工具，将右上角的图形擦掉，如图 12-491 所示。

15 选择“文件”|“打开”命令，打开“茶壶.psd”文件，如图 12-492 所示。

图 12-490　填充渐变色

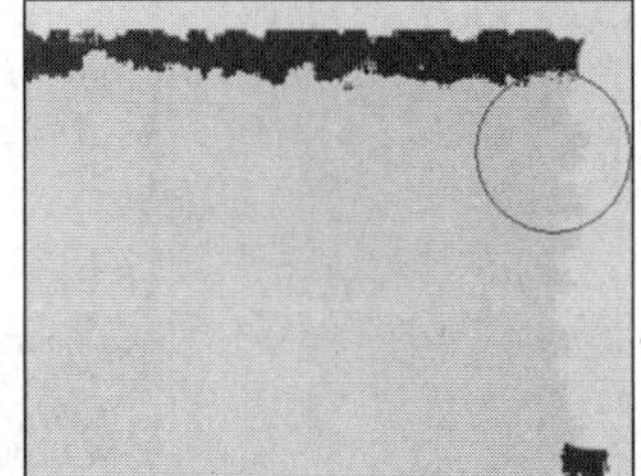

图 12-491　擦掉图形

图 12-492　茶壶图片

16 选择工具箱中 “移动工具”，将茶壶拖入“宣传单.psd”文件中，生成“图层 4”图层，调整大小和位置，放置如图 12-493 所示。

17 打开“茶盅.psd”文件，如图 12-494 所示。

18 利用“移动工具”，将茶盅图片拖入“宣传单.psd”文件中，生成“图层 5”图层，调整大小和位置，放置如图 12-495 所示。

图 12-493　调整茶壶位置

图 12-494　茶盅图片

图 12-495　调整茶盅位置

19 打开“茶杯.psd”文件，如图 12-496 所示。

20 利用“移动工具”，将茶杯图片拖入“宣传单.psd”文件中，生成“图层 6”，调整大小和位置，放置如图 12-497 所示。

图 12-496　茶杯图片

图 12-497　调整茶杯位置

21 打开“茶叶.psd”文件，如图 12-498 所示。

22 利用“移动工具”，将茶叶图片拖入“宣传单.psd”文件中，生成“图层 7”，调整大小和位置，放置如图 12-499 所示。

图 12-498　茶叶图片

图 12-499　调整茶叶位置

23 选择工具箱中“钢笔工具”，在其工具属性栏中选择“路径”选项。

24 利用设置好的“钢笔工具”，在茶壶和茶杯的下面绘制出投影的形状，如图 12-500 所示。

25 按 Ctrl+Enter 组合键，将路径转换为选区，然后选择“选择”|“修改”|“羽化”命令，在

弹出的“羽化”对话框中将“羽化半径”选项设置为“5 像素”，选区效果如图 12-501 所示。

26 在“图层”面板中新建“图层 8”图层，在工具箱中将前景色设置为赭石色（R：140，G：83，B：65），然后按 Alt+Delete 组合键，在选区中填充赭石色，如图 12-502 所示。

图 12-500　绘制投影形状

图 12-501　羽化后效果

图 12-502　填充颜色

27 在“图层”面板中将“图层 8”的“不透明度”选项设置为 50%，如图 12-503 所示。

28 选择工具箱中“画笔工具”，在其工具属性栏中将“画笔”选项设置为“柔角 35 像素”，并在工具箱中将前景色设置为赭石色（R：140，G：83，B：65）。

29 在“图层”面板中新建“图层 9”，然后利用设置好的画笔工具在投影部分涂抹，将投影的前端加深，如图 12-504 所示。

30 用相同的方法将茶杯的投影制作出来，如图 12-505 所示。

图 12-503　阴影效果

图 12-504　加深投影

图 12-505　制作茶杯投影

31 打开“图腾.psd”文件，如图 12-506 所示。

32 利用“移动工具”将图腾图片拖入“宣传单.psd”文件中，生成“图层 10”图层，调整图形大小，放置位置如图 12-507 所示。

33 按住 Ctrl 键，在“图层”面板中单击“图层 10”，将其选区调出来，然后新建“图层 11”，选择“编辑”|“描边”命令，在打开的“描边”对话框中将“宽度”选项设置为“1px”，“颜色”选项设置为淡褐色（R：171，G：128，B：108），“位置”设置为“居外”，如图 12-508 所示，单击“确定”按钮后，得到效果如图 12-509 所示。

图 12-506　图腾图片

图 12-507　调整图腾位置

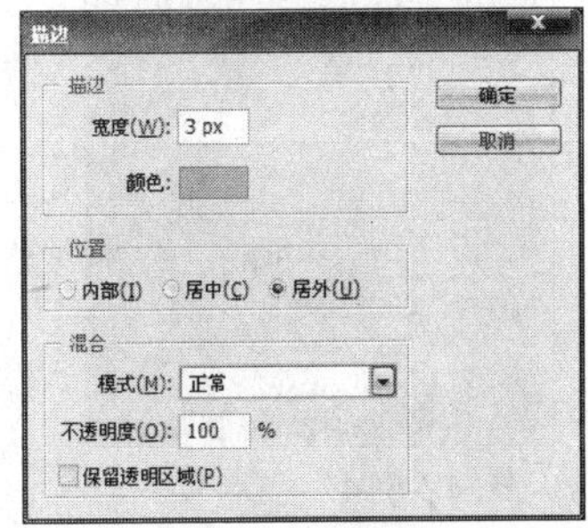

图 12-508　“描边”对话框

34 将“图层 11”复制一个，生成“图层 11 副本”，放置在画面的左边，如图 12-510 所示。

35 再次将“图层 10”的选区调出来，然后在“图层”面板中新建“图层 12”，填充深红色（R：74，G：14，B：24），并调整大小，放置在画面的右上角，如图 12-511 所示。

图 12-509　效果

图 12-510　复制图形

图 12-511　填充图形

36 选择工具箱中“直排文字工具”，在其工具属性栏中将“字体”设置为“方正大标宋体”，“字体大小”设置为“35pt”，颜色设置为深红色（R：74，G：14，B：24），如图 12-512 所示。

37 运用设置好的“直排文字工具”在画面中输入文字“佛闻弃禅跳墙来，坛启晕香飘四邻”，如图 12-513 所示。

38 选择工具箱中“文字工具”，在其工具属性栏中将“字体”设置为“经典繁角篆”，“字体大小”设置为“20pt”，颜色设置为深红色（R：74，G：14，B：24）。

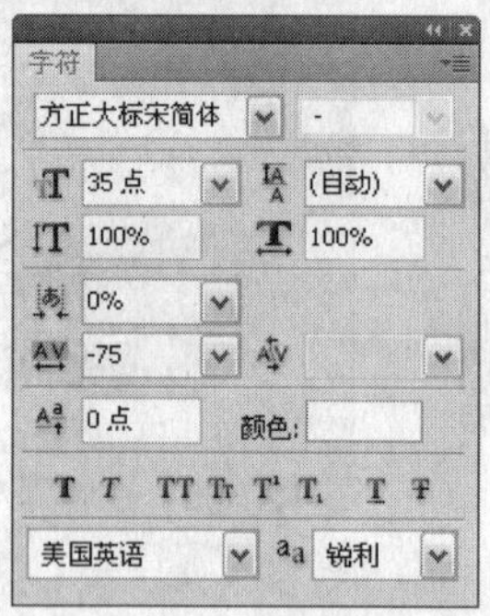

图 12-512　字符面板

图 12-513　调整文字

39 运用设置好的“直排文字工具”，输入“铁观音”，放置在画面的左下角，如图 12-514 所示。

40 选择工具箱中“钢笔工具”，在文字左上角绘制两条路径，如图 12-515 所示。

41 选择工具箱中“画笔工具”，在其工具属性栏中将“画笔”选项设置为“尖角 5 像素”，如图 12-516 所示。

图 12-514　输入文字

图 12-515　绘制路径

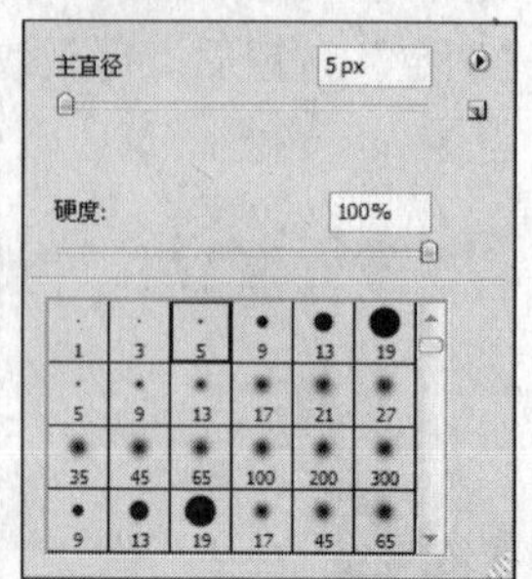

图 12-516　设置画笔工具

42 在工具箱中将前景色设置为驼色（R：198，G：187，B：159），然后选择“路径选择工具”，在“图层”面板中新建“图层 13”图层后，右击在弹出的菜单中选择“描边路径”选项，如图 12-517 所示，得到效果如图 12-518 所示。

43 按住 Ctrl 键，单击“图层 10”图层，将图形的选区调出来，然后新建“图层 14”图层，在选区中填充驼色（R：198，G：187，B：159），并调整大小和位置放置如图 12-519 所示。

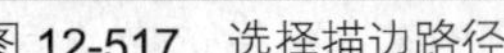
图 12-517 选择描边路径

图 12-518 效果

图 12-519 填充图形

44 选择工具箱中“文字工具”，在其工具属性栏中将字体设置为“经典繁角篆”，“字体大小”设置为“18 点”，颜色设置为驼色（R：198，G：187，B：159）。

45 运用设置好的“文字工具”，输入文字“TIEGUANYIN”，如图 12-520 所示。

46 按 Ctrl+T 组合键，将文字的调整框调出来，然后旋转文字，放置如图 12-521 所示。

图 12-520 输入文字

图 12-521 调整文字方向

47 在光盘中打开“铁观音.doc”文件，将文件中的文字全部选中，然后按快捷键 Ctrl+C，将其复制，如图 12-522 所示。

48 选择 Photoshop CS4 软件，选择工具箱中 “直排文字工具”，然后在画面中单击鼠标，再按 Ctrl+V 组合键，将复制的文字粘贴在“宣传单.psd”文件中，调整文字如图 12-523 所示。

49 打开“001.jpg”文件，单击“打开”按钮后，打开图片，如图 12-524 所示。

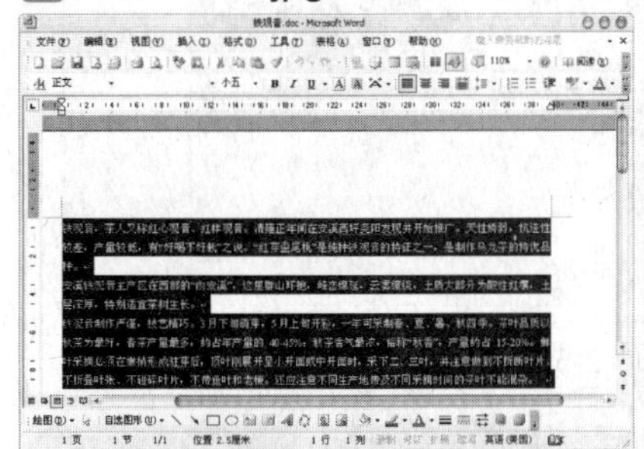
图 12-522 复制文字

图 12-523 调整文字位置

图 12-524 打开的图片

50 利用“移动工具”，将“001.jpg”文件拖入“宣传单.psd”文件中，生成“图层 25”图层，调整大小后放置如图 12-525 所示。

51 选择工具箱中“圆角矩形工具”，绘制一个圆角矩形路径，将路径转换为选区。如图 12-526

所示。

52 选择“选择”|“反向”命令，将选区反选，然后按 Delete 键，将多余的部分删除，如图 12-527 所示。

图 12-525　调整图片大小位置

图 12-526　路径转换为选区

图 12-527　删除图形

53 按住 Ctrl 键，在“图层”面板中单击“图层 25”图层，将选区调出来，然后选择“编辑”|“描边”命令，在弹出的“描边”对话框中将“宽度”选项设置为 2px，颜色设置为驼色（R：198，G：187，B：159），“位置”设置为“居外”，如图 12-528 和图 12-529 所示。

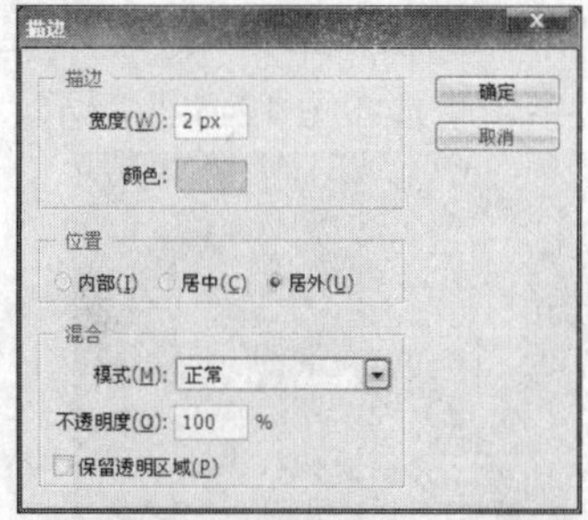

图 12-528　“描边”对话框

图 12-529　效果

54 用相同的方法，将“002.jpg”文件做相同的操作，如图 12-530 所示。

55 选择工具箱中“文字工具”，在其工具属性栏中将“字体”设置为“SimHei”，“字体大小”设置为“8 点”，颜色设置为黑色（R：0，G：0，B：0）。

56 运用设置好的文字工具，输入文字“从即日起亲临售茶专柜有更多精彩好礼等你拿 咨询电话：028-88888888，87777777”，放置在左上角，完成本范例的制作，如图 12-531 所示。

图 12-530　制作另一幅图片

图 12-531　输入文字

12.12 红酒包装

本例制作一个红酒包装。通过本例的练习，使读者练习 Photoshop CS4 中制作玻璃包装的方法和技巧。本例制作完成后的最终效果如图 12-532 所示。

图 12-532　完成效果

本例的具体操作步骤如下。

1 按 Ctrl+N 组合键，在弹出的“新建”对话框中将“名称”命名为“瓶帖”，“宽度”选项设置为 4 厘米，“高度”选项设置为 10 厘米，“分辨率”选项设置为 300 像素/英寸，“颜色模式”选项设置为 CMYK 颜色。

2 选择工具箱中　“矩形选框工具”，在画面中创建一个矩形选区。

3 新建“图层 1”图层，在工具箱中将前景色设置为红色（C：0，M：100，Y：100，K：0）后，按 Alt+Delete 组合键，将选区填充为红色，如图 12-533 所示。

4 选择“文件”|“打开”命令，在打开的“打开”对话框中选择“龙.psd”文件，然后单击“打开”按钮，打开文件，如图 12-534 所示。

5 选择工具箱中“移动工具”，将龙纹拖进“瓶帖.psd”文件中，生成“图层 2”，然后按 Ctrl+T 组合键，将图形的调整框调出来，拖动调节点将图形缩小放置在画面的右上角，如图 12-535 所示。

图 12-533　填充红色

图 12-534　打开文件

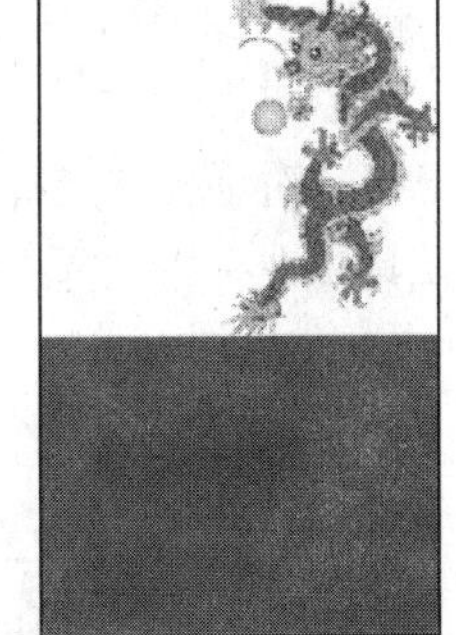

图 12-535　拖入图片

6 用相同的方法将“凤凰”图片拖入文件中，生成“图层 3”后放置如图 12-536 所示。

7 选择工具箱中“矩形工具”，在其工具属性栏中选择“像素填充” □ 选项。

8 在工具箱中将前景色设置为白色（C：0，M：0，Y：0，K：0），在“图层”面板中新建“图层 4”，然后运用设置好的“矩形工具”绘制一个双喜图形，如图 12-537 所示。

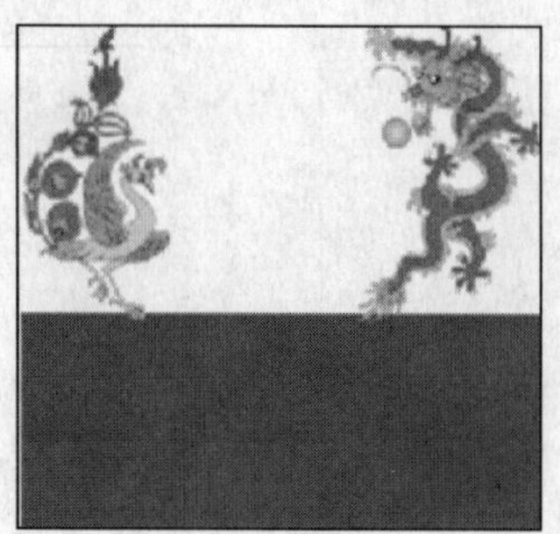
图 12-536 添加图像

图 12-537 绘制双喜

9 选择“移动工具”，将绘制好的双喜图形移至凤凰图形和龙图形中间，需要注意的是要让三个图形连接在一起，如图 12-538 所示。

10 按住 Ctrl+Shift 组合键，在“图层”面板中单击“图层 2”、“图层 3”和“图层 4”，将三个图形的选区调出来，如图 12-539 所示。

11 在“图层”面板中新建“图层 5”，在选区中填充红色（C：0，M：100，Y：100，K：0）。并单击“图层 2”、“图层 3” 、“图层 4”前的按钮，将这三个图层暂时隐藏起来，如图 12-540 所示。

图 12-538 移动图形

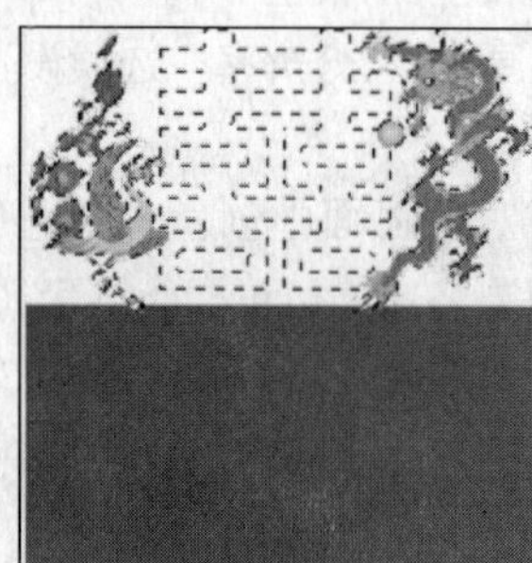
图 12-539 调出选区

图 12-540 隐藏图形

12 选择工具箱中 “自定形状工具”，在其工具属性栏中单击“形状”选项旁边的按钮，在其下拉对话框中单击按钮，在其下拉菜单中选择“全部”选项。在弹出的对话框中单击“确定”按钮。

13 在“形状”对话框中选择如图 12-541 所示形状。

14 在其工具属性栏中选择“路径”选项，然后在画面的下方绘制一条封闭的路径，如图 12-542 所示。

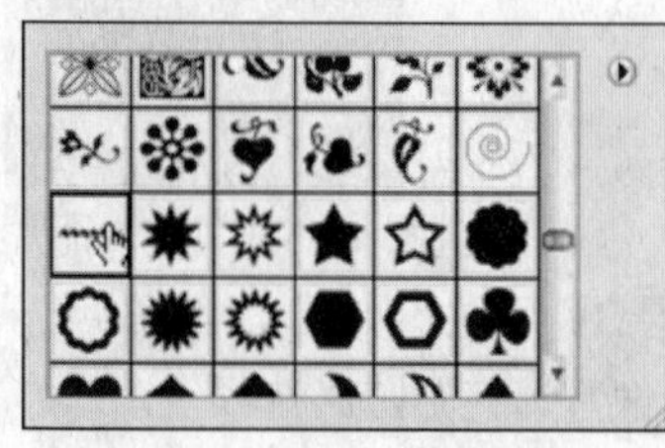
图 12-541 选择形状

图 12-542 绘制路径

15 选择工具箱中“路径选择工具”，选中绘制好的路径，然后按住 Shift+Alt 组合键，将路径复制一排，如图 12-543 所示。

图 12-543 复制路径

16 按 Ctrl+Enter 组合键，将路径转换为选区，然后在“图层”面板中选择“图层 1”后，按下 Delete 键，将选区中的图形删除，如图 12-544 所示。

17 再选择“矩形选框工具”，将图形下方的红色图形选中后，按 Delete 键将其删除，制作出瓶帖下的锯齿形状，如图 12-545 所示。

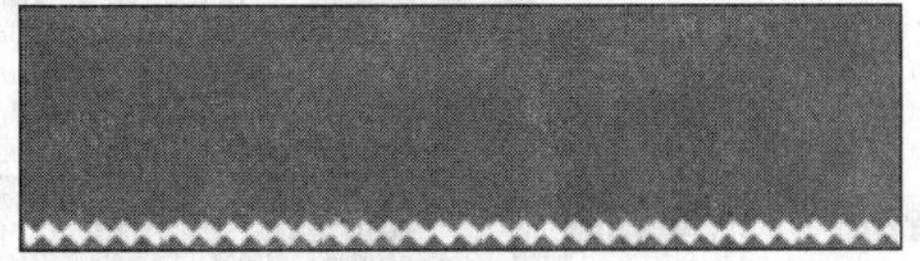
图 12-544 删除图形

图 12-545 删除图形

18 选择工具箱中“矩形选框工具”，按住 Shift 键，创建一个正方形选区。

19 在“图层”面板中新增“图层 6”后填充金色（C：19，M：45，Y：95，K：10），如图 12-546 所示。

20 选择工具箱中“横排文字工具”，在其工具属性栏中将“字体”设置为“经典平黑简”，“字体大小”设置为“43.2pt”，“颜色”设置为红色（C；0，M：100，Y：100，K：0）。

21 运用设置好的“横排文字工具”，输入文字“喜”，放置在金色的正方形上，如图 12-547 所示。

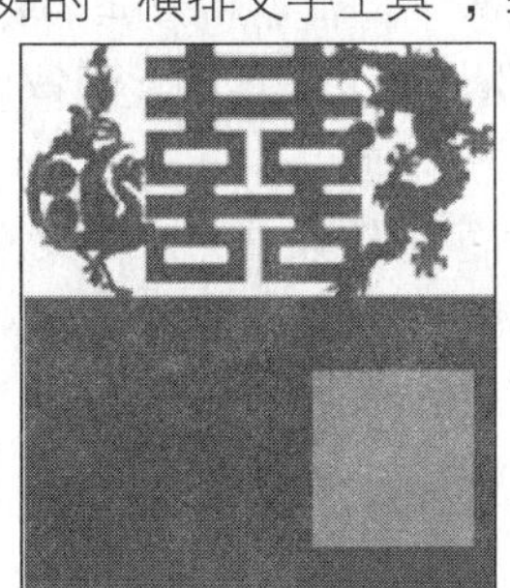
图 12-546 填充金色

图 12-547 输入文字

22 选择工具箱中“横排文字工具”，在其工具属性栏中将“字体”设置为“经典标宋繁”，“字体大小”设置为“43.2 点”，颜色设置为金色（C：19，M：45，Y：95，K：10）。运用设置好的“横排文字工具”，输入文字“福”，如图 12-548 所示。

23 打开“龙.psd”文件，如图 12-549 所示。

24 利用“移动工具”，将打开的图片拖入“瓶帖.psd”文件中，生成“图层 7”，调整其大小位置如图 12-550 所示。

图 12-548 输入文字

图 12-549 打开的图形

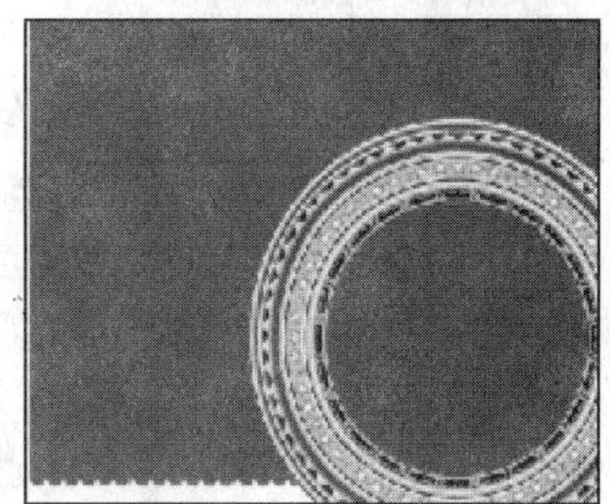
图 12-550 调整图形位置

25 在“图层”面板中将“图层 7”的“混合模式”设置为“正片叠底”，“不透明度”设置为“20%”，效果如图 12-551 所示。

26 选择工具箱中“横排文字工具”，在其工具属性栏中将“字体”设置为“黑体”，“字体大小”设置为“4.32 点”，颜色设置为黑色（C：0，M：0，Y：0，K：100）。运用设置好的“横排文字”工具，输入文字“四川长城酒业”，如图 12-552 所示。

27 在工具属性栏中单击按钮，打开“变形文字”对话框，在对话框中将“样式”设置为“扇形”，“弯曲”选项设置为“100%”，如图 12-553 所示。调整方向放置如图 12-554 所示。

图 12-551 效果

图 12-552 输入文字

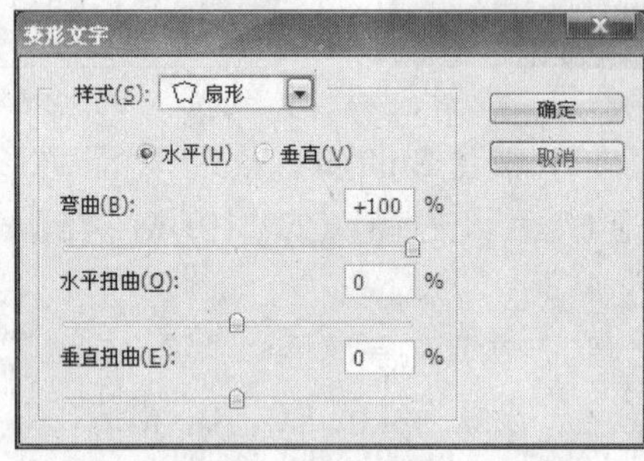

图 12-553 “变形文字”对话框

图 12-554 效果

28 在“图层”面板中将文字的“不透明度”选项设置为 20%，将文字和图形融合在一起，效果如图 12-555 所示。

29 选择工具箱中“横排文字工具”，在其工具属性栏中将“字体”设置为“华文中宋”，“字体大小”设置为“28.8 点”，颜色设置为金色（C：19，M：45，Y：95，K：10）。然后在画面中输入“长城”两个字，效果如图 12-556 所示。

30 选择工具箱中“椭圆选框工具”，按住 Shift 键，在画面中创建一个圆形选区，如图 12-557 所示。

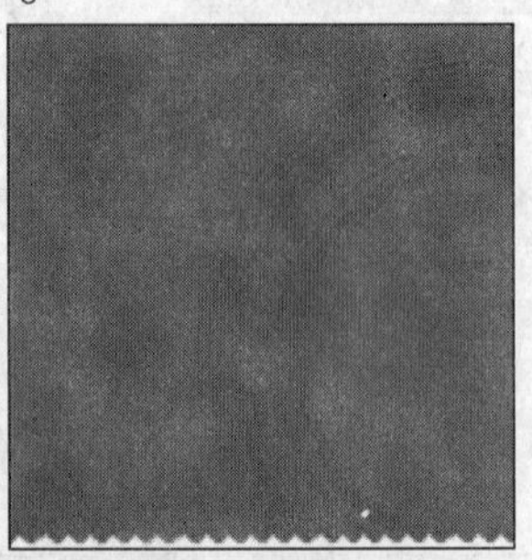

图 12-555 效果

图 12-556 输入文字

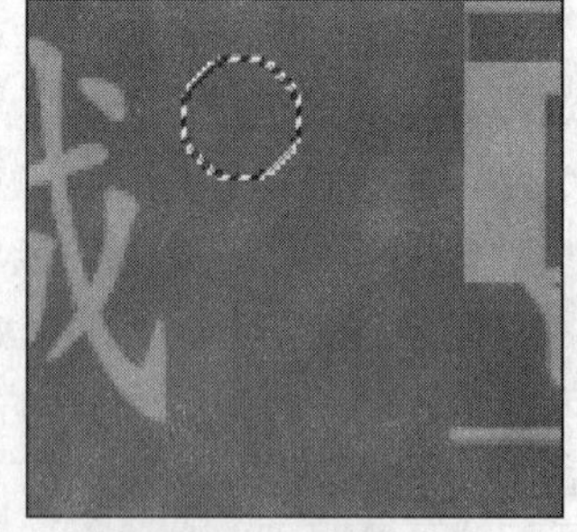

图 12-557 创建选区

31 在“图层”面板中新建“图层 8”后，选择“编辑”|“描边”命令，在弹出的“描边”对话框中将“宽度”设置为 2 点，颜色设置为金色（C：19，M：45，Y：95，K：10），“位置”设置为“居中”，单击“确定”按钮后，得到一个圆环，如图 12-558 所示。

32 选择工具箱中“横排文字工具”，在其工具属性栏中将“字体”设置为“经典标宋繁”，“字体大小”设置为 20 点，颜色设置为金色（C：19，M：45，Y：95，K：10）。然后运用设置好的文字工具输入文字“R”，放置如图 12-559 所示位置。

33 继续选择“横排文字工具”，在其工具属性栏中将“字体”设置为“黑体”，“字体大小”设置为 12.89 点，颜色设置为黑色（C：0，M：0，Y：0，K：100），然后运用设置好的文字工具输入文字“起泡甜型玫瑰红”，放置如图 12-560 所示位置。

图 12-558　效果

图 12-559　摆放位置

图 12-560　摆放位置

34 继续输入文字如图 12-561 所示。

35 打开“葡萄酒介绍.doc”文件，如图 12-562 所示。

图 12-561　输入文字

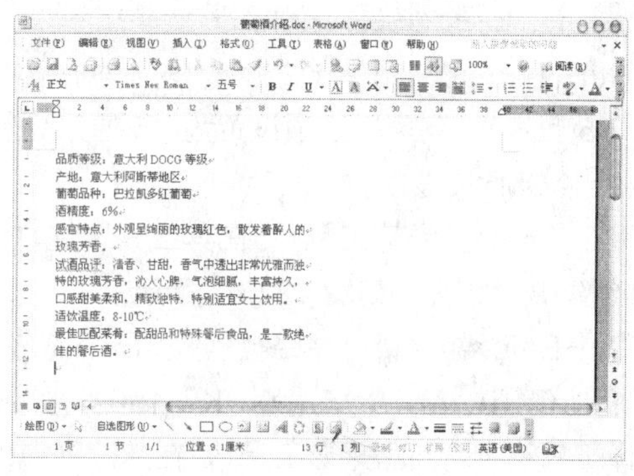

图 12-562　葡萄酒介绍文字

36 将文件中的文字全部选中，按 Ctrl+C 组合键，将其复制，然后在“瓶帖.psd”文件中选择“横排文字工具”，在画面中单击鼠标后，再按 Ctrl+V 组合键，将文字粘贴在画面中，并在其工具属性栏中将“字体大小”设置为“9.72px”，如图 12-563 所示。

37 选择“文件”|“打开”命令，打开“标帖.psd”文件，如图 12-564 所示。

图 12-563　文字效果

图 12-564　标帖

38 利用“移动工具”，将“标帖.psd”文件拖入“瓶帖.psd”文件中，生成“图层 9”图层，调整其大小和位置如图 12-565 所示。

39 选择工具箱中“横排文字工具”，在其工具属性栏中将“字体”设置为“黑体”，“字体大小”设置为“14 点”，颜色设置为黑色（C：0，M：0，Y：0，K：100）。然后输入文字“四川长城酒业有限公司荣誉出品”，放置在画面的最下方，完成瓶帖的制作，如图 12-566 所示。

图 12-565　放置图形

图 12-566　输入文字

40 按 Ctrl+N 组合键，在弹出的“新建”对话框中将“名称”命名为“红酒包装”，“宽度”选项设置为 15 厘米，“高度”选项设置为 15 厘米，“分辨率”选项设置为 300 像素/英寸，“颜色模式”设置为 CMYK 颜色。

41 选择工具箱中“钢笔工具”，在其工具属性栏中选择“路径”选项，然后运用设置好的钢笔工具创建一个路径，如图 12-567 所示。

42 按 Ctrl+Enter 组合键，将路径转换为选区，在“图层”面板中新建“图层 9”后，在选区中填充黑色（C：0，M：0，Y：0，K：100），如图 12-568 所示。

43 选择工具箱中“圆角矩形工具”，在其工具属性栏中选择“路径”选项，“半径”选项设置为“10 点”，然后运用设置好的“圆角矩形工具”绘制一个圆角矩形，制作出瓶口的形状，如图 12-569 所示。

图 12-567　创建路径

图 12-568　填充黑色

图 12-569　创建圆角矩形路径

44 按 Ctrl+Enter 组合键，将路径转换为选区，在“图层”面板中新建“图层 10”后，在选区中填充黑色（C：0，M：0，Y：0，K：100），如图 12-570 所示。

45 再选择“钢笔工具”，创建一个如图 12-571 所示路径，绘制出瓶身上的高光形状。

46 按 Ctrl+Enter 组合键，将路径转换为选区，然后选择“选择”|“修改”|“羽化”命令，在弹出的“羽化”对话框中将“羽化半径”设置为“5 像素”，单击“确定”按钮后，在“图层”面板中新建“图层 11”，填充灰色（C：29，M：21，Y：16，K：0），如图 12-572 所示。

图 12-570　填充黑色

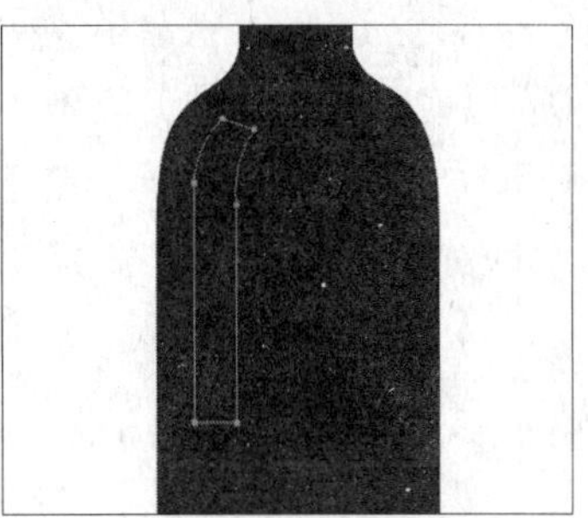
图 12-571　创建路径

图 12-572　填充灰色

47 用相同的方法再绘制另一处的高光，并在“图层”面板中将“不透明度”设置为“30%”，如图 12-573 和 12-574 所示。

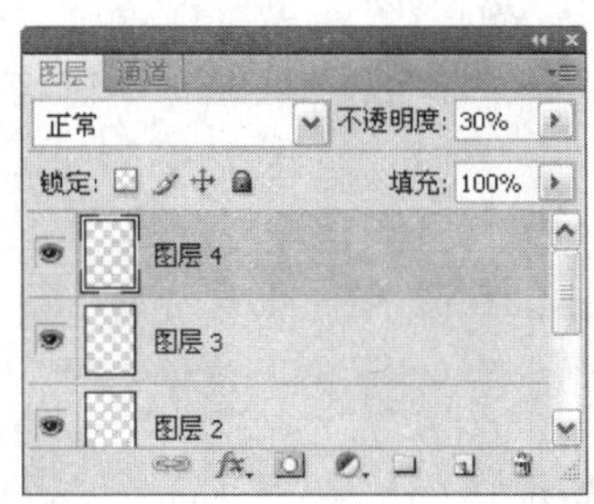

图 12-573　设置图层不透明度

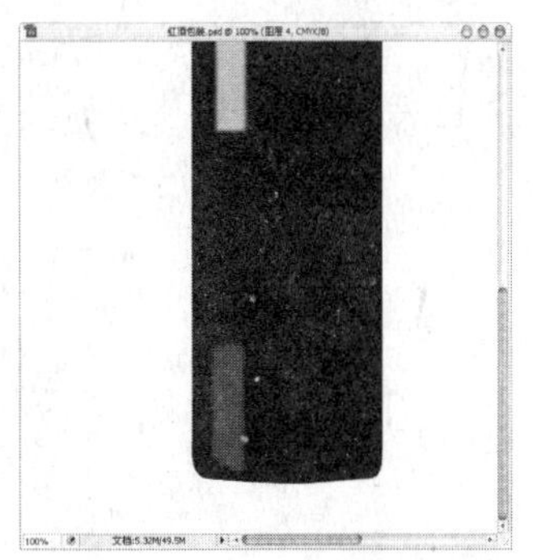
图 12-574　效果

48 再运用“钢笔工具”，创建一个如图 12-575 选择所示路径。

49 按 Ctrl+Enter 组合键，将路径转换为选区，然后执行“选择”|“修改”|“羽化”命令，在弹出的“羽化”对话框中将“羽化半径”设置为“5 像素”，如图 12-576 所示。

50 选择“渐变工具”，打开“渐变编辑器”对话框，设置一个从深红色（C：63，M：80，Y：71，K：36）到黑红色（C：77，M：77，Y：75，K：49）的渐变色，并选择“线形渐变”选项。

51 在“图层”面板中新建“图层 12”，运用设置好的“渐变工具”，从左至右的拖动，在选区中填充渐变色，如图 12-577 所示。

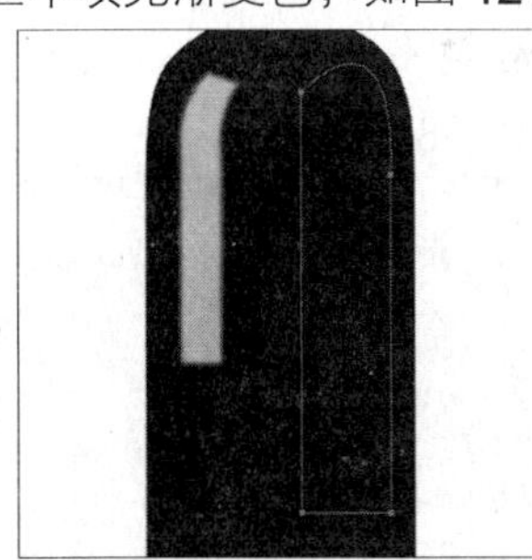
图 12-575　创建路径

图 12-576　羽化效果

图 12-577　填充渐变色

52 选择工具箱中“画笔工具”，在其工具属性栏中将“画笔”选项设置为“柔角 100 像素”。

53 在工具箱中将前景色设置为红灰色（C：51，M：63，Y：54，K：1），保持选区的浮动，运用设置好的画笔工具，在选区中涂抹，制作出反光的立体感，并将“图层 12”的“不透明度”选项设置为 80%，使反光和瓶身更好的融合在一起，如图 12-578 所示。

54 再绘制一个深红色（C：62，M：83，Y：73，K：35）的反光，如图 12-579 所示。

55 在“图层”面板中将“图层 12”的“混合模式”设置为“亮度”，效果如图 12-580 所示。

图 12-578 效果

图 12-579 制作反光

图 12-580 效果

56 将制作好的“瓶贴.psd”文件打开，按 Ctrl+Shift+E 组合键，将所有的图层合并，然后将瓶贴拖入“红酒包装.psd”文件中，调整大小和位置，如图 12-581 所示。

图 12-581 放入瓶贴

57 在工具箱中将前景色设置为黑色，然后选择“画笔工具”，在工具属性栏中将“画笔”选项设置为“柔角 200 像素”，“不透明度”选项设置为 25%，然后在“图层”面板中新建“图层 13”图层，运用设置好的画笔工具在瓶贴的右边涂抹，给瓶贴增加立体感，如图 12-582 所示。

58 按住 Ctrl 键，单击瓶贴所在的图层，将瓶贴的选区调出来，如图 12-583 所示。然后新建“图层 14”，选择工具箱中“画笔工具”，将前景色设置为红色（C：4，M：99，Y：99，K：4），运用画笔在瓶贴右边增加一条红色的图形，增加上反光的效果，如图 12-584 所示。

图 12-582 增加暗部

图 12-583 调出选区

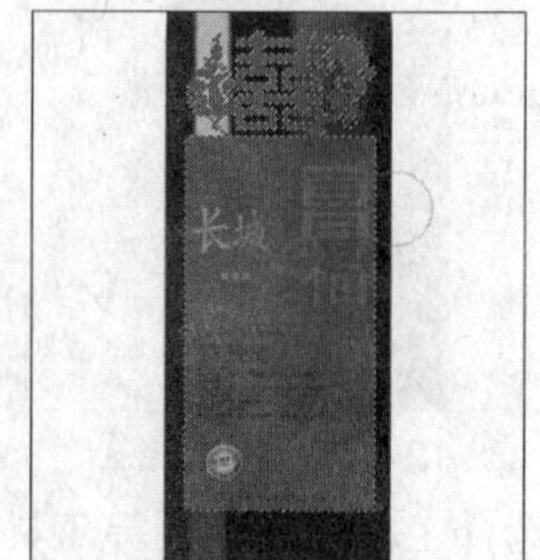

图 12-584 绘制反光效果

59 选择工具箱中“矩形选框工具”，创建一个矩形选区与瓶口同宽，然后填充红色（C：4，M：99，Y：99，K：4），制作出瓶口包装纸的效果，如图 12-585 所示。

60 选择“画笔工具”，将前景色设置为深红色（C：48，M：100，Y：100，K：29），运用设置好的画笔工具涂抹，制作出立体感，如图 12-586 所示。

61 再用相同的方法给瓶口也制作出立体感，如图 12-587 所示。

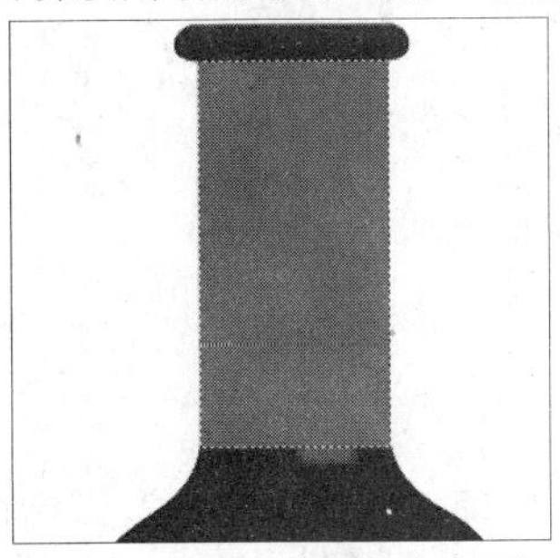
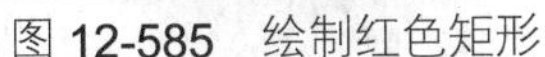
图 12-585　绘制红色矩形

图 12-586　立体效果

图 12-587　瓶口的立体效果

62 再将前景色设置为白色（C：0，M：0，Y：0，K：0），运用“画笔”工具在瓶口涂抹，制作出高光效果，如图 12-588 所示。

63 工具箱中选择“椭圆选框工具”，按住 Shift 键，创建一个圆形选区，在“图层”面板中新建一个图层后填充金色（C：24，M：45，Y：84，K：0），如图 12-589 所示。

64 选择“横排文字工具”，输入文字“荣”，如图 12-590 所示。

图 12-588　高光效果

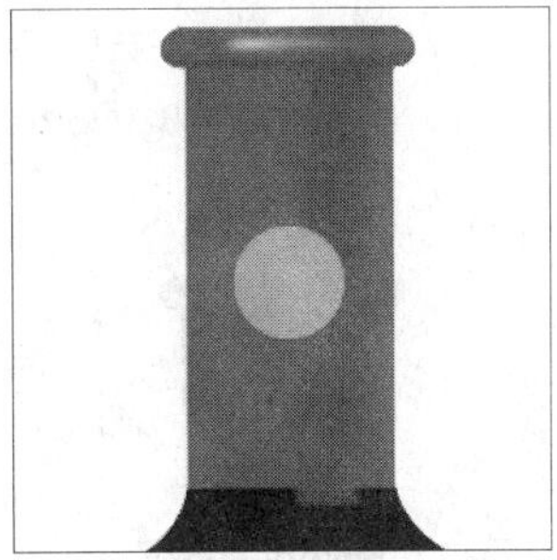
图 12-589　绘制金色圆形

图 12-590　输入文字

65 按住 Ctrl 键，单击文字图层，将“荣”字的选区调出来，然后选择金色的圆形，按 Delete 键，将选区中的图形删除，将文字图层隐藏起来，得到效果如图 12-591 所示。

66 再利用椭圆选框工具，按住 Shift 键，创建一个圆形选区，如图 12-592 所示。然后选择“编辑”|“描边”命令，在打开的“描边”对话框中将“宽度”选项设置为“3px”，颜色设置为金色（C：24，M：45，Y：84，K：0），“位置”选项设置为“居中”，如图 12-593 所示。单击“确定”后，得到效果如图 12-594 所示。

图 12-591　制作镂空效果

图 12-592　创建圆形选区

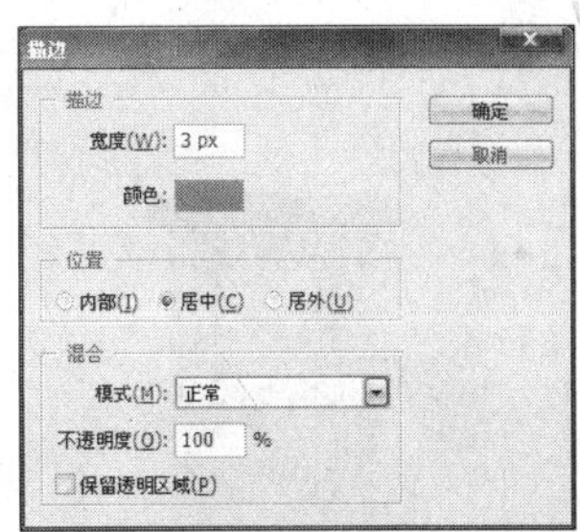

图 12-593　“描边”对话框

图 12-594　描边效果

67 选择工具箱中“横排文字工具”，在其工具属性栏中将“文字”选项设置为“黑体”，“字体大小”设置为“7.79 点”，如图 12-595 所示，颜色设置为金色（C：24，M：45，Y：84，K：0）。运用设置好的“横排文字工具”，输入文字“荣誉出品”。然后单击“创建变形文字”按钮，打开“变形文字”对话框，在对话框中将“样式”设置为“扇形”，“弯曲”选项设置为 80%，如图 12-596 所示。单击“确定”按钮后，将变形好的文字放置如图 12-597 所示。

T　黑体　-　7.79 px　aa　锐利

图 12-595　设置横排文字工具

68 用相同的方法制作出另一组变形文字“四川长城酒业有限公司”放置如图 12-598 所示。

69 选择工具箱中“圆角矩形工具”，在其工具属性栏中选择“路径”选项，“半径”设置为“20px”，在画面中创建一个如图 12-599 所示路径。

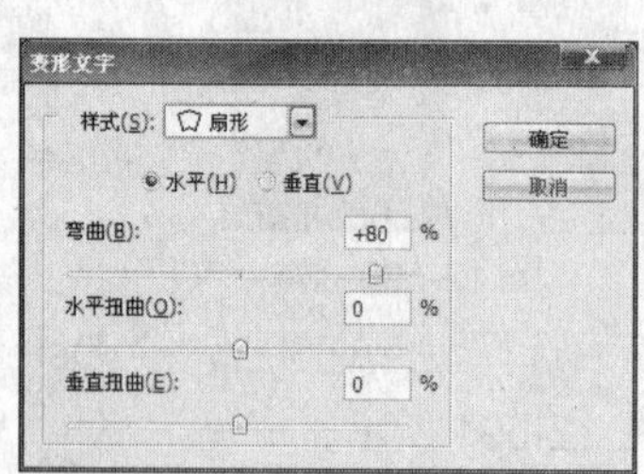

图 12-596　“变形文字”对话框

图 12-597　效果

图 12-598　变形文字

70 按 Ctrl+Enter 组合键，将路径转换为选区。选择工具箱中“渐变工具”，打开“渐变编辑器”对话框，设置一个从红色（C：18，M：100，Y：100，K：18）到亮红色（C：4，M：100，Y：100，K：4）到深红色（C：28，M：100，Y：100，K：28）再到红色（C：6，M：89，Y：89，K：6）的渐变色，如图 12-600 所示。新建一个图层后，运用设置好的“渐变工具”在选区中填充渐变色，如图 12-601 所示。

图 12-599　创建路径

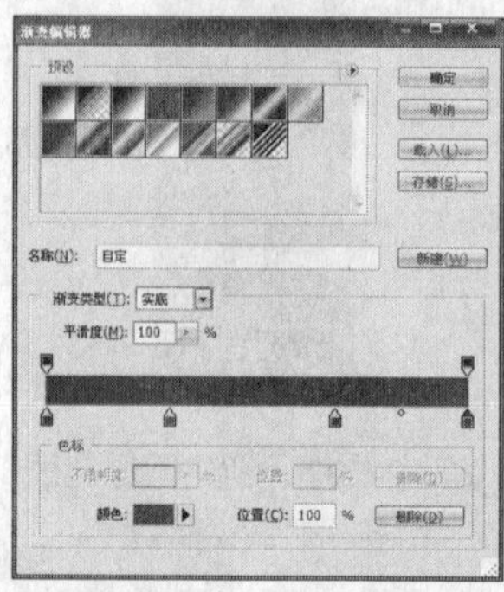

图 12-600　设置渐变色

图 12-601　填充渐变色

71 工具箱中选择“矩形选框工具”，将选区向下移动，如图 12-602 所示。

72 选择“选择”|“修改”|“羽化”命令，在打开的“羽化选区”对话框中将“羽化半径”设置为“1 像素”，单击“确定”按钮后，选择“图像”|“调整”|“曲线”命令，在弹出的“曲线”对话框中调整如图 12-603 所示，将选区中的图像颜色加深，制作出立体感，如图 12-604 所示。

图 12-602　移动选区

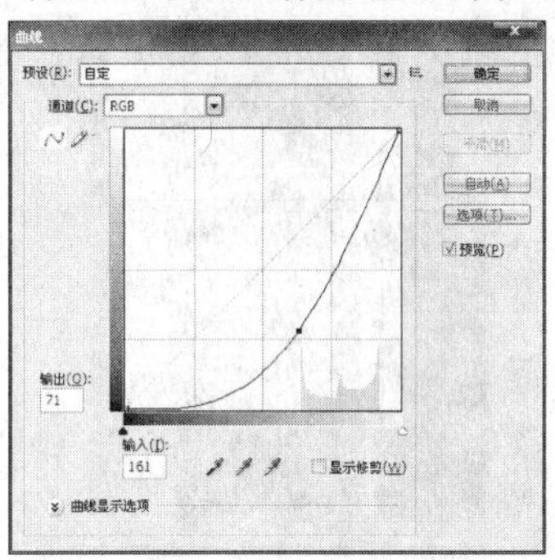

图 12-603　“曲线”对话框

图 12-604　加深效果

73 将制作好的圆角矩形复制几个，调整它们的方向放置如图 12-605 所示，制作出绳子的效果。

74 打开“吊饰.psd”文件，运用“移动工具”将吊饰拖动到“红酒包装.psd”文件中，放置如图 12-606 所示。

图 12-605　复制图形

图 12-606　添加吊饰图案

75 运用前面学习过的方法，制作出吊饰上的绳子，使其和瓶口上的绳子相连，如图 12-607 所示。

76 按住 Ctrl 键，单击吊饰所在的图层，将吊饰的选区调出来，选择工具箱中“画笔工具”，在其工具属性栏中将“画笔”选项设置为“柔角 65 像素”，“不透明度”选项设置为 50%。将前景色设置为深红色（C：28，M：100，Y：100，K：28）。新建一个图层后，运用设置好的画笔工具，在选区中涂抹，制作出瓶身和吊饰之间的投影效果，如图 12-608 所示。

图 12-607　绘制绳子效果

图 12-608　制作投影效果

77 选择工具箱中“矩形选框工具”，在画面中创建一个矩形选区，新建一个图层后填充红色（C：0，M：100，Y：100，K：0），如图 12-609 所示。

78 按 Ctrl+T 组合键，将图形进行“透视”和“斜切”调整，如图 12-610 所示。

79 选择工具箱中“钢笔工具”，创建一个如图 12-611 所示路径。

图 12-609 创建红色矩形

图 12-610 自由变形

图 12-611 创建路径

80 按 Ctrl+Enter 组合键，将路径转换为选区，新建图层后填充红色（C：0，M：100，Y：100，K：0），如图 12-612 所示。

81 选择工具箱中“矩形选框工具”，创建一个选区，如图 12-613 所示。然后选择“图像” | “调整” | “色相/饱和度”命令，在弹出的“色相/饱和度”对话框中将“明度”选项设置为-60，如图 12-614 所示。单击“确定”按钮后得到效果如图 12-615 所示。

图 12-612 填充红色

图 12-613 创建选区

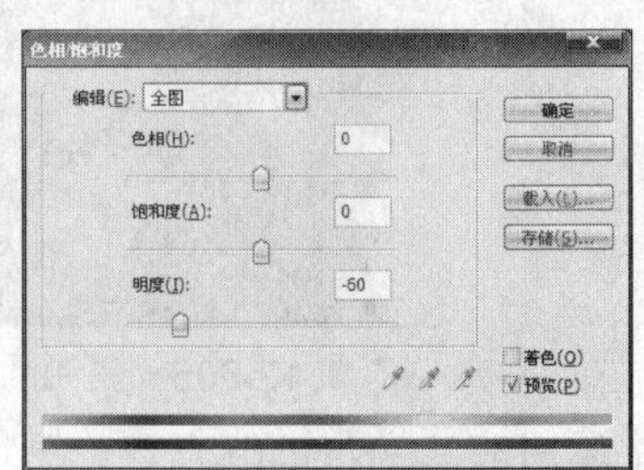

图 12-614 “色相/饱和度”对话框

82 选择“选择” | “反选”命令，将选区反选，再选择“图像” | “调整” | “色相/饱和度”命令，在弹出的“色相/饱和度”对话框中将“明度”选项设置为-40，如图 12-616 所示。单击“确定”按钮后，得到效果如图 12-617 所示。

图 12-615 效果

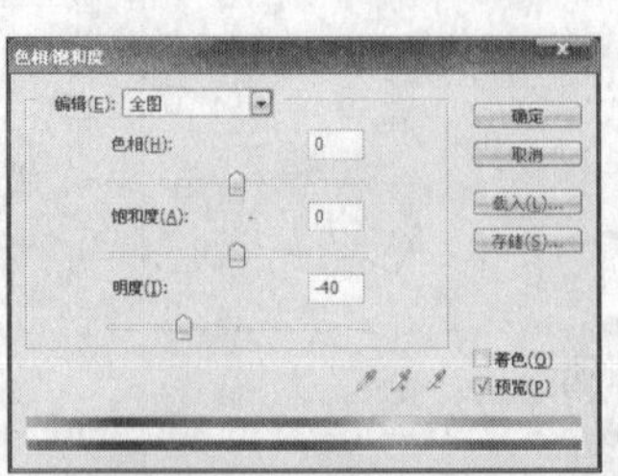

图 12-616 设置亮度选项

图 12-617 效果

83 选择“矩形选框工具”，创建一个矩形选区，然后选择“选择” | “变换选区”命令，将选区

旋转如图 12-618 所示。

84 选择“选择”|“修改”|“羽化”命令，在打开的“羽化选区”对话框中将“羽化半径”选项设置为“5 像素”，单击“确定”按钮后，将选区羽化，选择“图像”|“调整”|“色相/饱和度”在弹出的“色相/饱和度”对话框中将“明度”选项设置为-80，单击“确定”按钮后，得到效果如图 12-619 所示。

85 运用相同的方法将盒子侧面的立体感制作出来，如图 12-620 所示。

86 将瓶贴上的文字和图案复制一个，放置在盒子的右下角，如图 12-621 所示。

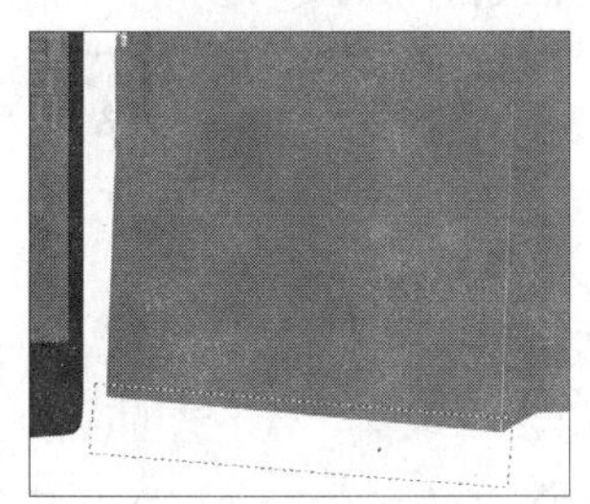

图 12-618　变换选区

图 12-619　效果

图 12-620　盒子侧面立体效果

87 选择工具箱中“椭圆选框工具”，按住 Shift 键，创建一个圆形选区，新建一个图层后填充黑色（C：0，M：0，Y：0，K：100），然后将圆形复制一个放置在如图 12-622 所示的位置。

88 打开“蝴蝶结.psd”文件，运用“移动工具”将蝴蝶结拖到“红酒包装.psd”文件中，放置如图 12-623 所示。

图 12-621　复制文字图案

图 12-622　绘制黑色圆形

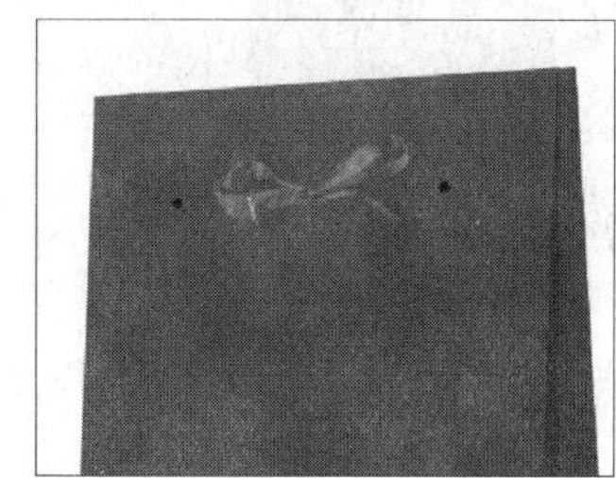

图 12-623　添加蝴蝶结

89 双击“蝴蝶结”所在的图层，在打开的“图层样式”对话框中选择“投影”选项，在打开的“图层样式”对话框中设置如图 12-624 所示，单击“确定”按钮后，得到效果如图 12-625 所示。

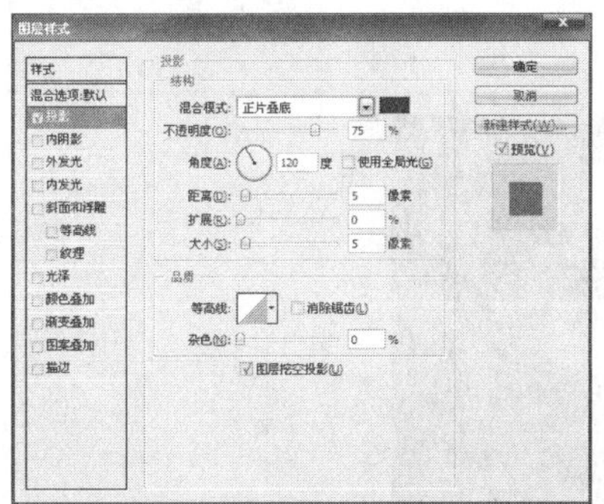

图 12-624　“图层样式”对话框

图 12-625　效果

90 再将蝴蝶结旁边的绸带也拖入画面中，放置在蝴蝶结的两边，再添加投影，如图 12-626 和 12-627 所示。

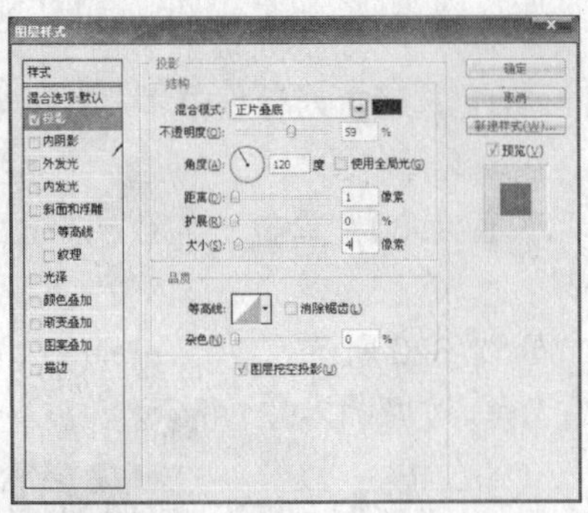

图 12-626 “设置投影”选项

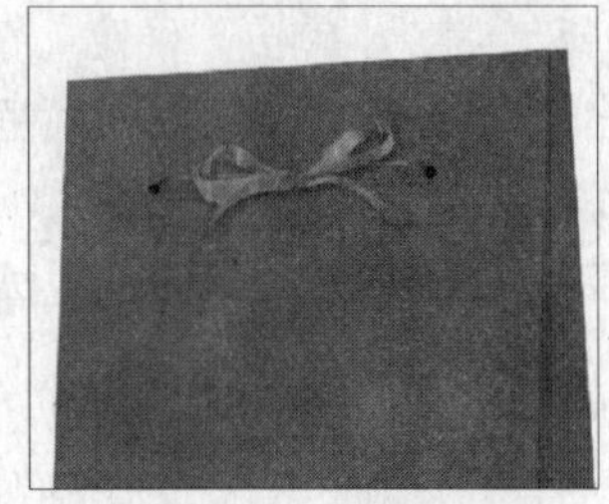

图 12-627 效果

91 选择工具箱中“钢笔工具”，创建一个路径，制作出酒瓶在盒子上的投影形状，然后按 Ctrl+Enter 组合键，将路径转换为选区后，选择“选择”|“修改”|“羽化”命令，在打开的“羽化选区”对话框中将“羽化选区”设置为“10 像素”。然后新建一个图层填充黑色（C：0，M：0，Y：0，K：100），如图 12-628 所示。

92 在“图层”面板中将“不透明度”选项设置为 30%，如图 12-629 所示。

93 选择工具箱中“画笔工具”，在其工具属性栏中将画笔设置为“柔角 250 像素”，“不透明度”选项设置为 50%。将前景色设置为深红色（C：39，M：100，Y：100，K：39）。然后运用设置好的画笔工具，在画面中涂抹，制作出包装的投影效果，完成本例的制作，如图 12-630 所示。

图 12-628 填充黑色效果

图 12-629 设置图层不透明度效果

图 12-630 增加投影效果

12.13 请柬

本例制作一个请柬。通过本例的练习，使读者练习 Photoshop CS4 中制作请柬的方法和技巧。本例制作完成后的最终效果如图 12-631 所示。

图 12-631 最终效果

本例的具体操作步骤如下。

1 按 Ctrl+N 组合键，在打开的“新建”对话框中将“名称”命名为“请柬—正面”，“宽度”选项设置为 20 厘米，“高度”选项设置为 12 厘米，“分辨率”选项设置为 300 像素/英寸，“颜色模式”设置为 CMYK 颜色。单击“确定”按钮。

2 按 Ctrl+R 组合键，将文件的标尺显示出来，选择“移动工具”，从标尺上拖处拖参考线，分别放置在“5cm”和“10cm”处，如图 12-632 所示。

3 在“图层”面板中单击“创建新图层”按钮，新建“图层 1”图层，然后将前景色设置为红色（C：0，M：100，Y：100，K：20），按 Alt+Delete 组合键，在“图层 1”图层中填充红色，如图 12-633 所示。

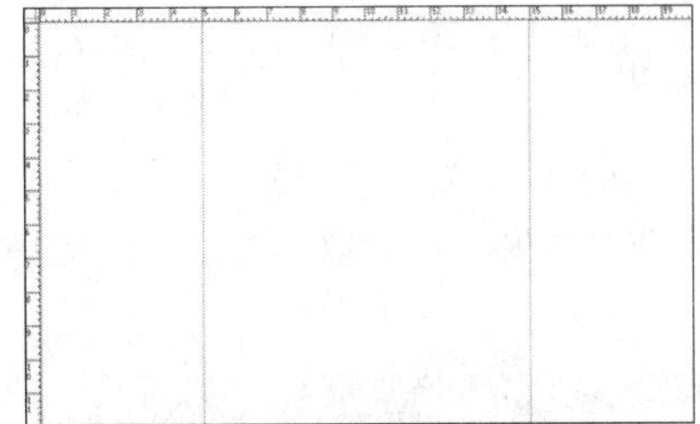

图 12-632　增加参考线

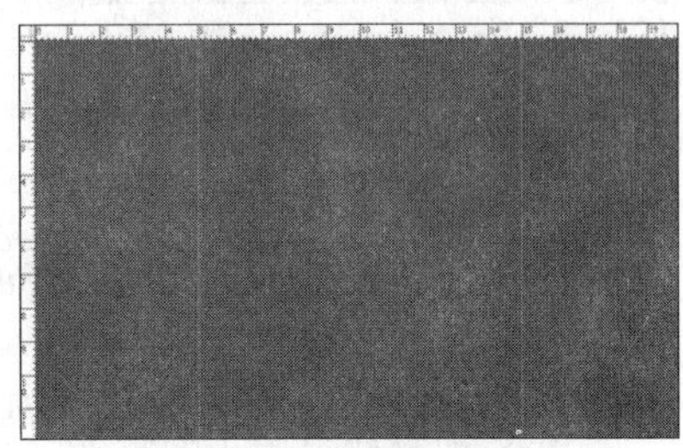

图 12-633　填充红色

4 打开“凤凰.tif”文件，如图 12-634 所示。

5 选择工具箱中“移动工具”，将凤凰拖进“请柬—正面.psd”文件中，生成“图层 2”图层。然后按 Ctrl+T 组合键，将图形的调整框调出来，拖动调节点将图形缩小放置在画面的右上角，如图 12-635 所示。

6 按住 Ctrl 键单击“图层 2”，将凤凰图形的选区调出来。

图 12-634　凤凰图形

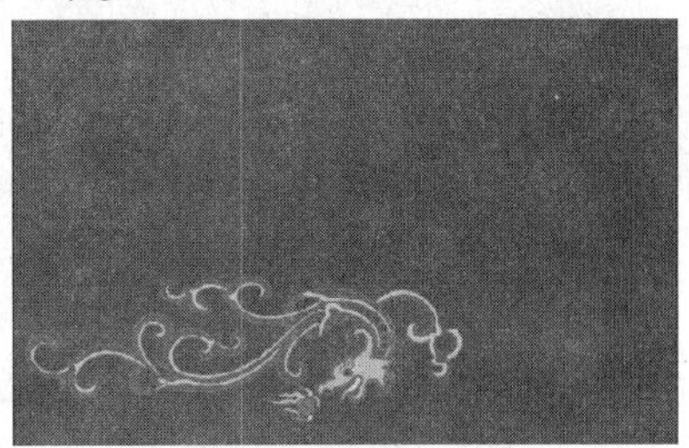

图 12-635　拖入凤凰图形

7 在“图层”面板中新建“图层 3”图层，然后选择“编辑”|“描边”命令，在弹出的“描边”对话框中将“宽度”设置为“3px”，“颜色”设置为白色（C：0，M：0，Y：0，K：0），“位置”设置为“居外”，如图 12-636 所示，设置好后，单击“确定”按钮，然后单击“图层 2”旁边按钮，将“图层 2”暂时隐藏起来，得到效果如图 12-637 所示。

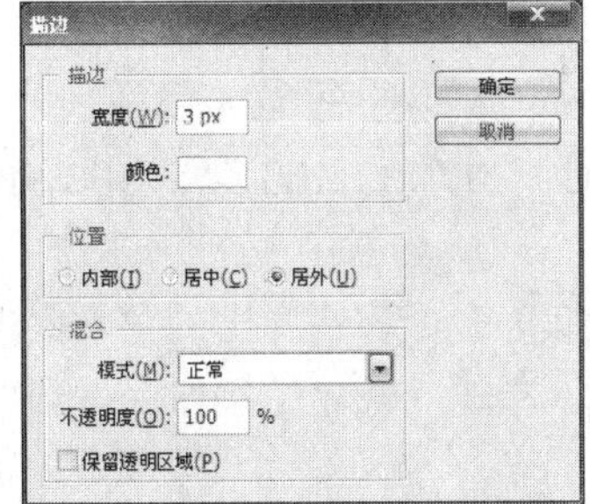

图 12-636　“描边”对话框

图 12-637　效果

8 在“图层”面板中将“图层 3”的“不透明度”选项设置为 30%，效果如图 12-638 所示。

9 将“图层 3”复制一个，然后按 Ctrl+T 组合键，将其调整框调出来，然后右击，在其弹出的菜单中选择“水平翻转”命令，按 Enter 键确定后，将复制的凤凰图形放置如图 12-639 所示。

图 12-638　调整图层不透明度效果

图 12-639　复制凤凰图形

10 打开“门饰.psd”文件，如图 12-640 所示。

11 选择工具箱中“移动工具”，将门饰拖进“请柬—正面.psd”文件中，生成“图层 4”。然后按 Ctrl+T 组合键，将图形的调整框调出来，拖动调节点将图形缩小放置在画面的左上角，如图 12-641 所示。

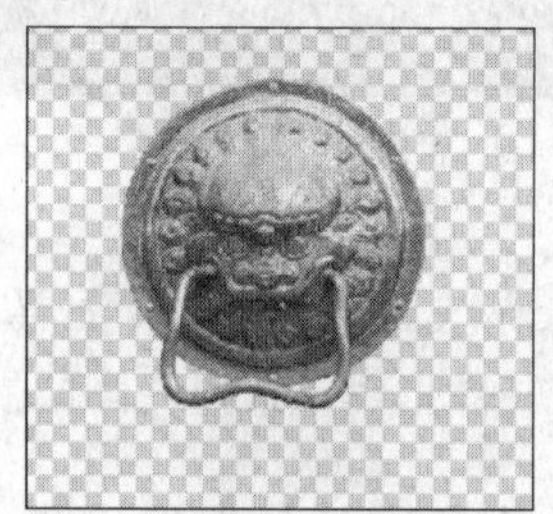

图 12-640　门饰文件

图 12-641　添加门饰图形

12 双击该图层，在弹出的图层样式对话框中选择“投影”样式，设置参数如图 12-642 所示。单击“确定”按钮后得到效果如图 12-643 所示。

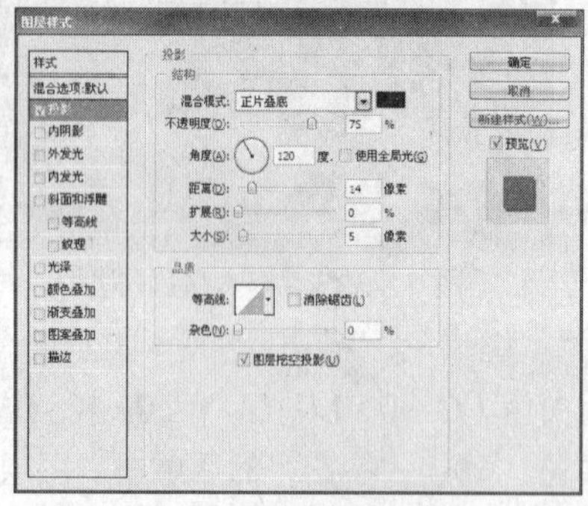

图 12-642　设置投影参数

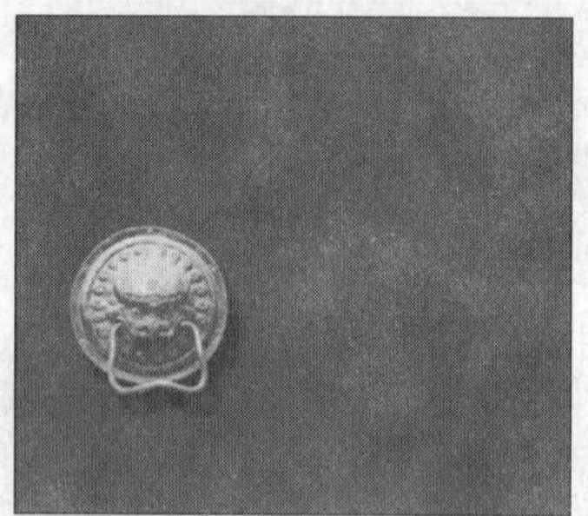

图 12-643　投影效果

13 将门饰复制一个，放置在请柬的另一边，如图 12-644 所示。

14 选择工具箱中“椭圆选框工具”，在画面的右边按住 Shift 键创建一个圆形的选区。

15 在“图层”面板中新建“图层 5”，然后填充深红色（C：0，M：100，Y：100，K：58），如图 12-645 所示。

16 保持选区的浮动，然后选择“选择”|“修改”|“收缩”命令，在弹出的“收缩选区”对话框中将“收缩量”设置为 15 像素，如图 12-646 所示。单击“确定”按钮后得到效果如图 12-647 所示。

图 12-644　复制门饰

图 12-645　填充深红色

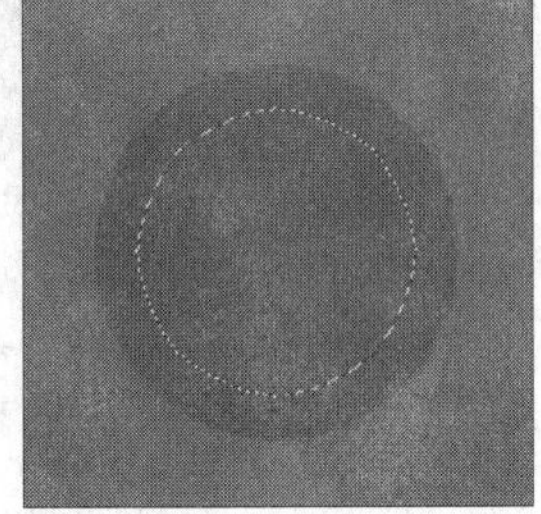

图 12-646　“收缩选区”对话框

图 12-647　缩小选区效果

17 选择“选择”|“修改”|“羽化”命令，在弹出的“羽化选区”对话框中将“羽化半径”选项设置为 10 像素，如图 12-648 所示。单击“确定”按钮后，将选区羽化，然后按 Delete 键，将选区中的图形删除，得到效果如图 12-649 所示。

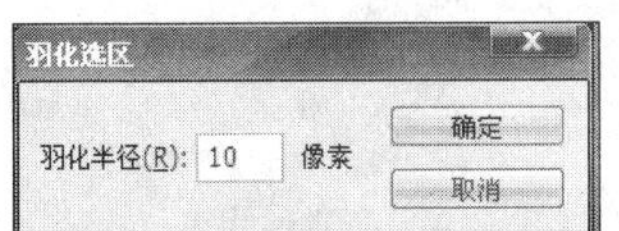

图 12-648　“羽化选区”对话框

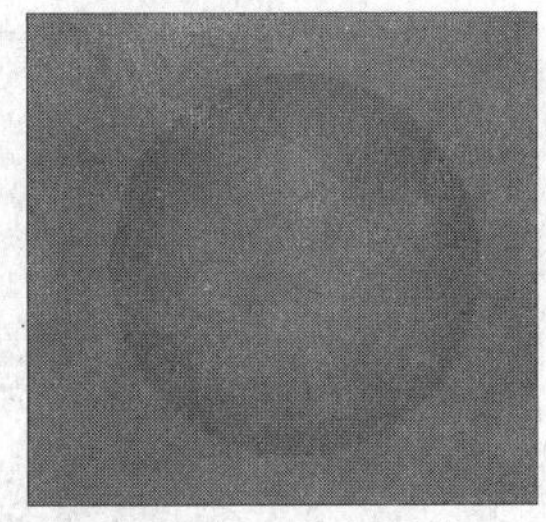
图 12-649　删除后效果

18 将“图层 5”复制一个，并缩小一些，放置如图位置 12-650 所示。

19 选择工具箱中“横排文字工具”，在其属性栏中将“字体”设置为“经典繁古印”，“字体大小”设置为“83.33px”，颜色设置为白色（C：0，M：0，Y：0，K：0），然后运用设置好的“横排文字工具”输入“天”字，如图 12-651 所示。

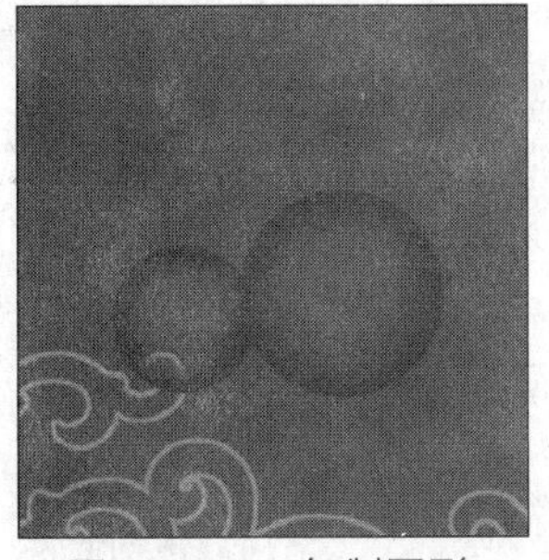
图 12-650　复制圆形

图 12-651　输入文字

20 再利用横排文字工具输入“水”字，在属性栏中将“字体大小”设置为“138.89 点”。输入文字效果如图 12-652 所示。

21 继续选择“横排文字工具”，在其属性栏中将“字体”设置为“ITC New Basker”，“字体大小"设置为"33.33 点",颜色设置为白色(C: 0,M:0,Y:0,K:0),然后输入文字"WATERSIDE",如图 12-653 所示。

22 再输入字母 VILLA,如图 12-654 所示。

图 12-652 输入文字

图 12-653 输入文字

图 12-654 输入文字

23 继续使用文字工具输入相关文字,效果如图 12-655 所示。

24 新建一个与请柬正面相同大小的文件,用于制作请柬的背面,同样的,先在 5cm 和 10cm 处各创建一个参考线。

25 在"图层"面板中新建"图层 1",选择渐变工具,在打开的"渐变编辑器"对话框中,设置一个从白色(C: 0,M: 0,Y: 0,K: 0)到灰色(C: 12,M: 8,Y: 8,K: 0)的渐变色,并选择"径向渐变"选项。

26 运用设置好的渐变工具,在画面中填充渐变色,如图 12-656 所示。

图 12-655 输入文字

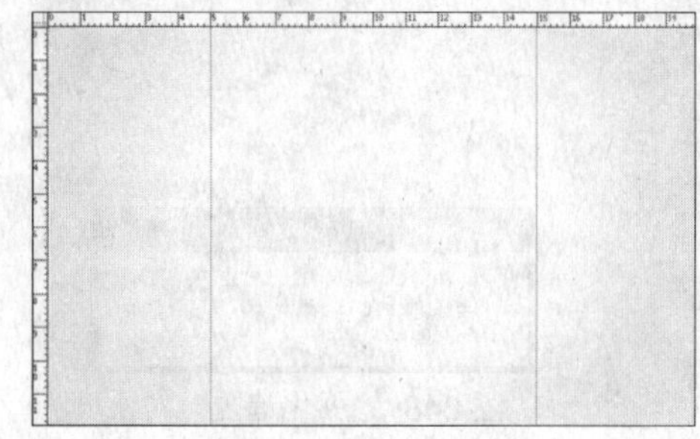
图 12-656 填充渐变色

27 选择"滤镜"|"杂色"|"添加杂色"命令,在弹出的"添加杂色"对话框中将"数量"设置为 5%,"分布"设置为"平均分布",勾选"单色"复选框,如图 12-657 所示。单击"确定"按钮后,给画面增加杂色,如图 12-658 所示。

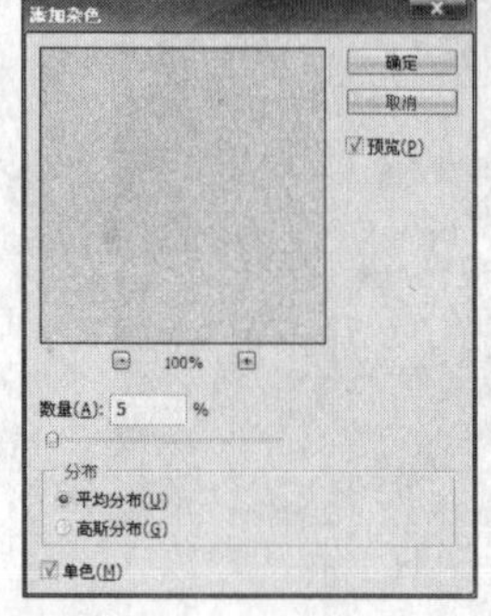

图 12-657 "添加杂色"对话框

图 12-658 效果

28 打开"花纹.tif"文件,效果如图 12-659 所示。

29 选择"移动工具",将花纹拖进"请柬—背面.psd"文件中,生成"图层 2"图层。然后按

Ctrl+T 组合键，将图形的调整框调出来，拖动调节点将图形缩小放置在画面的左上角，如图 12-660 所示。

图 12-659　花纹文件

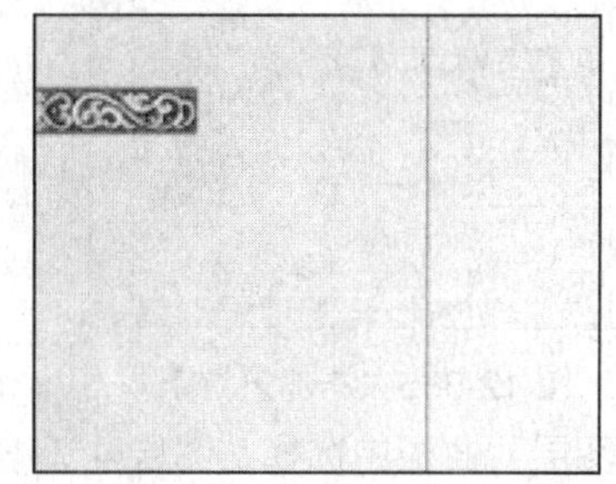

图 12-660　添加花纹图形

30 将“图层 2”复制一排，然后将所有的花纹图层合并为“图层 2”，并将“图层 2”的“不透明度”设置为 30%。效果如图 12-661 所示。

31 将制作好的一排花纹复制一个，放置在画面的下方，如图 12-662 所示。

图 12-661　调整效果

图 12-662　复制花纹图形

32 打开“云涌外八庙.jpg”文件，将其拖入“请柬—背面.psd”文件中，生成“图层 3”图层，调整大小后放置如图 12-663 所示。

33 选择“图像”|“调整”|“去色”命令，将“图层 3”图层中的图像变为灰色调，如图 12-664 所示。

图 12-663　添加云涌外八庙图片

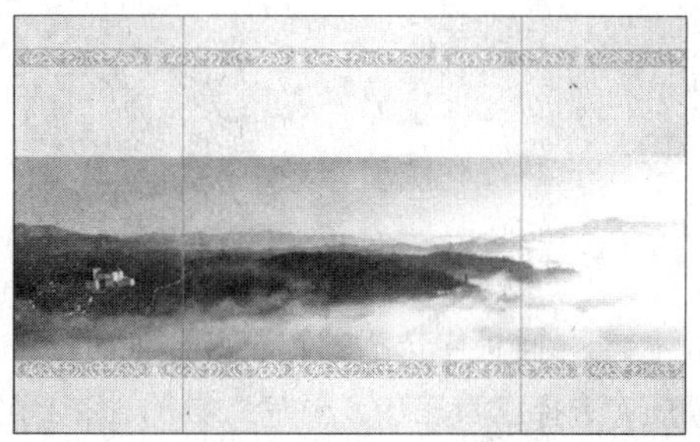

图 12-664　取色效果

34 选择“图层 3”图层，然后单击“添加矢量蒙版”按钮 ，给“图层 3”增加一个蒙版，选择工具箱中“画笔工具”，将前景色设置为黑色（C：0，M：0，Y：0，K：100）后在蒙版中涂抹，将不需要的部分遮盖起来。并将“图层 3”的“不透明度”设置为 30%，如图 12-665 所示。得到的效果如图 12-666 所示。

35 选择“文件”|“打开”命令，在打开的“打开”对话框中选择“再登黄山. psd”文件，然后单击“打开”按钮，打开文件，选择“移动工具”将其拖入“请柬—背面.psd”文件中，生成“图层 4”图层，调整大小后放置如图 12-667 所示。

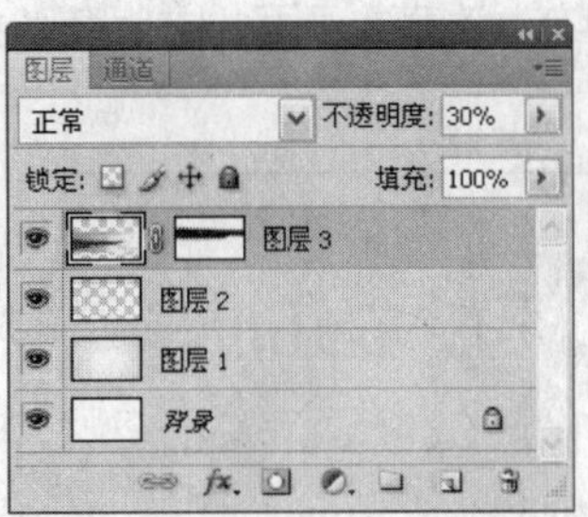

图 12-665　添加矢量蒙版

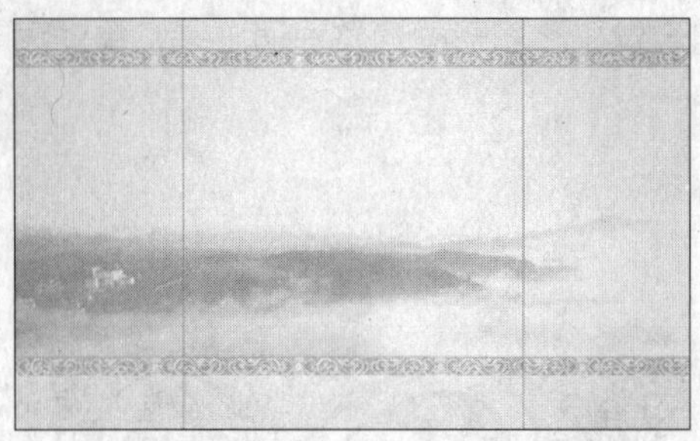

图 12-666　遮盖效果

36 在“图层”面板中选择“图层 4”，然后单击“添加矢量蒙版”按钮 ，给“图层 4”增加一个蒙版，选择工具箱中“画笔工具”，将前景色设置为黑色（C: 0，M: 0，Y: 0，K: 100）后在蒙版中涂抹，将不需要的部分遮盖起来，如图 12-668 所示。

图 12-667　添加再登黄山图片

图 12-668　遮盖效果

37 将“图层 4”复制一个，调整位置如图 12-669 所示。

38 打开“圆山大饭店. psd”文件，选择“移动工具”将其拖入“请柬一背面.psd”文件中，生成“图层 5”，调整大小后放置如图 12-670 所示。

图 12-669　复制图形

图 12-670　添加圆山大饭店图片

39 在“图层”面板中选择“图层 5”，然后单击“添加矢量蒙版” 按钮 ，给“图层 5”增加一个蒙版，选择工具箱中“画笔工具”，将前景色设置为黑色（C: 0，M: 0，Y: 0，K: 100）后在蒙版中涂抹，将不需要的部分遮盖起来，如图 12-671 所示。

40 打开“飞鸟. psd”文件，选择“移动”工具将其拖入“请柬一背面.psd”文件中，生成“图层 6”，调整大小后放置如图 12-672 所示。

41 打开“花纹 1. psd”文件，将其拖入“请柬一背面.psd”文件中，生成“图层 7”，并将“不

图 12-671　遮盖效果

透明度”选项设置为 15%。调整大小后放置如图 12-673 所示。

42 将这个花纹复制一排，然后将它们合并为“图层 7”，如图 12-674 所示。

图 12-672　添加飞鸟图片

图 12-673　放置位置

图 12-674　复制花纹

43 将“图层 7”复制一个，放置如图 12-675 所示。

44 选择工具箱中“直排文字工具”，在其属性栏中单击按钮，在打开的“字符”面板中将“字体”设置为“宋体”，“字体大小”设置为“16.67 点”，“行距”设置为“55.56 点”，颜色设置为黑色（C：0，M：0，Y：0，K：100）。运用设置好的“直排文字工具”输入文字。如图 12-676 所示。

45 选择工具箱中“直线工具”，在其工具属性栏中选择“像素填充”选项，“粗细”选项设置为 3 点，将前景色设置为灰色（C：45，M：35，Y：33，K：0），新建“图层 8”后，按住 Shfit 键绘制一条直线，如图 12-677 所示。

图 12-675　复制花纹

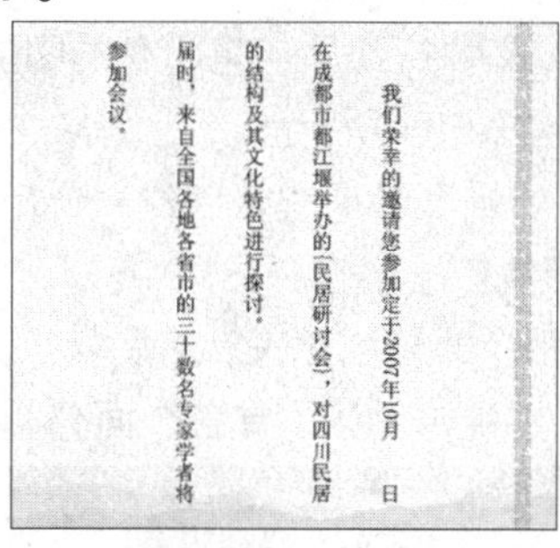

图 12-676　输入文字

图 12-677　绘制直线

46 将直线复制几条，放置如图 12-678 所示。

47 选择工具箱中“直排文字工具”，在其属性栏中将“字体”设置为“宋体”，“字体大小”设置为“25 点”，颜色设置为黑色（C：0，M：0，Y：0，K：100）。运用设置好的直排文字工具输入文字，如图 12-679 所示。

48 再选择“直排文字工具”输入相关的文字内容，如图 12-680 所示。

图 12-678　复制直线

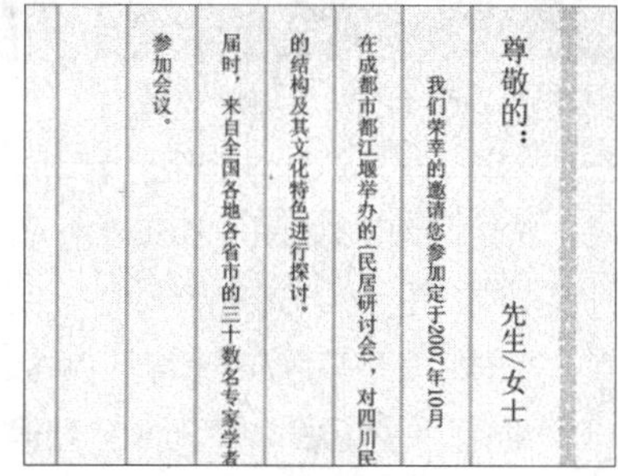

图 12-679　输入文字

图 12-680　输入文字

49 打开“符号. psd”文件，将其拖入“请柬—背面.psd”文件中，调整大小后放置如图 12-681

所示。完成请柬背面的制作，储存起来备用。

50 按 Ctrl+N 组合键，在弹出的“新建”对话框中将“名称”命名为“请柬效果图”，“宽度”选项设置为 20 厘米，“高度”选项设置为 20 厘米，“分辨率”选项设置为 300 像素/英寸，“颜色模式”选项设置为 CMYK 颜色。单击“确定”按钮后，新建一个空白的文件。

51 选择工具箱中“渐变工具”，打开“渐变编辑器”对话框，设置一个从浅灰色（C：58，M：54，Y：53，K：2）到深灰色（C：41，M：41，Y：41，K：98）的渐变色，并选择“径向渐变”选项。

52 运用设置好的“渐变工具”，在“背景”图层中拖动，填充渐变色，如图 12-682 所示。

53 选择“移动工具”，在 5cm 和 10cm 处各增加一条参考线，如图 12-683 所示。

图 12-681　增加符号图片

图 12-682　填充渐变色

图 12-683　创建参考线

54 将制作好的“请柬—正面.psd”文件打开后，将所有的图层合并为一个图层，然后拖至“请柬效果图.psd”文件中，放置如图 12-684 所示。

55 选择工具箱中“矩形选框工具”，沿着参考线，创建一个矩形选框，如图 12-685 所示。然后按 Ctrl+J 组合键，将选区中的图形复制一个在新图层中。

56 用相同的方法，将请柬正面的各个面分割出来。然后将“请柬—背面.psd”文件的所有图层合并之后拖入“请柬效果图.psd”文件中，并将其各个面分割出来，如图 12-686 所示。

图 12-684　添加请柬-正面图平片

图 12-685　创建矩形选区

图 12-686　分割图形

57 选择“请柬—背面.psd”文件左边的图形，按 Ctrl+T 组合键，将其调整框调出来，然后右击，在弹出的菜单中选择“斜切”选项，将图形变形如图 12-687 所示。

58 用相同的方法，将右边的图形也变形如图 12-688 所示。

59 选中中间的图形，选择“图像”|“调整”|“亮度/对比度”命令，在弹出的“亮度/对比度”对话框中将“亮度”设置为-50，单击“确定”按钮后，将正面的颜色加深，如图 12-689 所示。

60 将颜色加深了的图形复制一个，然后将“请柬—正面”左右两边的图形变形，组合成一张请柬折叠的效果。如图 12-690 所示。

图 12-687　斜切效果

图 12-688　变形图形

图 12-689　加深效果

61 再将变形好的“请柬—背面”缩小旋转，放置在画面的左边，然后将不需要的图层暂时隐藏起来，得到效果如图 12-691 所示。

62 最后为“请柬”的正面和背面添加投影，完成本例的制作，如图 12-692 所示.

图 12-690　变形效果

图 12-691　变形效果

图 12-692　完成效果

12.14 书封

本例制作一个书封包装。通过本例的练习，使读者练习 Photoshop CS4 中制作书籍封面的方法和技巧。本例制作完成后的最终效果如图 12-693 所示。

图 12-693　最终效果

本例的具体操作步骤如下。

1 按 Ctrl+N 组合键，在打开的“新建”对话框中，将“名称”命名为“书封”，“宽度”选项设置为 38.6 厘米，“高度”选项设置为 26.3 厘米，“分辨率”选项设置为 300 像素/英寸，“颜色模式”选项设置为 CMYK 颜色。单击“确定”按钮后，新建一个空白的文件。

2 选择工具箱中“移动工具”，从上往下在 0.3cm 处拖出一条参考线。

3 用相同的方法在画面的四周的 0.3cm 处都创建一条参考线，制作出书封线的位置，如图 12-694 所示。

4 再在 18cm 和 22cm 处各建立一条参考线。将书封的 3 个面分出来，如图 12-695 所示。

图 12-694 创建参考线

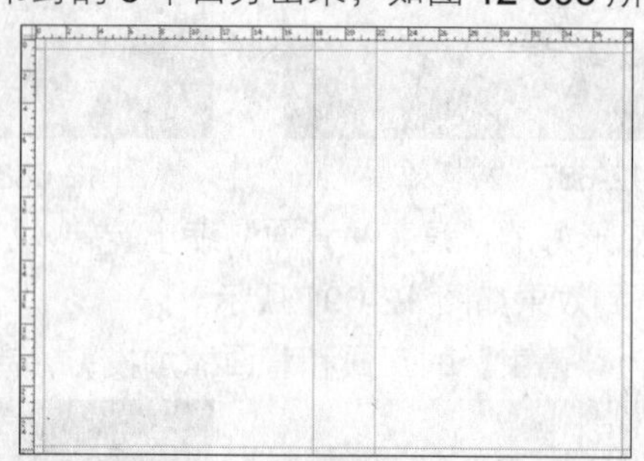
图 12-695 创建参考线

5 选择工具箱中“矩形工具”，在其属性栏中选择“填充像素” 选项□，将前景色设置为粉红色（C：4，M：31，Y：28，K：0），在“图层”面板中新建“图层 1”后，运用设置好的矩形工具，绘制一个矩形，如图 12-696 所示。

6 按住 Alt 键，将粉红的矩形复制若干个，如图 12-697 所示。

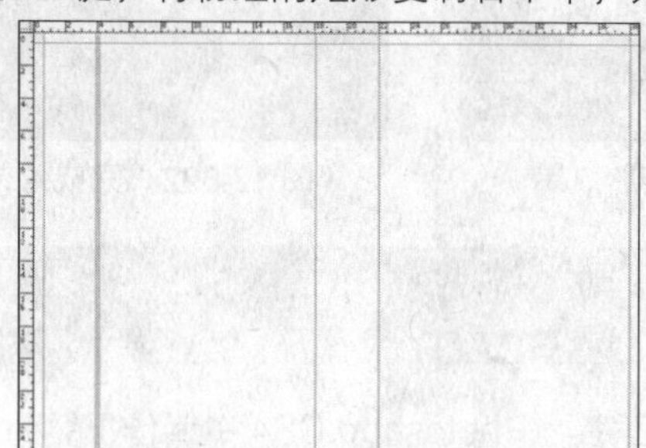
图 12-696 绘制粉红色矩形

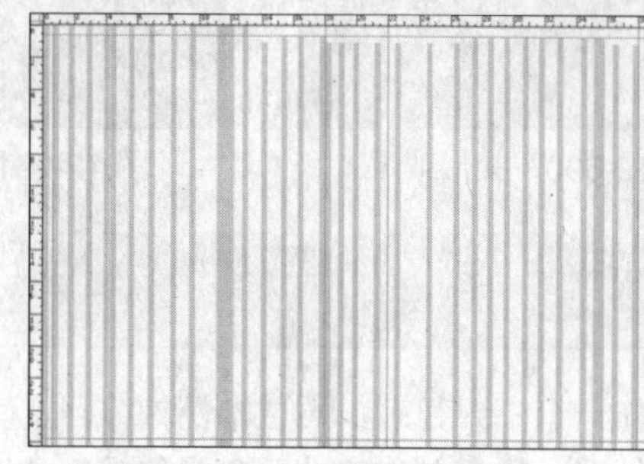
图 12-697 复制粉红色矩形

7 在“图层”面板中按住 Shift 键将粉红色矩形图形全部选中，选择工具箱中“移动工具”，在其属性栏中单击“顶对齐”按钮，再单击“水平居中分布”按钮，得到的效果如图 12-698 所示。

8 按 Ctrl+E 组合键，将选中的图层合并，然后按 Ctrl+T 组合键，将粉色矩形的调整框调出来，然后旋转变形如图 12-699 所示。

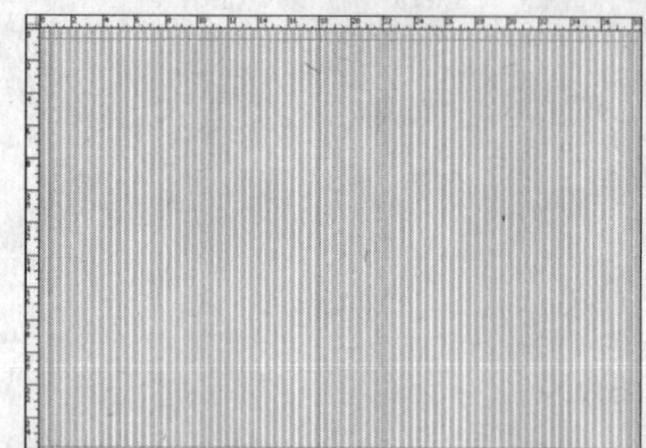
图 12-698 效果

图 12-699 旋转图形

9 选择工具箱中“钢笔工具”，在其属性栏中选择“路径”选项，在画面中绘制一个如图 12-700

所示路径。

10 按 Ctrl+Enter 组合键，将路径转换为选区，新建“图层 2”后填充红色（C：13，M：96，Y：61，K：0），如图 12-701 所示。

11 用相同的方法再绘制一个白色（C：0，M：0，Y：0，K：0），一个蓝色（C：55，M：9，Y：1，K：0）和一个灰色（C：55，M：48，Y：44，K：0）的图形，放置如图 12-702 所示。

图 12-700　创建路径

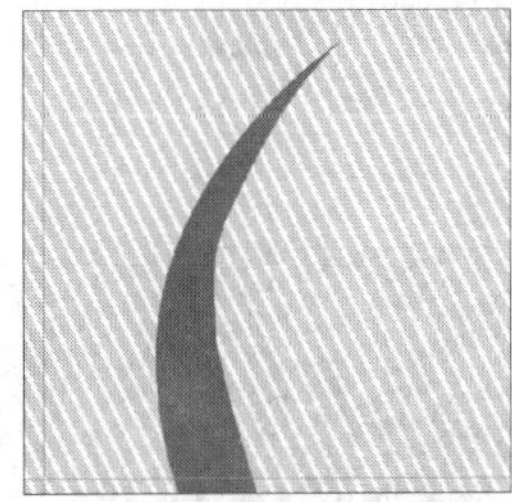
图 12-701　填充红色

图 12-702　绘制图形

12 将这 4 个图形合并后，复制 2 个，利用“矩形选框”工具选中不需要的部分删除，放置如图 12-703 所示。

13 选择工具箱中“钢笔工具”，绘制一个如图 12-704 所示路径。

14 按 Ctrl+Enter 组合键，将路径转换为选区，新建“图层 3”后填充白色（C：0，M：0，Y：0，K：0），如图 12-705 所示。

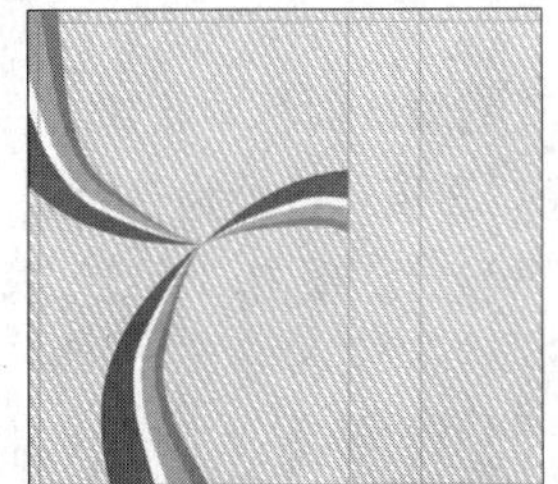
图 12-703　删除图形

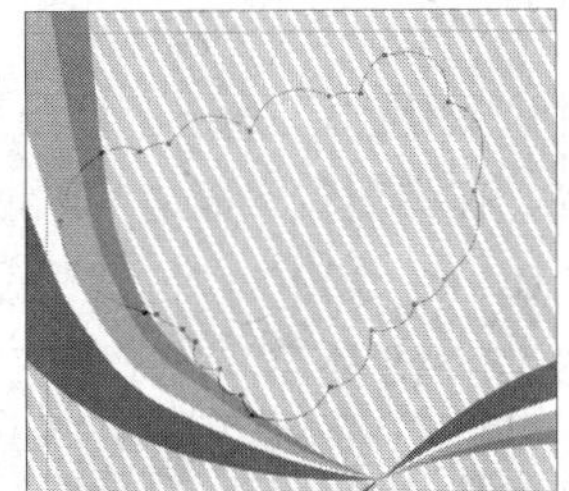
图 12-704　创建路径

图 12-705　填充白色

15 按 Ctrl+N 组合键，在打开的“新建”对话框中将“名称”命名为“圆点”，“宽度”选项设置为 10 厘米，“高度”选项设置为 10 厘米，“分辨率”选项设置为 300 像素/英寸，“颜色模式”选项设置为“灰度”。单击“确定”按钮后，新建一个空白的文件。

16 在“图层”面板中新建“图层 4”，然后将前景色设置为灰色（C：37，M：35，Y：30，K：0），按 Alt+Delete 组合键，填充前景色。

17 选择“滤镜”|“像素化”|“彩色半调”命令，在弹出的“彩色半调”对话框中将“最大半径”设置为“30 像素”，如图 12-706 所示。单击“确定”按钮后，得到效果如图 12-707 所示。

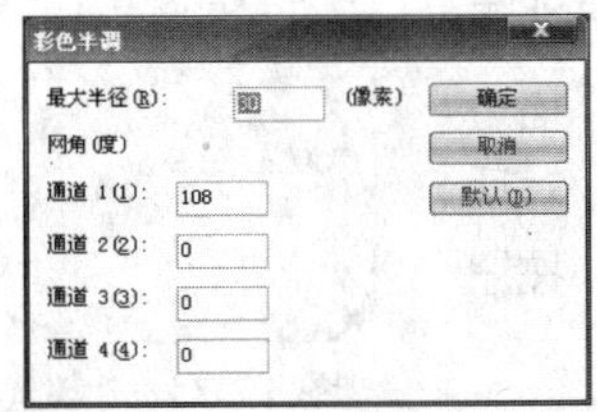

图 12-706　“彩色半调”对话框

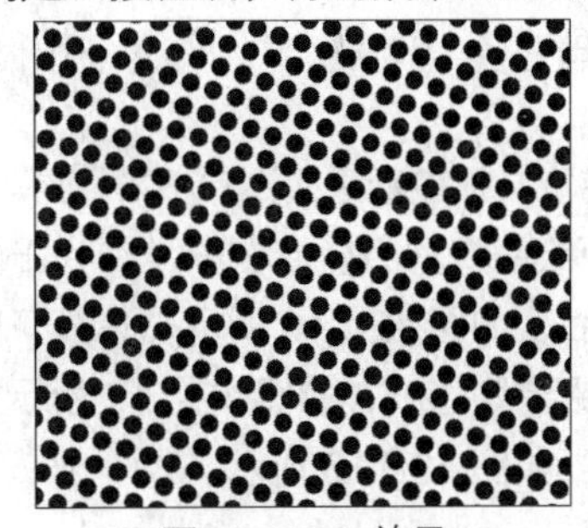
图 12-707　效果

18 选择“选择”|“彩色范围”命令，在弹出的“彩色范围”对话框中，单击“吸管工具”按钮，

然后用吸管在预览框中单击白色的圆点，如图 12-708 所示。单击“确定”按钮后，制作出黑色圆点的选区，如图 12-709 所示。

19 按 Ctrl+J 组合键，将选区中的图形复制到新图层中。

20 用移动工具将“图层 2”中的图形拖至“书封.psd”文件中，生成“图层 4”，然后将前景色设置为蓝色（C：55，M：9，Y：1，K：0），选择“图像”|“调整”|“色相/饱和度”命令，在弹出的“色相/饱和度”对话框中勾选“着色”复选框，将“色相”选项设置为 185，“饱和度”选项设置为 100，“明度”选项设置为 76，如图 12-710 所示。设置好后，单击“确定”按钮，得到效果如图 12-711 所示。

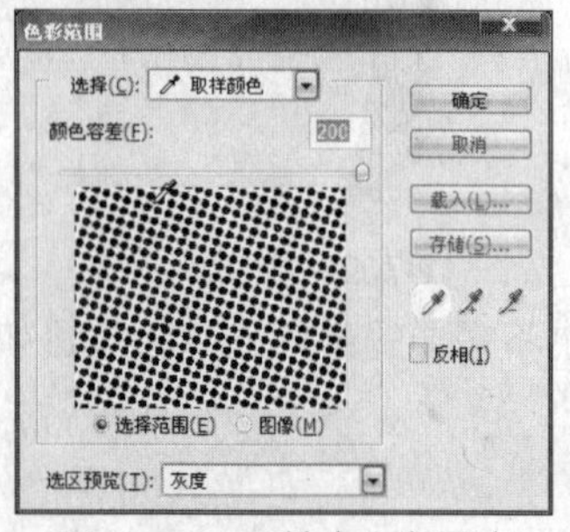
图 12-708　单击白色圆点

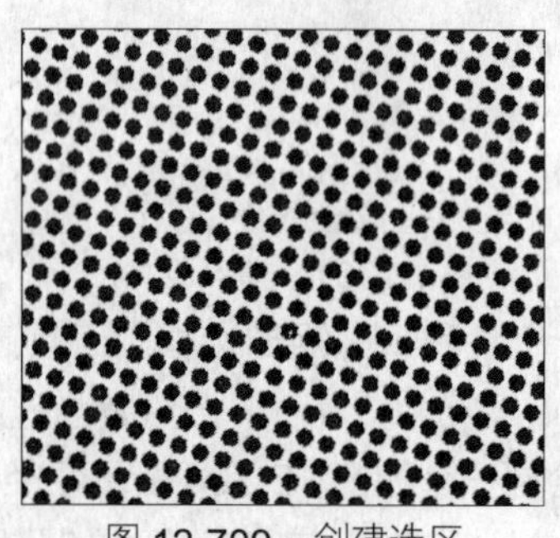
图 12-709　创建选区

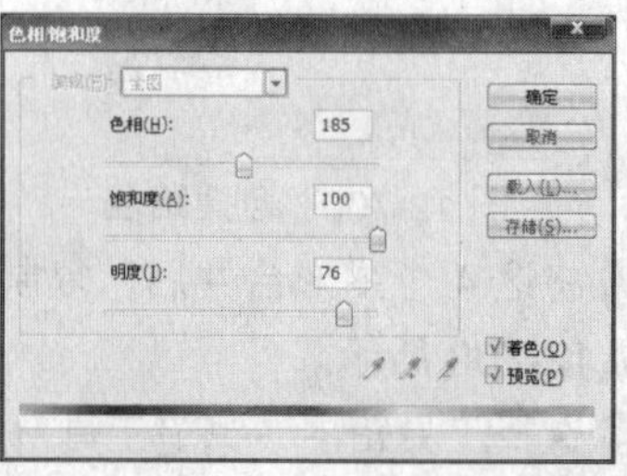
图 12-710　色相/饱和度对话框

21 按住 Alt 键，将鼠标放置在“图层 4”和“图层 3”中间，单击鼠标，将“图层 4”合并到“图层 3”中，效果如图 12-712 所示。

22 按住 Ctrl 键单击“图层 3”中，将“图层 3”的选区调出来，在“图层”面板中新建“图层 5”，然后选择“编辑”|“描边”命令，在弹出的“描边”对话框中将“宽度”设置为 7 点，“颜色”设置为黑色（C：0，M：0，Y：0，K：100），“位置”设置为“居外”。单击“确定”按钮后给图形增加一个黑色的边框，如图 12-713 所示。

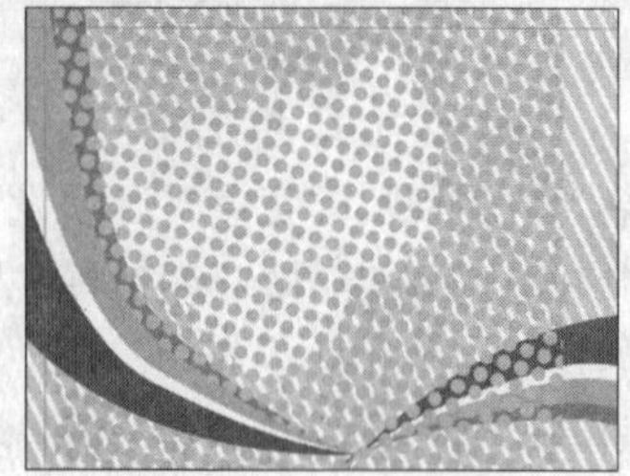
图 12-711　效果

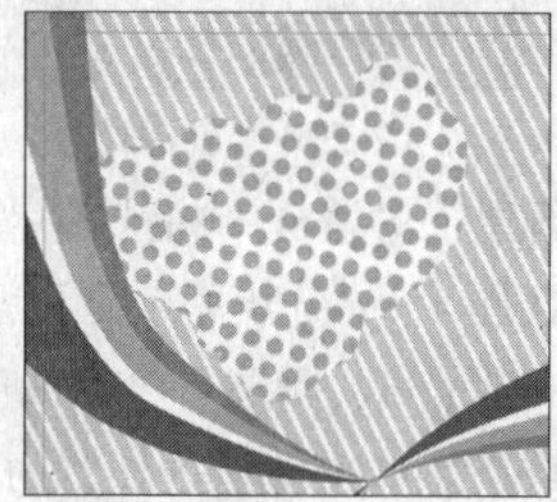
图 12-712　编组效果

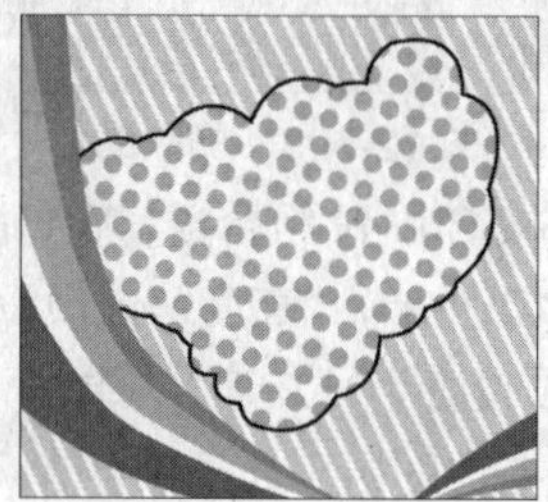
图 12-713　描边效果

23 选择工具箱中“钢笔工具”，创建一个如图 12-714 所示路径。

24 选择工具箱中“铅笔工具”，在其属性栏中将“画笔”选项设置为“尖角 5 像素”，并将前景色设置为黑色（C：0，M：0，Y：0，K：100），如图 12-715 所示。

25 在“图层”面板中新建“图层 6”，选择工具箱中“路径选择工具”，选中绘制好的路径，右击，在弹出的菜单中选择“描边路径”选项后，如图 12-716 所示，在打开的“描边路径”对话框中选择“铅笔”选项，如图 12-717 所示，单击“确定”按钮后，得到效果如图 12-718 所示。

图 12-714　创建路径

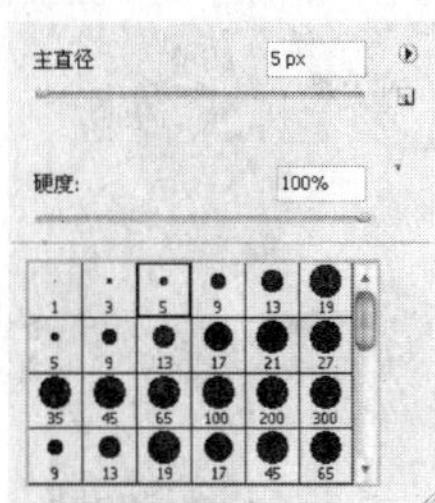

图 12-715　设置铅笔工具

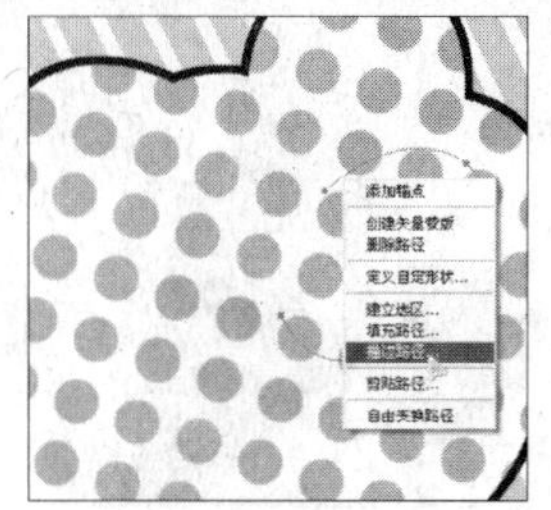

图 12-716　选择描边路径选项

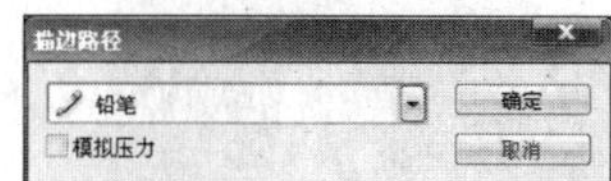

图 12-717　“描边路径”对话框

26 用相同的方法，绘制出其他的线条，如图 12-719 所示。

27 将“图层 3”、“图层 4”、“图层 5”和“图层 6”合并为“图层 3”，然后将“图层 3”复制 2 个，调整它们的大小和位置，放置如图 12-720 所示。

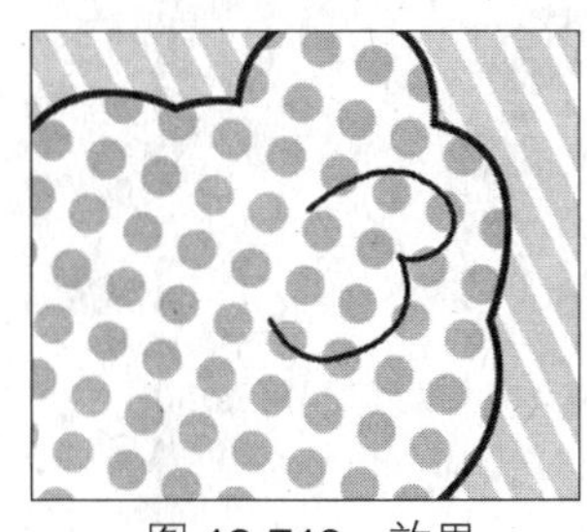

图 12-718　效果

图 12-719　绘制其他线条

图 12-720　复制图形

28 选择工具箱中“横排文字工具”，打开 “字符”面板，将“字体”设置为“Fette Fraktur”，“字体大小”设置为“1111.11 点”，“字距”设置为“-75”，颜色设置为黑色（C：0，M：0，Y：0，K：100）。然后运用设置好的“横排文字工具”输入数字“24”后旋转放置如图 12-721 所示。

29 选择工具箱中“钢笔工具”，创建一个蝴蝶结形状的路径。然后按 Ctrl+Enter 组合键，将路径转换为选区，在“图层”面板中新建“图层 7”，填充红色（C：13，M：96，Y：61，K：0），再选择“编辑”|“描边”命令，在弹出的“描边”对话框中设置如图 12-722 所示，单击“确定”按钮后，得到效果如图 12-723 所示。

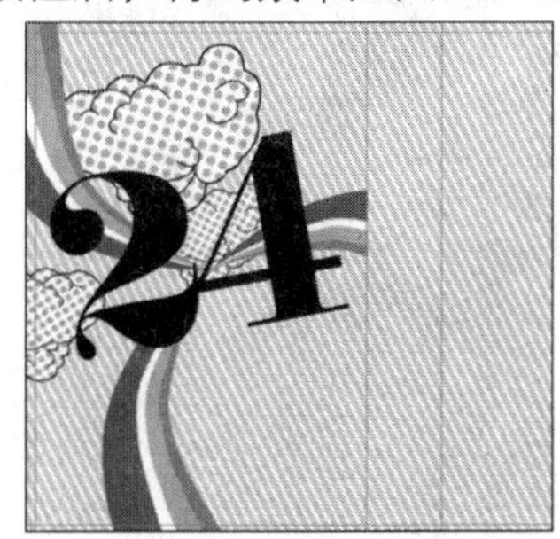

图 12-721　输入文字

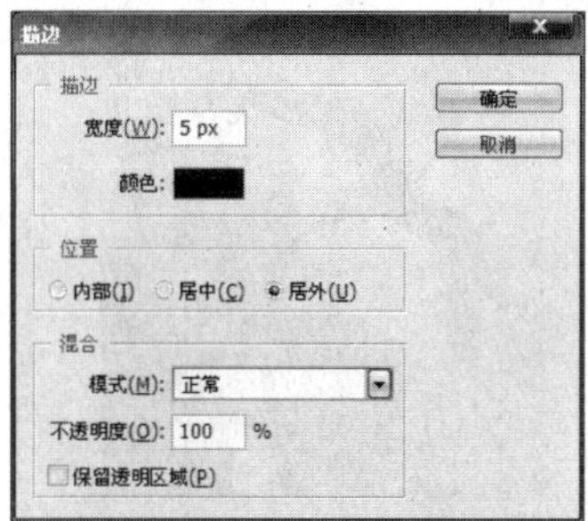

图 12-722　“描边”对话框

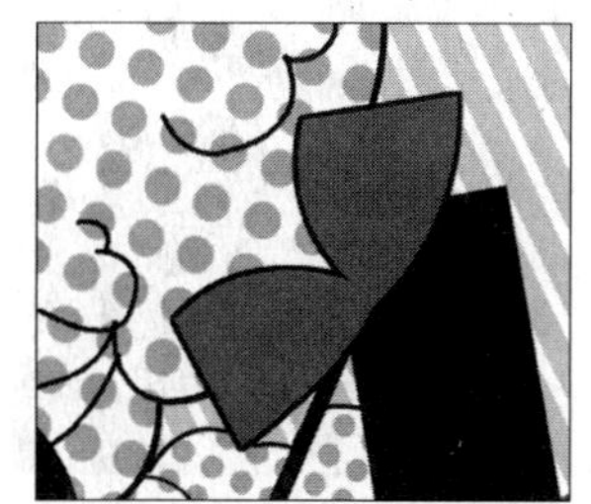

图 12-723　描边效果

30 用相同的方法再绘制出一个蝴蝶结重叠在上面，如图 12-724 所示。

31 再选择“椭圆选框工具”，按住 Shift 键绘制一个黄色（C：9，M：0，Y：84，K：0）的圆形，如图 12-725 所示。

32 再绘制出蝴蝶结上的折痕，如图 12-726 所示。

33 再绘制一个黑色（C：0，M：0，Y：0，K：100）的如图 12-727 所示图形。

34 再绘制一个略小一些的白色（C：0，M：0，Y：0，K：0）图形，如图 12-728 所示。

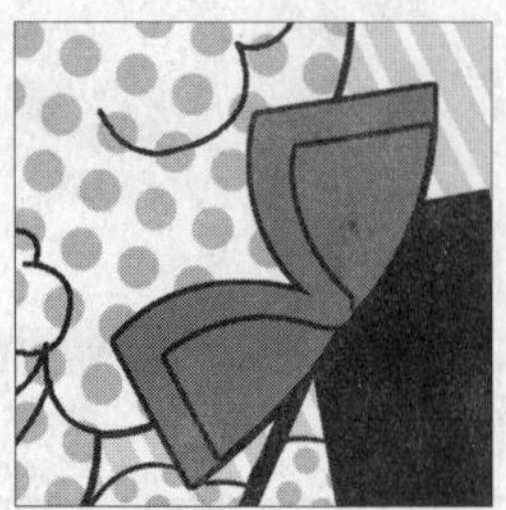
图 12-724 绘制蝴蝶结

图 12-725 绘制黄色圆形

图 12-726 绘制折痕

35 选择“画笔工具”，在其属性栏中将“画笔”设置为“夹角 5 像素”，在打开的“画笔”对话框中勾选“形状动态”复选框，将“控制”选项设置为“渐隐”，“渐隐步骤”设置为 100，如图 12-729 所示。

图 12-727 绘制黑色图形

图 12-728 绘制白色图形

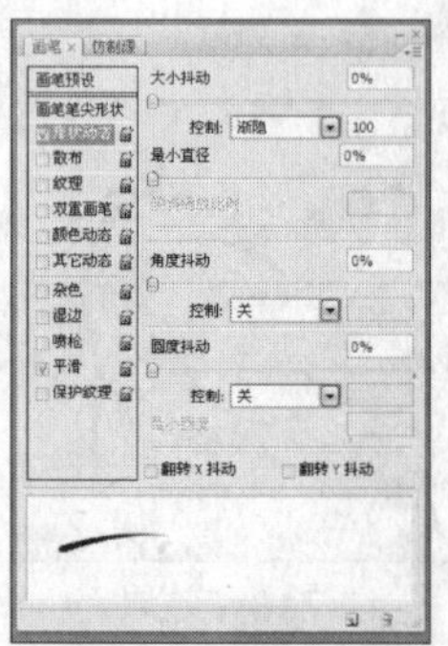
图 12-729 设置画笔工具

36 将前景色设置为黑色（C：0，M：0，Y：0，K：100），然后运用设置好的画笔工具，在画面中单击，确定开始的点，然后按住 Shift 键，移动鼠标在适当的位置再单击鼠标，创建一条如图 12-730 所示直线。

37 用相同的方法绘制出其他 2 条直线，如图 12-731 所示。

38 再利用“钢笔工具”绘制出如图 12-732 所示图形。

图 12-730 绘制直线

图 12-731 绘制直线

图 12-732 绘制图形

39 选择工具箱中“横排文字工具”，在其属性栏中将“字体”设置为“文鼎花瓣体”，“字体大小”设置为“111.11 点”，颜色设置为红色（C：13，M：96，Y：61，K：0），然后运用设置好的“横排文字工具”输入文字“童话集”，如图 12-733 所示。

40 选择工具箱中“自定形状工具”，在其属性栏中选择“像素填充”选项，单击“形状”选项旁边的按钮，在其下拉菜单中选择五角形。

41 将前景色设置为白色（C：0，M：0，Y：0，K：0），然后运用设置好的“自定形状工具”

在文字旁边绘制两个五角星，如图 12-734 所示。

42 再运用“自定形状工具”在画面中绘制一些红色（C：13，M：96，Y：61，K：0）的五角星，如图 12-735 所示。

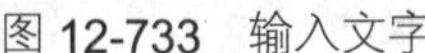

图 12-733　输入文字

图 12-734　绘制五角星

图 12-735　绘制红色五角星

43 选择工具箱中“横排文字工具”，在其属性栏中将“字体”设置为“方正综艺简体”，“字体大小”设置为“147.74 点”，颜色设置为黑色（C：0，M：0，Y：0，K：100）。运用设置好的“横排文字工具”，输入文字“24 童话合集”，如图 12-736 所示。

44 利用“横排文字工具”将输入的文字中的“24”选中，然后在属性栏中将颜色改为红色（C：13，M：96，Y：61，K：0），如图 12-737 所示。

45 选择工具箱中“矩形选框工具”，在文字后面创建一个矩形选区，然后填充黑色（C：0，M：0，Y：0，K：100），如图 12-738 所示。

图 12-736　输入文字

图 12-737　改变文字颜色

图 12-738　绘制黑色矩形

46 再运用“矩形选框工具”，创建一个矩形选框，如图 12-739 所示。然后选择“选择”|“变换选区”命令，然后将选区旋转如图 12-740 所示。

47 选择选区后，按 Delete 键，将选区中的图形删除，用相同的方法将黑色矩形变形如图 12-741 所示。

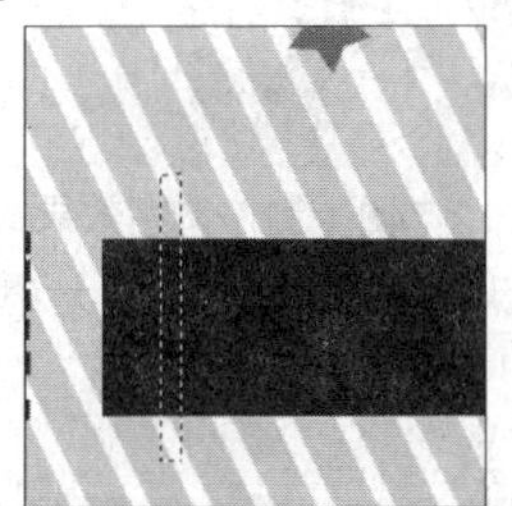

图 12-739　创建矩形选区

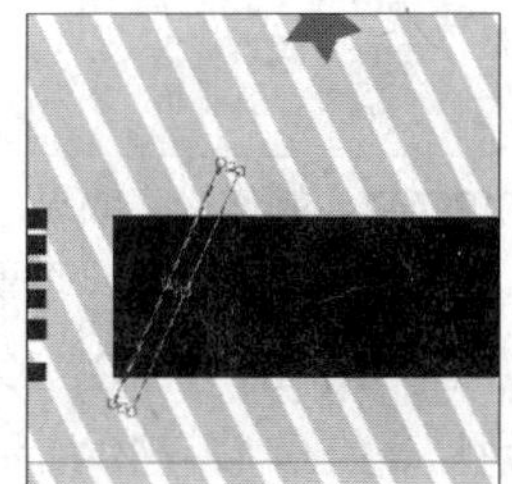

图 12-740　旋转选区

图 12-741　变形黑色矩形

48 将圆点图形复制 2 个，然后调整它们的大小和方向，放置位置如图 12-742 所示。

49 在工具箱中选择“横排文字工具”，在其属性栏中将“字体”设置为“Fetter Feaktur”，“字体大小”设置为“208.33 点”，颜色设置为红色（C：13，M：96，Y：61，K：0），然后运用设置好的“横排文字工具”输入数字“24”，放置位置如图 12-743 所示。

图 12-742　复制图形

图 12-743　输入文字

50 在“图层”面板中单击“添加图层样式”按钮，在弹出的菜单中选择“描边”选项，在打开的“图层样式”对话框中将“大小”选项设置为“9 像素”，“位置”设置为“外部”，“颜色”设置为白色（C：0，M：0，Y：0，K：0），如图 12-744 所示。再勾选“投影”复选框，将“距离”设置为“21 像素”，“扩展”设置为“30%”，“大小”设置为“6 像素”，如图 12-745 所示。单击“确定”按钮后，得到效果如图 12-746 所示。

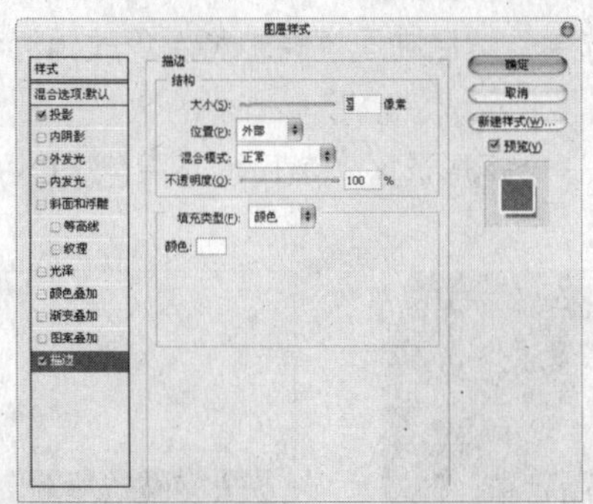

图 12-744　设置描边选项

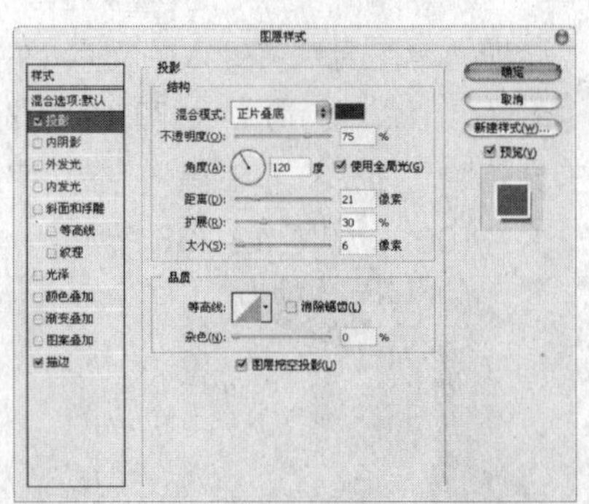

图 12-745　设置投影选项

51 再利用横排文字工具输入“,”，制作出与数字“24”相同的效果，如图 12-747 所示。

52 再利用相同的方法制作文字“童话合集”，如图 12-748 所示。

图 12-746　效果

图 12-747　制作文字效果

图 12-748　制作文字效果

53 选择工具箱中“直排文字工具”，在其属性栏中将“字体”设置为“黑体”，“字体大小”设置为“50 点”，颜色设置为黑色（C：0，M：0，Y：0，K：100）。然后输入文字“四川儿童出版社”，如图 12-749 所示。

54 将绘制好的彩条复制一个，调整大小后，放置如图 12-750 所示。

55 将中间制作了效果的文字复制一个，调整大小后放置如图 12-751 所示。

56 打开“童话集.doc”文件，如图 12-752 所示，将文字全部选中后，按下 Ctrl+C 组合键，将其全部复制，然后回到“书

图 12-749　输入文字

封.psd"文件，选择"横排文字工具"在画面中单击，再按 Ctrl+V 组合键，将文字粘贴到文件中，并在属性栏中将"字体"设置为"黑体"，"字体大小"设置为"41.67 点"，颜色设置为黑色（C：0，M：0，Y：0，K：100），然后将调整好的文字放置如图 12-753 所示。

图 12-750　复制彩条

图 12-751　复制文字

57 选择工具箱中"矩形选框工具"，建立一个矩形选框后填充白色（C：0，M：0，Y：0，K：0），放置如图 12-754 所示。

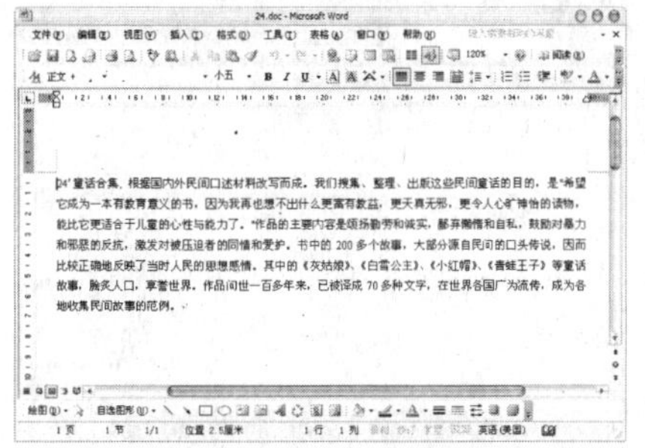

图 12-752　打开文字

图 12-753　文字放置效果

图 12-754　创建白色矩形

58 选择工具箱中"矩形工具"，在属性栏中选择"像素填充"选项，将前景色设置为黑色，新建一个图层后，绘制出如图 12-755 所示的矩形。

59 选择工具箱中"横排文字工具"，在其属性栏中将"字体"设置为"黑体"，"字体大小"设置为"36.41 点"，颜色设置为黑色（C：0，M：0，Y：0，K：100），设置好后输入文字，放置如图 12-756 所示。

60 选择工具箱中"直线工具"，在其属性栏中选择"像素填充"选项，将前景色设置为黑色，新建一个图层后，绘制出如图 12-757 所示的直线。

61 再选择"横排文字工具"，输入文字，完成书封的制作，将它保存起来备用，如图 12-758 所示。

图 12-755　绘制黑色矩形

图 12-756　输入文字

图 12-757　绘制直线

图 12-758　输入文字

62 按 Ctrl+Shift+E 组合键，将全部的图层合并。

63 选择工具箱中"矩形选框工具"，对齐建立好的参考线绘制一个矩形选框，如图 12-759 所示。然后按 Ctrl+J 组合键,将选区中的图形复制到新"图层 1"中。

64 用相同的方法将书封的 3 个面都分割出来，将所有的图形一起选中，然后缩小一些，如图

12-760 所示。

65 选择封面部分，按 Ctrl+T 组合键,将它的调整框调出来，然后右击，在弹出的菜单中选择“斜切”选项，拖动鼠标将图像变形，如图 12-761 所示。

图 12-759 创建矩形选框

图 12-760 缩小图形

图 12-761 斜切效果

66 使用自由变换将封面变窄一些，如图 12-762 所示。

67 用相同的方法将书脊部分变形，如图 12-763 所示。

图 12-762 自由变换效果

图 12-763 变形效果

68 选择“图像”|“调整”|“亮度/对比度”命令，在弹出的“亮度/对比度”对话框中将“亮度”设置为-50，如图 12-764 所示。单击“确定”按钮后，将书脊的颜色加深一些，制作出立体感，如图 12-765 所示。

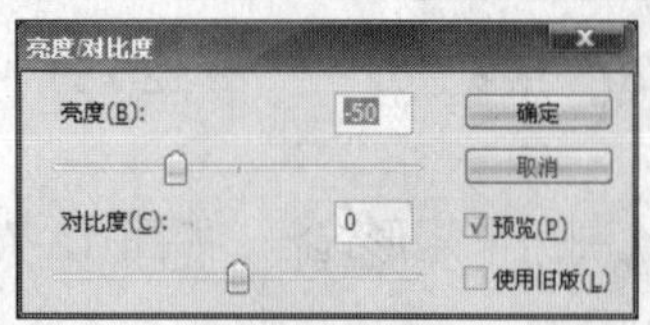

图 12-764 设置亮度

图 12-765 加深效果